ÉLECTRONIQUE APPLIQUÉE AUX HAUTES FRÉQUENCES

DANS LA MÊME COLLECTION

Dominique Paret
RFID en ultra et super hautes fréquences UHF-SHF, 496 p.

Geneviève Baudoin et coll.
Radiocommunications numériques / 1
Principes, modélisation et simulation,
2e édition, 672 p.

Martine Villegas et coll.
Radiocommunications numériques / 2
Conception de circuits intégrés RF et micro-ondes, 2e édition, 480 p.

François de Dieuleveult • Olivier Romain

ÉLECTRONIQUE APPLIQUÉE AUX HAUTES FRÉQUENCES

Principes et applications

2e édition

DUNOD

11, rue Paul Bert
92240 MALAKOFF
ISBN 978-2-10-0076368-9

AVANT-PROPOS

Dans le domaine des hautes fréquences ou radiofréquences il est coutume d'entendre que le passage de la théorie à la pratique est un exercice périlleux qui est une affaire de spécialiste où seule l'expérience compte. On peut s'étonner de cette réflexion qui permettrait de conclure aisément qu'il existe, dans ce domaine, deux approches du problème, l'une théorique, l'autre pratique, avec une faible corrélation entre les deux approches.

Bien évidemment il n'en est rien. En radiofréquence, comme dans tous les domaines, la pratique n'est qu'une mise en application des règles théoriques élémentaires.

L'impression que, dans la pratique, un système, un sous-ensemble ou un composant ne suit pas les règles théoriques établies ne peut provenir que d'une mauvaise compréhension, ou d'une simplification hasardeuse, desdites règles.

Admettre et répandre l'idée qu'en radiocommunication seule l'expérience est importante semble quelque peu incorrect. L'expérience est certes un atout non négligeable mais elle a le même poids quels que soient le sujet ou les techniques traitées.

En radiocommunication la question posée au concepteur peut se mettre sous une forme simple : comment transmettre à distance une information $m(t)$, analogique ou numérique, *via* un médium particulier avec un indice de qualité préalablement défini puis réaliser les équipements émetteurs et récepteurs pour un coût maximum donné.

À ces critères de conception on ajoutera un paramètre supplémentaire relatif au respect des normes en vigueur. Pour arriver aux produits finis, la méthodologie utilisée est généralement descendante, de la spécification en passant par éventuellement une phase de modélisation et simulation. Le premier travail consiste donc à réunir les différentes données du problème afin d'envisager une ou plusieurs solutions. Cette première étape, essentiellement théorique, permet de définir des architectures d'émetteurs et récepteurs. Les outils de CAO peuvent être un complément intéressant en proposant une modélisation et une vérification fonctionnelle du système. Il est à noter qu'ils doivent être utilisés avec parcimonie et à bon escient car il existe une part non déterministe d'une chaîne de transmission qui ne peut être modélisée.

Ces synoptiques mettent en évidence les fonctions élémentaires telles que amplificateurs, mélangeurs, oscillateurs, PLL ou filtres, qui eux aussi pourront faire l'objet de simulations.

La conception des différentes briques ou fonctions élémentaires est la suite logique à l'affectation des performances pour chaque fonction.

Dans cet ouvrage les auteurs ont voulu donner aux lecteurs, qu'ils soient ingénieurs, chercheurs ou étudiants, l'essentiel des informations nécessaires pour mener à bien et réussir la conception d'équipements de transmissions. Aux règles de base théoriques essentielles sont associés des exemples pratiques qui trouvent leur justification dans l'ensemble des chapitres.

Les diverses descriptions et exemples n'ont qu'un but didactique, expliquant le lien entre théorie et pratique, elles peuvent servir de source d'inspiration pour d'autres systèmes mais n'ont pas vocation à une duplication immédiate.

Le parcours du concepteur est semé d'embûches, cet ouvrage voudrait être l'aide-mémoire du concepteur qui ne doit pas oublier son objectif principal. Les études théoriques, la CAO, les mesures, les prototypes, ne sont que des étapes intermédiaires, qui ne sont justifiées que par l'objectif final.

Quelle que soit la phase de conception dans laquelle se trouve le concepteur, celui-ci ne devra pas manquer d'esprit critique. Dans une phase théorique on s'intéressera à la dimension donnée par une formule. On s'inquiétera des résultats numériques avec des ordres de grandeur déraisonnables.

On limitera les résultats numériques à une précision juste suffisante.

On évitera l'amas de résultats de simulation dans lequel il sera impossible d'extraire l'essentiel.

Bien que l'on ait coutume de dire que l'expérience est difficilement transmissible, les auteurs ont souhaité mettre ici, à disposition des concepteurs, tous les ingrédients utiles et nécessaires, garantissant un certain succès des implémentations.

Dans cette nouvelle édition, les auteurs vous proposent des suppléments en ligne sur le site **www.dunod.com** qui correspondent aux modélisations des différentes notions de modulation et démodulation abordées ainsi qu'un tutoriel sur le logiciel Matlab.

TABLE DES MATIÈRES

CHAPITRE 1 - RÈGLES DE BASE EN HAUTE FRÉQUENCE 1

1.1 Introduction 1
1.2 Puissance et dBm 1
1.3 Bruit et facteur de bruit 4
1.4 Rapport signal sur bruit et porteuse sur bruit 6
1.5 Facteur de bruit 6
1.5.1 Facteur de bruit d'un atténuateur 8
1.5.2 Facteur de bruit de plusieurs étages en cascade 8
1.6 Température de bruit 11
1.6.1 Principe 11
1.6.2 Température de bruit de plusieurs étages en cascade . 12
1.7 Point de compression à 1 dB 13
1.8 Distorsion d'intermodulation 14
1.8.1 Amplitude des produits dus à la DIM 17
1.8.2 Points d'interception IP2 et IP3 18
1.8.3 Normographes pour le calcul des puissances des produits dus à la DIM 19
1.8.4 Point d'interception IP3 de plusieurs étages en cascade 21
1.8.5 Point d'interception IP2 de plusieurs étages en cascade 24
1.8.6 Mesure du point d'intermodulation d'ordre 3 (IP3) . . . 25
1.9 Généralités sur les ondes radio 28
1.9.1 Bilan de liaison 29
1.9.2 Caractéristiques des antennes 32
1.9.3 Zone de Fresnel 34
1.9.4 Propagation hors espace libre 34
1.9.5 Classification des ondes hertziennes 35
1.10 Propagation des ondes 36
1.10.1 Ondes de sol 36
1.10.2 Réflexions ionosphériques 37
1.10.3 Bandes de fréquences et mode de propagation 39

1.11 Réglementation 46
1.12 Conclusion 47

Chapitre 2 - Modulations analogiques 49

2.1 Définition des termes 49
2.1.1 Bande de base 49
2.1.2 Largeur de bande du signal 50
2.1.3 Spectre d'un signal 50
2.1.4 Bande passante du canal 50
2.2 But de la modulation 50
2.3 Décomposition en série du signal en bande de base 53
2.4 Modulation d'amplitude 53
2.4.1 Modulation d'amplitude double bande (AM-DB) 53
2.4.2 Modulation d'amplitude à porteuse supprimée 62
2.4.3 Modulation à bande latérale unique (BLU) 70
2.4.4 Modulation à bande latérale atténuée (BLA) 78
2.4.5 Comparaison des différents types de modulation d'amplitude 82
2.4.6 Choix d'un type de modulation 83
2.5 Modulations angulaires 84
2.5.1 Modulation de fréquence 85
2.5.2 Modulation de phase 116
2.6 Tableau comparatif des performances des diverses modulations analogiques 121
2.7 Modélisations Matlab des modulations analogiques 124
2.7.1 Modélisation d'une modulation d'amplitude avec et sans porteuse 124
2.7.2 Démodulation d'amplitude par redressement et filtrage . 126
2.7.3 Démodulation d'amplitude par un récepteur cohérent . . 127
2.7.4 Modélisation d'une modulation à bande latérale unique 128
2.7.5 Modélisation d'une modulation de fréquence 129
2.7.6 Modélisation d'une démodulation de fréquence par un discriminateur de fréquence 130
2.7.7 Modélisation d'une démodulation de phase 130
2.8 Choix d'un type de modulation 131

Chapitre 3 - Modulations numériques 133

3.1 Définitions 133
3.1.1 Définition du signal numérique 134
3.1.2 Définition du taux d'erreur bit 135
3.1.3 Définition de l'efficacité spectrale 135

3.1.4 Définition de la fonction d'erreur et de la fonction d'erreur complémentaire 136
3.1.5 Relation entre le débit, la largeur de bande et le bruit . 136
3.1.6 Bruit dans les systèmes de communication 137
3.1.7 Interférence intersymbole (ISI), influence sur le débit . . 138
3.1.8 Relation entre S/N et E_b/N_0 139
3.2 Modulation d'amplitude en tout ou rien OOK ou en ASK 140
3.2.1 Modulateur ASK 142
3.2.2 Démodulateur en ASK 143
3.2.3 Avantages et inconvénients de l'ASK 145
3.3 Modulation de fréquence FSK 146
3.3.1 Modulation FSK à phase continue CPFSK 148
3.3.2 Modulation MSK 150
3.3.3 Modulation GMSK 150
3.3.4 Modulateurs FSK, MSK, GMSK 153
3.3.5 Démodulateurs FSK, MSK, GMSK 156
3.3.6 Démodulation cohérente 157
3.3.7 Taux d'erreur bit pour les modulations FSK 157
3.3.8 Conclusions sur les modulations FSK 159
3.3.9 Applications 159
3.4 Modulations de phase 159
3.4.1 Modulation BPSK 160
3.4.2 Modulation différentielle de phase DBPSK 164
3.4.3 Modulation QPSK 168
3.5 Modulations d'amplitude de deux porteuses en quadrature QAM 174
3.6 Filtrage des données I et Q 175
3.6.1 Principe 175
3.6.2 Les effets du filtrage 177
3.7 Récupération de la porteuse pour une démodulation cohérente 179
3.7.1 Élévation à la puissance M d'un signal M-aires 179
3.7.2 Boucle de Costas 181
3.8 Diagramme de l'œil 184
3.9 Comparaison des modulations numériques 185
3.10 Applications des modulations numériques 186
3.11 Modélisations Matlab des modulations numériques 187
3.11.1 Modélisation d'une modulation ASK à 2 niveaux 187
3.11.2 Modélisation d'une démodulation ASK 188
3.11.3 Modélisation d'une démodulation ASK cohérente 188
3.11.4 Modélisation d'une modulation FSK 188
3.11.5 Modélisation d'une modulation CPFSK 190
3.11.6 Modélisation d'un démodulateur CPFSK 190
3.11.7 Modélisation d'une modulation numérique de phase BPSK 192
3.11.8 Modélisation d'un démodulateur BPSK cohérente 192
3.11.9 Modélisation d'un modulateur QPSK à 16 états 192

3.12 Choix d'un type de modulation 194
3.13 Introduction à l'étalement de spectre 195
3.13.1 Étalement par saut de fréquence : FHSS 199
3.13.2 Générateurs pseudo-aléatoires 202
3.13.3 Étalement par séquence directe : DSSS 213
3.13.4 Étalement par multiporteuses : COFDM 218
3.13.5 Conclusions 221

CHAPITRE 4 - STRUCTURE DES ÉMETTEURS ET RÉCEPTEURS 223

4.1 Émetteurs 224
4.1.1 Circuit de traitement en bande de base 224
4.1.2 Modulateurs 226
4.1.3 Génération de la fréquence pilote 226
4.1.4 Amplificateur de sortie 228
4.1.5 Adaptation d'impédance 231
4.1.6 Conclusion 231
4.2 Récepteurs 231
4.2.1 Rôle du récepteur 231
4.2.2 Récepteurs à un changement de fréquence 233
4.2.3 Récepteurs à double changement de fréquence 249
4.2.4 Influence des performances de chaque étage sur les performances du récepteur 253
4.3 Conclusion 255

CHAPITRE 5 - COMPOSANTS PASSIFS EN HAUTE FRÉQUENCE 257

5.1 Inductance 257
5.1.1 Applications des selfs 259
5.1.2 Réalisation des selfs 263
5.1.3 Transformateurs 266
5.1.4 Combineurs et diviseurs de puissance 275
5.2 Résistance 281
5.2.1 Polarisation des étages actifs 282
5.2.2 Atténuateurs, diviseurs et combineurs de puissance passifs 282
5.3 Condensateur 287
5.4 Quartz et matériaux céramiques 289
5.4.1 Quartz 291
5.4.2 Matériaux céramiques 303
5.4.3 Composants à onde de surface 308
5.4.4 Résonateurs diélectriques en $\lambda/4$ 314
5.5 Conclusion 318

CHAPITRE 6 - COMPOSANTS ACTIFS ET APPLICATIONS 319

6.1 Transistors bipolaires 319
6.1.1 Modélisation du transistor 322
6.1.2 Polarisation du transistor 334
6.1.3 Application du transistor bipolaire 336
6.2 Transistor à effet de champ 347
6.3 Diodes varicaps 348
6.3.1 Utilisation des diodes varicaps 350
6.3.2 Gain K_0 du VCO 352
6.3.3 Règles de conception complémentaires 353
6.4 Diodes PIN 353
6.4.1 Application, atténuateurs variables 355
6.4.2 Commutateurs 357
Web Supplément en ligne : linéarisation des amplificateurs

CHAPITRE 7 - MÉLANGEURS 359

7.1 Multiplicateur idéal 359
7.2 Mélangeurs réels 361
7.2.1 Mélangeurs passifs 363
7.2.2 Mélangeurs actifs 371
7.2.3 Application des mélangeurs réels 379
7.3 Conclusion 391

CHAPITRE 8 - Boucle à verrouillage de phase 393

8.1 Limites des oscillateurs 393
8.2 Objectif de la boucle à verrouillage de phase 394
8.3 Les besoins en signaux de fréquences stables dans un récepteur 395
8.4 Rappel sur les asservissements 396
8.5 Stabilité de l'asservissement 397
8.5.1 Marge de gain 398
8.5.2 Marge de phase 398
8.6 Boucle à verrouillage de phase à retour unitaire 399
8.6.1 Oscillateur contrôle en tension VCO 400
8.6.2 Comparateur de phase 400
8.6.3 Filtre de boucle 401
8.6.4 Équations générales de la boucle à retour unitaire . . . 401
8.7 Boucle à verrouillage de phase à retour non unitaire 402

8.8 Analyse du fonctionnement en régime statique 402
8.8.1 Boucle à retour unitaire 403
8.8.2 Boucle à retour non unitaire 403
8.8.3 Synthétiseurs de fréquence à boucles multiples 404
8.8.4 Diviseur à double module 407
8.9 Stabilité de la boucle à verrouillage de phase 409
8.9.1 Fonction de transfert des filtres de la boucle 409
8.10 Stabilité des boucles à retour non unitaire 418
8.10.1 Filtre passe-bas avec réseau correcteur par avance de phase 418
8.10.2 Filtre intégrateur avec réseau correcteur par avance de phase 419
8.10.3 Filtre intégrateur avec correcteur par avance de phase et passe-bas 420
8.10.4 Filtre intégrateur parfait et filtre passe-bas 420
8.11 Analyse de la boucle en régime dynamique 420
8.11.1 Stimuli d'entrée 421
8.11.2 Réponse pour des systèmes d'ordre 2 ou ordre 3 quel que soit N 423
8.12 Modulation d'une boucle à verrouillage de phase 430
8.12.1 Principe 430
8.12.2 Modulation du PLL par un signal ayant une composante continue 432
8.13 Calcul des éléments de la boucle à verrouillage de phase 434
8.13.1 Principe 434
8.13.2 Exemple de calcul des éléments du filtre de boucle 435
8.14 Cas des circuits intégrés incluant une pompe de charge 436
8.14.1 Système bouclé du deuxième ordre 437
8.14.2 Système bouclé du troisième ordre 437
8.15 Plage de capture et plage de verrouillage 438
8.16 Éléments constituant la boucle à verrouillage de phase 439
8.16.1 Multiplicateurs analogiques 440
8.16.2 Circuits logiques 441
8.17 Influence du bruit sur la boucle 449
8.17.1 Principe 449
8.17.2 Mesure du bruit de phase 451
8.18 Évolution des PLL 452
8.18.1 Circuit Motorola MC145151 452
8.18.2 Circuit Qualcomm Q3236 457
8.18.3 Circuit Analog Devices ADF4360 460
8.18.4 Comparaison entre les trois exemples de PLL 464
8.19 Conclusion 466

CHAPITRE 9 - ADAPTATION D'IMPÉDANCE 467

9.1 Objectif de l'adaptation d'impédance 467
9.2 Transformation d'impédance 469
9.2.1 Transformation série-parallèle 469
9.2.2 Transformation parallèle-série 470
9.2.3 Transformations usuelles 471
9.3 Coefficients de surtension des circuits *RLC* 471
9.3.1 Circuit *RLC* série 471
9.3.2 Circuit *RLC* parallèle 472
9.4 Définition du réseau d'adaptation 473
9.4.1 Définition du coefficient de surtension du circuit chargé 474
9.4.2 Exemple de calcul du coefficient de surtension du circuit chargé 475
9.5 Condition pour l'adaptation d'impédance 476
9.5.1 Principe 476
9.5.2 Exemple de calcul d'un circuit d'adaptation 477
9.6 Circuits d'adaptation comprenant deux éléments réactifs 478
9.6.1 Impédances de source et de charge réelles 478
9.6.2 Impédances de source complexe et impédances de charge réelle 479
9.6.3 Impédance de source réelle et impédance de charge complexe 479
9.7 Circuits d'adaptation comprenant trois éléments réactifs 483
9.7.1 Circuits en PI et en T 485
9.7.2 Généralisation du procédé 489
9.7.3 Circuits d'adaptation en PI avec impédances de source et de charge complexes 489
9.7.4 Association de circuits élémentaires non symétriques . . 493
9.7.5 Adaptation large bande ou bande étroite 494
9.7.6 Insertion d'un filtre passe-bande supplémentaire 495
9.8 Adaptation d'impédance très large bande 495
9.8.1 Réseau d'adaptation de type passe-bas 496
9.8.2 Réseau d'adaptation de type passe-haut 499
9.8.3 Réseau d'adaptation de type passe-bande 502
9.8.4 Extension de la méthode à un plus grand nombre d'éléments 505
9.9 Conclusion 506

CHAPITRE 10 - MICROSTRIP 507

10.1 Lignes de transmission 507
10.1.1 Définition 507
10.1.2 Ligne sans pertes 509

10.2 Exemples de lignes de transmission 509
10.2.1 Lignes coplanaires 509
10.2.2 Lignes à fentes 509
10.2.3 Stripline 509
10.2.4 Ligne coaxiale 510
10.2.5 Ligne microstrip 511
10.2.6 Conducteur cylindrique 512
10.3 Impédance caractéristique du microstrip 513
10.3.1 Z_0 en fonction de w/h 514
10.3.2 w/h en fonction de Z_0 515
10.3.3 Corrections dues à l'épaisseur t du microstrip 515
10.3.4 Valeurs standards 516
10.4 Pertes dans les lignes 516
10.4.1 Pertes dans les conducteurs 516
10.4.2 Pertes dans le diélectrique 518
10.5 Fréquence de coupure 518
10.6 Longueur d'onde, vitesse de propagation et constante de phase 518
10.7 Discontinuité dans les lignes 519
10.7.1 Filtres à constantes localisées 519
10.7.2 Discontinuité dans la largeur 523
10.8 Conclusion 530

Web CHAPITRE 11 - SUPPLÉMENT EN LIGNE : INTRODUCTION À MATLAB

BIBLIOGRAPHIE 531

INDEX 533

CHAPITRE 1

RÈGLES DE BASE EN HAUTE FRÉQUENCE

1.1 Introduction

Ce chapitre est consacré à la présentation des notions fondamentales utilisées pour la conception des systèmes de radiocommunications. Ces notions importantes doivent être correctement assimilées avant d'envisager la conception de systèmes performants.

Les résultats essentiels constituent un aide-mémoire du concepteur.

Les notions fondamentales permettront :

- l'analyse d'un circuit;
- la conception des sous-ensembles et leur association ;
- l'appréciation des performances d'un composant fourni : amplificateur, mélangeur ou tout autre circuit intégré accomplissant une fonction complexe.

Ce chapitre est donc consacré aux :

- notions de puissance exprimée en unités relatives : dBm;
- bruit, rapport signal sur bruit, facteur et température de bruit;
- point de compression à 1dB;
- distorsion d'intermodulation d'ordre 2 et 3 ;
- bilan de liaison ;
- propagation des ondes.

1.2 Puissance et dBm

En radiocommunication, l'amplitude des signaux est rarement exprimée en V ou µV. En outre, les impédances de charge et d'entrée sont identiques et égales à 50 Ω.

On s'intéresse à la puissance P fournie à cette charge :

$$P = \frac{V^2}{R}$$

où V est la tension efficace présente aux bornes de la charge. Dans cette relation si V est exprimée en volt et R en ohm, P est en watt.

En radiocommunication, les puissances rencontrées sont comprises entre quelques pW – puissance à l'entrée d'un récepteur par exemple – et plusieurs dizaines de kW, en sortie d'un émetteur par exemple.

Pour simplifier les calculs, on préfère manipuler la puissance en unité relative dBm ou dBW.

Le terme dBm fait référence à une puissance de 1 mW. Une puissance P(mW) exprimée en mW est convertie en P(dBm), puissance exprimée en dBm en utilisant la relation :

$$P(\text{dBm}) = 10 \log P(\text{mW})$$

ce qui donne les conversions présentées au *tableau 1.1*.

Tableau 1.1

Puissance en dBm	Puissance en mW
+ 30	1000
+ 20	100
+ 10	10
0	1
– 10	0,1
– 20	0,01
– 40	0,0001
– 60	0,000001
– 80	0,00000001

Pour l'unité dBW on aurait la table de conversion du *tableau 1.2*.

Tableau 1.2

Puissance en dBW	Puissance en W
0	1
– 10	0,1
– 20	0,01
– 30	0,001
– 40	0,0001
– 50	0,00001
– 70	0,0000001
– 90	0,000000001
– 110	0,00000000001

Dans certains cas la référence n'est plus une puissance mais une tension. On rencontre alors des tensions exprimées en dB μV. La référence est une tension de 1 μV.

$$V(\text{dB}\mu\text{V}) = 20 \log V(\mu\text{V})$$

ce qui donne la table de conversion du *tableau 1.3*.

Tableau 1.3

Puissance en mW	Puissance en dBm	Tension en dBμV	Tension en μV
1000	+ 30	+ 137	7079457
100	+ 20	+ 127	2238721
1	0	+ 107	223872
0,01	– 20	+ 87	22387
0,0001	– 40	+ 67	2238
0,000001	– 60	+ 47	223,8
0,00000001	– 80	+ 27	22,4
0,0000000001	– 100	+ 7	2,2
0,00000000002	– 107	0	1

Ces tableaux montrent tout l'intérêt de travailler en unités relatives, elles évitent la manipulation de très grands ou très petits nombres.

Les émetteurs et les récepteurs sont constitués par la mise en cascade de quadripôles de gain G_I. Ces quadripôles peuvent être des amplificateurs, des filtres, des mélangeurs, etc.

Le calcul des gains globaux se résume à des suites d'additions ou soustractions en utilisant une des unités relatives. Le dB est l'unité la plus utilisée.

EXEMPLE

Soit une chaîne constituée, de l'entrée vers la sortie, d'un filtre de perte d'insertion 3 dB, d'un amplificateur de 20 dB de gain, d'un second filtre de 6 dB de perte d'insertion et d'un second amplificateur de 27 dB de gain.

Le gain global G vaut alors : $G = -3 + 20 - 6 + 27 = 38$ dB.

Le schéma synoptique de cette chaîne est représenté à la *figure 1.1.*

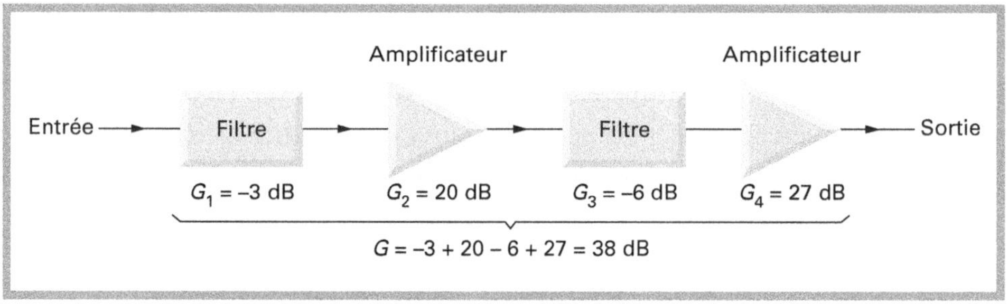

Figure 1.1 – Exemple de calcul du gain global d'une chaîne d'amplification-filtrage.

1.3 Bruit et facteur de bruit

Tout système de communication est affecté par les bruits externes et internes qui limitent ses performances. Pour concevoir et prédire les performances d'un système de communication il est impératif de bien maîtriser toutes les notions de bruit et de facteur de bruit.

Aux bornes d'une résistance R à la température T, il existe une tension de bruit de la valeur instantanée $V(t)$.

La fem de bruit est la racine du carré moyen de la tension soit : $\sqrt{\overline{V^2}}$, avec

$$\overline{V^2} = \frac{1}{T}\int_0^T V^2(t)\,dt$$

Le bruit thermique ayant une densité spectrale de puissance uniforme – bruit blanc – on a donc pour toute la gamme des fréquences la relation de Nyquist :

$$V = \sqrt{4kTBR}$$

V est la tension efficace de bruit en volt;

k représente la constante de Boltzmann : $k = 1{,}38 \cdot 10^{-23}\ J \cdot K^{-1}$;

T est la température exprimée en K;

R est la résistance en ohm;

B est la bande de fréquence considérée exprimée en Hz.

La puissance maximale de bruit qui est transférée à une charge vaut :

$$N = \frac{\overline{V^2}}{4R}$$

ou :

$$N = kTB$$

Cette relation, pour des raisons pratiques, est souvent présentée de la manière suivante :

$$N\,[\text{dBm}] = -174 + 10 \log B$$

$$k = 1{,}38 \cdot 10^{-23}\ J \cdot K^{-1};$$

$$T = 17\ °C;$$

$$T\,[K] = 273 + T\,[°C].$$

Ceci donne pour différentes valeurs de largeur de bande B :

$$B = 1\ \text{Hz} \quad N = -174\ \text{dBm}$$

$$B = 1\ \text{kHz} \quad N = -144\ \text{dBm}$$

$$B = 1\ \text{MHz} \quad N = -114\ \text{dBm}$$

$$B = 10\ \text{MHz} \quad N = -104\ \text{dBm}$$

Dans le système de communication simplifié de la *figure 1.2*, N représente la puissance de bruit à l'entrée du récepteur que le signal utile reçu doit dominer. Le niveau est le niveau plancher de bruit. Si la puissance du signal reçu C est égale à la puissance de bruit N, le rapport porteuse sur bruit vaut 1.

$$C/N = 1$$

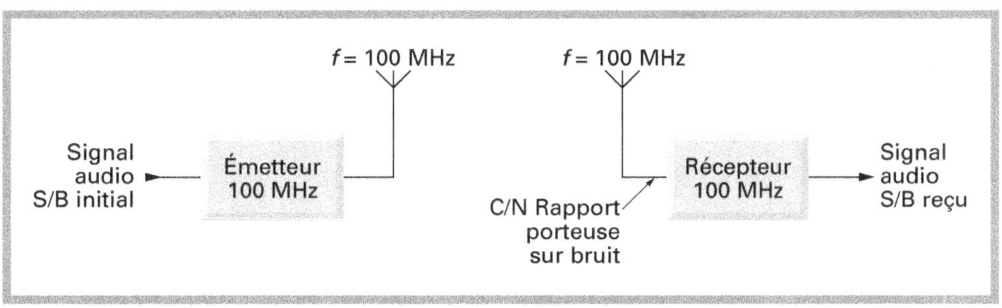

Figure 1.2 – Schéma simplifié d'une liaison audio à 100 MHz situant les rapports C/N et S/B.

Il est évident que le bruit perturbera la transmission et l'on cherchera à le minimiser.

Ces exemples montrent d'une manière évidente que l'on doit, à chaque fois que cela est possible, utiliser une largeur de bande la plus faible possible.

L'étude des procédés de modulation montrera que la largeur de bande est liée à l'information à transmettre et au procédé de modulation.

Au cours de la phase de conception, il faudra donc opter pour un compromis entre performance et largeur de bande. Tous ces points seront détaillés dans les chapitres suivants.

1.4 Rapport signal sur bruit et porteuse sur bruit

Le rapport signal sur bruit est défini comme le rapport de la puissance de signal à la puissance de bruit :

$$porteuse\,/\,bruit = puissance\ du\ signal\,/\,puissance\ du\ bruit$$

À l'entrée d'un récepteur, on a coutume de désigner par C – de l'anglais *carrier* – la puissance du signal et par N – de l'anglais *noise* – la puissance du bruit.

Le rapport signal sur bruit s'écrit donc :

$$porteuse\,/\,bruit = C/N$$

Si les puissances sont exprimées en W ou en mW, le rapport signal sur bruit est sans unité. Dans la pratique, C et N sont exprimés en dBm et on a :

$$(porteuse\,/\,bruit)_{\mathrm{dB}} = C_{\mathrm{dBm}} - N_{\mathrm{dBm}}$$

Pour le signal à transmettre, signal en bande de base, on parle de rapport signal sur bruit noté S/B qui comme précédemment, est soit sans unité soit en dB.

Il est important de ne pas confondre les deux rapports C/N et S/B.

Le schéma synoptique simplifié d'une transmission d'un signal audio à 100 MHz de la *figure 1.2* situe les différents rapports C/N et S/B.

C/N est relatif au signal autour de la fréquence porteuse et S/B relatif au signal en bande de base (signal démodulé).

1.5 Facteur de bruit

Considérons l'amplificateur idéal de la *figure 1.3*, ne produisant pas de bruit. Il reçoit à son entrée une puissance de signal S_e et une puissance de bruit N_e avec :

$$N_e = \mathrm{k}TB$$

Si G représente le gain de l'amplificateur, on récupère en sortie :

$$S_S = GS_e$$

$$N_S = GN_e$$

Le rapport signal sur bruit est le même en entrée et en sortie :

$$S_S / N_S = S_e / N_e$$

Dans le cas d'un amplificateur réel de la *figure 1.4*, la puissance de bruit en sortie N_s est plus importante que celle de l'amplificateur idéal. On pose alors :

$$N_s = GN_e + (F-1)\ GN_e$$

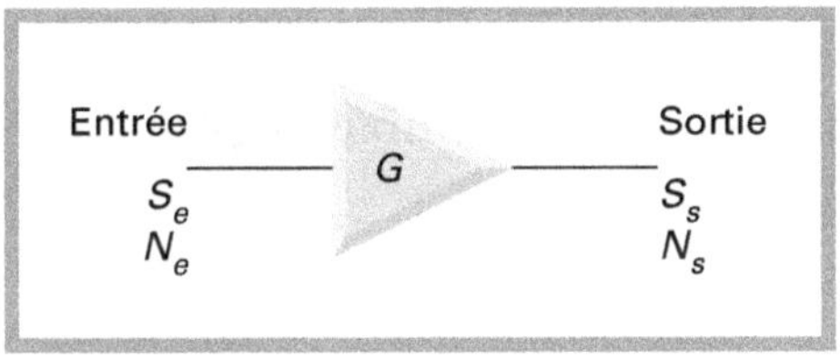

Figure 1.3 – Amplificateur idéal.

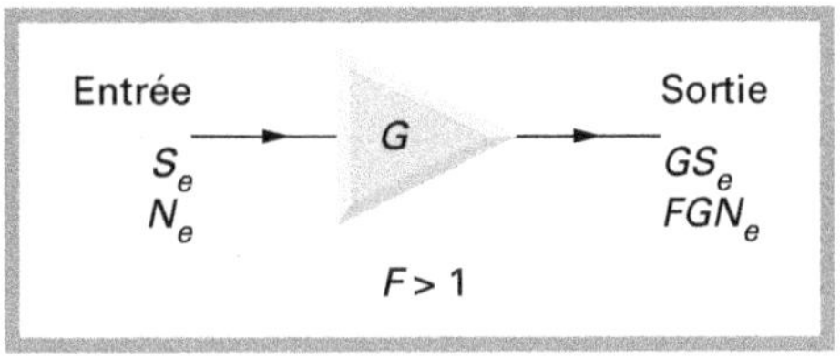

Figure 1.4 – Amplificateur réel.

Cette relation peut s'énoncer :

bruit total en sortie = bruit de l'entrée amplifié

+ contribution de bruit de l'étage amplificateur.

Le facteur de bruit peut aussi se mettre sous la forme :

$$F = \frac{S_e / N_e}{S_s / N_s}$$

Dans la pratique F est exprimé en dB.

$$F_{\text{dB}} = 10 \log F$$

$$F_{\text{dB}} = \left(\frac{S_e}{N_e}\right)_{\text{dB}} - \left(\frac{S_s}{N_s}\right)_{\text{dB}} = 10 \log \frac{S_e}{N_e} - 10 \log \frac{S_s}{N_s}$$

On cherche évidemment les facteurs de bruit les plus faibles possible. Les performances des semi-conducteurs en amélioration constante permettent des facteurs de bruit inférieurs à 1 dB, 0,7 dB dans certains cas.

Des valeurs de 3 dB sont assez courantes pour des amplificateurs large bande mais elles peuvent parfois atteindre 6 ou 7 dB.

Les répercussions du facteur de bruit d'un étage amplificateur sur la chaîne de transmission sont fonction de l'emplacement de cet amplificateur dans la chaîne.

Ce point particulier sera examiné dans le chapitre consacré à la structure des émetteurs et des récepteurs.

1.5.1 Facteur de bruit d'un atténuateur

Considérons un atténuateur de rapport A, recevant à son entrée la puissance de signal S_e et la puissance de bruit N_e. Si l'atténuateur divise le signal, il n'a malheureusement pas la faculté de diminuer le bruit, toute la puissance de bruit se retrouve donc en sortie et l'on a les relations : $S_S = S_e / A$, et $N_S = N_e$.

On cherche le facteur de bruit de l'atténuateur.

$$F = \frac{S_e / N_e}{S_s / N_s} = \frac{S_e / N_e}{S_e / AN_e}$$

Finalement, le facteur de bruit de l'atténuateur en dB est égal à son atténuation en dB.

$$F_{\mathrm{dB}} = A_{\mathrm{dB}}$$

1.5.2 Facteur de bruit de plusieurs étages en cascade

Le schéma de la *figure 1.5* représente plusieurs étages en cascade, chacun des étages ayant un gain G_i et un facteur de bruit F_i. À l'entrée de la chaîne d'amplification, on a les deux grandeurs, signal S_e et bruit N_e. En sortie du premier amplificateur, on récupère :

$$S_{S1} = G_1 S_e$$

$$N_{S1} = G_1 N_e + (F_1 - 1)\, N_e G_1 = F_1 G_1 N_e$$

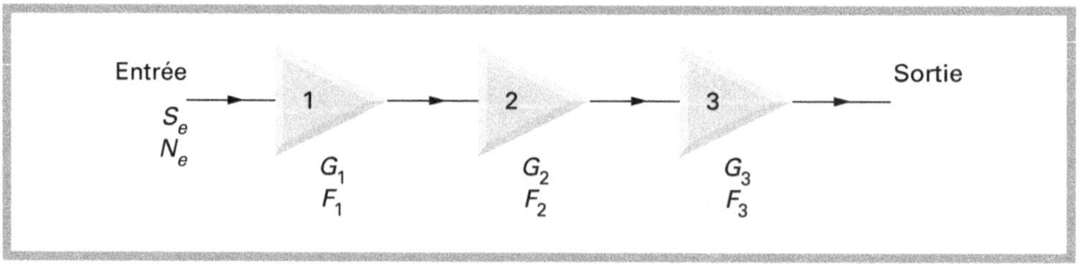

Figure 1.5 – Facteur de bruit de plusieurs étages en cascade.

En sortie du deuxième étage, on récupère :

$$S_{S2} = G_2 S_{S1}$$

$$N_{S2} = G_2 N_{S1} + (F_2 - 1)\, N_e G_2$$

où le deuxième terme correspond à la contribution de bruit du deuxième étage.

On cherche le facteur de bruit global de l'ensemble des deux amplificateurs 1 et 2 :

$$F_{1,2} = \frac{S_e/N_e}{S_{s2}/N_{s2}}$$

$$F_{1,2} = F_1 + \frac{F_2 - 1}{G_1}$$

La même opération peut être réitérée pour un nombre quelconque d'étages.

On aurait pour une cascade de trois étages :

$$F_{1,2,3} = F_1 + \frac{F_2 - 1}{G_1} + \frac{F_3 - 1}{G_1 G_2}$$

On remarque que dans ces équations, le facteur de bruit du premier étage est prépondérant. On dit en général que le bruit du premier étage masque le bruit des étages suivants.

Dans ces relations, F_i et G_i sont des valeurs sans unité; dans la pratique F_i et G_i sont données en dB. Il faudra préalablement convertir les valeurs en dB en utilisant les relations suivantes :

$$F = 10^{\frac{F_{dB}}{10}} \qquad G = 10^{\frac{G_{dB}}{10}}$$

EXEMPLE

Un amplificateur A_2, non performant, a un gain de 30 dB et un facteur de bruit de 6 dB, il est précédé par un amplificateur de gain 20 dB et facteur de bruit de 1 dB.

$$F_1 = 10^{\frac{1}{10}} = 1,259$$

$$G_1 = 10^{\frac{20}{10}} = 100$$

$$F_2 = 10^{\frac{6}{10}} = 3,981$$

$$G_2 = 10^{\frac{30}{10}} = 1000$$

$$F_{1,2} = 1,259 + \frac{3,981 - 1}{100}$$

$$F_{1,2} = 1,259 + 0,029 = 1,289$$

$$F_{1,2} = 1,10 \text{ dB}$$

Si le gain de l'étage d'entrée vaut 10 dB le facteur de bruit global des deux étages en cascade vaut :

$$F_{1,2} = 1,259 + \frac{3,981 - 1}{10}$$

$$F_{1,2} = 1,92 \text{ dB}$$

L'étage d'entrée est donc primordial et il doit allier un faible facteur de bruit et un fort gain.

Reprenons le cas des deux amplificateurs A_1 et A_2, de gain 20 et 30 dB; si ces deux amplificateurs sont précédés d'un filtre passe-bande ayant une perte d'insertion de 1,5 dB, le facteur de bruit global devient :

$$F_1 = 10^{\frac{1,5}{10}} = 1,412$$

Le facteur de bruit d'un élément passif est égal à sa perte d'insertion dans le circuit.

$$G_1 = 10^{\frac{-1,5}{10}} = 0,707$$

$$F_2 = 10^{\frac{1}{10}} = 1,259$$

$$G_2 = 10^{\frac{20}{10}} = 100$$

$$F_3 = 10^{\frac{6}{10}} = 3,981$$

$$G_3 = 10^{\frac{30}{10}} = 1\,000$$

$$F_{1,2,3} = 1,412 + \frac{0,259}{0,707} + \frac{2,981}{70,7} = 1,82$$

$$F_{1,2,3} = 2,6 \text{ dB}$$

La perte d'insertion du filtre dégrade le facteur de bruit, ce qui était prévisible. Dans ce cas, on remarque que le facteur de bruit global est voisin de la somme des facteurs de bruit des deux premiers étages.

Si l'on néglige la présence du troisième étage, en considérant que le gain du premier étage est suffisant pour masquer le bruit des étages suivants on peut écrire, pour l'atténuateur ou filtre :

$$F_1 = A$$

$$G_1 = \frac{1}{F_1} = \frac{1}{A}$$

Le facteur de bruit global $F_{1,2}$ s'écrit :

$$F_{1,2} = F_1 + \frac{F_2 - 1}{G_1} = A + (F_2 - 1)A$$

$$F_{1,2} = AF_2$$

$$F_{1,2}(\text{dB}) = A(\text{dB}) + F_2(\text{dB})$$

Cette relation ne s'applique que dans le cas où le facteur de bruit du premier étage est égal à sa perte d'insertion. Ces exemples montrent que dans la plupart des cas de calcul du facteur de bruit global d'une chaîne d'amplification et filtrage, on peut faire l'approximation en ne tenant compte que des deux premiers étages. On doit malgré tout s'assurer de la validité de cette approximation.

1.6 Température de bruit

1.6.1 Principe

Pour la notion de température de bruit on utilise la représentation de la *figure 1.6.*

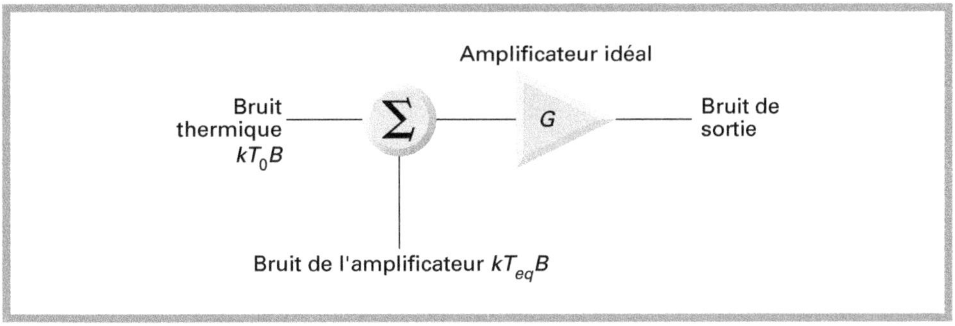

Figure 1.6 – Schéma équivalent pour la notion de température de bruit.

L'amplificateur idéal reçoit à l'entrée deux puissances de bruit, le bruit thermique kT_0B et la contribution de bruit de l'amplificateur k$T_{eq}B$, où T_0 est la température de référence (en général 290 K), et T_{eq} est appelée température équivalente de bruit.

En sortie de l'amplificateur, la puissance de bruit vaut :

$$N_S = G(\mathrm{k}T_0B + \mathrm{k}T_{eq}B)$$

Dans le cas du facteur de bruit, nous avions la relation :

$$N_S = FGN_e = FG\mathrm{k}T_0B$$

La température équivalente de bruit et le facteur de bruit qui sont en fait, deux méthodes différentes pour modéliser un amplificateur bruyant, sont donc liés par la relation :

$$F = 1 + \frac{T_{eq}}{T_0}$$

Dans cette relation, F est sans unité et T_0 est la température de référence.

De la même manière, il est possible de calculer la température équivalente de bruit en connaissant son facteur de bruit :

$$T_{eq} = T_0\,(F - 1)$$

1.6.2 Température de bruit de plusieurs étages en cascade

Une température équivalente de bruit caractérise donc un quadripôle bruyant.

Comme pour le facteur de bruit, on peut cascader plusieurs quadripôles et chercher la température équivalente de bruit résultante.

$$F_{1,2} = F_1 + \frac{F_2 - 1}{G_1}$$

$$F_{1,2} = 1 + \frac{T_{eq1,2}}{T_0}$$

$$F_1 = 1 + \frac{T_{eq1}}{T_0}$$

$$F_2 = 1 + \frac{T_{eq2}}{T_0}$$

$$1 + \frac{T_{eq1,2}}{T_0} = 1 + \frac{T_{eq1}}{T_0} + \frac{1 + \frac{T_{eq2}}{T_0} - 1}{G_1}$$

$$T_{eq1,2} = T_{eq1} + \frac{T_{eq2}}{G_1}$$

EXEMPLE

Un filtre ayant une perte d'insertion de 3 dB et donc un facteur de bruit identique de 3 dB est placé en aval d'un amplificateur ayant une température de bruit équivalente de 864 K.

Quelle est la température équivalente globale?

Le facteur de bruit de 3 dB est tout d'abord converti en température équivalente de bruit :

$$T_{eq} = T_0(F - 1)$$

$$T_{eq} = 290(1{,}995 - 1) = 288{,}6 \text{ K}$$

puis en utilisant la relation :

$$T_{eq1,2} = T_{eq1} + \frac{T_{eq2}}{G_1}$$

$$T_{eq1,2} = 288{,}6 + (864 \times 1{,}995) = 2012{,}3 \text{ K}$$

Si maintenant on utilise la relation :

$$F = 1 + \frac{T_{eq}}{T_0}$$

on peut calculer le facteur de bruit résultant :

$$F = 1 + \frac{2012{,}3}{290} = 7{,}94$$

soit en convertissant cette valeur en dB :

$$F(\text{dB}) = 10 \log F = 10 \log 7{,}94 = 9 \text{ dB}$$

1.7 Point de compression à 1 dB

Considérons l'amplificateur idéal de la *figure 1.7*. Cet amplificateur a un gain de 20 dB.

Lorsque la puissance d'entrée P_e augmente, la puissance de sortie P_s augmente dans le rapport G.

La puissance de P_s sortie vaut :

$$P_s = GP_e$$

Dans la pratique, la dynamique d'un amplificateur n'est pas infinie et la puissance de sortie est limitée lorsque l'amplificateur arrive à saturation. On définit donc le point de compression à 1 dB noté P_{1dB}, comme le point pour lequel la puissance en sortie est inférieure de 1 dB à la puissance théorique, dans le cas idéal.

Sur la *figure 1.7*, le point de compression à 1 dB est obtenu pour une puissance d'entrée de 16 dBm.

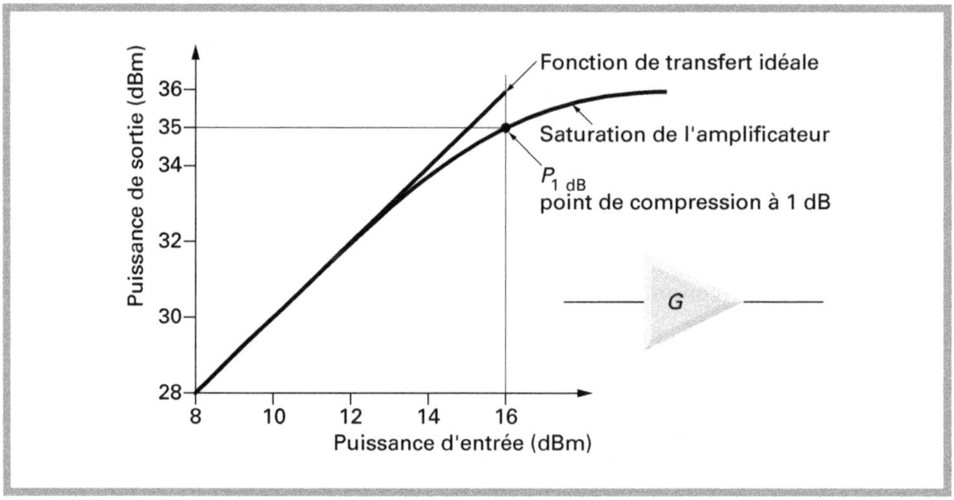

Figure 1.7 – Point de compression à 1 dB.

Cette puissance d'entrée donnerait théoriquement une puissance de 36 dBm ; en fait, la puissance n'est alors que de 35 dBm. Cela illustre parfaitement la notion de saturation.

La fonction de transfert de l'amplificateur réel ne peut en aucun cas être une droite de pente G, quelle que soit la puissance d'entrée.

1.8 Distorsion d'intermodulation

L'amplificateur, dont le schéma est représenté sur la *figure 1.7* possède une fonction de transfert réelle en puissance qui peut être représentée par la courbe de la *figure 1.8*.

Dans le cas idéal, cette fonction de transfert devrait être parfaitement linéaire, le gain G lie alors la puissance de sortie P_s à la puissance d'entrée P_e.

Pour l'amplificateur de la *figure 1.8*, la fonction de transfert n'est pas linéaire. Cette fonction se compose en fait de trois sections :

– pour les faibles signaux d'entrée, la loi liant les puissances d'entrée et de sortie est quadratique;
– pour des puissances supérieures, la loi est linéaire;
– pour des puissances élevées, on atteint un régime de saturation.

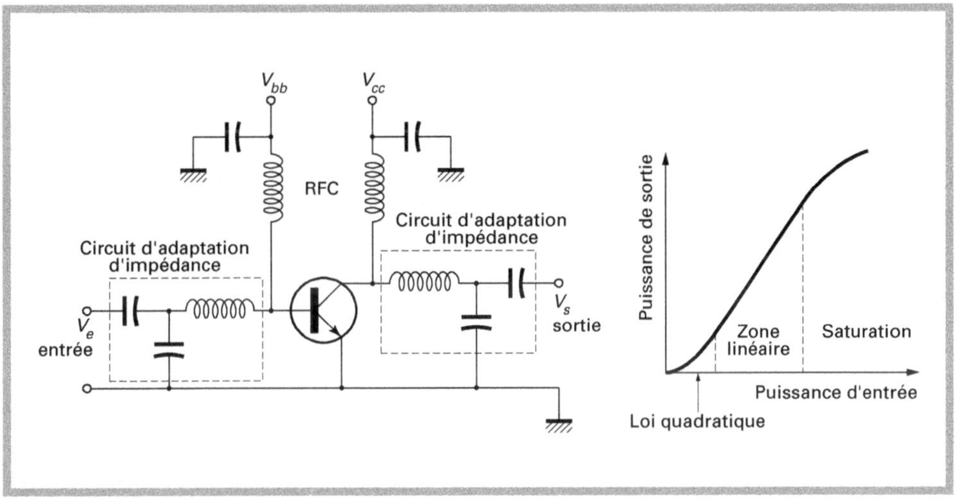

Figure 1.8 – Amplificateur non linéaire réel.

Pour montrer l'effet de la non-linéarité de la fonction de transfert, il faut considérer que le quadripôle a une fonction de transfert de la forme :

$$V_S = f(V_e)$$

$$V_S = G + G_1 V_e + G_2 V_e^2 + G_3 V_e^3 + \ldots + G_n V_e^n$$

Admettons que le signal d'entrée V_e soit un signal composé de deux porteuses aux pulsations ω_1 et ω_2 :

$$V_e = a_1 \cos \omega_1 t + a_2 \cos \omega_2 t$$

En remplaçant dans la caractéristique du gain $V_S = f(V_e)$, V_e par la composition des deux porteuses on obtient un résultat de la forme (en se limitant aux termes d'ordre 4) :

$$V_S = A_0 + A_1 \cos \omega_1 t + B_1 \cos \omega_2 t + A_2 \cos 2\omega_1 t + B_2 \cos 2\omega_2 t + C_2 \cos (\omega_1 \mp \omega_2) t$$
$$+ A_3 \cos 3\omega_1 t + B_3 \cos 3\omega_2 t + C_3 \cos (\omega_1 \mp 2\omega_2) t + A_4 \cos \omega_1 t + B_4 \cos 4\omega_2 t$$
$$+ C_4 \cos (3\omega_1 \mp \omega_2) t + D_4 \cos (2\omega_1 \mp 2\omega_2) t + E_4 \cos (\omega_1 \mp 3\omega_2) t$$

Les termes A, B, C, D d'indice 1 sont appelés composantes du premier ordre, d'indice 2 du deuxième ordre, etc.

Les valeurs A, B, C, D, E sont des fonctions de G_i, a_1 et a_2.

En conclusion, si l'on injecte à un quadripôle non linéaire deux porteuses ayant des pulsations ω_1 et ω_2, la sortie de ce quadripôle comporte tous les produits d'intermodulation de la forme $m\omega_1 \mp n\omega_2$, avec m et n entier [0, 1, 2, ...].

Si l'on effectue le calcul complet en limitant la fonction de transfert, on obtient :

$$V_e = a\,(\cos\omega_1 t + \cos\omega_2 t)$$

$$V_s = G_1 V_e + G_2 V_e^2 + G_3 V_e^3$$

$$V_s = aG_1\,(\cos\omega_1 t + \cos\omega_2 t) + a^2 G_2\,(\cos\omega_1 t + \cos\omega_2 t)^2 + a^3 G_3\,(\cos\omega_1 t + \cos\omega_2 t)^3$$

$$V_s = aG_1\cos\omega_1 t + aG_1\cos\omega_2 t + a^2 G_2\left(\frac{1}{2}\cos 2\omega_1 t + \frac{1}{2}\cos 2\omega_2 t + \cos(\omega_1+\omega_2)t\right.$$

$$\left. + \cos(\omega_1-\omega_2)t\right) + a^3 G_3\left(\frac{1}{4}\cos 3\omega_1 t + \frac{1}{4}\cos\omega_1 t + \frac{1}{4}\cos 3\omega_2 t + \frac{1}{4}\cos\omega_2 t\right.$$

$$+\frac{3}{4}\cos(2\omega_1+\omega_2)\,t + \frac{3}{4}\cos(2\omega_1-\omega_2)\,t + \frac{3}{4}\cos(2\omega_2+\omega_1)\,t$$

$$\left. +\frac{3}{4}\cos(2\omega_2-\omega_1)\,t\right)$$

EXEMPLE

Supposons qu'à l'entrée d'un récepteur, on soit en présence de deux composantes à :

$$f_1 = 411\ \text{MHz}$$

$$f_2 = 412\ \text{MHz}.$$

Les produits d'intermodulation, en sortie de cet amplificateur, d'ordre 2 sont respectivement :

$$2f_1 = 822\ \text{MHz}$$

$$2f_2 = 824\ \text{MHz}$$

$$f_1 + f_2 = 823\ \text{MHz}$$

$$f_2 - f_1 = 1\ \text{MHz}$$

Les produits d'intermodulation d'ordre 3 sont respectivement :

$$3f_1 = 1233\ \text{MHz}$$

$$3f_2 = 1226\ \text{MHz}$$

$$2f_2 - f_1 = 413\ \text{MHz}$$

$$2f_1 - f_2 = 410\ \text{MHz}$$

$$2f_2 + f_1 = 1234\ \text{MHz}$$

$$2f_1 + f_2 = 1235\ \text{MHz}.$$

On remarque, comme le montre le spectre de la *figure 1.9*, que les produits d'intermodulation d'ordre 3 donnent naissance à des composantes proches des deux composantes utiles aux fréquences f_1 et f_2, $2f_2 - f_1$ et $2f_1 - f_2$.

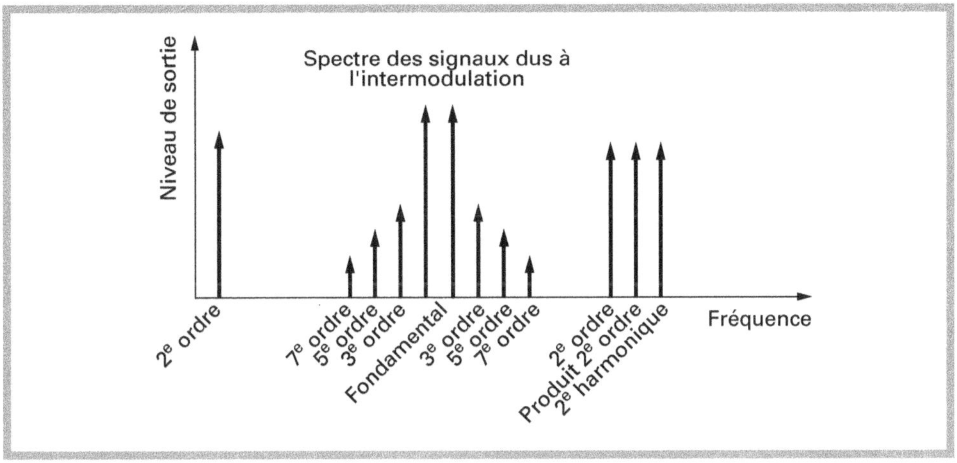

Figure 1.9 – Spectre en sortie de l'amplificateur non linéaire.

Leur filtrage peut s'avérer impossible. Les composantes dues à l'intermodulation d'ordre 2 donnant naissance à des composantes éloignées des deux signaux d'entrée sont éliminées plus facilement par filtrage.

1.8.1 Amplitude des produits dus à la DIM

Les produits d'intermodulation d'ordre 2 sont des fonctions de a^2 et les produits d'intermodulation d'ordre 3, fonction de a^3.

La DIM d'ordre 3 est la DIM la plus gênante car les produits $2f_2 - f_1$ et $2f_1 - f_2$, les plus proches, croissent en fonction de a^3 alors que le signal utile croît en fonction de a.

Nous pouvons donc définir trois fonctions de transfert.

- amplitude des fondamentaux en fonction des signaux d'entrée;
- amplitude des produits dus à la DIM d'ordre 2 en fonction des signaux d'entrée;
- amplitude des produits dus à la DIM d'ordre 3 en fonction des signaux d'entrée.

Ces trois courbes auront respectivement des pentes de a, a^2 et a^3 et sont regroupées à la *figure 1.10*.

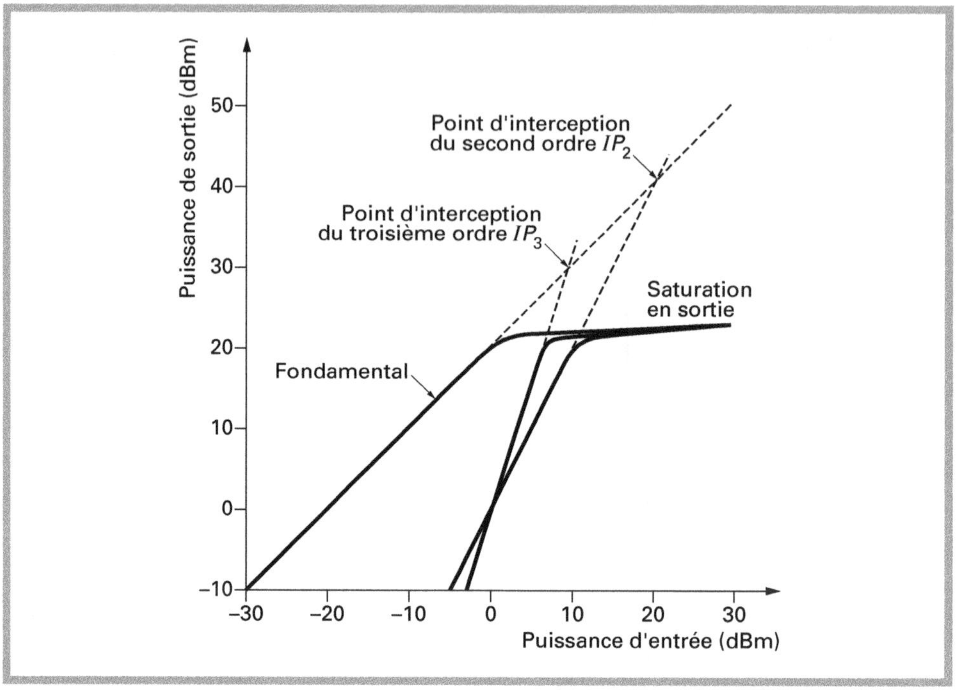

Figure 1.10 – Fonctions de transfert de l'amplificateur réel pour le signal utile et les produits dus à la DIM.

1.8.2 Points d'interception IP2 et IP3

Le point d'intersection des courbes ayant les pentes a et a^2 est appelé point d'interception du deuxième ordre : IP2.

Le point d'intersection des courbes ayant les pentes a et a^3 est appelé point d'interception du troisième ordre : IP3.

Ces points IP2 et IP3 sont des points théoriques car la puissance délivrée par l'amplificateur ne peut pas dépasser le régime de saturation. Le niveau de saturation est valable pour les trois fonctions de transfert. Dans le pire des cas, c'est-à-dire saturation totale de l'amplificateur, les signaux dus à la DIM ont une amplitude égale à celle des composantes utiles.

Bien que les points IP2 et IP3 soient théoriques, ils sont essentiels pour caractériser la linéarité d'un amplificateur ou tout autre quadripôle utilisé en radiocommunication. Plus les valeurs IP2 et IP3 seront importantes, meilleure sera la linéarité de l'amplificateur.

À titre d'exemple, on peut comparer différents types d'amplificateurs intégrés mini-circuits. Ces amplificateurs monolithiques sont des MMIC (*Microwave*

Monolitic Integrated Circuits) adaptés pour 50 Ω et fonctionnant dans une large plage de fréquence.

Le *tableau 1.4* regroupe une série d'amplificateurs ayant des performances différentes. Ces amplificateurs peuvent être optimisés pour le facteur de bruit, le point de compression ou la régularité de l'amplification dans toute la bande de fréquence.

Le modèle ERA-3 est optimisé pour le facteur de bruit minimum mais son point IP3 est le plus faible. *A contrario*, le modèle ERA-6 a le point IP3 le plus élevé mais aussi le facteur de bruit le plus dégradé. Cela illustre parfaitement les compromis qui attendent les futurs concepteurs de systèmes de transmission.

Tableau 1.4 – Comparaison des différents amplificateurs intégrés.

Type	Gain à 1 GHz dB	ΔG de 0 à 2 GHz dB	P_{1dB} dBm	Facteur de bruit dB	IP3 dBm
ERA-1	12,1	0,3	11,7	5,3	26
ERA-2	16,0	0,3	12,8	4,7	26
ERA-3	22,2	1,1	12,1	3,8	23
ERA-4	13,7	0,2	17	5,5	32,5
ERA-5	19,8	0,75	18,4	4,5	33
ERA-6	11,1	0,2	18,5	8,4	36,5

1.8.3 Normographes pour le calcul des puissances des produits dus à la DIM

Les deux courbes des *figures 1.11* et *1.12* permettent d'une manière graphique et rapide l'évaluation du niveau des produits d'intermodulation d'ordre 2 et 3. La courbe de la *figure 1.11* donne directement le niveau des produits dus à la DIM d'ordre 2 et 3 en dBm. La courbe de la *figure 1.12* donne la réjection des produits par rapport au signal utile en dB.

Graphe de la *figure 1.11*

Ce graphe est constitué de quatre échelles verticales définies de la manière suivante de gauche à droite :

– valeur du point d'interception IP2 ou IP3 en dBm, paramètre d'entrée;

– niveau du signal de sortie, paramètre d'entrée;

– niveau des produits d'ordre 2, résultat;

– niveau des produits d'ordre 3, résultat.

Graphe de la *figure 1.12*

Ce graphe est constitué de quatre échelles verticales, les troisième et quatrième étant confondues en un seul axe gradué à sa droite et à sa gauche.

Les échelles sont définies de la manière suivante de gauche à droite :

- valeur du point d'interception IP2 ou IP3 en dBm, paramètre d'entrée;
- niveau du signal de sortie en dBm, paramètre d'entrée;
- réjection des produits d'ordre 2 en dB, échelle de gauche;
- réjection des produits d'ordre 3 en dB, échelle de droite.

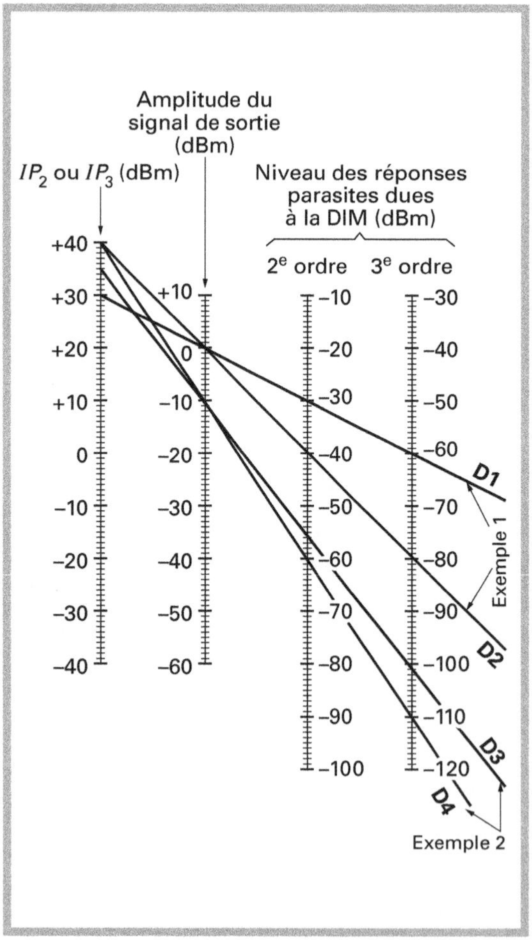

Figure 1.11 – Normographe pour le calcul des produits d'intermodulation d'ordres 2 et 3.

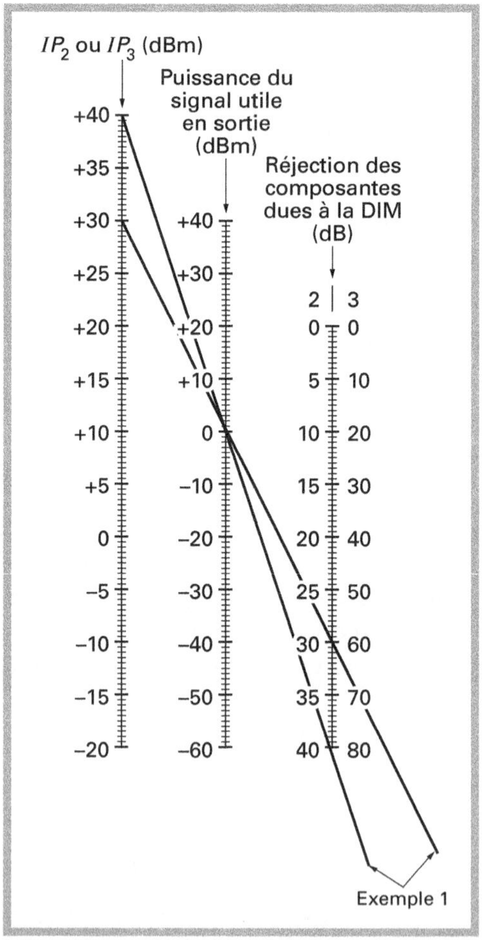

Figure 1.12 – Normographe pour le calcul des produits d'intermodulation d'ordres 2 et 3.

EXEMPLE

1. Soit un amplificateur défini de la manière suivante :

IP3 = + 30 dBm, IP2 = + 40 dBm

niveau de sortie : $S_{out} = 0$ dBm.

Sur la *figure 1.11* on trace deux droites.

La première droite D1 passe par IP3, 30 dBm et amplitude de sortie de 0 dBm, elle coupe la quatrième échelle au point A à – 60 dBm.

L'amplitude des produits dus à la DIM d'ordre 3 est de – 60 dBm.

La deuxième droite D2 passe par IP2, + 20 dB et amplitude de sortie égale à 0 dBm, et coupe la troisième échelle au point D = – 40 dBm.

Les points B et C n'ont pas de signification et ne doivent pas être interprétés.

2. Soit un amplificateur défini par :

IP2 = + 40 dBm, IP3 = + 35 dBm, $S_{out} = -10$ dBm.

Sur le graphe de la *figure 1.11*, on trace deux droites D3 et D4, lesquelles donnent les résultats suivants :

Amplitude des produits d'intermodulation d'ordre 3 = – 100 dBm;

Amplitude des produites d'intermodulation d'ordre 2 = – 60 dBm.

3. On utilise le graphe de la *figure 1.12*

Soit l'amplificateur défini dans le cas de l'exemple 1 :

IP2 = + 40 dBm, IP3 = + 30 dBm, $S_{out} = 0$ dBm

Les produits dus à la DIM d'ordre 3 sont rejetés de 60 dB par rapport au signal utile; leur amplitude est de – 60 dBm.

Les produits dus à la DIM d'ordre 2 sont rejetés de 40 dB par rapport au signal utile, leur amplitude est de – 40 dBm.

1.8.4 Point d'interception IP3 de plusieurs étages en cascade

Soit une cascade de n étages, ayant chacun un gain G_i en dB et un point d'interception IP_i en dB. Les gains G_i peuvent être positifs ou négatifs.

Pour calculer le point d'interception global, les valeurs des gains en dB doivent préalablement être converties en rapport et les valeurs des puissances en dB, converties en mW.

$$g_i = 10^{\frac{G_i}{10}}$$

$$i_i = 10^{\frac{IP_i}{10}}$$

$$p_i = 10^{\frac{P_i}{10}}$$

Il s'agit de calculer la valeur du point d'interception rapporté à l'entrée.

Toutes les valeurs des points d'interception sont rapportées à l'entrée.

Le point d'interception est une valeur de puissance en sortie de l'amplificateur. Si l'on veut rapporter cette valeur à l'entrée, elle doit être divisée par le gain de l'étage considéré. Dans le cas d'un second étage, le point d'interception du second étage doit être divisé par le gain des deux étages précédents. Cette opération est réitérée autant de fois qu'il y a d'étages.

Les puissances rapportées à l'entrée s'écrivent :

$$p_1 = \frac{i_1}{g_1}$$

$$p_2 = \frac{i_2}{g_1 g_2}$$

$$p_3 = \frac{i_3}{g_1 g_2 g_3}$$

$$p_4 = \frac{i_4}{g_1 g_2 g_3 g_4}$$

$$p_5 = \frac{i_5}{g_1 g_2 g_3 g_4 g_5}$$

Les puissances sont ensuite ajoutées de la manière suivante :

$$i_p 3\ (entrée) = \frac{1}{\frac{1}{p_1} + \frac{1}{p_2} + \frac{1}{p_3} + \frac{1}{p_4} + \ldots + \frac{1}{p_n}}$$

Cette valeur est en mW et la valeur en dBm résultante sera obtenue classiquement par :

$$\mathrm{IP3}(entrée) = 10 \log g i_p\, 3\ (entrée)$$

Supposons que le nombre d'étages soit limité à 2 :

$$i_p3\ (entrée) = \frac{1}{\dfrac{\frac{1}{i_1}}{g_1} + \dfrac{\frac{1}{i_2}}{g_1\, g_2}}$$

$$i_p3\ (entrée) = i_2 \frac{i_1}{g_1\, i_2 + g_1\, g_2\, i_2}$$

Si l'on s'intéresse à la nouvelle valeur IP, résultant de la mise en cascade de ces deux amplificateurs, en sortie du deuxième étage :

$$i_p3\ (sortie) = i_p3\ (entrée)\ g_1 g_2 = i_2 \frac{1}{1 + \dfrac{1}{g_2}\dfrac{i_2}{i_1}}$$

soit en exprimant cette valeur en dBm :

$$\text{IP3}\ (sortie) = \text{IP3}(2) - 10\ \log\left(1 + \frac{1}{g_2}\frac{i_2}{i_1}\right)$$

IP3(2) est la valeur du point d'interception d'ordre 2 pour le deuxième étage.

La valeur IP3(*sortie*) est donc la valeur du point d'interception du troisième ordre, exprimée en dBm à la sortie de la cascade des deux étages.

Dans cette relation, il apparaît clairement que le point d'interception du deuxième ordre du second étage est le paramètre important. Ceci se comprend sans difficulté. Si l'on cherche à obtenir de bonnes performances en terme d'IP3, dans une cascade de *n* amplificateurs, plus le rang *n* de l'amplificateur est élevé plus son point IP3 devra être important.

EXEMPLES

1. Soient les deux étages en cascade définis dans le *tableau 1.5* :

Tableau 1.5

	Étage 1	Étage 2
G	20 dB (100)	10 dB (10)
IP3	33 dBm (2 000)	10 dBm (10)

$$\text{IP3}\ (sortie) = 10 - 10\ \log\left(1 + \frac{1}{10} \times \frac{10}{2\,000}\right)$$

$$\text{IP3}\ (sortie) \approx 10\ \text{dBm}$$

2. Si l'ordre des deux amplificateurs est intervertit, l'étage ayant le plus fort IP3 est placé en deuxième.

$$\text{IP3 } (sortie) = 33 - 10 \log\left(1 + \frac{1}{100} \times \frac{2\,000}{10}\right)$$

$$\text{IP3 } (sortie) = 28{,}2 \text{ dBm}$$

1.8.5 Point d'interception IP2 de plusieurs étages en cascade

On conserve les mêmes notations que pour le point d'interception du deuxième ordre.

Ce dernier, rapporté en entrée du premier étage, est donné par la relation :

$$i_p2\ (entrée) = \frac{1}{\left(\frac{\sqrt{g_1}}{\sqrt{i_1}} + \frac{\sqrt{g_1\,g_2}}{\sqrt{i_2}} + \frac{\sqrt{g_1\,g_2\,g_3}}{\sqrt{i_3}} + \ldots + \frac{\sqrt{g_1 \cdots g_n}}{\sqrt{i_n}}\right)^2}$$

Comme précédemment, cette valeur est en mW et la valeur en dBm est obtenue classiquement.

Si l'on suppose que la cascade est constituée par deux étages, la relation précédente se simplifie :

$$i_p2\ (entrée) = \frac{1}{\left(\sqrt{\frac{g_1}{i_1}} + \sqrt{\frac{g_1\,g_2}{i_2}}\right)^2}$$

$$i_p2\ (entrée) = i_2\left(\frac{\sqrt{i_1}}{\sqrt{g_1}\sqrt{i_2} + \sqrt{g_1}\sqrt{g_2}\sqrt{i_1}}\right)^2$$

Si l'on s'intéresse au point d'interception du second ordre en sortie du second étage :

$$i_p2\ (sortie) = g_1 g_2\, i_p2\ (entrée)$$

$$i_p2\ (sortie) = i_2\left(\frac{\sqrt{g_1}\sqrt{g_2}\sqrt{i_1}}{\sqrt{g_1}\sqrt{i_2} + \sqrt{g_1}\sqrt{g_2}\sqrt{i_1}}\right)^2$$

Et en exprimant cette relation en dBm :

$$\text{IP2 } (sortie) = \text{IP2 } (2^e\ étage) - 20 \log\left[1 + \sqrt{\frac{1}{g_2}\frac{i_2}{i_1}}\right]$$

EXEMPLE

1. Soient les deux étages en cascade définis de la manière suivante :

Tableau 1.6

	Étage 1	**Étage 2**
G	20 dB (100)	10 dB (10)
IP2	20 dBm (100)	7 dBm (5)

La valeur du point d'interception au second ordre *n* sortie du second étage vaut :

$$\text{IP2 }(sortie) = 7 - 20 \log \left[1 + \sqrt{\frac{1}{10} \times \frac{5}{100}} \right]$$

$$\text{IP2 }(sortie) \approx 7 \text{ dBm}$$

2. Si les deux étages sont intervertis, l'amplificateur ayant le plus fort point IP2 est placé en deuxième :

$$\text{IP2 }(sortie) = 20 - 20 \log \left[1 + \sqrt{\frac{1}{100} \times \frac{100}{10}} \right]$$

$$\text{IP2 }(sortie) = 17{,}6 \text{ dBm}$$

Remarque

Pour comparer les relations présentées dans différents ouvrages, il faut faire attention à la notation employée, puissance exprimée soit en dBm, soit en mW et point d'interception analysé en entrée ou en sortie.

1.8.6 Mesure du point d'intermodulation d'ordre 3 (IP3)

La mesure du point d'interception d'ordre 3 peut être faite assez simplement en adoptant la configuration de la *figure 1.13*. On utilise deux générateurs, un additionneur et un analyseur de spectre. L'objectif est, en injectant les deux fréquences f_1 et f_2, de visualiser les produits d'intermodulation d'ordre 3, aux fréquences $2f_1 - f_2$ et $2f_2 - f_1$, et de mesurer les amplitudes relatives de ces raies.

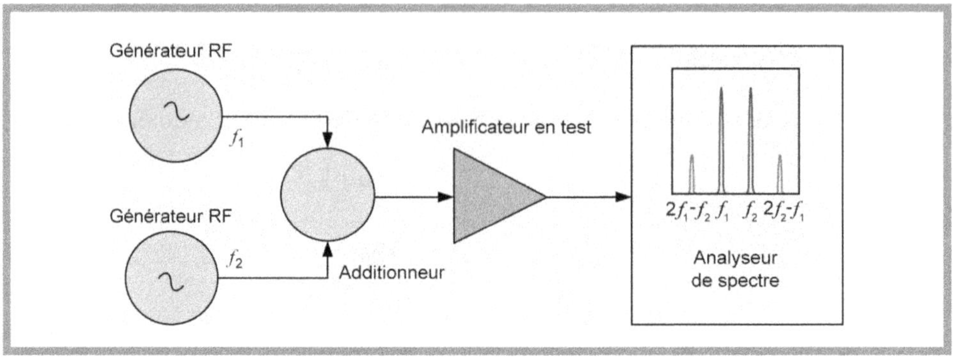

Figure 1.13 – Méthode de mesure du point d'interception, IP3, d'un quadripôle.

La *figure 1.14* rend compte de la simplicité de la mesure, il s'agit simplement de mesurer, en sortie du quadripôle à tester, le niveau des deux fréquences injectées et la réjection des produits d'intermodulation d'ordre 3. Ces valeurs sont exprimées en dBm et dB respectivement.

Si l'on note P_{OUT} le niveau de puissance des deux porteuses et Δ le niveau de réjection, la valeur du point d'interception d'ordre 3 est donnée par la relation :

$$\text{IP3 (dBm)} = P_{OUT} + \frac{\Delta}{2}\,\text{(dB)}$$

Si l'on admet que la puissance maximale admissible par un analyseur de spectre est de +20 dBm, que la dynamique d'affichage est de 80 dB et que pour des raisons de lecture on s'autorise à mesurer au maximum une réjection de 60 dB, la valeur d'IP3 mesurée maximale vaut juste +50 dBm. Cette valeur correspond à un amplificateur ayant d'excellentes performances en terme de linéarité.

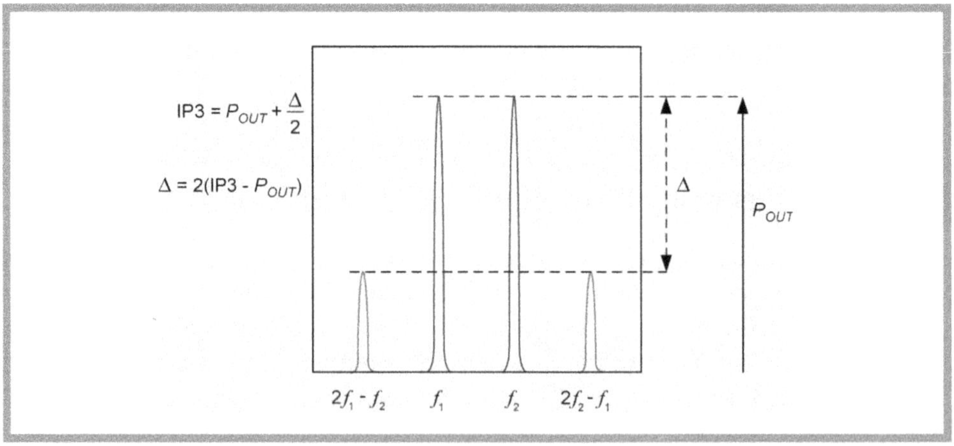

Figure 1.14 – Calcul du point d'interception du troisième ordre à partir de la mesure.

Pour des raisons de sécurité il sera préférable d'opter pour la configuration de la *figure 1.15.* On rajoute un coupleur directif à 20, 30 ou 40 dB. La puissance de sortie, pendant la mesure, peut alors être importante sans risque de destruction de l'analyseur de spectre.

Plus la puissance de sortie est importante plus le niveau de réjection est faible. Cette caractéristique peut être intéressante pour mesurer le point d'interception du troisième ordre des amplificateurs très linéaires comme les *feed-forward amplifiers.*

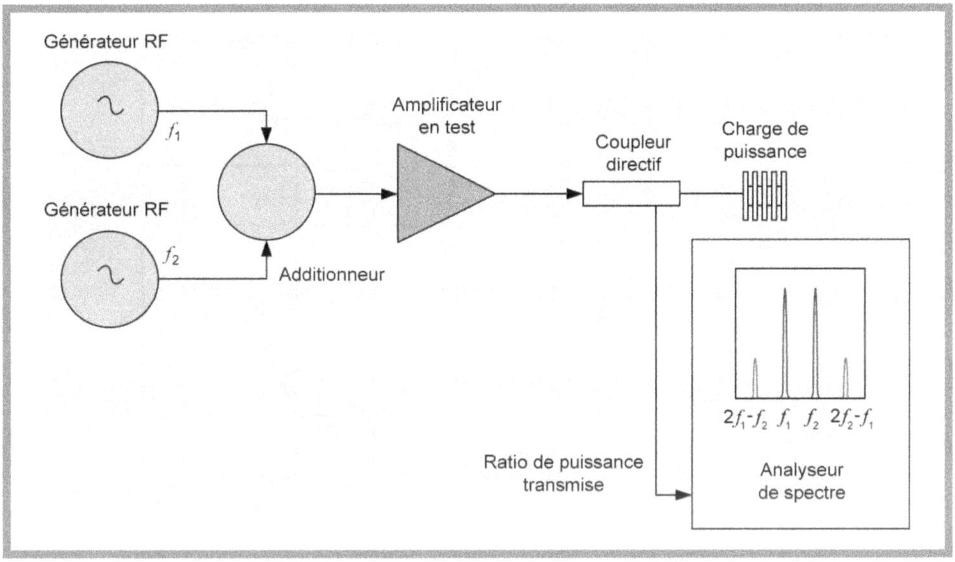

Figure 1.15 – Méthode de mesure du point d'interception avec un coupleur directif.

Dans les deux cas (*figures 1.13* et *1.15*), on devra s'assurer que le banc de test ne génère pas d'intermodulation. Ce contrôle est simple puisqu'il suffit de remplacer l'amplificateur en test par un court-circuit. Une intermodulation pourra être due à un couplage défectueux entre les deux générateurs ou à un défaut des étages d'entrée de l'analyseur. On pourra constater qu'il faudra travailler avec les niveaux d'entrée les plus faibles possible, ce qui milite en faveur de la configuration de la *figure 1.15.*

Certains constructeurs ne spécifient pas directement la valeur du point d'interception IP3.

La relation liant la puissance de sortie et la réjection des produits d'intermodulation d'ordre 3 à la valeur du point d'interception du troisième ordre peut aussi être utilisée dans certains cas pour l'examen et la comparaison d'amplificateurs intégrés.

La *figure 1.16* donne la réjection des produits d'ordre 3 en fonction de la puissance de sortie pour l'amplificateur NEC uPC1678. Par exemple, pour une puissance de sortie de +10 dBm, la réjection est de 30 dB. On peut en déduire la valeur du point IP3 :

$$\text{IP3 (dBm)} = 10\text{ (dBm)} + \frac{30}{2}\text{ (dB)}$$

$$\text{IP3 (dBm)} = +25\text{ dBm}$$

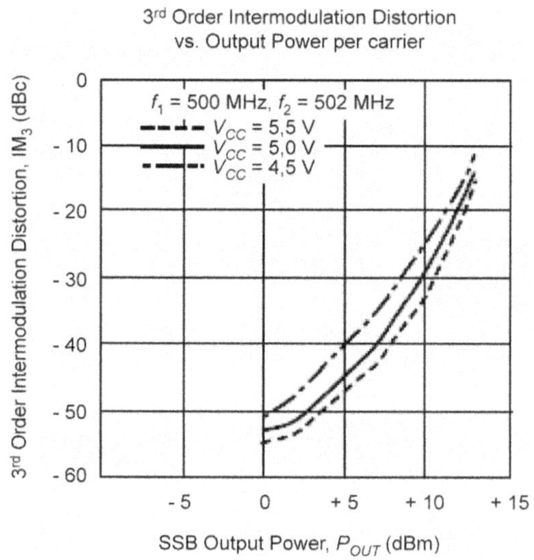

Figure 1.16 – Réjection des produits d'ordre 3 en fonction de la puissance de sortie pour l'amplificateur NEC uPC1678.

1.9 Généralités sur les ondes radio

Les systèmes de communication hertziens tels que nous les connaissons, comme la radio (anciennement la TSF), la télévision, le téléphone portable, les réseaux sans fil, utilisent le rayonnement électromagnétique des ondes pour transmettre des informations d'une antenne émettrice à une ou plusieurs antennes réceptrices distantes. La propagation des signaux (ondes électromagnétiques) dépend essentiellement de deux paramètres fondamentaux qui sont la longueur d'onde et les propriétés du milieu (en termes géographiques et électromagnétiques).

1.9.1 Bilan de liaison

L'équation des télécommunications permet le calcul de la puissance reçue en fonction de la puissance émise.

Si un émetteur est équipé d'une antenne isotrope, le flux de puissance d'une sphère de centre E et de rayon D est uniformément réparti à la traversée de cette sphère (*figure 1.17*).

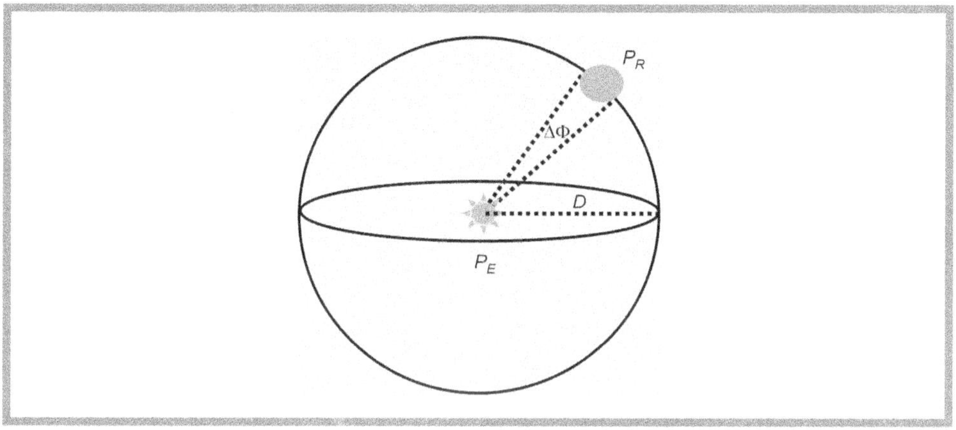

Figure 1.17 – Expression de la puissance reçue en fonction de la distance et de la puissance émise.

Le flux de puissance vaut :

$$\frac{P_E}{4\pi D^2}$$

Ceci exprime que la puissance est émise dans toutes les directions, soit dans un angle solide de 4π. Si l'antenne de l'émetteur présente dans la direction du récepteur un gain absolu G_E, la densité du flux de puissance dans cette direction vaut :

$$\frac{G_E P_E}{4\pi D^2}$$

Le produit $G_E P_E$ est appelé *puissance apparente rayonnée.*

L'antenne de réception, de surface équivalente S_R, prélève sur l'onde reçue la puissance P_R qui est la puissance reçue à l'entrée du récepteur :

$$P_R = S_R \frac{G_E P_E}{4\pi D^2}$$

Le gain d'une antenne G et sa surface équivalente S_R sont liés par la relation :

$$G = \frac{4\pi S}{\lambda^2}$$

où λ est la longueur d'onde.

Le rapport des puissances $\frac{P_R}{P_E}$ peut alors s'exprimer par la relation :

$$\frac{P_R}{P_E} = G_E G_R \frac{\lambda^2}{4\pi^2 D^2}$$

G_E et G_R sont respectivement les gains d'antennes à l'émission et à la réception. λ est la longueur d'onde transmise. D est la distance séparant l'émetteur et le récepteur.

L'affaiblissement de puissance A, dit *affaiblissement en espace libre*, peut encore s'écrire sous la forme suivante :

$$A = \left(\frac{4\pi D}{\lambda}\right)^2$$

$$\lambda = \frac{c}{f}$$

$$A\,(\text{dB}) = 20\log\left(\frac{4\pi D}{\lambda}\right) = 22 + 20\log\left(\frac{D}{\lambda}\right)$$

avec $c = 3\,.\,10^8$ m.s^{-1}, f la fréquence en Hz et D la distance en m séparant émetteur et récepteur.

Finalement :

$$A\,(\text{dB}) = 22 + 20\log\left(\frac{D}{\lambda}\right)$$

avec D et λ dans la même unité.

Cette relation peut aussi se mettre sous la forme suivante qui, dans certains cas, simplifie les calculs :

$$A\,(\text{dB}) = 32{,}5 + 20\log D\,(\text{km}) + 20\log f\,(\text{MHz})$$

Ces relations sont essentielles pour dimensionner une liaison radiofréquence.

Une liaison entre un satellite et une station terrestre est la meilleure illustration d'un bilan de liaison. Pour effectuer le bilan de liaison on peut procéder par étapes. On commence par calculer l'atténuation entre un satellite et une station terrestre :

$$f = 12\ \text{GHz}, \quad D = 36\,000\ \text{km}$$

On peut ensuite calculer la puissance de bruit dans la largeur du canal de transmission, 30 MHz :

$$N = -174 + 10\log B$$

$$N = -174 + 10\log 30 \cdot 10^6 = -100\ \text{dBm}$$

Si la puissance fournie à l'antenne d'émission vaut 50 W, que le gain des antennes d'émission et de réception vaut 40 dBi, le rapport signal sur bruit à l'entrée du récepteur sera :

$$P_E = 47 \text{ dBm}$$

$$P_R = 47 + 40 + 40 - 205 = -78 \text{ dBm}$$

$$\frac{S}{B} = 100 - 78 = 22 \text{ dB}$$

Dans ce calcul on ne tient pas compte du facteur de bruit du récepteur. On pourrait par exemple évaluer le facteur de bruit du récepteur à 2 dB. Le rapport signal sur bruit serait alors diminué de cette valeur :

$$\frac{S}{B} = 100 - 78 - 2 = 20 \text{ dB}$$

Un tel rapport est-il suffisant ? En analogique ? En numérique ?

Pour répondre à cette question on s'aidera des résultats du chapitre 2 pour une transmission en analogique et des résultats du chapitre 3 pour une transmission en numérique.

Si on tient compte de pertes additionnelles dues aux câbles, erreur de pointage, erreur de polarisation, intempéries entraînant une perte de 10 dB supplémentaires, le rapport signal sur bruit est diminué de 10 dB.

Un second exemple permet de calculer la portée maximale. On considère un émetteur de télévision analogique d'une puissance de 4 W fonctionnant à 600 MHz. Le gain des antennes d'émission et de réception vaut 10 dBi et le facteur de bruit du récepteur vaut 5 dB. On cherche la distance maximale pour laquelle on peut établir une liaison de bonne qualité, soit un rapport signal sur bruit de 40 dB. En analogique la largeur d'un canal est de 8 MHz :

$$N = -174 + 10 \log B$$

$$N = -174 + 10 \log 8 \cdot 10^6 = -105 \text{ dBm}$$

La puissance minimale reçue par le récepteur doit être égale au moins à :

$$P_R = N + F + \frac{S}{N}$$

$$P_R = -105 + 5 + 40 = -60 \text{ dBm}$$

La puissance reçue peut aussi s'exprimer sous la forme :

$$P_R = P_E + G_E + G_R - A$$

Dans ce cas, nous cherchons l'atténuation maximale permissible :

$$A = P_E + G_E + G_R - P_R$$

$$A = 36 + 10 + 10 + 60 = 116 \text{ dB}$$

L'atténuation est liée à la longueur d'onde et à la distance par la relation :

$$A = 22 + 20\log\left(\frac{D}{\lambda}\right)$$

$$116 = 22 + 20\log\left(\frac{D}{\lambda}\right)$$

$$\lambda = 0{,}5 \text{ m}$$

$$D = 25 \text{ km}$$

1.9.2 Caractéristiques des antennes

Le gain d'une antenne G est défini comme le rapport entre l'intensité du champ rayonnée dans une direction donnée (*figure 1.18*), U_{max}, et l'intensité rayonnée par une antenne isotrope recevant la même puissance, U_{moy}.

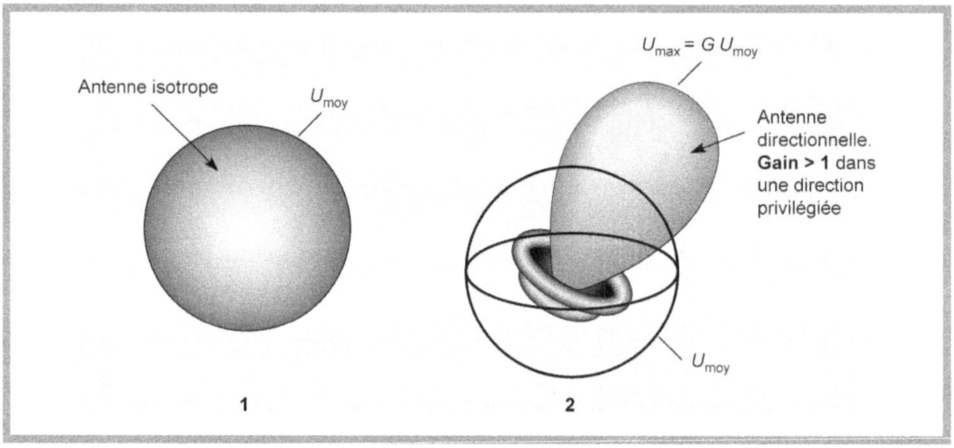

Figure 1.18 – Définition du gain de l'antenne.

Une antenne est un dipôle et son impédance est une valeur complexe. On peut donc, pour une antenne, mesurer son paramètre S_{11}.

Classiquement le paramètre S_{11} est lié à l'impédance Z par la relation :

$$S_{11} = \frac{Z - R_0}{Z + R_0}$$

R_0 est la résistance de normalisation et vaut 50 Ω en général et 75 Ω dans certains cas.

On définit aussi deux autres termes, RL (*return loss*) et le rapport ou taux d'ondes stationnaires ROS :

$$RL = -20\log\left|\frac{Z-R_0}{Z+R_0}\right|$$

$$ROS = \frac{1+|S_{11}|}{1-|S_{11}|}$$

Type	Forme	Z_c	Diagramme de rayonnement	Gain g (G)	Utilisation
Dipôle (ou doublet de Hertz)	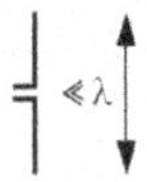		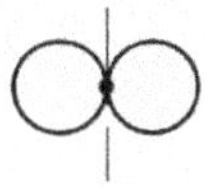	1,5 (1,8 dB)	Ondes longues moyennes et courtes
Dipôle quart d'onde	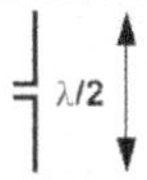	~ 73 Ω	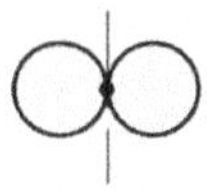	1,64 (2,1 dB)	Ondes ultracourtes (OUC)
Dipôle λ/4 replié	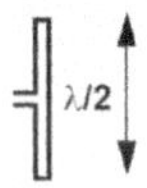	~ 300 Ω			
Yagi	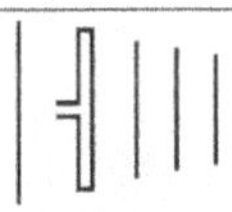	< 300 Ω		8 ... 9 dB	Réception OUC, TV (bande étroite)
Tourniquet		~ 70 Ω			Émission omnidirectionnelle
Dièdre	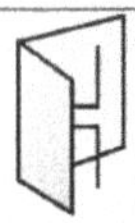	~130 Ω		9 dB	Émission OUC
Papillon				5 dB	Émission OUC, TV
Cigare			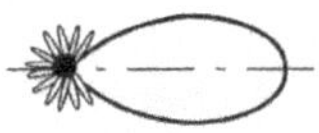	16 dB	Faisceaux hertziens spéciaux
Hélice	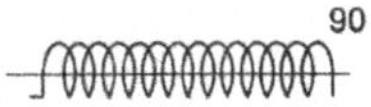	90 ... 220 Ω			Poursuite et télécommande de satellites
Losange (rhomboèdre)	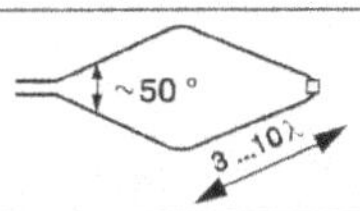			15 ... 22 dB	Radiotélégraphie intercontinentale (ondes courtes)

Figure 1.19 – Exemple d'antennes, gain et diagramme de rayonnement.

L'antenne étant un dipôle ayant une impédance complexe, elle devra être adaptée à l'étage d'entrée du récepteur ou à l'étage de sortie de l'émetteur, ou simultanément aux deux étages dans le cas d'un émetteur récepteur.

Pour le calcul du réseau d'adaptation on utilise les méthodes et procédés exposés dans le chapitre 9.

1.9.3 Zone de Fresnel

Pour qu'une transmission entre deux points puisse être considérée comme une transmission en espace libre, une zone, dite *zone de Fresnel*, doit être complètement dégagée.

En radiocommunication on admet que l'énergie est transmise dans un volume ellipsoïdal comme le représente la *figure 1.20*.

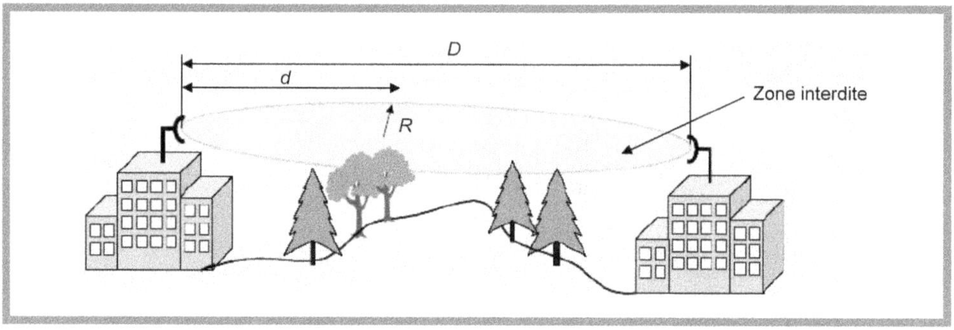

Figure 1.20 – Propagation en espace libre et zone de Fresnel.

Les dimensions de l'ellipse sont données par les équations suivantes. On s'intéresse principalement au rayon de l'ellipse à une distance donnée, ce résultat permettant notamment de déterminer la hauteur minimale des antennes :

$$R = 17,3\sqrt{\frac{d(D-d)}{Df}}$$

avec D et d en km, f en GHz et R en m.

Au milieu, le rayon est maximal et vaut :

$$\text{rayon au milieu } R = 17,3\sqrt{\frac{D}{4f}}$$

1.9.4 Propagation hors espace libre

Rares sont les cas où la propagation s'effectue en espace libre, les exemples d'une liaison entre un satellite et une station au sol, ou une liaison point à point par un faisceau hertzien sont des cas idéaux. Dans ces deux cas précis, la liaison est bien en espace libre et l'on peut utiliser la relation liant atténuation, longueur d'onde et distance.

Hormis le cas précis de la propagation en espace libre il n'est pas possible de calculer précisément l'atténuation. On cherche alors une ou plusieurs approximations pour faire une estimation du bilan de liaison. Dans la pratique, par exemple en milieu urbain, on constate que l'atténuation diminue beaucoup plus rapidement que ce qu'elle diminuerait en espace libre.

On utilise alors une formule approchée pour estimer l'atténuation :

$$A \approx \left(\frac{4\pi}{\lambda}\right)^2 D^n$$

L'indice n est utilisé pour qualifier le type de milieu. Lorsque $n = 2$, on retrouve la loi d'atténuation en espace libre. En milieu urbain dégagé, on pourra utiliser des valeurs de n comprises entre 2,7 et 3,5. En milieu urbain avec de nombreux obstacles, on choisira n entre 3 et 5. Finalement pour la propagation à l'intérieur des bâtiments, on optera pour des valeurs de n entre 4 et 6. Ces valeurs sont issues de l'expérience et de mesures. Il ne s'agit en aucun cas d'un modèle exact. Le choix du paramètre n est assez délicat car il peut conduire à des sous-dimensionnements ou surdimensionnements importants, par exemple sur la puissance nécessaire à l'émission.

L'augmentation du paramètre n de 2 vers 4 par exemple conduit à diminuer la portée, d'un facteur 10, par rapport à ce qu'elle serait en espace libre.

1.9.5 Classification des ondes hertziennes

Les ondes électromagnétiques sont classées en fonction de leur fréquence en plusieurs bandes (*tableau 1.7*).

Tableau 1.7 – Classification des ondes hertziennes.

Fréquence	Longueur d'onde	Classe métrique	Bande radio
3 à 30 kHz	30 à 10 km	Myriamétrique	Très basses fréquences : VLF
30 à 300 kHz	10 à 1 km	Kilométriques	Basses fréquences : LF
300 à 3 MHz	1 km à 100 m	Hectométriques	Moyennes fréquences : MF
3 à 30 MHz	100 à 10 m	Décamétriques	Hautes fréquences : HF
30 à 300 MHz	10 à 1 m	Métriques	Très hautes fréquences : VHF
300 MHz à 3 GHz	1 m à 10 cm	Décimétriques	Ultra hautes fréquences : UHF
3 à 30 GHz	10 à 1 cm	Centimétriques	Hyperfréquences (super hautes fréquences) : SHF
30 à 300 GHz	1 à 0,1 cm	Millimétriques	Extrêmement hautes fréquences : EHF

1.10 Propagation des ondes

La propagation des ondes radio entre une antenne émettrice et une antenne réceptrice peut être effectuée de plusieurs façons suivant sa fréquence : au moyen de la surface terrestre (ondes de sol), de réflexions naturelles ou artificielles (ondes réfractées), et directe.

1.10.1 Ondes de sol

Les ondes de surface sont des ondes qui se propagent le long du sol. Une partie de l'énergie de l'onde est absorbée par le sol et engendre des courants induits. On les appelle aussi *courant tellurique*. Les ondes de sol (*figure 1.21*) suivent la courbure de la Terre et leurs portées (à puissance émise constante) dépendent essentiellement de trois paramètres :

- de la nature du sol, en particulier de sa conductivité,
- de la fréquence,
- de la puissance émise.

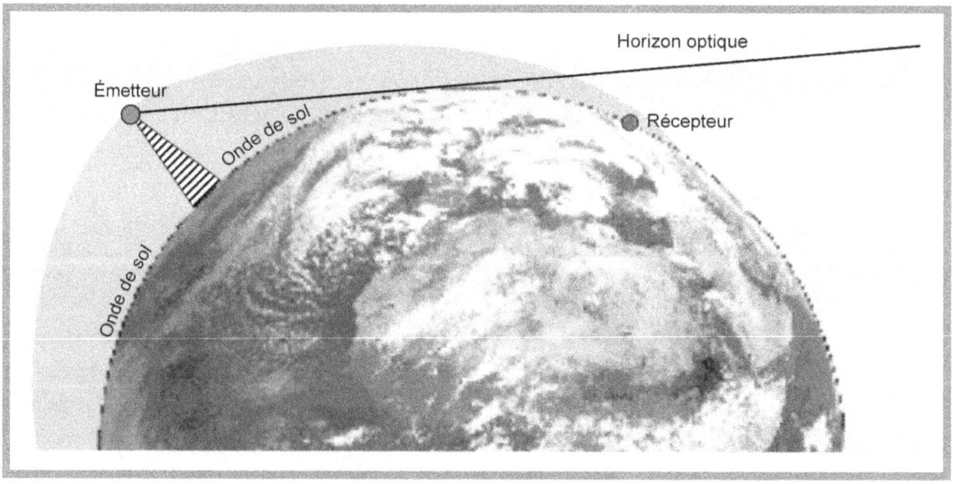

Figure 1.21 – Ondes de sol.

Le *tableau 1.8* résume quelques ordres de grandeur concernant la conductivité ($S.m^{-1}$) de différentes natures de sol. Plus la conductivité du sol est importante, plus la portée (à puissance émise constante) est grande et moins l'onde pénètre dans le sol.

La portée des ondes de sol est limitée par la fréquence. Pour des fréquences très basses (*Very Low Frequencies* < 30 kHz), les distances atteintes sont de l'ordre de plusieurs milliers de kilomètres. À très basses fréquences, les ondes de sol

Tableau 1.8

	Fréquence de 1 MHz		Fréquence de 1 GHz	
Neutre	σ en $S.m^{-1}$	Pénétration en m	σ en $S.m^{-1}$	Pénétration en m
Terre sèche	10^{-4}	90	2.10^{-4}	40
Terre humide	10^{-2}	5	0,2	0,2
Eau douce	3.10^{-3}	15	0,2	0,3
Eau de mer	5	0.3	5	10^{-3}

permettent de transmettre des informations au-delà de l'horizon optique (trans-horizon). Cette technique était utilisée pour les radiocommunications avec les sous-marins. Pour des fréquences plus hautes, les distances atteintes sont de l'ordre de la centaine voire de la dizaine de kilomètres (en HF).

1.10.2 Réflexions ionosphériques

L'atmosphère qui nous entoure est généralement divisée en cinq couches : la troposphère, la stratosphère, la mésosphère, la thermosphère et l'exosphère. Du point de vue des ondes électromagnétiques et de leurs propriétés électriques, la mésosphère et la thermosphère sont regroupées sous le nom d'*ionosphère*. L'ionosphère s'étend sur environ 800 km à 60 km de la surface de la Terre. Les énergies solaires et cosmiques (ultraviolets, rayon α, β et γ) ionisent les molécules d'air de cette couche, cette ionisation étant plus importante le jour que la nuit.

Suivant la fréquence les ondes émises en direction de l'ionosphère sont réfléchies en direction de la Terre (*figure 1.22*). Les couches ionosphériques agissent comme des miroirs. Des distances importantes peuvent être atteintes.

Cette propriété optique s'explique au moyen des indices de réfraction des couches de l'ionosphère. En provenance de la troposphère, l'onde électromagnétique passe d'un indice de réfraction fort à un indice plus faible. En fonction de l'angle d'incidence, l'onde est alors réfléchie ou réfractée. L'indice de réfraction d'un milieu ionisé dépend de la fréquence mais aussi de la densité électronique du milieu. La formule suivant permet de le calculer :

$$n = \sqrt{1 - \frac{N \cdot 10^{-9} \cdot e^2}{\pi \cdot m \cdot f^2}}$$

où N représente la densité volumique d'électron en $e.m^{-3}$, f correspond à la fréquence en kHz, e et m représentent la charge et la masse d'un électron ($1{,}6 \,.\, 10^{-19}$ C et $9{,}11 \,.\, 10^{-31}$ kg).

On distingue dans l'ionosphère trois couches D, E et F aux propriétés électroniques, climatologiques et optiques (/ondes électromagnétiques) différentes (*tableau 1.9*).

Tableau 1.9 – Propriétés des trois couches de l'ionosphère.

Paramètres	Couche D	Couche E	Couche F
Altitude (km)	60 à 80	80 à 140	140 à 800
Pression (Pa)	2	0,01	10^{-4}
Température (°C)	–76	–50	+1 000
Densité électronique (e.cm^{-3})	10^4	10^5	10^6
Indice de réfraction	0,99 (à 70 km)	0,95 (à 120 km)	0,31 (à 300 km)

La couche D est la couche la plus basse. Son degré d'ionisation dépend de la journée. Cette couche a la particularité de disparaître. Vis-à-vis des ondes radio, la couche D réfléchit certaines ondes des bandes VLF et LF, absorbe partiellement les ondes MF et transmet de manière atténuée les ondes HF.

La couche E, comme la couche D, n'est présente que le jour. Elle réfléchit les ondes HF permettant des communications de plus de 1 000 km.

La couche F est tout le temps présente avec la particularité de se dédoubler la journée pour former deux sous-couches F_1 et F_2 à des altitudes respectivement plus basses (environ 140) et plus hautes (environ 400 km) que l'altitude moyenne diurne. Comme pour la couche E, la couche F réfléchie les ondes HF dont les fréquences sont inférieures à une fréquence appelée *fréquence critique*. Au-delà de cette fréquence et suivant leurs incidences, les ondes sont transparentes pour la couche ionosphérique. Elles ne sont pas renvoyées vers la Terre (*figure 1.22*).

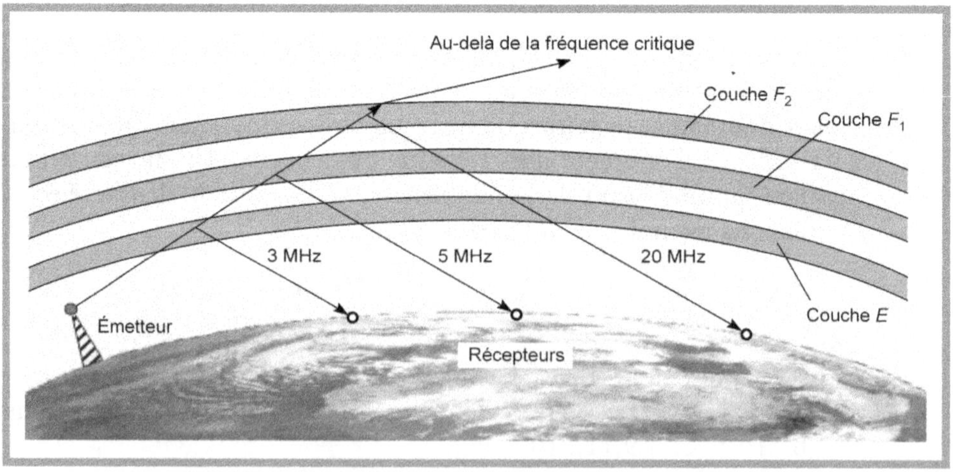

Figure 1.22 – Couches atmosphériques mises en jeu en fonction de la fréquence d'émission.

En fonction des propagations par ondes de sol et par réflexions ionosphériques, il existe des zones géographiques appelées aussi *zone de silence* (*skip zone*), où aucune information ne peut être reçue. *A contrario*, lorsque les deux ondes (sol et réflexion ionosphérique) se retrouvent au même endroit, elles interfèrent. Ces interférences se traduisent par des changements d'intensité (évanouissements) qui dépendent de la phase des deux ondes liée à la différence de trajet (*figures 1.23* et *1.24*).

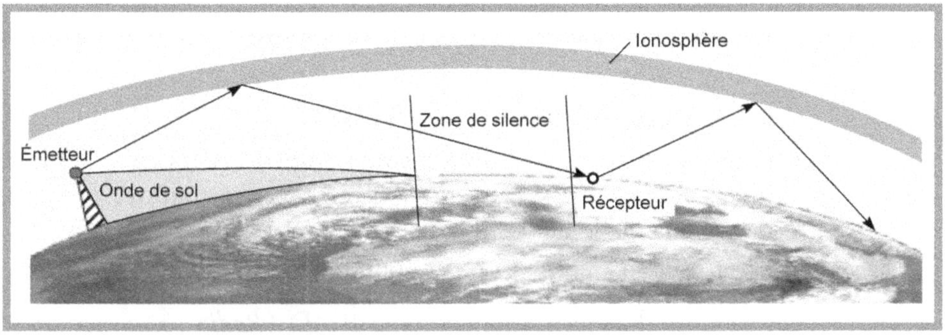

Figure 1.23 – Zone de silence (skip zone).

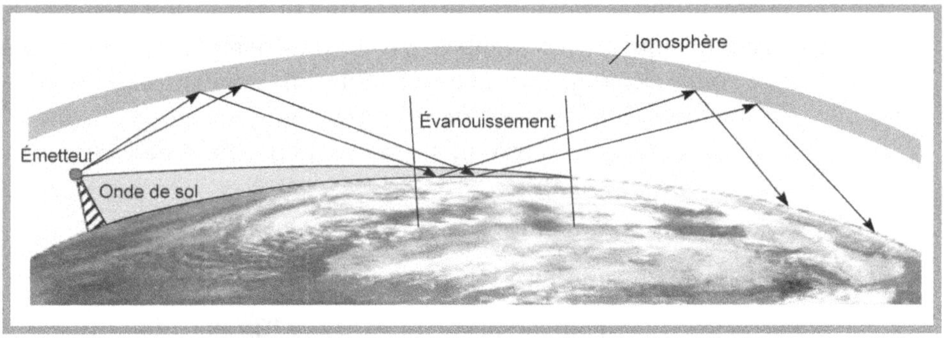

Figure 1.24 – Zone d'interférences (évanouissement).

1.10.3 Bandes de fréquences et mode de propagation

À chaque bande de fréquence correspond un mode de propagation destinée à des applications spécifiques.

Bande VLF : 3 à 30 kHz

Pour cette bande de fréquence, les ondes se propagent entre la surface de la Terre et l'ionosphère. La propagation des ondes correspond à des ondes de surface. Des distances de plusieurs milliers de kilomètres peuvent être atteintes. Ces ondes très basses fréquences peuvent être réfléchies le jour par les couches D et E de l'ionosphère. Les ondes VLF peuvent se propager dans l'eau à quelques dizaines de mètres. De ce fait, ces ondes sont particulièrement utilisées pour des applications militaires sous-marines.

Bande LF : 30 à 300 kHz

Les ondes LF se propagent essentiellement en onde de surface, guidées par la surface de la Terre. Elles peuvent être réfléchies la nuit. Leur portée atteint quelques milliers de kilomètres. Dans cette bande on trouve :

- des services de diffusion des signaux horaires en modulation d'amplitude DCF77 :
  - la fréquence porteuse est de 77,5 kHz,
  - la trame comprend 59 données numériques codées en BCD intégrant des précisions sur le passage heure d'hiver/d'été, les minutes, les heures, le jour de la semaine, le mois et l'année,
  - la portée de l'émetteur est de 2 000 km la nuit ;
- des services d'identification de type RFID (*Radio Frequency Identification*), 125 kHz :
  - la technologie RFID est apparue en 1950 mais connaît de nos jours un véritable essor. Le principe correspond à l'émission d'une onde électromagnétique qui est réceptionnée par un transpondeur appelé *tag*. La fonction de l'onde électromagnétique est double. Elle sert dans la plupart des cas à télé-alimenter le tag et à questionner le tag pour que celui-ci renvoie à l'émetteur son numéro d'identification. La modulation d'amplitude est une modulation de charge à 125 kHz,
  - la portée peut atteindre quelques mètres ;
- des services de radiodiffusion en modulation d'amplitude avec porteuse :
  - bande GO (grandes ondes) ou LW (*Long Waves*) : 150-280 kHz,
  - les stations sont espacées de 20 kHz et la bande passante de 9 kHz. Le son monophonique est caractéristique de ces radios.

Bande MF : 300 kHz à 3 MHz

Les ondes MF se propagent essentiellement en ondes de surface mais sont plus atténuées que les ondes LF. De ce fait leur portée est de l'ordre de la centaine de kilomètres. Ces ondes utilisent aussi les réflexions ionosphériques sur les couches basses. Dans cette bande on trouve :

- des services de radiodiffusion en modulation d'amplitude avec porteuse :
  - bande PO (petites ondes) ou MW (*Medium Waves*) : 526,5-1 606,5 kHz,
  - l'espacement des stations n'est pas uniforme et la bande passante de 9 kHz. Le son monophonique est caractéristique de ces radios ;

– des services de radiodiffusion maritime NavTex ; le NavTex (Navigation Télétexte) est un système d'information maritime par télégraphie qui fait partie du système mondial de détresse et de sécurité en mer. La modulation est une modulation d'amplitude. Il existe deux fréquences porteuses :
  - 518 kHz pour le système mondial,
  - 490 kHz pour l'émission nationale ;
– des services de radiodiffusion amateur en modulation d'amplitude à bande latérale unique (BLU) : 1,8 à 2 MHz ;
– des services de radiodiffusion maritime, aéronautique, météorologique, de détresse, etc. :
  - 1,85 à 3 MHz,
  - fréquence de détresse maritime : 2,182 MHz.

Bande HF : 3 à 30 MHz

Les ondes HF se propagent essentiellement par réflexions ionosphériques qui peuvent être multiples. De ce fait leur portée peut atteindre quelques milliers de kilomètres. Dans cette bande on trouve :

– des services de radiodiffusion amateur :
  - BLU : couvrant la bande de 3,5-30 MHz mais discrétisée :
    – 3,5 à 3,8 MHz
    – 7 à 7,1 MHz
    – 10,1 à 10,15 MHz
    – 14 à 14,35 MHz
    – 18,068 à 18,168 MHz
    – 21 à 21,45 MHz
    – 24,89 à 24,99 MHz
    – 28 à 29,7 MHz
  - CB : 40 canaux de 26,96 à 27,41 MHz,
  - radioastronomie : 25,55 à 25,67 MHz,
  - modélisme : 26,81 à 26,92 MHz ;
– des services d'applications militaires de type radar HF : SuperDARN (Centre d'étude des environnements terrestre et planétaires), Nostradamus (ONERA – Office national d'études et de recherches aérospatiales), etc. ;
– des bandes libres ISM (Industriel, Scientifique et Médical) non soumises à des réglementations nationales et qui peuvent être utilisées gratuitement et sans autorisation. Les seules obligations à respecter sont les puissances d'émission et

les excursions en fréquences pour ne pas perturber les applications voisines. En HF, on trouve deux bandes :

- bande 1 : 6,765 à 6,795 MHz,
- bande 2 : 13,553 à 13,567 MHz ; utilisée essentiellement pour des applications RFID à 13,56 MHz.

Bande VHF : 30 à 300 MHz

Les ondes VHF se propagent en trajet direct entre un émetteur et un récepteur, sans utiliser ni les réflexions ionosphériques, car la couche est transparente pour ces fréquences, ni les ondes de surface, car elles sont absorbées à ces fréquences. Dans cette bande on trouve :

– des services de radiodiffusion en modulation de fréquence MF ou FM (*Frequency Modulation*) :
  - FM : 87,8 à 108 MHz,
  - l'espacement des stations est quasi uniforme de 200 kHz et la bande passante de 100 kHz. Le son stéréophonique et des informations concernant le trafic automobile, le programme musical et le nom de la station sont donnés sur le RDS (*Radio Data System*) ;

– des services de télédiffusion :
  - TV en bande 1 : 47 à 68 MHz
    – canaux 2 à 4,
  - TV en bande 3 : 174 à 223 MHz
    – canaux 5 à 10 ;

– des services de radiodiffusion maritime :
  - 88 canaux de 156,025 à 162,050 espacés de 50 kHz en modulation de fréquence de type GMSK,
  - les fréquences 161,975 et 162,025 MHz correspondent au système d'identification automatique AIS ;

– des services de radiodiffusion divers :
  - radio amateur : 50 à 225 MHz
    – 50 à 54 MHz
    – 144 à 148 MHz
    – 220 à 225 MHz,
  - radioastronomie : 37,5 à 38,25 MHz et 150 à 153 MHz,
  - EDF, pompiers, ambulances, etc. : 68 à 87,5 MHz,
  - aéronautique, météo, ULM, aérodromes, etc. : 108 à 144 MHz,
  - militaire : 146 à 150 MHz et 225 à 400 MHz.

Bande UHF : 300 MHz à 3 GHz

Les ondes UHF se propagent comme les ondes VHF. Cette bande est largement utilisée pour toutes les communications de type mobiles et télévisuelles. Dans cette bande on trouve notamment :

- des services de télédiffusion :
  - TV en bande 4 et 5 : 470 à 860 MHz
    - canaux 21 à 69,
  - TV par satellites : 2,5 à 2,655 GHz ;
- des services de communication mobile :
  - GSM (*Global System for Mobile Communication*) : 876 à 960 MHz et 1,710 à 1,880 GHz,
  - DECT (*Digital Enhanced Cordless Telephone*) : 1,880 à 1,9 GHz,
  - UMTS (*Universal Mobile Telecommunication System*) : 1,94 à 1,98 GHz et 2,13 à 2,17 GHz,
  - WLAN (réseaux locaux sans fil) : WiFi, HomeRF, etc. : 2,4 à 2,4835 GHz,
  - WPAN (réseaux personnels sans fil) : Bluetooth et ZigBee : 2,4 à 2,4835 GHz ;
- des services de radiodiffusion divers :
  - radio amateur : 400 MHz à 2,46 GHz
    - 430 à 440 MHz
    - 1,24 à 1,3 GHz
    - 2,3 à 2,46 GHz
  - RFID :
    - 860 à 960 MHz
    - 2,4 GHz
  - radioastronomie :
    - 1,350 à 1,427 MHz
    - 1,6106 à 1,6138 GHz
    - 1,660 à 1,670 GHz
    - 1,710 à 1,785 GHz
    - 2,655 à 2,7 GHz
  - four à micro-ondes : 2,4 à 2,5 GHz
  - militaire : 225 à 400 MHz

- ISM :
  - 433,05 à 434,79 MHz (utilisé essentiellement pour les télécommandes)
  - 868 à 870 MHz
  - 902 à 928 MHz
  - 2,4 à 2,5 GHz.

Bande SHF : 3 à 30 GHz

Les ondes SHF se propagent en vue directe. Ces ondes sont aussi appelées *hyperfréquences*. Cette bande est utilisée essentiellement pour les communications mobiles et satellitaires. Cette bande est aussi utilisée pour :

- des services de télédiffusion :
  - TV par satellites :
    - 3,7 à 4,2 GHz
    - bande Ku-1 : 10,5 à 11,75 GHz
    - bande Ku-2 : 11,75 à 12,5 GHz
    - bande Ku-3 : 12,5 à 12,75 GHz ;
- des services de communication mobile :
  - Hyperlan : 5,15 à 5,35 GHz
  - Wimax : 2 à 11 GHz ;
- des services de radiodiffusion divers :
  - radio amateur :
    - 3,3 à 3,4 GHz
    - 5,65 à 5,85 GHz
    - 10 à 10,5 GHz
    - 24 à 24,25 GHz
  - radioastronomie :
    - 3,1 à 3,4 GHz
    - 4,8 à 5 GHz
    - 10,6 à 10,7 GHz
    - 14,47 à 14,5 GHz
    - 15,35 à 15,4 GHz
    - 22 à 22,5 GHz
    - 23,6 à 24 GHz

- radar militaire
- ISM :
  - 5,725 à 5,875 GHz
  - 24 à 24,25 GHz.

Bande EHF

Les ondes EHF se propagent en vue directe. Ces ondes sont essentiellement utilisées pour des applications de radioastronomie, de télédiffusion satellitaire et radio amateur :

- des services de télédiffusion :
  - TV par satellites : 40,5 à 42,5 GHz ;
- des services de radiodiffusion divers :
  - radio amateur :
    - 47 à 47,2 GHz
    - 75,5 à 81 GHz
    - 119,98 à 120,020 GHz
    - 142 à 149 GHz
    - 241 à 250 GHz ;
  - radioastronomie :
    - 31 à 31,8 GHz
    - 42,5 à 43,5 GHz
    - 48,540 à 49,440 GHz
    - 52,6 à 54,25 GHz
    - 76 à 116 GHz
    - 123 à 158,5 GHz
    - 164 à 231,5 GHz
    - 241 à 275 GHz ;
  - ISM :
    - 61 à 61,5 GHz
    - 122 à 123 GHz
    - 244 à 246 GHz.

1.11 Réglementation

Depuis le XIXe siècle, le domaine des télécommunications n'a eu de cesse de se développer, de se moderniser, de gagner en fréquence et de repousser les frontières. Dès lors, des organismes internationaux ont été créés afin d'organiser, de réglementer et de normaliser les communications entre les différents pays. L'UIT (Union internationale des télécommunications), fondée en 1865, est une institution qui dépend de l'ONU pour les technologies de l'information et de la communication. Cet organisme mondial regroupe les pouvoirs publics de chaque État et secteur privé. Elle a son siège à Genève (Suisse), compte 191 états membres et plus de 700 membres du secteur privé. L'UIT a en charge trois secteurs fondamentaux, les radiocommunications (UIT-R), le développement (UIT-D) et la normalisation (UIT-N).

Le secteur des radiocommunications de l'UIT (UIT-R) est au cœur de la gestion mondiale du spectre des fréquences radioélectriques et des orbites de satellite. Ces ressources ne sont pas infinies et leur demande ne cesse de croître avec les services mobiles, de radiodiffusion, d'amateur, de recherche spatiale ou encore les télécommunications d'urgence, la météorologie, les systèmes mondiaux de radiorepérage, la surveillance de l'´environnement, etc. L'UIT-R a pour mission d'assurer l'utilisation rationnelle, équitable, efficace et économique du spectre des fréquences radioélectriques par tous les services de radiocommunication. L'UIT-R veille à l'application du règlement des radiocommunications et des accords régionaux. Ses travaux de normalisation aboutissent à des *Recommandations* destinées à garantir la qualité de fonctionnement des systèmes de radiocommunication. L'UIT-R recherche également des moyens et des solutions pour économiser les fréquences et assurer la souplesse voulue en prévision de l'expansion à venir des services et des nouvelles avancées techniques.

Le secteur du développement des télécommunications (UIT-D) a pour objectifs (extrait de la déclaration de Doha en 2006) :

- d'aider les pays dans le domaine des technologies de l'information et de la communication (TIC), en facilitant la mobilisation des ressources techniques, humaines et financières nécessaires à leur mise en œuvre et en favorisant l'accès à ces technologies ;
- de permettre à tous de bénéficier des avantages qu'offrent les TIC ;
- de promouvoir les actions susceptibles de réduire la fracture numérique et d'y participer ;
- d'élaborer et de gérer des programmes facilitant un flux de l'information adaptés aux besoins des pays en développement.

Elle s'inscrit dans le cadre de la double mission de l'UIT, en tant qu'institution spécialisée de l'Organisation des Nations unies et en tant qu'agent d'exécution de projets dans le cadre du système de développement des Nations unies ou d'autres arrangements de financement.

Le secteur de la normalisation (*standardization* en anglais) a été créé en 1993 en remplacement de l'ancien Comité consultatif international des téléphones et des télégraphes (CCITT). La fonction de l'UIT-N est de fournir de nouveaux standards de télécommunication (sauf radio) en prenant en compte les aspects techniques, d'exploitation et tarifaires. Le travail de standardisation est réalisé par 13 groupes de travail, dans lesquels les représentants développent des recommandations (3 100 en mars 2005) pour les différents secteurs des télécommunications internationales, comme les technologies de type xDSL, les réseaux optiques, le protocole IP, les systèmes et les services multimédias, etc.

Par ailleurs, l'UIT opère généralement de concert avec d'autres organisations qui peuvent exister dans d'autres pays comme par exemple l'ETSI en Europe. L'ETSI (European Telecommunications Standards Institute) est l'institut européen des normes de télécommunications. L'ETSI unit 688 membres de 55 pays de l'Europe, incluant des opérateurs, des fournisseurs de services et des centres de recherche. Son siège est basé à Sophia-Antipolis en France. C'est un organisme de normalisation des technologies de l'information et de communication. L'ETSI a participé entre autres à la standardisation du téléphone numérique sans fil DECT, au téléphone cellulaire GSM, à l'UMTS, à la DVB (*Digital Video Broadcasting*) et au DAB (*Digital Audio Broadcasting*).

1.12 Conclusion

Toutes les notions fondamentales exposées dans ce chapitre seront utilisées pour examiner le fonctionnement des émetteurs et des récepteurs et évaluer leurs performances.

La distorsion d'intermodulation d'ordre 3 et le facteur de bruit sont les paramètres les plus importants. En règle générale, qu'il s'agisse d'un mélangeur ou d'un amplificateur, ces deux paramètres accompagnent les spécifications techniques des composants.

CHAPITRE 2

MODULATIONS ANALOGIQUES

On dispose d'informations analogiques ou numériques à transmettre dans un canal de transmission. Ce dernier désigne le support, matériel ou non, qui sera utilisé pour véhiculer l'information de la source vers le destinataire. La *figure 2.1* résume l'énoncé du problème posé. Les informations issues de la source peuvent être, soit analogiques, soit numériques. Il peut s'agir par exemple, d'un signal audio analogique, d'un signal vidéo analogique ou des mêmes signaux numérisés.

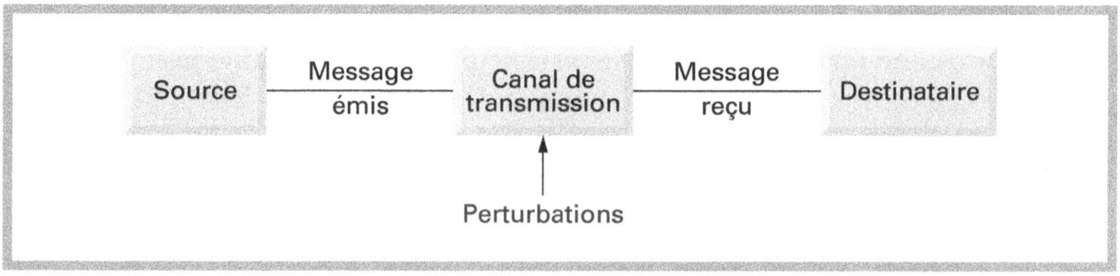

Figure 2.1 – Transmission de l'information dans un canal.

Dans ce cas, ce sont des séquences de caractères discrets, issus d'un alphabet fini de n caractères, il peut donc s'agir d'une suite de 0 et de 1 par exemple. Dans ce chapitre on s'intéresse uniquement au cas des signaux analogiques. Le chapitre 3 sera consacré aux modulations numériques.

2.1 Définition des termes

2.1.1 Bande de base

On parle de signal en bande de base pour désigner les messages émis. La bande occupée est alors comprise entre la fréquence 0, ou une valeur proche de 0 et une fréquence maximale f_{max}.

2.1.2 Largeur de bande du signal

La largeur de bande du signal en bande de base est l'étendue des fréquences sur lesquelles le signal a une puissance supérieure à une certaine limite. Cette limite f_{max} est en général fixée à – 3 dB, ce qui correspond à la moitié de la puissance maximale. La largeur de bande est exprimée en Hz, kHz ou MHz.

2.1.3 Spectre d'un signal

On parle de spectre d'un signal pour désigner la répartition fréquentielle de sa puissance. On parle aussi de densité spectrale de puissance DSP qui est le carré du module de la transformée de Fourrier de ce signal.

$$\text{DSP} = |F(f)|^2$$

2.1.4 Bande passante du canal

Le canal de transmission peut être par exemple, une ligne bifilaire torsadée, un câble coaxial, un guide d'onde, une fibre optique ou l'air tout simplement. Il est évident qu'aucun de ces supports n'est caractérisé avec la même bande passante. La bande passante du canal ne doit pas être confondue avec l'occupation spectrale du signal en bande de base.

2.2 But de la modulation

Le but de la modulation est d'adapter le signal à transmettre au canal de communication entre la source et le destinataire. On introduit donc deux opérations supplémentaires à celle de la *figure 2.1*; entre la source et le canal, une première opération appelée modulation et entre le canal et le destinataire, une seconde opération appelée démodulation. La chaîne de transmission globale est alors celle de la *figure 2.2*.

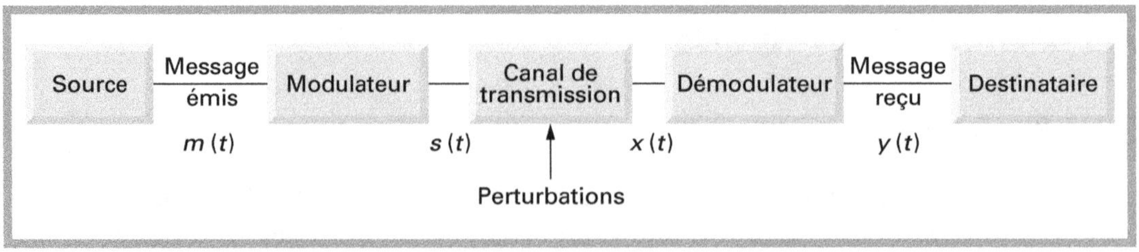

Figure 2.2 – Chaîne globale de transmission.

L'objectif de la transmission est de faire parvenir le message émis $m(t)$ au destinataire.

Dans le cas idéal on a : $y(t) = m(t)$.

Dans la pratique ce n'est pas le cas et $y(t)$ est différent de $m(t)$.

La différence réside principalement dans la présence de bruit dû aux perturbations affectant le canal de transmission et dans les imperfections des procédés de modulation et démodulation.

Le signal $m(t)$ est le signal en bande de base à transmettre. Il peut être représenté soit sous la forme temporelle, soit sous la forme fréquentielle; ces deux formes sont regroupées à la *figure 2.3*. La modulation fait appel à un nouveau signal auxiliaire de fréquence f_0. Cette fréquence f_0 est appelée fréquence porteuse ou fréquence centrale. Évidemment, la fréquence f_0 est choisie dans la bande passante du canal de transmission B_1.

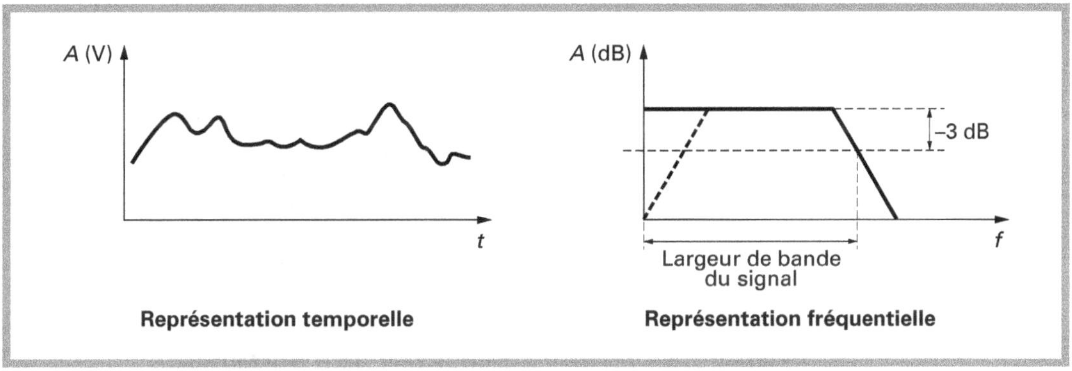

Figure 2.3 – Représentation du signal à transmettre m(t).

Le signal qui sera transmis, sera $s(t)$, il s'agit du signal appelé porteuse à la fréquence f_0, modulé par le message $m(t)$.

La *figure 2.4* donne une représentation fréquentielle du signal transmis $s(t)$. Le signal $s(t)$ occupe une bande B autour de la fréquence f_0. Cette largeur B est un paramètre important et est fonction du type de modulation. Dans de nombreux cas, on cherche à réduire B pour loger dans la bande B_1 un nombre maximum d'information. On réalise ainsi un multiplex fréquentiel qui permet de transmettre simultanément, sur le même médium, un plus grand nombre d'informations.

La représentation spectrale des signaux véhiculés dans le canal de transmission est alors celle de la *figure 2.5*. Au sens général du terme, la modulation est une opération qui consiste à transmettre un signal modulant au moyen d'un signal dit porteur $v(t)$:

$$v(t) = A \cos(\omega t + \varphi)$$

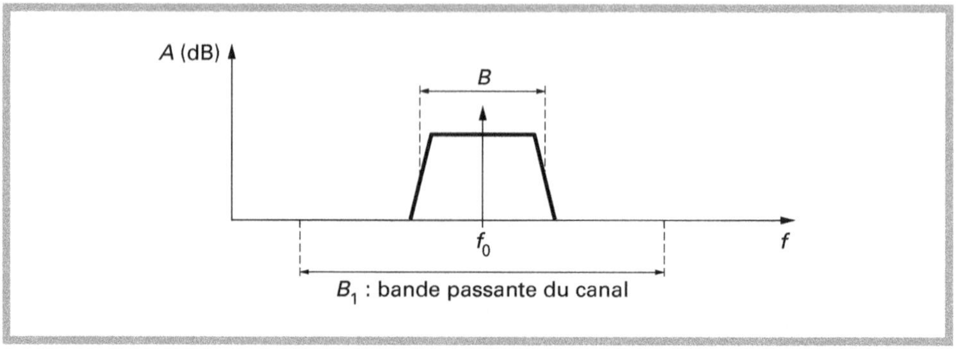

Figure 2.4 – Représentation fréquentielle du signal transmis s(t).

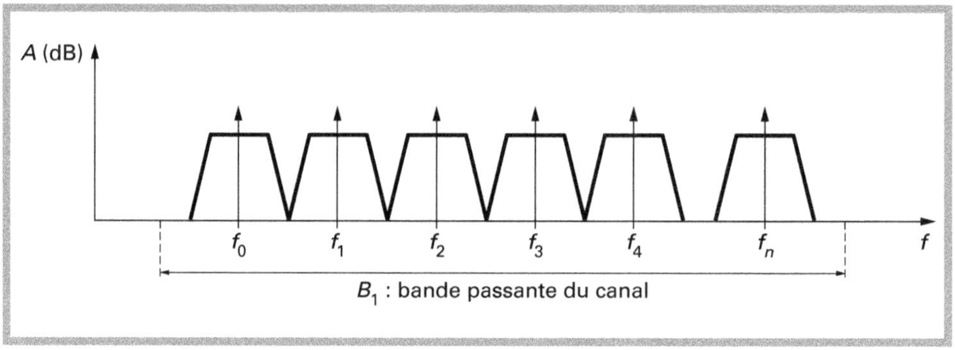

Figure 2.5 – Multiplex fréquentiel de n porteuses.

La modulation consiste à opérer un changement ou variation sur l'un des paramètres de $v(t)$. Une action sur A se traduit par une modulation d'amplitude, une action sur ω, par une modulation de fréquence et une action sur φ, par une modulation de phase. Ces trois types de modulation sont applicables lorsque le signal modulant $m(t)$ est analogique ou numérique.

Le *tableau 2.1* résume les grands types de modulation qui seront traités dans les chapitres 2 et 3.

Bien que l'on puisse aisément considérer qu'un signal numérique se résume à un cas particulier du signal analogique, les modulations analogiques et numériques sont traitées de manière différente. Dans les systèmes analogiques on s'intéresse au rapport signal sur bruit du signal $y(t)$, pour les modulations numériques on s'intéresse au taux d'erreur bit pour le signal $y(t)$.

Tableau 2.1 – Tableau résumé des différents types de modulation

Porteuse $v(t) = A \cos(\omega t + \varphi)$	Modulations analogiques	Modulations numériques
A : amplitude	AMBD AMDB-SP AM-BLU AM-BLA ou BLR	OOK ou ASK M-QAM
ω : fréquence	FM	FSK CPFSK MSK GMSK
φ : phase	PM	PSK DPSK QPSK DQPSK M-PSK

2.3 Décomposition en série du signal en bande de base

Tout signal peut être décomposé en une suite de signaux sinusoïdaux. Pour cette étude théorique, on considère que le signal modulant est constitué d'une et une seule sinusoïde, le raisonnement peut être étendu à un nombre quelconque de signaux sinusoïdaux, donc à un signal de forme quelconque.

2.4 Modulation d'amplitude

2.4.1 Modulation d'amplitude double bande (AM-DB)

Principe

Soit le signal modulant :

$$m(t) = B \cos \omega_1 t$$

et la porteuse :

$$n(t) = A \cos \omega t$$

La modulation consiste à réaliser l'opération suivante :

$$v(t) = (A + B\cos\omega_1 t)\cos\omega t$$

$$v(t) = A\,(1 + m_A\cos\omega_1 t)\cos\omega t$$

m_A est appelé indice de modulation et vaut :

$$m_A = \frac{B}{A}$$

L'équation de l'onde modulée peut se mettre sous la forme :

$$v(t) = A\cos\omega t + A\frac{m_A}{2}\cos(\omega + \omega_1)\,t + A\frac{m_A}{2}\cos(\omega - \omega_1)\,t$$

Ce développement permet de mettre en évidence les deux raies de part et d'autre de la porteuse. La *figure 2.6* représente l'allure temporelle et fréquentielle de $v(t)$.

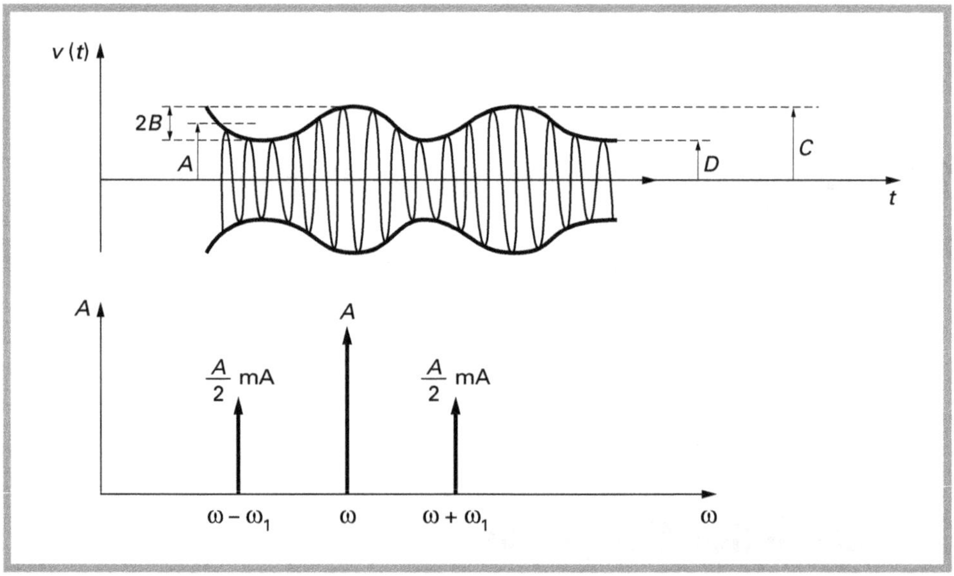

Figure 2.6 – Représentation temporelle et fréquentielle d'une porteuse ω modulée en amplitude.

Le signal modulé évolue entre un minimum et un maximum :

$$v(t)_{\min} = D = A - B$$

$$v(t)_{\max} = C = A + B$$

L'indice de modulation peut aussi s'écrire :

$$m_A = \frac{C - D}{C + D}$$

L'indice de modulation peut donc être mesuré en visualisant directement la porteuse, mesure des tensions C et D. Si le signal modulé est observé sous son aspect fréquentiel, avec un analyseur de spectre par exemple, on mesure directement les puissances en dBm de la porteuse N_p et de l'une des raies N_{BL}. L'indice de modulation se calcule par la relation :

$$m_A = 10^{\frac{N_{BL} - N_p + 6}{20}}$$

Lorsque $B = A$, $m_A = 1$, la modulation est maximale.

L'indice de modulation, souvent exprimé en pourcentage vaut 100 %. Le niveau des bandes latérales est inférieur de 6 dB au niveau de la porteuse. Si les niveaux des bandes latérales sont égaux au niveau de la porteuse : $m_A = 2$.

Les impératifs liés à la démodulation impliquent que l'indice de modulation soit inférieur à 1.

Si le signal modulant sinusoïdal est remplacé par un signal complexe se décomposant en une suite de sinusoïdes comprises entre f_1 et f_2 le spectre de la tension modulée sera représenté par la *figure 2.7.*

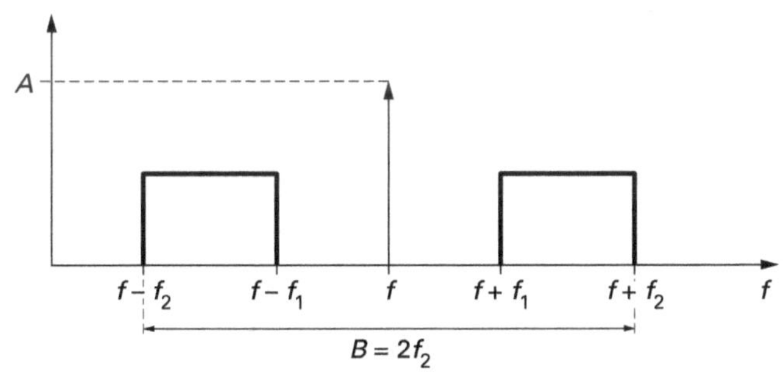

Figure 2.7 – Porteuse f modulée en fréquence par un signal en bande de base compris entre f_1 et f_2.

Largeur de bande autour de la porteuse

L'analyse du spectre de la *figure 2.7* montre que si la fréquence maximale à transmettre est la fréquence f_2, le signal modulé en amplitude occupera une largeur B égale à deux fois cette fréquence maximale :

$$B = 2f_2$$

Dans le cas d'une porteuse modulée par un signal sinusoïdal unique de fréquence f_1, la puissance transmise par la porteuse vaut P et la puissance transmise par chaque bande latérale vaut $P\frac{m_A^2}{4}$.
La puissance totale transmise vaut :

$$P_{\text{tot}} = P\left(1 + \frac{m_A^2}{2}\right)$$

Si l'indice de modulation vaut 1, la porteuse qui ne contient pas d'information transporte les deux tiers de la puissance.

Modulateur d'amplitude

D'une façon générale les modulateurs d'amplitude sont constitués par des systèmes à caractéristiques non linéaires. Tout multiplicateur, un mélangeur équilibré à diode ou un multiplicateur quatre quadrants peut être utilisé pour réaliser un modulateur d'amplitude.

La *figure 2.8* représente le schéma synoptique d'un modulateur d'amplitude double bande avec porteuse. La démonstration mathématique est donnée dans le chapitre 7.

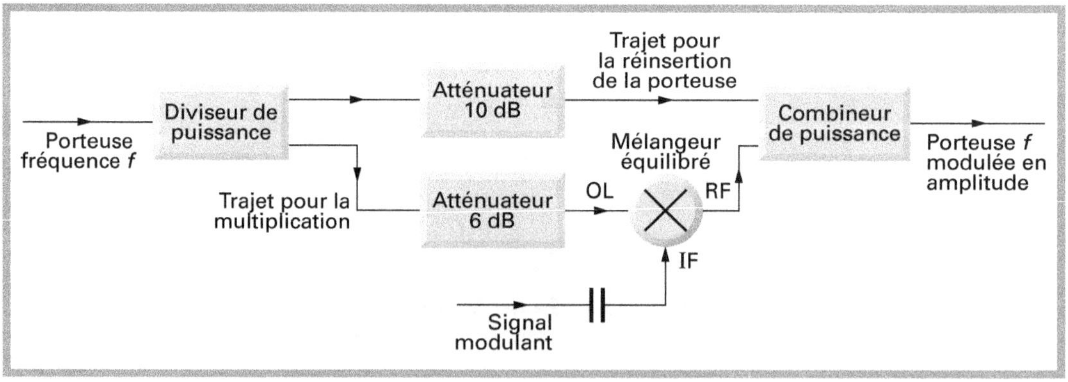

Figure 2.8 – Modulateur d'amplitude.

Le signal porteur à la fréquence f est scindé en deux voies. Sur la première voie, ce signal est multiplié par le signal modulant. En sortie du multiplicateur, on récupère les deux bandes latérales. Sur la seconde voie, le signal porteur est simplement atténué. Le combineur de puissance réalise l'addition des deux bandes latérales et de la porteuse.

Structure de l'émetteur en modulation d'amplitude

Le schéma synoptique de la *figure 2.9* représente une configuration complète d'un émetteur en modulation d'amplitude double bande avec porteuse. Le modulateur correspond au schéma de la *figure 2.8*, il reçoit d'une part le signal à la fréquence porteuse et d'autre part le signal modulant. Le signal à la fréquence porteuse est obtenu soit directement par un oscillateur à quartz, soit indirectement; oscillateur à quartz suivi d'étages multiplicateurs ou par un synthétiseur de fréquence PLL.

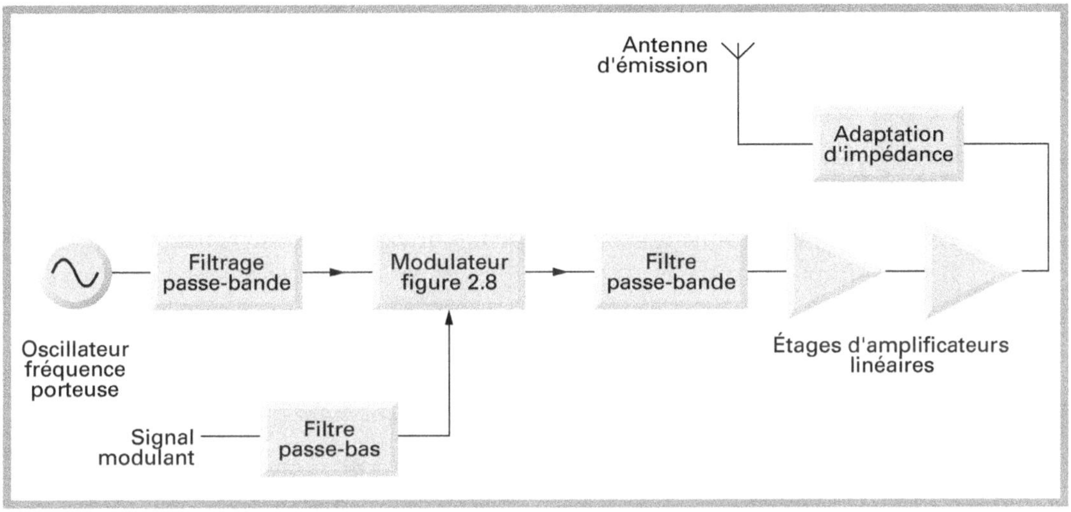

Figure 2.9 – Structure de l'émetteur en modulation d'amplitude.

Dans le trajet de l'injection de l'oscillateur un filtre passe-bande élimine ou atténue le niveau d'éventuels harmoniques, composantes à 2 ω, 3 ω, etc. qui seraient réinjectés dans le circuit de sortie du modulateur. Le signal modulant est injecté au modulateur *via* un filtre passe-bas qui limite la fréquence maximale et par conséquent l'encombrement autour de la porteuse.

Par exemple, un signal audio initialement compris entre 20 Hz et 20 kHz pourra être limité à 3 kHz ou 4 kHz. En sortie du modulateur, un filtre passe-bande peut éventuellement être inséré si le filtre passe-bas n'est pas prévu dans le trajet du signal modulant.

Le coefficient de surtension du filtre de sortie augmente lorsque la fréquence de la porteuse augmente et lorsque la fréquence maximale du signal modulant diminue. Ce filtre, ayant un coefficient de surtension élevé, peut entraîner une réalisation délicate voire impossible. Les étages d'amplification finale devront être linéaires puisque l'information est contenue dans l'amplitude de la porteuse. Ces amplificateurs fonctionnent en classe A.

Le signal de sortie est envoyé au médium, une antenne par exemple, *via* un réseau d'adaptation d'impédance.

Démodulation d'amplitude

Un des principaux avantages de la modulation d'amplitude est de permettre une démodulation très simple par détection d'enveloppe. Il faut noter que la détection d'enveloppe n'est pas la seule méthode utilisable mais que sa simplicité en fait la méthode la plus répandue.

On peut aussi envisager une démodulation cohérente dans le récepteur et multiplier le signal reçu par une porteuse identique en phase et en fréquence avec la porteuse émise.

Ce type de démodulateur est décrit dans le chapitre 7.

Démodulation d'enveloppe

La *figure 2.10* regroupe quatre solutions pour réaliser un détecteur d'enveloppe. Il s'agit simplement d'effectuer un redressement monoalternance du signal reçu.

Le rôle de la self L peut être examiné avec le schéma (a) de la *figure 2.10.*

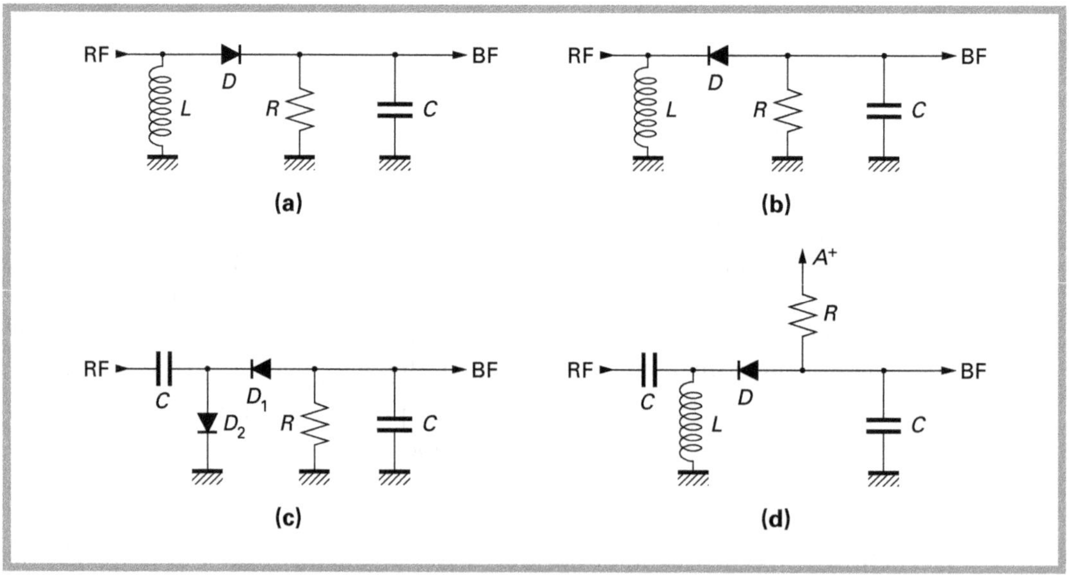

Figure 2.10 – Schémas de principe du détecteur d'enveloppe.

Si cette self est absente et si le signal RF est injecté au travers d'une capacité de liaison, la capacité C se chargera jusqu'à une valeur égale à deux fois la tension maximale RF et la diode sera bloquée. Le rôle de la self L se limite donc à la polarisation de la diode tout en présentant une haute impédance pour le signal RF .

La constante de temps RC influe sur la réponse fréquentielle du démodulateur d'enveloppe.

Les valeurs de R et C peuvent se calculer à partir de la formule approchée :

$$RC \leqslant \frac{\sqrt{\frac{1}{m^2} - 1}}{3{,}8 f_{\text{max}}}$$

EXEMPLE

$m = 0{,}99\,;\quad R = 1\ \text{K}\,;\quad f_{\text{max}} = 4\ \text{kHz},$

d'où $C \leqslant 9{,}37$ nF

$m = 0{,}5\,;\quad R = 1\ \text{K}\,;\quad f_{\text{max}} = 15\ \text{kHz},$

d'où $C \leqslant 30{,}3$ nF

La *figure 2.11* représente l'allure des signaux d'entrée et de sortie du démodulateur après redressement double alternance. Dans ce cas, le spectre de sortie se compose du signal BF à transmettre et de signaux aux fréquences $2f$, $4f$, etc. accompagnés de leurs bandes latérales. Le filtrage est assuré par le réseau RC. Dans le cas du redressement simple alternance, une raie supplémentaire apparaît à la fréquence f. L'intérêt majeur de ce type de démodulation est sa simplicité et donc son faible coût.

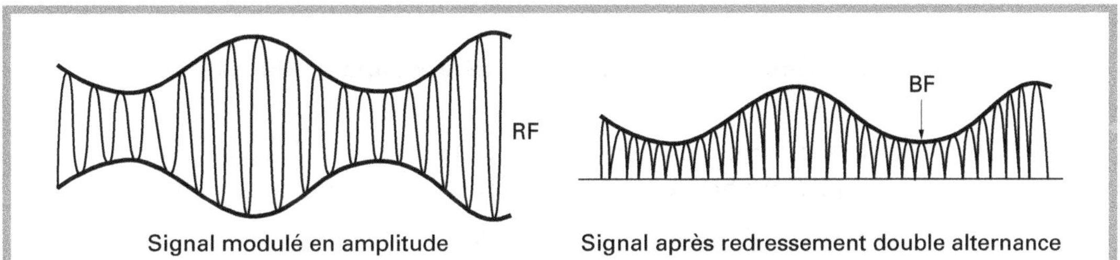

Figure 2.11 – Signaux d'entrée et de sortie du démodulateur après redressement double alternance.

Il faut toutefois se rapporter à l'examen de la structure des émetteurs et récepteurs et constater que le démodulateur devra être précédé d'un étage amplificateur à gain commandé.

Cet étage aura pour rôle la stabilisation du niveau de porteuse en entrée du démodulateur en restant dans la plage linéaire du démodulateur. Le niveau doit être suffisamment élevé pour dépasser le seuil de ou des diodes de redressement et suffisamment faible pour éviter les saturations et distorsions.

Ces dernières remarques montrent que la simplicité du démodulateur s'accompagne de quelques inconvénients : contrôle automatique de gain en amont et faible linéarité.

Si la linéarité est un paramètre important, on préfèrera utiliser une démodulation cohérente.

Démodulation cohérente

Le schéma synoptique du démodulateur d'amplitude cohérent est représenté à la *figure 2.12.*

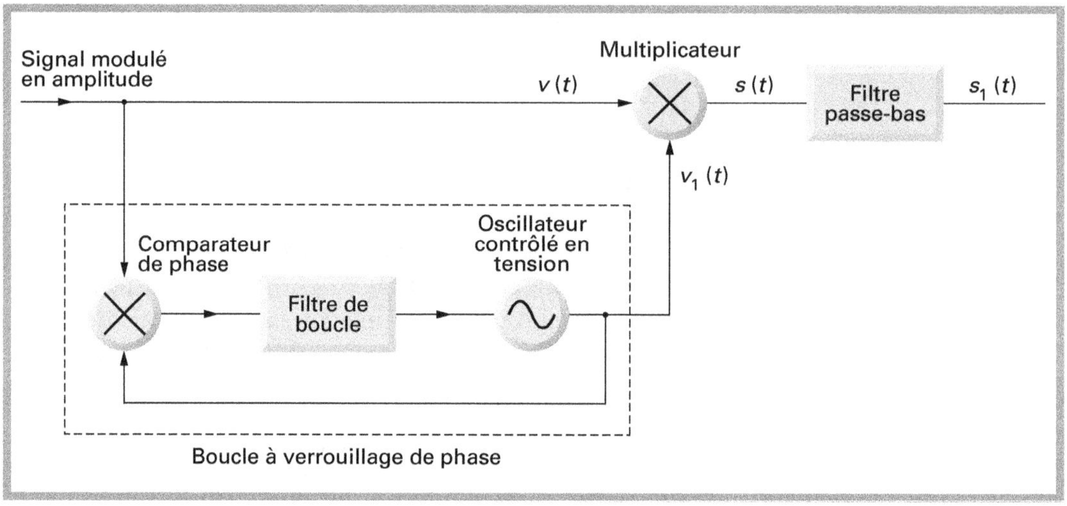

Figure 2.12 – Schéma synoptique d'un démodulateur AM cohérent.

On parle de réception cohérente lorsque dans le récepteur, on reconstitue un signal identique, en phase et en fréquence, au signal original non modulé.

Soit le signal original modulé en amplitude :

$$v(t) = A \cos \omega t + A\frac{m_A}{2} \cos (\omega + \omega_1)\, t + A\frac{m_A}{2} \cos (\omega - \omega_1)\, t$$

Dans le récepteur, une boucle à verrouillage de phase (PLL) permet une opération que l'on a coutume de nommer récupération de la porteuse.

En sortie de cette boucle à verrouillage de phase on dispose d'un signal $v_1(t)$.

$$v_1(t) = B \cos (\omega t + \varphi)$$

Si l'on admet que ce signal est parfaitement en phase avec le signal émis, alors $\varphi = 0$. Un multiplicateur effectue le produit de $v(t)$ et $v_1(t)$; le signal de sortie du multiplicateur s'écrit :

$$s(t) = v(t)\, v_1(t)$$

$$s(t) = \left[A\cos\omega t + A\frac{m_A}{2}\cos(\omega + \omega_1)t + A\frac{m_A}{2}\cos(\omega - \omega_1)t\right]B\cos\omega t$$

$$s(t) = AB\cos^2\omega t + \frac{ABm_A}{2}\cos\omega t\,\cos(\omega + \omega_1)t + \frac{ABm_A}{2}\cos\omega t\,\cos(\omega - \omega_1)t$$

$$s(t) = \frac{AB}{2}\cos 2\omega t + \frac{ABm_A}{4}[\cos\omega_1 t + \cos(2\omega + \omega_1)t]$$

$$+ \frac{ABm_A}{4}[\cos\omega_1 t + \cos(2\omega - \omega_1)t]$$

Les termes en 2ω correspondent à une fréquence $2f$, modulée en amplitude par le signal modulant à la fréquence f_1. Il est aisé d'éliminer par filtrage les termes centrés sur $2f$.

Après filtrage, le signal $s_1(t)$ s'écrit :

$$s_1(t) = \frac{ABm_A}{2}\cos\omega_1 t$$

La sortie $s_1(t)$ est proportionnelle au signal émis :

$$m(t) = B\cos\omega_1 t$$

L'amplitude du signal de sortie est aussi proportionnelle à A. Comme dans le cas de la démodulation par redressement un amplificateur à gain commandé doit être prévu en amont du démodulateur. Dans ces conditions, les problèmes de dynamique et de linéarité sont résolus.

Rapport signal sur bruit après démodulation en AMDBP

Un des paramètres importants d'une transmission d'un signal analogique est le rapport signal sur bruit après démodulation. Pour une modulation donnée, la puissance du signal démodulé est proportionnelle au carré de la déviation du paramètre caractéristique de cette déviation.

On a l'habitude de désigner par C (*carrier*) la puissance de la porteuse et par N (*noise*) la puissance de bruit à l'entrée du démodulateur. Soit :

$$P_{tot} = C\left(\frac{2 + m_A^2}{2}\right)$$

On désigne communément par S, la puissance du signal en bande de base et par B, la puissance de bruit en sortie du démodulateur. Le rapport signal sur bruit en sortie du démodulateur vaut :

$$\left(\frac{S}{B}\right)_S = m_A^2\left(\frac{C}{N}\right) = \frac{2m_A^2}{2+m_A^2}\frac{P_{\text{tot}}}{N}$$

P_{tot} est la puissance totale transmise et correspond à l'addition de la puissance de la porteuse P et de la puissance P_{BL} contenue dans les deux bandes latérales.

$$P_{\text{tot}} = P + 2P_{BL}$$

$$P_{BL} = P\frac{m_A^2}{4}$$

N représente le bruit à l'entrée du démodulateur, donc :

$$N = \mathrm{k}TB$$

$$B = 2f_{1\max}$$

T est la température exprimée en Kelvin,

k est la constante de Boltzmann, $k = 1{,}38 \cdot 10^{-23}\mathrm{J} \cdot \mathrm{K}^{-1}$,

B est la largeur de bande exprimée en Hz.

En modulation double bande, le rapport signal sur bruit augmente en même temps que l'indice de modulation. Dans certains ouvrages, le rapport signal sur bruit est exprimé en fonction de la puissance dans une bande latérale P_{BL}.

Même si la présentation conduit à des relations différentes, les résultats restent inchangés. Des comparaisons plus détaillées seront présentées en fin de ce chapitre.

2.4.2 Modulation d'amplitude à porteuse supprimée

Principe

En modulation d'amplitude à double bande et avec porteuse, la porteuse est responsable des 2/3 de la consommation en énergie de l'émetteur. Le seul avantage que l'on puisse tirer de la présence de cette porteuse est l'éventualité d'une démodulation très simple par détection d'enveloppe. D'où l'idée de supprimer la porteuse et de ne transmettre que les deux bandes latérales.

Largeur de bande autour de la porteuse

Par définition, il s'agit d'éliminer la présence de la porteuse. En conséquence, le spectre de la modulation d'amplitude à porteuse supprimée a une largeur identique à celle de la modulation d'amplitude à porteuse.

Modulateur d'amplitude à porteuse supprimée

Pour réaliser une modulation d'amplitude à porteuse supprimée, il suffit d'envoyer sur les entrées d'un multiplicateur la porteuse et le signal modulant.

Dans ces conditions, la tension de sortie s'écrit :

$$v(t) = AB \cos \omega_1 t \cos \omega t$$

$$v(t) = \frac{AB}{2}[\cos(\omega_1 + \omega)t + \cos(\omega_1 - \omega)t]$$

Un simple et unique mélangeur équilibré, multiplicateur, résout le problème posé.

Le modulateur est extrêmement simple et peut être comparé au modulateur d'amplitude de la *figure 2.8.* Les atténuateurs, diviseurs de puissance et combineurs de puissance sont supprimés.

Pour un signal complexe, dont le spectre est compris entre $f_{1\min}$ et $f_{1\max}$ le spectre du signal modulé est représenté à la *figure 2.13.* Ce spectre ne diffère de celui de la modulation d'amplitude que par l'absence de la porteuse.

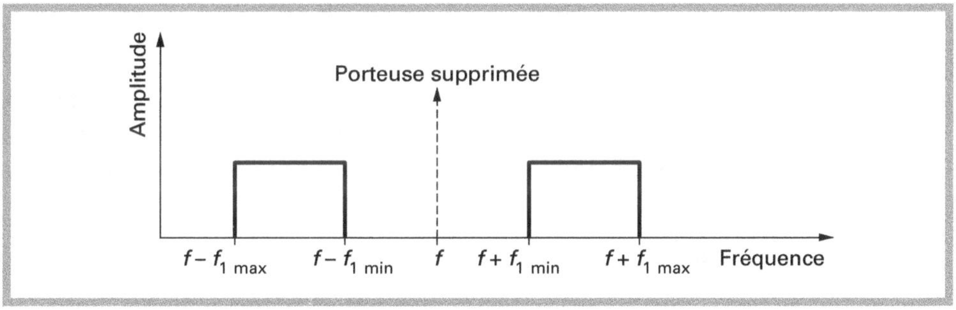

Figure 2.13 – Spectre d'un signal modulé en amplitude avec suppression de la porteuse.

L'indice de modulation m_A en modulation double bande avec porteuse n'a plus de sens dans ce cas. La bande de fréquence occupée par le signal modulé occupe, comme en modulation d'amplitude, une largeur B :

$$B = 2f_{1\max}$$

Il n'y a pas de gain vis à vis de l'occupation spectrale, l'intérêt majeur de ce procédé est la diminution de la puissance consommée dans l'émetteur.

Démodulation d'amplitude à porteuse supprimée, démodulation cohérente

Le principe de la démodulation par redressement est inapplicable dans ce cas.

La solution consiste à effectuer une démodulation cohérente comme dans le cas de la modulation d'amplitude donné à la *figure 2.12.* Pour reconstituer ou récupérer la porteuse, une information relative à cette porteuse doit être envoyée au récepteur. Le schéma théorique de la *figure 2.12* est inapplicable si la porteuse est intégralement supprimée.

Reprenons le cas de la démodulation cohérente.

Soit le signal original modulé en amplitude, à porteuse supprimée :

$$v(t) = AB \cos \omega_1 t \cos \omega t$$

Supposons qu'un système de récupération permette de disposer d'une information :

$$v_1(t) = \cos(\omega t + \varphi)$$

En sortie du mélangeur, on récupère un signal de la forme :

$$s(t) = v(t)\ v_1(t)$$

$$s(t) = AB(\cos \omega_1 t)(\cos \omega t)[\cos(\omega t + \varphi)]$$

Le signal peut finalement s'écrire :

$$s(t) = \frac{AB}{2} \cos \omega_1 t \cos \varphi + \frac{AB}{2} \cos \omega_1 t \cos(2\omega t + \varphi)$$

Si la porteuse est exactement en phase, alors $\varphi = 0$ et le signal de sortie correspond à l'addition du message d'origine en bande de base et de la modulation d'une fréquence $2f$ modulée par ce même message et qui peut être éliminée par filtrage passe-bas.

Après filtrage :

$$s_1(t) = \frac{AB}{2} \cos \omega_1 t \cos \varphi$$

Si $\varphi = \frac{\pi}{2}$, le message démodulé est nul. La démodulation n'a pas été effectuée.

Pour que la démodulation puisse avoir lieu, la porteuse doit être récupérée avec exactitude de phase. Pour cette raison, il n'y a pas d'application directe de la modulation d'amplitude sans porteuse, mais certaines applications dans le cas de modulations composites.

Rapport signal sur bruit en modulation d'amplitude à porteuse supprimée

Le rapport signal sur bruit après démodulation vaut :

$$\left(\frac{S}{B}\right)_s = 2\frac{P_{BL}}{N}$$

Dans cette relation P_{BL} est la puissance contenue dans une bande latérale et N est le bruit dans les deux bandes latérales :

$$N = \mathrm{k}TB$$

$$B = 2f_{1\max}$$

Application de la modulation AM sans porteuse

Codeur stéréophonique

Le schéma synoptique d'un codeur stéréophonique est représenté à la *figure 2.14*. Sur ce principe, repose la transmission des émissions stéréophoniques dans la bande FM entre 88 et 108 MHz. L'apparente complexité du schéma synoptique est due au cahier des charges. Le récepteur monophonique doit pouvoir recevoir toute l'information émise, soit canal gauche plus canal droit et un récepteur stéréophonique doit pouvoir s'accommoder d'une émission monophonique. La largeur de bande de l'émission stéréophonique ne doit pas être beaucoup plus grande que celle d'une émission monophonique. Les signaux correspondant au canal droit, D et au canal gauche, G doivent avoir la même largeur de bande, la même dynamique et le même rapport signal sur bruit.

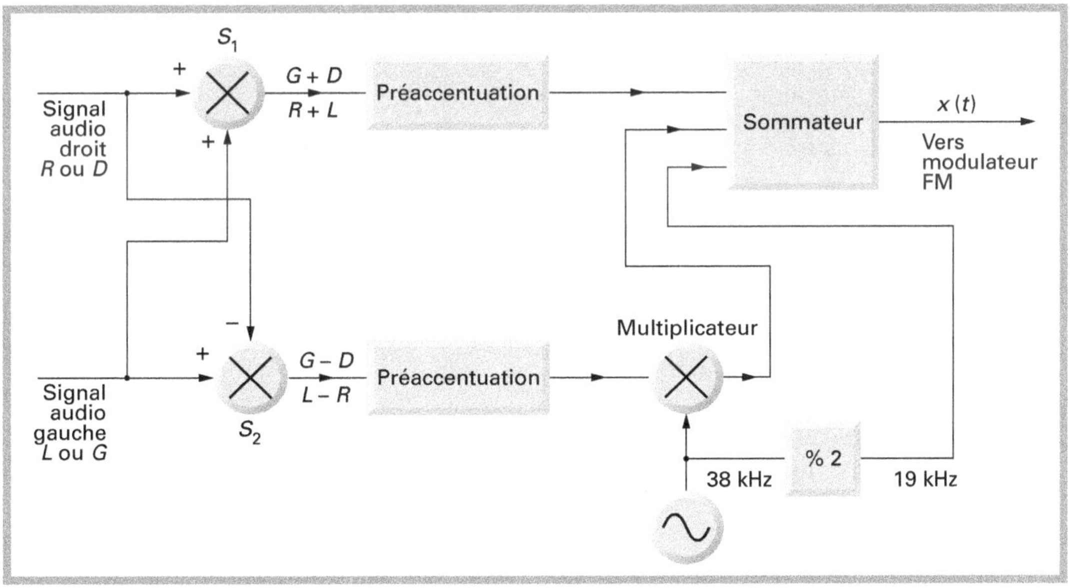

Figure 2.14 – Schéma synoptique d'un codeur stéréophonique.

Deux sommateurs S_1 et S_2 permettent le calcul des signaux G + D et G – D. Ces signaux sont préaccentués par deux cellules. La préaccentuation est fixée à 50 µS. Ce procédé sera examiné dans le paragraphe consacré à la modulation de fréquence.

Le signal G – D module en amplitude une sous porteuse à 38 kHz. La modulation est à porteuse supprimée. La raie en sortie du multiplicateur à 38 kHz est absente. Un diviseur par 2 reçoit le signal à 38 kHz et délivre un signal à 19 kHz. Pour pouvoir régénérer le signal à 38 kHz nécessaire à la démodulation dans le récepteur, il faut envoyer une information relative à cette porteuse. Le signal à 19 kHz est envoyé dans le multiplex transmis. L'allure de ce multiplex est représentée à la *figure 2.15*.

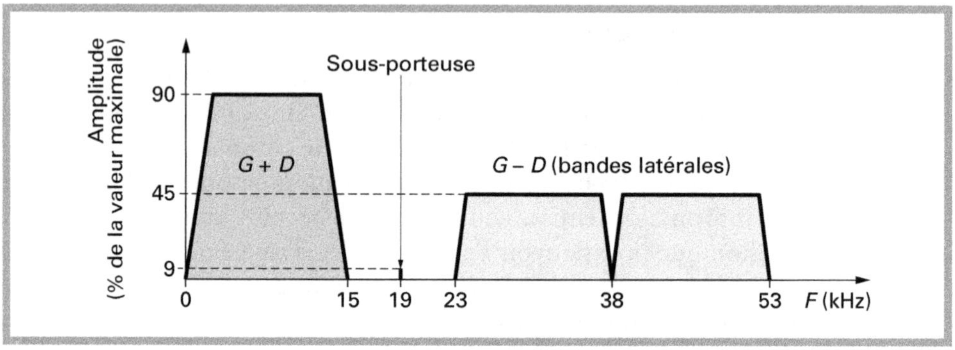

Figure 2.15 – Spectre du signal x(t).

Ce multiplex se compose de l'addition :

– du signal G + D;

– du signal pilote à 19 kHz;

– du signal à 38 kHz modulé par G – D en AMDBSP.

Le signal G + D module en fréquence l'émetteur. L'amplitude de G + D est 100 % en monophonie et 90 % en stéréophonie. Si l'on applique la règle de Carson qui permet de calculer la largeur de bande occupée, on a :

$$L = 2(f_{\text{max}} + \Delta f)$$

Pour une émission monophonique :

$$L = 2(15 + 75) = 180 \text{ kHz}$$

Pour une émission stéréophonique :

$$L = 2(53 + 75) = 256 \text{ kHz}$$

Le multiplex de la *figure 2.15* module en fréquence l'émetteur dans la bande 88-108 MHz par exemple. À la réception, en sortie du démodulateur, on récupère ce même multiplex. Le schéma synoptique de la *figure 2.16* donne une solution pour récupérer les signaux G et D, qui sont les signaux utiles. Le signal G + D s'obtient facilement par filtrage qui élimine le pilote à 19 kHz et les deux bandes latérales autour de 38 kHz. Le signal pilote à 19 kHz est sélectionné par filtrage. Le filtrage est aisé puisque le pilote est à 4 kHz du signal G + D et de la bande latérale la plus proche.

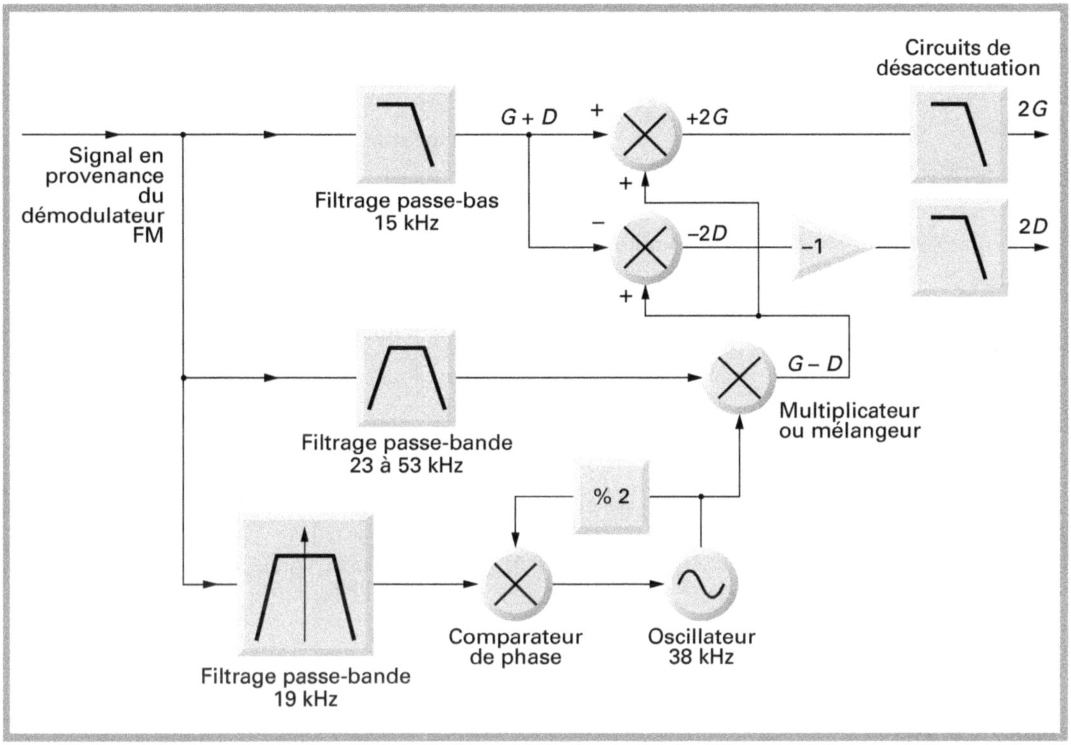

Figure 2.16 – Extraction des signaux G et D à partir du multiplex stéréo.

La récupération de la porteuse n'aurait pas pu se faire aussi simplement si un faible niveau de la raie à 38 kHz avait été transmis. Le signal audio peut contenir des fréquences basses jusqu'à 20 Hz.

Une boucle à verrouillage de phase (PLL) permet de reconstituer un signal à 38 kHz.

Ce signal est envoyé à un mélangeur, ou multiplicateur, simultanément avec les deux bandes latérales filtrées entre 23 et 53 kHz. La démodulation AMDBSP est effectuée et on récupère finalement le signal G – D.

Par matriçage, il est aisé de reconstituer les signaux G et D qui sont finalement désaccentués. La présence de ces opérations de préaccentuation et désaccentuation est due à la modulation de fréquence. Ce point sera détaillé dans le paragraphe 2.5.1.

Transmission des signaux de chrominance dans le système PAL

La deuxième application de la modulation AMDBSP est la transmission des informations relatives à la couleur dans le système PAL. Une fois encore, le schéma synoptique résultant est dû à des impératifs de compatibilité. Un récepteur, qu'il soit noir et blanc ou couleur doit pouvoir recevoir des émissions noir et blanc ou couleur. Cette double compatibilité conduit au schéma de la *figure 2.17*.

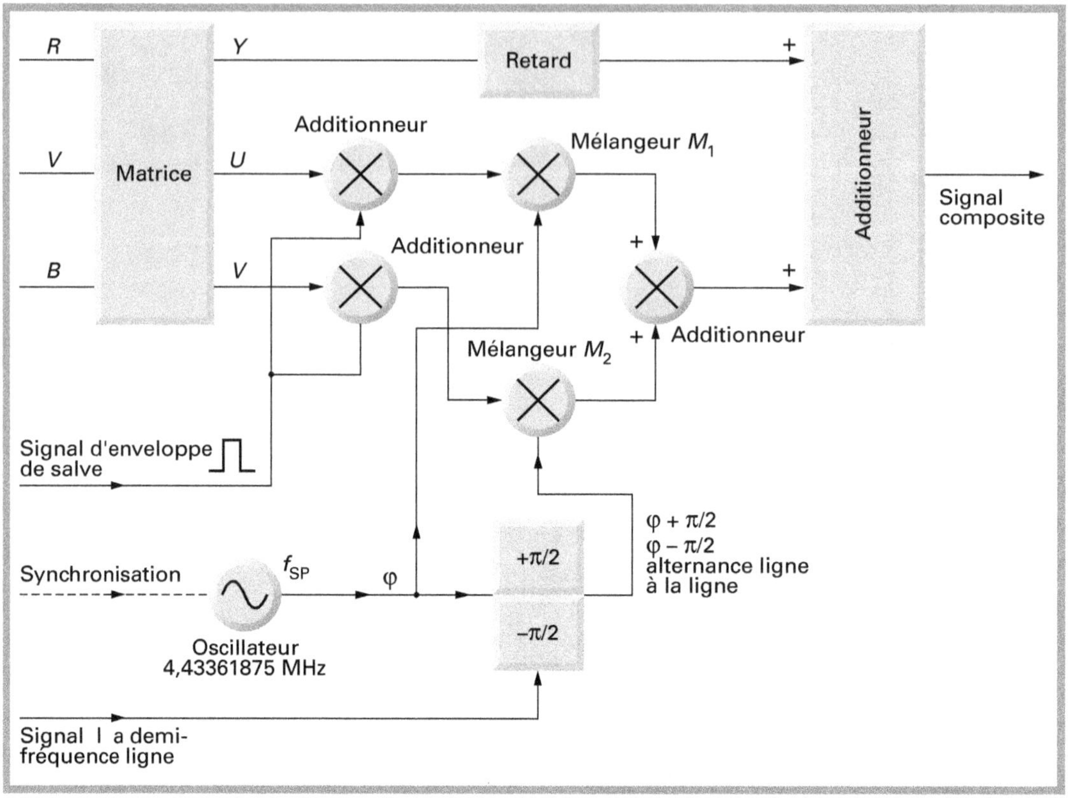

Figure 2.17 – Schéma synoptique du codeur PAL.

En télévision, on dispose des trois informations de couleur : rouge, vert et bleu.

Une quelconque couleur C est obtenue par combinaison linéaire de ces trois couleurs primaires :

$$C = \alpha R + \beta B + \delta V$$

La première opération est confiée à un circuit de matriçage qui, utilisant les signaux R, V, B, délivre trois nouveaux signaux Y, U et V.

Ces signaux sont définis de la manière suivante :

$$Y = 0{,}30\ R + 0{,}59\ V + 0{,}11\ B$$

Ce signal Y est dit signal de luminance, c'est le signal qui correspond à une image en noir et blanc.

Le noir correspond à $R = V = B = 0$ et donc $Y = 0$.

Le blanc correspond à $R = V = B = 1$ et donc $Y = 1$.

Les signaux U et V sont dits signaux différence de couleur :

$$U = 0{,}493\ (B - Y)$$

$$V = 0{,}877\ (R - Y)$$

Le choix de la fréquence de sous porteuse est principalement influencé par la recherche de la visibilité minimale du signal de chrominance capté par un récepteur noir et blanc.

Le choix de la fréquence résulte donc d'un compromis :

$$f_{sp} = \left[\left(284 - \frac{1}{4}\right)f_H + 25\right]$$

f_H est la fréquence ligne et vaut 15625 Hz d'où :

$$f_{sp} = 4{,}433\,618\,75 \text{ MHz}$$

La précision demandée sur cette fréquence est de ± 5 Hz pour les systèmes B et G. Ces systèmes sont utilisés partout en Europe, sauf en France, où l'on utilise les systèmes L et L′.

Dans le codeur, la fréquence f_{sp} est donc asservie à la fréquence ligne f_H.

À partir de l'oscillateur délivrant le signal à la fréquence f_{sp}, on élabore deux signaux.

La porteuse f_{sp} de phase φ est envoyée au mélangeur M1.

Une seconde porteuse de phase $\varphi + \frac{\pi}{2}$ ou $\varphi - \frac{\pi}{2}$ est envoyée au modulateur M2.

La phase du second signal change à chaque ligne.

Le signal U module, en AMDBSP, le signal f_{sp} de phase φ

Le signal V module, en AMDBSP, le signal f_{sp} de phase $\varphi - \frac{\pi}{2}$ ou $\varphi + \frac{\pi}{2}$

Nous avons donc une modulation d'amplitude à porteuse supprimée, de deux porteuses en quadrature. Ces deux porteuses sont additionnées et le résultat, lui-même additionné au signal de luminance retardé. Ce retard est destiné à compenser le retard de traitement dans les voies U et V, retard dû à l'opération de modulation.

À la réception un oscillateur devra être synchronisé en phase et en fréquence sur le signal émis.

La porteuse étant supprimée, il faut envoyer une information permettant la synchronisation. Une salve de référence est envoyée au début de chaque ligne, sur le palier de suppression comme le montre la *figure 2.18*.

Les salves de synchronisation sont obtenues par l'addition d'un signal d'enveloppe de salve aux signaux U et V. Ce signal est rectangulaire.

En général on adopte $\varphi = \pi$.

Dans ce cas la seconde porteuse est soit à + 135 soit à – 135, + $3\pi/4$ ou – $3\pi/4$.

Dans le récepteur, dès que l'on dispose d'un oscillateur asservi en phase et fréquence sur les porteuses émises, le décodage ne pose pas de problème majeur.

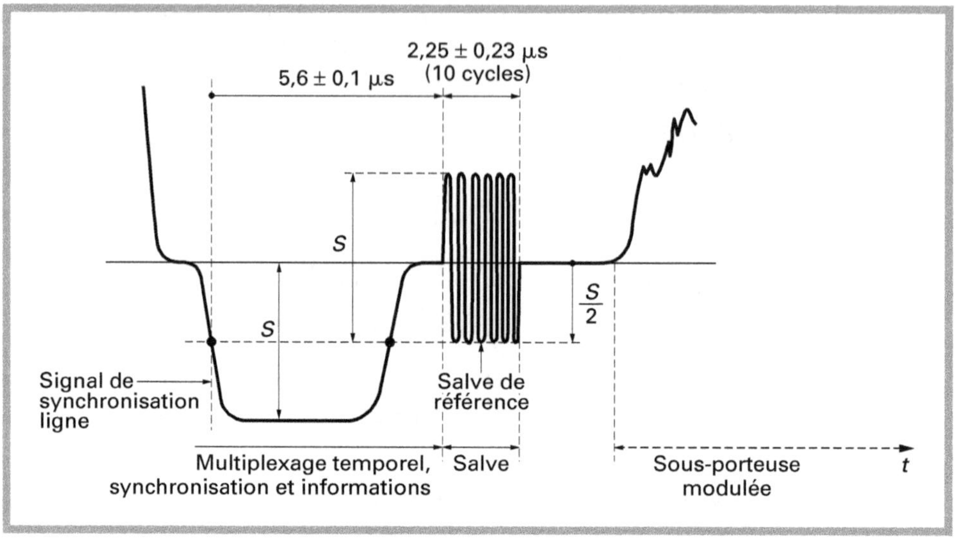

Figure 2.18 – Filtre. Salve de référence envoyée pour la synchronisation du récepteur.

Conclusion

Ces deux exemples de modulation d'amplitude à porteuse supprimée sont intéressants, car ils montrent que ce type de modulation est utilisé conjointement avec l'envoi d'une information de synchronisation. Dans le cas de l'émission audio stéréo, il y a un multiplexage fréquentiel des informations utiles et de la synchronisation. Dans le cas du codage PAL il y a un multiplexage temporel des informations utiles et de la synchronisation, salve de référence.

2.4.3 Modulation à bande latérale unique (BLU)

Principe

En constatant qu'une modulation d'amplitude avec ou sans porteuse transporte, dans chaque bande latérale, deux fois le même message, on peut avoir l'idée de ne transporter qu'une seule des deux bandes latérales. On est dans ce cas en présence d'une modulation dite à bande latérale unique (BLU).

Largeur de bande en BLU

En modulation d'amplitude BLU, la largeur de bande autour de la porteuse est deux fois moindre que celle de la modulation d'amplitude double bande avec ou sans porteuse.

Modulateur d'amplitude en BLU

Pour générer une modulation BLU la solution qui semble la plus simple consiste à éliminer une des bandes latérales par filtrage. Le filtre peut être un filtre *LC*, un filtre à quartz ou un filtre à onde de surface.

Soit le spectre d'un signal modulé en amplitude à porteuse supprimée de la *figure 2.19*. Les deux bandes latérales sont distantes de $2f_{1\text{min}}$. On s'intéresse alors au gabarit du filtre nécessaire à la sélection de la bande latérale supérieure. Soit R la réjection en dB du filtre à la fréquence $f - f_{1\text{min}}$.

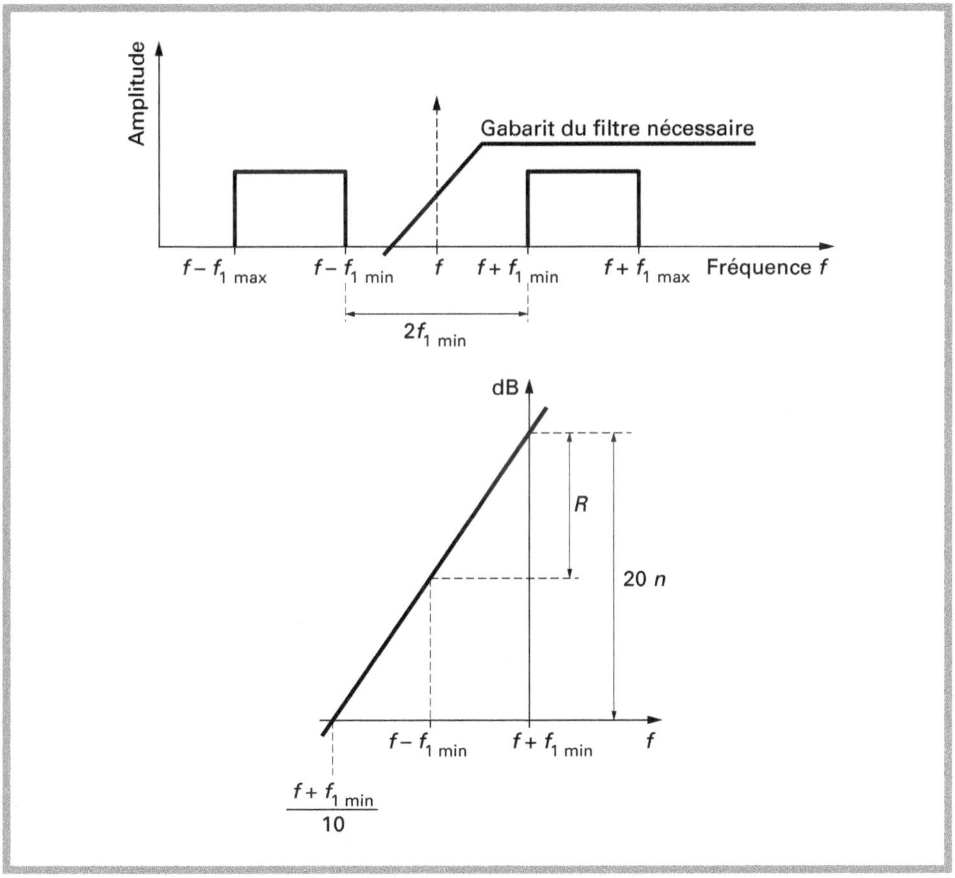

Figure 2.19 – Sélection d'une bande latérale par filtrage.

Considérons un filtre passe-haut d'ordre n. Son atténuation hors bande est donnée par sa pente. La pente est de 20 dB par décade pour un ordre 1 et $20n$ dB pour un ordre n.

À partir de la *figure 2.19*, on peut s'intéresser à l'ordre n nécessaire pour obtenir une réjection R donnée en fonction des fréquences f et f_1.

L'ordre du filtre passe-haut nécessaire s'obtient par la relation :

$$n = \frac{9R(f + f_{1\min})}{400 f_{1\min}}$$

Il apparaît clairement que plus la fréquence f est élevée, plus l'ordre devra être important; plus la fréquence $f_{1\min}$ est basse, plus l'ordre devra être important.

EXEMPLE

Soit un signal audio contenu dans la bande $f_{1\min} = 300$ Hz et $f_{1\max} = 3400$ Hz, modulant un signal $f = 12800$ Hz. Supposons que l'on souhaite une réjection de 40 dB :

$$n = 39{,}3$$

$$n \geqslant 40$$

Un tel filtre est réalisable, mais le problème se complique rapidement si la fréquence porteuse augmente. Avec l'exemple précédent, optons maintenant pour une fréquence porteuse $f = 128$ kHz :

$$n = 385$$

Un tel filtre n'est plus réalisable.

Pour cette opération, la sélection d'une seule bande latérale ne peut pas s'effectuer par un filtrage unique. On procède donc par une succession d'opérations de filtrage et transposition de fréquence. Le schéma synoptique de la chaîne de traitement qui permet cette opération est représenté à la *figure 2.20*. Le signal en bande de base et un oscillateur local à la fréquence f sont envoyés à un premier mélangeur M1. En sortie du premier mélangeur, un filtre sélectionne l'une des deux bandes latérales, par exemple la bande latérale supérieure.

Ce signal et un oscillateur local à la fréquence f_3 sont envoyés à un second mélangeur M2. En sortie de M2, on dispose des deux bandes latérales centrées autour de f_3.

Un second filtre permet de conserver l'une ou l'autre des bandes latérales. Dans le cas de la *figure 2.18* on ne conserve que la bande latérale supérieure.

L'ordre n_1 du filtre nécessaire est alors donné par la relation :

$$n_1 = \frac{9R(f_3 + f + f_1)}{400\,(f + f_1)}$$

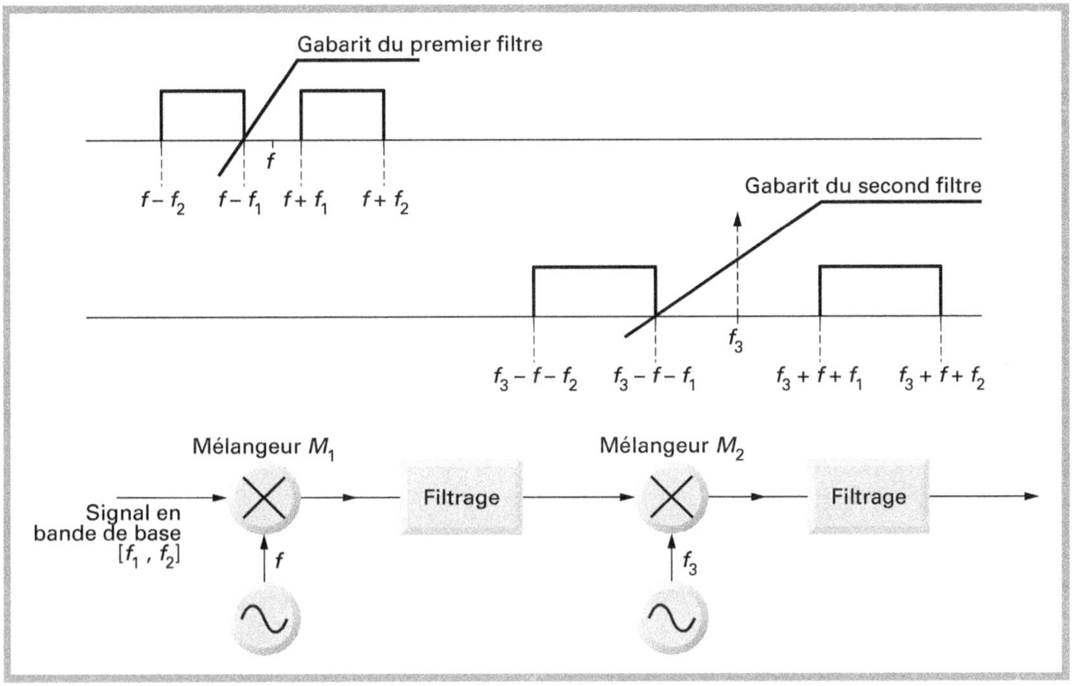

Figure 2.20 – Sélection d'une seule bande latérale par filtrage de transposition.

EXEMPLE

Reprenons le cas précédent :

$$f_1 = f_{1\,min} = 300 \text{ Hz}; \quad f = 12{,}8 \text{ kHz}; \quad f_3 = 30f = 384 \text{ kHz}; \quad R = 40 \text{ dB},$$

d'où $n_1 \geqslant 27$

Ce filtre est encore réalisable mais la fréquence n'est que de 384 kHz.

Pour pouvoir être utilisable, cette opération doit être réitérée jusqu'à l'obtention de la fréquence désirée, une, deux ou trois fois supplémentaires.

Ces opérations ne sont pas très simples et on préfère souvent la solution indiquée dans le schéma synoptique de la *figure 2.21*.

Le mélangeur équilibré reçoit la porteuse et le signal modulant puis en effectue le produit. Soit :

$$m(t) = \sin \omega_1 t$$

$$n(t) = \sin \omega t$$

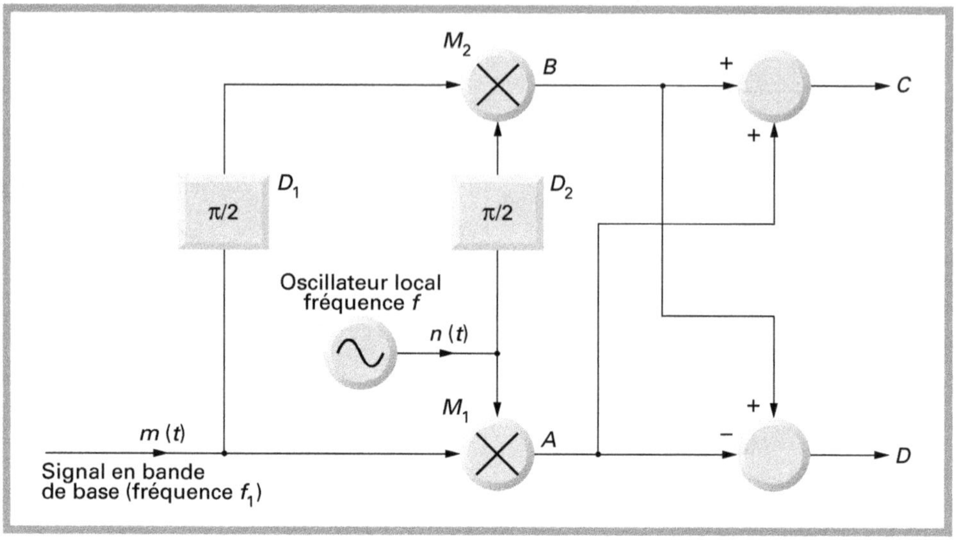

Figure 2.21 – Génération directe des deux bandes latérales. Modulateur « à réjection de fréquence image ».

Le signal de sortie A du mélangeur M_1 vaut :

$$A = \frac{1}{2}\cos(\omega - \omega_1)\,t - \frac{1}{2}\cos(\omega + \omega_1)\,t$$

Le mélangeur équilibré noté M_2 reçoit la porteuse et le signal déphasé de $\pi/2$ puis en effectue le produit. Le signal résultant noté B vaut :

$$B = \frac{1}{2}\cos(\omega + \omega_1)\,t + \frac{1}{2}\cos(\omega - \omega_1)\,t$$

On calcule ensuite soit $A + B$, soit $A - B$ et on recueille les signaux C et D dont la valeur respective est :

$$C = \cos(\omega - \omega_1)\,t$$

$$D = \cos(\omega + \omega_1)\,t$$

Les signaux C et D correspondent bien aux deux bandes latérales inférieure et supérieure.

Le déphaseur D_2 fonctionne à la fréquence de la porteuse. Si cette fréquence est constante, la réalisation de ce déphaseur ne pose pas de difficultés. Par contre le déphaseur D_1 pose un réel problème.

Admettons que l'on veuille transmettre un message audio compris entre 300 et 3400 Hz.

Le déphaseur D_1 devra maintenir en écart de 90 degrés plus ou moins un degré dans toute la bande considérée. Une erreur de phase dans un des deux déphaseurs diminue la suppression de la bande latérale non désirée.

Pour une erreur de 1 degré, la suppression vaut 40 dB.

Pour une erreur de 2 degrés, la suppression vaut 35 dB.

Pour une erreur de 3 degrés, la suppression vaut 30 dB.

Les amplitudes des signaux déphasés doivent être ajustées avec autant de précision que leur phase.

Un écart de 1 % réduit la suppression à 45 dB.

Un écart de 2 % réduit la suppression à 40 dB.

Un écart de 4 % réduit la suppression à 35 dB.

La *figure 2.22* donne un exemple de circuit déphaseur à 90 degrés utilisable dans le trajet audio. Il s'agit en fait d'une succession de réseaux déphaseurs, bâtis autour d'amplificateurs opérationnels. Soit R la résistance connectée entre l'entrée non inverseuse et le zéro électrique et C la capacité connectée entre l'entrée non inverseuse et l'entrée du circuit.

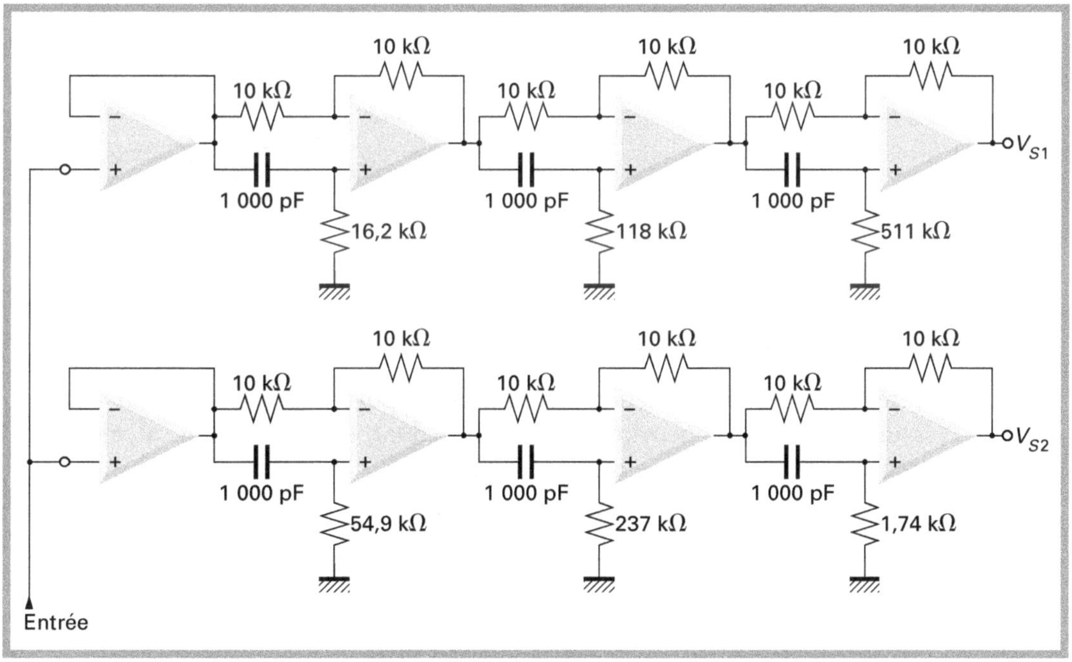

Figure 2.22 – Exemple du circuit déphaseur dans la bande audio.

La fonction de transfert de chaque étage vaut :

$$\frac{V_s}{V_e} = \frac{RCp - 1}{RCp + 1}$$

Le module de cette fonction de transfert est constant et la phase varie de $-\pi$ à -2π.

Les courbes de la *figure 2.23* montrent que l'amplitude est constante dans la bande comprise entre 10 Hz et 20 kHz. Le déphasage vaut π/2 = 90 degrés dans la bande audio de 300 à 3400 Hz au moins. Un déphasage constant à plus ou moins un degré nécessitera le réglage précis des éléments. Cette solution est techniquement intéressante mais d'une mise en œuvre délicate.

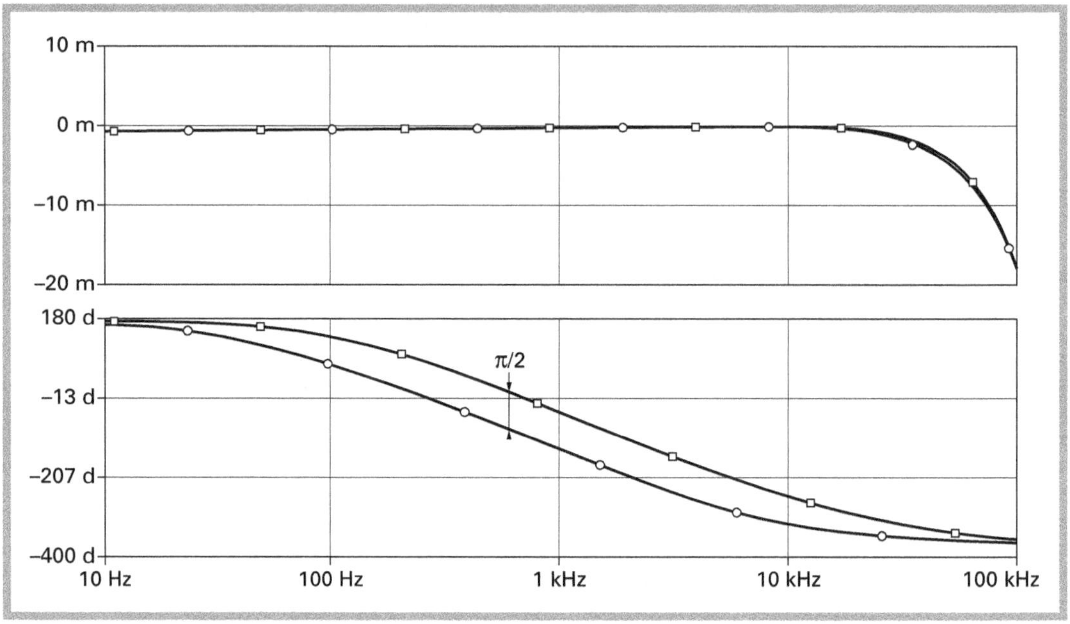

Figure 2.23 – Amplitude et phase du déphaseur de la figure 2.22.

Démodulation en BLU

Comme pour la démodulation d'amplitude à porteuse supprimée on s'oriente vers une démodulation cohérente. Il s'agit donc de régénérer localement une porteuse de fréquence et de phase identique à celle utilisée à l'émission.

$$n'(t) = \cos(\omega t + \varphi)$$

En modulation BLU, toute information relative à la porteuse a, par définition, disparu.

Si l'on prend le cas de la bande latérale supérieure, le signal reçu vaut :

$$x(t) = \cos(\omega + \omega_1)\,t$$

Un multiplicateur, ou mélangeur équilibré, effectue le produit de $x(t)$ et $n'(t)$. Le schéma synoptique du démodulateur BLU est représenté à la *figure 2.24*.

Le signal de sortie du multiplicateur s'écrit :

$$s(t) = \cos(\omega t + \varphi)\,\cos(\omega + \omega_1)\,t$$

$$s(t) = \frac{1}{2}\cos[(2\omega + \omega_1)\,t + \varphi] + \frac{1}{2}\cos(\omega_1 t + \varphi)$$

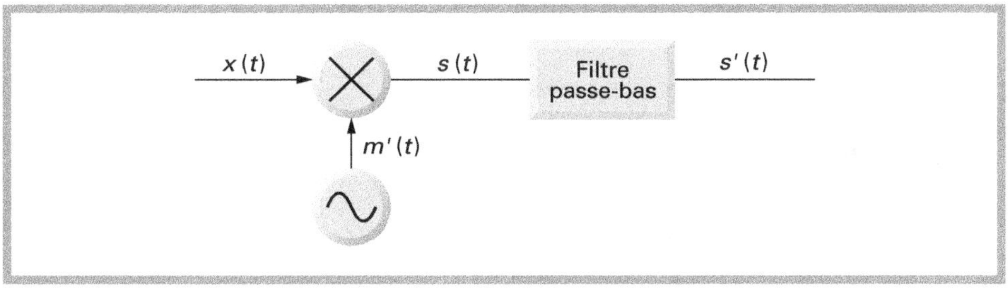

Figure 2.24 – Démodulateur BLU.

Un filtrage passe-bas permet l'élimination de la composante à la pulsation $2\omega + \omega_1$ et on ne conserve que le terme en bande de base.

$$s'(t) = \frac{1}{2}\cos(\omega_1 t + \varphi)$$

Si le signal régénéré localement n'a pas exactement la même phase que la porteuse émise, toutes les composantes du message transmis sont déphasées d'une valeur φ.

Dans le cas d'une transmission audio ce déphasage n'a pas d'importance. Pour cette raison, la bande latérale unique est principalement utilisée pour les liaisons audio lorsque les critères de rendement de l'émetteur et d'encombrement spectral sont essentiels. Ceci est le cas notamment de la transmission téléphonique par satellite.

Si la porteuse régénérée localement n'a pas exactement la même fréquence et diffère de $\Delta\omega$, le terme en bande de base devient :

$$s'(t) = \frac{1}{2}\cos[(\omega + \Delta\omega_1)t + \varphi]$$

En pratique, et dans le cas d'une émission audio, un décalage supérieur à une vingtaine de hertz rend le message inintelligible.

Rapport signal sur bruit en BLU

En modulation BLU, le rapport signal sur bruit après démodulation s'écrit :

$$\left(\frac{S}{N}\right)_s \text{BLU} = \frac{P_{BL}}{N}$$

P_{BL} représente la puissance dans la bande latérale et N le bruit dans la bande, avec :

$$N = \mathrm{k}TB$$

et

$$B = f_{1\max}$$

Si l'on prend une modulation d'amplitude à porteuse supprimée avec une puissance $\frac{P_{BL}}{2}$ dans chaque bande, le rapport signal sur bruit en sortie du démodulateur vaut :

$$\left(\frac{S}{N}\right)_s \text{AMDBSP} = 2\frac{P_{BL}}{N}$$

$$N = 2\text{k}TB = 2\text{k}Tf_{1\max}$$

Comparons les rapports $\left(\frac{S}{N}\right)$ dans le cas de la BLU et AMDBSP.

La puissance émise est constante et égale à P_{BL}.

En BLU, nous avons une bande contenant P_{BL}.

En AMDBSP, nous avons deux bandes contenant $\frac{P_{BL}}{2}$.

$$\left(\frac{S}{N}\right)_s \text{BLU} = 2\left(\frac{S}{N}\right)_S \text{AMDBSP}\text{, puissance émise identique.}$$

S'il ne s'agit que d'un filtrage à l'émission, le signal BLU véhicule $\frac{P_{BL}}{2}$ et le signal en double bande sans porteuse véhicule deux fois $\frac{P_{BL}}{2}$. Dans ce cas on obtient :

$\left(\frac{S}{N}\right)_s \text{BLU} = \left(\frac{S}{N}\right) \text{AMDBSP}$, puissance contenue dans la bande latérale identique. Les rapports $\left(\frac{S}{N}\right)$ sont donc identiques.

2.4.4 Modulation à bande latérale atténuée (BLA)

Principe

Ce type de modulation est dit à bande latérale atténuée BLA ou à bande latérale réduite BLR.

Le cas de la BLA est un cas particulier de la modulation d'amplitude dédiée principalement à la tansmission vidéo : télévision dans les bandes III, IV et V.

Largeur de bande en BLA

Le cas de la transmission d'un signal vidéo est particulier, puisque le signal vidéo occupe une largeur importante d'environ 5 MHz avec des composants de très basse fréquence.

Une modulation d'amplitude conduirait à doubler l'occupation spectrale. La présence de composants de très basse fréquence élimine la possibilité d'une modulation BLU, le filtrage entre ces composants de très basse fréquence et la porteuse étant impossible.

On opte alors pour un compromis entre ces deux types de modulation, modulation d'amplitude double bande et BLU qui prend alors le nom de BLA.

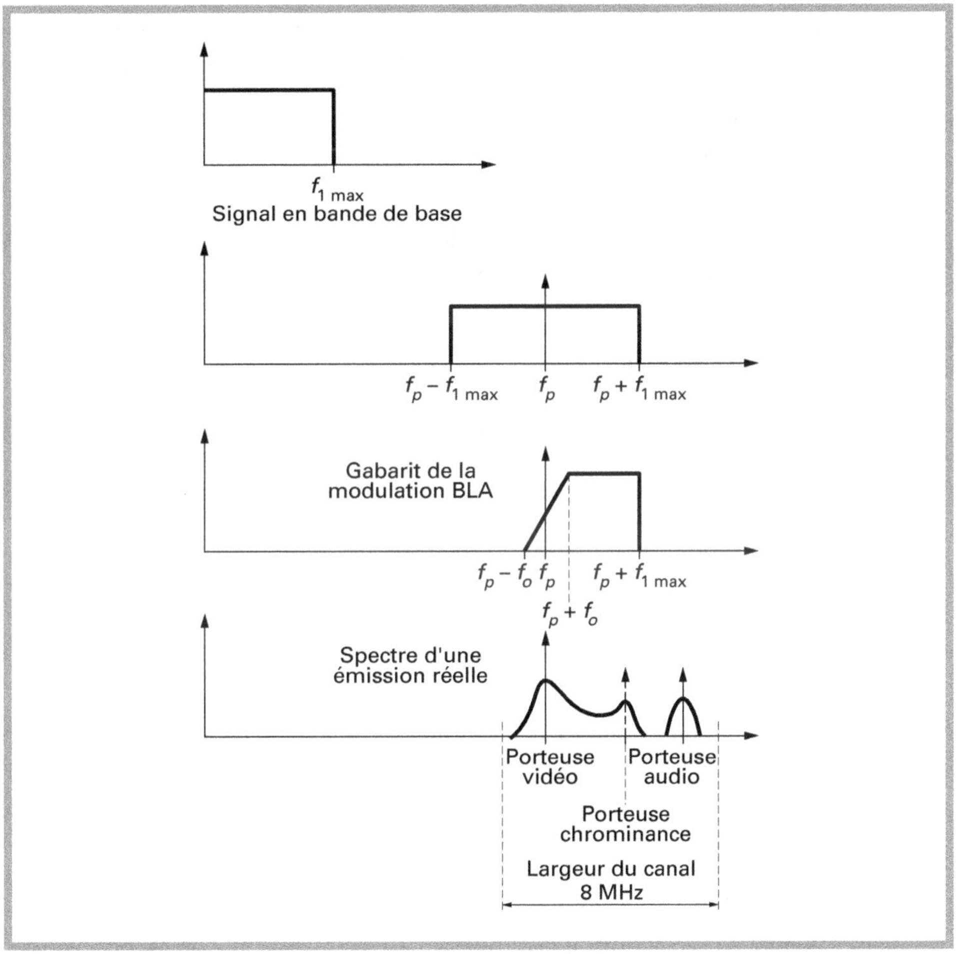

Figure 2.25 – Modulation en bande latérale atténuée.

La *figure 2.25* montre que le signal modulé en BLA est obtenu par une modulation d'amplitude classique suivie d'un filtrage. Le filtre est en général un filtre à onde de surface et présente de $f_p - f_0$ à $f_p + f_0$, un flanc de symétrie autour de la fréquence f_p à laquelle il affaiblit le signal de moitié, flanc de Nyquist.

Le cas de la télévision est intéressant car selon la norme considérée, il regroupe une combinaison de différents types de modulation.

Dans les systèmes L et L′, en France, le signal vidéo module une porteuse en BLA. Les signaux de chrominance modulent en fréquence deux sous porteuses, le signal audio module en amplitude la porteuse audio.

Dans les systèmes B et G, en Europe hors France, le signal vidéo module une porteuse en BLA. Les signaux de chrominance modulent en amplitude deux porteuses en quadrature, le signal audio module en fréquence la porteuse audio. La largeur totale résultante du canal nécessaire à la transmission est de 8 MHz dans les bandes IV et V. Les bandes IV et V sont réservées à la télévision.

Ces bandes couvrent la plage de 471,25 MHz à 855,25 MHz dans laquelle on peut ainsi loger 49 canaux. Ces canaux sont numérotés de 21 (471,25 MHz) à 69 (855,25 MHz).

La modulation à BLA a permis de diminuer notablement l'occupation spectrale au prix d'une complexité accrue au niveau de l'émetteur.

Modulateur en BLA

La *figure 2.26* donne le synoptique d'un modulateur BLA à double changement de fréquence. Imaginons que l'on souhaite réaliser un modulateur ou émetteur, couvrant l'intégralité des bandes IV et V, canaux 21 à 69. Le spectre du signal de sortie doit être à bande latérale unique.

Une mauvaise solution consisterait à effectuer une modulation d'amplitude et de placer en sortie autant de filtres commutés que l'on souhaite de canaux. Au prix d'une complexité accrue, le schéma synoptique de la *figure 2.26* résout le problème.

Un premier modulateur d'amplitude, recevant le signal vidéo et un oscillateur à la fréquence fixe de 38,9 MHz délivre un signal, dont le spectre est représenté par S_1. Un filtre à onde de surface donne à ce spectre une allure conforme à S_2, modulation BLA autour de 38,9 MHz en conservant la bande latérale inférieure. Un premier mélangeur recevant un oscillateur local à 911,1 MHz transpose le spectre S_2 en deux bandes latérales autour de 911,1 MHz, spectre S_3. Un filtre passe-bande sélectionne la bande 940 à 960 MHz et l'on dispose alors du spectre unique S_4. Un second mélangeur transpose S_4, grâce à un oscillateur variable compris entre 1 421,25 MHz et 1 805,25 MHz. Le signal de sortie est alors un signal d'émission en BLA dans les bandes IV et V.

Si la fréquence du deuxième oscillateur vaut 1 421,25 MHz, le produit utile résultant du mélange dans M_2 vaut :

$$1\,421{,}25 - 950 = 471{,}25 \text{ MHz, canal 21.}$$

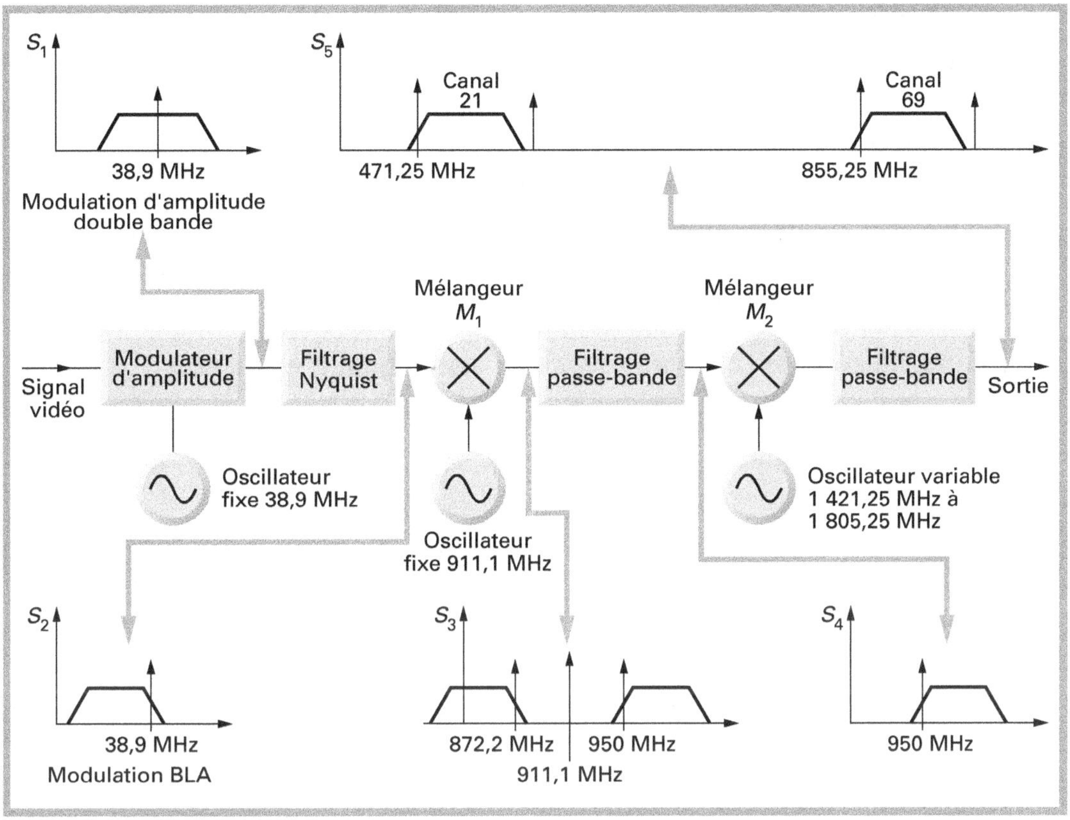

Figure 2.26 – Synoptique modulateur BLA à double changement de fréquence.

Le produit indésirable image se situe à 2371,25 MHz.

Si la fréquence du deuxième oscillateur vaut 1805,25 MHz, le produit utile résultant du mélange dans M_2 vaut :

$$1805{,}25 - 950 = 855{,}25 \text{ MHz, canal 69.}$$

Le produit indésirable, image se situe à 2755,25 MHz.

Un filtre passe-bas en sortie permet de conserver les signaux utiles dans la bande 471,25 MHz – 855,25 MHz et élimine l'image comprise entre 2371,25 MHz et 2755,25 MHz. Dans cette structure il faut noter que le gabarit de l'émission BLA est donné par le filtre situé immédiatement après le modulateur d'amplitude.

Cet exemple est intéressant car il montre que le gain sur l'encombrement spectral augmente notablement la complexité du modulateur ou de l'émetteur.

Démodulation en BLA

En BLA, comme en modulation d'amplitude double bande avec porteuse, on peut opter pour deux types de démodulation :

– démodulation par redressement et filtrage, détection d'enveloppe;

– démodulation cohérente par récupération de la porteuse et multiplication.

Les avantages de la BLA sont essentiellement une réduction de l'encombrement spectral et une démodulation éventuellement simplifiée. Ils se traduisent par une complexité accrue de l'émetteur.

2.4.5 Comparaison des différents types de modulation d'amplitude

Il est coutume de comparer les différentes modulations d'amplitude.

Pour que la comparaison puisse exister, il faut nécessairement fixer une grandeur de référence.

Cette grandeur de référence diffère souvent d'un ouvrage à l'autre. Dans ce but nous avons donc opté pour deux comparaisons, la première, en considérant la puissance dans une bande latérale constante et égale à $\frac{P_{BL}}{2}$ et la seconde, en considérant une puissance totale émise constante. Bien entendu les conclusions diffèrent et ces différences sont dues à la valeur de référence, puissance dans une bande ou puissance totale constante.

Comparaison à puissance dans une bande latérale constante

Le *tableau 2.2* regroupe les trois modulations d'amplitude essentielles.

La puissance dans une bande latérale est constante et vaut $\frac{P_{BL}}{2}$.

Tableau 2.2 – Comparaison des différentes modulations d'amplitude avec la puissance contenue dans une bande latérale inchangée

	Spectre	Bruit à l'entrée du démodulateur	Puissance dans une bande latérale	Puissance totale émise	Rapport signal sur bruit en sortie du démodulateur
AMDB	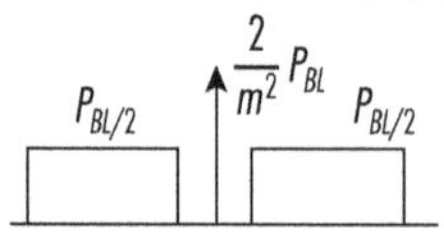	$2kTB$	$\frac{P_{BL}}{2}$	$P_{BL}\frac{2+m_A^2}{m_A^2}$	$\frac{P_{BL}}{2kTB} = \frac{m_A^2/2\ P_{tot}}{2+m_A^2\,kTB}$
AMDB-SP	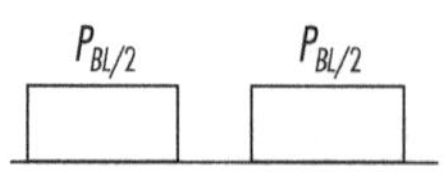	$2kTB$	$\frac{P_{BL}}{2}$	P_{BL}	$\frac{P_{BL}}{2kTB}$
AM-BLU	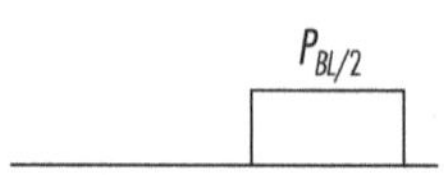	kTB	$\frac{P_{BL}}{2}$	$\frac{P_{BL}}{2}$	$\frac{P_{BL}}{2kTB}$

Dans ce cas on ne se soucie absolument pas de la puissance totale émise ou consommée par l'émetteur. Il apparaît donc clairement que les rapports signal sur bruit pour les modulations d'amplitude avec ou sans porteuse sont identiques. La présence de la porteuse ne contribue en rien à l'amélioration du rapport signal sur bruit. En bande latérale unique le rapport signal sur bruit est identique puisque la bande de bruit est réduite de moitié. La présence de la porteuse ne permet qu'une éventuelle démodulation rudimentaire.

Comparaison à puissance totale émise constante

Le *tableau 2.3* regroupe les trois modulations d'amplitude lorsque la puissance totale émise est constante.

Dans ce cas, le rapport signal sur bruit en modulation BLU est le double de celui en modulation double bande à porteuse supprimée. Le rapport signal sur bruit en modulation d'amplitude est alors toujours inférieur au tiers de celui des deux autres modulations. On prend le cas le plus favorable, $m_A = 1$.

Ceci se comprend aisément puisque la porteuse qui ne participe pas au rapport signal sur bruit, véhicule les deux tiers de la puissance.

Tableau 2.3 – Comparaison des différentes modulations d'amplitude avec la puissance contenue dans une bande latérale inchangée

	Spectre	Bruit à l'entrée du démodulateur	Puissance dans une bande latérale	Puissance totale émise	Rapport signal sur bruit en sortie du démodulateur
AMDB	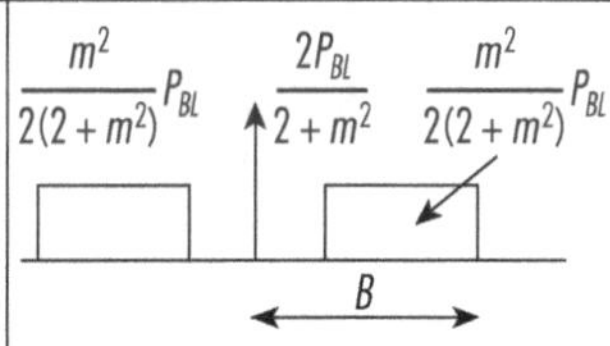	$2kTB$	$P_{BL}\frac{m_A^2}{2(2+m_A^2)}$	P_{BL}	$\frac{P_{BL}}{kTB}\frac{m_A^2}{2+m_A^2}$
AMDB-SP	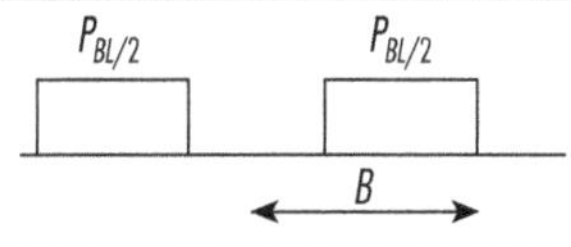	$2kTB$	$\frac{P_{BL}}{2}$	P_{BL}	$\frac{P_{BL}}{kTB}$
AM-BLU	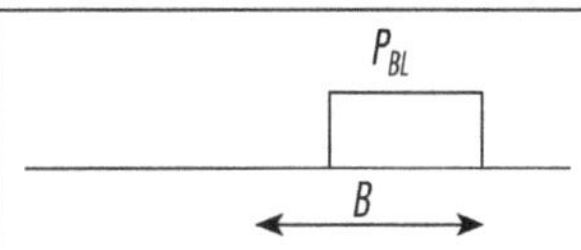	kTB	P_{BL}	P_{BL}	$\frac{P_{BL}}{kTB}$

2.4.6 Choix d'un type de modulation

Avant d'effectuer le choix de l'un ou l'autre type de modulation d'amplitude, on doit dresser un ordre de préférence des paramètres essentiels :

- encombrement spectral;
- rapport signal sur bruit en sortie du démodulateur;

– puissance consommée ou émise;

– complexité et coût des émetteurs et récepteurs.

Le *tableau 2.4* donne une idée de la complexité en fonction du type de modulation-démodulation.

Les deux cas extrêmes apparaissent clairement : la modulation d'amplitude double bande avec porteuse est simple mais peu performante en terme d'occupation spectrale, de puissance émise et de rapport signal sur bruit; la démodulation BLU présente un rapport signal sur bruit optimal, l'encombrement spectral le plus réduit et le meilleur rendement mais sa mise en œuvre est complexe tant à l'émission qu'à la réception.

Tableau 2.4 – Récapitulatif de la complexité de mise en œuvre des différentes modulations d'amplitude.

Type de modulation	Largeur de bande	Démodulation	Complexité
AMDB	$2B$	Détection d'enveloppe démodulation cohérente	Émission : faible Réception : faible Global : faible
AMDB-SP	$2B$	Démodulation cohérente uniquement	Émission : faible Réception : importante Global : moyenne
AM-BLU	B	Démodulation cohérente uniquement	Émission : importante Réception : importante Global : importante
AM-BLR	$B(1+\varepsilon)$	Détection d'enveloppe démodulation cohérente	Émission : importante Réception : faible Global : moyenne

2.5 Modulations angulaires

Soit la porteuse :

$$n(t) = A(\cos \omega t + \varphi)$$

$$\omega = 2\pi f$$

Nous nous intéressons désormais à une modulation agissant soit sur le paramètre ω, soit sur le paramètre φ. Ces modulations, de fréquence f ou de phase φ. sont dites modulations angulaires et sont très voisines comme nous allons le voir.

La porteuse $n(t)$ peut être représentée par le vecteur $\overrightarrow{OA}$ de la *figure 2.27*. ω est la vitesse de rotation du vecteur $\overrightarrow{OA}$ et φ_0 est la phase à l'origine. À un instant t_1 la phase du vecteur $\overrightarrow{OA}$ s'écrit :

$$\varphi_1 = \omega(t_1 - t_0) + \varphi_0$$

En modulation d'amplitude, le signal modulant a une action sur le module du vecteur.

En modulation de fréquence ce module est constant, mais le signal modulant a une action sur ω, vitesse de rotation, proportionnelle à la fréquence de la porteuse :

$$\omega = 2\pi f$$

Toute variation sur ω aura donc une influence sur φ_1, phase à l'instant t_1. Une modulation de fréquence s'accompagne donc d'une modulation de phase.

En modulation de fréquence, on agit sur ω et la phase à l'instant t_1 passe de φ_0 à φ_1.

En modulation de phase, on agit directement sur la phase φ qui à l'instant t_1 passe de φ_0 à φ_1.

Les deux procédés sont donc extrêmement voisins. Pour cette raison la modulation de phase est quelquefois appelée modulation de fréquence indirecte.

En modulation de phase, le vecteur porteuse $\overrightarrow{OB}$ peut se représenter comme sur la *figure 2.27*, comme un vecteur de phase φ'_2 oscillant, au rythme de la modulation, d'une valeur $\pm \Delta\varphi$.

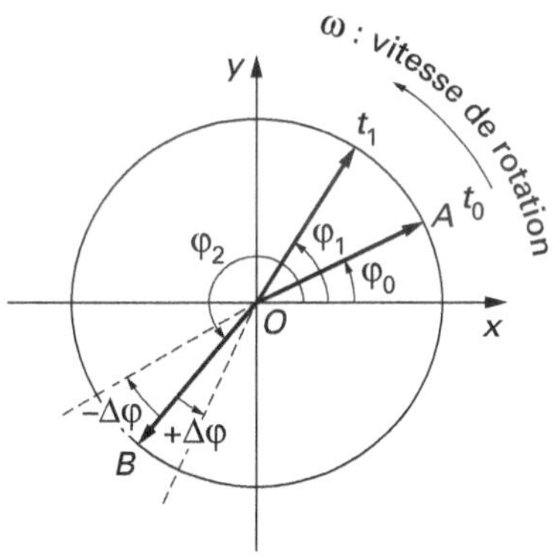

Figure 2.27 – Représentation des modulations de fréquence et de phase.

2.5.1 Modulation de fréquence

Modulation par un signal sinusoïdal

Soit un signal modulant $m(t)$ et une porteuse $n(t)$:

$$m(t) = \cos \omega_1 t$$

$$n(t) = A \sin (\omega t + \varphi)$$

La *figure 2.28* rend compte de l'aspect temporel d'une porteuse modulée en fréquence. Si la porteuse est modulée en fréquence, cela signifie que ω varie de manière linéaire avec le signal modulant $m(t)$. Posons :

$$\omega t + \varphi = \delta$$

Par définition, la dérivée de la phase est la fréquence :

$$\frac{d\delta}{dt} = \frac{d(\omega t + \varphi)}{dt} = \frac{d(2\pi ft + \varphi)}{dt}$$

$$\frac{d\delta}{dt} = 2\pi f$$

La fréquence de la porteuse f s'écrit :

$$f = \frac{1}{2\pi}\frac{d\delta}{dt}$$

Cette fréquence f est modulée par $m(t)$; il s'agit ici d'une fréquence dite instantanée. Le signal modulant décale cette valeur instantanée d'une quantité Δf.

$$\frac{1}{2\pi}\frac{d\delta}{dt} = f + \Delta f \cos \omega_1 t$$

Par intégration, on obtient :

$$\delta = 2\pi ft + \frac{\Delta f}{f_1}\sin \omega_1 t + \Phi$$

En remplaçant δ dans l'équation de la porteuse $n(t)$,

$$n(t) = A \cos \delta$$

$$n(t) = A \sin\left(\omega t + \frac{\Delta f}{f_1}\sin \omega_1 t + \Phi\right)$$

On peut, comme en modulation d'amplitude, définir un indice de modulation. Cet indice n'a pas le même sens qu'en modulation d'amplitude.

La valeur $\frac{\Delta f}{f_1}$ a reçu le nom d'*indice* ou d'*index de modulation*. L'indice de modulation est, par définition :

$$m_F = \frac{\Delta f}{f_1}$$

On s'intéresse tout d'abord à l'occupation spectrale de la porteuse modulée en fréquence.

$$n(t) = A \sin(\omega t + \Phi + m_F \sin \omega_1 t)$$

$$n(t) = A\,[\sin(\omega t + \Phi)\cos(m_F \sin \omega_1 t) + \sin(m_F \sin \omega_1 t)\cos(\omega t + \Phi)]$$

On pose $x = \omega t + \Phi$ et $y = m_F \sin \omega_1 t$. Sachant que :

$$\sin(x + y) = \sin x \cos y + \sin y \cos x$$

$$\cos(z \sin \theta) = J_0(z) + 2 \sum_{k=1}^{\infty} J_{2k}(z) \cos(2k\theta)$$

$$\sin(z \sin \theta) = 2 \sum_{k=0}^{\infty} J_{2k+1}(z) \sin(2k + 1)\theta$$

En utilisant les relations :

$$\cos(x \sin y) = J_0(x) + 2[J_2(x) \cos 2y + J_4(x) \cos 4y + J_6(x) \cos 6y + \ldots]$$

$$\sin(x \sin y) = 2[J_1(x) \sin y + J_3(x) \sin 3y + J_5(x) \sin 5y + J_7(x) \sin 7y + \ldots]$$

$J_n(x)$ sont les fonctions de Bessel de la première espèce, n est l'ordre et x l'argument.

En développant $n(t)$, il vient :

$$\begin{aligned} n(t) = A[J_0(m_F) \sin(\omega t + \Phi) &+ J_1(m_F)[\sin(\omega t + \omega_1 t) - \sin(\omega t - \omega_1 t)] \\ &+ J_2(m_F)[\sin(\omega t + 2\omega_1 t) + \sin(\omega t - 2\omega_1 t)] \\ &+ J_3(m_F)[\sin(\omega t + 3\omega_1 t) - \sin(\omega t - 3\omega_1 t)] \\ &+ J_4(m_F)[\sin(\omega t + 4\omega_1 t) + \sin(\omega t - 4\omega_1 t)] + \ldots \end{aligned}$$

$n(t)$ peut se mettre sous une forme générale :

$$n(t) = A[J_0(m_F) \sin(\omega t + \Phi) + J_n(m_F)[\sin(\omega t + n\omega t_1) + (-1)^n \sin(\omega t - n\omega_1 t)]]$$

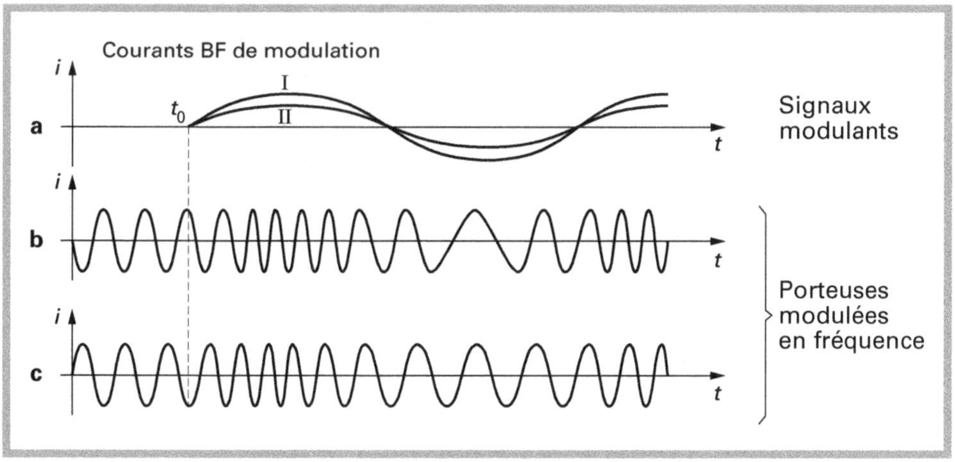

Figure 2.28 – Représentation temporelle d'une porteuse modulée en fréquence.

Il est important désormais, d'exploiter au mieux ce résultat qui est notablement plus complexe que celui obtenu pour les modulations d'amplitude.

En analysant la relation précédente, on constate que le spectre de sortie se compose :

– d'une raie à la fréquence de repos;
– d'une infinité de raies latérales avec les fréquences $f \pm nf_1$.

Le spectre d'un signal modulé en fréquence est donc théoriquement infini et est symétrique par rapport à la fréquence centrale.

Les porteuses représentées à la *figure 2.28* ont une amplitude constante, la puissance est donc constante. On peut en tirer la première conclusion intéressante : la somme des puissances contenues dans chaque raie aux fréquences $f \pm nf_1$ est constante et ceci quelle que soit f_1.

Les courbes de la *figure 2.29* donnent une représentation des fonctions de Bessel de première espèce. L'amplitude de la raie à la fréquence de repos est proportionnelle à $J_0(m_F)$. Pour trois valeurs de m_F particulières (2,405; 5,52 et 8,654), $J_0(m_F) = 0$.

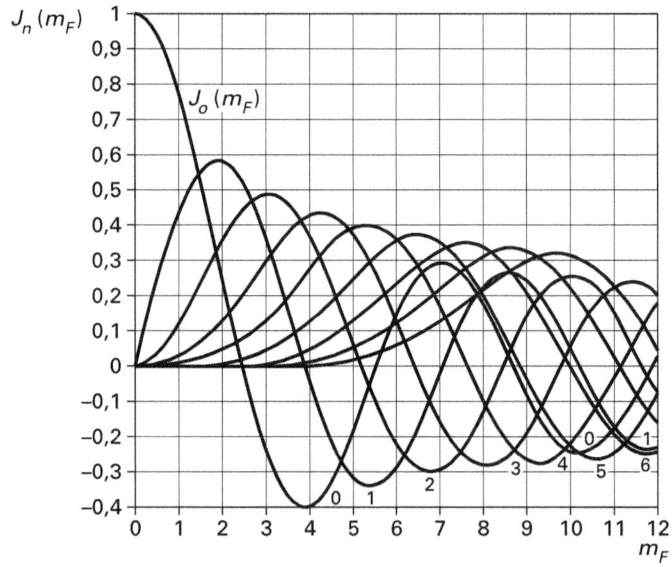

Figure 2.29 – Représentation des fonctions de Bessel de premières espèces.

Avec une fréquence de modulation f_1 constante et en agissant sur le paramètre m_F, la répartition des puissances dans le spectre évoluera tout en restant constante.

Le *tableau 2.5* donne les valeurs des fonctions de Bessel pour des ordres et arguments compris entre 0 et 9

On peut, soit à partir des courbes de la *figure 2.29*, soit à partir du *tableau 2.5*, obtenir une représentation graphique du spectre en fixant les paramètres : f, f_1 et m_F.

Tableau 2.5 – Tableau des fonctions de Bessel de première espèce.

	J_0	J_1	J_2	J_3	J_4	J_5	J_6	J_7	J_8	J_9
0	1,00									
0,25	0,98	0,12								
0,5	0,94	0,24	0,03							
1	0,77	0,44	0,03							
1,5	0,51	0,26	0,23	0,01						
2	0,22	0,58	0,35	0,13	0,03					
2,5	– 0,05	0,5	0,45	0,22	0,07	0,02				
3,0	– 0,26	0,34	0,49	0,31	0,13	0,04	0,01			
4,0	– 0,40	– 0,07	0,36	0,43	0,28	0,13	0,05	0,02		
5,0	– 0,18	– 0,33	0,05	0,36	0,39	0,26	0,13	0,05	0,02	
6,0	0,15	– 0,28	– 0,24	0,11	0,36	0,36	0,25	0,13	0,06	0,02
7,0	0,30	0,00	– 0,30	– 0,17	0,16	0,35	0,34	0,23	0,13	0,06
8,0	0,17	0,23	– 0,11	– 0,29	– 0,10	0,19	0,34	0,32	0,22	0,13
9,0	– 0,09	0,24	0,14	– 0,18	– 0,27	– 0,06	0,20	0,33	0,30	0,21

L'excursion de fréquence résultante est, bien sûr :

$$\Delta f = f_1 \, m_F$$

On obtient alors, par exemple, les spectres de la *figure 2.30*.

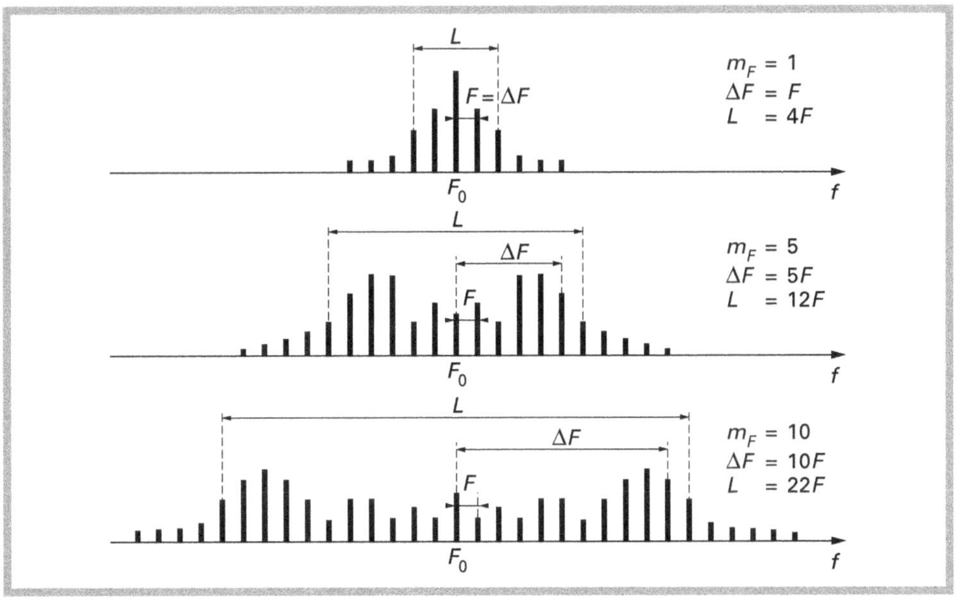

Figure 2.30 – Exemples de spectres d'une porteuse f_0 modulée en fréquence.

Modulation par deux signaux sinusoïdaux

On peut s'intéresser à un cas légèrement plus complexe que le précédent. La porteuse est modulée simultanément par deux composantes sinusoïdales :

$$m_1(t) = A_1 \cos \omega_1 t$$

$$m_2(t) = A_2 \cos \omega_2 t$$

La porteuse non modulée s'écrit :

$$n(t) = A \sin(\omega t + \varphi)$$

Le signal modulé s'écrit :

$$n(t) = A \sin\left(\omega t + \frac{\Delta f}{f_1} \sin \omega_1 t + \frac{\Delta f}{f_2} \sin \omega_2 t + \Phi\right)$$

Si on pose :

$$\frac{\Delta f}{f_1} = m_{F1} \quad \text{et} \quad \frac{\Delta f}{f_2} = m_{F2}$$

On pourrait effectuer un développement identique à celui d'une porteuse modulée par une fréquence unique. Le résultat montrerait que le spectre de sortie se compose :

– d'une raie à la fréquence de repos f et d'amplitude $AJ_o(m_{F1})J_o(m_{F2})$;

– de raies aux fréquences $f \pm \alpha f_1$ d'amplitude $AJ_\alpha(m_{F1})J_\alpha(m_{F2})$;

– de raies aux fréquences $f \pm \beta f_2$ d'amplitude $AJ_\beta(m_{F1})J_\beta(m_{F2})$;

– de raies aux fréquences $f \pm \alpha f_1 \pm \beta f_2$ d'amplitude $AJ_\alpha(m_{F1})J_\beta(m_{F2})$.

α et β sont des entiers positifs supérieurs ou égaux à 1.

On voit ainsi que, même si les développements ne sont pas aussi simples qu'en modulation d'amplitude, il est possible d'obtenir l'occupation spectrale de la porteuse modulée en fréquence. La présence des raies aux fréquences $f \pm \alpha f_1 \pm \beta f_2$ montre que le théorème de superposition ne fonctionne pas pour la modulation de fréquence et en général pour les modulations angulaires. Pour cette raison, les modulations d'amplitude sont aussi dites modulations linéaires et les modulations angulaires, modulations non linéaires.

Ces relations, mathématiquement satisfaisantes, sont assez mal adaptées à l'ingénieur. Pour cette raison, on a coutume d'utiliser une relation approchée.

Bande de Carson

L'objectif est de donner une relation mathématique simple et assez précise de l'occupation spectrale du signal modulé en fréquence par un signal quelconque.

En principe, le spectre du signal modulé est infini mais dans le *tableau 2.5* on remarque que les coefficients $J_n(x)$ décroissent très rapidement en fonction de l'ordre n. D'où l'idée de ne pas tenir compte des raies ayant une puissance « non significative ».

Il peut paraître étonnant d'utiliser un critère si subjectif, mais tel est le cas.

On obtient alors la célèbre formule de Carson :

$$B = 2(m_F + 1)f_{1\max}$$

$f_{1\max}$ est la fréquence maximale du signal modulant, m_F est l'indice de modulation :

$$m_F = \frac{\Delta f}{f_{1\max}}$$

Δf est l'excursion de fréquence.

La formule de Carson peut aussi s'écrire :

$$B = 2(\Delta f + f_{1\max})$$

Le critère de sélection des raies d'amplitude ou puissance significative étant par nature arbitraire, il n'est pas étonnant de rencontrer quelquefois des variantes de cette expression :

$$B_1 = 2(\Delta f + \alpha f_{1\max})$$

avec α compris entre 1 et 2.

EXEMPLE

Soit le cas de la radiodiffusion en modulation de fréquence dans la bande 88 à 108 MHz.

$$\Delta f = 75 \text{ kHz}$$

et

$$f_{1\max} = 15 \text{ kHz}$$

On cherche l'occupation spectrale de la porteuse modulée.

$$m_F = \frac{75}{15} = 5$$

$$B = 2(5 + 1)15 = 180 \text{ kHz}$$

$\alpha = 2$, d'où :

$$B_1 = 2(75 + 30) = 210 \text{ kHz}$$

Les résultats ne sont identiques qu'à 15 % près.

On a coutume de dissocier deux types de modulation de fréquence qui diffèrent par la valeur de m_F.

– Si $m_F < 1$, on parle de modulation à bande étroite;

– Si $m_F > 1$, on parle de modulation à large bande.

Modulateurs de fréquence

Oscillateur contrôle en tension (VCO)

Tout type d'oscillateur, un oscillateur *LC* fixe par exemple, peut être modifié en oscillateur contrôle en tension. Cette opération consiste à remplacer une ou plusieurs capacités fixes déterminant la fréquence d'oscillation par une ou plusieurs diodes à capacité variable : *varicap*.

La *figure 2.31* rend compte de cette opération. Pour l'oscillateur à fréquence fixe, la fréquence d'oscillation est fonction notamment des valeurs *L* et *C*.

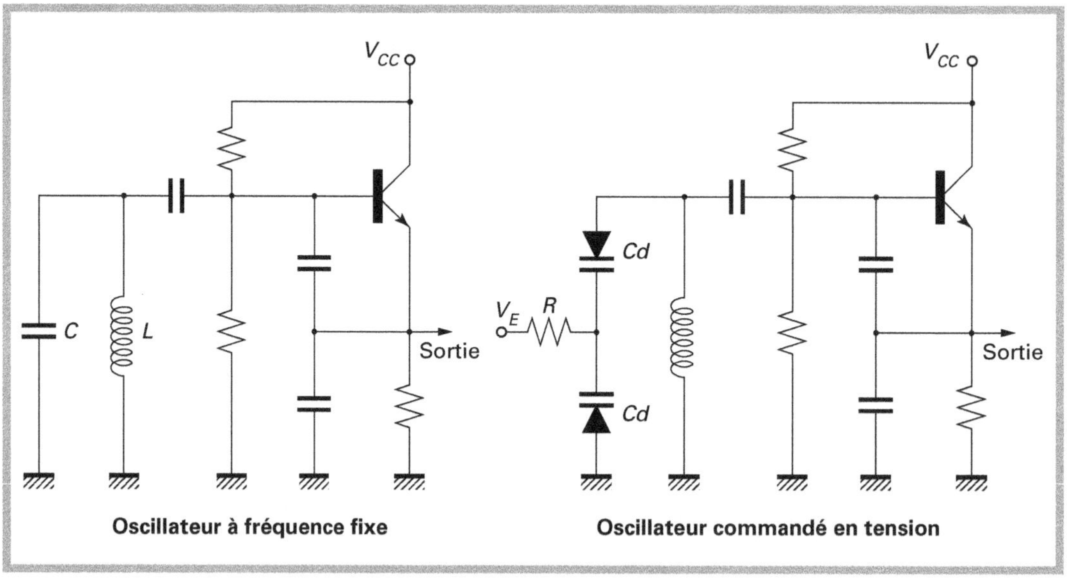

Figure 2.31 – Oscillateur à fréquence fixe et oscillateur commandé en tension (VCO).

Dans le cas de l'oscillateur commandé en tension, la capacité *C* est remplacée par deux diodes à capacité variable. La valeur de la capacité C_d est fonction de la tension inverse appliquée à ses bornes.

La tension V_E est la somme d'une tension de polarisation positive et du signal modulant $m(t)$:

$$V_E = V_o + m(t)$$

La courbe de la *figure 2.32* représente la fonction de transfert du VCO :

$$fréquence = f(tension\ de\ commande)$$

La pente de la fonction de transfert, notée K_o, est aussi appelée gain du VCO et s'exprime en Hz/V.

Lorsqu'une tension de commande V_o continue est appliquée, la fréquence délivrée par le VCO vaut f_0.

Le VCO est modulé lorsqu'un signal modulant $m(t)$ est ajouté à la tension de polarisation V_o.

Pour l'entrée de commande et de modulation, la largeur de bande est seulement limitée par la résistance R et la capacité résultant de la mise en parallèle des diodes varicaps qui constituent un filtre passe-bas, dont la fréquence de coupure f_s vaut :

$$f_s = \frac{1}{4\pi R C_d}$$

La composante continue est incluse dans la bande de modulation $[0, f_s]$.

La courbe de la *figure 2.32* représente la fonction de transfert du VCO et l'on suppose que cette fonction est linéaire.

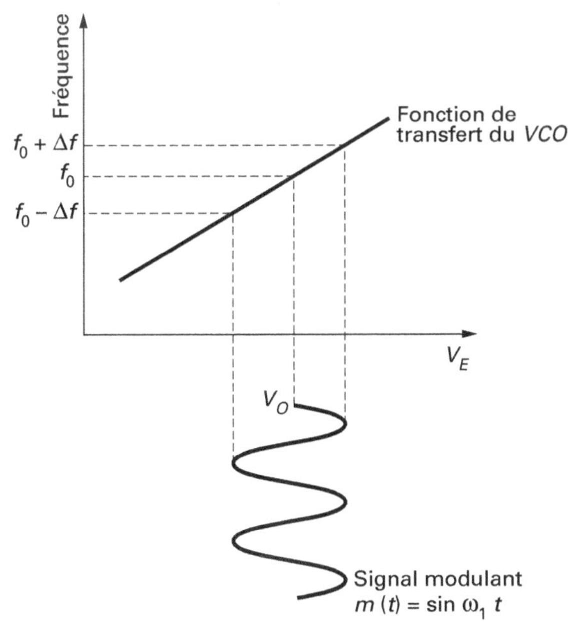

Figure 2.32 – Fonction de transfert du VCO et modulation par m (t).

Si $\Delta f \ll f_0$, les variations autour de la fréquence centrale sont faibles et l'on peut admettre que la relation est linéaire. À Δf constant, la linéarité augmente si f_0 augmente.

Les avantages de la configuration de la *figure 2.31* sont l'extrême simplicité. L'inconvénient majeur est l'absence de stabilisation. La fréquence de sortie de l'oscillateur est donc sujette à des dérives en fonction de la température, des tensions d'alimentation, de polarisation, etc.

Cet inconvénient principal rend cette solution inutilisable dans la plupart des cas.

Oscillateurs à quartz contrôlés en tension (VCXO)

Par nature un quartz, dont le schéma équivalent est représenté à la *figure 2.33* possède un fort coefficient de surtension. En conséquence il est assez difficile de décaler sa fréquence de résonance.

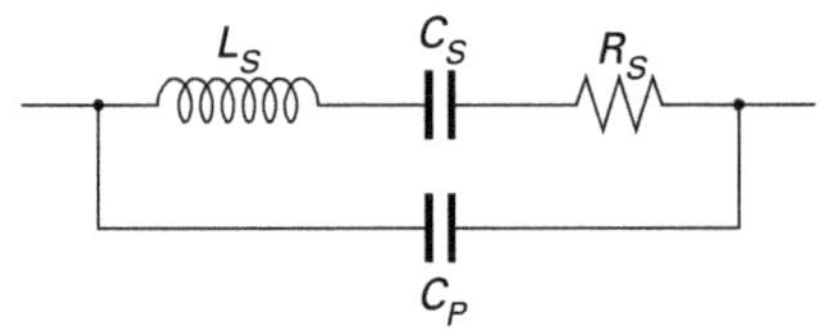

Figure 2.33 – Schéma équivalent d'un quartz.

Les VCXO auront donc une faible pente K_0.

Avec un quartz en mode fondamental (jusqu'à des fréquence de 30 MHz) :

$$K_0 = 2 \text{ kHz/V} \quad \text{(valeur moyenne)}$$

L'indice de modulation sera par conséquent très petit. Cette solution peut néanmoins constituer une étape intermédiaire pour générer une porteuse à fréquence élevée modulée en fréquence avec un grand indice de modulation. La solution consiste à adopter la structure de la *figure 2.34*.

Supposons un VCXO ayant une fréquence centrale de $f_0 = 10$ MHz et $\Delta f = 2$kHz.

Il réalise la fonction modulation de fréquence à faible indice. Le signal de sortie est envoyé à un étage multiplicateur par 24.

En sortie de ce multiplicateur on récupère :

$$f_1 = 240 \text{ MHz}$$

$$\Delta f_1 = 48 \text{ kHz.}$$

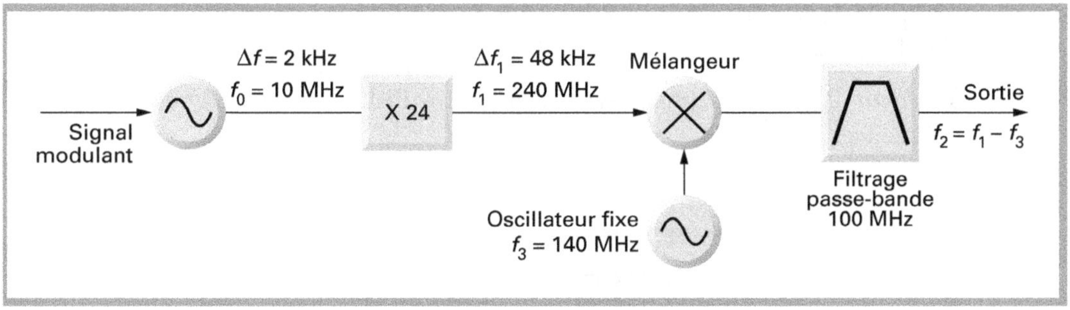

Figure 2.34 – Modulation de fréquence à grand indice par multiplication et transposition.

Un oscillateur fixe et stable à $f_3 = 140$ MHz est injecté simultanément avec f_1 à un mélangeur.

Le produit résultant du mélange intéressant, par exemple $f_1 - f_3$, est sélectionné par filtrage.

On dispose alors d'une porteuse $f_2 = 100$ MHz avec $\Delta f_1 = 48$ kHz.

Cette configuration résout les problèmes de stabilité. La fréquence de sortie peut difficilement être changée sur une large plage, puisque le filtre de sortie est accordé.

La fonction multiplication résulte de la mise en cascade d'éléments fortement non linéaires et de filtres.

Oscillateurs à résonateur à onde acoustique de surface

Ce type d'oscillateur présente les mêmes avantages que les VCXO.

Le schéma du résonateur à onde acoustique de surface est similaire à celui d'un quartz. Le principal intérêt de ce type de résonateur est de pouvoir fonctionner, en mode fondamental jusqu'à des fréquences supérieurs au GHz, ce qui réduit le nombre d'étages. Comme pour le quartz, le décalage en fréquence en est limité.

Le principal inconvénient de cette solution est dû au calage en fréquence très imparfait.

En résumé, cette solution permet la génération directe de la porteuse avec une faible précision. L'indice de modulation est faible.

La simplicité et le faible coût destine naturellement cette configuration à des applications de télécommande et télétransmission grand public.

VCO et PLL

Le seul inconvénient de la solution reposant sur l'emploi d'un VCO était la stabilité.

On peut donc envisager la stabilisation de ce VCO par une boucle à verrouillage de phase. Ce système est dit aussi PLL : *Phase Locked Loop*.

La *figure 2.35* représente le synoptique d'un PLL dont le VCO est modulé en fréquence.

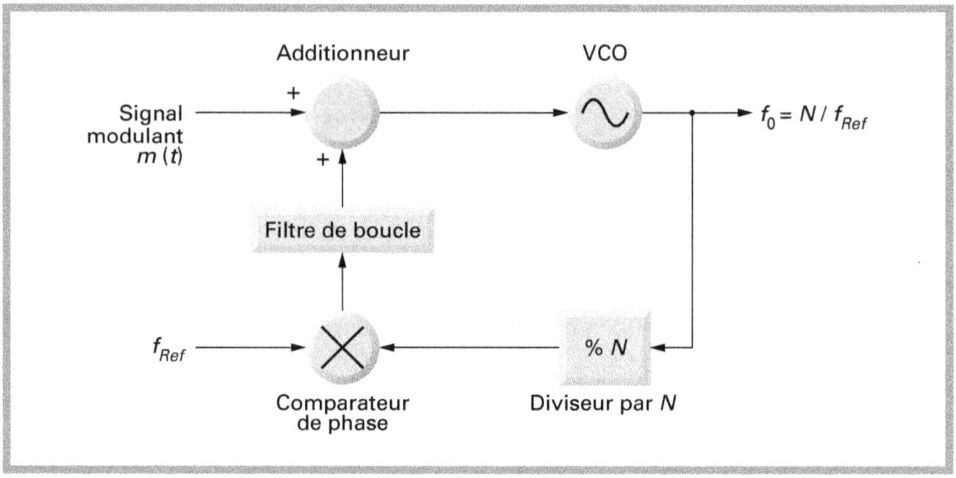

Figure 2.35 – VCO stabilisé par un PLL et modulé en fréquence.

Les résultats suivants font appel aux notions relatives au PLL.

En additionnant le signal modulant au signal de sortie du filtre de boucle on obtient :

$$\varphi_0(p) = \frac{K_0[1 - H(p)]}{p} m(p)$$

La fréquence étant la dérivée de la phase :

$$\omega_0(t) = \frac{d\varphi_0(t)}{dt}$$

ou avec les notations du calcul symbolique :

$$\omega_0(p) = p\varphi_0(p)$$

donc :

$$\omega_0(p) = K_0[1 - H(p)]\, m(p)$$

$H(p)$ est la fonction de transfert du PLL. C'est une fonction de transfert analogue à celle d'un filtre passe-bas. En conséquence $1 - H(p)$ est analogue à la fonction de transfert d'un filtre passe-haut. Ceci signifie que le signal $m(t)$ ne doit pas contenir d'énergie à la fréquence 0.

Dans cette configuration, le problème de la stabilité a été résolu en sacrifiant la composante continue et les fréquences basses.

Le domaine des fréquences basses et de la composante continue est réservé à l'asservissement de fréquence et de phase du VCO. Cet inconvénient proscrit toute modulation du VCO par un signal logique du type NRZ. Si l'on doit transmettre ce signal, il subira préalablement un codage, Manchester, duobinaire, HDB 3 ou autre, pour supprimer la composante continue.

La configuration de la *figure 2.35*, malgré l'inconvénient cité, est probablement la solution la plus répandue car elle allie toute latitude quant au choix des différents paramètres : fréquence centrale et excursion tout en assurant la stabilité de la fréquence centrale.

Si la boucle n'est pas à retour unitaire, un diviseur par N est intercalé entre le VCO et le comparateur de phase, la fréquence centrale peut être facilement modifiée en agissant soit sur N soit sur f_{REF}.

Modulation de fréquence indirecte

Il existe finalement une dernière méthode qui a été baptisée modulation de fréquence indirecte. Il s'agit principalement, après filtrage du signal modulant, d'effectuer une modulation de phase à faible indice. Cette opération est faite avec des fréquences basses. Une chaîne de multiplication et filtrage permet d'aboutir à la fréquence centrale et excursion Δf souhaitée.

Ce cas sera examiné dans le paragraphe relatif à la modulation de phase (2.5.2).

Démodulateurs de fréquence

Comme dans le cas des modulateurs, plusieurs configurations peuvent répondre au problème posé. Les trois solutions les plus courantes ont été retenues pour cette présentation. On parle soit de démodulateur de fréquence, soit de discriminateur de fréquence, les deux termes sont identiques.

Discriminateur de Foster-Seely

Le schéma de principe du discriminateur de fréquence de Foster-Seely est représenté à la *figure 2.36*.

Soit le signal modulé en fréquence :

$$n(t) = A \sin\left(\omega t + \frac{\Delta f}{f_1} \sin \omega t_1 + \Phi\right)$$

le signal modulant étant sinusoïdal :

$$m(t) = \cos \omega_1 t$$

Si l'on dérive ce signal $n(t)$:

$$\frac{\mathrm{d}n(t)}{\mathrm{d}t} = A\left(\omega + \omega_1\frac{\Delta f}{f_1}\cos\omega_1 t\right)\cos\left(\omega t + \frac{\Delta f}{f_1}\sin\omega_1 t + \Phi\right)$$

$$\frac{\mathrm{d}n(t)}{\mathrm{d}t} = 2\pi A(f + \Delta f\cos\omega_1 t)\cos\left(\omega t + \frac{\Delta f}{f_1}\sin\omega_1 t + \Phi\right)$$

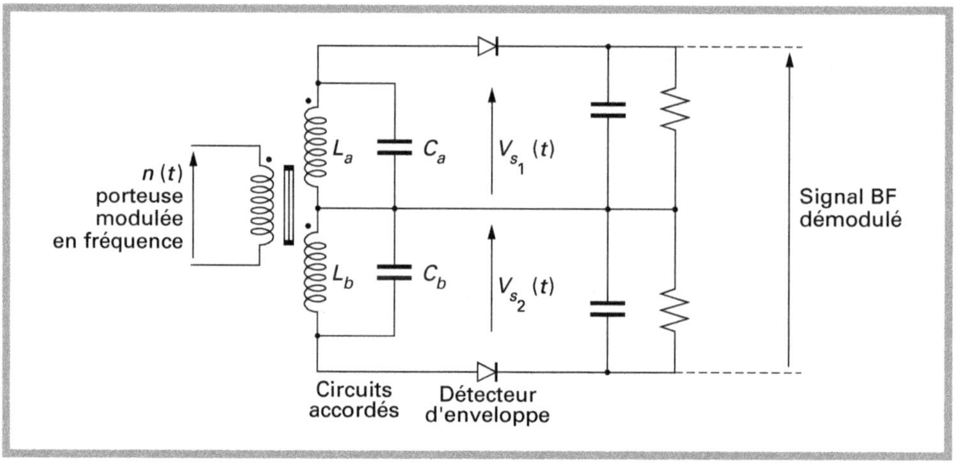

Figure 2.36 – Schéma de principe du discriminateur de fréquence de Foster-Seely.

Le signal obtenu est encore un signal modulé en fréquence dont l'enveloppe est une fonction linéaire du signal modulant $m(t)$. Pour récupérer le message original émis, il suffit donc de mesurer l'enveloppe de ce signal.

On peut donc utiliser un procédé analogue à celui de la détection d'enveloppe en modulation d'amplitude. Sur la *figure 2.36*, le circuit $L_a C_a$ est accordé sur la fréquence f_a et le circuit $L_b C_b$ est accordé sur la fréquence f_b. Les fréquences f_a et f_b sont décalées et symétriques par rapport à la fréquence f, fréquence de la porteuse.

Les courbes de la *figure 2.37* donnent la réponse en fréquence constituée par les deux circuits accordés sur les fréquences f_a et f_b. Autour de la fréquence centrale f, la courbe de réponse des deux circuits accordés et montés en opposition de phase est assimilable à celle d'un dérivateur idéal. Il suffit ensuite de placer deux détecteurs d'enveloppe, comme en modulation d'amplitude.

Le discriminateur de Foster-Seely a été, par le passé, largement utilisé. Son principal intérêt réside dans sa simplicité et son faible coût. Pour cette raison, il était largement employé dans tous les récepteurs grand public.

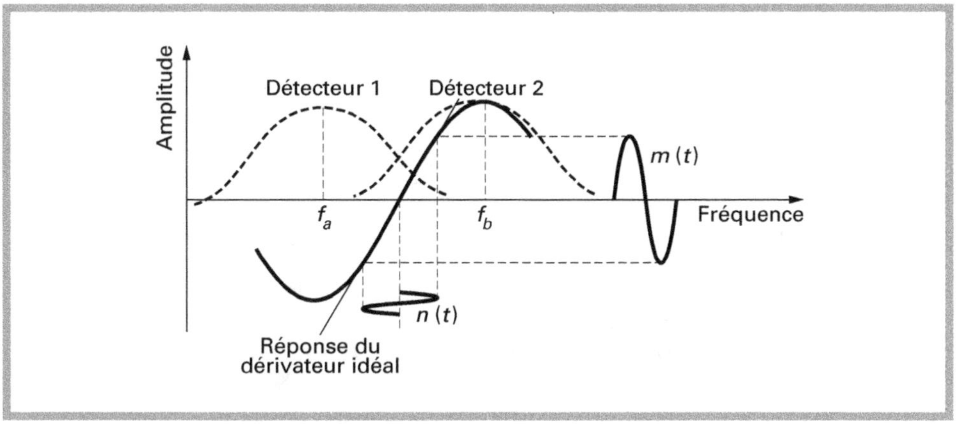

Figure 2.37 – Courbes de réponse du discriminateur Foster-Seely.

L'inconvénient majeur de ce démodulateur est la présence d'un transformateur qui implique très probablement un réglage. D'autre part, ce composant pouvant difficilement être miniaturisé, sa présence nuit à une intégration.

Discriminateur à quadrature

- *Principe*

  Le schéma synoptique du discriminateur à quadrature est représenté à la *figure 2.38*. Il tire son nom du réseau déphaseur de π/2. Le principe théorique de ce démodulateur est traité dans le chapitre 7.

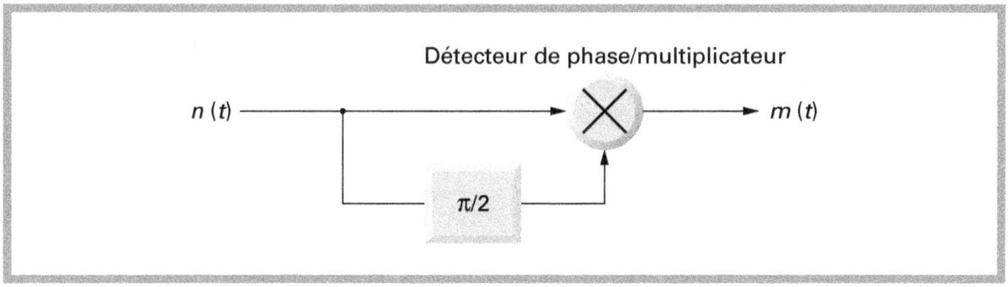

Figure 2.38 – Discriminateur FM à quadrature.

Le signal modulé en fréquence $n(t)$ est envoyé directement à une des entrées du multiplicateur. La seconde entrée du multiplicateur reçoit un signal déphasé d'une valeur proportionnelle à l'écart avec la fréquence centrale.

Soit le signal modulé en fréquence :

$$n(t) = A\sin\left(\omega t + \frac{\Delta f}{f_1}\sin\omega_1 t\right)$$

Le signal modulant est :

$$m(t) = \cos \omega t$$

Ce signal est retardé d'une valeur θ :

$$n_1(t) = A \sin\left(\omega t + \frac{\Delta f}{f_1} \sin \omega_1 t + \theta\right)$$

Le mélangeur effectue le produit des signaux $n(t)$ et $n_1(t)$:

$$s(t) = n(t)\, n_1(t)$$

$$s(t) = A^2 \sin\left(\omega t + \frac{\Delta f}{f_1} \sin \omega_1 t\right) \sin\left(\omega t + \frac{\Delta f}{f_1} \sin \omega_1 t + \theta\right)$$

$$s(t) = \frac{A^2}{2}\left[\cos\theta - \cos\left(2\omega t + 2\frac{\Delta f}{f_1} + \theta\right)\right]$$

Si l'on admet que le retard θ est une fonction linéaire du message original $m(t)$:

$$\theta = -\frac{\pi}{2} + \alpha m(t)$$

La composante au double de la fréquence porteuse est éliminée par filtrage :

$$s(t) = \frac{A^2}{2} \cos\left[-\frac{\pi}{2} + \alpha m(t)\right] = -\frac{A^2}{2} \sin[\alpha m(t)]$$

Toutes les variations, autour de θ, sont proches de π/2. Le terme $\alpha m(t)$ est petit.

$$s(t) \approx -\frac{A^2}{2} \alpha m(t)$$

Ce qui correspond bien à un signal proportionnel au message transmis.

Il reste alors à démontrer que la phase est proportionnelle à l'écart de fréquence et que la relation est linéaire. Le retard de phase est généralement constitué par un circuit RLC comme celui de la *figure 2.39*.

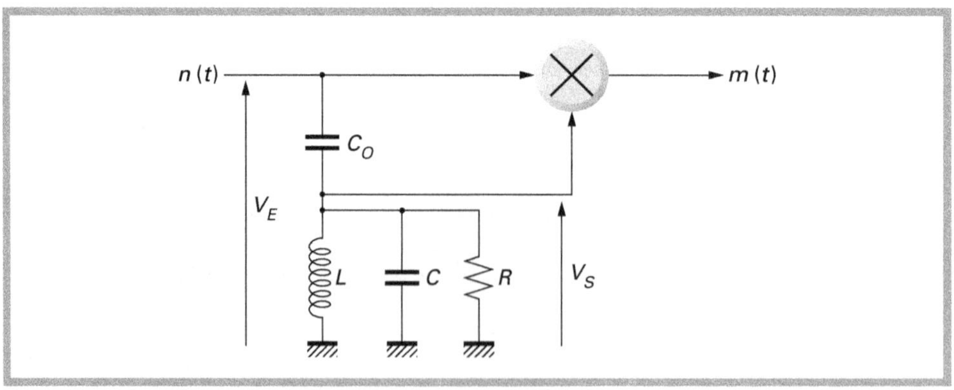

Figure 2.39 – Réalisation du discriminateur FM à quadrature.

Nous nous intéressons à la fonction de transfert : $\dfrac{V_s(p)}{V_E(p)}$

$$\frac{V_s(p)}{V_E(p)} = \frac{C_0}{C+C_0}\,\frac{L(C+C_0)p^2}{L(C+C_0)p^2+\frac{L}{R}p+1}$$

Cette fonction peut se mettre sous la forme :

$$\frac{V_s(p)}{V_E(p)} = \frac{C_0}{C+C_0}\,\frac{\frac{p^2}{\omega_0^2}}{\frac{p^2}{\omega_0^2}+\frac{1}{Q}\frac{p}{\omega_0}+1}$$

avec $\omega_0 = \dfrac{1}{\sqrt{L(C+C_0)}}$

et $Q = \dfrac{R}{L\omega_0} = R\sqrt{\dfrac{C+C_0}{L}} = R(C+C_0)\omega$

Il s'agit, ayant posé ces notations, de chercher la réponse en phase circuit R, L, C, C_0.

$$\frac{V_s(p)}{V_E(p)} = \left[-\frac{C_0}{C+C_0}\frac{\omega_2}{\omega_0^2}\right]\frac{1}{\left(1-\frac{\omega_2}{\omega_0^2}\right)+j\frac{1}{Q}\frac{\omega}{\omega_0}}$$

Soit φ la phase recherchée : $\varphi = \arctan\dfrac{-\frac{1}{Q}\frac{\omega}{\omega_0}}{1-\frac{\omega^2}{\omega_0^2}}$

ω est voisin de ω_0, la phase φ est proche de $-\dfrac{\pi}{2}$.

La phase φ peut être obtenue en posant :

$$\varphi = -\frac{\pi}{2}+\alpha$$

$$\tan\alpha = \frac{1-\frac{\omega^2}{\omega_0^2}}{\frac{1}{Q}\frac{\omega}{\omega_0}}$$

α étant petit, on pourra adopter l'approximation suivante : $\tan\alpha = \alpha$

soit :

$$\alpha = \frac{Q(\omega_0^2 - \omega^2)}{\omega\omega_0} = \frac{Q(\omega_0 + \omega)(\omega_0 - \omega)}{\omega\omega_0}$$

$$\alpha = \frac{2\,Q(\omega_0 - \omega)}{\omega_0}$$

en posant : $\omega_0 + \omega = 2\omega$

Finalement on obtient :

$$\varphi = -\frac{\pi}{2} + \frac{2\,Q(\omega_0 - \omega)}{\omega_0} = -\frac{\pi}{2} + 2\,Q\frac{\Delta f}{f_0}$$

Cette relation est bien conforme à l'hypothèse posée. La phase est proportionnelle à l'écart de fréquence entre la fréquence centrale du circuit oscillant et la fréquence instantanée du signal modulé. Le démodulateur à quadrature fonctionne donc de manière linéaire.

Les courbes de la *figure 2.40* représentent la phase de la fonction de transfert du circuit *R*, *L*, *C*, C_0, pour diverses valeurs du coefficient de surtension *Q*.

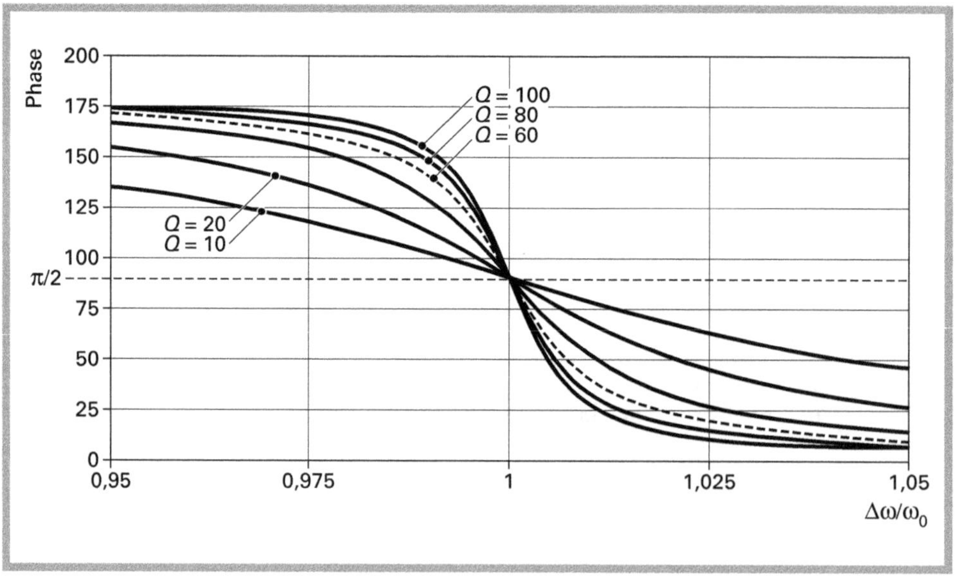

Figure 2.40 – Expression de la phase en fonction du rapport $\frac{\Delta\omega}{\omega_0} = \frac{\omega_0 - \omega}{\omega_0}$.

La plage de linéarité autour de la fréquence centrale ω_0 est fonction du coefficient de surtension *Q*. L'amplitude du signal sera proportionnelle au coefficient de surtension.

Le coefficient Q sera premièrement fixé en fonction du type d'application.

Si la modulation de fréquence est à grand indice, Q a une valeur faible. Si la modulation est à faible indice, Q peut avoir une valeur élevée.

- ***Applications du démodulateur à quadrature***

Ce type de discriminateur est aujourd'hui le type le plus répandu. Les limites de fonctionnement ne peuvent être dues qu'aux limites du multiplicateur ou à des difficultés quant à la réalisation des éléments L et C. Les multiplicateurs bâtis autour d'un modulateur en anneau peuvent fonctionner de quelques MHz à plusieurs GHz (2 GHz pour des modèles performants et néanmoins courants).

La structure de la *figure 2.39* peut être employée pour toute application spécifique quelle que soit la fréquence centrale. Le choix du multiplicateur et du coefficient de surtension détermine les performances du discriminateur. Cette configuration présente un deuxième avantage. Si le multiplicateur est un multiplicateur actif (cellule de Gilbert, par exemple), la fonction peut être intégrée dans un circuit.

Pour cette raison, la plupart des fabricants de semi-conducteurs intègrent dans le même composant une fonction discriminateur à quadrature, les amplificateurs limiteurs se situant en amont du discriminateur. La plupart de ces circuits intégrés spécialisés sont destinés à des applications spécifiques.

Il existe de nombreux circuits destinés à la démodulation des signaux audio. En général, la démodulation s'effectue à une fréquence intermédiaire de 10,7 MHz.

En télévision par satellite, lorsque la transmission s'effectue en analogique, le signal vidéo module la porteuse en fréquence. En général, la démodulation s'effectue au voisinage de 480 MHz. Les premiers démodulateurs utilisés reposaient sur le principe du démodulateur à quadrature. Pour cette raison, de nombreux circuits spécialisés sont prévus pour fonctionner dans la plage 300 à 500 MHz.

Les circuits intégrés spécialisés sont donc prévus pour des applications spécifiques et leur emploi peut s'avérer délicat hors du champ d'application initial prévu.

Il appartient donc au concepteur de faire le choix judicieux.

Démodulateur à PLL

- *Principe*

Le démodulateur à PLL est une variante intéressante des démodulateurs de fréquence. Le fonctionnement d'un démodulateur de ce type peut se comprendre de manière qualitative.

Supposons, avec la configuration de la *figure 2.41*, que le démodulateur reçoive la porteuse non modulée en fréquence, sur l'entrée du comparateur de phase.

Le système étant bouclé et stable, la tension de sortie du filtre de boucle est une tension continue.

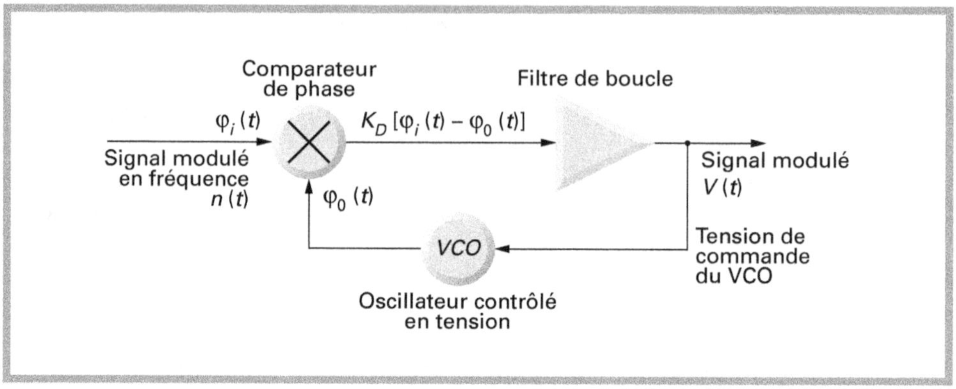

Figure 2.41 – Démodulateur à PLL.

La fréquence et la phase du signal reçu sont identiques à la fréquence et à la phase du VCO.

Supposons maintenant que la porteuse soit modulée par une tension continue ; la porteuse est alors décalée de sa valeur centrale et si le modulateur est linéaire, le décalage en fréquence est proportionnel à cette composante continue.

Pour le PLL en réception, tout se passe comme s'il recevait une nouvelle fréquence centrale et il s'asservit de manière à ce que la fréquence du VCO soit égale à la fréquence incidente.

Ceci se traduit par une tension continue de commande du VCO, décalée par rapport à la précédente (fréquence centrale seule). Si le VCO du PLL en réception est linéaire, en sortie du filtre de boucle, l'écart entre les deux tensions continues est donc proportionnel au décalage en fréquence à l'émission.

Si, à l'émission, les variations de fréquence sont rapides, la tension de sortie du filtre de boucle, qui est aussi la tension de commande du VCO, suit les variations de fréquence d'entrée.

La démodulation est bien accomplie. Il apparaît clairement que la linéarité du VCO est un facteur important comme la fonction de transfert du système bouclé qui limite la réponse en fréquence. Le signal incident est un signal modulé en fréquence.

La fréquence instantanée $f(t)$ peut s'écrire :

$$f(t) = f_0 + km(t)$$

f_0 est la fréquence centrale.

δf est la déviation par rapport à la fréquence centrale :

$$\delta f = km(t)$$

La fréquence instantanée est la dérivée de la phase, nous avons donc :

$$\frac{d\varphi_i(t)}{dt} = km(t)$$

$\varphi_i(t)$ est le signal envoyé au comparateur de phase.

Soit en calcul opérationnel :

$$\varphi_i(p) = \frac{km(p)}{p}$$

Pour le PLL, nous avons :

– pour le comparateur de phase : $V_D(p) = K_D[\varphi_i(p) - \varphi_0(p)]$;

– pour le filtre de boucle : $V(p) = F(p)\,V_D(p)$;

– pour le VCO : $\varphi_0(p) = \frac{K_0 V(p)}{p}$.

En appliquant ces relations au schéma synoptique de la *figure 2.41*, on obtient :

$$V(p) = F(p)K_D\left[\frac{km(p)}{p} - \frac{K_0 V(p)}{p}\right]$$

Ce qui donne pour la tension de sortie du démodulateur :

$$V(p) = H(p)\frac{k}{K_0}m(p)$$

$H(p)$ est la fonction de transfert du PLL démodulateur $H(p) = \frac{K_0 K_D F(p)}{p + K_0 K_D F(p)}$

K_0 est le gain du VCO du PLL;

k est la pente du modulateur à l'émission;

$m(p)$ est le message à transmettre.

La tension de sortie du démodulateur est bien proportionnelle au message à transmettre.

La fonction de transfert $H(p)$ est la fonction de transfert d'un filtre passe-bas. La pulsation naturelle ω_n de la boucle limite donc la réponse en fréquence du canal.

Soit $f_{1\max}$ la fréquence maximale à transmettre :

$$2\pi f_{1\max} < \omega_n$$

Pour le PLL la pulsation naturelle de la boucle est choisie par rapport à la fréquence de comparaison, qui dans le cas de la *figure 2.41* est la fréquence du VCO et est aussi la fréquence centrale.

En résumé on a donc la condition :

$$f_{1\max} < \frac{\omega_n}{2\pi} \ll f_{VCO} \text{ ou } f_0$$

f_{VCO} ou f_0 est la fréquence centrale,

ω_n est la pulsation naturelle de la boucle,

$f_{1\max}$ est la fréquence maximale du signal à transmettre.

EXEMPLE

Soit un signal vidéo modulant une porteuse à la fréquence centrale de 90 MHz.

L'objectif est de savoir si l'on peut choisir la pulsation naturelle de la boucle et obtenir une valeur répondant aux critères établis.

Pour un signal vidéo la fréquence maximale vaut environ 5 MHz, $f_{1\max} = 5$ MHz.

Si l'on choisit $\omega_n = 2\pi f_n$ et $f_n = 9$ MHz, la condition est juste remplie :

$$5 \text{ MHz} < 9 \text{ MHz} \ll 90 \text{ MHz}$$

La pulsation naturelle de la boucle est égale au dixième de la fréquence centrale, ce qui constitue une limite en deçà de laquelle on évite généralement de descendre.

Il ne faut pas perdre de vue que les entrées du comparateur de phase reçoivent un signal à la fréquence f_0.

- *Applications*

La plupart des récepteurs de télévision analogique par satellite sont équipés d'un démodulateur de ce type. En général la démodulation s'effectue au voisinage de 480 MHz.

La structure de la *figure 2.41* se prête particulièrement bien à l'intégration dans un circuit. Certains éléments comme les selfs, fixant la fréquence centrale, ou les capacités fixant la pulsation naturelle de la boucle, sont extérieurs au circuits.

Dans la majorité des cas, ces circuits intégrés répondent à des besoins provenant d'applications spécifiques.

La structure de la *figure 2.41* peut aussi être utilisée avec des composants discrets.

Une attention particulière doit être portée au comparateur de phase qui doit être comparateur de phase et de fréquence pour que la capture puisse avoir lieu.

Rapport signal sur bruit en modulation de fréquence

Le calcul complet et exact du rapport signal sur bruit en modulation de fréquence est assez complexe et nous ne retiendrons ici que les résultats nécessaires à l'ingénieur.

Toutefois, les lecteurs intéressés trouveront une démonstration dans les ouvrages cités en référence.

Le bruit à l'entrée du démodulateur de fréquence est un bruit blanc limité à la bande de Carson et représenté par la *figure 2.42*.

$$N = \mathrm{k}TB$$

et

$$B = 2(\Delta f + f_{1\max})$$

À la sortie du démodulateur de fréquence, la densité spectrale de bruit croît avec le carré de la fréquence, comme le montre la *figure 2.43*. Cette caractéristique est due uniquement au démodulateur. La bande de bruit est limitée en sortie du démodulateur par un filtre passe-bas.

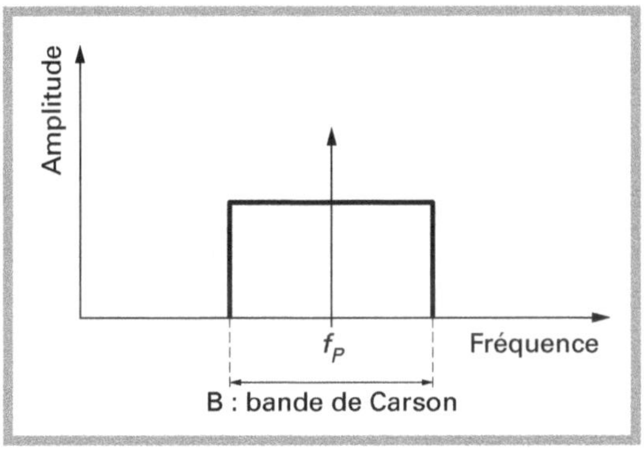

Figure 2.42 – Spectre de bruit blanc à l'entrée du démodulateur de fréquence.

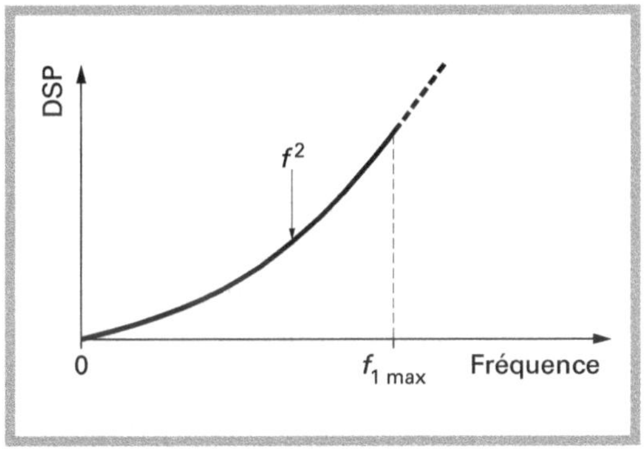

Figure 2.43 – Densité spectrale de bruit en sortie du démodulateur de fréquence.

$f_{1\max}$ est la fréquence maximale du signal en bande de base à transmettre.

En entrée du démodulateur, la puissance de la porteuse C est constante et est égale à la puissance de la porteuse non modulée.

Le rapport signal sur bruit en sortie du démodulateur s'écrit :

$$\left(\frac{S}{B}\right)_s FM = 3m_F^2(m_F + 1)\frac{C}{N}$$

où N est la puissance de bruit à l'entrée précédemment définie.

Le rapport signal sur bruit peut aussi s'écrire sous la forme :

$$\left(\frac{S}{B}\right)_s FM = \frac{3}{2}m_F^2\frac{C}{\mathrm{k}Tf_{1\,max}}$$

Comparaison des rapports S/B en AM et en FM

Il est évident que l'on doit s'intéresser à la comparaison des rapports signal sur bruit si l'on veut par la suite pouvoir opter pour l'un ou l'autre type de modulation.

Dans le cas d'une modulation d'amplitude double bande sans porteuse, le rapport signal sur bruit s'écrit :

$$\left(\frac{S}{B}\right)_s \text{AMDBSP} = \frac{C}{2\text{k}Tf_{1\,max}}$$

La comparaison avec les deux types de modulation est alors évidente :

$$\left(\frac{S}{B}\right)_s FM = 3m_F^2\left(\frac{S}{B}\right)_s \text{AMDBSP}$$

Si l'on prend le cas de la radiodiffusion où $m_F = 5$, le gain apporté par la modulation de fréquence vaut 75 soit environ 18,8 dB. L'avantage est donc à la modulation de fréquence qui procure un gain appréciable au prix d'un accroissement de la bande occupée.

Les courbes de la *figure 2.44* représentent le rapport signal sur bruit en fonction du rapport C/N en entrée du démodulateur pour plusieurs valeurs de l'indice de modulation m_F. Ces courbes peuvent être comparées à la courbe que l'on obtient en modulation d'amplitude à porteuse supprimée.

Il faut noter que la relation donnant le rapport signal sur bruit en fonction du rapport C/N n'est applicable qu'à partir de l'instant où le rapport C/N dépasse une valeur que l'on a l'habitude d'appeler seuil FM. La valeur de ce rapport C/N de seuil est quelquefois calculé par une relation approchée qui semble un peu pessimiste :

$$\left(\frac{C}{N}\right) \text{seuil} = 13 + 10\log(m_F + 1)$$

Dans cette relation, C/N est exprimé en dB.

On trouvera dans certains ouvrages des expressions approchées donnant le rapport signal sur bruit en dessous du seuil. Même si ces expressions sont satisfaisantes, elles ne sont dans la pratique que fort peu utiles puisque l'on cherche à profiter des avantages de la modulation de fréquence.

On cherche donc à se placer toujours au-dessus du seuil.

Choix de l'indice de modulation

Le choix de l'indice de modulation est comme toujours une affaire de compromis.

Les courbes de la *figure 2.44* montrent clairement que plus l'indice de modulation est élevé, meilleur est le gain de modulation.

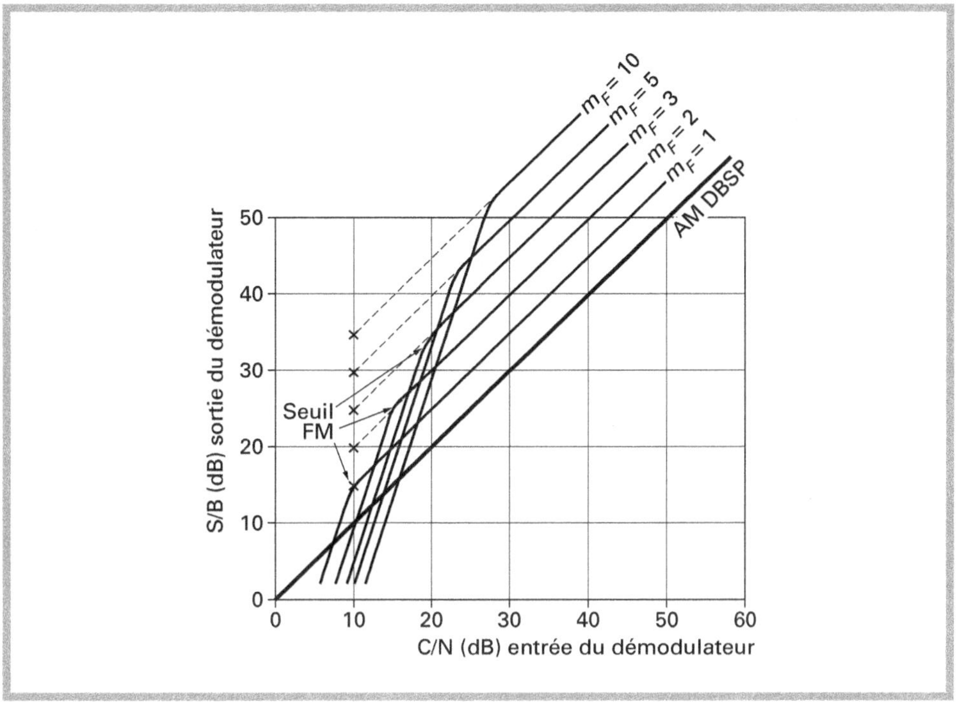

Figure 2.44 – Rapport S/B en FM en fonction du support C/N d'entrée.

$$\textit{Gain de modulation} = 3\,m_F^2$$

Ces courbes montrent aussi que plus l'indice de modulation est élevé, plus la valeur du seuil est importante.

D'autre part, la bande occupée par le signal porteur modulé par le signal en bande de base suit la loi donnée par la formule de Carson :

$$B = 2(m_F + 1)\,f_{1\max}$$

Le bruit dans cette bande de fréquence est donné par la relation :

$$N = \mathrm{k}TB$$

Même si on néglige l'occupation spectrale, il apparaît clairement qu'il n'est pas possible d'opter pour une valeur importante de m_F sans augmenter simultanément la puissance d'émission.

S'il existe une limitation sur le paramètre puissance émise, les courbes de la *figure 2.44* montrent qu'il est préférable d'opter pour m_F égal à 1 au lieu de m_F égal à 5 lorsque le rapport C/N vaut 15 dB.

Préaccentuation et désaccentuation

La *figure 2.45* rend compte de l'allure des spectres de bruit et d'un signal analogique réel à transmettre. Le spectre d'un signal audio ou d'un signal vidéo réel aura une allure voisine de celui de la *figure 2.45*.

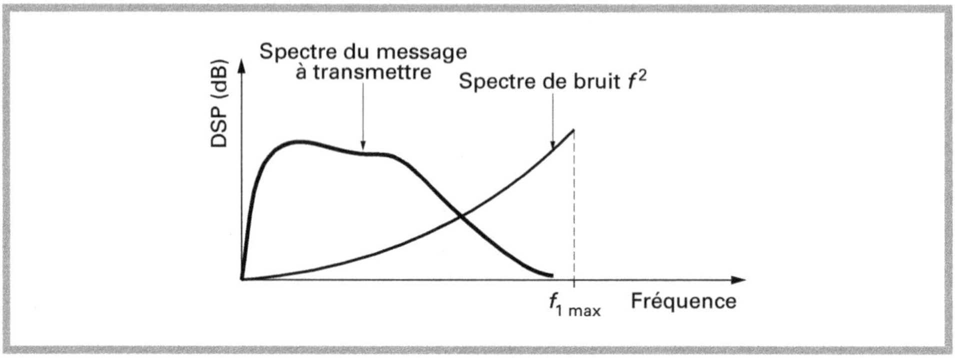

Figure 2.45 – Spectre du bruit et message réel en sortie du démodulateur FM.

Dans la plupart des cas pratiques, le spectre est globalement décroissant en fonction de la fréquence. Les signaux ont donc peu d'énergie dans les bandes où, précisément, le bruit est le plus important. L'idée de la préaccentuation consiste donc à relever le niveau des composantes les plus élevées avant la modulation. Après la démodulation, une fonction inverse de la préaccentuation, la désaccentuation permet de récupérer le signal original.

La chaîne de transmission de la *figure 2.46* est alors généralement utilisée.

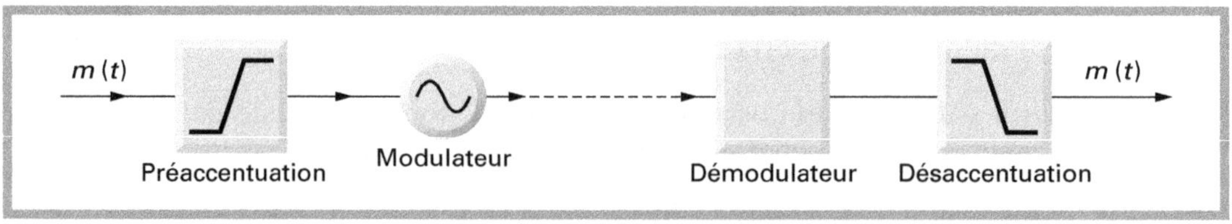

Figure 2.46 – Préaccentuation et désaccentuation.

Préaccentuation

Qu'il s'agisse d'un signal audio ou d'un signal vidéo, les deux circuits représentés à la *figure 2.47* sont utilisables comme réseaux de préaccentuation.

Ces deux circuits sont identiques et ont pour fonction de transfert :

$$\frac{V_S}{V_E} = \frac{R_3}{R_2 + R_3} \frac{R_2 Cp + 1}{\dfrac{R_2 R_3}{R_2 + R_3} Cp + 1}$$

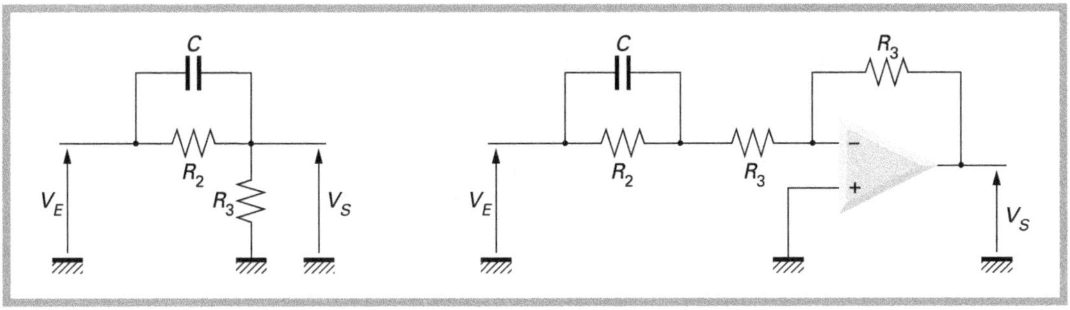

Figure 2.47 – Circuit de préaccentuation.

Les deux fréquences de coupure sont données par les relations :

$$f_1 = \frac{1}{2\pi R C_2}$$

$$f_2 = \frac{1}{2\pi \dfrac{R_2 R_3}{R_2 + R_3} C}$$

Pour les fréquences élevées, le niveau est relevé d'une valeur N :

$$N = 20 \log \frac{R_2 + R_3}{R_3}$$

Dans le cas de la radiodiffusion sonore, la constante de temps $R_2 C$ est fixée à 50 µS.

La fonction de transfert de ces réseaux de préaccentuation est représentée à la *figure 2.48*.

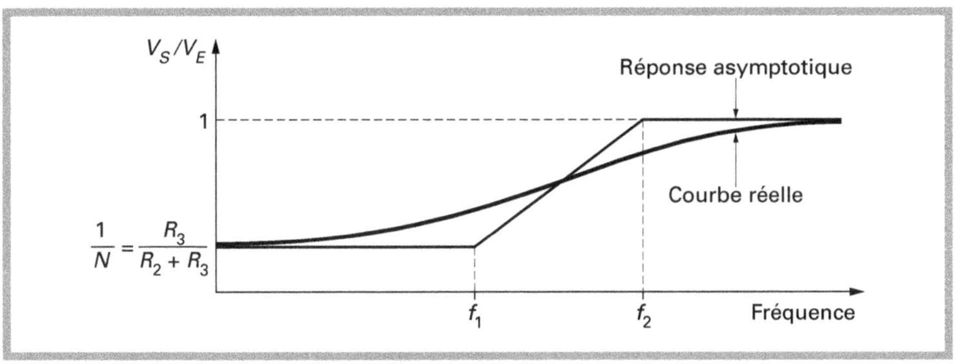

Figure 2.48 – Fonction de transfert des circuits de préaccentuation.

Désaccentuation

Le réseau de la *figure 2.49* peut être utilisé comme réseau de désaccentuation. La fonction de transfert de ce réseau simple s'écrit :

$$\frac{V_S}{V_E} = \frac{RCp+1}{(R+R_1)Cp+1}$$

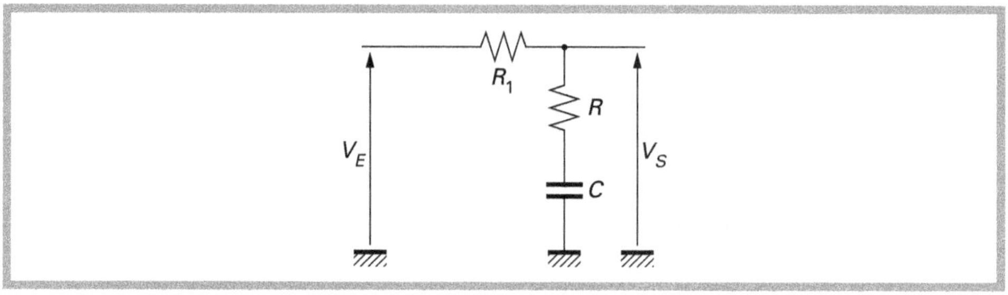

Figure 2.49 – Schéma de principe du réseau de désaccentuation.

Les deux fréquences de coupure f_3 et f_4 sont données par les relations :

$$f_3 = \frac{1}{2\pi(R+R_1)C}$$

$$f_4 = \frac{1}{2\pi RC}$$

La *figure 2.50* représente la fonction de transfert associée.

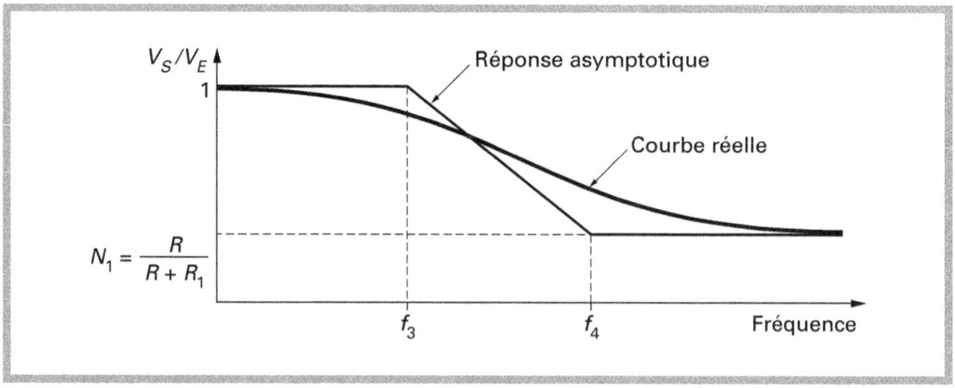

Figure 2.50 – Fonction de transfert du circuit de désaccentuation.

Les fréquences hautes sont atténuées dans un rapport N_1 :

$$N_1 = 20 \log \frac{R}{R+R_1}$$

Pour que la cellule de désaccentuation, à la réception, annule l'effet de la cellule de préaccentuation à l'émission, il suffit que :

$$\frac{R}{R+R_1} = \frac{R_3}{R_2+R_3}$$

$$R+R_1 = R_2$$

$$R = \frac{R_2 R_3}{R_2+R_3}$$

Il suffit alors de résoudre ce simple système d'équations. Deux options sont envisageables. On fixe la cellule de désaccentuation et on cherche la cellule de préaccentuation correspondante. On obtient :

$$R_2 = R+R_1$$

$$R_3 = \frac{R}{R_1}(R+R_1)$$

La valeur de la capacité C est identique pour les deux cellules.

Si on fixe la cellule de préaccentuation, on cherche la cellule de désaccentuation correspondante. On obtient :

$$R = \frac{R_2 R_3}{R_2+R_3}$$

$$R_1 = \frac{R_2^2}{R_2+R_3}$$

La valeur de la capacité C reste inchangée.

EXEMPLE

Soit un signal vidéo désaccentué par une cellule donnant une fonction de transfert proche de la norme CCIR 401 – transmission vidéo par satellite.

$$R_1 = 1\,200\ \Omega; \quad R = 270\ \Omega; \quad C = 390\ \text{pF}$$

Ceci conduit aux valeurs suivantes pour la préaccentuation :

$$R_2 = 1\,470\ \Omega; \quad R_3 = 330\ \Omega; \quad C = 390\ \text{pF}$$

Application de la modulation de fréquence

La modulation de fréquence est très souvent utilisée.

Une des principales applications est la radiodiffusion sonore dans la bande 88 à 108 MHz.

Ce cas a été traité dans le paragraphe relatif à la modulation d'amplitude à porteuse supprimée.

Un multiplex est obtenu par l'addition :

– du signal G + D;

– du pilote à 19 kHz;

– des deux bandes latérales autour de 38 kHz.

Ce nouveau signal module en fréquence la porteuse de l'émetteur. La modulation de fréquence concerne aussi les émissions de télévision.

En télévision, que l'on a l'habitude de nommer terrestre par opposition à par satellite, on génère un multiplex conforme au schéma de la *figure 2.51.*

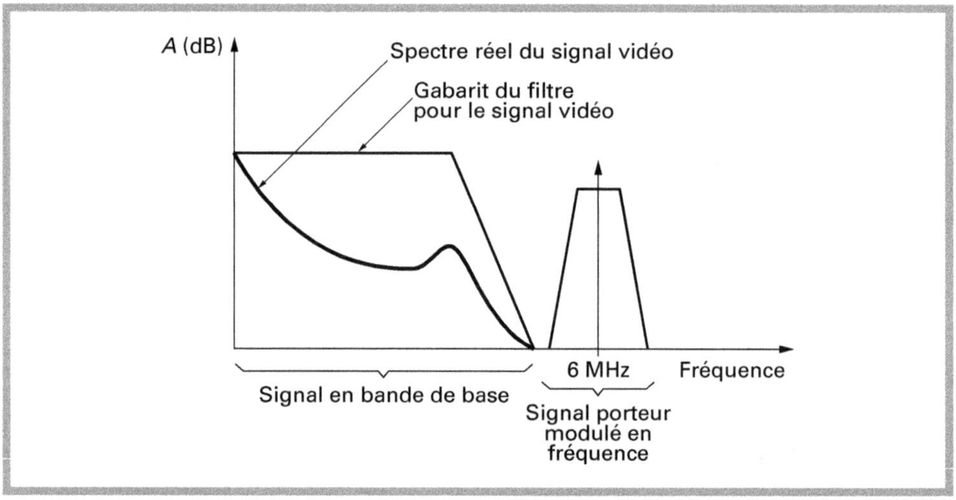

Figure 2.51 – Signal composite en télévision dite terrestre.

Ce multiplex résulte de l'addition du signal vidéo en bande de base et d'une porteuse à 6,0 MHz modulée en fréquence par le signal audio transmis simultanément avec l'image.

Pour cette porteuse, on parle souvent de sous-porteuse. Le multiplex module en amplitude MABLR la porteuse comprise dans les bandes allouées pour la télévision dites terrestres bandes III, IV ou V. Cette configuration est valable pour l'Europe hormis la France.

En télévision par satellite, le multiplex peut être beaucoup plus chargé car, comme le montre la *figure 2.52*, on peut ajouter un grand nombre de voies audio supplémentaires.

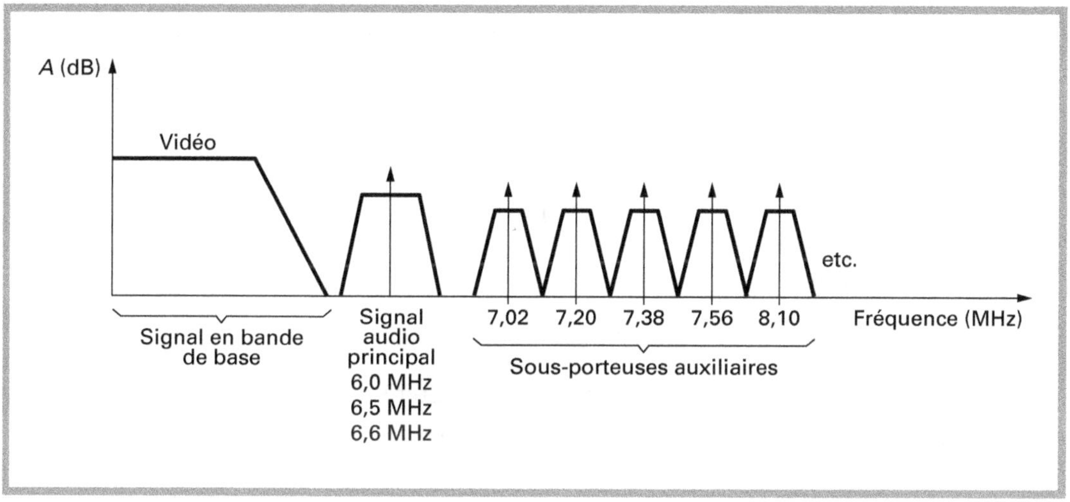

Figure 2.52 – Signal composite en télévision par satellite.

Comme précédemment, on constitue un multiplex en additionnant le signal vidéo en bande de base et les sous-porteuses audio. La sous-porteuse audio principale est située entre 5,80 et 6,6 MHz selon les configurations. Les sous-porteuses auxiliaires sont espacées de 180 kHz à partir de 7020 kHz et l'excursion de fréquence est moindre que celle de la porteuse principale. Finalement ce signal complexe module en fréquence la porteuse allouée à ce type de transmission. Ces fréquences se situent entre 10 et 12 GHz environ.

La comparaison entre la diffusion de télévision terrestre et par satellite est intéressante et fait apparaître une dernière différence entre les modulations d'amplitude et de fréquence. En télévision par satellite, la linéarité des TOP (tubes à ondes progressives) est insuffisante pour opter pour une modulation d'amplitude. En modulation de fréquence, la linéarité des étapes amplificateurs finaux n'a que peu d'importance, puisque l'information à transmettre est contenue dans la fréquence. *A contrario,* en modulation d'amplitude, la linéarité est importante.

En FM, les étages finaux pourront donc travailler en classe C et donner un bien meilleur rendement que les étages fonctionnant en classe A pour la modulation d'amplitude. L'inconvénient majeur de la modulation de fréquence reste donc l'occupation spectrale définie par la formule de Carson.

2.5.2 Modulation de phase

Soit la porteuse $n(t)$ modulée en phase par le signal modulant $m(t)$.

$$m(t) = \cos \omega_1 t$$

$$n(t) = A \sin(\omega t + \varphi)$$

La phase de la porteuse oscille autour de la valeur centrale φ au rythme de la modulation avec un écart maximal de $\Delta\theta$. Les variations de phase $\Delta\varphi$ sont égales à :

$$\Delta\varphi = \Delta\theta m(t) = \Delta\theta \cos \omega_1 t$$

L'équation de la porteuse modulée en phase peut donc s'écrire :

$$n(t) = A \sin(\omega t + \Delta\theta \cos \omega_1 t + \varphi)$$

Comme en modulation de fréquence, on s'intéresse premièrement à l'occupation spectrale de la porteuse modulée. On pose :

$$x = \omega t + \varphi$$

$$y = \Delta\theta \cos \omega_1 t$$

sachant que $\sin(x + y) = \sin x \cos y + \sin y \cos x$,

$$n(t) = A[\sin(\omega t + \varphi) \cos(\Delta\theta \cos \omega_1 t) + \sin(\Delta\theta \cos \omega_1 t) \cos(\omega t + \varphi)]$$

Comme en modulation de fréquence, il faut utiliser les fonctions de Bessel :

$$\cos(z \cos \theta) = J_0(z) + 2 \sum_{k=1}^{\infty} (-1)^k J_{2k}(z) \cos(2k\theta)$$

$$\sin(z \cos \theta) = 2 \sum_{k=0}^{\infty} (-1)^k J_{2k+1}(z) \cos(2k+1)\theta$$

soit :

$$\cos(\Delta\theta \cos \omega_1 t) = J_0(\Delta\theta) - 2[J_2(\Delta\theta) \cos 2\omega_1 t - J_4(\Delta\theta) \cos 4\omega_1 t + J_6(\Delta\theta) \cos 6\omega_1 t - J_8(\Delta\theta) \cos 8\omega_1 t]$$

$$\sin(\Delta\theta \cos \omega_1 t) = 2[J_1(\Delta\theta) \cos \omega_1 t - J_3(\Delta\theta) \cos 3\omega_1 t + J_5(\Delta\theta) \cos 5\omega_1 t - J_7(\Delta\theta) \cos 7\omega_1 t]$$

En groupant les termes, on obtient finalement :

$$\begin{aligned} n(t) = A[&J_0(\Delta\theta)\sin(\omega t + \varphi) \\ &+ J_1(\Delta\theta)\cos(\omega t + \omega_1 t + \varphi) + J_1(\Delta\theta)\cos(\omega t - \omega_1 t + \varphi) \\ &- J_2(\Delta\theta)\sin(\omega t + 2\omega_1 t + \varphi) - J_2(\Delta\theta)\sin(\omega t - 2\omega_1 t + \varphi) \\ &- J_3(\Delta\theta)\cos(\omega t + 3\omega_1 t + \varphi) - J_3(\Delta\theta)\cos(\omega t - 3\omega_1 t + \varphi) \\ &+ J_4(\Delta\theta)\sin(\omega t + 4\omega_1 t + \varphi) + J_4(\Delta\theta)\sin(\omega t - 4\omega_1 t + \varphi) \\ &+ J_5(\Delta\theta)\ldots \end{aligned}$$

Comme en modulation de fréquence, on constate que le spectre du signal modulé en phase se compose :

– d'une raie à la fréquence de repos;

– d'une infinité de raies latérales avec les fréquences $f \pm nf_1$.

Le spectre d'un signal modulé en phase est donc théoriquement infini, il est symétrique par rapport à la fréquence centrale.

Comme en modulation de fréquence, la somme des puissances contenue dans chaque raie est égale à la puissance de la porteuse non modulée. La relation de Carson est aussi applicable et l'occupation spectrale se ramène à une formule plus simple :

$$B = 2(m_p + 1)f_{1\max}$$

où m_p est l'indice de modulation pour la modulation de phase.

Modulateur de phase

Il existe deux méthodes assez différentes pour obtenir un signal modulé en phase. L'inconvénient majeur de ces méthodes est que l'on obtient des modulations à faible indice.

Réactance variable

Le schéma de la *figure 2.53* représente un circuit à réactance variable recevant simultanément le signal porteur et le signal modulant en bande de base.

Le principe d'un tel circuit se comprend aisément. Il suffit de disposer d'un élément actif dont la composante L ou C est variable en fonction d'une tension de commande. Une diode à capacité variable pourrait aussi être utilisée.

La fréquence d'entrée est issue d'un générateur stable, oscillateur à quartz par exemple. L'indice de modulation est faible. Pour obtenir des indices de modulation importants, la sortie modulée en phase est envoyée à une chaîne de multiplicateurs et transposée en fréquence comme dans le cas de la *figure 2.34*.

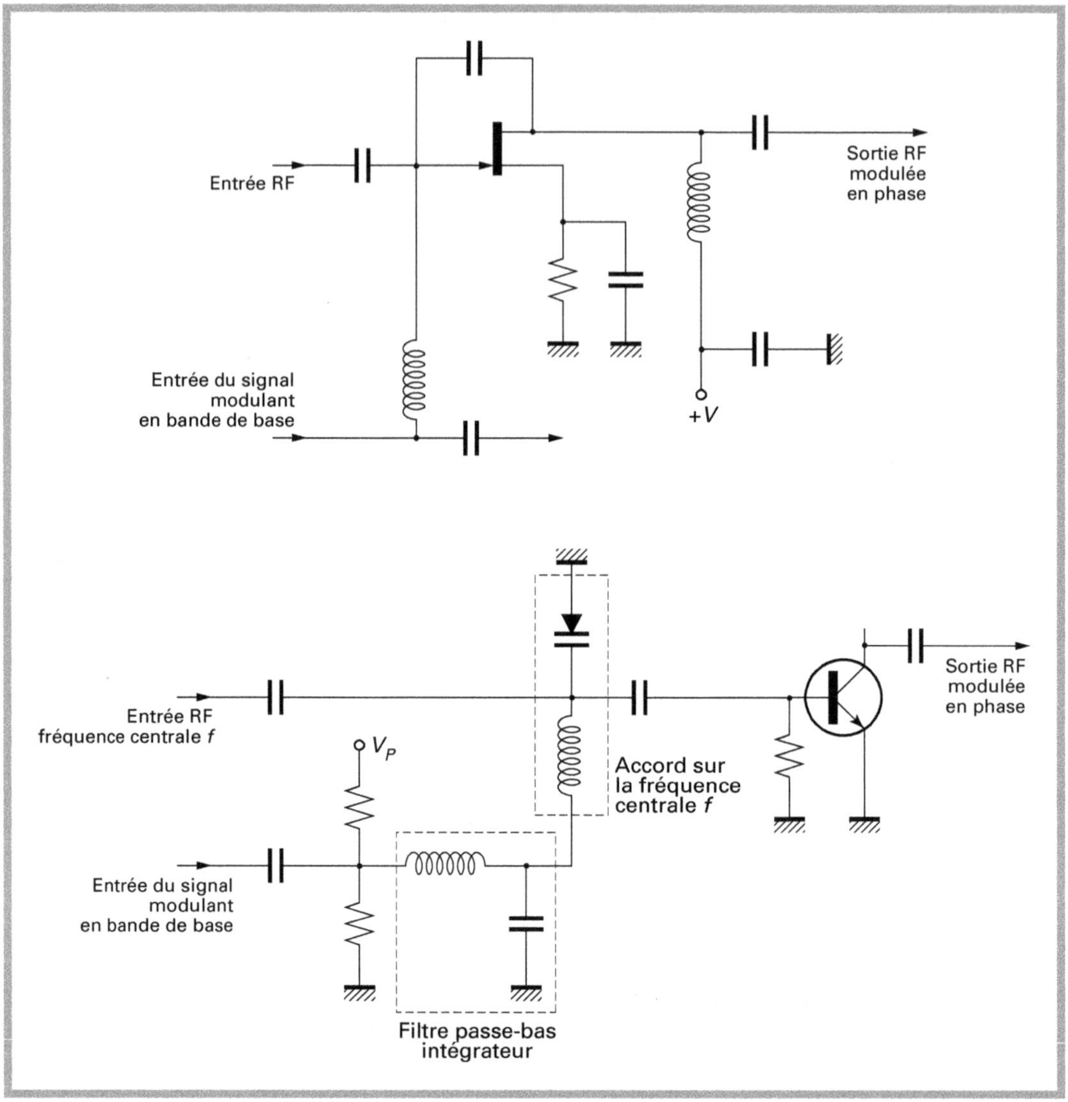

Figure 2.53 – Schémas de principe d'un modulateur de phase par réactance variable.

Modulation de phase par la méthode d'Armstrong

On se place dans le cas d'une modulation à faible indice.

Soit l'équation de la porteuse modulée :

$$n(t) = A[\sin(\omega t + \varphi)\cos(\Delta\theta\cos\omega_1 t) + \sin(\Delta\theta\cos\omega_1 t)\cos(\omega t + \varphi)$$

On admet que l'indice de modulation est suffisamment petit pour pouvoir faire les approximations suivantes :

$$\cos(\Delta\theta \cos \omega_1 t) = 1$$

$$\sin(\Delta\theta \cos \omega_1 t) = \Delta\theta \cos \omega_1 t$$

Ce qui donne pour la porteuse :

$$n(t) = A[\sin(\omega t + \varphi) + \Delta\theta \cos \omega_1 t \cos(\omega t + \varphi)]$$

Le terme $A\,\Delta\theta \cos \omega_1 t \cos(\omega t + \varphi)$ correspond à l'équation d'une porteuse $A \cos(\omega t + \varphi)$ modulée en amplitude à porteuse supprimée par le signal modulant $\Delta\theta \cos \omega_1 t$.

Le terme $A \sin(\omega t + \varphi)$ correspond à une porteuse en quadrature non modulée.

À partir de ces conclusions, la construction du schéma synoptique de la *figure 2.54* ne pose aucune difficulté. Si le signal modulant traverse un intégrateur on dispose alors d'un modulateur en fréquence à faible indice.

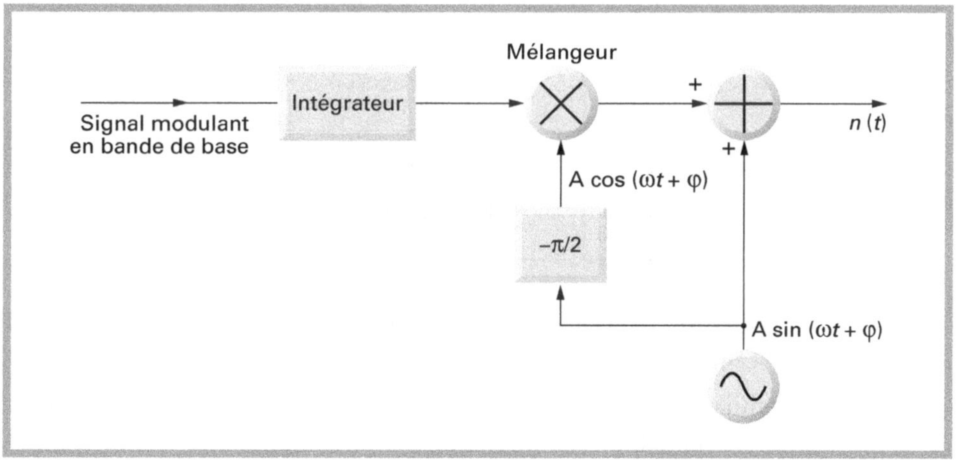

Figure 2.54 – Modulation de phase par la méthode d'Armstrong.

Comme précédemment, le signal $n(t)$ n'est pas utilisé directement mais envoyé vers une chaîne de circuits non linéaires et de filtres pour multiplier à la fois la fréquence porteuse et l'excursion de fréquence.

Démodulateur de phase

La modulation de phase n'est pas utilisée. Il ne s'agit en général que d'une étape intermédiaire dans l'élaboration d'un modulateur de fréquence.

En conséquence, la démodulation est une simple démodulation de fréquence.

Toutefois, on peut noter qu'une pure modulation de phase peut être démodulée par un démodulateur de fréquence suivi d'un circuit dérivateur.

Analogies entre modulations de phase et de fréquence

Par analogie entre les deux types de modulation, on peut écrire :

$$\Delta\theta = \frac{\Delta\omega}{2\pi f_{1\max}} \quad \text{ou} \quad \Delta f = \frac{\Delta\omega}{2\pi}$$

Le *tableau 2.6* regroupe les paramètres importants des modulations angulaires, modulation de phase et modulation de fréquence.

Tableau 2.6

	Modulation de fréquence FM	Modulation de phase ΦM
Indice de modulation	$\frac{\Delta F}{f_{1\max}}$	$\Delta\theta$
Déviation de fréquence	ΔF	$f_{1\max}\,\Delta\theta$
Schéma synoptique avec modulateur de phase	BF → ∫ → Φ → FM Modulateur de phase	BF → Φ → ΦM Modulateur de phase
Schéma synoptique avec modulateur de fréquence	BF → FM → FM Modulateur de fréquence	BF → $\frac{d}{dt}$ → FM → ΦM Modulateur de fréquence

En modulation de fréquence, l'excursion de fréquence ne dépend que de l'amplitude du signal modulant.

En modulation de phase, l'excursion de fréquence dépend à la fois de l'amplitude et de la fréquence du signal modulant.

En modulation de fréquence, l'excursion de fréquence ne dépend que de l'amplitude du signal modulant, alors que l'excursion de phase qui évidemment l'accompagne est inversement proportionnelle à la fréquence de modulation.

En modulation de phase, l'excursion de phase est proportionnelle à l'amplitude du signal de modulation, alors que l'excursion de fréquence résultante est proportionnelle à l'amplitude et à la fréquence de modulation.

Rapport signal sur bruit en modulation de phase

En modulation de phase, le rapport signal sur bruit est donné par la relation :

$$\left(\frac{S}{B}\right)_S = m_F^2(m_F + 1)\left(\frac{C}{N}\right)$$

La règle de Carson reste applicable et l'on a :

$$N = 2\mathrm{k}T(m_F + 1)f_{1\max}$$

Ce qui ramène la relation précédente à :

$$\left(\frac{S}{B}\right)_S = \frac{m_F^2}{2}\frac{C}{\mathrm{k}Tf_{1\max}}$$

2.6 Tableau comparatif des performances des diverses modulations analogiques

Le *tableau 2.7* regroupe les paramètres importants des différentes modulations analogiques. L'ingénieur traitant un problème de transmission doit avoir une vue globale et synthétique du problème.

Tableau 2.7 – Performances des diverses modulations analogiques.

	Rapport S/B	Encombrement spectral bande de base f_{1max}	Complexité modulateur	Ampli de sortie	Étage d'amplification FI en réception	Complexité démodulation	Applications
AM DBSP	1	$2f_{1max}$	simple : un mélangeur équilibré	A	C.A.G	moyenne réception cohérente	multiplex stéréo FM chrominance PAL NTSC
AM BLU	1	f_{1max}	complexe pour obtenir d'excellentes performances	A	G.A.G.	complexe	téléphonie par satellite radio-amateur
AM DBAB	$\frac{m_A^2}{2+m_A^2}$	$2f_{1max}$	simple mélangeur équilibré	A	C.A.G.	simple - réception cohérente - redressement	radiodiffusion qualité moyenne BW $<$ 5 KHz G.0/0.M/0.C
AM BLR	1	$\approx f_{1max}$	assez simple	A	C.A.G.	simple - réception cohérente - redressement	transmission télévision
FM	$3m_F^2$	$2(m_F+1)f_{1max}$	simple - VCO - *PLL*	C	limiteurs	simple - discriminateur à quadrature - *PLL*	radiodiffusion audio télévision par satellite

Il ne s'agit pas ici d'examiner un point particulier, rapport signal sur bruit ou occupation spectrale, comme cela a été fait dans les descriptions théoriques, mais bien d'avoir une vue panoramique des avantages et inconvénients propres à chaque type de modulation.

Le rapport signal sur bruit et l'encombrement spectral figurent en bonne place dans le *tableau 2.7* mais les autres paramètres ne doivent surtout pas être ignorés. Les critères de complexité doivent être observés attentivement. Bien que complexité ne soit pas synonyme de difficulté, des difficultés techniques peuvent survenir.

Dans le cas de la modulation BLU par exemple, même si l'on opte pour des modulateurs à réjection d'image, l'objectif du taux de réjection de l'image ne s'envisage pas à la légère. Choisir une réjection de 100 dB par exemple, conduirait à de réels difficultés techniques. Hormis le cas particulier de la BLU, la conception et la mise en œuvre des modulateurs et démodulateurs ne posent pas de problème particulier. Il faudra aussi intégrer les données concernant l'émetteur.

Si la modulation est en amplitude, les étages de sortie devront être linéaires, c'est-à-dire fonctionner en classe A ou AB.

Le fonctionnement en classe A implique un mauvais rendement de l'étage amplificateur, – 25%, dans le meilleur des cas. Ce paramètre peut être extrêmement important si l'émetteur est autonome et qu'on lui associe des impératifs de poids, encombrement et durée minimale d'autonomie.

A contrario, si l'on opte pour une modulation de fréquence, l'étage de sortie peut fonctionner en classe C. La linéarité en amplitude n'a que peu d'importance et le rendement est optimum.

À la réception, la démodulation ne s'effectue que très rarement à la fréquence de la porteuse.

La fréquence de la porteuse est transposée en une fréquence que l'on a coutume d'appeler fréquence intermédiaire. Cette fréquence est en général choisie de manière à faciliter l'amplification et la démodulation.

Dans le cas de la modulation d'amplitude, comme pour les étages finaux de l'émetteur, on doit travailler dans les plages linéaires des amplificateurs pour conserver l'information contenue dans l'amplitude. Il faut donc amplifier pour pouvoir traiter le signal, mais éviter toute saturation des étages à la fréquence intermédiaire. Une saturation complète d'un ou plusieurs étages entraînera la perte totale du message.

Une compression dans la fonction de transfert entrée/sortie entraînera une distorsion dans le message démodulé.

On sera donc astreint à surveiller l'amplitude du signal reçu par le démodulateur et agir en conséquence. C'est-à-dire augmenter le gain si l'amplitude est insuffisante ou diminuer le gain si l'amplitude est trop importante.

Il s'agit d'un asservissement que l'on a coutume d'appeler commande automatique de gain.

A contrario, en modulation de fréquence, on cherche à éliminer toute modulation d'amplitude résiduelle. Les étages d'amplification à la fréquence intermédiaire sont donc constitués de simples limiteurs. Un circuit dont la fonction de transfert serait $V_S = k \log V_E$ est assimilable à un limiteur.

Pour compléter le tour d'horizon de l'ingénieur chargé du choix de la modulation, il faut finalement ajouter un aspect relatif à la réglementation ou à la législation.

Certaines bandes de fréquence sont réservées à des applications particulières où le type de modulation et par conséquent l'encombrement spectral, sont figés.

Les exemples ne manquent pas, dans tous les cas de diffusion : radiodiffusion, qu'elle soit en AM ou FM et télévision, qu'elle soit terrestre AM ou par satellite FM.

Bien sûr, lorsque le médium chargé de la transmission est « privé », câble coaxial, fibre optique, guide d'onde, rien ne s'oppose à la transmission d'un signal vidéo en modulation de fréquence à 700 MHz par exemple.

Dans les paragraphes précédents, le rapport signal sur bruit est exprimé en dB. Le *tableau 2.8* donne une idée des valeurs courantes en sortie des démodulateurs et un commentaire sur la qualité subjective correspondante.

Ce tableau s'applique aussi bien pour des signaux audio que des signaux vidéo.

Tableau 2.8

Rapport signal sur bruit		Qualité subjective
en tension	en dB	
100	40	excellente
75	37	très bonne
50	34	bonne
30	30	assez bonne
20	26	juste suffisante
10	20	insuffisante
3	10	inexploitable

2.7 Modélisations Matlab des modulations analogiques

On se propose ici de donner des modélisations en langage Matlab (voir chapitre 11 en ligne) des modulations analogiques vues dans ce chapitre. L'objectif est de donner au lecteur des modèles génériques qui illustrent les différents principes vus précédemment. Tous ces modèles sont téléchargeables sur le site http://www.dunod.com.

2.7.1 Modélisation d'une modulation d'amplitude avec et sans porteuse

Le programme Matlab suivant donne une simulation d'une modulation d'amplitude avec et sans porteuse. La fréquence de la porteuse est de 10 kHz et celle du modulant à 1 kHz. Les *figures 2.55* et *2.56* illustrent les résultats des modélisations.

```
%%%%%%%%%%%%%%%%%%%%%%%%%%%%%%%%%%%%%%%%%%%%%%%%%%%
% Titre : Modulation d'amplitude avec et sans porteuse
%
% Caractéristiques :
% Fréquence de la porteuse à 20 kHz
% Fréquence du modulant à 1 kHz
%
% Auteurs : O. Romain et F. de Dieuleveult
%
%%%%%%%%%%%%%%%%%%%%%%%%%%%%%%%%%%%%%%%%%%%%%%%%%%
clear all;
close all;
clc;

Ap = 5; %amplitude de la porteuse
fp = 2e4; %fréquence porteuse 20 kHz
Am = 0.5; % amplitude du modulant
fm = 1e3; %fréquence modulant 1 kHz

temps = 0 : 1/(10*fp) : 2/fm; %temps définit sur 2 périodes du modulant

modulant = Am*cos(2*pi*fm*temps); %modulant
porteuse = Ap*cos(2*pi*fp*temps); %porteuse

module_sans_porteuse = modulant.*porteuse; %signal modulé sans porteuse
module_avec_porteuse = (1+modulant).*porteuse ; %signal modulé avec
porteuse

figure(1) ; %affichage du résultat concernant la modulation d'amplitude
sans porteuse
plot(temps,module_sans_porteuse);
hold
plot(temps,modulant,'r');
rsid14247326 xlabel('temps');
xlabel('temps');
ylabel('amplitude');
title('Signal modulé en amplitude sans porteuse');
```

```
figure(2) ; %affichage du résultat concernant la modulation d'amplitude
avec porteuse
plot(temps,module_avec_porteuse);
hold
plot(temps,modulant,'r');
xlabel('temps');
ylabel('amplitude');
title('Signal modulé en amplitude avec porteuse');
save module_avec_porteuse module_avec_porteuse; %enregistrement des données
pour les exemples suivants
```

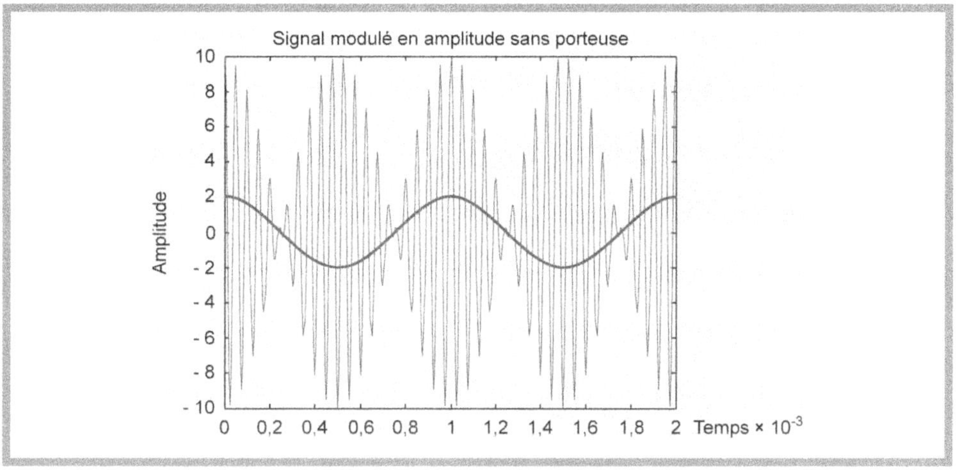

Figure 2.55 – Modulation d'amplitude sans porteuse avec un modulant sinusoïdal.

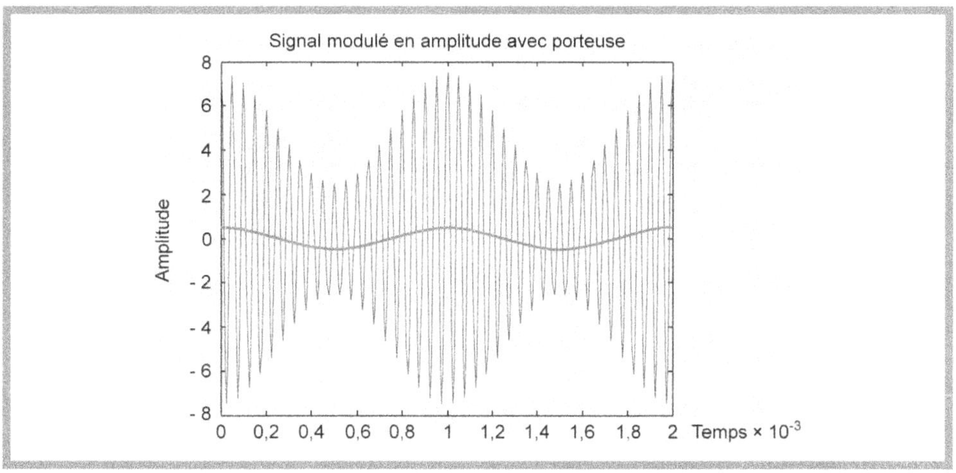

Figure 2.56 – Modulation d'amplitude avec porteuse avec un modulant sinusoïdal.

2.7.2 Démodulation d'amplitude par redressement et filtrage

Le programme Matlab suivant réalise une démodulation d'amplitude en utilisant le principe du redressement et du filtrage. Le filtre utilisé est du type passe-bas de Butterworth avec une fréquence de coupure proche de la fréquence du modulant. Le signal modulé en amplitude injecté en entrée du démodulateur correspond à une modulation d'un modulant sinusoïdal de fréquence 1 kHz à une fréquence porteuse de 20 kHz. Sur cette simulation (*figure 2.57*) on peut apprécier le retard du signal démodulé dû au temps de propagation dans le filtre passe-bas (temps de traitement).

```
%%%%%%%%%%%%%%%%%%%%%%%%%%%%%%%%%%%%%%%%%%%%%%%%%%%%%%%%%%%%%%%%%%%%%%%%%%%%
% Titre : Démodulation d'amplitude avec redressement et filtrage™diaire34
%
% Caractéristiques :
% Fréquence de la porteuse à 20 kHz
% Fréquence du modulant à 1 kHz
%
% Auteurs : O. Romain et F. de Dieuleveult
%
%%%%%%%%%%%%%%%%%%%%%%%%%%%%%%%%%%%%%%%%%%%%%%%%%%%%%%%%%%%%%%%%%%%%%%%%%%%%
clear all;
close all;
clc;

load module_avec_porteuse;
fp = 2e4; %fréquence porteuse 20 kHz
Te = 1/(10*fp); %période d'échantillonnage
temps = 0 : Te : 120/fp; %vecteur temporel définit sur 12 périodes du
modulant

alpha = 1; %facteur d'affaiblissement du signal réceptionné
signal_recu = alpha*module_avec_porteuse;
signal_redresse = abs(signal_recu); %redressement

bande_passante = 1500;
bande_attenuee = 5000;
[N, Wn] = buttord(bande_passante*Te, bande_attenuee*Te, 3, 40);%generation
de l'ordre du filtre
[num,den] = butter(N,Wn); %recuperation fonction de transfert
signal_demodule = filter(num,den,signal_redresse);

figure(1);
title('Signal démodulé');
xlabel('temps');
ylabel('Amplitude');
plot(temps,signal_recu);
hold
plot(temps,signal_demodule,'.r');
legend('signal redressé','signal démodulé');
```

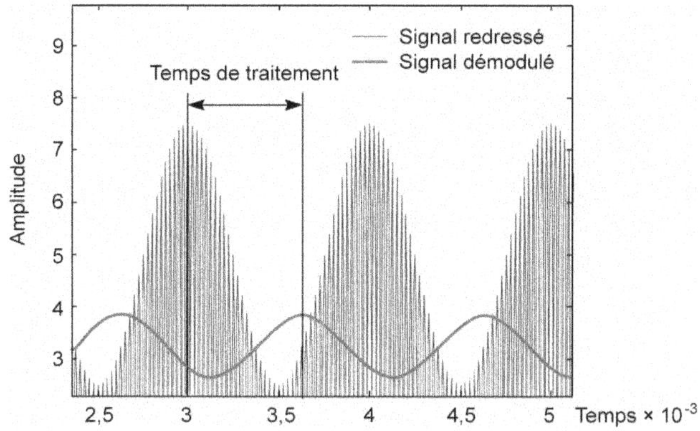

Figure 2.57 – Démodulation d'amplitude par redressement et filtrage.

2.7.3 Démodulation d'amplitude par un récepteur cohérent

Le programme Matlab **demod_amplitude_coherent.m** réalise une démodulation d'amplitude cohérente en multipliant le signal reçu par un oscillateur accordé. En jouant sur le paramètre de phase entre les deux oscillateurs à l'émission et à la réception, la variation de l'amplitude de sortie du signal démodulé peut être appréciée (*figure 2.58*). Dans le cas d'un déphasage de 90°, aucun signal n'est démodulé. En variant l'accord (différence de fréquences) entre l'émetteur et le récepteur, le *fading* peut être apprécié (*figure 2.59*).

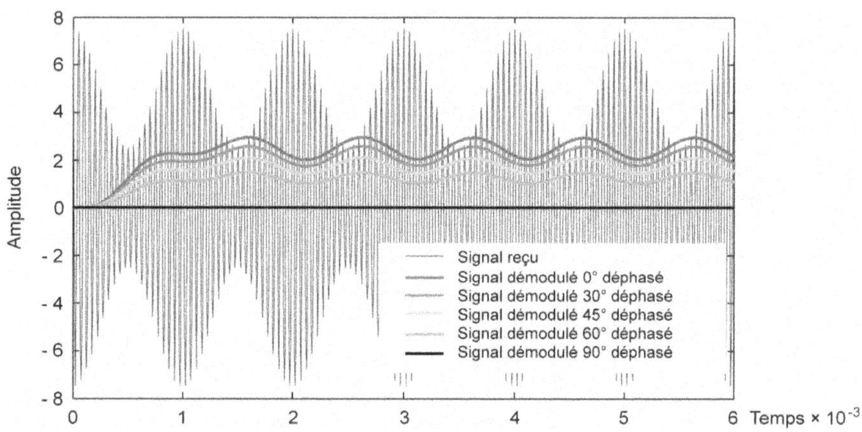

Figure 2.58 – Démodulation avec variation du déphasage entre l'émetteur et le récepteur.

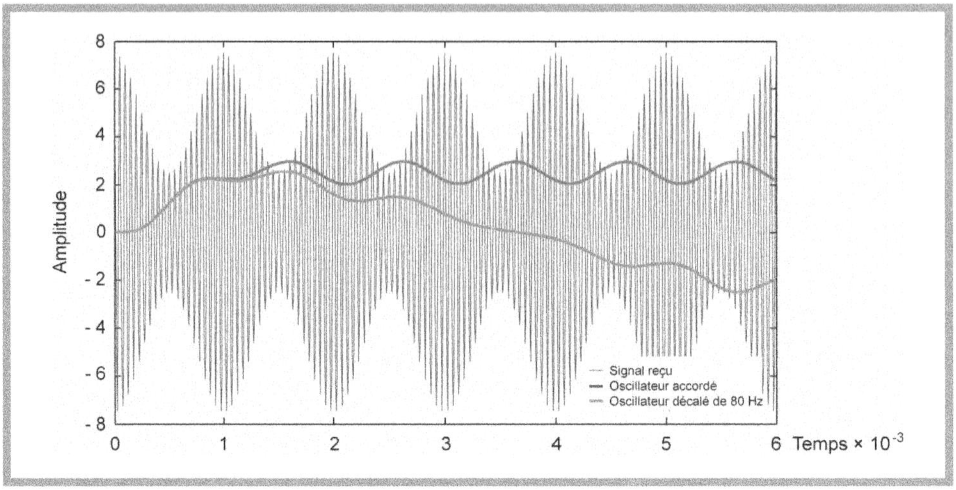

Figure 2.59 – Démodulation cohérente avec désaccord entre l'émetteur et le récepteur.

2.7.4 Modélisation d'une modulation à bande latérale unique

Le programme Matlab **blu.m** réalise une modulation à bande latérale unique supérieure. Le signal modulant est à spectre borné. Une transposition de fréquence par une porteuse et un filtrage passe-bande (*figure 2.60*) autour du spectre du modulant transposé sont réalisés pour produire le signal BLU (*figure 2.61*).

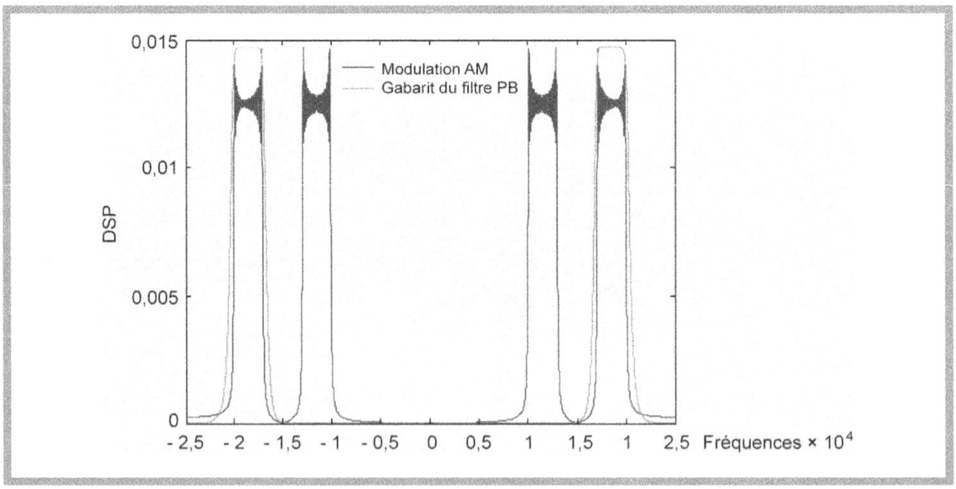

Figure 2.60 – Filtrage passe-bande de la bande supérieure.

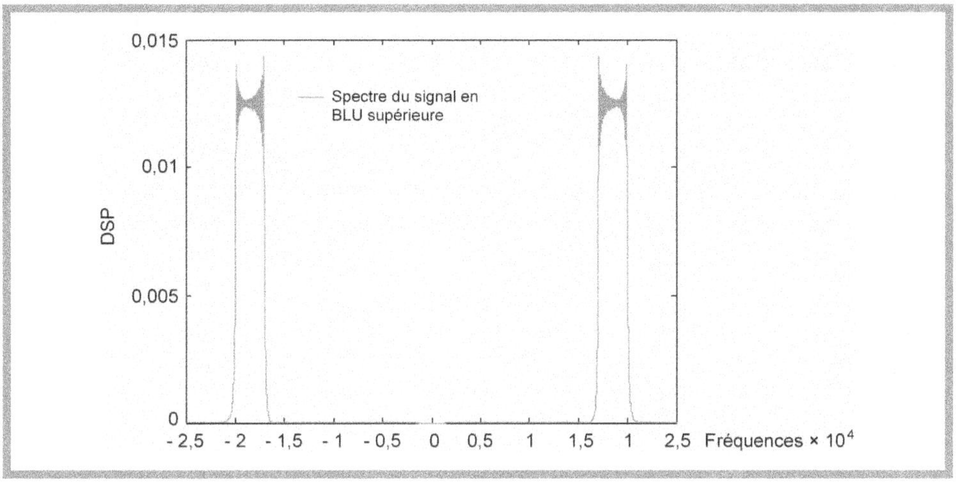

Figure 2.61 – Spectre du signal modulé en BLU supérieure.

2.7.5 Modélisation d'une modulation de fréquence

Le programme Matlab **fm.m** réalise une modulation de fréquence. La porteuse et le modulant sont sinusoïdaux de fréquence respective 20 kHz et 1 kHz. L'indice de modulation est de 10. La *figure 2.62* donne une représentation temporelle du signal modulé. On vérifie ici que l'enveloppe d'un signal modulé en fréquence est constante.

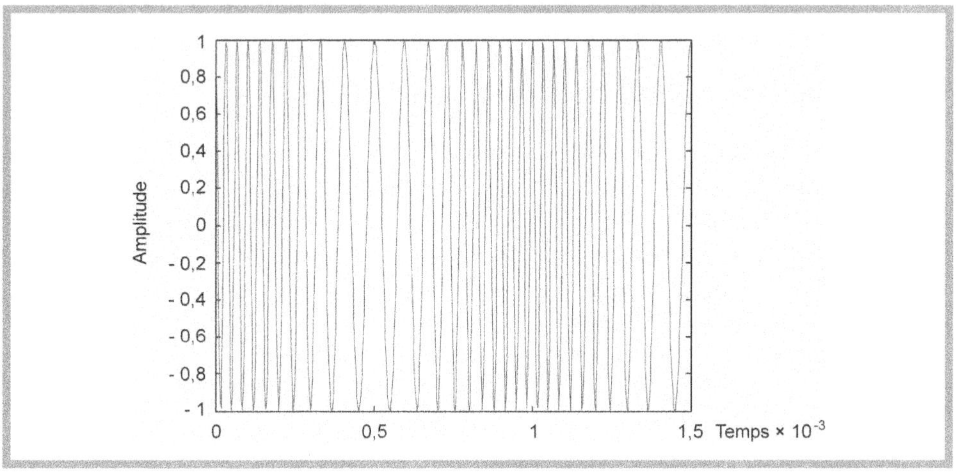

Figure 2.62 – Signal modulé en fréquence.

2.7.6 Modélisation d'une démodulation de fréquence par un discriminateur de fréquence

Le programme Matlab **demod_fm.m** réalise une démodulation de fréquence basée sur une transposition fréquence/tension (discriminateur de Foster-Seely). Le discriminateur est réalisé à partir d'un filtre dérivateur idéal de pente +20 dB/décade. Un redressement et un filtrage passe-bas s'en suivent pour récupérer le signal modulant (*figure 2.63*). Le modulant utilisé est un signal sinusoïdal pur.

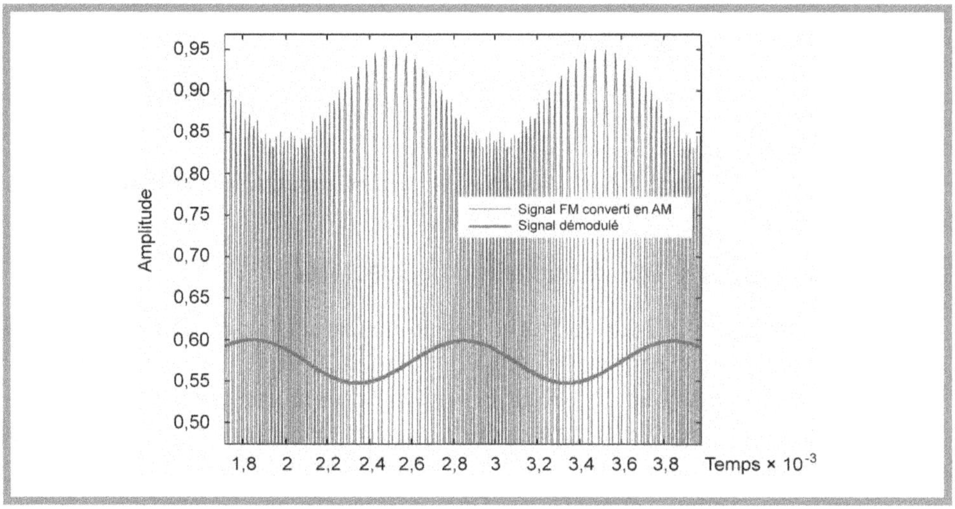

Figure 2.63 – Signal discriminé en amplitude et signal démodulé.

2.7.7 Modélisation d'une démodulation de phase

Le programme Matlab **demod_phi.m** réalise une modulation de phase d'un signal modulant sinusoïdal pur de fréquence 1 kHz par une porteuse à 20 kHz. On peut remarquer que le signal modulé prend la même forme qu'un signal modulé en fréquence avec ce type de modulant (*figure 2.64*). En effet, une modulation de phase d'un signal modulant correspond à une modulation de fréquence sur la dérivée du modulant.

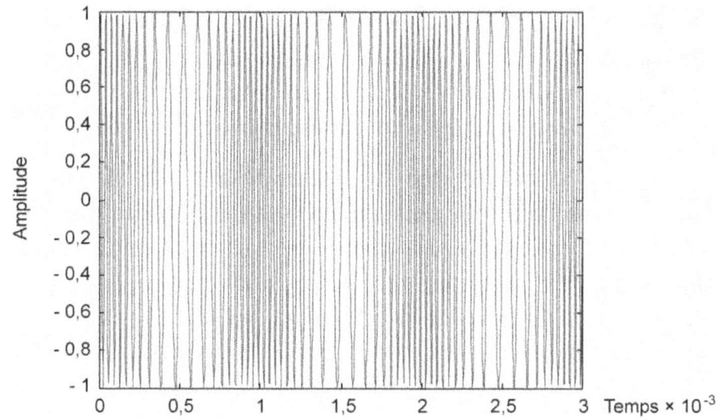

Figure 2.64 – Signal modulant sinusoïdal modulé en phase.

2.8 Choix d'un type de modulation

Le bon choix d'un procédé de modulation analogique est un exercice délicat. Pour un cas donné, il n'y a pas en général une solution idéale, car presque toutes les solutions pourront s'adapter, mais à quel prix!

Il faut malgré tout faire un choix et pour cela affecter aux avantages et inconvénients un coefficient de pondération, fonction du problème posé, qui restera très subjectif.

Pour certaines applications grand public, le critère le plus important, en tête largement devant les autres est bien sûr le coût. Ces applications qui techniquement peuvent paraître rudimentaires ou rustiques existent et ne doivent pas être négligées.

Imaginons le cas d'une transmission d'un micro sans fil vers un récepteur situé en coulisse. Le critère essentiel sera sans nul doute la qualité de la liaison et la fidélité de la reproduction qui conduira évidemment au choix de la modulation de fréquence. Le même raisonnement peut s'appliquer au cas de la transmission d'un signal vidéo issu d'une caméra de surveillance.

A priori, une modulation d'amplitude double bande ou une modulation de fréquence peuvent convenir. Si l'encombrement spectral n'est pas important, on opte pour la modulation de fréquence simplifiant la conception de l'émetteur et du récepteur. Ce type de transmission a donné lieu à de nombreux développements dans la bande 2,4 GHz.

Si dans une bande de fréquence allouée, on doit loger un nombre maximum de voies de surveillance on optera pour une modulation d'amplitude double bande qui augmentera le nombre de voies dans un rapport 2 environ. Si cette augmentation n'est pas suffisante, une augmentation d'un facteur 4 sera obtenue, en sacrifiant la simplicité, en choisissant la modulation MABLR.

On peut en conclure que la modulation de fréquence est très rarement un mauvais choix. Elle allie performance, simplicité de conception et mise en œuvre en sacrifiant quelque peu la bande passante. Dans les applications où l'occupation spectrale est un critère majeur, la modulation de fréquence reste intéressante, même avec des indices de modulation faibles, puisque l'on sacrifie quelque peu les performances, mais que l'on conserve les avantages dus à la simplicité.

CHAPITRE 3

MODULATIONS NUMÉRIQUES

On se propose dans ce chapitre d'examiner le cas de la transmission, autour d'une fréquence porteuse, de signaux numériques.

Comme dans le cas d'une transmission analogique on dispose d'une porteuse :

$$n(t) = A \cos(\omega t + \varphi)$$
$$\omega = 2\pi f$$

Les trois paramètres de cette porteuse sont l'amplitude A, la fréquence f et la phase φ. On aura donc trois types de modulations possibles :

– modulation d'amplitude;

– modulation de fréquence;

– modulation de phase.

3.1 Définitions

Le schéma de principe d'une chaîne de transmission numérique est représenté sur la *figure 3.1*. Ce schéma synoptique diffère quelque peu de celui que l'on a l'habitude de rencontrer pour les modulations analogiques. Le cas du signal numérique est un cas bien particulier et pour cette raison il est traité de manière différente.

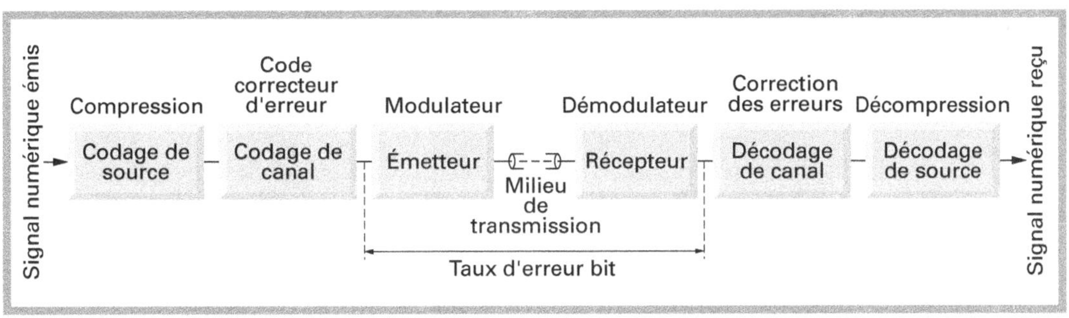

Figure 3.1 – Synoptique d'une transmission numérique.

3.1.1 Définition du signal numérique

Dans de nombreux cas, on ne souhaite pas ou on ne peut pas transmettre directement un signal analogique. On transmet alors après numérisation par exemple, le code binaire d'une grandeur. Les valeurs résultantes seront transmises en série et se présenteront alors comme une suite de 0 et de 1.

La *figure 3.2* représente un signal numérique dit NRZ pour *Non Retour à Zéro.*

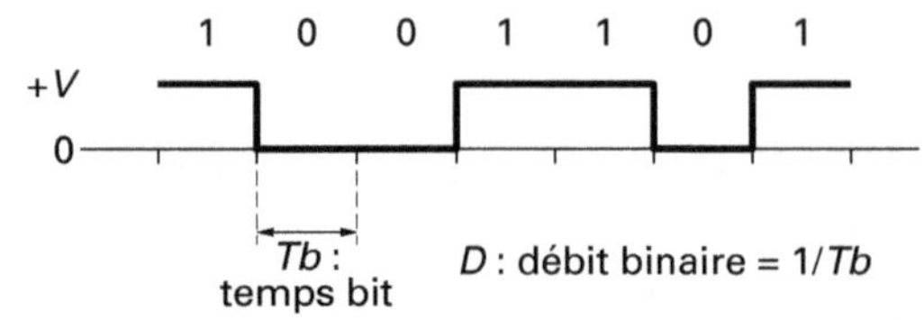

Figure 3.2 – Représentation temporelle du signal NRZ.

T_b est le temps pendant lequel un bit est transmis,

D est le débit binaire et vaut :

$$D = \frac{1}{T_b}$$

T_b est exprimé en seconde, D est exprimé en bit par seconde ou baud.

À partir du schéma synoptique de la *figure 3.1*, on peut préciser le rôle de chacun des sous-ensembles. Le codeur de source a pour rôle la suppression de certains éléments binaires assez peu significatifs. Le décodeur de source réalise l'opération inverse.

Les systèmes de compression-décompression tels que l'on peut les rencontrer pour les signaux audio ou vidéo numériques font partie du codage de source.

Le codage de canal est souvent appelé code correcteur d'erreur. Le rôle de ce sous-ensemble est d'ajouter des informations supplémentaires au message en provenance de la source.

Ces informations seront exploitées après réception et permettront l'analyse du message reçu. Celui ci pourra être déclaré sans erreur ou non.

Dans le cas d'une réception erronée, la fonction décodage de canal est, dans une certaine mesure, capable de corriger les erreurs.

Le train numérique est finalement envoyé à l'émetteur qui est en fait le modulateur. Ce signal module une fréquence porteuse qui est transmise jusqu'au récepteur. Le rôle du récepteur se limite à démoduler le signal reçu et à envoyer au décodeur de canal un signal numérique éventuellement entaché d'erreurs.

3.1.2 Définition du taux d'erreur bit

Les performances des modulations analogiques sont évaluées en examinant le rapport signal sur bruit en sortie du démodulateur. Ce rapport n'a plus de sens ici et on définit un taux d'erreur bit. Ce taux est le rapport du nombre de bits faux sur le nombre de bits transmis. Par bit faux, on entend réception d'un 1 alors que 0 était transmis ou l'inverse, la détection d'un 0 alors que 1 était transmis.

$$\text{TEB} = \frac{\text{nombre d'éléments binaires faux}}{\text{nombre d'éléments binaires émis}}$$

On trouvera, suivant les ouvrages, TEB pour taux d'erreur bit ou BER pour *bit error rate*, qui ont la même signification.

3.1.3 Définition de l'efficacité spectrale

En modulation analogique, on parle d'occupation autour de la porteuse. Pour les modulations numériques, on introduit une notion assez voisine qui est l'efficacité spectrale. L'efficacité spectrale η est égale au rapport du débit sur la largeur de bande occupée autour de la porteuse.

$$\eta = \frac{\text{débit}}{\text{bande occupée}} = \frac{D}{B}$$

L'efficacité spectrale peut s'exprimer en bit/s/Hz et est comprise entre 2 et 8 pour les modulations dites performantes :

$$2 \leqslant \eta \leqslant 8$$

L'efficacité spectrale peut atteindre des valeurs très importantes de l'ordre de 8 pour des modulations à grand nombre d'états.

Pour ces raisons, ces types de modulation sont de plus en plus employés. Nous verrons par la suite qu'il s'agit de modulation d'amplitude et/ou de phase de porteuses en quadrature.

Bien que ces procédés soient très efficaces, il existe encore de nombreux cas où ils ne sont pas utilisables. Une présentation des modulations numériques ne peut donc pas se limiter à ces procédés performants. Nous examinerons donc successivement les modulations d'amplitude, ASK, les modulations de fréquence FSK, les modulations de phase PSK et les modulations combinées de phase et d'amplitude QAM.

Dans ce chapitre, la transposition du signal NRZ en bande de base en un autre signal NRZ ne sera pas abordée. Le lecteur intéressé retrouvera le codage Manchester, biphase ou HDB3 dans de nombreux ouvrages.

3.1.4 Définition de la fonction d'erreur et de la fonction d'erreur complémentaire

En transmission numérique, nous avons besoin d'utiliser la fonction d'erreur $erf(x)$ et la fonction d'erreur complémentaire $erfc(x)$.

Ces fonctions sont définies de la manière suivante :

$$erf(x) = \frac{2}{\sqrt{\pi}}\int_0^x e^{-t^2}\,\mathrm{d}t$$

$$erfc(x) = \frac{2}{\sqrt{\pi}}\int_x^\infty e^{-t^2}\,\mathrm{d}t = 1 - erf(x)$$

3.1.5 Relation entre le débit, la largeur de bande et le bruit

Dans un canal donné de largeur *B*, on cherche tout d'abord le débit maximum d'informations.

Ce débit maximum découle du même théorème d'échantillonnage de Nyquist-Shanon.

Un signal ayant une largeur de bande *B* peut changer d'état à une vitesse maximum de $2B$.

Si, à chaque changement d'état correspond un bit transmis, le débit maximum d'information vaut $2B$. On remarque que dans ce cas, il n'y a aucune notion relative à l'amplitude de ces changements.

Si, à chaque intervalle de temps, on imagine d'associer non plus un niveau mais *n* niveaux, le débit maximal pourra alors augmenter. À chaque changement le signal peut prendre un niveau parmi *n*. Le débit vaut alors :

$$D = 2B\log_2(n)$$

Cette relation montre que si le nombre de niveaux tend vers l'infini, le débit tend aussi vers l'infini. On peut s'interroger sur le sens de cette limite et sur les risques que l'on encourt à augmenter le nombre de niveaux *n*.

Si l'on tronçonne l'amplitude en niveaux élémentaires, on atteindra une limite due à la présence du bruit. Il est alors impossible de mesurer le niveau *n*.

En conséquence le bruit place une limite pour le débit maximum sur un canal de largeur *B* donnée. Le débit maximum théorique pour lequel la transmission s'effectue *sans erreur* sur un canal de largeur *B* est donné par la loi de Hartley-Shannon 1948.

$$C = D_{max} = B\log_2\left(1+\frac{S}{N}\right) = B\frac{\ln\left(1+\frac{S}{N}\right)}{\ln 2}$$

C est appelée capacité maximale du canal et est exprimée en bits $\cdot$ s^{-1}

S/N est le rapport signal sur bruit

S/N est un rapport de puissance, c'est donc dans ce cas un nombre sans dimension.

EXEMPLE

Soit un canal de largeur de bande $B = 10$ kHz dans lequel le rapport signal sur bruit vaut

$$S/N = 15 \text{ dB}.$$

La capacité ou débit théorique maximal vaut :

$$C = 10000 \log_2(32{,}622) = 50288 \text{ bits} \cdot \text{s}^{-1}$$

3.1.6 Bruit dans les systèmes de communication

Le bruit joue un rôle crucial dans les systèmes de communication. Nous avons vu qu'en théorie, il limite la capacité du canal ; en pratique, il détermine le nombre d'erreurs. Ce qui nous intéresse est de connaître et quantifier son influence sur le nombre d'erreurs.

Le bruit est un signal aléatoire et on ne peut donc pas prédire sa valeur à un instant donné. La densité de probabilité d'une variable aléatoire x est définie comme étant la probabilité que la variable x prenne une valeur entre x_0 et $x_0 + \delta x$. La probabilité que la variable x prenne une valeur comprise entre x_1 et x_2 est alors l'intégrale de la densité de probabilité entre les deux bornes x_1 et x_2 :

$$P\{x_1 < x < x_2\} = \int_{x_1}^{x_2} p(x)\,\mathrm{d}x$$

Pour le bruit, on peut admettre que la distribution est gaussienne de la forme :

$$p(x) = \frac{1}{\sigma\sqrt{2}} e^{-\frac{(x-m)^2}{2\sigma^2}}$$

m est la valeur moyenne et σ^2 est la variance.

Dans le cas du bruit, cette valeur moyenne est nulle. La *figure 3.3* représente cette distribution $p(x)$. Nous pouvons donc utiliser ces relations pour évaluer la probabilité que le bruit soit compris entre deux valeurs par exemple $-x_1$ et $+x_1$:

$$P\{-x_1 < x < x_1\} = \int_{-x_1}^{+x_1} p(x)\,\mathrm{d}x$$

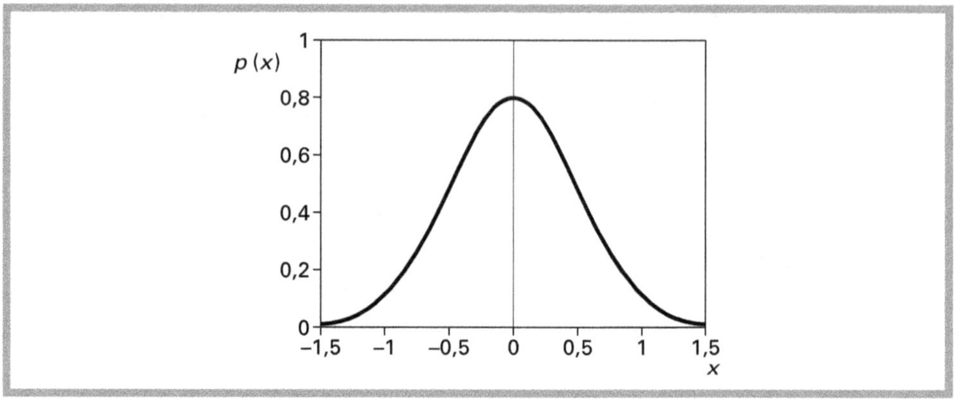

Figure 3.3 – Distribution gaussienne.

En posant : $u = \dfrac{x}{\sigma\sqrt{2}}$, on a : $\mathrm{d}x = \mathrm{d}u\,\sigma\sqrt{2}$

$$P\{-x_1 < x < x_1\} = \frac{1}{\sqrt{\pi}}\int_{-x_1}^{+x_1} e^{-u^2}\mathrm{d}u = \frac{2}{\sqrt{\pi}}\int_{0}^{x_1} e^{-u^2}\mathrm{d}u$$

Il s'agit de la fonction que l'on définit comme fonction d'erreur. Dans la plupart des cas, le bruit présent peut être assimilé à une variable de valeur moyenne nulle et ayant une distribution gaussienne. La valeur moyenne de la puissance de bruit est égale à la variance. Le rapport signal sur bruit peut alors s'écrire :

$$\frac{S}{N} = \frac{S}{\sigma^2}$$

Si le bruit est un bruit thermique on a :

$$N = \sigma^2 = \mathrm{k}TB$$

On définit souvent une énergie E_0 qui est le rapport par unité de puissance.

$$\sigma^2 = N_0 B$$

σ^2 est la puissance de bruit,

N_0 est l'énergie et est dit aussi densité de bruit,

B est la largeur de bande.

3.1.7 Interférence intersymbole (ISI), influence sur le débit

L'interférence intersymbole est le nom donné au phénomène dont résulte l'identification erronée d'un bit. Le signal en bande de base est limité en bande de manière à limiter l'occupation spectrale autour de la fréquence porteuse. Ceci revient à dire que l'on cherche à optimiser le paramètre efficacité de la modulation :

$$\eta = \frac{D}{B}$$

Si le signal numérique en bande de base est limité en bande avant de moduler la porteuse, ce signal aura par exemple, l'allure représentée à la *figure 3.4a.* Ce message est le message émis et le message reçu. Le signal NRZ est reconstitué en plaçant par exemple un comparateur à seuil.

Les *figures 3.4b* et *3.4c* représentent les signaux reçus dans deux cas distincts. Dans le cas de la *figure 4b,* le débit est suffisamment élevé pour que le comparateur ne puisse pas récupérer le message. Dans le cas de la *figure 3.4c,* le message est récupéré sans erreur. Cela met en évidence le phénomène d'interférence intersymbole.

On peut donc en conclure avec ces généralités et retenir qu'il existe une limitation théorique donnée par la règle de Shannon et qu'il existe des limitations qui seront dues aux procédés utilisés et à leur mise en œuvre.

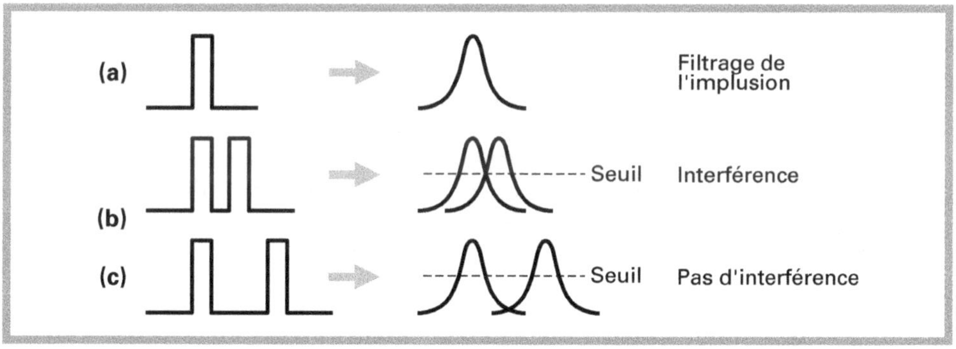

Figure 3.4 – Interférence intersymbole résultant du filtrage.

3.1.8 Relation entre S/N et E_b/N_0

Le signal reçu a une puissance totale S. Pour comparer facilement les différents types de modulation numérique on ne s'intéresse pas à la puissance totale mais à l'énergie par bit.

Dans un système à M états, l'énergie par bit E_b est liée à l'énergie totale E par la relation :

$$E_b = \frac{E}{\log_2 M}$$

La puissance étant le rapport de l'énergie sur le temps on peut écrire :

$$\frac{S}{N} = \frac{E}{T_b N_0 B}$$

$$\frac{S}{N} = \frac{\log_2 M}{T_b B}\frac{E_b}{N_0}$$

E_b/N_0 est une valeur indépendante du procédé de modulation.

En utilisant les relations antérieures on obtient aussi :

$$D = \frac{1}{T_b} \quad \text{et} \quad \eta = \frac{D}{B}$$

$$\frac{S}{N} = \eta \log_2 M \frac{E_b}{N_0}$$

3.2 Modulation d'amplitude en tout ou rien OOK ou en ASK

Le signal numérique module directement la porteuse $n(t)$. Le signal résultant a pour expression :

$$n(t) = a_K A \sin(\omega t + \varphi)$$

Dans cette expression, a_K peut prendre les valeurs 0 ou 1.

La *figure 3.5* représente la décomposition en série de Fourrier d'un signal rectangulaire ayant une fréquence $1/2T_b$. Le spectre d'un signal numérique de débit $D = 1/T_b$ est représenté à la *figure 3.6*. La représentation temporelle du signal modulé en amplitude est donnée à la *figure 3.7*.

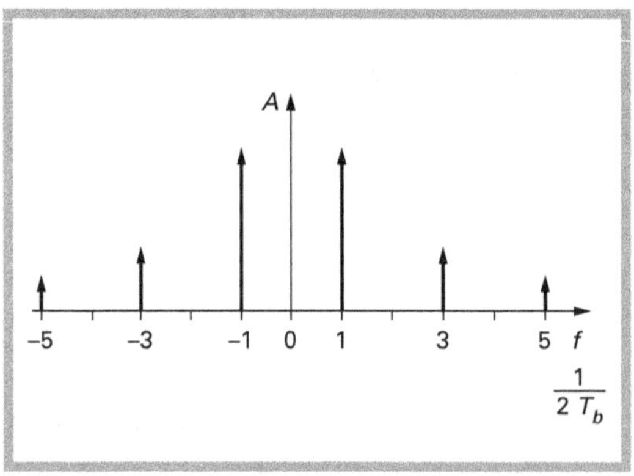

Figure 3.5 – Décomposition en série d'un signal rectangulaire normalisé à $1/2T_b$.

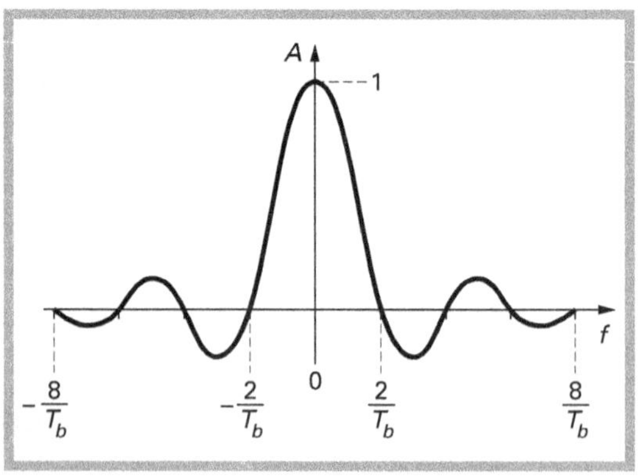

Figure 3.6 – Représentation spectrale d'un signal numérique NRZ de débit $D = 1/T_b$.

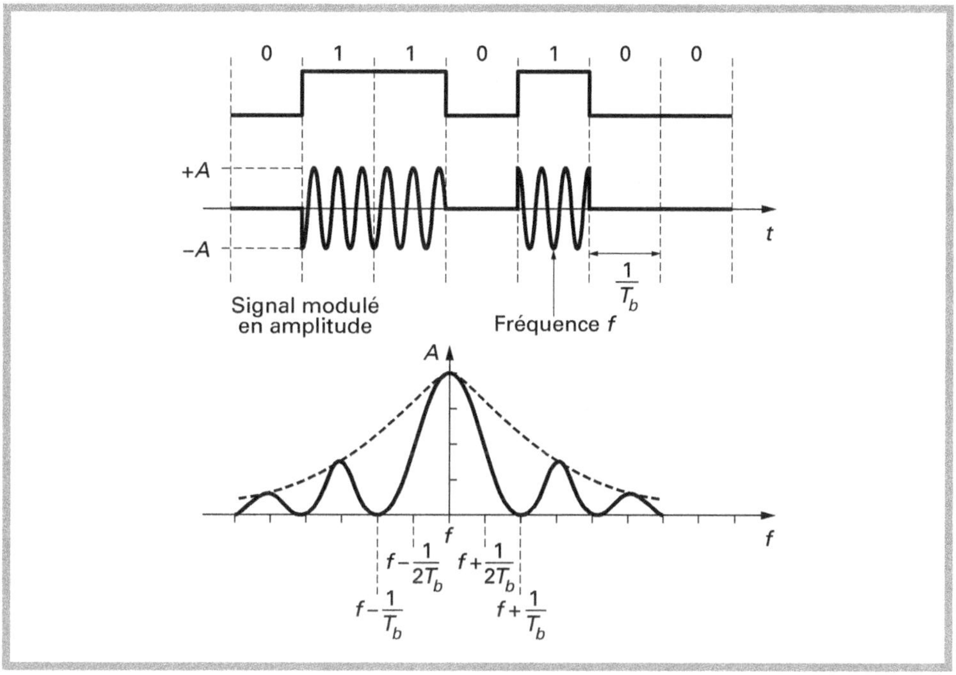

Figure 3.7 – Représentation temporelle du signal modulé en amplitude.

Dans ce cas, il s'agit tout simplement de la transposition du spectre du signal en bande de base autour de la fréquence centrale.

Si le spectre est limité aux valeurs $f-\frac{1}{2T_b}$ et $f+\frac{1}{2T_b}$ l'occupation autour de la porteuse vaut :

$$B=\frac{1}{T_b}$$

Le débit binaire D vaut $D=\frac{1}{T_b}$ et on a donc l'efficacité spectrale :

$$\eta = \frac{D}{B} = \frac{1}{T_b}\cdot\frac{T_b}{1} = 1$$

Une limitation entre les fréquences $f-\frac{1}{T_b}$ et $f+\frac{1}{T_b}$, plus simple à réaliser, conduit évidemment à une efficacité réduite de moitié, $\eta = 1/2$. Cette valeur de η est telle que ce type de modulation est classé dans les modulations peu efficaces.

Ce procédé de modulation est souvent appelé ASK (*amplitude shift keying*) ou plus rarement OOK (*on off keying*).

3.2.1 Modulateur ASK

La réalisation d'un modulateur ASK ne pose pas de problème particulier, cependant on peut envisager deux configurations qui conduisent au même résultat mais impliquent quelques différences de conception.

Sur le schéma de la *figure 3.8*, l'oscillateur est haché au rythme du signal NRZ. Le signal NRZ actionne une porte et ne peut pas être limité en largeur de bande.

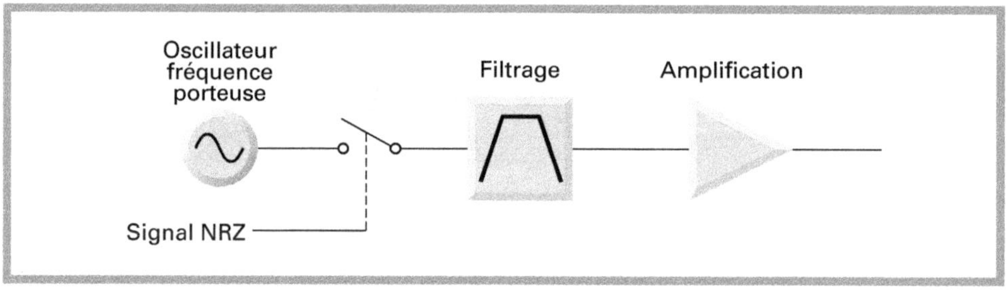

Figure 3.8 – Modulateur ASK.

Sa limitation éventuelle en fréquence n'aurait aucun effet sur la largeur de bande autour de la fréquence porteuse. La limitation autour de la fréquence porteuse est assurée par un filtre passe-bande autour de la fréquence centrale. Le filtrage autour de la fréquence centrale sera d'autant plus complexe que la fréquence centrale est élevée et que le débit binaire est lent.

La fréquence centrale f_c et le débit binaire $1/T_b$ agissent directement sur le coefficient de surtension Q nécessaire à la limitation à une bande B autour de la porteuse.

$$B = \frac{\alpha}{2T_b}$$

$$Q = \frac{f_c}{B} = \frac{2f_cT_b}{\alpha}$$

Le schéma synoptique de la *figure 3.9* permet d'outrepasser cette difficulté en limitant le spectre du signal NRZ en bande de base.

Dans les cas des *figures 3.8* et *3.9*, la linéarité de l'amplificateur de sortie n'est pas un paramètre important. Les amplificateurs de sortie peuvent travailler en classe C ou classe AB pour obtenir un bon rendement.

En classe C, des filtres de sortie limiteront les harmoniques.

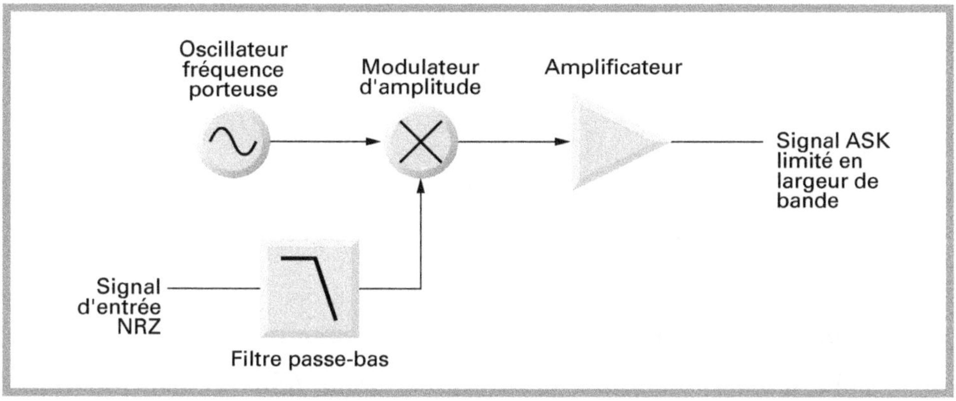

Figure 3.9 – Modulateur ASK.

3.2.2 Démodulateur en ASK

On peut envisager comme dans le cas des modulations d'amplitude analogiques une démodulation cohérente ou non cohérente.

Démodulation par détection d'enveloppe

Ce procédé, détection d'enveloppe, consiste à effectuer un redressement et un filtrage. C'est donc une démodulation non cohérente. On dispose un circuit de décision, comparateur, en sortie du détecteur. Le synoptique du démodulateur est représenté à la *figure 3.10*.

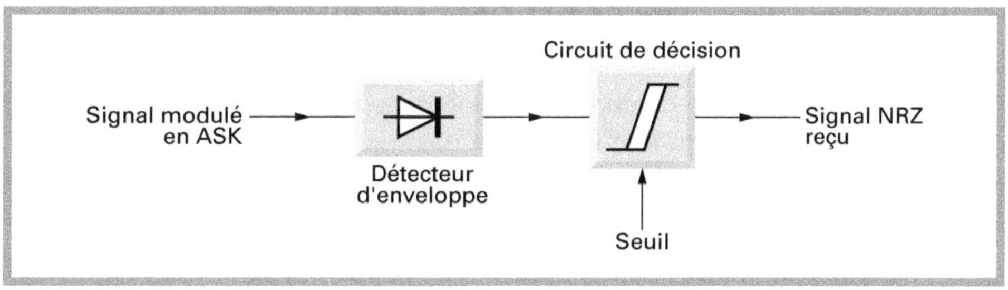

Figure 3.10 – Démodulateur ASK par détection d'enveloppe.

Le seuil du comparateur d'amplitude est placé à 50 % de l'amplitude maximale reçue. Dans ces conditions les taux d'erreurs sont les suivants :

– Probabilité d'erreur pour qu'un élément 0 soit interprété comme un 1 :

$$P(0-1) = e^{-\frac{E_b}{2N_0}}$$

– Probabilité d'erreur pour qu'un élément 1 soit interprété comme un 0 :

$$P(1-0) = \frac{1}{\sqrt{2\pi\frac{E_b}{N_0}}} e^{-\frac{E_b}{2N_0}}$$

On remarque que la majorité des erreurs consiste en des éléments 0 interprétés comme des éléments 1. Le seul avantage de cette configuration réside dans son extrême simplicité.

Démodulation cohérente

Le schéma synoptique d'un démodulateur ASK cohérent est représenté à la *figure 3.11*.

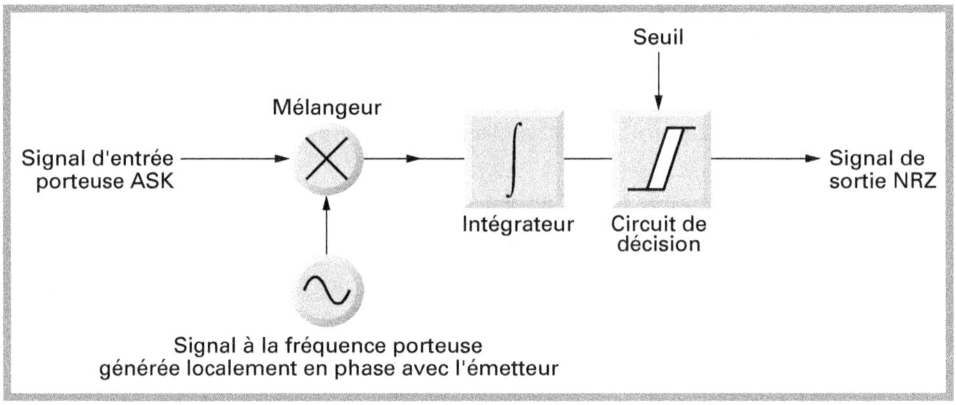

Figure 3.11 – Démodulation ASK cohérente.

Par principe, le démodulateur cohérent nécessite la présence d'un oscillateur local verrouillé en fréquence et en phase sur le signal reçu. L'oscillateur local et le signal reçu sont multipliés dans un mélangeur. Le résultat de la multiplication est intégré et envoyé au circuit de décision.

Comme précédemment, le circuit de décision est un comparateur à seuil.

Le taux d'erreur bits TEB ou BER (*bit error rate*) vaut dans cette configuration :

$$\text{BER} = \frac{1}{2} erf_c \sqrt{\frac{E_b}{2N_0}}$$

Le verrouillage de l'oscillateur local en fréquence et en phase sur le signal incident nécessite la transmission d'une information de synchronisation et la présence d'un asservissement, comme une boucle à verrouillage de phase, non représentée à la *figure 3.11*.

3.2.3 Avantages et inconvénients de l'ASK

Le seul atout de la modulation ASK est sa simplicité et par conséquent son faible coût. En revanche, les performances en terme d'efficacité spectrale et taux d'erreur sont moins importantes que celles des autres modulations numériques décrites par la suite.

Il existe pourtant de nombreux cas, où seul ce type de modulation est ou devra être employé. Si le critère essentiel de l'application est le coût, il sera extrêmement difficile d'éviter l'ASK. Ce type de modulation est très souvent employé dans les systèmes de transmission grand public pour les transmissions de données à courte distance.

Ces systèmes fonctionnent en général sur des fréquences porteuses dans les bandes 224 MHz ou 433 MHz. Ces deux bandes sont normalisées pour ce type d'application.

Pour ces deux fréquences, les porteuses peuvent être obtenues directement à partir d'oscillateur à résonateurs à onde de surface. Cette configuration allie stabilité de l'oscillateur et faible coût. En général, les débits sont faibles et le filtrage n'a qu'une importance relative.

Pour être conforme aux différentes réglementations, le problème de l'occupation spectrale autour de la fréquence porteuse est résolu par l'emploi de filtres à onde de surface spécialement conçu à cet effet. Dans ce cas le rôle du concepteur se limite essentiellement au bon choix des éléments constituant émetteur et récepteur.

Des circuits intégrés spécifiques résolvent le problème du récepteur dans son intégralité. Ces circuits comportent en général les étages d'entrée RF, un oscillateur local, mélangeur, les étages à la fréquence intermédiaire, le démodulateur et le circuit de décision (comparateur).

Ce type de modulation est aussi utilisé lorsque aucune autre modulation n'est envisageable. On ne sait moduler ni la fréquence ni la phase d'une émission optique. Dans ce cas, les longueurs d'onde sont comprises entre 800 et 1 500 nm, soit des fréquences de l'ordre de 300 THz. T est l'abréviation pour tera, coefficient multiplicateur : 10^{12}. On ne sait moduler, simplement, que la puissance optique émise. Il s'agit donc d'une modulation d'amplitude du courant direct circulant dans les diodes émettrices.

Le procédé de modulation ASK est donc toujours utilisé en optique, pour les transmissions sur fibre optique par exemple. Ce procédé permet aussi d'atteindre des débits très élevés.

Dans le chapitre relatif aux modulations analogiques (chapitre 2), nous avons vu que la transmission optique pouvait être fortement non linéaire et que l'on pouvait avoir recours à une sous-porteuse.

En transmission numérique, ceci n'a qu'une importance relative. Dans ce cas en effet, on peut aussi avoir recours à une sous-porteuse, non pas dans le but de profiter d'une meilleure linéarité mais dans le but de réaliser un multiplex fréquentiel de plusieurs canaux de transmission de données. Chacune des sous-porteuses pourra finalement être modulée en amplitude, en phase ou en fréquence par les signaux numériques à transmettre.

Il est en général de bon ton de présenter la modulation ASK comme un procédé de modulation à éviter. Certes, cette modulation est peu performante, mais on retiendra que dans certains cas elle constitue l'unique solution.

3.3 Modulation de fréquence FSK

Pour une première approche, la modulation de fréquence, FSK pour *Frequency Shift Keying*, peut se concevoir comme une double modulation ASK ou OOK obtenue par exemple à partir de la *figure 3.12*. Le signal numérique binaire actionne un commutateur qui sélectionne la fréquence de l'un des deux oscillateurs f_1 ou f_2.

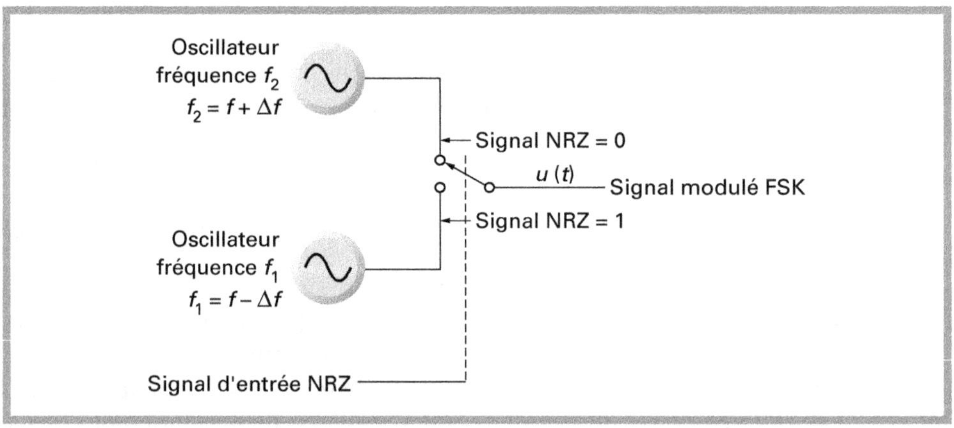

Figure 3.12 – Modulateur FSK à phase discontinue.

Au premier symbole binaire, on associe une fréquence f_1 et au second, une fréquence f_2 et l'on pose :

$$f_2 = f + \Delta f$$

$$f_1 = f - \Delta f$$

Le signal de sortie du modulateur FSK ainsi constitué a pour expression :

$$u(t) = A \sin\,[\omega + (a_k - 1)\Delta\omega]\,t$$

où a_k peut prendre les valeurs 0 ou 2.

Aux instants de commutation, la phase relative des deux générateurs est quelconque.

La *figure 3.13* est une représentation temporelle du signal $u(t)$ en sortie du commutateur sélectionnant alternativement les oscillateurs aux fréquences f_1 ou f_2. Cette figure met en évidence les deux modulations ASK des porteuses f_1 et f_2.

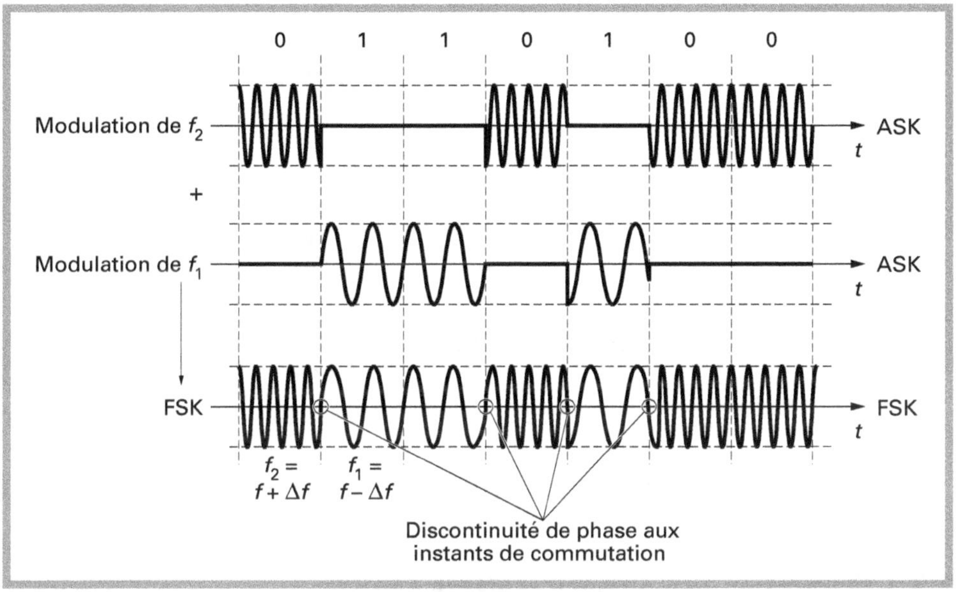

Figure 3.13 – Représentation temporelle du signal u(t).

Le spectre du signal numérique NRZ est donc transposé autour des fréquences f_1 et f_2 comme dans une modulation ASK. La DSP (densité spectrale de puissance) de ce signal FSK présente des raies discrètes aux fréquences f_1 et f_2.

Soit $2B_1$ l'occupation spectrale du signal NRZ autour de chaque porteuse.

Les schémas de la *figure 3.14* permettent d'aboutir rapidement à une valeur approchée de l'occupation spectrale du signal FSK :

$$B_2 = 2(B_1 + \Delta f)$$

B_1 : largeur de bande maximale du signal modulant,

Δf: excursion de fréquence.

Cette relation est analogue à la formule de Carson adaptée pour les modulations de fréquence analogiques.

Le modulateur FSK de la *figure 3.12* est peu utilisé bien que sa simplicité puisse être éventuellement intéressante. Il faut aussi noter que l'emploi d'oscillateurs à quartz ou d'oscillateurs contrôlés numériquement NCO peut résoudre tous les problèmes de stabilité.

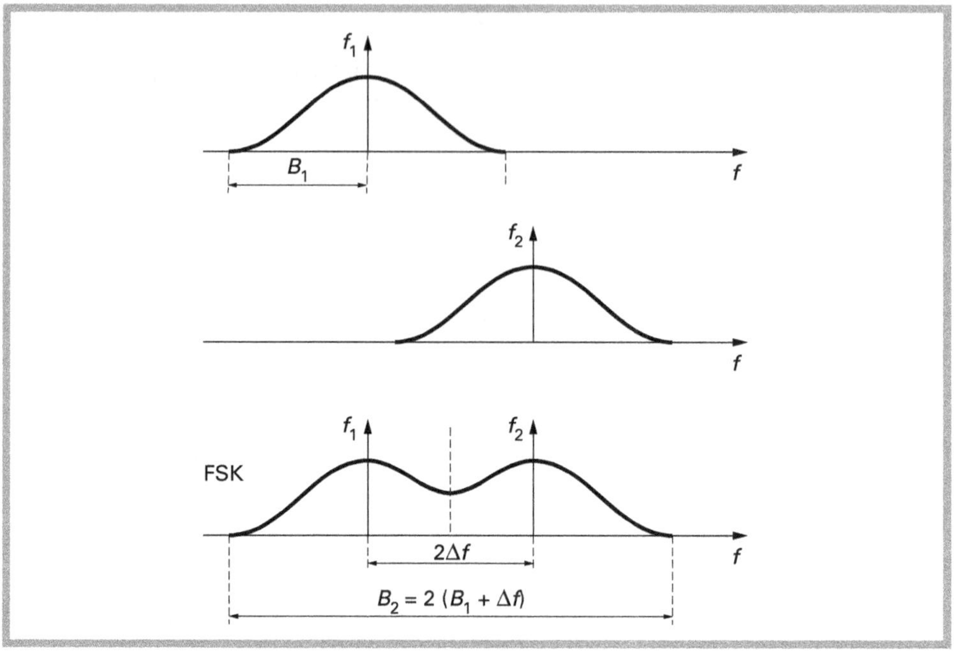

Figure 3.14 – Représentation spectrale approchée du signal FSK.

3.3.1 Modulation FSK à phase continue CPFSK

CPFSK est l'abréviation de *Continuous Phase Frequency Shift Keying.*

En général, les deux fréquences f_1 et f_2 sont issues d'un même oscillateur contrôlé en tension, comme celui de la *figure 3.15.* Aux deux tensions d'entrée V_{INL} et V_{INH} correspondant aux niveaux bas et haut du signal d'entrée NRZ, coïncident les deux fréquences de sortie f_1 et f_2.

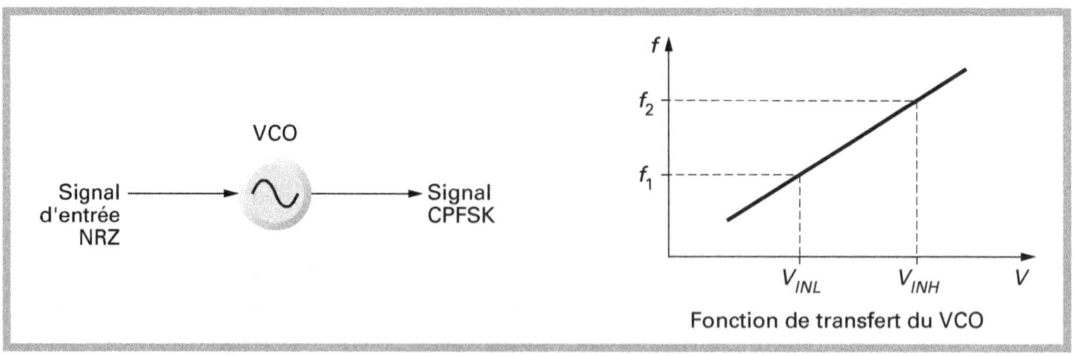

Figure 3.15 – Modulation à phase continue CPFSK.

Dans ces conditions, les discontinuités de phase, visibles sur la *figure 3.13*, aux instants de commutation, disparaissent.

La DSP du signal CPFSK ne présente plus de raie discrète aux fréquences f_1 et f_2.

L'enveloppe de la DSP présente des maximums espacés approximativement de $f_2 - f_1 = 2\Delta f$ et d'autant plus accentués que Δf est grand par rapport à B_1, donc au débit binaire $1/T_b$.

On pose :

$$x = \frac{f_2 - f_1}{D} = \frac{2\Delta f}{D}$$

Les courbes de la *figure 3.16* donnent l'allure de la DSP du signal modulé FSK pour diverses valeurs de x.

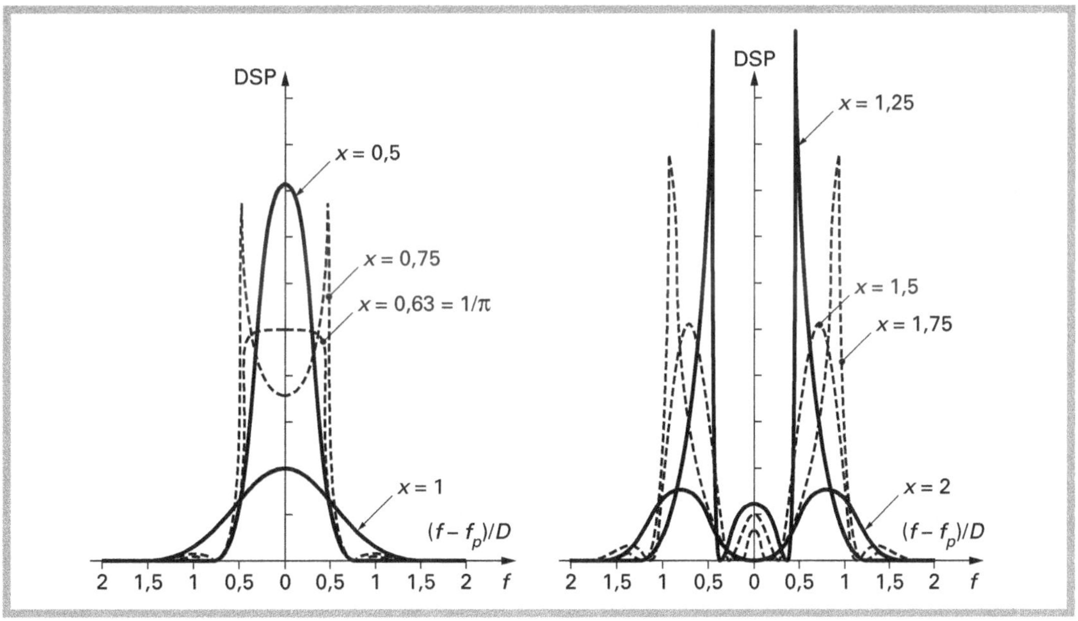

Figure 3.16 – DSP des signaux FSK en fonction de $\frac{f_2 - f_1}{D}$.

En radiocommunication, on cherche à concentrer l'énergie autour de la porteuse et à minimiser l'encombrement spectral. On optimise alors η.

Pour occuper au mieux une bande de fréquence, on souhaite loger un nombre maximum de canaux. On s'intéresse alors aux lobes secondaires qui seront interprétés dans les récepteurs des canaux adjacents.

3.3.2 Modulation MSK

La modulation MSK (*minimum shift keying*) correspond au cas où $x = 0{,}5$ sur les courbes de la *figure 3.16*.

La modulation MSK est avant tout un cas particulier de la modulation CPFSK :

$$\frac{f_2 - f_1}{D} = \frac{2\Delta f}{D} = 0{,}5$$

Nous avons donc toujours : $f_2 - f_1 = 0{,}5D$

La représentation temporelle du signal MSK est donnée à la *figure 3.17*. Dans le cas d'un débit D de 1 200 bauds, les deux fréquences f_1 et f_2 valent respectivement 1 800 Hz et 1 200 Hz.

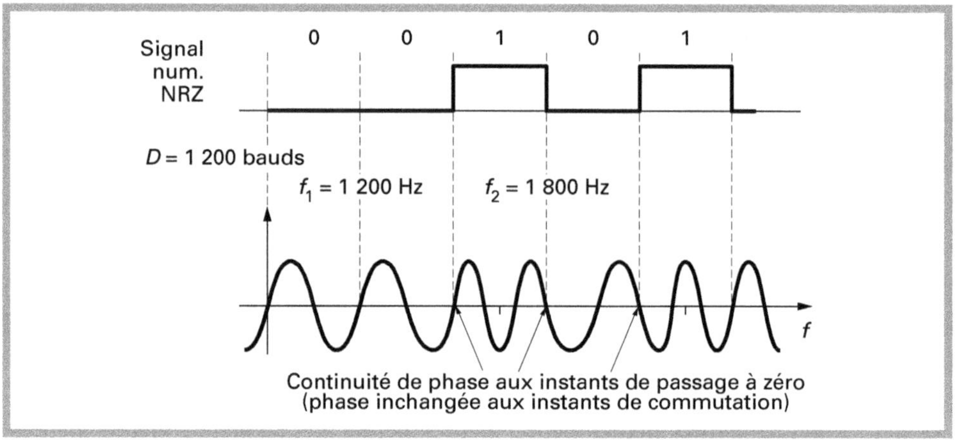

Figure 3.17 – Représentation temporelle du signal MSK.

Pour chacun des éléments binaires transmis, la phase du signal FSK à l'instant de commutation est soit 0 soit π et la continuité de phase est assurée pendant la transition.

Ce procédé de modulation, MSK, est très souvent utilisé pour des modems à basse vitesse jusqu'à quelques centaines de kbits · s^{-1}. Malgré tout le procédé MSK est jugé insuffisant, en ce qui concerne la puissance des lobes secondaires, dans des cas critiques où le nombre et l'espacement des canaux sont les critères essentiels.

3.3.3 Modulation GMSK

De manière à minimiser l'importance des lobes secondaires du signal MSK, on place dans le trajet du signal NRZ un filtre limiteur de bande. Ce filtre doit avoir comme caractéristique essentielle, la limitation en fréquence du signal NRZ.

Pour ce seul critère, de nombreux types de filtres pourraient convenir. Or, le filtre doit non seulement limiter la DSP du signal NRZ, mais il doit en outre, avoir d'excellentes performances en ce qui concerne la régularité du temps de propagation de groupe et ceci pour éviter ou minimiser l'interférence intersymbole.

Pour ce second critère, les filtres de Bessel ou les filtres à réponse gaussienne pourraient convenir.

Seul le filtre à réponse gaussienne donne lieu à une application pratique très utilisée comme nous allons le voir. La modulation prend alors le nom de GMSK pour *Gaussian Minimum Shift Keying*. Pour un filtre à réponse gaussienne idéal, l'allure de la réponse impulsionnelle est identique à sa fonction de transfert comme le montre la *figure 3.18*. En outre, la réponse impulsionnelle est dépourvue de dépassement.

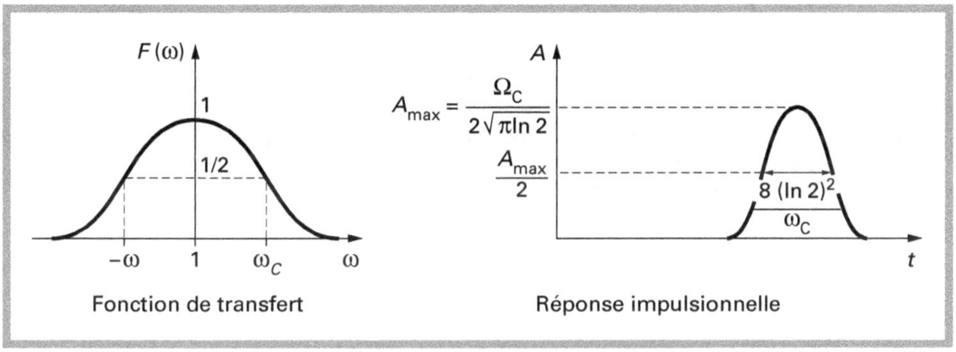

Figure 3.18 – Filtre à réponse gaussienne idéal.

La largeur de l'impulsion L, à mi-hauteur vaut :

$$L = \frac{8(\log_2 2)^2}{\omega_c}$$

Un tel filtre analogique est assez difficilement synthétisable mais peut être approché. Des filtres numériques sont en général mis en service.

Posons :

$$BT = \frac{f_c}{D}$$

$$f_c = \frac{\omega_c}{2\pi}$$

La courbe de la *figure 3.19* représente deux cas où la réponse gaussienne a été approchée avec deux coefficients BT différents.

Dans le cas $BT = 0{,}5$ la réponse s'étale sur deux temps bit;

dans le cas $BT = 0{,}3$ la réponse s'étale sur trois temps bit environ.

Les DSP des modulations MSK et GMSK pour $BT = 0{,}5$ et $BT = 0{,}3$ sont donnés à la *figure 3.20*.

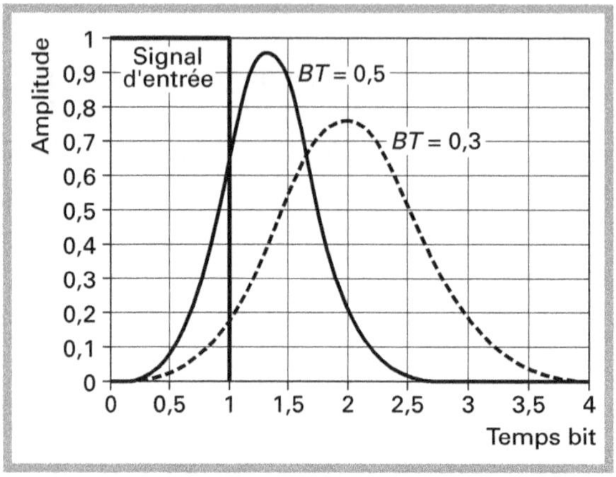

Figure 3.19 – Mise en forme du signal NRZ par filtrage de Gauss pour deux valeurs de BT.

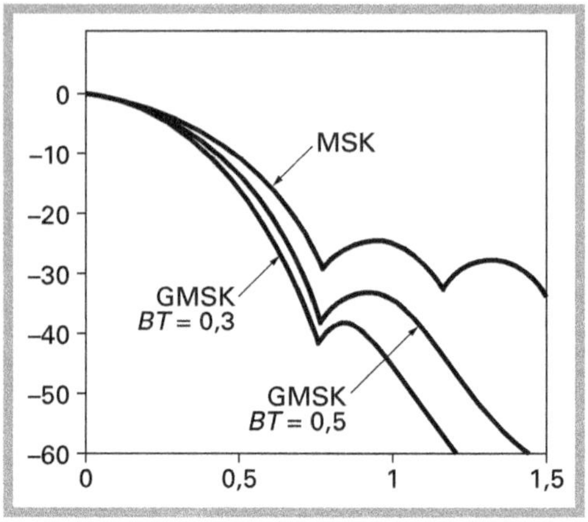

Figure 3.20 – DSP des modulations MSK et GMSK.

L'objectif initial, réduire l'importance des lobes secondaires de la modulation MSK est atteint.

Par contre, les réponses temporelles s'étalent sur 2 ou 3 temps bits. La réduction des puissances indésirables dans les lobes secondaires ne s'est effectuée qu'au prix d'une interférence intersymbole jugée malgré tout acceptable.

Les courbes de la *figure 3.21* représentent le signal NRZ en bande de base après filtrage passe-bas à réponse gaussienne dans les deux cas $BT = 0{,}5$ et $BT = 0{,}3$.

L'interférence intersymbole est plus importante dans le cas où $BT = 0{,}3$. Cela met en évidence le compromis efficacité spectrale et interférence intersymbole.

Le *tableau 3.1* regroupe les largeurs de bande usuelles des canaux en radiocommunication et les possibilités maximales en débit pour les deux valeurs de *BT*.

Tableau 3.1

BT	Largeur de bande du canal kHz	Débit maximal bits · s^{-1}
0,5	12,5	4800
0,5	25	9600
0,5	50	19200
0,3	12,5	8000
0,3	25	16000
0,3	50	32000

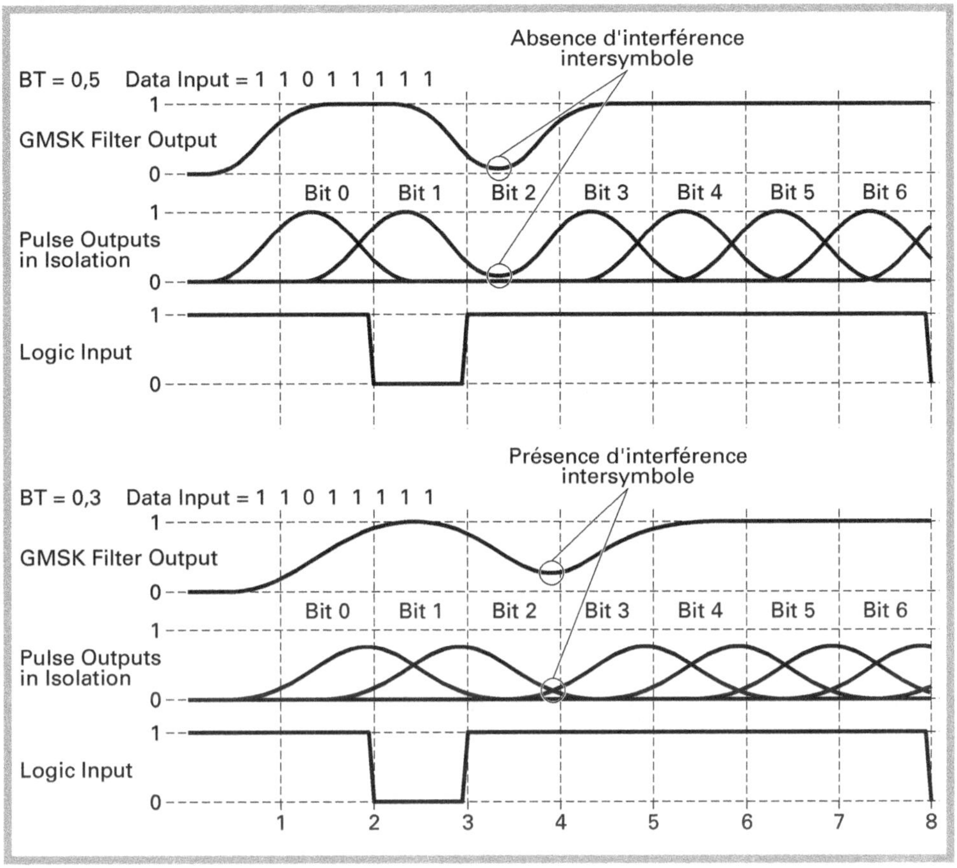

Figure 3.21 – Effet du choix du coefficient BT sur l'interférence intersymbole.

3.3.4 Modulateurs FSK, MSK, GMSK

Ce type de modulation est analogue à une modulation de fréquence. Le cœur du modulateur FSK est donc, au sens large, un oscillateur contrôlé en tension.

Comme en modulation de fréquence analogique, l'indice de modulation est une fonction de l'excursion en fréquence et de la largeur de bande maximale du signal modulant.

Cette configuration, représentée à la *figure 3.15* permet donc de satisfaire tous les types de modulation CPFSK dont les modulations MSK et GMSK font partie.

Avec un indice de modulation quelconque, la modulation est du type CPFSK, avec un indice de modulation égal à 0,5, la modulation est du type MSK.

$$\frac{f_2 - f_1}{D} = 0,5$$

Le modulateur GMSK est obtenu en plaçant un filtre à réponse gaussienne dans le trajet du signal NRZ, avant l'entrée de commande du VCO, comme le montre le synoptique de la *figure 3.22*. Cette configuration n'est pas satisfaisante puisqu'il n'existe aucun système de stabilisation de l'oscillateur contrôlé en tension. L'emploi d'un PLL stabilisant le VCO n'est envisageable que si le signal modulant ne contient pas d'énergie à la fréquence 0. Tel n'est pas le cas du signal NRZ qui ne peut alors être additionné classiquement à la tension d'erreur pour moduler le VCO.

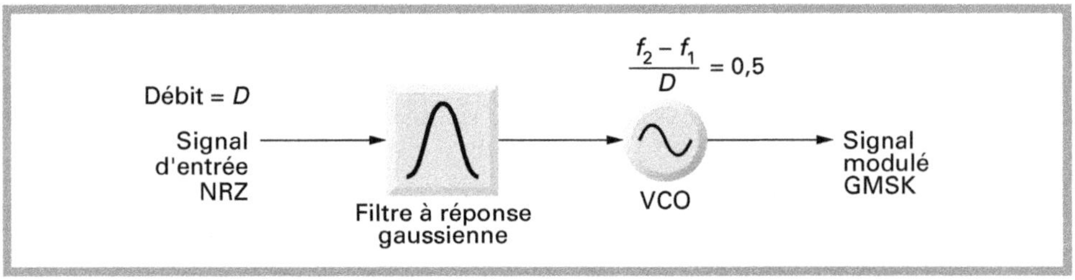

Figure 3.22 – Modulateur GMSK.

Le signal numérique en bande de base doit être codé pour faire disparaître la raie à la fréquence 0. Le problème peut être résolu, synoptique de la *figure 3.23*, en codant le signal NRZ en un signal Manchester.

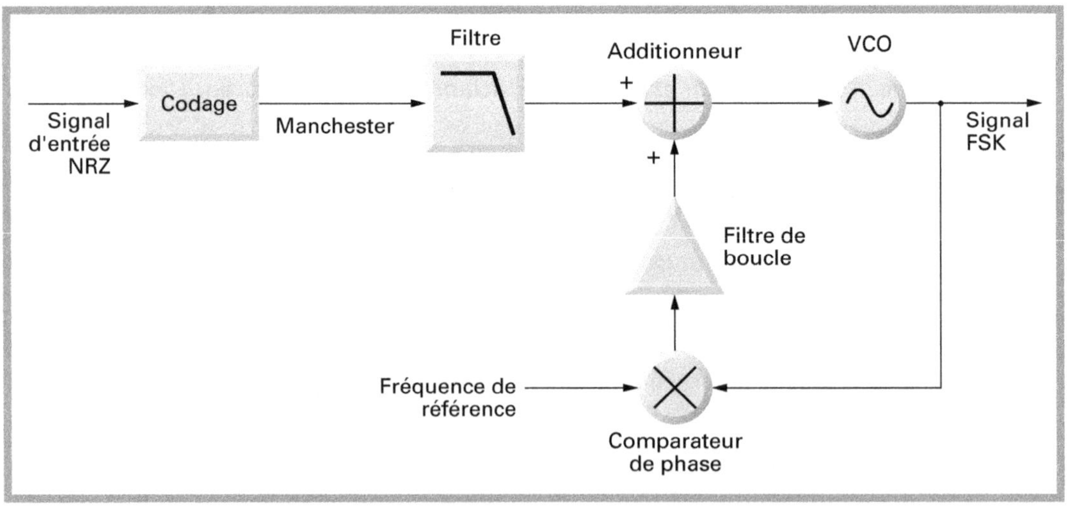

***Figure 3.23 – Modulateur* FSK *stabilisé par* PLL.**

Dans ces conditions, la largeur maximale du signal en bande de base double. L'occupation spectrale suit la même loi. Si l'on souhaite comparer avec une occupation spectrale identique, ceci revient à diminuer le débit dans un rapport 2.

Un synthétiseur de fréquence, ou boucle à verrouillage de phase, peut être modulé par le signal NRZ à condition d'opter pour la configuration de la *figure 3.24*. Une fraction du signal modulant est envoyé sur l'entrée de modulation du VCO. Simultanément une fraction du signal modulant, signal NRZ filtré, est envoyé sur l'oscillateur de référence PLL qui est alors un VCXO.

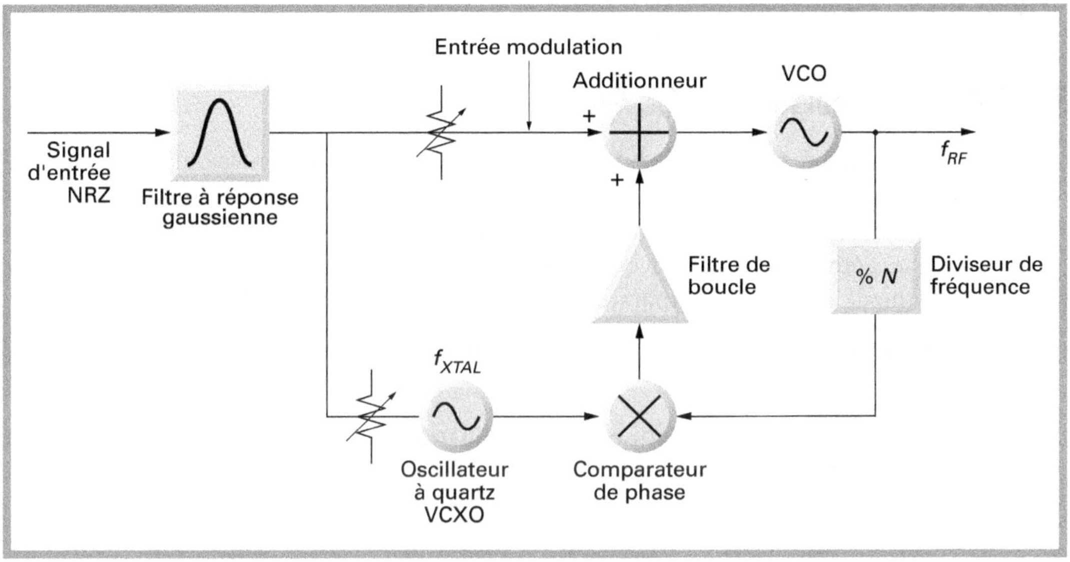

Figure 3.24 – Modulation du PLL par le signal NRZ.

Dans ce cas la fréquence de sortie du PLL est donnée par la relation :

$$f_{RF} = Nf_{XTAL}$$

L'oscillateur à quartz est contrôle en tension, le niveau continu injecté à son entrée modulation permet d'obtenir les deux fréquences de sortie

$$f_{RF1} = Nf_{XTAL1}$$

$$f_{RF2} = Nf_{XTAL2}$$

Les fréquences f_{XTAL1} et f_{XTAL2} correspondent aux niveaux haut et bas du signal logique NRZ.

Finalement les signaux FSK, MSK ou GMSK peuvent être reconstitués de manière complètement numériques comme le montre la configuration de la *figure 3.25*.

Les signaux sinusoïdaux composant le signal FSK peuvent être reconstitués à partir d'un DCO (*digital controlled oscillator*). Il s'agit d'une configuration adaptée à des circuits intégrés spécialisés uniquement. Les débits ne peuvent dans ce cas dépasser quelques centaines de kbits · s^{-1}.

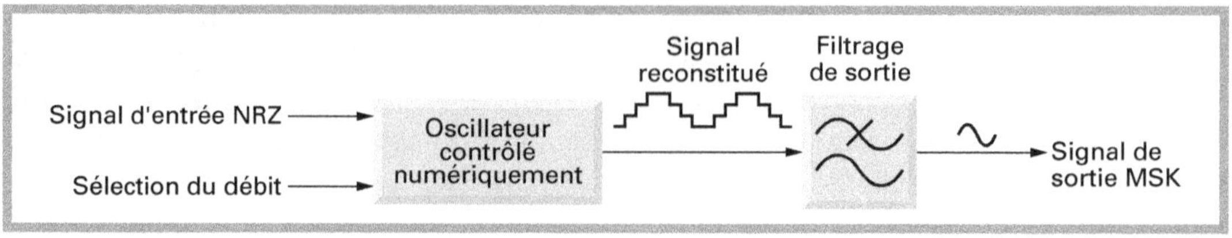

Figure 3.25 – Signal MSK généré à partir d'un oscillateur contrôlé numériquement.

3.3.5 Démodulateurs FSK, MSK, GMSK

Ce procédé étant une modulation de fréquence, tous les types de démodulation de fréquence sont directement applicables. Les signaux modulés FSK peuvent être démodulés par un démodulateur à quadrature ou un PLL. Il s'agit alors d'une démodulation non cohérente. Les signaux de sortie sont envoyés à un organe de décision, comparateur à seuil qui restitue le signal NRZ original.

Ces deux structures sont intéressantes pour des débits élevés, par exemple de l'ordre de 10 Mbits · s^{-1}.

Une autre structure classique de démodulation non cohérente est donnée par le schéma synoptique de la *figure 3.26*.

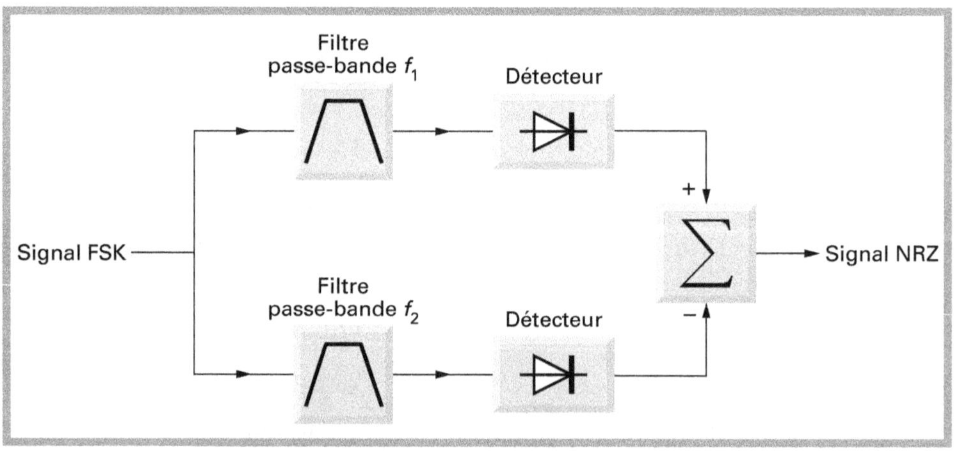

Figure 3.26 – Démodulation FSK non cohérente.

Le signal MSK de la *figure 3.17* a une particularité intéressante utilisée quelquefois dans les circuits intégrés spécialisés. Lorsque le bit 0 est transmis, le signal FSK passe une fois par la valeur 0, au milieu du temps bit. Lorsque le bit 1 est transmis, le signal FSK passe deux fois par la valeur 0 pendant le temps bit.

Cette particularité est suffisante pour réaliser un démodulateur simple et aisément intégrable puisqu'il s'agit d'un simple système de comptage.

En général les performances en terme de taux d'erreur obtenues avec ce procédé sont inférieures à ce que l'on pourrait atteindre avec une démodulation cohérente et sensiblement identiques à celles d'une démodulation non cohérente.

3.3.6 Démodulation cohérente

La *figure 3.27* représente le schéma synoptique du démodulateur cohérent.

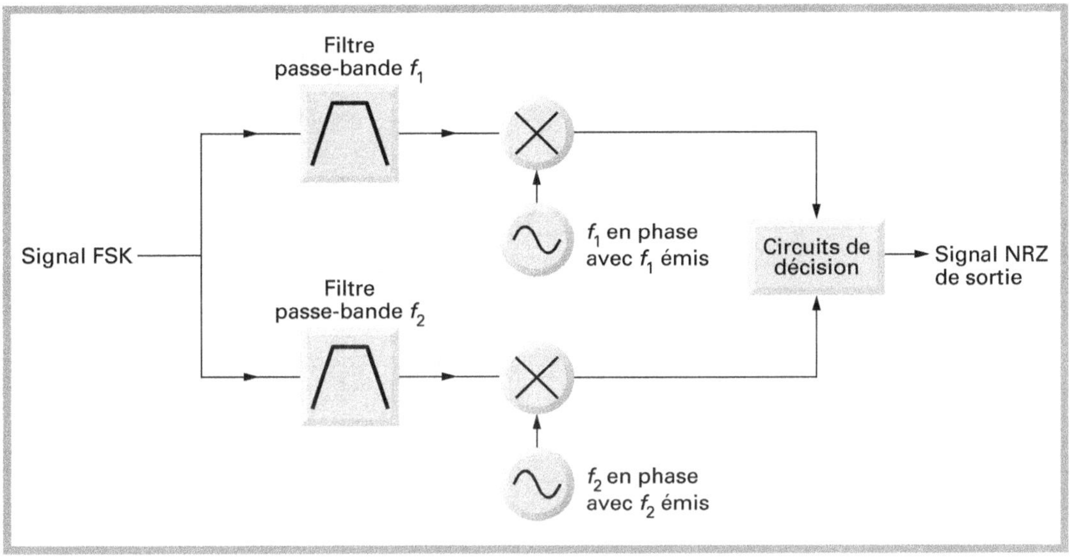

Figure 3.27 – Démodulation FSK cohérente.

Ce procédé nécessite le verrouillage des oscillateurs aux fréquences f_1 et f_2, en phase et en fréquence, sur les fréquences f_1 et f_2 émises.

La récupération des fréquences f_1 et f_2 complique notablement le démodulateur et pour cette raison la démodulation FSK cohérente est rarement utilisée sauf dans des cas critiques.

3.3.7 Taux d'erreur bit pour les modulations FSK

En démodulation non cohérente :

$$\text{TEB} - \text{FSK} = \frac{1}{2}e^{-\frac{1}{2}\frac{E_b}{N_0}}$$

En modulation cohérente :

$$\text{TEB} - \text{FSK} = \frac{1}{2}erf_c\sqrt{\frac{E_b}{2N_0}}$$

Les courbes de la *figure 3.28* représentent le taux d'erreur bit en fonction du rapport $\frac{E_b}{N_0}$ pour les deux cas, cohérent ou non cohérent.

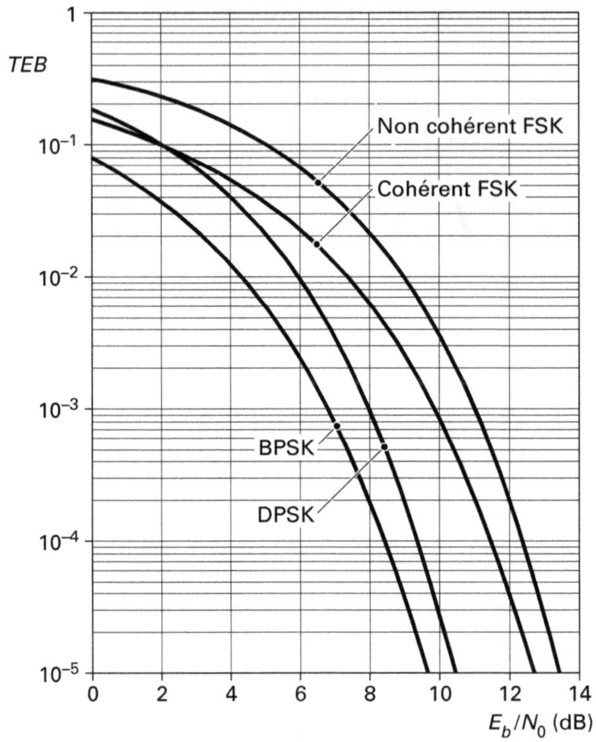

***Figure 3.28 – Taux d'erreur bit pour les modulations* FSK, BPSK *et* DPSK.**

Le rapport $\frac{E_b}{N_0}$ n'est pas le rapport $\frac{S}{N}$.

Ces deux rapports sont liés par la relation :

$$\frac{E_b}{N_0} = \frac{S}{N}\frac{B_{IF}}{D}$$

avec :

B_{IF} : largeur du filtre à la fréquence intermédiaire; il s'agit alors du filtre placé en amont du démodulateur,
D : débit binaire en bits $\cdot$ s^{-1}.

$\frac{B_{IF}}{D}$ est donc équivalent à l'inverse de l'efficacité spectrale.

3.3.8 Conclusions sur les modulations FSK

Le principal inconvénient des modulations FSK est sa faible efficacité spectrale. La limite théorique maximale vaut 1 bit/seconde/Hertz. Les paragraphes suivants montreront que les modulations de phase sont plus performantes en terme de taux d'erreur bit pour un rapport E_b/N_0 égal. On peut alors se demander dans quel cas on doit opter pour la modulation FSK.

Les atouts majeurs de ce procédé sont les suivants :

- La transmission peut être réalisée sans que le récepteur n'ait besoin de connaître le débit binaire D. Si l'ensemble modulateur-démodulateur est conçu pour transmettre les informations avec le débit D_{max}, la transmission s'effectue dans les mêmes conditions avec un débit D quelconque compris entre 0 et D_{max}.
- Si l'émetteur est conforme au schéma synoptique de la *figure 3.25*, aucun transcodage n'est nécessaire, Manchester ou HDB3.
- Enfin, la liaison peut être synchrone ou asynchrone.

En modulation de fréquence, l'ensemble émetteur-récepteur peut être complètement transparent pour le signal numérique transmis. Ceci est le cas pour les modulations d'amplitude, mais est en général faux pour les modulations de phase. À l'émission comme à la réception, les modulateurs sont de réalisation relativement simple même lorsque les débits dépassent quelques dizaines de $\text{Mbits} \cdot \text{s}^{-1}$.

3.3.9 Applications

Plusieurs systèmes de radiotéléphones cellulaires comme le GSM à 950 MHz utilisent des procédés dérivés de la FSK.

- Le radiotéléphone GSM utilise le GMSK;
- DCS 1800 en Europe, procédé de modulation GMSK avec $BT = 0{,}3$;
- DECT en Europe et en Chine, procédé de modulation GFSK avec $BT = 0{,}5$.

Ceci montre l'importance de ces procédés.

3.4 Modulations de phase

Les modulations de phase sont, en numérique, les modulations les plus importantes. Elles allient performances en terme de taux d'erreur et efficacité spectrale. Le choix d'une modulation de phase est inévitable, notamment lorsque le débit est important, et c'est bien sur le cas avec la radiodiffusion et surtout la télévision numérique.

Dans ce paragraphe sont regroupées les modulations de phase et certaines modulations simultanées d'amplitude et de phase s'y apparentant.

3.4.1 Modulation BPSK

Le terme de BPSK a pour signification : *Binary Phase Shift Keying*. Il s'agit alors d'associer aux deux symboles à transmettre, deux états de phase. L'allure du signal modulé en fonction du signal modulant est représenté à la *figure 3.29*.

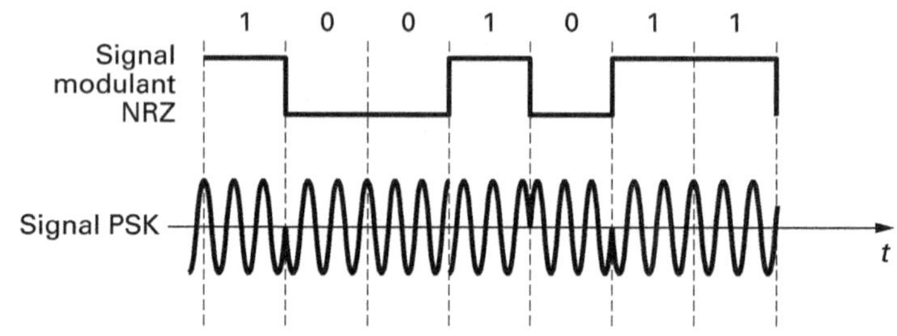

Figure 3.29 – Signal modulé en phase PSK.

Puisqu'il n'y a *a priori* aucune relation de phase précise entre la porteuse et le signal NRZ, la phase de la porteuse est quelconque aux instants de modulation. Ceci risquant de ne pas faciliter la démodulation, on cherche un procédé permettant d'associer deux valeurs de phase fixes pour chaque état du signal NRZ.

Une simple bascule *D*, représentée à la *figure 3.30* permet de synchroniser les données sur la porteuse. L'allure du signal modulé BPSK est alors celle de la *figure 3.31*. Si le signal modulant est un signal numérique pouvant prendre les valeurs 0 ou 1, le signal de sortie s'exprime par l'une ou l'autre des relations :

$$v_{RF} = B \cos \omega t \quad \text{pour le signal NRZ} = 0$$

$$v_{RF} = B(\cos \omega t + \pi) \quad \text{pour le signal NRZ} = 1$$

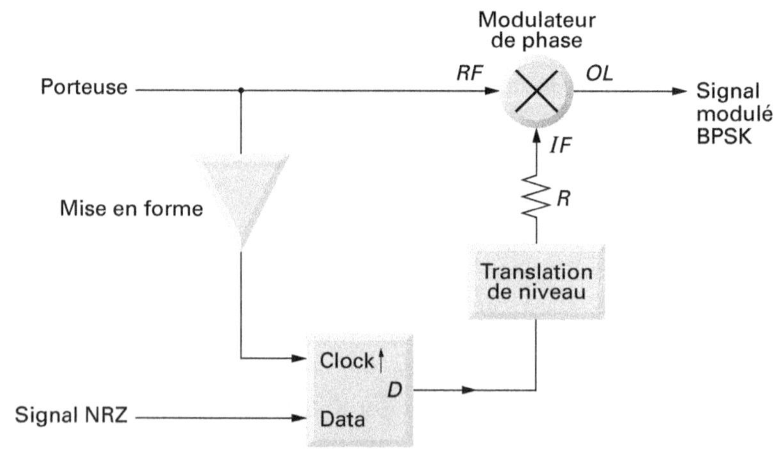

Figure 3.30 – Synchronisation des données sur la porteuse.

À chaque temps bit la porteuse peut prendre deux valeurs de phase différentes 0 ou π. Le spectre du signal BPSK est représenté à la *figure 3.32*.

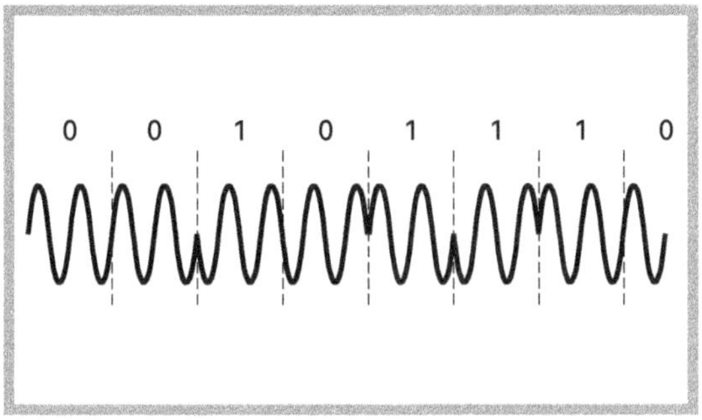

Figure 3.31 – Signal modulé BPSK avec synchronisation du signal NRZ sur la porteuse.

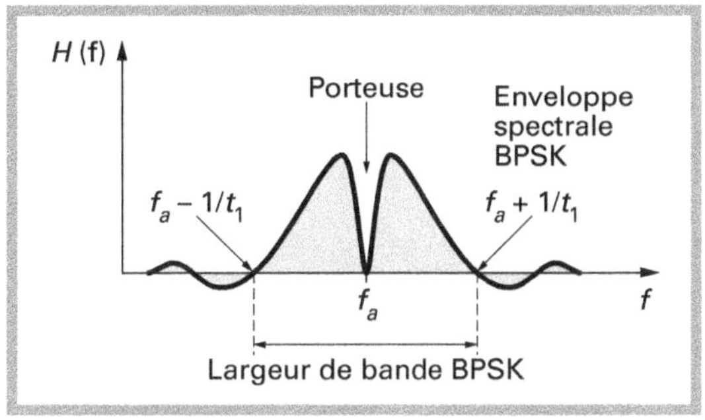

Figure 3.32 – Spectre du signal BPSK.

Largeur de bande

L'allure du spectre du signal modulé montre que l'occupation autour de la fréquence porteuse vaut $2/T_b$, soit deux fois le débit binaire B si on limite la bande au premier lobe. La DSP du signal est une fonction en $\frac{\sin x}{x}$.

Pour la transmission, la largeur de bande peut, au maximum, être réduite de moitié et limitée à la valeur D.

Modulateur BPSK

Un mélangeur équilibré ou un multiplicateur peut être utilisé comme modulateur BPSK. Le principe de ce composant essentiel est examiné dans le chapitre relatif aux mélangeurs.

Le schéma de la *figure 3.33* représente la structure interne du mélangeur. Le signal NRZ est translaté vers deux niveaux – V et + V et envoyé *via* une résistance R à l'entrée IF du mélangeur. La résistance R n'a pour but que de limiter le courant dans les diodes à une valeur $I = V/R$. Alternativement, en fonction du niveau – V ou + V, deux diodes sont passantes et deux diodes sont bloquées :

– Pour une tension + V, D_1 et D_2 sont passantes, D_3 et D_4 sont bloquées;

– Pour une tension – V, D_3 et D_4 sont passantes, D_1 et D_2 bloquées.

Les quatre diodes agissent comme un commutateur.

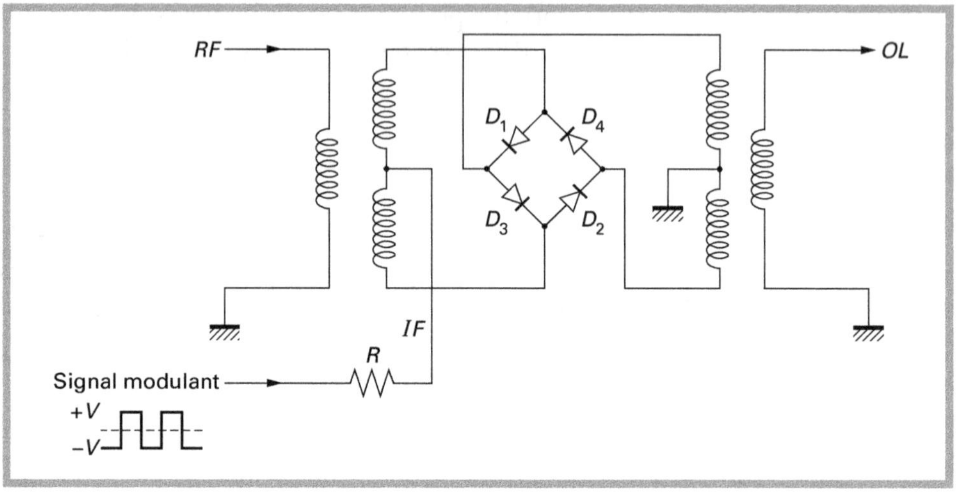

Figure 3.33 – Modulateur BPSK.

Démodulateur BPSK

Comme dans les cas précédents, il existe deux méthodes fondamentalement différentes pour démoduler le signal, une démodulation cohérente ou une démodulation non cohérente.

Démodulation cohérente

Le schéma synoptique du démodulateur est représenté à la *figure 3.34*.

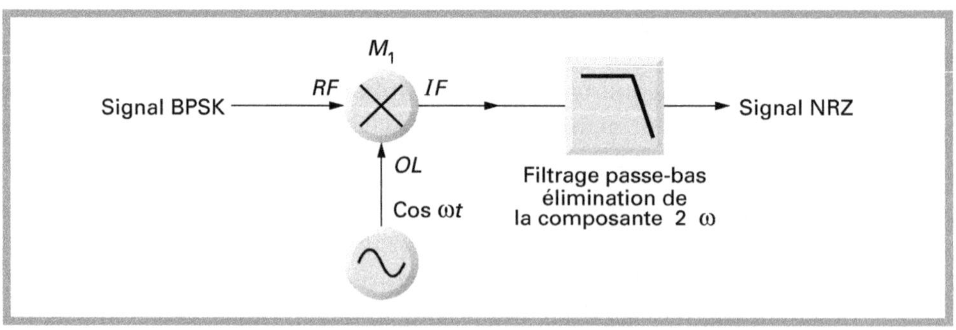

Figure 3.34 – Démodulateur PBSK cohérent.

On suppose que le récepteur dispose d'une information quelconque lui permettant de synchroniser en fréquence et en phase un oscillateur local OL, sur le signal porteur émis.

La tension de sortie de l'oscillateur local s'écrit :

$$v_{OL} = A \cos \omega t$$

Le signal BPSK reçu vaut :

$$v_{RF} = B \cos \omega t$$

$$v_{RF} = B \cos (\omega t + \varphi)$$

Un mélangeur M1 effectue le produit des deux tensions v_{OL} et v_{RF}.

La tension de sortie IF du mélangeur s'écrit alors :

$$v_{IF} = AB \cos \omega t \cos \omega t$$

$$v_{IF} = AB \cos \omega t \cos (\omega t + \pi)$$

ou

$$v_{IF} = \frac{AB}{2} \cos 2\omega$$

$$v_{IF} = \frac{AB}{2} [\cos 2\omega + \cos \pi]$$

Un filtre passe-bas élimine la composante au double de la fréquence d'entrée 2ω.

La tension de sortie du filtre passe-bas v_S vaut :

$$v_S = 0$$

$$v_S = -\frac{AB}{2}$$

En sortie du filtre on récupère bien deux niveaux distincts correspondant aux deux niveaux émis. Des circuits de translation et de remise en forme donneront la compatibilité avec la famille logique choisie pour le signal numérique.

Il reste alors à résoudre le problème de la récupération de la porteuse ou synchronisation de l'oscillateur local. La configuration de la *figure 3.35* permet en partie de résoudre le problème.

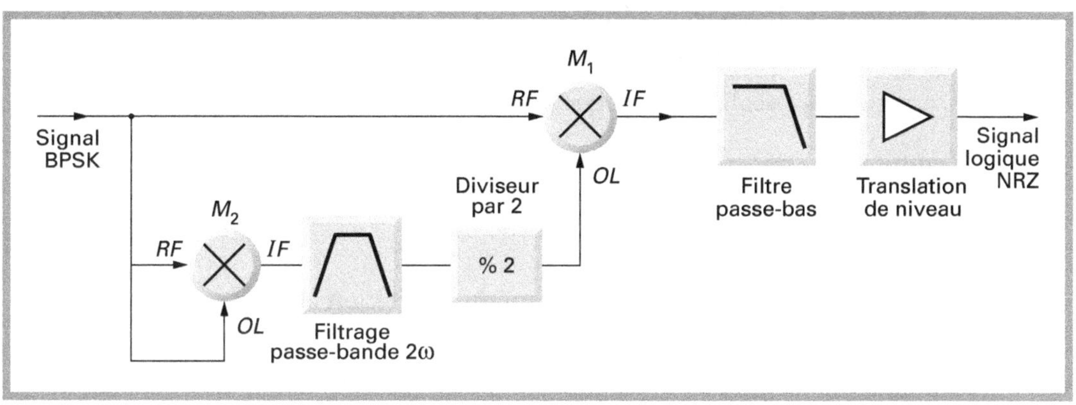

Figure 3.35 – Récupération de la porteuse pour doublage de fréquence.

Un mélangeur M2 reçoit sur ses deux entrées RF et OL le signal modulé BPSK. Il effectue le produit des tensions injectées sur ses deux entrées, soit dans ce cas, l'élévation au carré du signal BPSK.

La tension de sortie sur le port IF du mélangeur M2 vaut :

$$v_{IFM2} = B^2 \cos^2 \omega t$$

$$v_{IFM2} = B^2 \cos^2 (\omega t + \pi)$$

Soit

$$v_{IFM2} = \frac{B^2}{2} \cos 2\omega t$$

$$v_{IFM2} = \frac{B^2}{2} \cos(2\omega t + 2\pi) = \frac{B^2}{2} \cos 2\omega t$$

La porteuse est bien récupérée en phase. Il suffit d'effectuer une division par deux et de démoduler le signal BPSK comme il a été démontré précédemment.

Il faut noter que l'élévation au carré permet de récupérer la porteuse à la valeur π près. Il subsiste donc une ambiguïté de phase qui peut conduire à une inversion du signal logique, 0 reçu en lieu et place de 1 et 1 au lieu de 0. Un codage préalable permet de lever cette ambiguïté.

3.4.2 Modulation différentielle de phase DBPSK

DBPSK ou *differential binary phase shift keying*.

Il s'agit alors de transmettre, non plus la valeur du bit, 0 ou 1, mais une information relative à la comparaison de deux bits successifs. Si deux bits successifs sont identiques on transmettra la valeur 1 et si les deux bits sont différents on transmettra la valeur 0.

À l'émission, le codeur nécessaire à cette opération est assez simple et est représenté par le schéma de la *figure 3.36*.

Un registre à décalage de longueur 1 bit permet de disposer simultanément à l'entrée d'une porte, non ou exclusif du bit à l'instant t et du bit à l'instant $t - \frac{1}{D}$. D étant le débit binaire, le registre à décalage est actionné par une horloge au rythme D.

Le niveau logique de sortie S résultant de l'opération $A \oplus B$ suit la loi suivante (*tableau 3.2*)

L'inconvénient majeur de ce procédé réside dans la nécessité d'un préambule puisque l'opération logique nécessite la présence simultanée de deux bits.

Tableau 3.2

A	B	S
0	1	0
0	0	1
1	1	1
1	0	0

Un bit complémentaire, en début de séquence doit être ajouté, supposons que ce bit prenne la valeur 1. Soit une séquence 01110100011 à transmettre.

Pour l'émetteur les différentes étapes de codage et modulation sont résumées dans le *tableau 3.3* :

Tableau 3.3

Message		0	1	1	1	0	1	0	0	0	1	1
Codage	1 préambule	0	0	0	0	1	1	0	1	0	0	0
Phase BPSK émis	π	0	0	0	0	π	π	0	π	0	0	0

Pour le récepteur qui reçoit le message *BPSK* émis, il s'agit d'effectuer l'opération inverse. Ceci ne pose pas de problème car le premier bit transmis vaut 1. Le récepteur ayant connaissance de ce premier bit, le décodage s'effectue grâce à une structure équivalente à celle de la *figure 3.36* en positionnant à 1 le premier bit reçu.

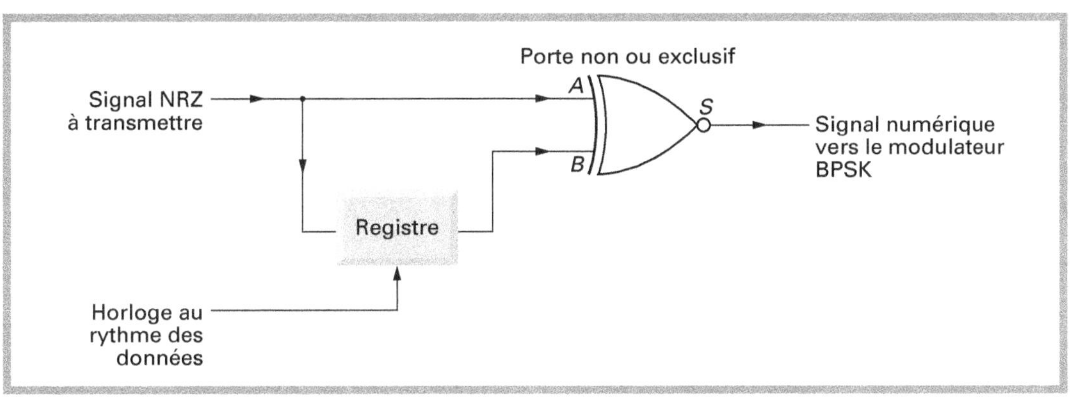

***Figure 3.36 – Encodeur pour la modulation* DBPSK.**

Si le premier bit reçu vaut 1, la phase est récupérée avec la valeur 0. Si le premier bit reçu vaut 0, il convient d'inverser le signal démodulé avant l'opération de décodage.

Les opérations de codage et décodage du système mettent en évidence la deuxième faiblesse du procédé qui nécessite tant à l'émission qu'à la réception, une connaissance précise du rythme, débit binaire *D*.

Le schéma synoptique de la *figure 3.37* permet d'effectuer de manière simple une démodulation *DBPSK* en intercalant un circuit de retard analogique de durée égale à 1 bit. Dans le cas de la séquence précédente émise, le fonctionnement du démodulateur est résumé par le *tableau 3.4*.

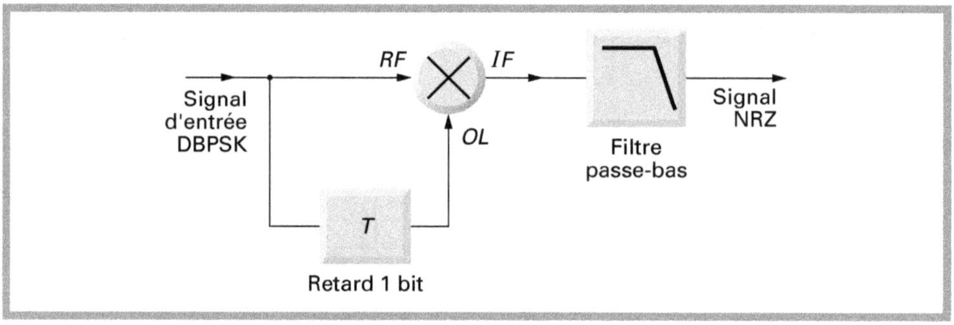

Figure 3.37 – Démodulation* DBPSK *par retard d'un bit.

Tableau 3.4 – Message original.

Phase reçue	π	0	0	0	0	π	π	0	π	0	0	0	
Phase retardée		π	0	0	0	0	π	π	0	π	0	0	0
Sortie détecteur de phase		0	1	1	1	0	1	0	0	0	1	1	

Taux d'erreur bit

Dans le cas d'une démodulation cohérente le taux d'erreur bit est donné par la relation :

$$\text{TEB} = \frac{1}{2} erf_c \sqrt{\frac{E_b}{N_0}}$$

Pour une démodulation différentielle :

$$\text{TEB} = \frac{1}{2} e^{-\frac{E_b}{N_0}}$$

Les deux courbes correspondantes sont tracées à la *figure 3.28*. Elles ne diffèrent que de 1 à 3 dB.

Schéma réel du démodulateur BPSK

Dans la pratique, la configuration de la *figure 3.35* peut difficilement être envisagée. En effet le signal *BPSK* incident est un signal ayant traversé le canal de transmission, il est donc bruité. Il peut d'autre part être soumis à diverses distorsions d'amplitude.

La récupération de la porteuse s'effectue alors grâce à une boucle à verrouillage de phase et la configuration retenue est alors celle de la *figure 3.38*.

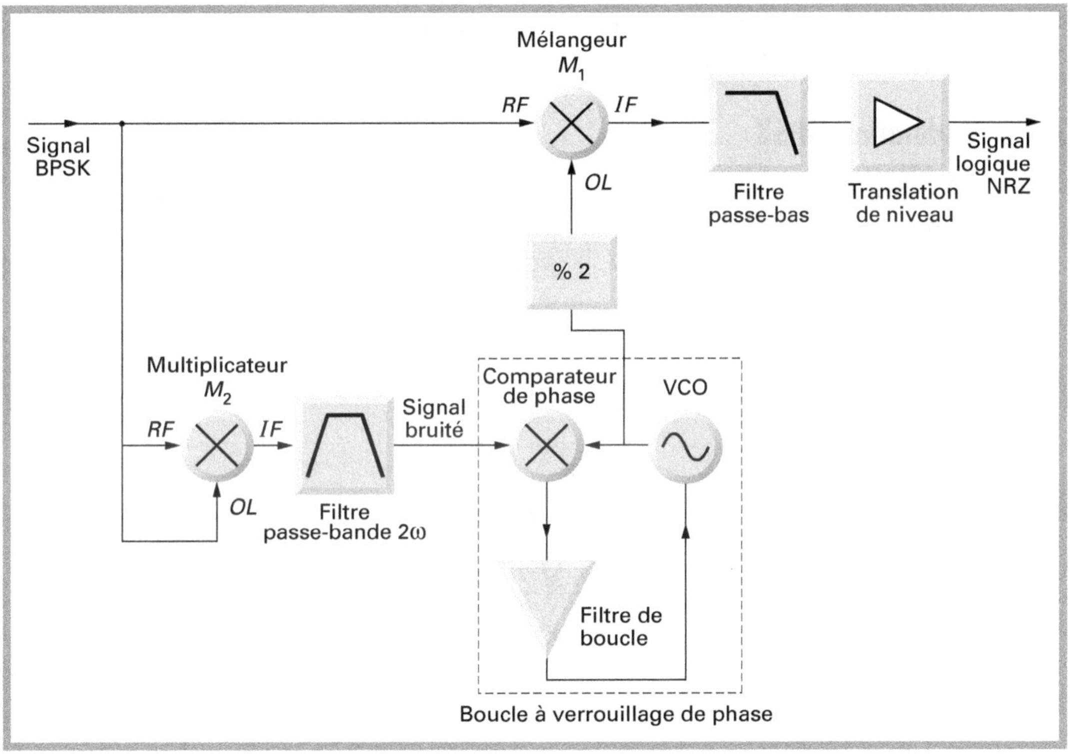

Figure 3.38 – Schéma réel du démodulateur BPSK.

Conclusion sur la modulation BPSK

La modulation BPSK est une modulation facilement réalisable, les performances en terme de taux d'erreur sont très bonnes, l'efficacité spectrale n'est que de 1bit/s/Hz dans le meilleur des cas, si la bande est limitée à la valeur $B = 1/T$ autour de la fréquence centrale.

La seule difficulté minime, réside dans la démodulation qui doit être soit cohérente, soit différentielle.

Si l'encombrement spectral n'est pas un problème, la fréquence non modulée peut, par exemple, être envoyée sur un canal différent de celui de la porteuse modulée. Ceci multiplie les étages de réception, mais simplifie la démodulation. Quoiqu'il en soit, il faut opter pour un solution pour récupérer la porteuse.

Dans tous les cas traités jusqu'à présent, on s'intéressait au débit binaire $D = 1/T$. Les éléments à transmettre étaient choisis dans un alphabet à deux éléments 0 ou 1. Dans les cas suivants on s'intéresse à des alphabets contenant non plus 2 éléments, mais M éléments, on parle alors de M-aires. Le débit vaut alors :

$$D = \frac{\log_2 M}{T}$$

Dans le cas de la modulation BPSK, deux états de phase sont associés à deux éléments. On peut par exemple, s'intéresser au cas où l'on associe quatre états de phase à quatre éléments.

3.4.3 Modulation QPSK

La densité spectrale de puissance du signal modulé en phase ne dépend pas du nombre d'états possibles. Quel que soit le nombre d'états, la DSP sera donc représentée par la courbe de la *figure 3.39* et la bande sera limitée au strict nécessaire, soit la valeur $1/T$.

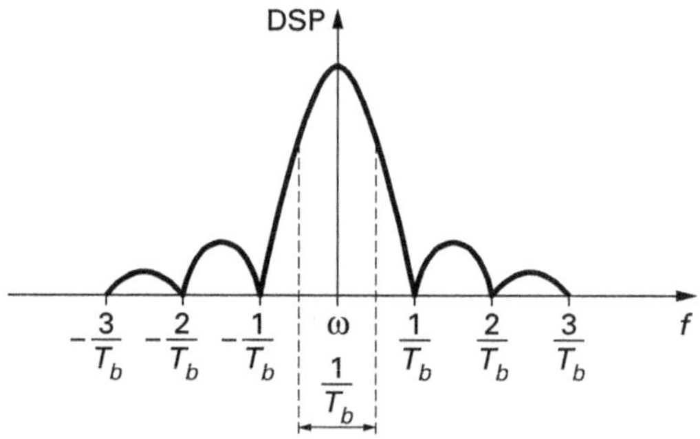

Figure 3.39 – DSP des signaux PSK limités à la bande $1/T_b$.

L'efficacité spectrale vaut :

$$D = \frac{\log_2 M}{T}$$

$$B = \frac{1}{T}$$

$$\eta = \log_2 M$$

Ceci montre tout l'intérêt d'augmenter le nombre d'états lorsque l'efficacité est le critère essentiel.

Modulateurs IQ

Les structures simples de modulateur de phase, utilisables pour la modulation BPSK, ne conviennent pas lorsque le nombre d'états est supérieur à 2. On opte alors pour une autre configuration, représentée à la *figure 3.40*, qui a pour nom modulateur IQ.

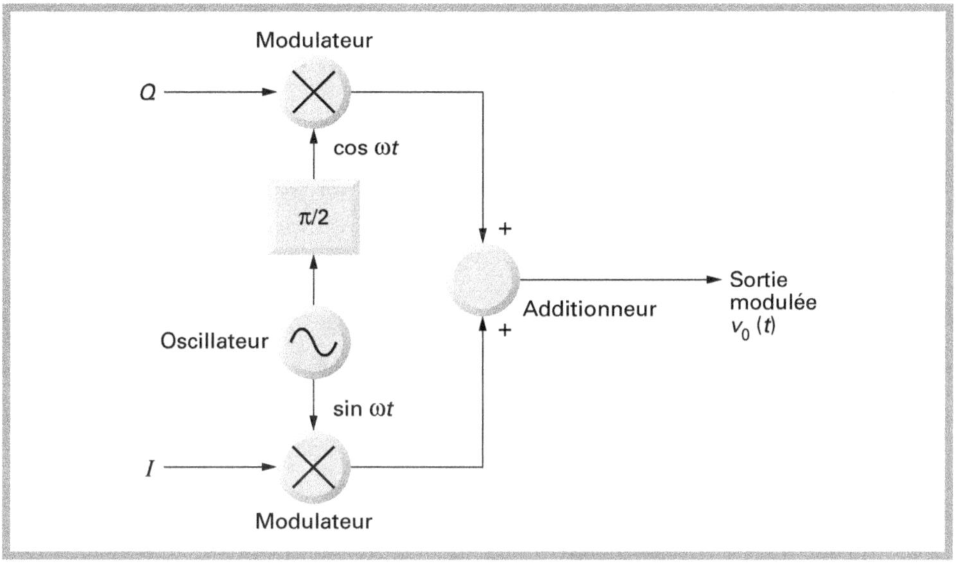

Figure 3.40 – Structure du modulateur IQ.

Le modulateur est une combinaison de deux modulateurs recevant des porteuses en quadrature.

Pour cette raison, I désigne l'entrée des composants en phase (*In phase*) et Q l'entrée des composants en quadrature.

La tension de sortie du modulateur IQ vaut :

$$v_0(t) = I \sin \omega t + Q \cos \omega t$$

Cette tension de sortie peut aussi s'écrire :

$$v_0(t) = A \sin (\omega t + \varphi)$$

$$v_0(t) = A \sin \omega t \cos \varphi + A \sin \varphi \cos \omega t$$

Ce qui donne :

$$I = A \cos \varphi$$

$$Q = A \sin \varphi$$

$$A = \sqrt{I^2 + Q^2}$$

$$\mathrm{tg}\varphi = \frac{Q}{I}$$

Les paramètres *I* et *Q* judicieusement choisis permettent de réaliser simplement un modulateur de phase ou un modulateur d'amplitude et de phase. Si la valeur *A* est constante, le signal de sortie est modulé en phase uniquement.

Le vecteur $\overrightarrow{OA}$ à transmettre est usuellement représenté dans le repère *IQ* de la *figure 3.41*. Les mélangeurs peuvent être des multiplicateurs quatre quadrants ou des cellules de Gilbert et l'addition des composants ne pose pas de difficultés.

Dans toutes les applications où l'encombrement est un critère important (téléphonie mobile, par exemple), on retrouve ce type de circuit intégré regroupant oscillateur, modulateur et additionneur. Le déphaseur π/2 peut être réalisé conformément au schéma de la *figure 3.42*. Une phase φ ou une amplitude *A* quelconque peut donc être choisie et envoyée *via* un modulateur *IQ*. Dans le cas d'une modulation QPSK l'alphabet comporte 4 éléments, soit un groupe de deux bits successifs du message à transmettre.

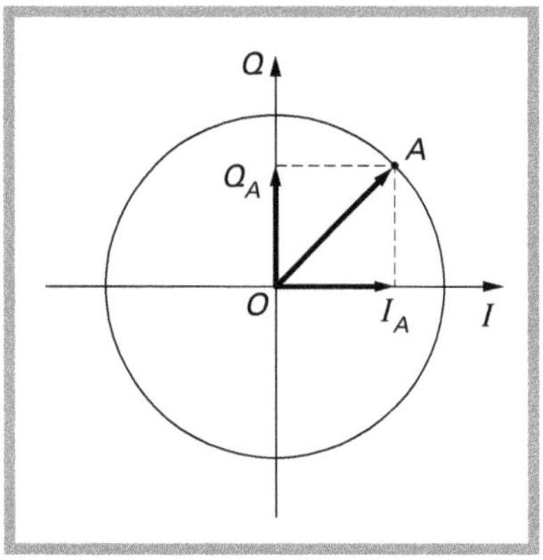

Figure 3.41 – Représentation des données IQ à transmettre en coordonnées polaires.

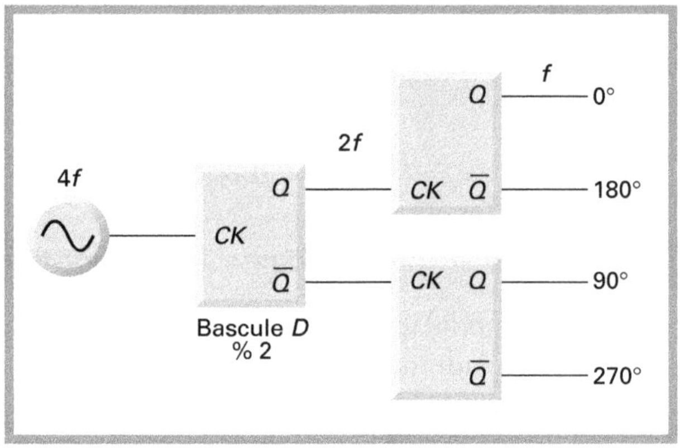

Figure 3.42 – Génération de deux porteuses en quadrature au moyen de bascules D.

Le *tableau 3.5* résume la configuration à adopter de la forme $(2m+1)\frac{\pi}{4}$ avec $n = 0, 1, 2, 3$.

La représentation sous forme d'un tableau de données n'est en général pas utilisée et l'on préfère une représentation graphique dans le repère *IQ* et dans ce cas on dispose les *n* points correspondant aux *n* combinaisons, on parle alors de constellation.

Pour la modulation BPSK, la constellation comporte deux points.

Pour la modulation QPSK, la constellation comporte quatre points. La *figure 3.43* représente la constellation pour la modulation QPSK.

Tableau 3.5

Alphabet 2 bits à transmettre	I	Q	φ
11	$A\frac{\sqrt{2}}{2}$	$-A\frac{\sqrt{2}}{2}$	$\frac{7\pi}{4}$
10	$-A\frac{\sqrt{2}}{2}$	$-A\frac{\sqrt{2}}{2}$	$\frac{5\pi}{4}$
00	$-A\frac{\sqrt{2}}{2}$	$A\frac{\sqrt{2}}{2}$	$\frac{3\pi}{4}$
01	$A\frac{\sqrt{2}}{2}$	$A\frac{\sqrt{2}}{2}$	$\frac{\pi}{4}$

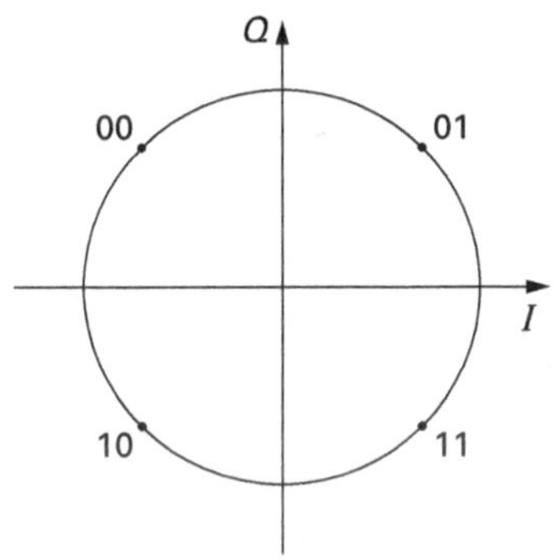

Figure 3.43 – Constellation pour la modulation QPSK.

Démodulateur QPSK

Le schéma synoptique du démodulateur QPSK est donné à la *figure 3.44*. Ce démodulateur est applicable à toutes les modulations PSK quel que soit le nombre d'états.

La démodulation est cohérente et l'on suppose que l'oscillateur local est synchronisé sur le signal émis. Les problèmes de synchronisation, qui sont en général les plus complexes seront abordés ultérieurement. Chaque branche du modulateur I ou Q est analogue à un démodulateur BPSK. Les mélangeurs M_1 et M_2 effectuent la multiplication entre le signal incident et le signal d'oscillateur local sin ωt ou cos ωt.

En sortie des mélangeurs, des filtres éliminent les fréquences au double de la fréquence de l'oscillateur local et le signal est envoyé vers des circuits à seuil.

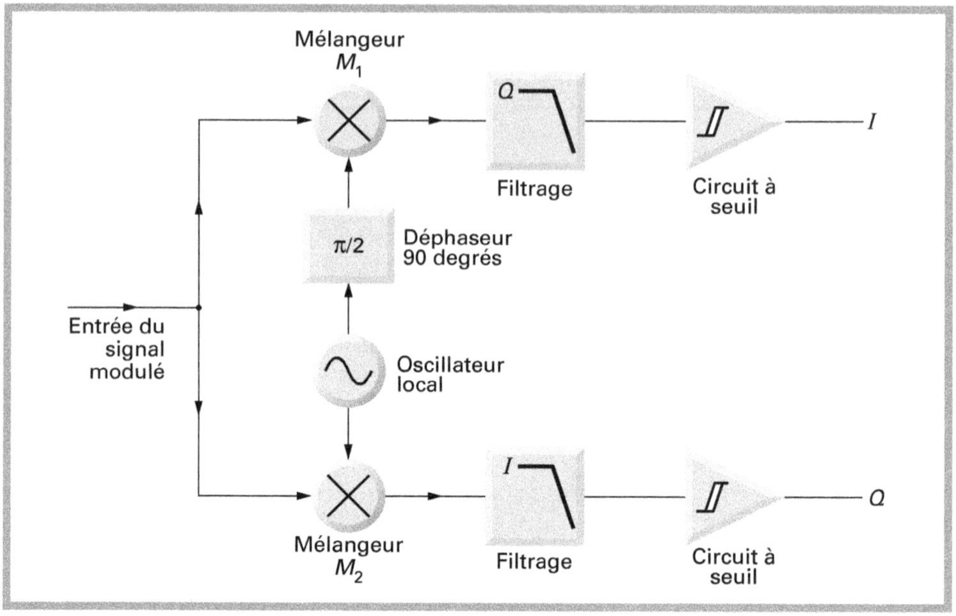

Figure 3.44 – Schéma synoptique du démodulateur IQ (Démodulateur QPSK).

Augmentation du nombre d'états

La *figure 3.45* représente la constellation pour une modulation PSK à 16 états. Dans ce cas, l'incrément de phase est égal à π/8 soit 22,5 degrés. Pour les modulations du type PSK, modulation de phase uniquement, les points sont situés sur un cercle puisque $\sqrt{I^2 + Q^2}$ est une constante.

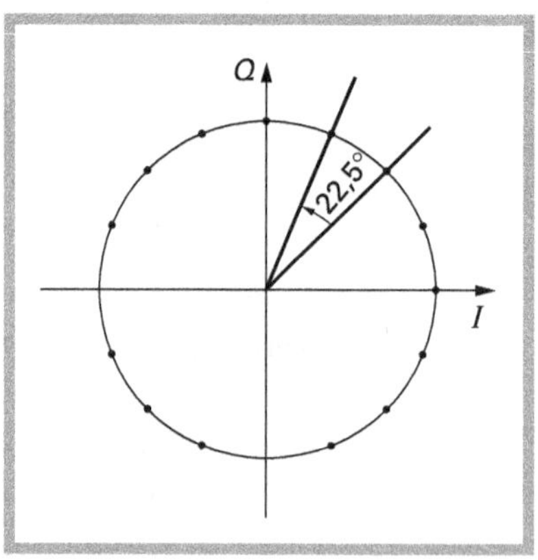

Figure 3.45 – Constellation pour une modulation PSK à 16 états.

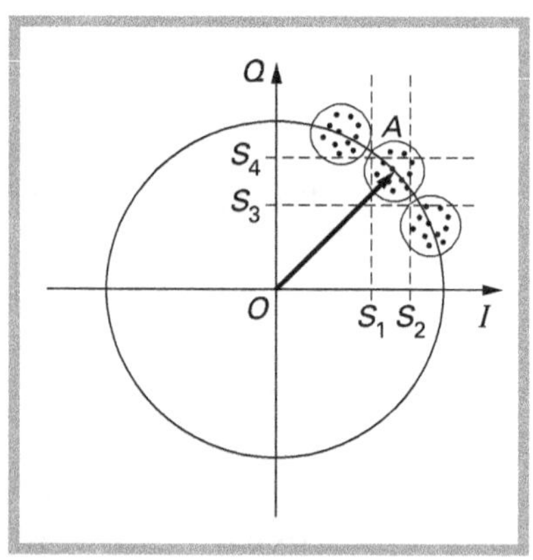

Figure 3.46 – Démodulation 16 PSK en présence de bruit.

L'efficacité spectrale η suit la loi :

$$\eta = \log_2 M$$

Il semble donc intéressant d'augmenter M pour augmenter l'efficacité spectrale.

Démodulation IQ en présence de bruit

En présence de bruit, à la sortie du démodulateur IQ le point A du vecteur $\overrightarrow{OA}$ n'est plus nécessairement sur un cercle. Le bruit modifie à la fois l'amplitude et la phase du vecteur $\overrightarrow{OA}$.

On ne peut plus parler d'un point A mais d'un nuage de points autour de la valeur exacte, comme le montre la *figure 3.46.*

La décision finale est confiée à des comparateurs en plaçant par exemple deux seuils S_1 et S_2 sur l'axe I et deux seuils S_3 et S_4 sur l'axe Q.

Il est clair que dans ce cas, plus le niveau de bruit est important, plus le nuage de points sera étendu et plus la décision sera entachée d'erreur.

Les courbes de taux d'erreur bit en fonction du rapport E_b/N_0, pour les modulations PSK et QAM sont représentées à la *figure 3.47.*

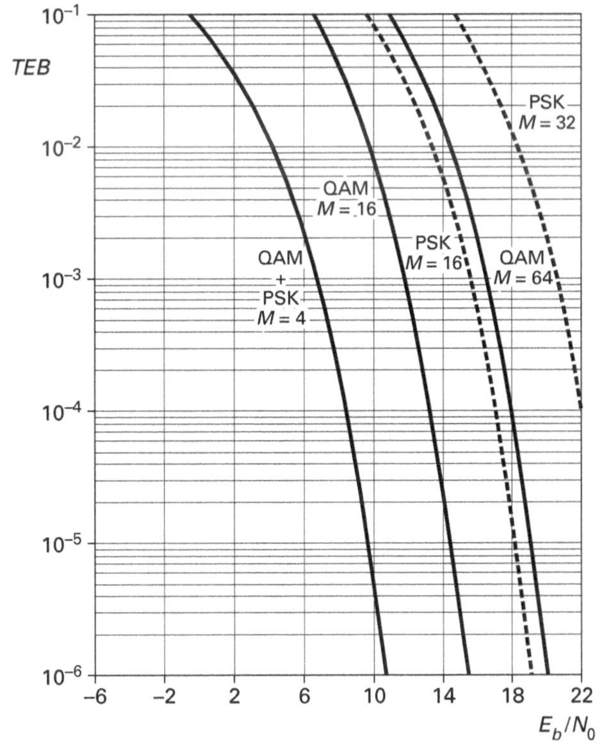

Figure 3.47 – Taux d'erreur bit pour les modulations PSK et QAM.

3.5 Modulations d'amplitude de deux porteuses en quadrature QAM

Dans le cas des modulations PSK, l'amplitude $A = \sqrt{I^2 + Q^2}$ est constante.

On peut aussi choisir I et Q de manière à moduler simultanément en amplitude et en phase la porteuse. La modulation porte alors le nom de QAM ou MAQ, *Quadrature Amplitude Modulation.*

Les modulateurs et démodulateurs QAM ont exactement la même structure que les modulateurs et démodulateurs PSK. Ceci se conçoit parfaitement puisque le changement ne concerne qu'une différence des variables I et Q transmises.

La constellation d'une modulation QAM à 16 états est représentée à la *figure 3.48.*

Les deux vecteurs $\overrightarrow{OA}$ et $\overrightarrow{OB}$ mettent en évidence la modulation simultanée d'amplitude et de phase. Comme dans le cas de la modulation 16 PSK, la modulation 16 QAM permet de transmettre 4 bits simultanément.

Le nombre de points peut être augmenté ; 64 QAM ou 256 QAM permettant de transmettre simultanément 6 ou 8 bits.

La *figure 3.49* représente la constellation de la modulation 64 QAM.

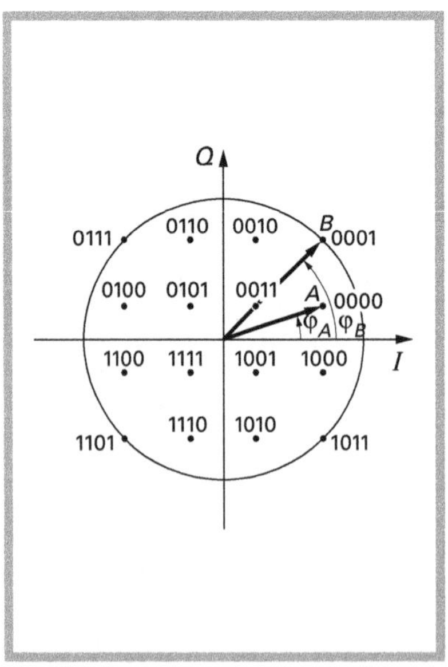

Figure 3.48 – Constellation pour une modulation 16 QAM.

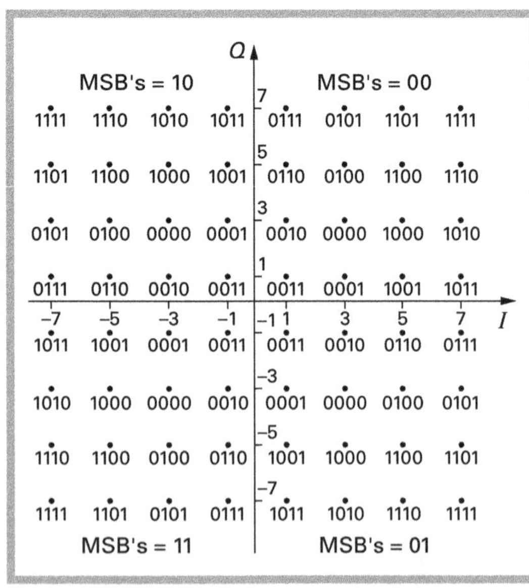

Figure 3.49 – Constellation pour une modulation 64 QAM.

3.6 Filtrage des données *I* et *Q*

3.6.1 Principe

Les modulations à haute efficacité spectrale ne peuvent se concevoir que lorsque les débits sont élevés et que la bande allouée à un certain type de transmission est fixe. Ceci est le cas notamment de la télévision ou de la radiodiffusion numérique.

Le paramètre essentiel à optimiser est alors le nombre maximal de canaux utilisables simultanément. Le procédé de modulation étant choisi parmi ceux qui donnent la plus grande efficacité, il suffit alors de rapprocher les différents canaux, éventuellement jusqu'à la limite théorique minimale.

Ceci ne peut être fait qu'à la condition que l'énergie dans les lobes secondaires soit faible et en tout état de cause suffisamment faible, pour ne pas entraîner de perturbation dans le canal adjacent. Pour la modulation GMSK le filtre est un filtre de Gauss. Pour les modulations QAM on utilise en général un filtre en cosinus surélevé.

La courbe de la *figure 3.50* représente la fonction en cosinus surélevé :

$$y = \frac{1 + \cos x}{2}$$

La fonction de transfert réelle du filtre utilisée est celle de la *figure 3.51*. Cette fonction de transfert est caractérisée par un facteur de *roll-off* qui détermine la raideur du filtre. La bande occupée autour de la fréquence porteuse, modulée par un signal ayant un débit D occupe alors une largeur B :

$$B = (1 + \alpha) D$$

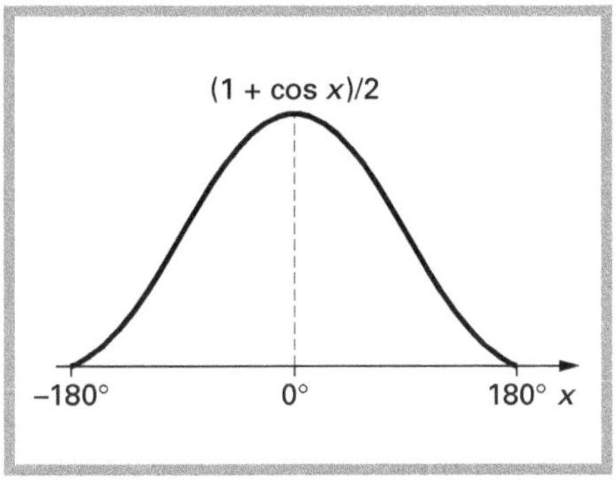

Figure 3.50 – Fonction cosinus surélevé.

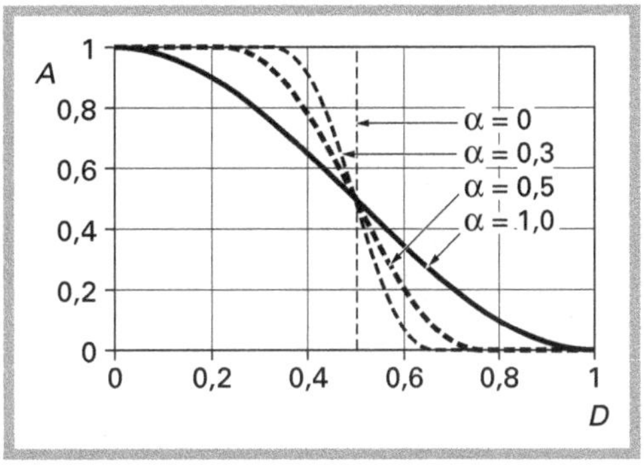

Figure 3.51 – Fonction de transfert utilisée.

Si $\alpha = 0$, on est dans le cas de la limite théorique maximale.

Contrairement au filtre de Gauss, la réponse temporelle donnée à la *figure 3.52* montre que le signal de sortie du filtre présente des dépassements d'autant plus importants que le facteur de *roll-off* est faible. Dans la pratique, le paramètre α est compris entre 0,35 et 0,5. Ce paramètre est à comparer avec le facteur *BT* du filtre de Gauss en général compris entre 0,3 et 0,5.

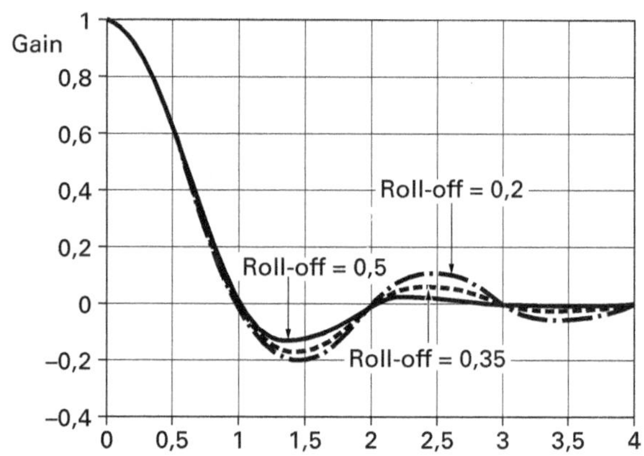

Figure 3.52 – Réponse temporelle du filtre en cosinus surélevé.

La réduction de l'encombrement spectral se fait donc au détriment de l'interférence intersymbole-dépassement du signal. Ces filtres sont difficilement synthétisables avec les procédés traditionnels en analogique, quelle que soit la valeur α. La valeur $\alpha = 0$ est une limite théorique et le filtre n'est pas réalisable.

Des combinaisons de filtres actifs, Cauer, Butterworth et filtres passe-tout correcteurs de phase permettent d'approcher la courbe théorique pour une valeur de α donnée. L'ordre de ce filtre est important, 8 à 12 et dépend de la précision recherchée. Dans la pratique, puisqu'il s'agit de modulations numériques, l'ensemble du problème est traité de manière numérique et les filtres sont des filtres numériques.

La *figure 3.53* regroupe les deux configurations de modulateur IQ traité soit de manière analogique, soit de manière numérique. Les DSP des signaux PSK sont représentées, premièrement sans filtrage à la *figure 3.54* et avec un filtre actif d'ordre 8 synthétisant une réponse en cosinus surélevé à la *figure 3.55*.

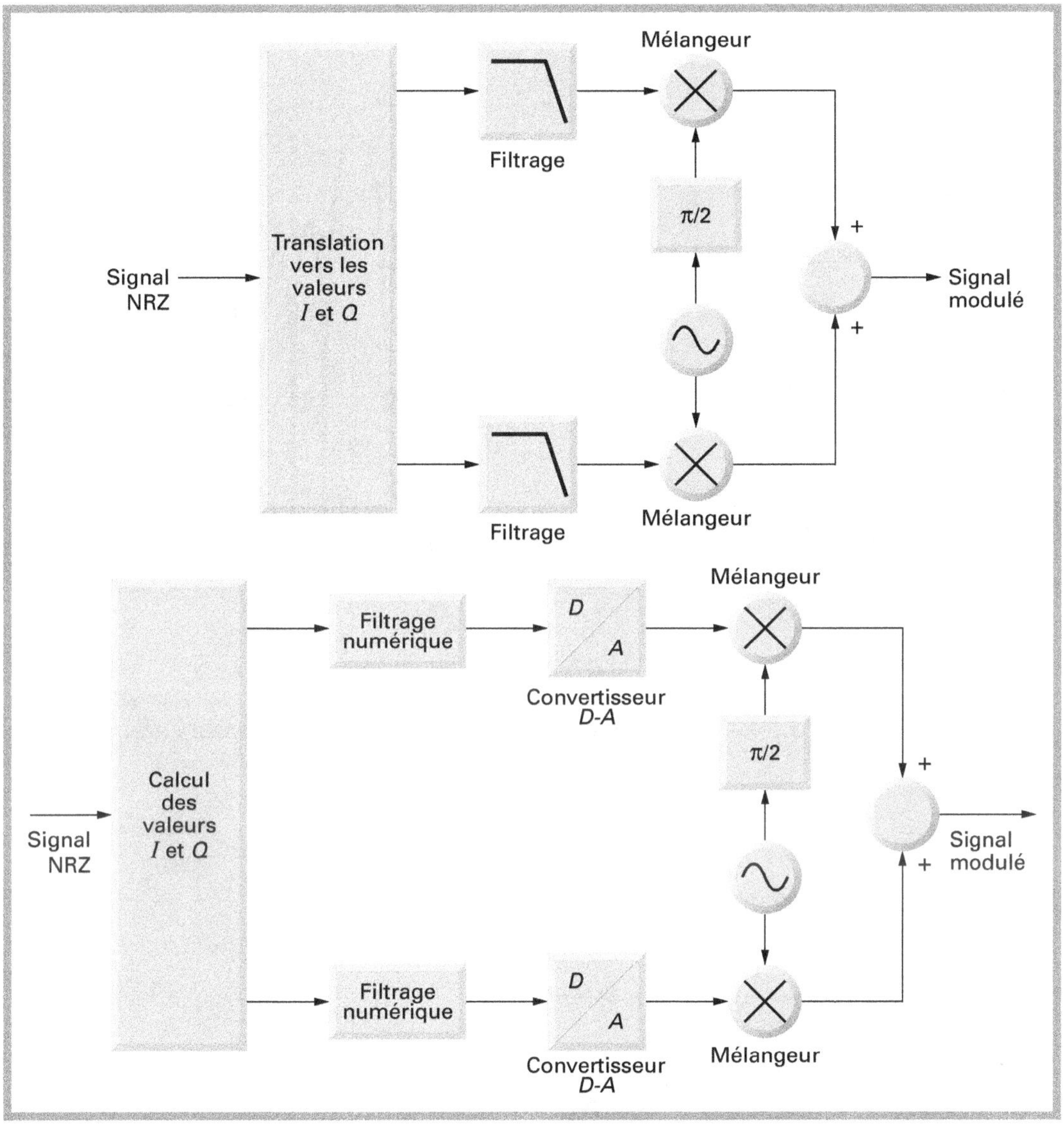

Figure 3.53 – Modulateur IQ analogique et numérique.

3.6.2 Les effets du filtrage

Le filtrage a pour but principal la diminution de l'encombrement spectral. Les *figures 3.54* et *3.55* montrent que le but est atteint et que deux canaux peuvent être espacés de seulement 1,65 *D*.

Le filtrage a aussi un effet sur l'amplitude du vecteur $\overrightarrow{\mathrm{OA}}$ à transmettre pendant les transitions entre les différents points de la constellation, comme le montre les courbes de la *figure 3.56*. Le filtrage, ayant un effet sur l'amplitude aura donc un effet sur la puissance nécessaire à la transmission. Des augmentations de puissance de l'ordre de 3 à 6 dB sont à prévoir en fonction du coefficient α.

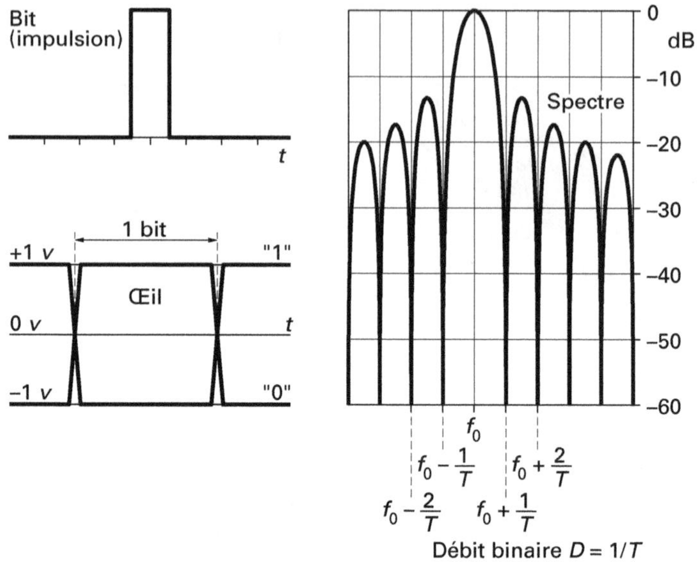

Figure 3.54 – Spectre PSK non filtré; bit isolé; diagramme de l'œil.

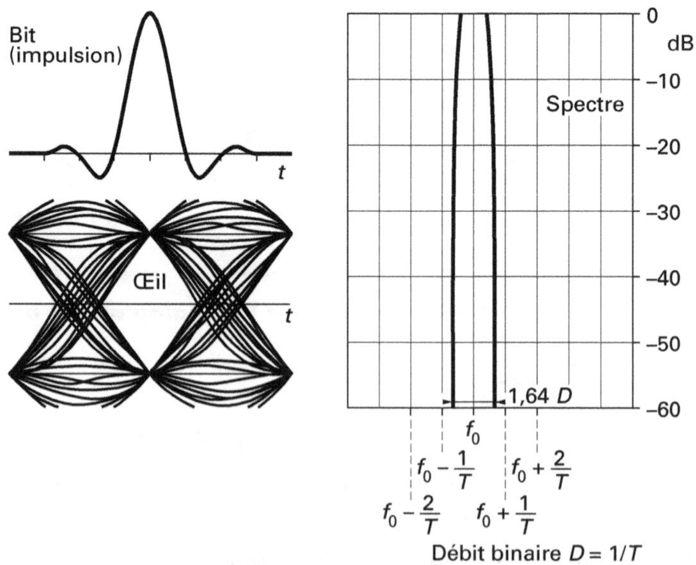

Figure 3.55 – Spectre PSK filtré par un filtre actif d'ordre 8; bit isolé; diagramme de l'œil.

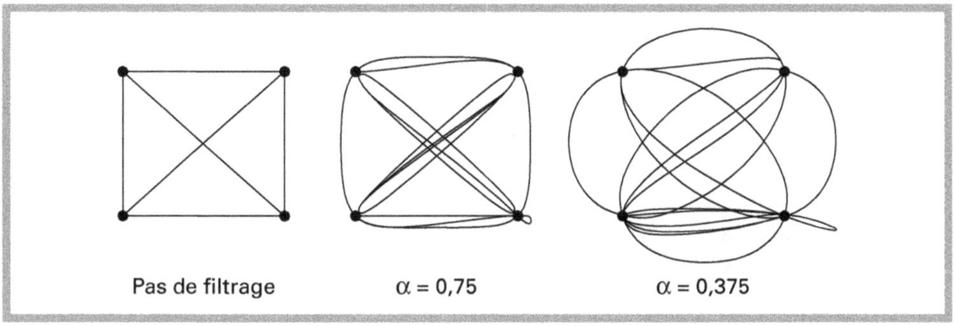

Figure 3.56 – Effet du filtrage sur une constellation QPSK.

3.7 Récupération de la porteuse pour une démodulation cohérente

Dans tous les cas antérieurs de démodulation cohérente, on admet que l'oscillateur local est verrouillé en fréquence et en phase sur la porteuse émise. Cette opération dite aussi récupération de porteuse est en général la plus délicate.

Il existe d'assez nombreuses configurations pour récupérer la porteuse. Seuls les deux cas les plus courants sont traités :

– élévation à la puissance M du signal incident;

– boucle de Costas.

3.7.1 Élévation à la puissance *M* d'un signal *M*-aires

Le signal de sortie du modulateur IQ, qui est aussi le signal reçu par le démodulateur IQ s'écrit :

$$v_S(t) = A\cos(\omega t + \varphi)$$

Dans le cas où $M = 2$, le signal $v_S(t)$ est élevé à la puissance 2 :

$$[v_S(t)]^2 = A^2\cos^2(\omega t + \varphi)$$

$$[v_S(t)]^2 = \frac{A^2}{2}[\cos(2\omega t + 2\varphi)$$

Pour la modulation BPSK deux états de phase sont associés aux deux symboles à transmettre :

– premier symbole : $\varphi = \theta$;

– deuxième symbole : $\varphi = \theta + \pi$.

Après l'élévation au carré, la phase de la porteuse à la pulsation 2 ω vaut soit $2\varphi = 2\theta$, soit $2\varphi = 2\theta + 2\pi$, soit dans les deux cas, $\varphi = 2\theta$.

La phase de la porteuse récupérée est constante mais il subsiste une ambiguïté de phase qui ne peut être levée que pour un codage différentiel et la modulation est dite DBPSK.

Dans le cas où $M = 4$, le signal $v_S(t)$ est élevé à la puissance 4 :

$$[v_S(t)]^4 = A^4 \cos^4 (\omega t + \varphi)$$

$$[v_S(t)]^4 = \frac{A^4}{4} [\cos (4\omega t + 4\varphi)$$

La modulation a consisté à associer quatre états de phase aux quatre débits à transmettre.

Ces quatre états de phase valent :

$$\varphi = \theta$$

$$\varphi = \theta + \frac{\pi}{4}$$

$$\varphi = \theta + \frac{3\pi}{4}$$

$$\varphi = \theta + \frac{7\pi}{4}$$

Après l'élévation à la puissance 4, la phase de la porteuse à la pulsation 4ω vaut :

$$\varphi' = 4\theta$$

$$\varphi' = 4\theta + \pi$$

$$\varphi' = 4\theta + 3\pi$$

$$\varphi' = 4\theta + 7\pi$$

La phase de cette porteuse est donc constante mais, en modulation QPSK comme en modulation BPSK il subsiste une ambiguïté de phase. Comme précédemment, l'ambiguïté est levée grâce à un codage différentiel et le type de modulation est alors DQPSK.

Le signal de sortie du circuit élévateur à la puissance M peut être directement utilisé comme signal d'oscillateur local. Ce signal est en général bruité et on lui préfère la configuration de la *figure 3.57*. Ce signal bruité sert de fréquence de référence pour une boucle à verrouillage de phase.

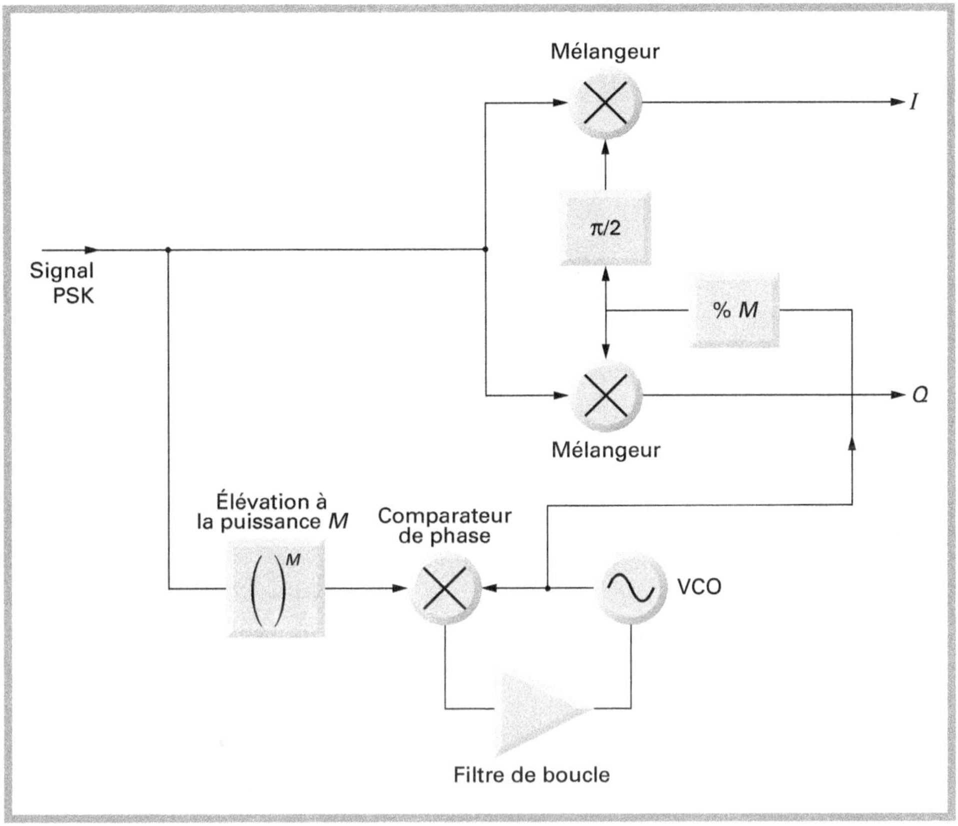

Figure 3.57 – Récupération de la porteuse par élévation à la puissance M.

3.7.2 Boucle de Costas

Le schéma synoptique d'une boucle de Costas, dans le cas où $M = 2$, est donné à la *figure 3.58*. Les mélangeurs M_1 et M_2 du démodulateur IQ sont, par exemple, des mélangeurs équilibrés dont la fonction de transfert peut être assimilée à celle d'un multiplicateur. Le multiplicateur M_3 effectue la modulation de deux signaux en bande de base, il s'agit alors d'un multiplicateur quatre quadrants. D'une manière qualitative le fonctionnement de la boucle de Costas peut s'expliquer de la manière suivante :

– En absence de modulation, la boucle se comporte comme un PLL classique, la composante de sortie en quadrature Q véhicule la tension d'erreur de sortie du comparateur de phase.

– Lorsque la modulation est présente, la polarité du signal Q change au rythme de la modulation. La composante présente sur le trajet I est en quadrature avec Q.

– S'il n'y a pas d'erreur de phase la sortie I est la sortie démodulée, la valeur de I est utilisée par le troisième multiplicateur pour modifier la tension d'erreur envoyée au VCO.

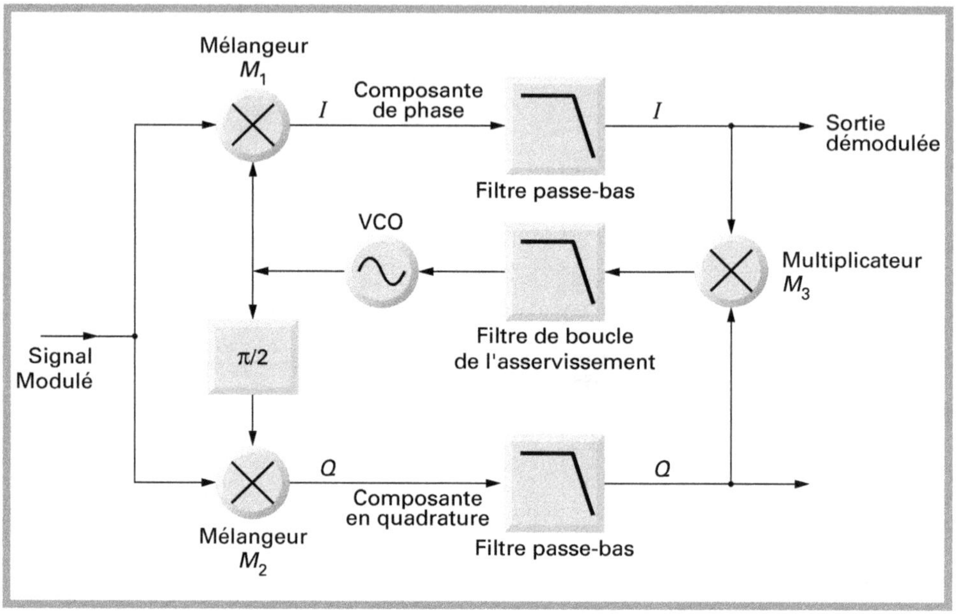

Figure 3.58 – Schéma synoptique de la boucle de Costas M = 2.

Soit $v_E(t)$ la tension d'entrée modulée :

$$v_E(t) = m(t) \sin(\omega t + \varphi_i)$$

L'oscillateur local du mélangeur M1 est :

$$v_{OLM1} = 2 \sin(\omega t + \varphi_0)$$

La tension de l'oscillateur local M2 est :

$$v_{OLM2} = 2 \cos(\omega t + \varphi_0)$$

$$I = m(t) \cos(\varphi_i - \varphi_0)$$

$$Q = m(t) \sin(\varphi_i - \varphi_0)$$

La tension d'erreur envoyée au filtre d'asservissement vaut :

$$IQ = \frac{m^2(t)}{2} \sin 2(\varphi_i - \varphi_0)$$

Par principe la boucle tend à annuler l'erreur, c'est-à-dire conserver l'égalité entre les angles φ_i et φ_0. Dans ces conditions :

$$I = m(t)$$

La sortie I est bien l'image du signal modulant.

Le principe de cette boucle n'est valable que lorsque le nombre d'états vaut 2. Pour une modulation QPSK le nombre de niveaux vaut 4 et on doit choisir la structure de la *figure 3.59*.

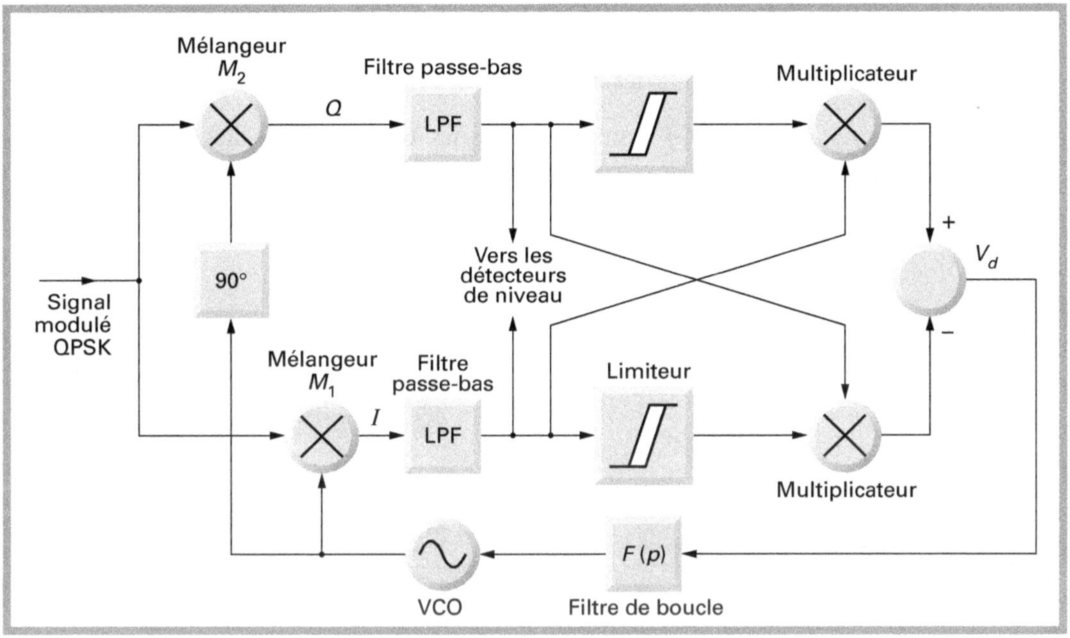

Figure 3.59 – Boucle de Costas pour un signal modulé QPSK.

Dans la modulation en quadrature, deux messages indépendants $x(t)$ et $y(t)$ modulent les porteuses en quadrature. Le signal transmis peut être mis sous la forme :

$$v_S(t) = x(t)\cos(\omega t + \varphi_i) - y(t)\sin(\omega t + \varphi_i)$$

La tension d'erreur v_d envoyée au filtre de boucle vaut :

$$v_d = (x\sin\alpha + y\cos\alpha)\,signe(x\cos\alpha - y\sin\alpha) - (x\cos\alpha - y\sin\alpha)\,signe(x\sin\alpha + y\cos\alpha)$$

avec $\alpha = \varphi_i - \varphi_0$

Les limiteurs sont chargés d'effectuer l'opération signe. La tension d'erreur en fonction de l'écart de phase α est linéaire entre $-\pi/4$ et $\pi/4$. Malheureusement, cette fonction est cyclique à $\pi/2$. Il subsiste aussi dans ce cas une ambiguïté de phase qui doit être levée par d'autres moyens.

3.8 Diagramme de l'œil

Le diagramme de l'œil résulte de l'observation des signaux *I* ou *Q* démodulés lorsque cette visualisation est synchronisée avec le débit binaire *D*.

Le centre de la figure représente alors un œil plus ou moins ouvert. L'observation des signaux donne une idée des perturbations dues aux distorsions d'amplitude et de phase et dues aux bruits. L'observation du diagramme de l'œil permet finalement le choix des seuils des comparateurs sur les sorties *I* et *Q*.

Les *figures 3.60* à *3.64* donnent quelques exemples de diagramme de l'œil accompagnés de commentaires si besoin est.

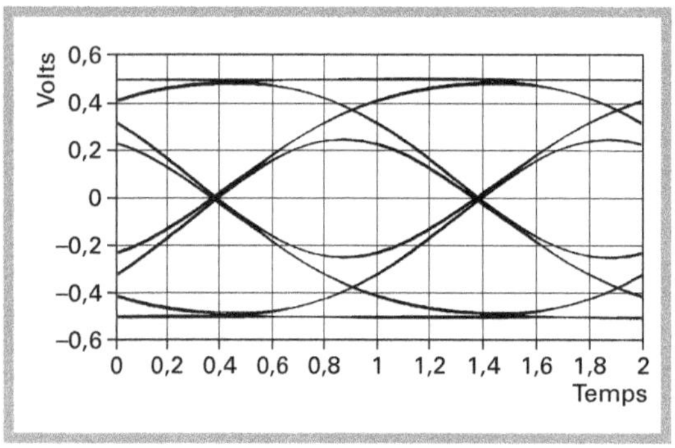

Figure 3.60 – Diagramme de l'œil bon.

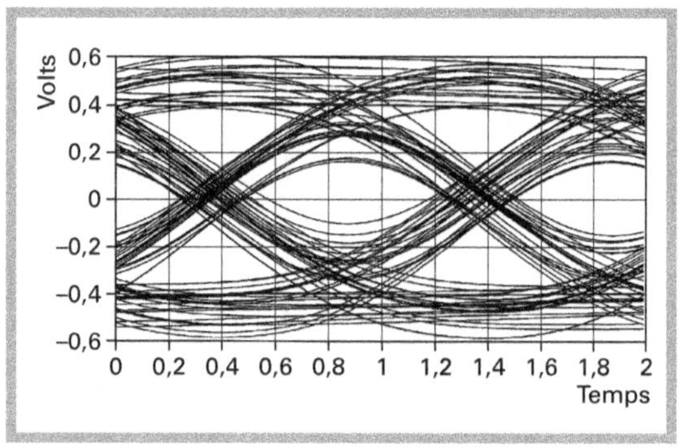

Figure 3.61 – Effet d'un couplage capacitif sur les sorties I et Q.

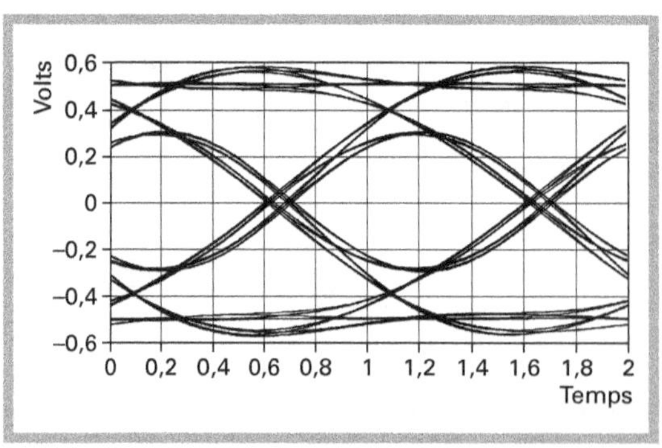

Figure 3.62 – Distorsion de phase et d'amplitude dans le canal. de transmission.

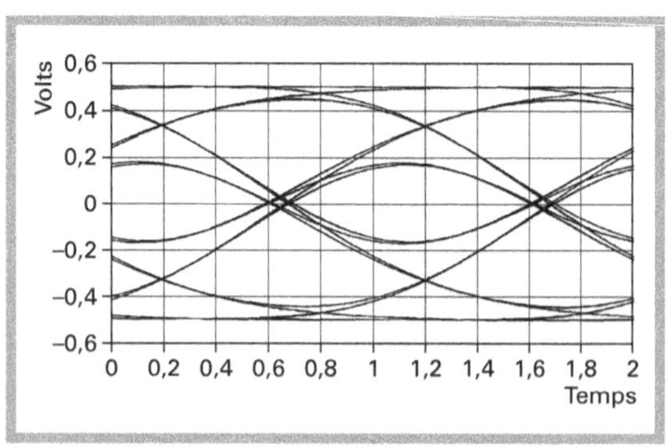

Figure 3.63 – Effet d'un filtrage trop restrictif sur les voies I et Q.

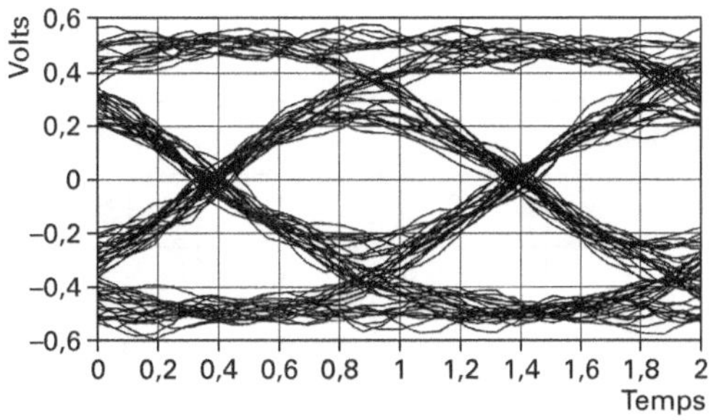

Figure 3.64 – Effet du bruit sur le diagramme de l'œil.

3.9 Comparaison des modulations numériques

Le *tableau 3.6* résume l'efficacité spectrale théorique maximale pour les différents types de modulation.

Tableau 3.6

Modulation	Efficacité bits/s/Hz
MSK	1
BPSK	1
QPSK	2
16 QAM	4
32 QAM	5
64 QAM	6
256 QAM	8

Pour les modulations PSK et QAM l'efficacité spectrale est donnée par la relation :

$$\eta = \log_2 M$$

Le *tableau 3.7* résume les rapports E_b/N_0 nécessaires pour atteindre un taux d'erreur bit de 10^{-5} en fonction du type de modulation et du nombre d'états M.

Le cas de la modulation FSK doit être examiné avec attention. Les résultats peuvent sembler étonnants, puisque le rapport E_b/N_0 nécessaire décroît lorsque le nombre d'états augmente.

Pour comprendre ce phénomène il faut noter que :

$$D_{\max} = B \log_2\left(1 + \frac{S}{N}\right)$$

Tableau 3.7

Type de modulation	2	4	8	16	32	64
Modulation d'amplitude	10	14	18			
PSK	10	10	13,4	18	23	
MAQ		10		13,2		17,7
FSK	12,2	10	8,2	7	6,2	5,8

On peut aussi formuler ce résultat de la manière suivante : on peut échanger de la largeur de bande contre du rapport signal sur bruit.

Dans une modulation FSK à M états on a :

$$D = \frac{\log_2 M}{T}$$

$$B = M\frac{1}{T} = MD$$

$$\eta = \frac{\log_2 M}{M}$$

En modulation FSK à M états, il est possible de se satisfaire d'un E_b/N_0 puisque la bande B est augmentée d'un facteur M.

Sur le principe de l'échange de bande contre rapport signal sur bruit repose aussi les principes d'étalement de spectre qui ne sont pas traités dans cet ouvrage.

3.10 Applications des modulations numériques

Les applications de ces modulations sont extrêmement nombreuses.

On peut citer en premier lieu, par le nombre d'utilisateurs concernés, les radiotéléphones cellulaires qui utilisent des modulations GMSK en Europe pour les appareils GSM et DECT et des modulations QPSK ou DQPSK aux É.-U. et au Japon.

Les signaux analogiques comme les signaux audio et vidéo n'échappent pas à la numérisation.

Pour la radiodiffusion numérique ou télévision numérique, les signaux numériques modulent une porteuse et les procédés utilisés sont PSK ou QAM.

En télévision numérique, les procédés sont de 64 ou 256 QAM.

L'intégration de fonctions complexes comme les modulateurs-démodulateurs, filtres numériques et convertisseurs A-D et D-A associée à des production en volume important diminue notablement les coûts.

La transmission des signaux sous leur forme numérisée n'est alors plus réservée aux applications professionnelles ou industrielles, comme les liaisons par faisceaux hertziens ou liaisons par satellite.

3.11 Modélisations Matlab des modulations numériques

On se propose dans cette partie de donner des modélisations en langage Matlab (voir chapitre 11 en ligne) des modulations et démodulations numériques vues dans ce chapitre. L'objectif est de donner au lecteur des modèles génériques qui illustrent les différents principes théoriques vus précédemment. Tous ces modèles sont téléchargeables sur le site **http://www.dunod.com**.

3.11.1 Modélisation d'une modulation ASK à 2 niveaux

Le programme Matlab **ask.m** donne une simulation d'une modulation numérique d'amplitude avec un modulant codé en NRZ. Le débit binaire est de 1 Kbit/s, et la fréquence de la porteuse est de 10 kHz. Contrairement à la modulation ASK présentée au paragraphe 3.2, ici la modulation est faite sur deux niveaux d'amplitude de la porteuse. À chaque bit (bas ou haut) correspond une amplitude de la porteuse (*figure 3.65*).

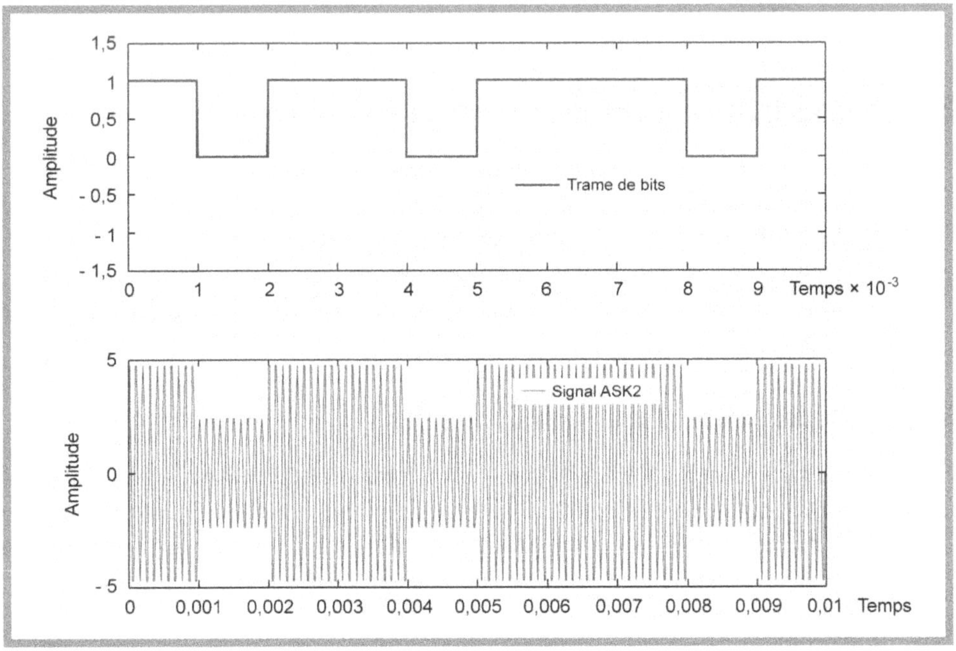

Figure 3.65 – Modulation d'amplitude numérique ASK sur deux niveaux.

3.11.2 Modélisation d'une démodulation ASK

Le programme Matlab **demod_ask.m** donne une simulation d'une démodulation numérique d'amplitude en utilisant le principe du redressement et du filtrage passe-bas (voir § 3.2.2). Le signal modulé est redressé puis filtré par un filtre passe-bas. Un comparateur à seuil récupère le signal NRZ original (*figure 3.66*).

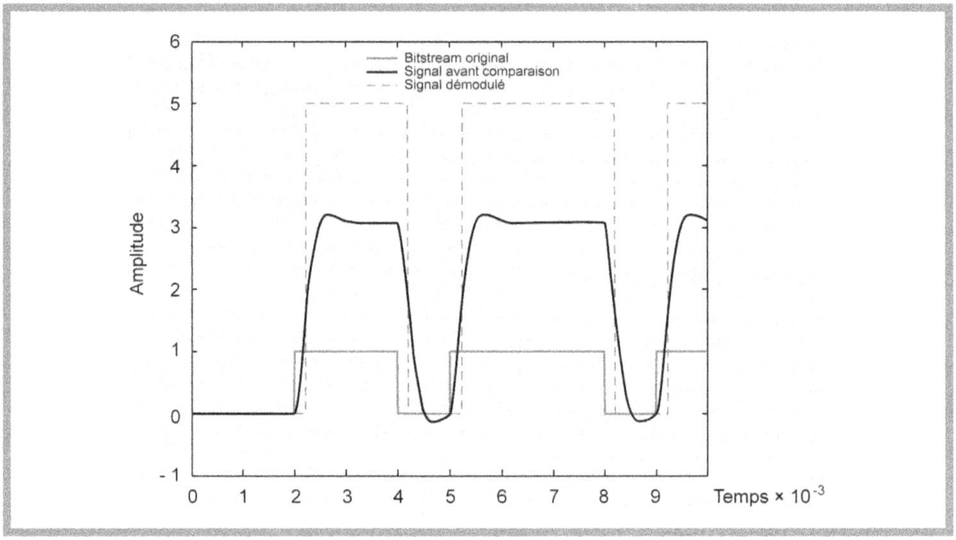

Figure 3.66 – Démodulation d'amplitude par redressement et filtrage.

3.11.3 Modélisation d'une démodulation ASK cohérente

Le programme Matlab **demod_ask_sync.m** donne une simulation d'une démodulation numérique d'amplitude en utilisant l'oscillateur local accordé sur la fréquence de la porteuse et en phase (voir § 3.2.2). Une fois le signal reçu multiplié par l'oscillateur local, ce dernier est filtré à l'aide d'un filtre passe-bas avant d'être comparé par rapport à un seuil fixe. Le signal est alors démodulé (*figure 3.67*).

3.11.4 Modélisation d'une modulation FSK

Le programme Matlab **fsk.m** donne une modélisation d'une modulation numérique de fréquence sans continuité de phase (voir § 3.3). Le débit binaire est de 1 Kbit/s et les fréquences porteuses de 5 et 15 kHz. Le modulant est codé en NRZ. Le signal FSK est donné sur la *figure 3.68*.

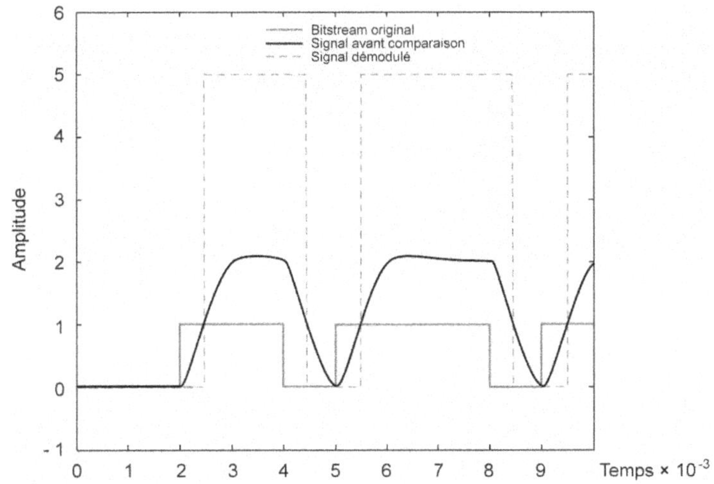

Figure 3.67 – Démodulation ASK par un démodulateur cohérent.

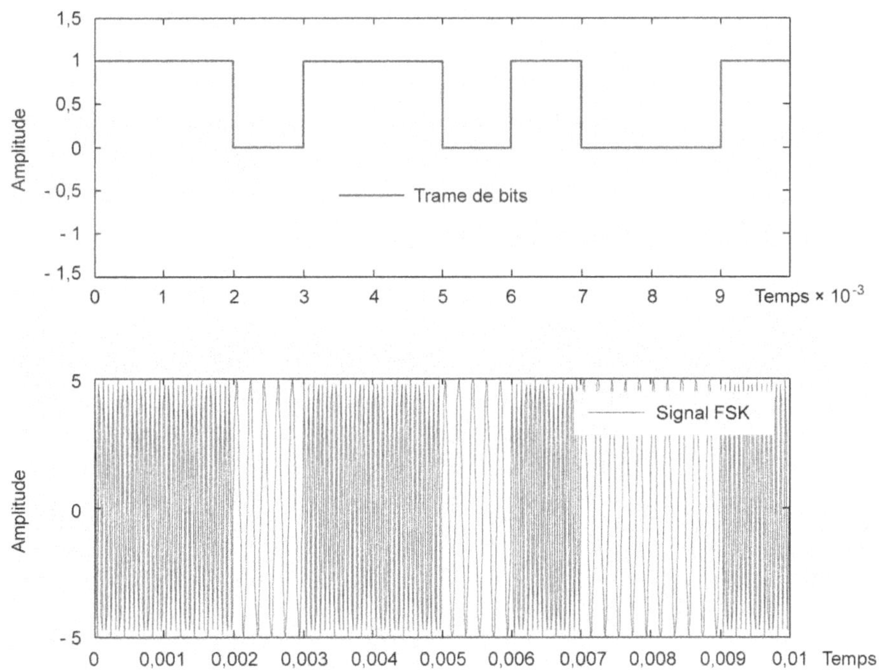

Figure 3.68 – Signal modulant et modulé en FSK sans continuité de phase.

3.11.5 Modélisation d'une modulation CPFSK

Le programme Matlab **cpfsk.m** donne une modélisation d'une modulation numérique de fréquence avec continuité de phase (voir § 3.3.1) au changement d'état du modulant. Le débit binaire est de 1 Kbit/s et les fréquences porteuses de 5 et 10 kHz. L'indice de modulation *x* est de 5. Le modulant est codé en NRZ. Le signal CPFSK est donné sur la *figure 3.69*.

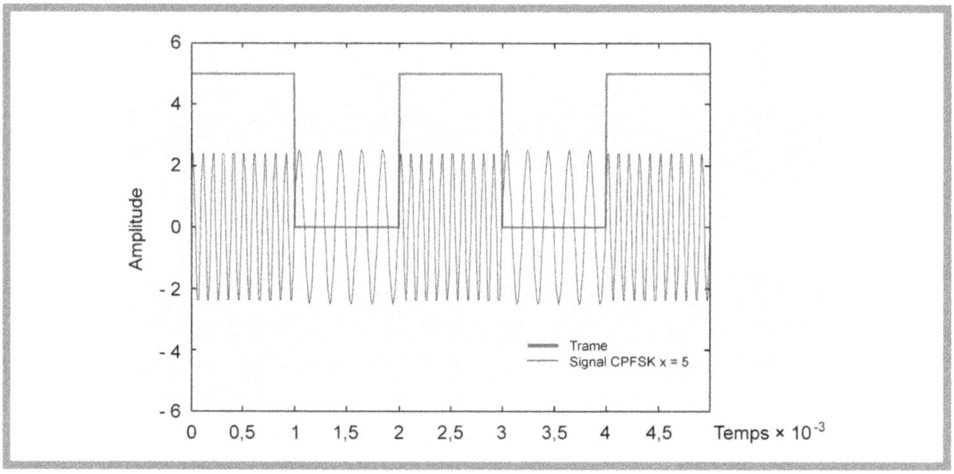

Figure 3.69 – Signal modulant et modulé en CPFSK.

3.11.6 Modélisation d'un démodulateur CPFSK

Le programme Matlab **demod_cpfsk.m** donne une modélisation d'un démodulateur numérique de fréquence basé sur le schéma de principe de la *figure 3.27*. Le signal précédemment modulé CPFSK sera injecté en entrée du démodulateur. Le démodulateur est composé de deux parties qui modélisent les deux branches à f_1 et f_2. Ces branches intègrent un filtre passe-bande autour de f_1 et f_2 suivi de deux oscillateurs locaux aux fréquences f_1 et f_2. Deux comparateurs à seuil sont utilisés. Les signaux en sortie de ces comparateurs correspondent à la trame originale (*bitstream*) et à son complément (*figures 3.70* et *3.71*).

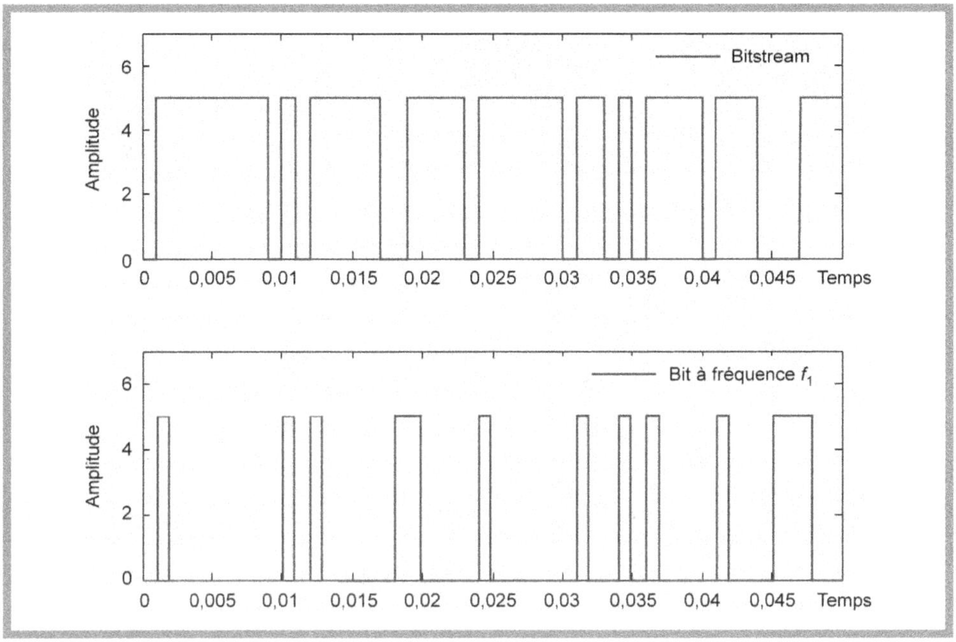

Figure 3.70 – Signaux CPFSK démodulés à la fréquence f_1.

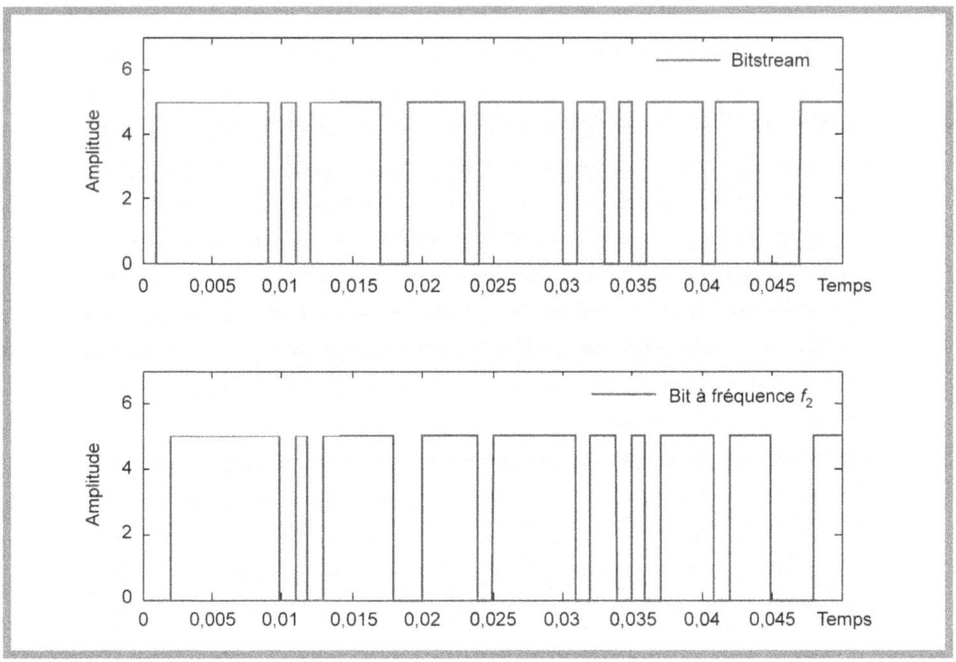

Figure 3.71 – Signaux CPFSK démodulés à la fréquence f_2.

3.11.7 Modélisation d'une modulation numérique de phase BPSK

Le programme Matlab **Bpsk.m** donne une modélisation d'un modulateur numérique de phase BPSK basé sur le principe énoncé au paragraphe 3.4.1 (voir *figure 3.29*). Le débit binaire est de 1 Kbit/s et la fréquence porteuse de 3 kHz. À chaque transition du modulant NRZ, la phase est inversée (*figure 3.72*).

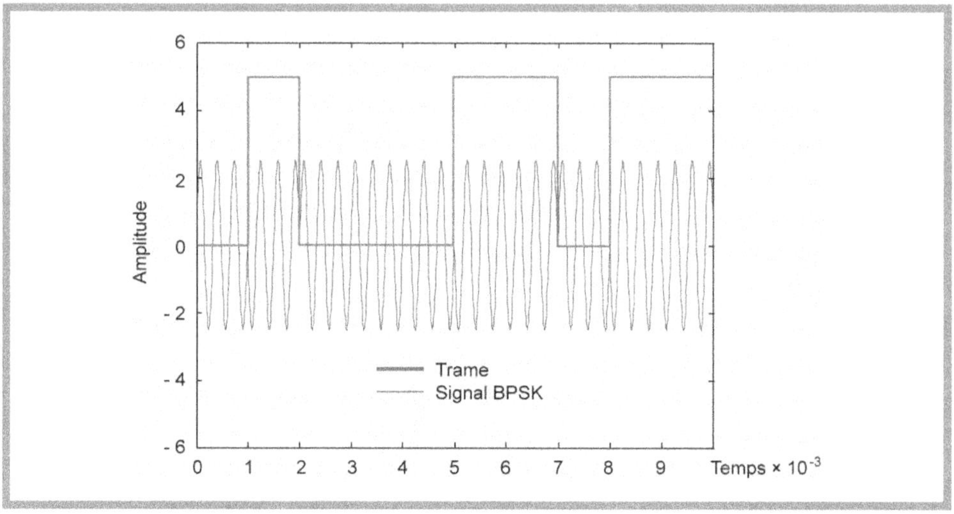

Figure 3.72 – Signal modulant et modulé en BPSK.

3.11.8 Modélisation d'un démodulateur BPSK cohérente

Le programme Matlab **demod_bpsk.m** donne une modélisation d'un démodulateur numérique de phase basé sur le schéma de principe de la *figure 3.34*. Le signal précédemment modulé en BPSK sera injecté en entrée du démodulateur. Le démodulateur comporte un oscillateur local accordé en phase et en fréquence sur la porteuse de l'émetteur. Un filtrage passe-bas élimine la composante à 2*fréquence porteuse du signal mixé et un comparateur à seuil récupère la trame NRZ originale (*figure 3.73*).

3.11.9 Modélisation d'un modulateur QPSK à 16 états

Le programme Matlab **qpsk16.m** donne une modélisation d'un modulateur numérique de phase à 16 états basé sur le principe du paragraphe 3.4.3. Le modulateur utilise un modulateur *I*/*Q* avec une fréquence de porteuse de 10 kHz et un débit binaire de 1 Kbit/s. La trame originale en NRZ est recodée en 16 niveaux (*figure 3.74*) afin de déterminer une constellation à états pour *I* et *Q* (*figure 3.75*). Les composantes *I* et *Q* transposées en HF par la porteuse locale sont alors additionnées pour générer le signal modulé (*figure 3.73*).

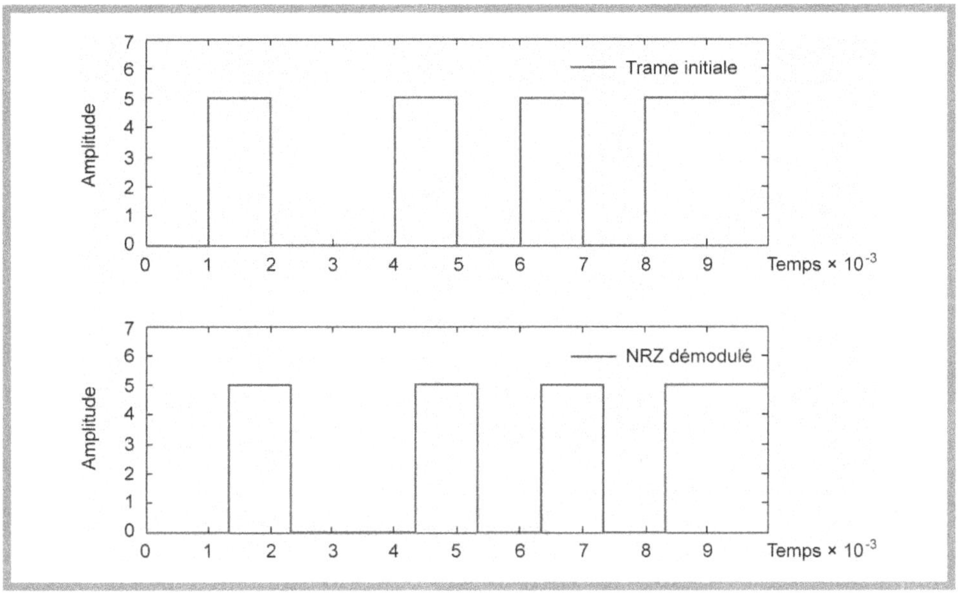

Figure 3.73 – Signal modulant original et démodulé.

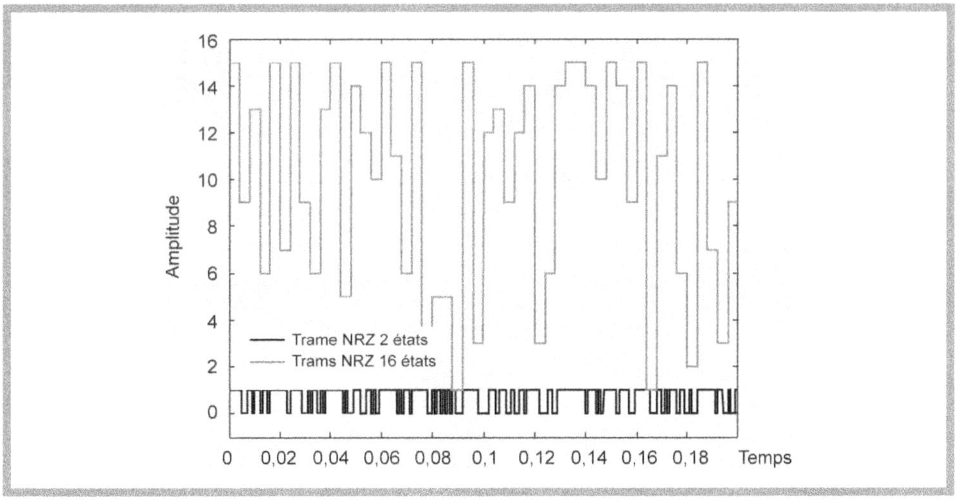

Figure 3.74 – Signal modulant original et signal codé sur 16 niveaux.

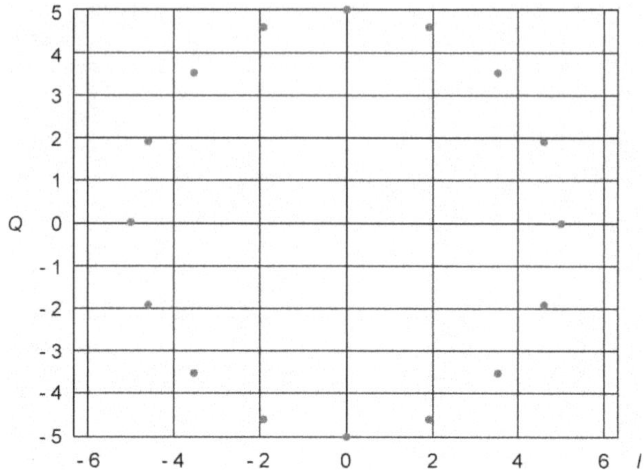

Figure 3.75 – Constellation I/Q.

3.12 Choix d'un type de modulation

Le bon choix d'un type de modulation est sans conteste plus délicat que la conception du système. Comme en modulation analogique, plusieurs solutions pourront résoudre un problème posé.

Il peut être plus facile de procéder par élimination, en isolant les mauvaises solutions. Envisager une modulation 256 QAM pour une télécommande à faible distance ou une modulation OOK pour une transmission par satellite sont deux mauvais choix.

Le bon choix résulte d'un examen approfondi de tous les paramètres du système de transmission : débit, largeur de bande, efficacité spectrale, taux d'erreur bit, complexité, coût et sans oublier un aspect réglementation, pouvant avoir une influence sur la largeur de bande ou le rapport signal sur bruit, puissance émise limitée par exemple.

Dans de très nombreux cas les modulations FSK sont de bons choix. Elles allient simplicité et performance au détriment de la largeur de bande. Pour des applications à très bas coût on pourra éventuellement se contenter de la modulation OOK. Dès que l'efficacité spectrale est le critère primordial on s'orientera vers des modulations complexes PSK ou QAM à grand nombre d'états.

3.13 Introduction à l'étalement de spectre

Le modèle de canal à bruit additif blanc gaussien (AWGN) est intéressant car il permet la comparaison exacte des différents procédés de modulation. Ce modèle de canal est adapté aux transmissions satellite terre et faisceaux hertziens par exemple mais ne peut plus s'appliquer dans de nombreux cas.

Si l'on s'intéresse aux transmissions sans visibilité, par exemple en milieu urbain ou à l'intérieur des bâtiments, le modèle AWGN ne peut plus être utilisé. Le schéma de la *figure 3.76* donne un exemple de transmission en milieu urbain où l'on a représenté un trajet direct *a*, un trajet avec un rayon réfracté *b* et finalement un trajet réfléchi *c*. Dans ce cas il apparaît plusieurs phénomènes :

- les données sont présentées au circuit de décision avec des puissances et des retards propres à chacun des trajets ; ces différents retards entraînent de l'interférence intersymbole (ISI) ;
- le signal modulé, à l'entrée du récepteur, est fonction des retards des différents trajets ; ce phénomène d'interférence peut conduire à l'évanouissement total d'une ou plusieurs composantes de fréquence ;
- les évanouissements sont dus aux différents trajets et donc à l'environnement, si l'environnement est changeant ou si le récepteur est mobile, les fréquences des évanouissements varient ; on dit alors que le canal est *avec évanouissement non stationnaire* ; la *figure 3.77* donne un exemple de ce que pourrait être un tel canal ;
- finalement, si la transmission s'effectue entre des mobiles, celle-ci est affectée par l'effet Doppler ; la fréquence apparente f' est liée à la fréquence f par la relation :

$$f' = f + \Delta f$$

$$f' = f + \frac{fv}{c} = f + \frac{v}{\lambda}$$

c est la vitesse de propagation des ondes électromagnétiques et vaut $3 \cdot 10^8\ \text{m} \cdot \text{s}^{-1} \cdot v$ est la vitesse du mobile en $\text{m} \cdot \text{s}^{-1}$. λ est la longueur d'onde en m.

Le canal avec évanouissement non stationnaire est le type de canal le plus fréquemment rencontré dans des cas réels. Pour ce type de canal on peut utiliser le modèle de Rayleigh.

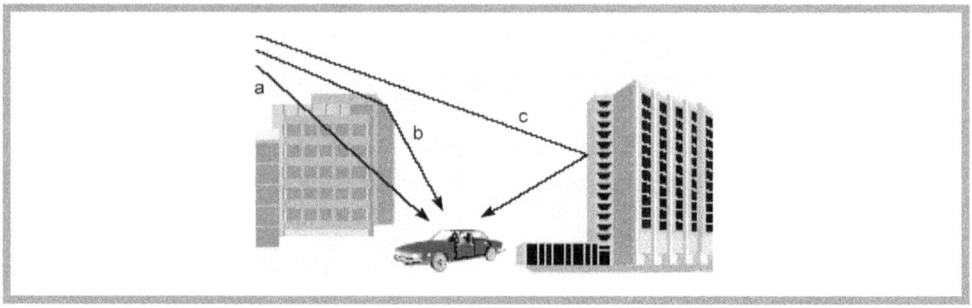

Figure 3.76 – Transmission en milieu urbain avec trajets multiples.

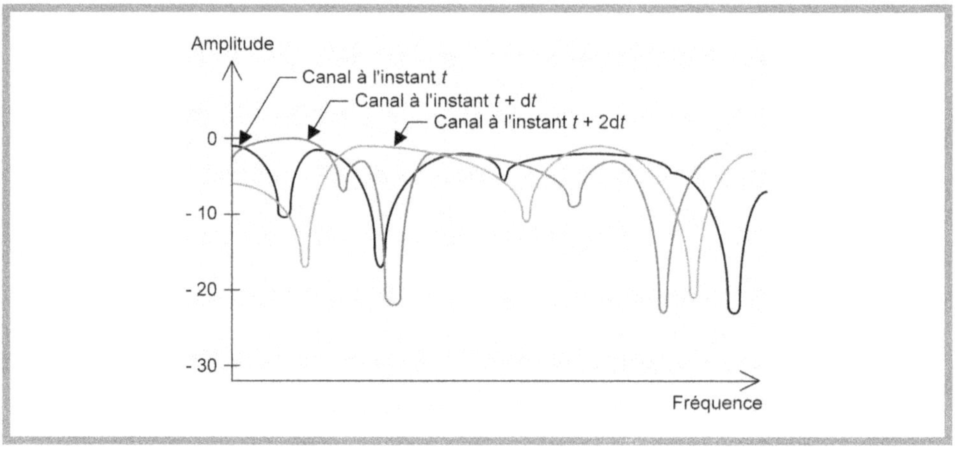

Figure 3.77 – Canal avec évanouissements et non stationnaire.

Les courbes de la *figure 3.78* représentent un taux d'erreur bit dans un canal AWGN et dans un canal non stationnaire avec évanouissements, modèle de Rayleigh. Pour conserver un taux d'erreur de 10^{-4} il faut augmenter le rapport signal sur bruit de 27 dB environ.

À ce stade on peut faire une remarque très importante. Si l'on observe la *figure 3.66*, on peut considérer que les fréquences pour lesquelles on observe du *fading*, ou évanouissement, sont des bandes interdites. On ne peut en effet utiliser ces bandes de fréquences puisqu'elles ne sont pas transmises entre l'émetteur et le récepteur.

La *figure 3.79* représente un canal dans lequel on rencontre trois brouilleurs, ces brouilleurs pouvant être intentionnels ou non. Les brouilleurs condamnent évidemment les bandes qu'ils occupent. Le canal non stationnaire avec *fading* est donc similaire au canal brouillé, dans chacun des cas des bandes de fréquences, éventuellement mobiles, sont interdites et inutilisables.

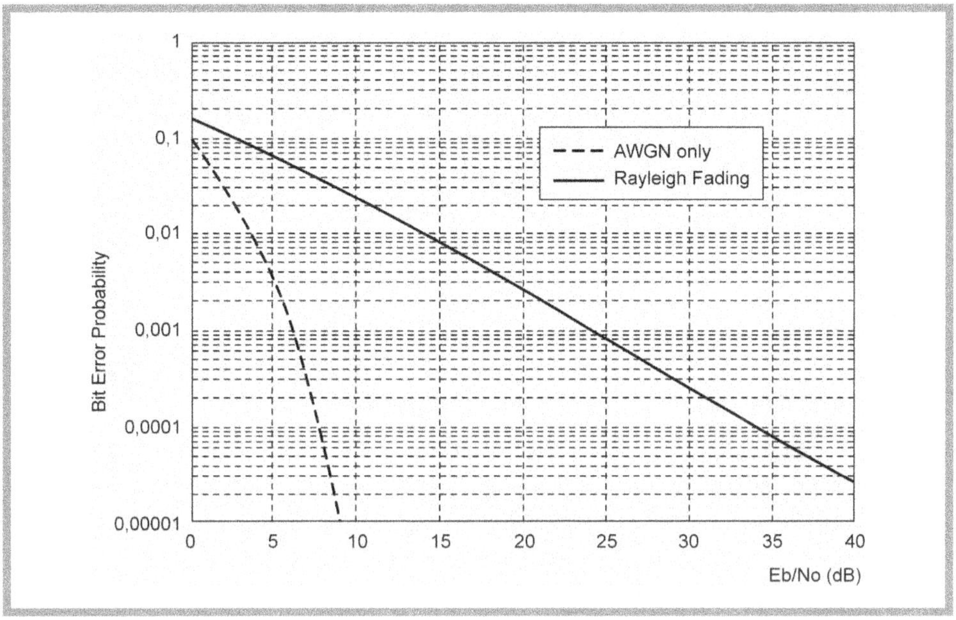

Figure 3.78 – Taux d'erreur bit dans un canal avec évanouissements et non stationnaire, modèle de Rayleigh.

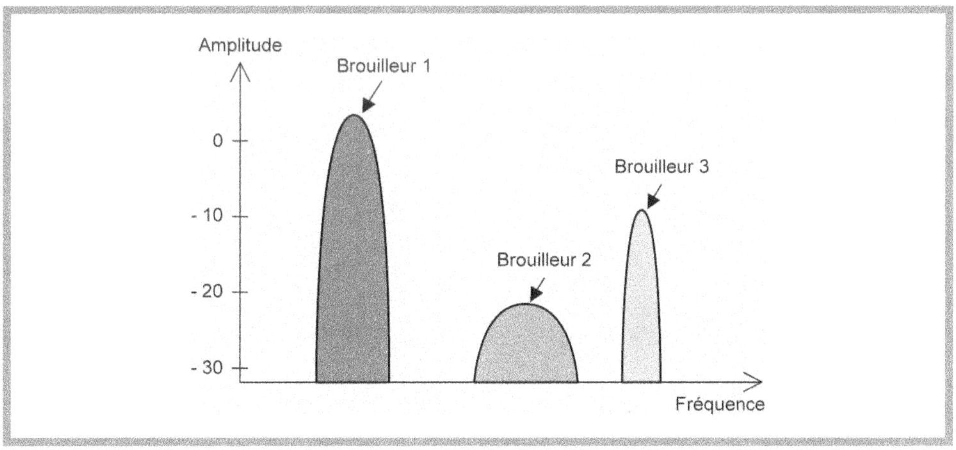

Figure 3.79 – Canal avec brouilleurs intentionnels ou non.

Il est clair que le canal non stationnaire avec *fading* comme il a été décrit précédemment est le type de canal que l'on rencontrera lors de communications avec des mobiles en milieu urbain par exemple, et que le canal avec des brouilleurs intentionnels est celui que peut rencontrer une armée en cas de conflit. Cette remarque est très importante car les procédés qui vont être décrits dans la suite de ce paragraphe peuvent s'appliquer dans deux cas extrêmement différents, des applications plutôt civiles et des applications plutôt militaires.

En fonction du type d'application, civile ou militaire, on s'intéressera à l'une ou l'autre des performances des types de modulations particuliers qui seront utilisés. Dans les deux cas il s'agit bien entendu d'assurer la communication entre un émetteur et un récepteur. Dans le cas de communications militaires, on s'intéressera à la discrétion de la transmission, à la difficulté d'identification ou au chiffrage, dans le cas de transmissions civiles, on pourra s'intéresser par exemple au nombre d'utilisateurs ou au mode d'accès au canal.

Il est alors très important de bien évaluer les différents procédés en fonction du point de vue adopté : civil ou militaire. Des avantages pour une application peuvent ne présenter aucun intérêt pour la seconde.

Chercher à résoudre le problème de la transmission dans un canal non stationnaire avec *fading*, ou dans un canal avec brouilleurs intentionnels ou non, fixes ou non, relève de la même stratégie.

On peut aisément deviner que la ou les solutions vont être identiques dans les deux cas.

Le *fading* ou les brouilleurs diminuent le rapport signal sur bruit du signal transmis comme le montre très simplement la *figure 3.80*. Dans ce cas précis, le signal et le brouilleur sont centrés sur des fréquences voisines.

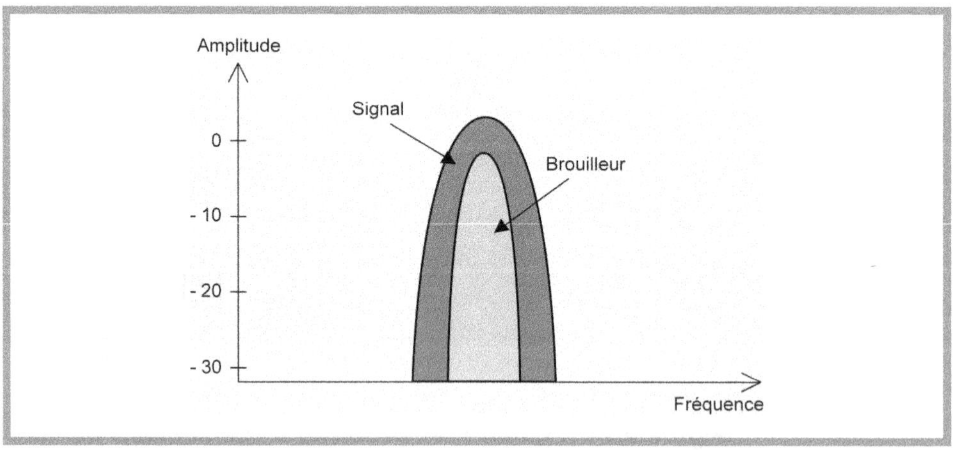

Figure 3.80 – Dégradation du rapport signal sur bruit par le brouilleur.

Pour lutter contre le *fading* ou les brouilleurs, la solution va donc consister à étaler le spectre du signal à transmettre. En répartissant l'énergie sur une très large plage, on espère ainsi que l'influence du *fading* ou des brouilleurs sera négligeable.

Ce procédé est représenté à la *figure 3.81* : un signal étalé et deux brouilleurs.

Une autre approche est celle qui consiste à voir que, dans la relation de Shannon donnant la capacité d'un canal, on peut échanger de la bande contre du rapport signal sur bruit :

$$C = B\log_2(1 + S/N)$$

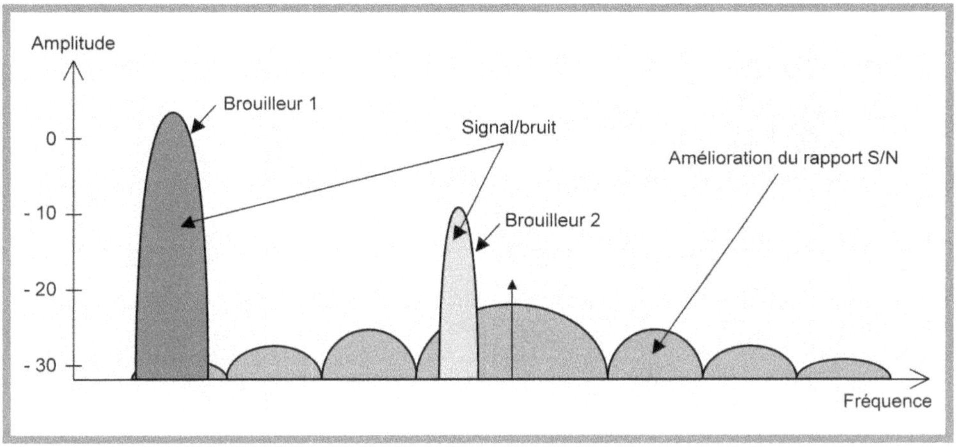

Figure 3.81 – Amélioration du rapport signal sur bruit par étalement.

Différentes méthodes peuvent être employées pour étaler le spectre d'une transmission à bande étroite. On utilise l'abréviation SS pour *Spread Spectrum* : étalement de spectre.

Trois méthodes principales seront brièvement décrites dans la suite :

– FHSS (*Frequency Hopping Spread Spectrum*) : saut de fréquence ou évasion de fréquence ;

– DSSS (*Direct Sequence Spread Spectrum*) : étalement par séquence directe ;

– COFDM (*Coded Orthogonaly Frequency Division Multiplex*) : multi-porteuses.

3.13.1 Étalement par saut de fréquence : FHSS

Le premier procédé d'étalement de spectre est celui qui consiste à transmettre le message par paquets en changeant régulièrement de fréquence. On ne modifie pas le débit du message. Cette caractéristique a donné à ce procédé le nom de *saut de fréquence* ou *évasion de fréquence*.

Noter la connotation militaire du terme « évasion » qui montre bien que ce procédé a été initialement conçu pour des applications militaires.

Les schémas synoptiques de la *figure 3.82* donnent une idée de ce que peut être l'architecture d'un émetteur et d'un récepteur utilisant l'étalement par saut de fréquence.

Dans le cas de l'émetteur on constate que le signal modulé est transposé, par un synthétiseur de fréquence, vers la fréquence à émettre. Le synthétiseur de fréquence reçoit ses informations d'un générateur pseudo-aléatoire. À la réception il suffit d'effectuer l'opération inverse : la bande de fréquence d'entrée est transmise vers le démodulateur.

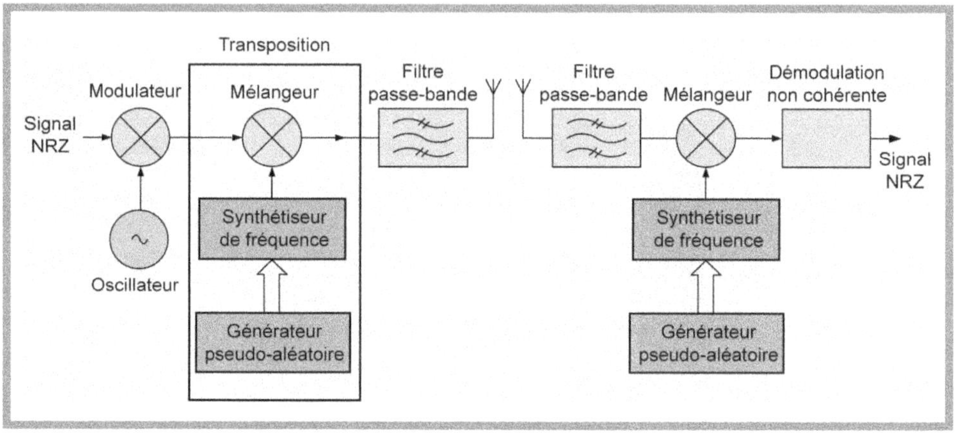

Figure 3.82 – Émetteur et récepteur à étalement de spectre FHSS.

La *figure 3.83* montre que le message est successivement émis sur les fréquences f_1, f_4, f_3, f_2…

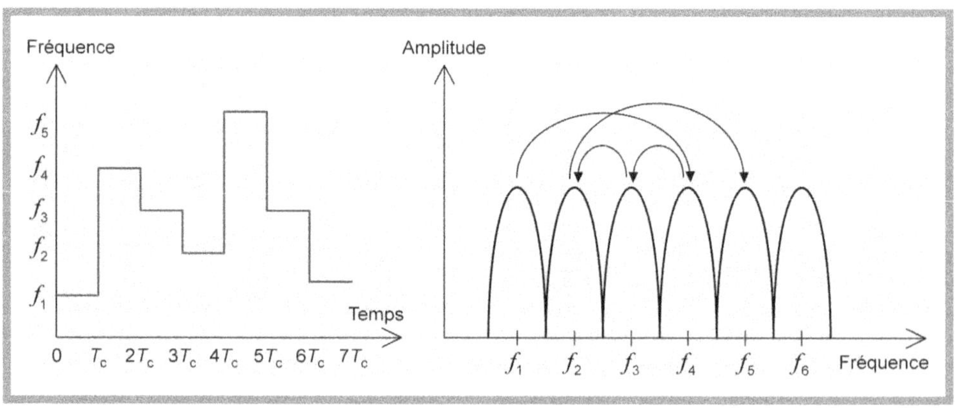

Figure 3.83 – Accès au canal par les utilisateurs pour l'étalement de spectre FHSS.

Ce procédé a été un des premiers à être utilisé, principalement parce qu'il est assez simple à mettre en œuvre. Il suffit effectivement de disposer de deux synthétiseurs de fréquence actionnés par deux générateurs pseudo-aléatoires synchrones.

La simplicité, toute relative, de ce procédé est un premier avantage. Les autres avantages de ce procédé apparaissent clairement.

Plus la séquence pseudo-aléatoire, utilisée pour étaler le spectre, sera longue, plus il sera difficile d'intercepter la communication. L'aspect communication protégée ou communication militaire apparaît clairement ici.

Ce procédé permet de surmonter les problèmes dus aux brouilleurs intentionnels ou non et aux évanouissements. Si la séquence a lieu dans un évanouissement ou sur la fréquence d'un brouilleur, cela entraîne une perte de paquets qui doivent être récupérés par des codes détecteurs et correcteurs d'erreurs.

Ce procédé n'apporte pas de résistance particulière vis-à-vis des échos, puisqu'il ne s'agit que d'une transposition du message.

Plusieurs utilisateurs peuvent se partager le canal comme le montre la *figure 3.84*. Les utilisateurs sont différenciés par la séquence d'utilisation des bandes de fréquences.

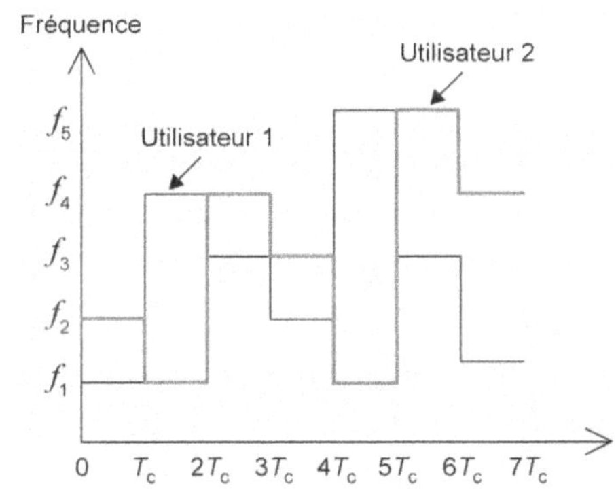

Figure 3.84 – Accès au canal par de multiples utilisateurs pour l'étalement de spectre FHSS.

Historiquement, c'est le procédé d'étalement par saut de fréquence qui a été le premier à être employé pour au moins deux raisons : il est simple à mettre en œuvre et il répond parfaitement à des impératifs de discrétion et de furtivité dans les communications militaires.

Le rôle des générateurs pseudo-aléatoires étant important dans les procédés d'étalement, un paragraphe leur est consacré avant d'aborder les deux autres procédés d'étalement.

3.13.2 Générateurs pseudo-aléatoires

Un générateur pseudo-aléatoire, comme son nom l'indique, n'est pas un générateur parfaitement aléatoire, puisque la grandeur qu'il délivre à l'instant $t + \Delta t$ dépend de la grandeur de sortie à l'instant t.

Si l'on examine les grandeurs de sortie successives de ce générateur, celles-ci donnent l'apparence d'une distribution parfaitement aléatoire.

Imaginons un circuit constitué de quatre bascules D en cascade, la sortie de la dernière bascule étant rebouclée sur l'entrée de la première. Supposons que le registre à décalage ainsi constitué soit initialisé par le mot 0100, après la première impulsion d'horloge, le mot de sortie vaut 0010, puis à la seconde impulsion 0001 et à la troisième 1000. On réalise ainsi une permutation circulaire et le régime établi est élémentaire.

Si l'on exprime le mot de sortie en hexadécimal, dans l'exemple précédent, le système passe par 4 états différents 4, 2, 1 et 8 avant de revenir au mot d'initialisation 4.

La séquence est la suivante : 4, 2, 1, 8, 4, 2, 1…

Si, sans avoir la connaissance du système qui délivre cette séquence, on examine les valeurs des sorties consécutives, il est extrêmement facile de détecter la séquence, sa périodicité et la règle qui permet de calculer la valeur suivante connaissant la dernière valeur. Un tel générateur ne peut être classé dans la catégorie des générateurs aléatoires ni même pseudo-aléatoires.

La *figure 3.85* met en œuvre un rebouclage différent, effectué par une porte OU exclusif. J est le mot d'initialisation, Q est le mot de sortie. Si l'on suppose que le système est initialisé par la valeur 5, la séquence de sortie est la suivante : 5, A, D, E, F, 7, 3, 1, 8, 4, 2, 9, C, B, 5, A…

Si le système est initialisé par 9, l'ordre de la séquence est inchangé, seul le point de départ diffère. Dans ce cas on remarque que la période de la séquence vaut 15 et que la succession des grandeurs de sortie *ressemble* à une suite de tirages au hasard. Cette *ressemblance* permet de qualifier le système de générateur pseudo-aléatoire.

On remarque finalement que l'initialisation par 0 doit être éliminée, cette valeur conduit à un état 0 permanent quel que soit le cycle du système.

Le mot de sortie à l'instant $t + \Delta t$ dépend de la valeur du mot de sortie à l'instant t. Il est donc commode de définir une opération qui relie deux mots consécutifs :

$$Q_{n+1}(t) = AQ_n(t)$$

Q_n est un vecteur qui comporte autant de composantes qu'il y a de bascules dans la structure.

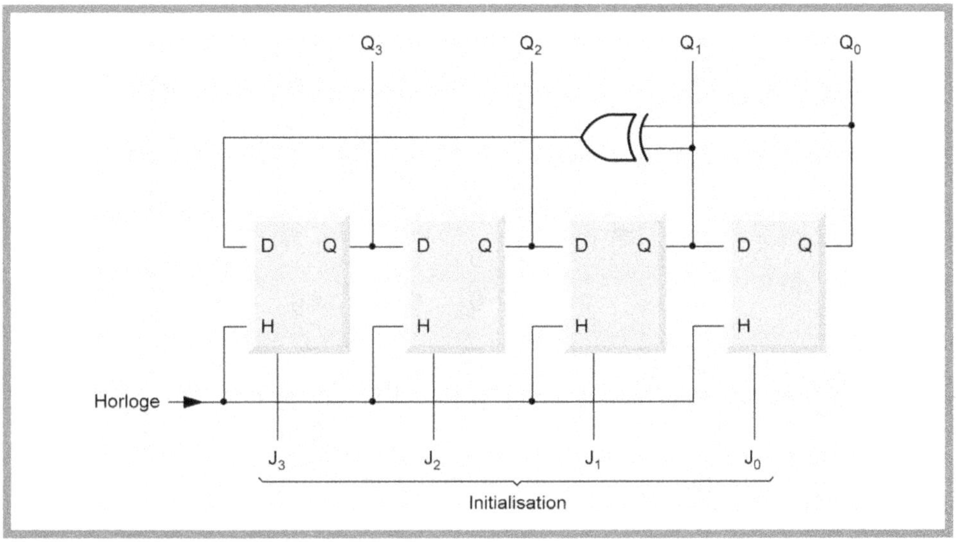

Figure 3.85 – Registre à décalage, rebouclage avec une porte OU exclusif.

La matrice A est définie de la manière suivante :

$$A = \begin{bmatrix} a_1 & a_2 & a_3 & . & a_{k-2} & a_{k-1} & a_k \\ 1 & 0 & 0 & . & 0 & 0 & 0 \\ 0 & 1 & 0 & . & 0 & 0 & 0 \\ 0 & 0 & 1 & . & 0 & 0 & 0 \\ . & . & . & . & . & . & . \\ 0 & 0 & 0 & . & 1 & 0 & 0 \\ 0 & 0 & 0 & . & 0 & 1 & 0 \end{bmatrix}$$

Les coefficients a_1, a_2, ..., a_k sont choisis égaux à 0 ou 1 et les opérations sont effectuées dans l'arithmétique *modulo* 2, les résultats sont égaux à 0 ou 1.

On cherche le polynôme caractéristique $P(x)$ de la matrice B définie de la manière suivante :

$$B = A - xI$$

$$P(x) = \det[A - xI]$$

$$B = \begin{bmatrix} a_1 - x & a_2 & a_3 & . & a_{k-2} & a_{k-1} & a_k \\ 1 & -x & 0 & . & 0 & 0 & 0 \\ 0 & 1 & -x & . & 0 & 0 & 0 \\ 0 & 0 & 0 & . & 0 & 0 & 0 \\ . & . & . & . & . & . & . \\ 0 & 0 & 0 & . & 1 & -x & 0 \\ 0 & 0 & 0 & . & 0 & 1 & -x \end{bmatrix}$$

Le polynôme $P(x)$ peut s'écrire :

$$P(x) = x^k + a_1 x^{k-1} + a_2 x^{k-2} + \ldots + a^k$$

Lorsque le polynôme est choisi parmi les polynômes primitifs, la périodicité du système est maximale et vaut :

$$T = 2^k - 1$$

Dans le cas de l'étalement de spectre cette caractéristique est recherchée mais dans certains cas il se peut que ce ne soit pas la seule caractéristique que l'on recherche.

Dans certains cas on s'intéressera à la fonction d'auto-corrélation de la séquence et aux fonctions d'intercorrélation de séquences de même longueur entre elles.

Le *tableau 3.8* donne des exemples de polynômes primitifs pour des degrés compris entre 7 et 33.

Tableau 3.8 – Polynômes primitifs pour des degrés compris entre 7 et 33.

Ordre n	Période 2^{n-1}	$P(x)$
7	127	$x^7 + x^3 + 1$
9	511	$x^9 + x^4 + 1$
10	1 023	$x^{10} + x^3 + 1$
11	2 047	$x^{11} + x^2 + 1$
15	32 767	$x^{15} + x + 1$
16	65 535	$x^{16} + x^{12} + x^3 + x + 1$
17	131 071	$x^{17} + x^3 + 1$
18	262 143	$x^{15} + x^7 + 1$
21	2 097 151	$x^{15} + x^2 + 1$
22	4 194 303	$x^{22} + x + 1$

Tableau 3.8 (suite) – Polynômes primitifs pour des degrés compris entre 7 et 33.

Ordre n	Période 2^{n-1}	$P(x)$
23	8 388 607	$x^{23} + x^5 + 1$
24	16 777 215	$x^{24} + x^7 + x^2 + x + 1$
25	33 554 431	$x^{25} + x^3 + 1$
28	268 435 455	$x^{28} + x^3 + 1$
29	536 870 911	$x^{29} + x^2 + 1$
31	2 147 483 647	$x^{31} + x^5 + 1$
33	8 589 934 591	$x^{33} + x^{13} + 1$

Réalisation d'un générateur pseudo-aléatoire

Supposons que l'on veuille réaliser un générateur pseudo-aléatoire en utilisant le polynôme d'ordre 15 suivant :

$$P(x) = x^{15} + x + 1$$

Dans ce cas :

$$a_k = a_{k-1} = 1$$

Tous les autres coefficients sont nuls.

On dispose d'autant de registres à décalage que l'ordre du polynôme. Si les données circulent de gauche à droite, le registre situé le plus à gauche représente x_{k-1}, le suivant x_{k-2}, jusqu'au dernier qui représente le terme constant égal à 1.

Dans le cas du polynôme d'ordre 15 pris en exemple, les deux entrées de la porte OU exclusif seront connectées à la dernière bascule située le plus à droite de la *figure 3.86* et à l'avant-dernière bascule.

Lorsque l'on utilise des générateurs pseudo-aléatoires, on s'intéresse à la longueur maximale de la séquence, mais ce n'est pas la seule caractéristique qui permet de choisir un type de générateur pour une application donnée.

Dans la plupart des cas on s'intéressera à la séquence de sortie de l'un des registres constituant le générateur. Si le générateur utilise un polynôme premier, la période de la séquence est maximale et, durant cette période, le nombre de 0 et de 1 ne diffère que d'une unité.

Pour ces générateurs on s'intéressera aussi à deux caractéristiques très particulières : la fonction d'auto-corrélation et la fonction d'intercorrélation.

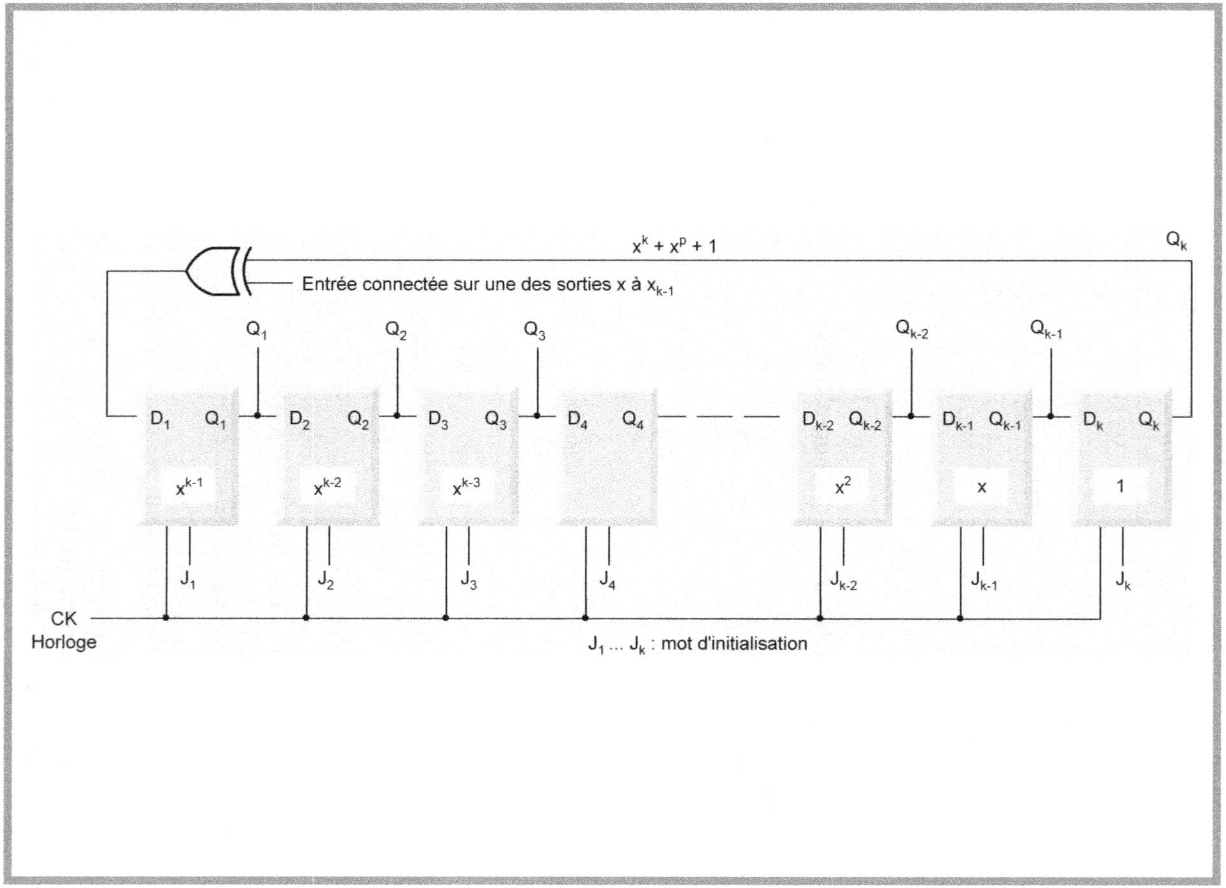

Figure 3.86 – Réalisation d'un générateur pseudo-aléatoire.

Fonction d'auto-corrélation

La fonction d'auto-corrélation $A(\tau)$ est définie de la manière suivante :

$$A(\tau) = \int_{-\frac{L}{2}}^{+\frac{L}{2}} f(t) f(t+\tau) dt$$

L est la longueur de la séquence.

Pour des raisons de commodités les symboles peuvent prendre les valeurs binaires –1 et +1.

Soit la séquence –1 –1 1 –1 1 1 1. Le nombre de symboles –1 est égal à 3 et le nombre de symboles 1 est égal à 4.

Dans cet exemple du *tableau 3.9*, on peut faire une succession de décalages circulaires et calculer les produits $x_i \oplus y_i$.

Le terme x fait référence à la séquence originale et le terme y à la séquence décalée. On additionne ensuite tous les produits obtenus pour l'indice i variant de 1 à la longueur maximale de la séquence.

Tableau 3.9 – Calcul de la fonction d'auto-corrélation.

–1	–1	1	–1	1	1	1	$x_i \oplus y_i$
–1	–1	1	–1	1	1	1	7
1	–1	–1	1	–1	1	1	–1
1	1	–1	–1	1	–1	1	–1
1	1	1	–1	–1	1	–1	–1
–1	1	1	1	–1	–1	1	–1
1	–1	1	1	1	–1	–1	–1
–1	1	–1	1	1	1	–1	–1

La *figure 3.87* donne un aperçu de la fonction d'auto-corrélation pour l'exemple utilisé précédemment (*tableau 3.9*). Dans ce cas la fonction d'auto-corrélation vaut 7, valeur maximale lorsque les deux séquences sont identiques ou exactement en phase. La fonction d'auto-corrélation vaut –1 partout ailleurs lorsque les séquences sont décalées.

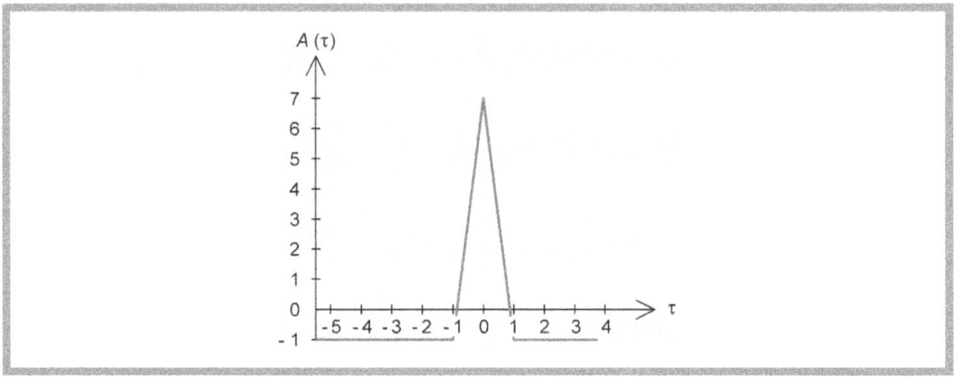

Figure 3.87 – Représentation de la fonction d'auto-corrélation.

Les séquences obtenues avec des polynômes primitifs ont une excellente fonction d'auto-corrélation ; pour un polynôme d'ordre n la fonction d'auto-corrélation vaut au maximum $2^n - 1$ lorsque les séquences sont en phase et -1 partout ailleurs.

Fonction d'intercorrélation

On s'intéressera aussi à la fonction d'intercorrélation entre deux séquences de longueur identique. Cette fonction aura une importance toute particulière lorsqu'on est en présence d'utilisateurs multiples.

Dans le cas des générateurs pseudo-aléatoires ayant une longueur maximale, la fonction d'auto-corrélation est maximale mais il n'y a aucune garantie en ce qui concerne la fonction d'intercorrélation.

Automate cellulaire

L'expression *automate cellulaire* peut paraître comme une antilogie. Le mot *automate* suggère l'artificiel, la logique, le déterminisme tandis que le mot *cellulaire* renvoie au naturel, à la biologie et au vivant et donc à l'imprévisible. Ces deux notions radicalement opposées, lorsqu'elles sont associées permettent de générer des séquences pseudo-aléatoires nécessaires aux modulations numériques. Leurs architectures possèdent la particularité d'être auto-reproductrices.

Les automates cellulaires datent du début des années 1940. Le mathématicien Stanislas Ulam leur donna naissance en modélisant la croissance des cristaux sur une grille. Son point de départ était un espace à deux dimensions définissant un nombre fini de cases ou de cellules. Chacune des cellules était booléenne : allumée ou éteinte. À l'état de départ t_0, certaines cellules de façon arbitraire étaient allumées. À partir de cette configuration initiale, les états des cellules évoluaient en fonction de règles de voisinage entre cellules. Ces mécanismes simples permettaient de générer des figures complexes qui, dans certains cas, pouvaient se répliquer. Dans les mêmes années, John von Neumann travaillait sur les fonctions mathématiques de machines auto-réplicatives, c'est-à-dire capables de produire une copie d'elle-même. À partir des travaux de Stanislas Ulam, John von Neumann construisit une première implémentation à travers le Kinématon, automate cellulaire bidimensionnel intégrant environ 200 000 cellules à 29 états, avec un voisinage de 5 cellules, avec l'objectif de réaliser un constructeur universel capable de répliquer à l'identique toute structure dont on lui a donné le plan initial. À partir de ces premiers travaux et implémentations, les automates cellulaires allaient continuer de se développer (Wolfram, Langton, Conway ou le jeu de la vie, etc.).

Les automates cellulaires trouvent de nombreuses applications dans des domaines très divers, de la conception d'ordinateurs massivement parallèles à la simulation de la propagation des feux de forêts en passant par la conception de générateur de séquences pseudo-aléatoires utiles en télécommunication.

Un automate cellulaire se caractérise par quatre paramètres :

- sa *dimension* : un automate cellulaire est le plus généralement 1D : ligne, 2D : matrice, ou de dimension N; toutes les cellules qui constituent l'automate sont mises à jour de manière synchrone ;
- le *voisinage d'une cellule* : il détermine le nombre de cellules qui participeront à la détermination de l'état futur de la cellule en cours d'étude. Dans le cas d'une ligne, une cellule possède un voisinage de 2. Ces deux cellules détermineront l'état de la cellule centrale à l'instant $t+1$. Toutes les cellules utilisent les mêmes règles pour déterminer leur état suivant ;
- son *alphabet* ou *espace d'état* : cet alphabet correspond à l'ensemble de tous les états qu'une cellule peut prendre. Le plus souvent ils sont booléens : 2 états, mais il existe des exemples d'automates cellulaires où l'alphabet est supérieur à 2, comme dans le cas du Kinématon ;
- sa *fonction de transition* : elle correspond aux règles de passage d'un état présent à un état futur d'une cellule en fonction de son voisinage. Le nombre de fonctions de transition correspond au nombre de voisinages à la puissance nombre de configurations de voisinage.

Architecture d'un générateur pseudo-aléatoire simple

Un automate cellulaire simple, tel celui représenté à la *figure 3.88*, consiste en une grille unidimensionnelle de cellules ne pouvant prendre que deux états, 0 ou 1, avec un voisinage constitué, pour chaque cellule, d'elle-même et des deux cellules qui lui sont adjacentes, une cellule voisine de gauche et une cellule voisine de droite.

Chacune des cellules pouvant prendre 2 états, il existe $2^3 = 8$ configurations possibles d'un tel voisinage.

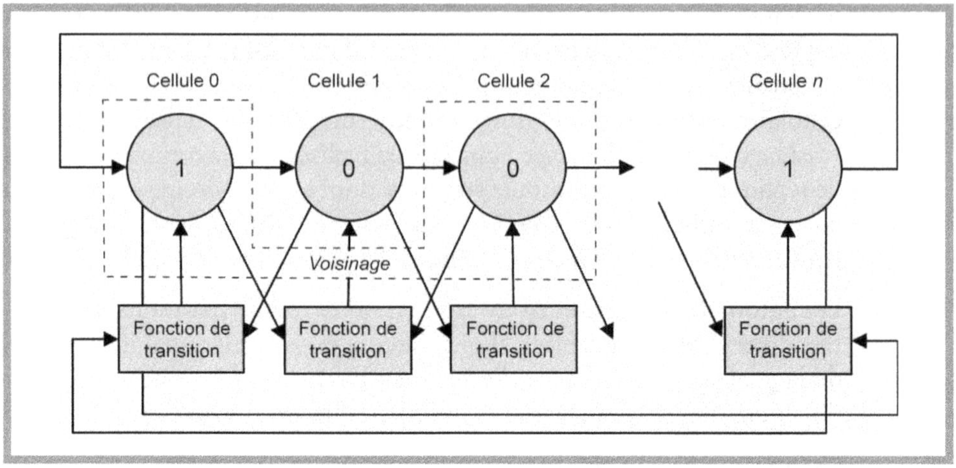

Figure 3.88 – Représentation d'un automate cellulaire simple.

Pour que l'automate cellulaire fonctionne, il faut définir l'état, à la génération suivante, d'une cellule pour chacun de ces motifs. Il y a $2^8 = 256$ méthodes différentes pour obtenir le résultat, 256 automates cellulaires différents peuvent donc être simulés sur une telle grille.

Ces automates sont bouclés, si l'automate a une taille n, la cellule 0 a comme voisin de gauche la cellule $n-1$, et la cellule $n-1$ a comme voisin de droite la cellule 0. Considérons l'automate cellulaire défini par le *tableau 3.10* qui donne la valeur de la cellule centrale à l'instant $t+1$ en fonction de la valeur de la cellule et de ses cellules adjacentes à l'instant t.

Tableau 3.10 – Tableau définissant l'automate cellulaire.

Valeur de la cellule $i-1$ à l'instant t	1	1	1	1	0	0	0	0
Valeur de la cellule i à l'instant t	1	1	0	0	1	1	0	0
Valeur de la cellule $i+1$ à l'instant t	1	0	1	0	1	0	1	0
Valeur de la cellule i à l'instant $t+1$	0	0	0	1	1	1	1	0

Si, par exemple, à un temps t donné, une cellule est à l'état 1, sa voisine de gauche à l'état 1 et sa voisine de droite à l'état 0, au temps $t+1$ elle sera à l'état 0.

L'équation de la fonction de transition régit complètement le séquencement de l'automate cellulaire. Il existe des équations qui permettent d'obtenir un comportement pseudo-aléatoire par exemple en prenant l'équation ci-dessous et en initialisant l'automate à 1 :

$$c(i)_{t+1} = (c(i-1)_t + c(i)_t) \oplus c(i-1)_t$$

En prenant l'une des sorties de l'automate *c*(*i*) on récupère alors une séquence pseudo-aléatoire comparable aux générateurs obtenus à l'aide de la bascule D et rebouclés par une porte OU exclusif suivant un polynôme caractéristique.

Implémentation VHDL

Les architectures numériques des émetteurs et récepteurs font de plus en plus appel à des circuits programmables de type FPGA (*Field Programmable Gate Array*) où des fonctions électroniques sont implémentées à partir d'une modélisation en VHDL, Verilog ou SystemC. Ces langages de description matériel permettent de décrire les systèmes suivant plusieurs niveaux (comportemental, structurel, *data-flow*, RTL, etc.), de le simuler et de le synthétiser en vue d'une implémentation matérielle programmable ou spécifique (FPGA ou ASIC).

Le code VHDL suivant décrit un générateur de séquence pseudo-aléatoire basé sur un automate cellulaire sur 16 bits avec une fonction de transition pour chaque cellule donnée par la relation suivante. La sortie du générateur pseudo-aléatoire correspond à l'une des sorties de l'automate cellulaire :

$$c(i)_{t+1} = (c(i-1)_t + c(i)_t) \oplus c(i-1)_t$$

```
----------------------------------------------------
-- Générateur Pseudo Aléatoire basé sur un
-- Automate cellulaire de type Wolfram
--
-- Authors : O. Romain & F. de Dieuleveult
--
-- Nombre de bits (Generic) : 16
--
-- Reset : Initialise l'automate
-- clk : clock système
-- Etat_automate : Sorties de l'automate
-- Pseudoa : sortie du générateur pseudo aléatoire
----------------------------------------------------
LIBRARY ieee;
USE ieee.std_logic_1164.all;

ENTITY automate_cellulaire IS

      GENERIC
      (
            N : integer := 16
      );
      PORT
      (
            reset : IN  STD_LOGIC;
            clk        : IN  STD_LOGIC;
            Etat_automate : OUT    STD_LOGIC_VECTOR((N-1) downto 0);
            pseudoa : OUT     STD_LOGIC
```

```
        );

END automate_cellulaire;

ARCHITECTURE a OF automate_cellulaire IS

SIGNAL      TEMP : STD_LOGIC_VECTOR((N-1) downto 0);
SIGNAL      Q       : STD_LOGIC_VECTOR((N-1) downto 0);

BEGIN
-- Mise à jour des sorties
Etat_automate <= Q;
PROCESS (clk, reset)
BEGIN
        if (reset = '1') then
                Q <= (others = >'0');
                Q(0) <= '1';
        elsif (clk'event and clk = '1') then
                Q <= TEMP;
        end if;
END PROCESS;

-- Calcul des fonctions de transition
TEMP(0) <= (Q(N-1) or Q(0))  xor Q(1);
TEMP(N-1) <= (Q(N-2) or Q(N-1)) xor Q(0);

FT : FOR i IN 1 to N-2 GENERATE
        TEMP(i) <= (Q(i-1) or Q(i))  xor Q(i +1);
END GENERATE FT;

-- On a N sorties possibles pour la séquence pseudo aléatoire
-- On en choisit une au hasard
pseudoa <= Q(2);
END a;
```

La *figure 3.89* donne le résultat de la simulation obtenue sous le simulateur du logiciel Quartus (Altera). Le signal pseudoa, sortie de l'automate cellulaire, possède un comportement aléatoire dans le temps.

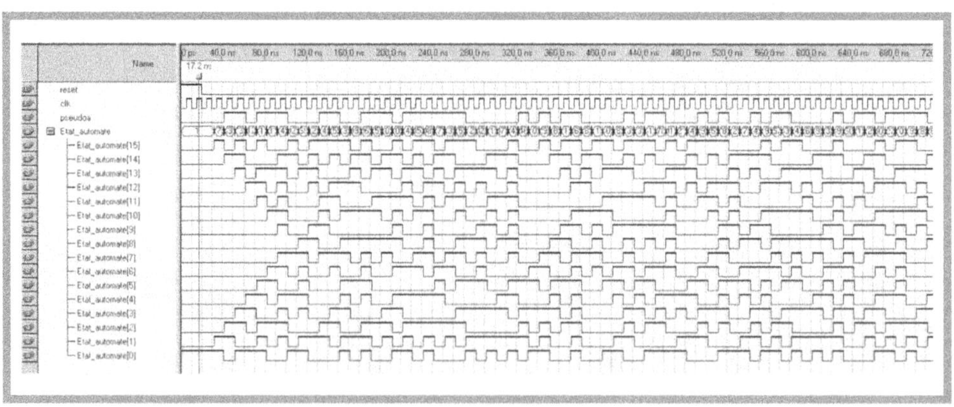

Figure 3.89 – Simulation du générateur pseudo-aléatoire.

Ces méthodes peuvent être employées pour décrire les générateurs pseudo-aléatoires utilisés dans les émetteurs et récepteurs à étalement de spectre.

3.13.3 Étalement par séquence directe : DSSS

Le procédé d'étalement de spectre par saut de fréquence a été breveté par l'actrice Hedy Lamarr et le compositeur George Antheil le 11 août 1942. Cela est tout à fait remarquable car il n'existait à l'époque aucun moyen de réaliser de tels équipements.

On pourra aussi remarquer que tous ces procédés d'étalement de spectre ont été initialement conçus pour des systèmes de transmissions militaires et que par conséquent il y avait peu de publications sur le sujet.

Le schéma synoptique de la *figure 3.90* rend compte du principe à adopter pour concevoir un émetteur à étalement de spectre par séquence directe.

Un symbole à transmettre est remplacé par une suite pseudo-aléatoire issue d'un générateur.

L'étalement est donc dû à la multiplication du débit binaire à transmettre D par la longueur de la séquence pseudo-aléatoire N.

Pour l'information binaire transmise on parle alors de *chip* et de *débit chip* :

$$\text{Débit chip} = D \cdot N$$

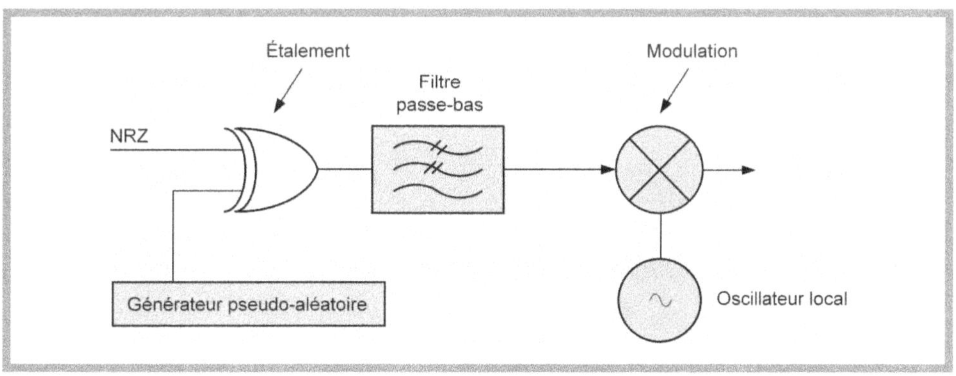

Figure 3.90 – Émetteur à étalement de spectre DSSS.

On a bien réalisé une opération d'étalement en augmentant le débit de l'information transmise.

Ce type d'émetteur à étalement de spectre a été utilisé dès les années 1980, le schéma synoptique de la *figure 3.90* montre qu'il est assez simple à concevoir. D'une manière plus générique on aura recours au schéma synoptique de la *figure 3.91* pour concevoir un tel émetteur compatible avec les modulations PSK et QAM.

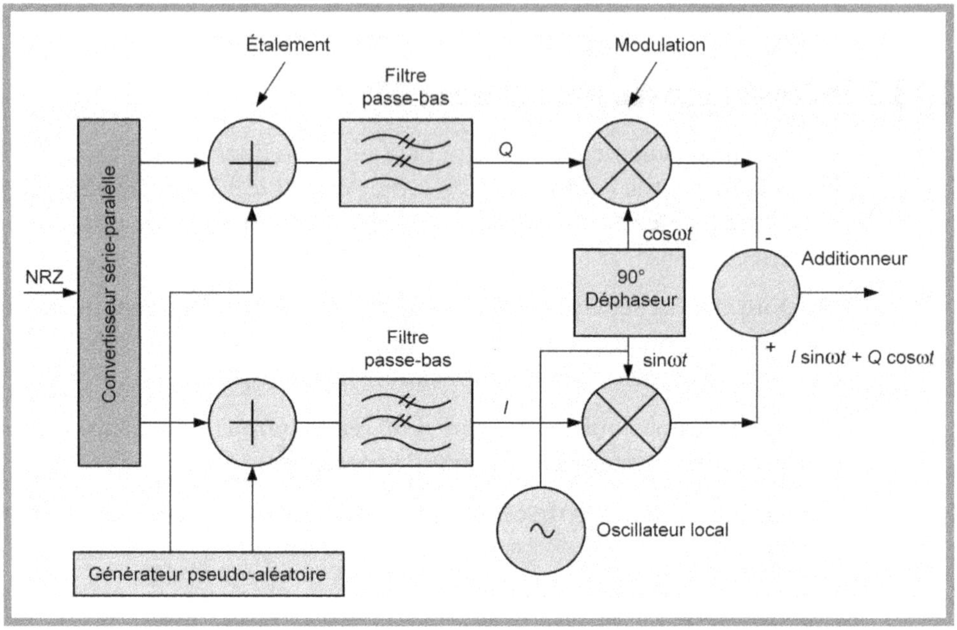

Figure 3.91 – Émetteur à étalement de spectre DSSS.

Le schéma de la *figure 3.92* donne les DSP d'un signal à bande étroite et du même signal après étalement.

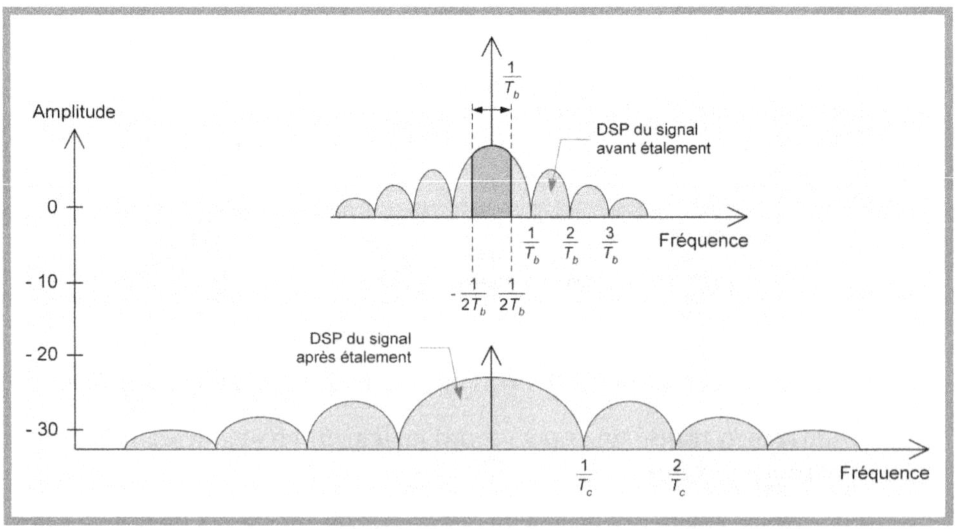

Figure 3.92 – DSP du signal transmis pour l'étalement de spectre DSSS.

Le diagramme de la *figure 3.93* donne l'allure des signaux que l'on pourrait obtenir en utilisant le synoptique de la *figure 3.90*. La séquence pseudo-aléatoire $c(t)$ égale à 0010111 est multipliée avec le signal binaire à transmettre $d(t)$.

Le résultat de cette opération $q(t) = d(t) \oplus c(t)$ module la porteuse. Dans l'exemple de la *figure 3.93* la porteuse est modulée en phase par $q(t)$.

Si, dans cet exemple, le débit binaire vaut 1 Mbit/s, la longueur de la séquence étant 7, le débit à transmettre vaut 7 Mchips/s.

Le schéma synoptique de la *figure 3.94* montre qu'à la réception une opération similaire, et aussi simple que celle qui a été faite à l'émission, permet la récupération des données.

Le démodulateur reçoit le signal transmis $s(t)$ et délivre, après démodulation, le signal $q(t)$.

Le signal $q(t)$ est multiplié par la séquence pseudo-aléatoire pour obtenir le signal de donnée :

$$c(t) \oplus q(t) = d(t)$$

Dans le cas de la *figure 3.93* on suppose que la séquence pseudo-aléatoire est synchronisée sur le signal de donnée, la séquence commence en même temps que le symbole.

Dans la pratique il n'y a évidemment aucune raison pour que les systèmes soient synchrones.

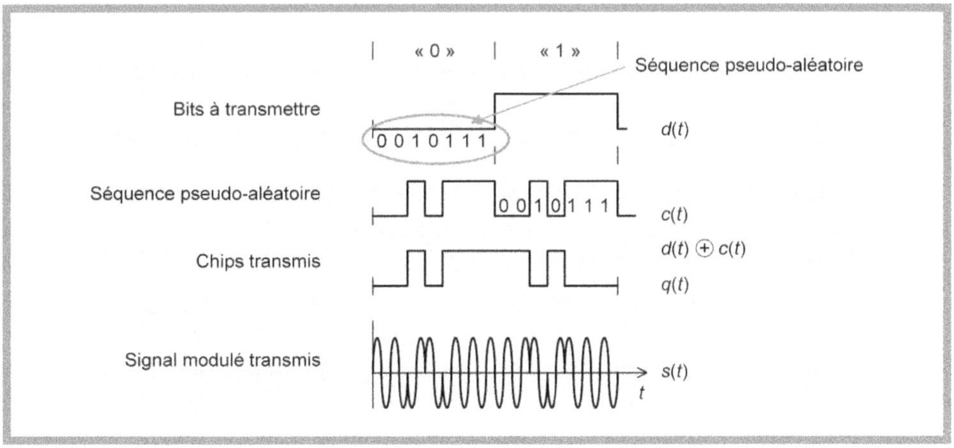

Figure 3.93 – Principe de l'étalement de spectre DSSS.

Dans les récepteurs à étalement de spectre par séquence directe il faudra donc prévoir un mécanisme supplémentaire qui aura pour but de synchroniser la séquence et le signal transmis.

Pour effectuer cette synchronisation on utilise les propriétés de la fonction d'auto-corrélation.

Si la fonction d'auto-corrélation est du type de celle représentée à la *figure 3.94*, il est facile de trouver la synchronisation. En effet on peut calculer la fonction d'auto-corrélation et décaler d'un chip tant que cette fonction n'est pas à la valeur maximale. Dès que le résultat est à sa valeur maximale le système est synchronisé.

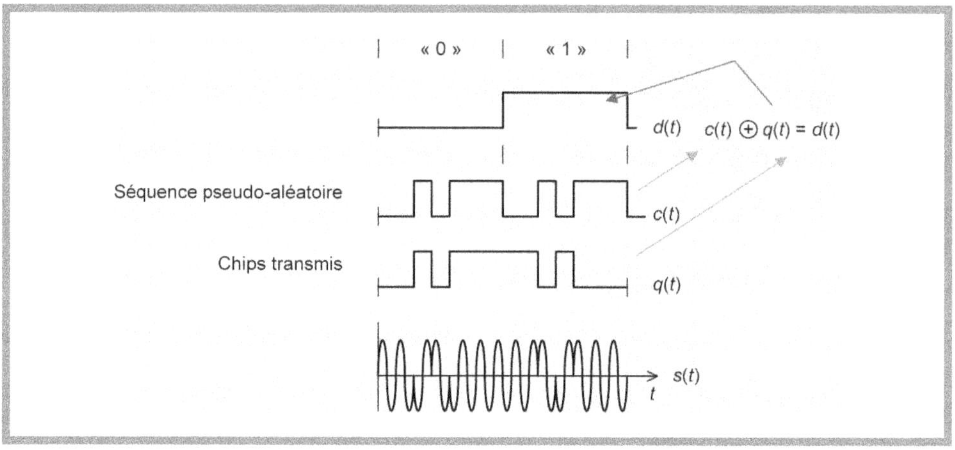

Figure 3.94 – Récupération du message original dans l'étalement de spectre DSSS.

La description du fonctionnement du système d'étalement de spectre par séquence directe permet d'énoncer une suite de particularités et d'avantages de ce procédé.

La séquence pseudo-aléatoire identifie l'utilisateur. Sans la connaissance exacte de cette séquence il est impossible d'intercepter la communication. Si l'objectif est de sécuriser une communication il suffit alors de choisir une séquence ayant une longueur importante et une bonne fonction d'auto-corrélation.

Plusieurs utilisateurs peuvent accéder au médium, au canal, simultanément. Chacun des utilisateurs est identifié par son code. Le mode d'accès au canal est alors dit CDMA (*Code Division Multiple Access*). Le CDMA est une particularité de l'étalement de spectre DSSS. Fréquemment un amalgame est fait entre les deux termes qui sont utilisés l'un pour l'autre ; ils n'ont pourtant pas la même signification, l'un est relatif au procédé et l'autre au mode d'accès. La particularité CDMA n'est qu'une conséquence du mode de modulation complexe DSSS.

On distingue deux modes de CDMA, synchrone ou asynchrone.

Lorsque ce CDMA est utilisé on cherche, pour les séquences pseudo-aléatoires, des caractéristiques particulières. Les séquences doivent avoir bien entendu une bonne fonction d'auto-corrélation mais aussi des mauvaises fonctions d'inter-corrélation.

Cela signifie qu'en effectuant le produit d'auto-corrélation entre deux séquences différentes on ne doit pas avoir d'ambiguïté possible.

Les générateurs pseudo-aléatoires tels qu'ils ont été présentés dans le paragraphe précédent ne répondent pas à ces critères, puisque seule l'excellente auto-corrélation était garantie.

Pour le CDMA on utilise d'autres séquences comme par exemple les séquences de Walsh qui utilisent les matrices de Hadamard.

On peut aussi utiliser les séquences Gold, dont le schéma est donné à la *figure 3.95*, qui sont obtenues en faisant la somme de deux générateurs délivrant une séquence de longueur maximale.

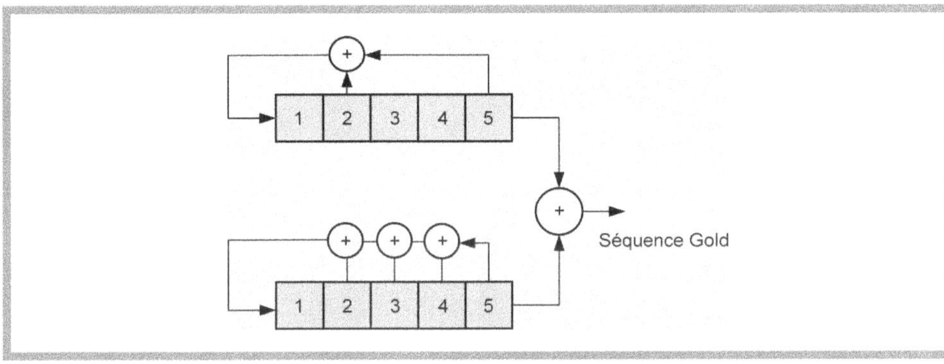

Figure 3.95 – Structure des séquences Gold.

En conclusion, pour le mode d'étalement DSSS il faut retenir :

- L'émetteur est assez simple à réaliser, le récepteur plus délicat surtout à cause des problèmes de synchronisation.
- Le débit transmis en chips/s est le débit utile multiplié par la longueur de la séquence. Cela conduit à travailler avec des débits importants.
- Le procédé DSSS autorise très facilement un mode CDMA comme accès au médium. Ce mode d'accès peut ou non avoir de l'importance dans une application donnée.
- Un brouilleur à bande étroite dans le canal est peu perturbant puisqu'à la réception il est multiplié par la séquence, il est donc étalé comme l'a été le signal à transmettre à l'émission.
  Ce procédé est utilisé dans le radiotéléphone cellulaire de troisième génération : UMTS.

3.13.4 Étalement par multiporteuses : COFDM

Le dernier procédé brièvement décrit est le système à multiporteuses ou COFDM. La *figure 3.96* donne un exemple de ce procédé avec un nombre limité de porteuses.

L'idée de base de ce procédé est de répartir toute l'information sur un grand nombre de porteuses, chacune d'entre elles étant modulée classiquement. Les études relatives à ce procédé ont commencé dans les années 1950-1960.

Le débit à transmettre est alors divisé par le nombre de porteuses. L'exemple de la *figure 3.96* montre qu'à un instant donné les informations transmises par les porteuses f_1, f_6 et f_7 peuvent être perdues.

Des codes détecteurs et correcteurs d'erreur permettront la reconstitution du message original.

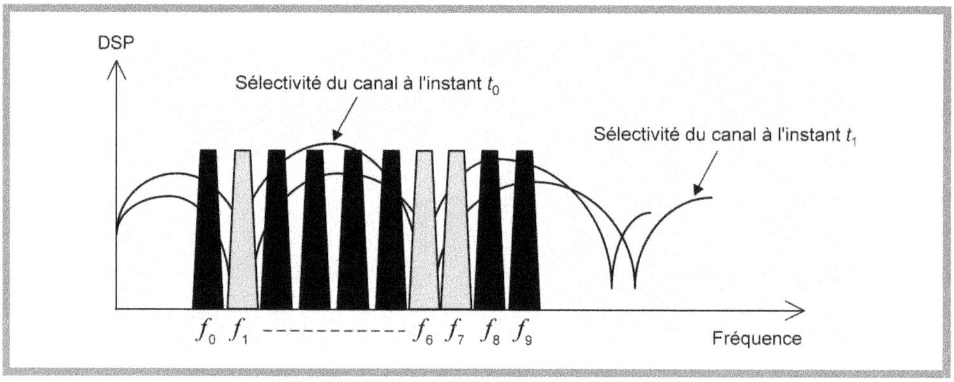

Figure 3.96 – Principe du COFDM.

Puisque le débit à transmettre est divisé par le nombre de porteuses le système est plus résistant vis-à-vis des échos. Pour augmenter encore cette résistance on ménage un intervalle de garde comme le représente le schéma de la *figure 3.97*.

On dispose donc d'un temps de latence avant de réutiliser chacune des porteuses. Pendant ce temps les échos potentiels pourraient éventuellement arriver sans avoir aucune conséquence en terme d'interférence intersymbole puisque la porteuse n'est pas encore modulée.

On conçoit donc un système très résistant aux trajets multiples, et par définition résistant au *fading* ou aux brouilleurs intentionnels ou non.

A contrario des systèmes précédents il n'y a aucune notion de discrétion ou de communication protégée. La seule protection pourrait éventuellement venir du codage.

A contrario avec les systèmes précédents il n'y a aucune caractéristique particulière en ce qui concerne le mode d'accès au canal.

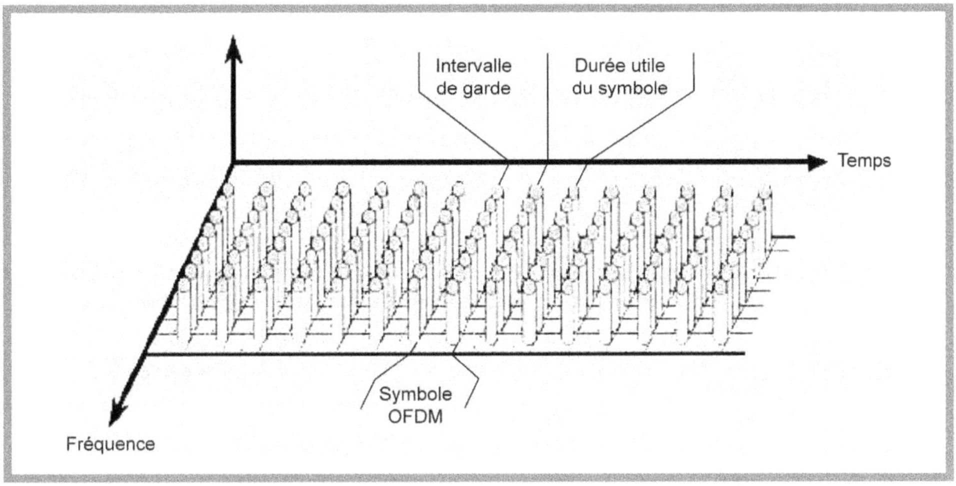

Figure 3.97 – Adjonction d'un intervalle de garde.

Si le système est utilisé dans un mode *broadcast*, un émetteur vers de multiples récepteurs, cela ne pose évidemment aucun problème. Si le système est dédié à de multiples utilisateurs, le seul mode d'accès envisageable est le mode TDMA (*Time Division Multiple Access*). Dans ce cas on réserve un *slot* de temps pour chacun des utilisateurs.

Ce procédé a été le dernier à être mis en œuvre car, bien que son énoncé soit simple, sa réalisation est conditionnée à la disposition de circuits numériques performants DSP ou FPGA.

À l'émission, le signal OFDM est généré en faisant une opération IFFT et, à la réception, on récupère le signal en faisant une FFT (*Fast Fourrier Transform*).

La modulation OFDM ou COFDM n'est pas un procédé de modulation à enveloppe constante comme peuvent l'être les modulations FSK ou PSK. L'amplification de puissance est donc délicate. Les porteuses présentes à l'entrée de l'amplificateur peuvent être considérées comme indépendantes pour évaluer l'importance de la linéarité de l'amplificateur.

À l'entrée de l'amplificateur on ne dispose plus de deux fréquences, comme dans le cas de la mesure de l'IP3, mais de 2 000 ou de 8 000 fréquences en DVB-T par exemple.

Les amplificateurs de puissance devront nécessairement être très linéaires : avoir des IP3 importants. On utilise aussi des systèmes de linéarisation comme les amplificateurs *feed-forward* ou les amplificateurs à prédistorsion.

Ce procédé est utilisé en télévision numérique DVB-T et DVB-H, pour les réseaux Hyperlan II. Il est aussi utilisé en ADSL.

Le DVB-T est la norme utilisée en télévision dite numérique terrestre (TNT) et le DVB-H est la norme dédiée à la télévision pour les mobiles.

Le *tableau 3.11* donne le débit, en Mbit/s, en fonction de l'intervalle de garde, du procédé de modulation et du code correcteur en DVB-T. Au maximum le débit varie entre 4,98 Mbit/s et 31,67 Mbit/s, la largeur du canal en télévision numérique étant de 8 MHz comme en analogique.

Tableau 3.11 – Débit, en Mbit/s, en fonction de l'intervalle de garde, du procédé de modulation et du code correcteur en DVB-T.

Procédé de modulation	Code correcteur	Intervalle de garde			
		1/4	1/8	1/16	1/32
QPSK	1/2	4,98	5,53	5,85	6,03
	2/3	6,64	7,37	7,81	8,04
	3/4	7,46	8,29	8,78	9,05
	5/6	8,29	9,22	9,76	10,05
	7/8	8,71	9,68	10,25	10,56
16-QAM	1/2	9,95	11,06	11,71	12,06
	2/3	13,27	14,75	15,61	16,09
	3/4	14,93	16,59	17,56	18,10
	5/6	16,59	18,43	19,52	20,11
	7/8	17,42	19,35	20,49	21,11
64-QAM	1/2	14,93	16,59	17,56	18,10
	2/3	19,91	22,12	23,42	24,13
	3/4	22,39	24,88	26,35	27,14
	5/6	24,88	27,65	29,27	30,16
	7/8	26,13	29,03	30,74	21,67

Plus on souhaite prendre de précautions et rendre la transmission résistante aux défauts du canal plus le débit est faible.

3.13.5 Conclusions

Les modulations conventionnelles, d'amplitude, de fréquence ou de phase, sont peu appropriées lorsque le canal est avec des évanouissements, des trajets multiples, des brouilleurs et non stationnaire.

Les modulations à étalement de spectre FHSS, DSSS ou OFDM répondent aux conditions d'un tel canal. Chacun des procédés peut avoir des avantages ou des inconvénients : discrétion de la communication, mode d'accès au canal, simplicité ou difficulté de la réalisation.

Il existe d'assez nombreuses variantes des procédés OFDM, ce qui tendrait à prouver qu'en matière il n'y a pas de solution définitive et idéale à tout point de vue.

CHAPITRE 4

STRUCTURE DES ÉMETTEURS ET RÉCEPTEURS

On souhaite transmettre le message original $m(t)$ en bande de base *via* le canal de transmission selon la chaîne de la *figure 4.1*. Nous ne nous intéressons pas au cas où le signal est transmis en bande de base, mais seulement lorsque le signal en bande de base module une fréquence porteuse. Le modulateur est un des sous-ensembles constituant l'émetteur mais ce n'est pas le seul.

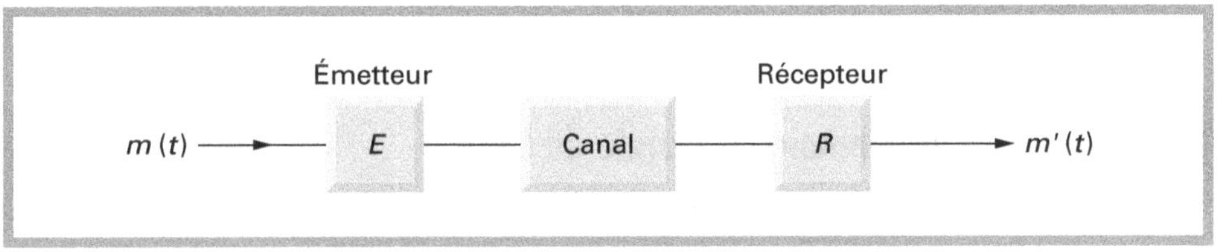

Figure 4.1 – Chaîne de transmission.

L'objectif de ce chapitre est l'examen de chacune des fonctions élémentaires constituant l'émetteur et le récepteur. À la réception on récupère le signal $m'(t)$ et l'on espère que celui-ci sera voisin du signal émis $m(t)$. Les performances globales de la chaîne de transmission seront fonction des choix et des paramètres retenus pour chacun des sous-ensembles. Les fonctions d'émission et de réception étant différentes, on comprend aisément qu'à chaque étape de traitement, seuls certains paramètres sont cruciaux.

L'objectif de cette description est de mettre l'accent sur l'importance relative de chaque paramètre pour tous les sous-ensembles de la chaîne de transmission. On constatera qu'en général, la structure des émetteurs est plus simple que celle des récepteurs. Les résultats donnés dans ce chapitre sont applicables, dans la plupart des cas, à la transmission des signaux analogiques ou numériques. Il ne s'agit pas ici de choisir le procédé de modulation, mais de réfléchir sur la configuration de l'émetteur et du récepteur lorsque ce choix a été effectué.

4.1 Émetteurs

L'émetteur simplifié de la *figure 4.2* comprend les trois sous ensembles suivants :

– un circuit de traitement en bande de base ;

– un modulateur ;

– un amplificateur de puissance.

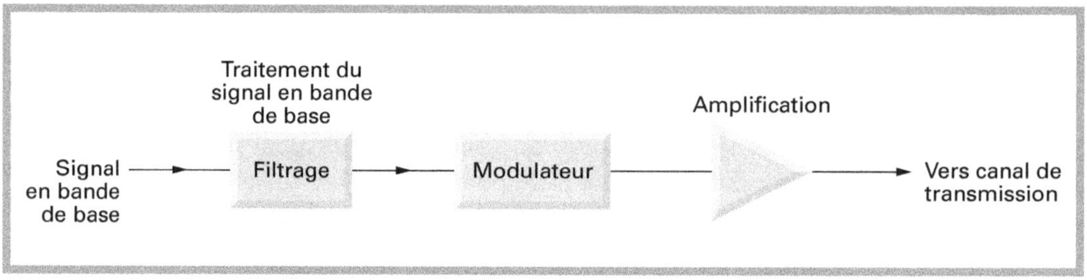

Figure 4.2 – Schéma synoptique d'un émetteur.

4.1.1 Circuit de traitement en bande de base

Dans le chapitre consacré aux modulations analogiques (chap. 2), nous avons vu que l'occupation spectrale du signal autour de la fréquence porteuse est une fonction linéaire de l'occupation spectrale du signal en bande de base.

Soit $f_{1\max}$, la fréquence maximale du signal en bande de base, la bande occupée autour de la porteuse vaut :

$$B = 2\,f_{1\max} \quad \text{en AMDB}$$

$$B = f_{1\max} \quad \text{en AMBLU}$$

$$B = 2(m_F + 1) f_{1\max} \quad \text{en FM}$$

La première opération va donc consister à limiter strictement la bande de fréquence du signal modulant à la fréquence $f_{1\max}$.

Dans le cas d'un signal audio, par exemple, on sélectionnera la bande 300 Hz – 3400 Hz si l'on s'oriente vers une modulation BLU, ou 20 Hz – 15 kHz pour une modulation de fréquence de qualité.

Pour un signal vidéo, on peut envisager de limiter la bande à 5 MHz. Des valeurs inférieures peuvent être envisagées s'il ne s'agit que de la transmission d'une image en noir et blanc.

Pour ce filtrage les paramètres importants sont premièrement l'atténuation hors bande, qui a bien évidemment une valeur finie.

La *figure 4.3* représente le gabarit du filtre passe-bas qui sera utilisé pour calculer les éléments du filtre. La valeur A_{max} est une valeur finie. Le choix de A_{max} peut être fait en examinant la *figure 4.4*.

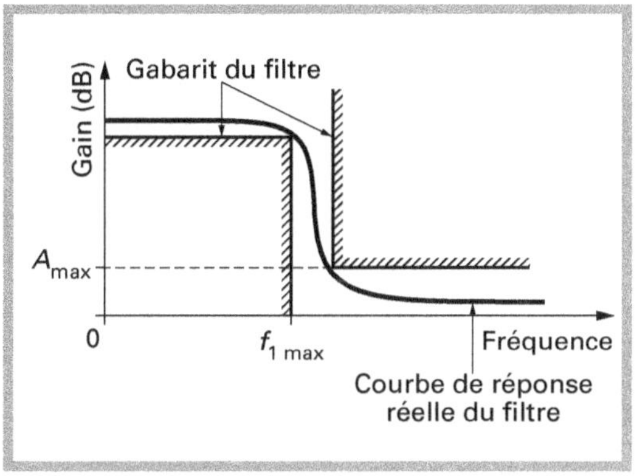

Figure 4.3 – Filtrage du signal en bande de base.

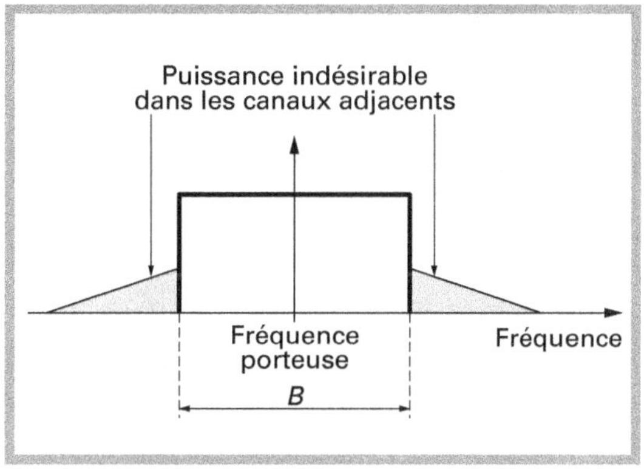

Figure 4.4 – Occupation autour de la fréquence porteuse.

De la valeur finie de A_{max}, il résulte des puissances indésirables dans les canaux adjacents. Le niveau des puissances indésirables sera inversement proportionnel à A_{max} et la complexité du filtre proportionnelle à A_{max}.

Dans le cas d'un signal audio, l'oreille n'étant pas ou peu, sensible à la phase relative, on ne s'intéressera qu'à cette valeur A_{max}.

Dans le cas d'un signal vidéo on s'intéressera simultanément à la valeur de A_{max} et à la régularité du temps de propagation de groupe. La nécessité du filtrage du signal vidéo est évidente, si l'on envisage le cas de l'addition d'une ou plusieurs sous-porteuses audio ou données à faible débit. Si le signal modulant est injecté à un modulateur de fréquence, on trouvera aussi un filtre de préaccentuation.

Dans le cas d'une modulation numérique, les circuits de traitement en bande de base regroupent éventuellement les circuits de codage et les filtres limiteurs de bande. Le codage consiste à transformer le signal en bande de base en un autre signal en bande de base par exemple. Un signal NRZ pourra être codé en duobinaire ou Manchester par exemple.

Finalement, le spectre du signal en bande de base sera limité à la valeur strictement nécessaire à sa démodulation et restitution.

Les filtres d'entrée pourront être soit de type passif soit de type actif. On s'intéressera donc au gabarit du filtre ayant une incidence directe sur la largeur de bande occupée et au choix de la fonction d'approximation ayant une influence sur la déformation des régimes transitoires.

4.1.2 Modulateurs

Le choix du modulateur résulte évidemment du choix du type de modulation. Ceci ne signifie pas que le concepteur n'a plus aucune marge de manœuvre, bien au contraire. Examinons les divers cas regroupés par type de modulation.

4.1.3 Génération de la fréquence pilote

Avant tout le concepteur doit réfléchir à la structure qu'il doit adopter pour générer la porteuse. Le type de modulation peut avoir une incidence sur l'élaboration de la porteuse.

Pour effectuer un choix judicieux, il faut définir les conditions de fonctionnement, soit dans ce cas, savoir si l'émetteur travaille sur une fréquence unique ou bien sur une bande de fréquence.

On demandera à l'oscillateur d'être stable en fonction du temps, de la température et de la tension d'alimentation. Il devra avoir un faible bruit de phase ou de fréquence au voisinage de la fréquence centrale. Il délivrera une puissance de sortie compatible avec les étages suivants.

Si l'émetteur travaille sur une fréquence unique et que la modulation est du type amplitude, on peut envisager un oscillateur à quartz.

Si la fréquence est suffisamment basse, un seul étage oscillateur peut résoudre le problème.

Si la fréquence est supérieure à 30 MHz, on a recours à un étage oscillateur suivi d'étages multiplicateurs.

Cette solution sera évidemment mise en concurrence avec un oscillateur asservi par une boucle à verrouillage de phase, qui donne les mêmes résultats en terme de précision et stabilité qu'un oscillateur à quartz.

Un oscillateur stabilisé par une boucle à verrouillage de phase est une bonne solution qui s'adapte à tous les types de modulation, amplitude ou fréquence.

Un simple et unique oscillateur *LC* ne peut convenir qu'à des applications pour lesquelles le faible coût est le critère majeur et pour lesquelles les performances sont reléguées au second plan.

En modulation de fréquence, le signal de sortie de l'oscillateur est envoyé directement vers les étages de sortie. En modulation d'amplitude, le signal de sortie est envoyé au modulateur simultanément avec le signal modulant en bande de base.

La modulation d'amplitude double bande, avec ou sans porteuse, ne pose pas de problème. Si un mélangeur équilibré reçoit simultanément le signal à la fréquence centrale et le signal en bande de base, on réalise une modulation d'amplitude à porteuse supprimée. En additionnant ou réinsérant la porteuse en sortie, on génère une modulation d'amplitude avec porteuse. Le cas de la modulation à bande latérale unique est beaucoup plus délicat, puisqu'il faut sélectionner l'une ou l'autre des bandes latérales. On suppose dans ce cas que le signal en bande de base ne possède pas d'énergie dans les fréquences basses du spectre ou éventuellement que ces composantes, peu utiles, ont été filtrées en entrée.

Deux structures très différentes peuvent être mises en place, filtrage en basse fréquence puis transposition ou mélangeur à réjection d'image. Le choix s'effectue en considérant complexité, coût et performances obtenues en regard des performances demandées.

En modulation de fréquence, le choix est restreint et se limite à donner une réponse à la question de modulation directe ou modulation indirecte. Finalement, et ceci quel que soit le type de modulation, il se peut que l'on ne puisse moduler directement la fréquence porteuse. Dans ce cas, on a recours à une ultime étape de transposition en fréquence qui met en jeu oscillateurs locaux, mélangeurs et filtres. La structure très générale de l'émetteur devient alors celle de la *figure 4.5* et cette structure reste applicable quel que soit le type de modulation envisagée.

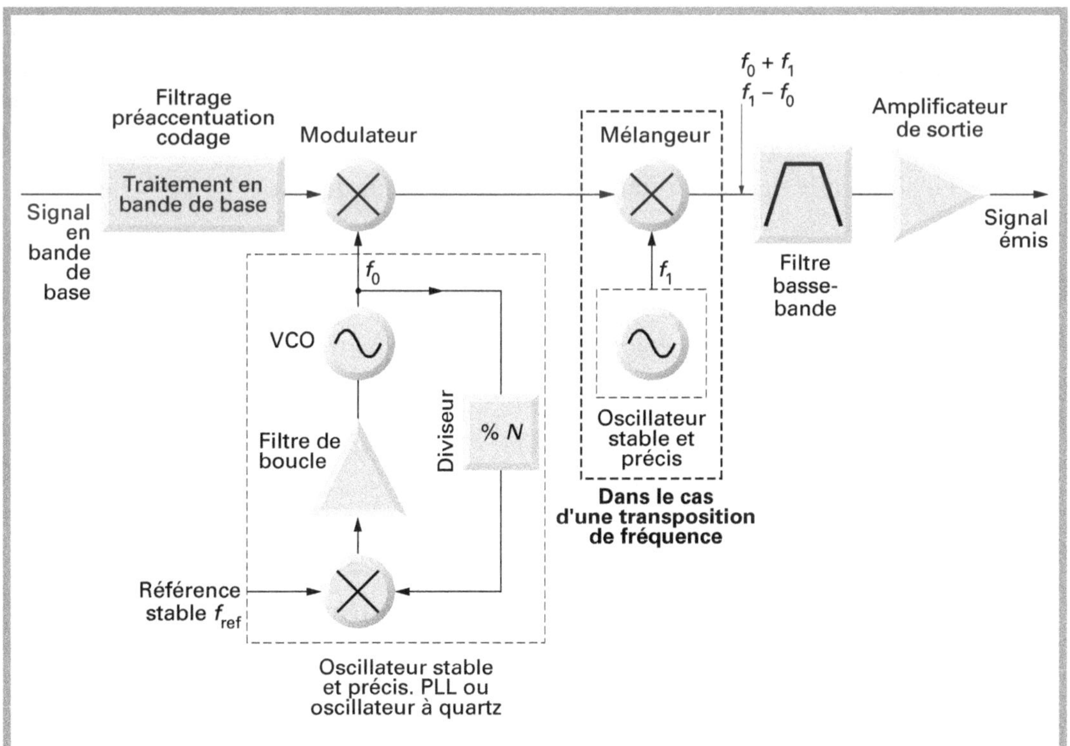

Figure 4.5 – Structure générale de l'émetteur.

Dans le cas d'une transposition de fréquence, la fréquence f_0 est transposée par la fréquence f_1. Du mélange-multiplication il résulte les deux produits $f_1 + f_0$ et $f_1 - f_0$; on suppose que $f_1 \gg f_0$. On cherche à émettre ou envoyer le signal modulant sur une et une seule porteuse et non deux.

Un des deux produits devra être éliminé par filtrage. Le filtre est un filtre passif, un filtre à onde de surface ou un filtre à ligne (microstrip) en fonction des fréquences.

Les paramètres importants sont l'atténuation hors bande qui donne directement le niveau de performance et le coût résultant d'une éventuelle complexité de ce ou ces filtres.

L'oscillateur délivrant la fréquence f_1 doit avoir les mêmes caractéristiques que l'oscillateur délivrant f_0 c'est-à-dire stabilité et bruit; les mêmes considérations sont applicables.

Le mélangeur a un rôle important et il est censé être simplement un multiplicateur. Dans la pratique, les mélangeurs sont des éléments non linéaires très imparfaits qui délivrent les produits $|\pm mf_1 \pm nf_0|$.

Le type de mélangeur sera sélectionné en comparant ses performances, en terme de génération de produits indésirables et son coût. Même si le circuit de transposition de fréquence n'a pas lieu d'exister, si la fréquence d'émission est directement f_0, le filtre passe-bande a toute sa raison d'être. Il supprimera alors les inévitables harmoniques $2f_0$, $3f_0$, ... en provenance de l'oscillateur, boucle à verrouillage de phase ou oscillateur à quartz.

Finalement le signal sera transmis à l'amplificateur de sortie.

4.1.4 Amplificateur de sortie

Pour concevoir le ou les étages amplificateurs de sortie il faut pouvoir répondre à deux questions simples :

– quel est le type de modulation ?

– quelle puissance de sortie doit-on envisager ?

Classe de fonctionnement de l'amplificateur de sortie

La réponse à la première question sélectionne instantanément la classe de fonctionnement de l'amplificateur. Si l'on travaille en modulation d'amplitude, les étages de sortie devront travailler en classe A ou éventuellement AB. Ceci implique un mauvais rendement. Si l'on travaille en modulation de fréquence la classe de fonctionnement peut être A, B, AB ou C. On préférera la classe C qui donne les meilleurs résultats en terme de rendement.

La *figure 4.6* montre les différences fondamentales de fonctionnement entre ces quatre types de classe. Les amplificateurs en classe A sont habituellement constitués d'un seul transistor, alors qu'en classe AB ou B, on rencontre généralement deux transistors montés en *push pull*.

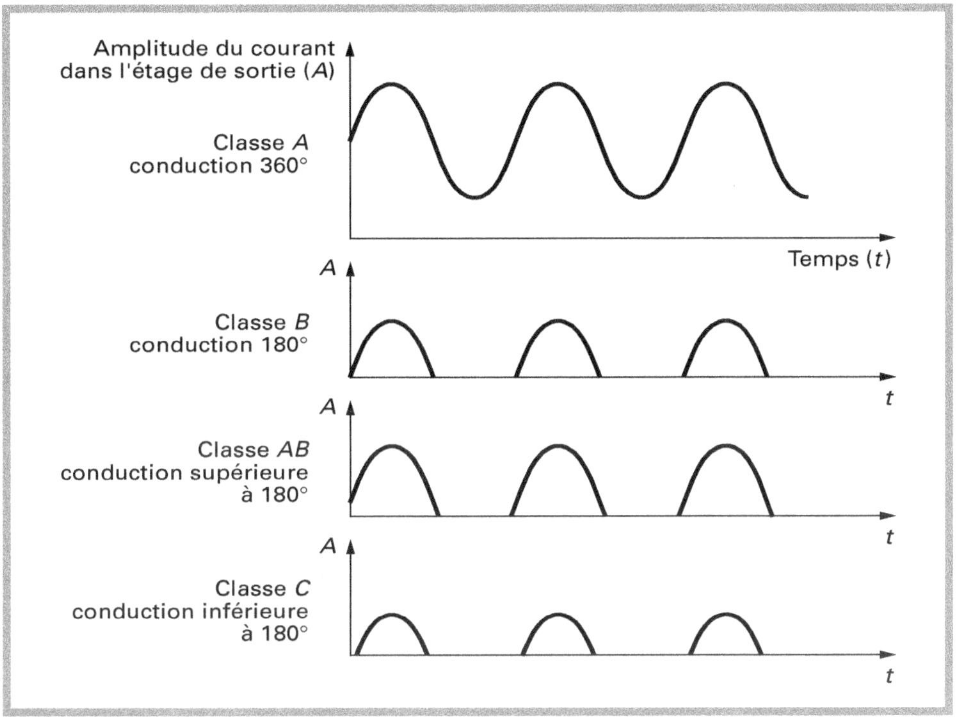

Figure 4.6 – Différence de fonctionnement des amplificateurs de puissance classe A, B, AB et C. $I_{collecteur} = f(t)$.

Dans la configuration *push pull*, représentée à la *figure 4.7*, chaque transistor est chargé de l'amplification d'une alternance.

L'addition s'effectue dans un transformateur de sortie. En classe C on rencontre soit un seul transistor, soit plusieurs transistors montés en parallèle pour augmenter la puissance de sortie.

La différence fondamentale entre les amplificateurs en classe A et en classe C réside dans le choix du courant de polarisation. En classe C le courant est nul et en classe A le point de fonctionnement est en général placé au milieu de la droite de charge.

En classe A le rendement théorique maximal est 50 %, mais on ne peut espérer de tels rendements en pratique. On peut cependant espérer un rendement entre 25 et 50 %.

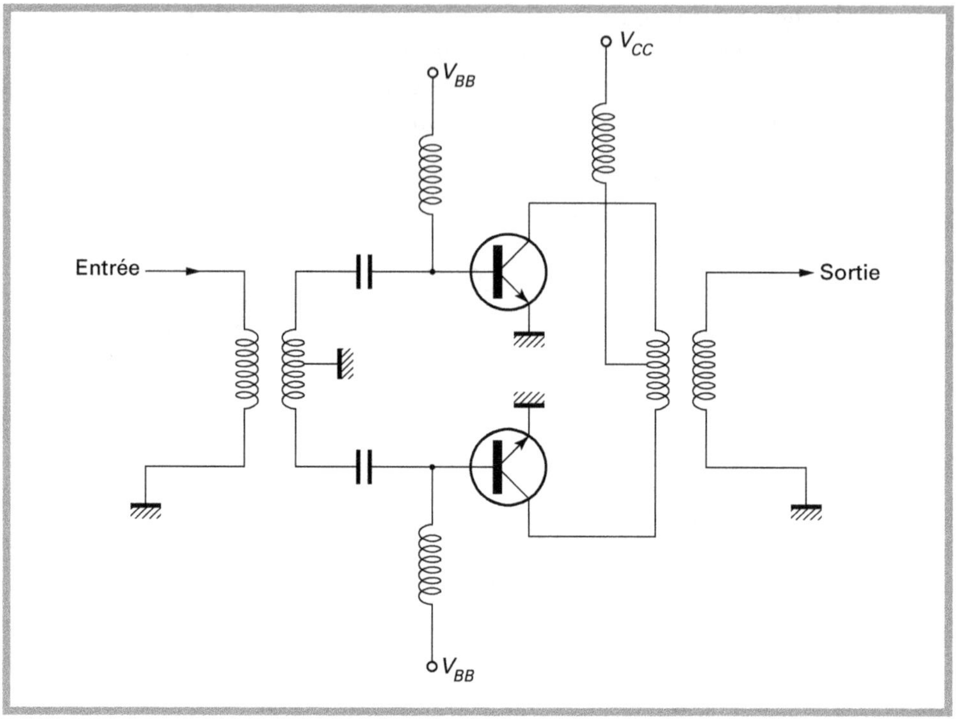

Figure 4.7 – Amplificateur push pull.

En classe B le rendement théorique maximal est 78 %.

En classe C on peut espérer avoir des rendements élevés de l'ordre de 90 %.

En général, mais ce n'est pas toujours le cas, les étages en classe A sont utilisés pour l'amplification des petits signaux et dans ce cas le rendement n'a que peu d'importance. On peut aussi utiliser des amplificateurs en classe A dans les étages de sortie lorsque la linéarité est un paramètre majeur.

Les étages en classe AB ou B peuvent aussi travailler en mode linéaire; ils sont intéressants dans les étages de sortie à forte puissance. En classe A, AB et B les amplificateurs peuvent être conçus en fonctionnement large bande (adaptation large bande). *A contrario* les amplificateurs en classe C, étant fortement non linéaires, seront adaptés pour un domaine de fréquence. En sortie de l'amplificateur en classe C, on place un filtre qui élimine les harmoniques et sélectionne uniquement la porteuse. Ce filtre réduit la plage d'utilisation de l'amplificateur.

Les besoins en puissance de sortie sont estimés en examinant le procédé de modulation choisi. Le rapport *S/B* nécessaire ainsi que le bilan de liaison détermine la puissance émise requise.

Ceci constitue la réponse à la seconde question.

4.1.5 Adaptation d'impédance

Finalement il s'agit d'envoyer la puissance délivrée par l'étage de sortie au médium de transmission. Un circuit d'adaptation d'impédance sera donc intercalé entre la sortie de l'amplificateur et la charge. La charge peut être une antenne, un câble coaxial, un câble bifilaire ou un guide d'onde.

Le chapitre 9 est entièrement consacré aux calculs complexes d'adaptation d'impédance.

4.1.6 Conclusion

Lors de la conception de l'émetteur les points essentiels sont :

– la stabilisation de la porteuse;

– le principe adopté pour la modulation;

– l'amplification, l'adaptation et le rendement des étages finaux.

Les notions de coût ne seront pas écartées et intégrées avec le coefficient de pondération correspondant à l'application.

4.2 Récepteurs

Le récepteur est très souvent beaucoup plus complexe que l'émetteur. La structure finale d'un récepteur découle d'une suite de compromis entre les différents paramètres influant sur les performances. Tous ces paramètres sont étroitement imbriqués, il n'y a ni solution idéale ni solution universelle.

4.2.1 Rôle du récepteur

Le récepteur reçoit une fraction de la porteuse modulée émise en présence de bruit et de multiples autres signaux de puissance et de fréquences diverses et inconnues. Ceci se conçoit particulièrement bien en examinant le cas de la bande de fréquence 88 à 108 MHz.

Le rôle fondamental du récepteur est de démoduler la porteuse et de restituer le signal modulant original. L'émetteur étant distant du récepteur, dans un cas contraire, la modulation ne s'impose pas, le signal à la fréquence porteuse devra préalablement être amplifié.

Le synoptique du récepteur serait alors celui de la *figure 4.8* et se limiterait à une chaîne d'amplification, de démodulation et de filtrage. Une analyse rapide de la situation montre que le synoptique de la *figure 4.8* est difficilement applicable, hormis certains cas d'espèce. Il ne peut donc servir de modèle ou de structure type de récepteur.

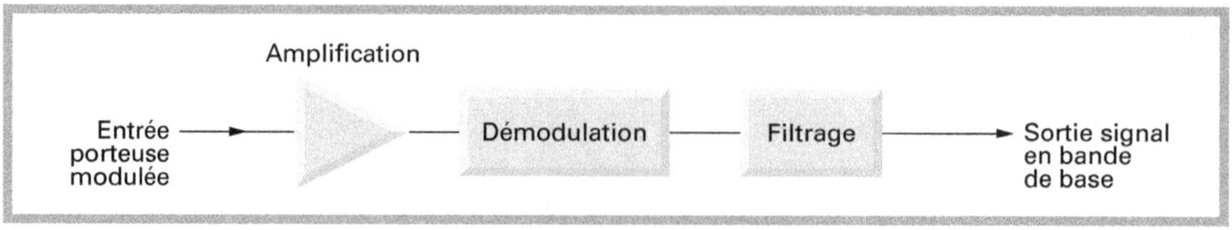

Figure 4.8 – Synoptique du récepteur « idéal ».

L'amplificateur d'entrée reçoit à la fois le signal utile et les signaux parasites. Si l'on se place dans le pire des cas l'amplitude du signal utile sera faible devant celle des signaux indésirables. Or, on sait que dans la plupart des cas, la tension de sortie démodulée est proportionnelle à l'amplitude de la porteuse. En sortie de l'amplificateur, le niveau de porteuse devrait être constant. Cet amplificateur devrait donc avoir un gain variable et contrôlé de manière à ce que sa tension de sortie soit constante.

Cet amplificateur doit en outre avoir d'excellentes performances en terme d'IP3, de facteur de bruit et de point de compression. Dans le meilleur des cas on peut imaginer que toutes les composantes d'entrée sont ramenées au même niveau à l'entrée du démodulateur. Cette structure simplifiée n'est pas envisageable sans la présence de filtres de bande entre l'amplificateur d'entrée et le démodulateur. En sortie du démodulateur, un filtrage peut être nécessaire particulièrement dans le cas de la modulation de fréquence.

Il existe malgré tout un cas particulier où le schéma de la *figure 4.8* pourra répondre à un problème de transmission. Imaginons que l'on souhaite transmettre une information analogique sur une fibre optique en modulant une sous-porteuse; on adoptera pour cela le schéma synoptique de la *figure 4.9.*

À l'émission le signal en bande de base est préaccentué et envoyé à un modulateur de fréquence stabilisé en fréquence par un PLL. La fréquence centrale modulée module en *amplitude* le courant dans la diode émettrice.

À la réception, la photodiode agit comme un démodulateur d'amplitude. Le courant traversant la diode est amplifié et envoyé au discriminateur qui restitue le signal en bande de base préaccentué. Il faut finalement amplifier et désaccentuer le signal.

Dans ce cas le schéma synoptique est exactement celui de la *figure 4.8*, qui ne peut être utilisé que parce que la porteuse est unique dans la fibre optique.

Si l'on souhaite profiter de la fibre optique pour véhiculer plusieurs canaux, des structures identiques peuvent être mises en parallèle à la condition de prévoir les filtres appropriés. En présence de porteuses multiples, les linéarités d'amplificateur prendront de l'importance. Les problèmes d'IP3 seront à regarder avec attention.

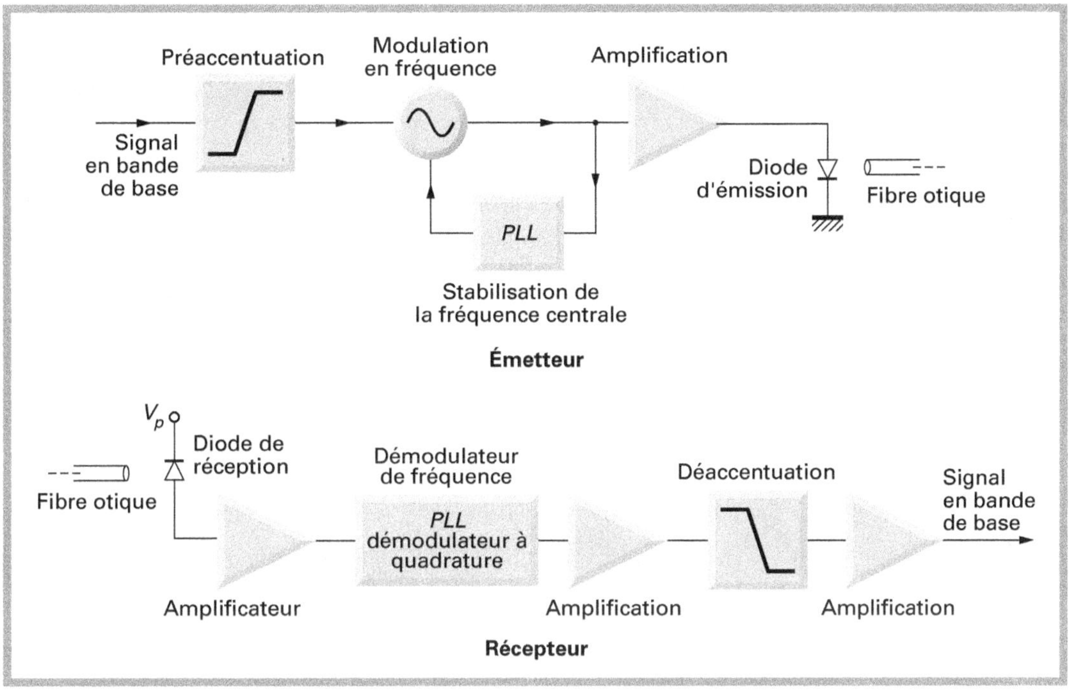

Figure 4.9 – Transmission d'un signal analogique par voie optique.

Dans un tel système, on suppose que l'amplification et la démodulation à la fréquence d'émission de la porteuse sont réalisables. Le récepteur ainsi constitué est alors destiné à la réception de cette seule et unique fréquence. Ce cas spécifique ayant été examiné, on s'intéresse à un cas plus général.

Dans tous les cas de radiodiffusion, le récepteur ne peut en aucun cas être monofréquence. Il est d'habitude destiné à la réception d'un canal parmi *n* autres. Ce récepteur est alors placé dans la configuration la plus défavorable :

- présence simultanée de tous les canaux à l'entrée;
- présence de signaux d'amplitudes diverses.

4.2.2 Récepteurs à un changement de fréquence

On comprend aisément que la transformation du schéma de la *figure 4.8* en un récepteur capable de sélectionner un canal parmi *n* pose rapidement des problèmes complexes.

Un filtre d'entrée, couplé aux circuits du démodulateur permettrait de sélectionner le canal souhaité. Ceci sous-entend un appariement parfait entre les filtres et les circuits du démodulateur.

D'autre part, plus la fréquence d'entrée est élevée, plus la largeur de bande du filtre d'entrée est importante, si l'on admet que le coefficient de surtension est fixe. Toute l'amplification est reportée sur les étages d'entrée, et ceci pose d'autant plus de problèmes que la fréquence d'entrée est élevée. Les raisons d'abandonner cette structure sont donc nombreuses.

On opte alors pour une transposition de fréquence et le schéma synoptique du récepteur devient celui de la *figure 4.10.*

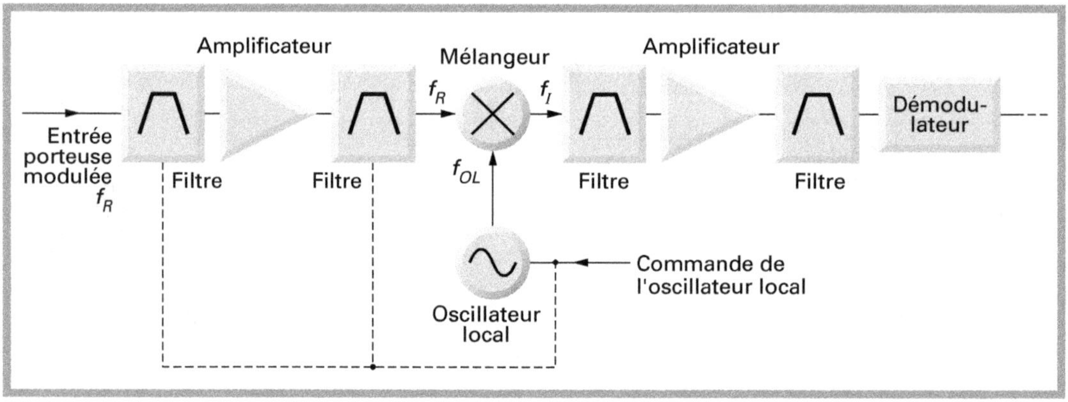

Figure 4.10 – Schéma synoptique du récepteur à un changement de fréquence.

Admettons que la fréquence de la porteuse modulée f_R soit telle que l'on ne sache pas reporter toute l'amplification sur l'étage d'entrée, la solution consiste donc à transposer la fréquence d'entrée en une fréquence que l'on a coutume d'appeler fréquence intermédiaire f_I.

Un mélangeur reçoit la fréquence reçue f_R et le signal issu d'un oscillateur local f_{OL}. Le mélangeur est assimilable à un multiplicateur. La fréquence transposée f_I est soit la somme, soit la différence des fréquences d'entrée :

$$f_I = |f_{OL} \pm f_R|$$

Il y a donc deux solutions pour choisir cette fréquence intermédiaire. Si la fréquence intermédiaire est égale à la somme des fréquences, elle est plus élevée que la fréquence d'entrée et ceci rentre en contradiction avec le but recherché. Si la fréquence intermédiaire est égale à la différence entre les fréquences, elle est inférieure à la fréquence d'entrée f_R.

Chacune des deux solutions présente simultanément des avantages et des inconvénients.

Fréquence intermédiaire basse

Supposons un récepteur recevant une fréquence f_R transposée par un oscillateur f_{OL} à la fréquence intermédiaire f_I avec :

$$f_I = f_{OL} - f_R$$

Il existe une deuxième fréquence f''_R qui, mélangée avec l'oscillateur local à la fréquence f_{OL}, donnera un signal à la fréquence intermédiaire. La fréquence intermédiaire est obtenue par l'un des produits suivants :

$$f_I = |f_{OL} - f_R| = f_{OL} - f_R$$

$$f_I = |f'_R - f_{OL}| = f'_R - f_{OL}$$

La fréquence f'_R injectée à l'entrée du récepteur est reçue simultanément avec la fréquence f_R. Cette fréquence est dite fréquence image :

$$f'_R = f_R + 2f_I$$

La fréquence image est donc distante de deux fois la fréquence intermédiaire, de la fréquence à recevoir. Ceci constitue le premier inconvénient du changement de fréquence. Le choix de la fréquence intermédiaire est donc délicat et soumis à des impératifs contradictoires.

Plus la fréquence intermédiaire est élevée, plus il sera facile de l'éliminer par filtrage d'entrée en amont et en aval de l'amplificateur d'entrée. En contrepartie, plus la fréquence intermédiaire est haute plus l'amplification et le filtrage dans la chaîne à la fréquence intermédiaire seront délicats.

L'objectif initial n'est donc pas totalement atteint, puisque l'on peut abaisser la fréquence du signal reçu sous certaines conditions en acceptant la présence d'une fréquence image.

Le choix définitif de la valeur de la fréquence intermédiaire est facilité en intégrant un nouveau paramètre : la largeur de bande occupée par tous les canaux pouvant être reçus.

Le schéma de la *figure 4.11* représente *n* canaux compris entre les fréquences $f_{R\min}$ et $f_{R\max}$. Les filtres d'entrée fixes sélectionnent uniquement cette étendue de fréquence. Dans ces conditions, les fréquences image sont comprises entre :

$$[\, f_{R\min} + 2f_I \quad \text{et} \quad f_{R\max} + 2f_I] \quad \text{si} \quad f_I = f_{OL} - f_R$$

Il apparaît alors que les fréquences image ne seront pas gênantes si elles sont totalement hors bande du filtre d'entrée :

$$f_{R\min} + 2f_I > f_{R\max}$$

La fréquence intermédiaire peut alors être sélectionnée par :

$$f_I > \frac{f_{R\max} - f_{R\min}}{2}$$

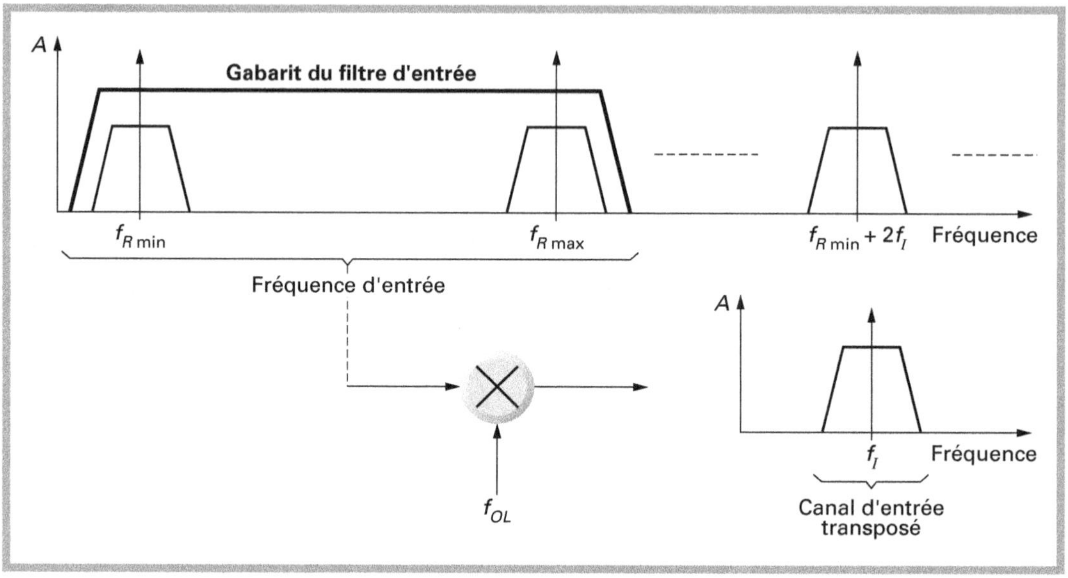

Figure 4.11 – Sélection des canaux d'entrée et choix de la fréquence intermédiaire.

EXEMPLE

On souhaite recevoir tous les canaux dans la bande 88 à 108 MHz,

$$f_{R\min} = 88 \text{ MHz}$$

$$f_{R\max} = 108 \text{ MHz}$$

$$f_I > \frac{108 - 88}{2} \quad \text{d'où} \quad f_I > 10 \text{ MHz}$$

Dans la pratique la valeur de la fréquence intermédiaire vaut 10,7 MHz.

Si le filtre d'entrée est parfait, on peut considérer que les problèmes de la fréquence image sont résolus. La réjection de la fréquence image ne peut être infinie et on parlera alors de protection ou de réjection de la fréquence image.

À partir du schéma synoptique de la *figure 4.11*, on peut constater qu'en faisant varier la fréquence de l'oscillateur local, on transpose l'un ou l'autre des canaux en un canal fixe centré sur la fréquence intermédiaire :

$$f_{OL\min} = f_I + f_{R\min}$$

$$f_{OL\max} = f_I + f_{R\max}$$

Cette configuration est presque satisfaisante, mais les signaux correspondant à tous les canaux de toute la bande sont présents simultanément à l'entrée de l'amplificateur et du mélangeur. Ceci implique des impératifs de linéarité pour ces deux éléments. Cette configuration peut être adoptée, mais on lui préfère en général la configuration de la *figure 4.12*, où un filtre d'entrée à la fréquence centrale variable sélectionne un groupe de canaux adjacents.

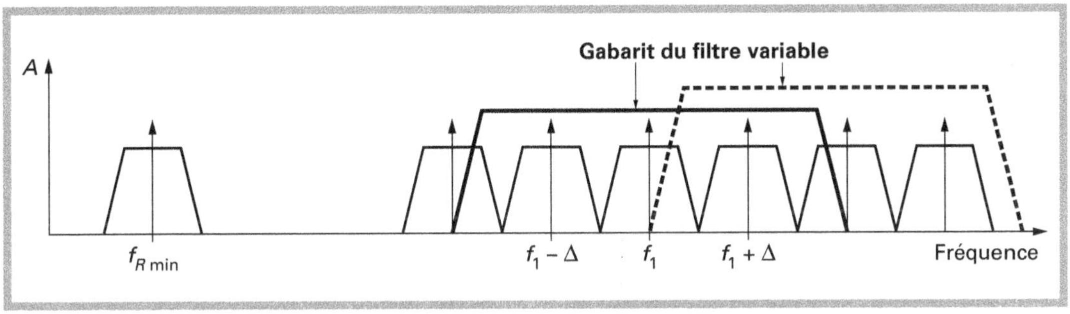

Figure 4.12 – Filtre d'entrée à accord variable sélectionnant un groupe de canaux.

La commande de fréquence de ce filtre est couplée avec la commande de l'oscillateur local.

La *figure 4.12* représente un filtre d'entrée sélectionnant trois canaux; l'objectif est atteint puisque désormais seuls trois signaux sont appliqués simultanément à l'étage d'entrée. Le canal central à la fréquence f_1 est le canal utile qui sera transposé à la fréquence intermédiaire f_1. La *figure 4.13* montre que les deux autres canaux, aux fréquences $f_1 + \Delta$ et $f_1 - \Delta$ sont convertis sur des fréquences $f_1 + \Delta$ et $f_1 - \Delta$.

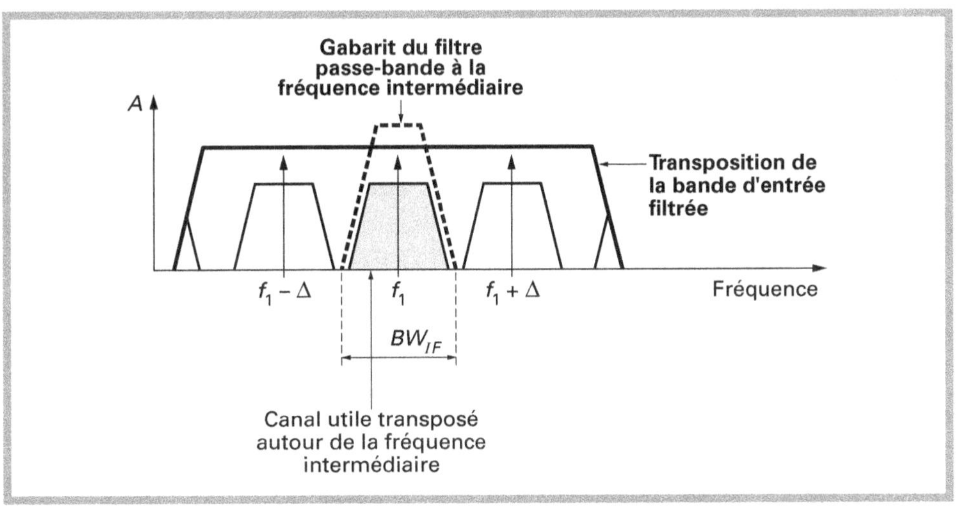

Figure 4.13 – Transposition de la bande d'entrée et filtrage à la fréquence intermédiaire.

La précision du gabarit du filtre d'entrée n'est pas cruciale, comme la précision en terme de poursuite. Il s'agit uniquement de sélectionner un groupe de canaux comprenant le canal utile. Le spectre sélectionné à l'entrée est intégralement transposé en sortie du mélangeur. Il reste alors des signaux indésirables autour de la porteuse centrée sur la fréquence f_1.

Un filtre *fixe* centré sur la fréquence intermédiaire sélectionne le canal et rejette les deux bandes latérales indésirables. On voit ici apparaître un deuxième intérêt du changement de fréquence. En effet on peut sélectionner un canal parmi *n* grâce à un filtre, placé dans la chaîne d'amplification à fréquence intermédiaire, fixe.

Puisque largeur de bande et fréquence centrale sont fixes, le coefficient de surtension Q_{IF} est fixe.

$$Q_{IF} = \frac{f_I}{BW_{IF}}$$

f_I : fréquence centrale;
BW_{IF} : largeur de bande du filtre à la fréquence centrale.

Si l'on voulait obtenir les mêmes performances dans l'étage d'entrée le coefficient de surtension nécessaire à l'entrée serait :

$$Q_{RF} = \frac{f_{RF}}{BW_{IF}}$$

soit

$$Q_{RF} = \frac{f_{RF}}{f_I} Q_{IF}$$

En conséquence, la transposition vers une fréquence intermédiaire plus basse, simplifie donc la réalisation du filtre.

EXEMPLE

Soit :

$$f_{RF} = 100 \text{ MHz}$$
$$f_1 = 10 \text{ MHz}$$
$$BW_{IF} = 200 \text{ kHz}$$

alors :

$$Q_{IF} = 50$$
$$Q_{RF} = 500$$

Un filtre ayant la valeur $Q_{RF} = 500$, pour une fréquence de 100 MHz est difficilement réalisable. Ajoutons à cela une difficulté supplémentaire : il devrait être variable en terme de fréquence centrale et fixe en terme de coefficient de surtension. On voit ici tout l'intérêt de la transposition de fréquence. À ce stade de la chaîne de réception, le niveau de la porteuse modulée est en général insuffisant pour être envoyé directement vers le démodulateur. Il suffit alors de prévoir une chaîne d'amplification ayant le gain suffisant pour que le niveau reçu par le démodulateur soit acceptable, lorsque le signal d'entrée est minimum.

Cette chaîne d'amplification est simplifiée puisque la fréquence reçue a été transposée vers le bas. Quel que soit le type d'émetteur, de récepteur, le type de modulation ou le type de signaux à transmettre, analogique ou numérique, les puissances reçues sont comprises dans une large dynamique. Cette dynamique est fonction notamment de l'éloignement entre émetteur et récepteur. Elle peut atteindre des valeurs aussi importantes que 100 dB.

On comprend aisément que quelques précautions élémentaires devront être prises pour concevoir les étages d'amplification à la fréquence intermédiaire.

Dans le cas de la modulation d'amplitude, une saturation se traduit tout d'abord par des distorsions puis, par une perte pouvant être totale, de l'information. En conséquence, le gain des amplificateurs ne peut pas être fixe. On a recours à des amplificateurs à gain variable, délivrant une puissance moyenne constante au démodulateur d'amplitude. La configuration finale est celle de la *figure 4.14*.

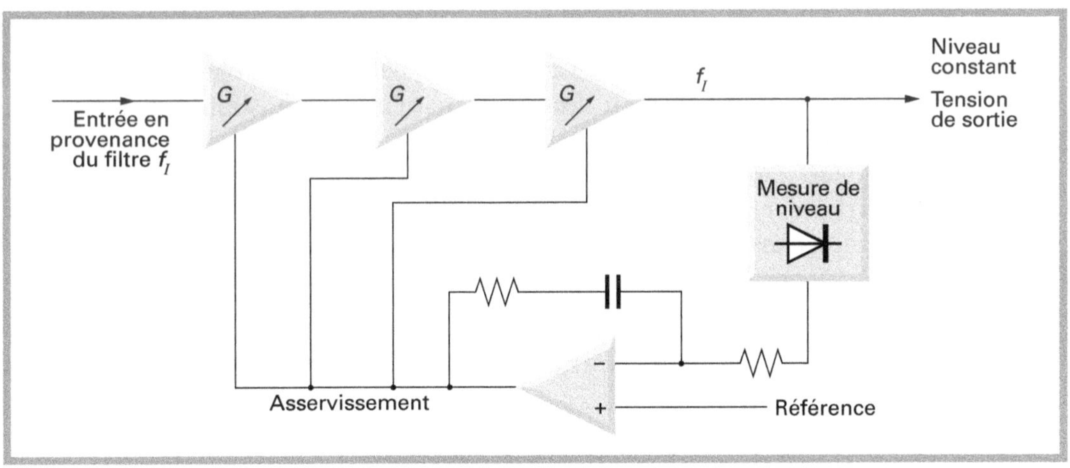

Figure 4.14 – Commande automatique de gain, étages à fréquence intermédiaire.

Dans le cas des modulations angulaires, modulation de fréquence ou modulation de phase, on a recours à des amplificateurs limiteurs. Finalement, le signal ayant l'amplitude requise est démodulé en amplitude, en fréquence ou en phase et envoyé aux circuits de traitement en bande de base. Ces circuits peuvent être des filtres, désaccentuation et limitation de bande pour les modulations analogiques ou des comparateurs à seuils dans les modulations numériques. Le schéma synoptique complet est alors celui de la *figure 4.15*, qui est en fait, une évolution de celui de la *figure 4.10*.

Les principaux changements concernent l'adjonction d'une boucle à verrouillage de phase pour stabiliser l'oscillateur local et les précisions apportées sur les étages amplificateurs f_I. À partir de ce synoptique on peut faire quelques réflexions qui regrouperont avantages et inconvénients, de la réception par un changement de fréquence :

– La structure du récepteur est indépendante du type de modulation AM ou FM. Le cas des modulations numériques est traité dans le chapitre modulations numériques.

  Les différences résident dans le type de démodulateur, fréquence ou amplitude et le type d'amplificateur f_I, commande automatique de gain ou limiteurs.

– Le filtre d'entrée peut sélectionner tout ou partie de la bande d'entrée. Si le filtre sélectionne toute la bande de fréquence, l'amplificateur HF d'entrée devra avoir de meilleures performances, en terme d'IP3 que si le filtre ne sélectionne qu'une partie de la bande.

– Si le récepteur est monocanal, les filtres d'entrée et l'oscillateur local peuvent être fixes. Dans le cas contraire, le VCO doit de préférence être stabilisé.

Réponses parasites du récepteur

Les réponses parasites sont des fréquences différentes de la fréquence reçue souhaitée qui peuvent donner naissance après démodulations, à des signaux en bande de base. Cette situation est due à des problèmes d'intermodulation dans l'ensemble des étages d'entrée et du changeur de fréquence. Ces problèmes se rencontrent dans les récepteurs capables de couvrir une large plage de fréquence (filtres d'entrée large) et lorsque les niveaux des signaux parasites sont d'amplitude élevée. La compression dans les étages d'entrée génère les harmoniques du signal.

On cherche donc toutes les fréquences d'entrée qui, après mélange de leur fondamental ou d'un harmonique avec le fondamental ou un harmonique de la fréquence de l'oscillateur local, donneront exactement la fréquence intermédiaire :

$$\pm\, m f_{RF} \pm n f_{OL} = \pm\, f_I$$

m et n sont des entiers positifs strictement supérieurs à zéro. Les fréquences indésirables reçues par le récepteur sont données par les relations :

$$f_{RF1} = \frac{n f_{OL} - f_I}{m}$$

$$f_{RF2} = \frac{n f_{OL} + f_I}{m}$$

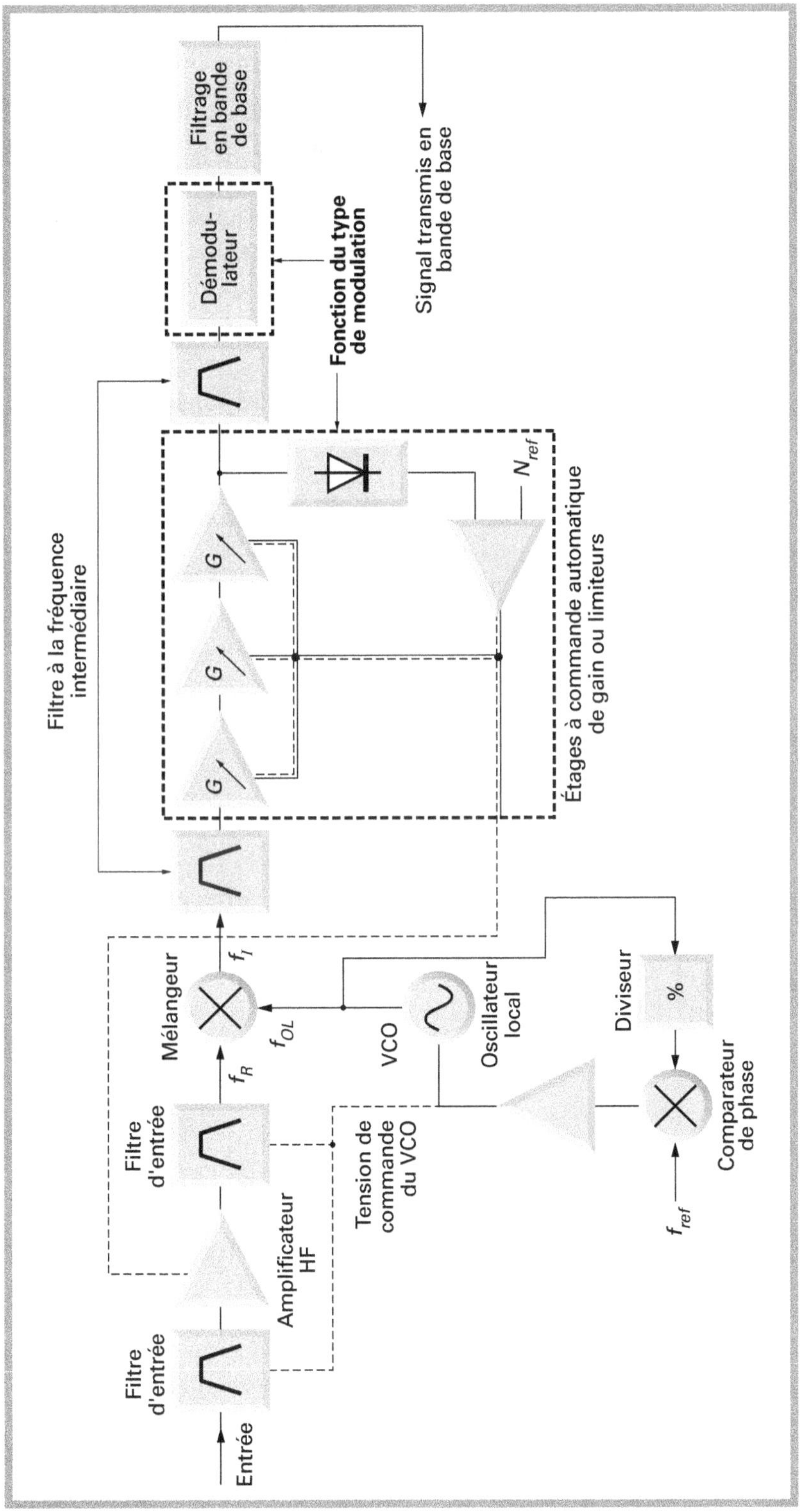

Figure 4.15 – Schéma synoptique complet des récepteurs à un changement de fréquence.

Si $m = n = 1$, les deux fréquences $f_{OL} - f_I$ et $f_{OL} + f_I$ sont reçues. La première est la fréquence à recevoir et la seconde la fréquence dite image.

Le *tableau 4.1* donne toutes ces fréquences pour des entiers m et n compris entre 1 et 4. Il apparaît clairement que les combinaisons les plus gênantes se situent sur la diagonale du tableau. Il existe une autre fréquence parasite indésirable, il s'agit de la fréquence intermédiaire elle-même. Si un signal à la fréquence intermédiaire est injecté à l'entrée, le niveau de cette fréquence, disponible à la sortie du mélangeur n'est fonction que de l'isolation RF-IF du mélangeur et de la réjection de cette fréquence par les filtres d'entrée.

Tableau 4.1 – Tableau des premières réponses par unités à l'entrée du récepteur

n \ m	1	2	3	4
1	$f_{OL} - f_I$ $f_{OL} + f_I$	$\frac{f_{OL} - f_I}{2}$ $\frac{f_{OL} + f_I}{2}$	$\frac{f_{OL} - f_I}{3}$ $\frac{f_{OL} + f_I}{3}$	$\frac{f_{OL} - f_I}{4}$ $\frac{f_{OL} + f_I}{4}$
2	$2\,f_{OL} - f_I$ $2\,f_{OL} + f_I$	$f_{OL} - \frac{f_I}{2}$ $f_{OL} + \frac{f_I}{2}$	$\frac{2\,f_{OL} - f_I}{3}$ $\frac{2\,f_{OL} + f_I}{3}$	$\frac{f_{OL}}{2} - \frac{f_I}{4}$ $\frac{f_{OL}}{2} + \frac{f_I}{4}$
3	$3\,f_{OL} - f_I$ $3\,f_{OL} + f_I$	$\frac{3f_{OL} - f_I}{2}$ $\frac{3f_{OL} + f_I}{2}$	$f_{OL} - \frac{f_I}{3}$ $f_{OL} + \frac{f_I}{3}$	$\frac{3f_{OL} - f_I}{4}$ $\frac{3f_{OL} + f_I}{4}$
4	$4\,f_{OL} - f_I$ $4\,f_{OL} + f_I$	$2f_{OL} - \frac{f_I}{2}$ $2f_{OL} + \frac{f_I}{2}$	$\frac{4\,f_{OL} - f_I}{3}$ $\frac{4\,f_{OL} + f_I}{3}$	$f_{OL} - \frac{f_I}{4}$ $f_{OL} + \frac{f_I}{4}$

Le spectre de la *figure 4.16* regroupe le signal à recevoir et les premières réponses parasites du récepteur. Les réponses parasites de la forme $f_{RF} \pm f_{OL}/m$ se rapprochent de la fréquence à recevoir f_{RF} lorsque m augmente. Plus les réponses parasites sont proches de la fréquence à recevoir f_{RF}, plus leur élimination par filtrage est complexe. Ces réponses, situées dans la diagonale du *tableau 4.1* sont dues à une distorsion d'intermodulation d'ordre 2. En conséquence, le choix du mélangeur doit être effectué en examinant ses performances en terme de distorsion d'intermodulation d'ordre 2, c'est-à-dire son point d'interception IP2.

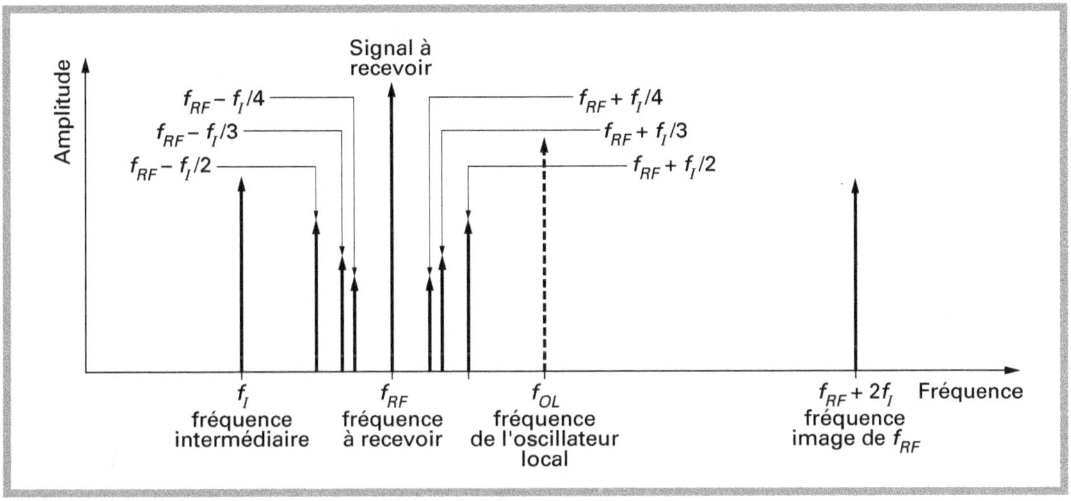

Figure 4.16 – Principales réponses par unités du récepteur.

Ces réponses parasites montrent que le choix de la fréquence intermédiaire n'est pas aussi simple que ce que l'on pouvait imaginer en négligeant les non-linéarités et en ne conservant que les produits donnés par $m = n = 1$.

Si l'on opte pour une fréquence intermédiaire plus basse que la fréquence à recevoir, celle-ci doit être suffisamment basse pour effectivement faciliter l'amplification et le filtrage et suffisamment haute pour que les réponses parasites soient rejetées par le filtre d'entrée fixe ou variable.

Filtres fixes pour fréquences intermédiaires standards

Le choix de la fréquence intermédiaire peut être facilité par la mise à disposition de filtres fixes, calés sur des fréquences standards. Ces filtres monolithiques peuvent être réalisés autour de différentes technologies : filtres céramiques, filtres à quartz ou filtres à onde de surface.

Ces fréquences fixes peuvent aussi être une contrainte.

Les fréquences standard sont les suivantes : 455 kHz, 10,7 MHz, 21,4 MHz, 70 MHz, 130 ou 140 MHz, 480 MHz.

Pour les deux premières fréquences, 455 kHz et 10,7 MHz, il s'agit de filtres céramiques. Les largeurs de bande sont comprises entre quelques kHz pour 455 kHz et quelques centaines de kHz pour 10,7 MHz.

À la fréquence de 21,4 MHz, on rencontre des filtres à quartz, pour les fréquences supérieures il s'agit uniquement de filtres à onde de surface.

Le choix de l'un ou l'autre de ces filtres découle naturellement de la largeur du signal en bande de base à transmettre qui, associé au procédé de modulation, détermine la largeur de bande à la fréquence intermédiaire.

Le choix de la fréquence intermédiaire parmi une des fréquences intermédiaires standard n'est pas un impératif. Le concepteur est simplement confronté au problème suivant : une fréquence intermédiaire spécifique implique un filtre spécifique et un accroissement du coût auxquels on échappe en choisissant fréquence intermédiaire et filtre standard.

Bruit de phase de l'oscillateur local

Le spectre de la *figure 4.17* représente le spectre réel d'un oscillateur local stabilisé par un PLL, tel que l'on pourrait le visualiser avec un analyseur de spectre.

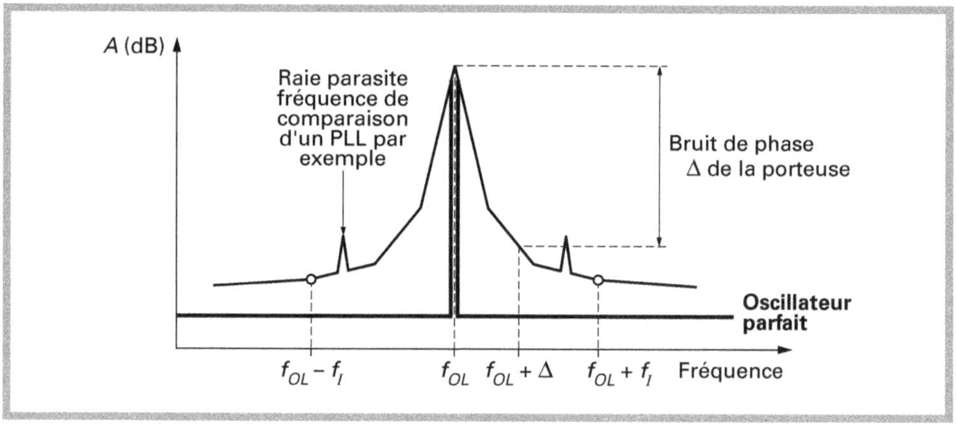

Figure 4.17 – Bruit de phase de l'oscillateur local.

L'oscillateur réel se différencie de l'oscillateur idéal, par un niveau de bruit croissant lorsque l'on se rapproche de la porteuse. On peut en outre, observer des raies parasites pouvant venir de la fréquence de comparaison d'une boucle à verrouillage de phase.

Les fréquences correspondant à $f_{OL} + f_I$ et $f_{OL} - f_I$ seront converties à la fréquence intermédiaire. Il est donc important que le bruit à ces fréquences, soit aussi faible que possible.

Sensibilité du récepteur

Un paramètre important du récepteur est sa sensibilité. Il s'agit simplement d'établir une relation entre le niveau de signal présent à l'entrée et le rapport signal sur bruit en sortie du récepteur. Le rapport signal sur bruit est relatif au signal en bande de base et le rapport porteuse sur bruit relatif au signal modulé.

Dans le chapitre consacré aux modulations analogiques on dispose de relations, en général simples, liant les rapports *C/N* et *S/B*. Le rapport *C/N* est le rapport mesuré à l'entrée du démodulateur ; *S/B* est le rapport signal sur bruit après démodulation :

$$\left(\frac{S}{B}\right)_S = f\left(\left(\frac{C}{N}\right)_E\right)$$

La puissance de bruit à l'entrée du démodulateur est donnée par la relation :

$$N = \mathrm{k}TB$$

k : constante de Boltzman en $\mathrm{J \cdot K^{-1}}$,

T : température en Kelvin,

B : largeur de bande du filtre FI en Hz.

Dans le récepteur, la puissance de bruit n'est pas le niveau N, niveau théorique minimal, mais ce niveau N majoré de la contribution de bruit de tous les étages, de l'entrée du signal modulé jusqu'à l'entrée du démodulateur.

On doit donc chercher le facteur de bruit global de tous les étages placés en amont du démodulateur. On utilise pour cela la relation établie dans le chapitre 1 :

$$F_{1,2,3} = F_1 + \frac{F_2 - 1}{G_1} + \frac{F_3 - 1}{G_1 G_2} = F$$

dans cette relation, F_i et G_i sont sans unité. Le facteur de bruit global en dB vaut :

$$F_{\mathrm{dB}} = 10^{\frac{F}{10}}$$

Le niveau de bruit présent à l'entrée du démodulateur :

$$N_{entrée} = F\mathrm{k}TB$$

en dBm

$$(N_{entrée})_{\mathrm{dBm}} = F_{\mathrm{dB}} + 10 \log \mathrm{k}TB$$

$$(N_{entrée})_{\mathrm{dBm}} = F_{\mathrm{dB}} + 10 \log B - 174 \text{ dBm}$$

Posons le gain G_m, gain de modulation liant les rapports *C/N* et *S/B* :

$$\left(\frac{S}{B}\right)_S = G_m \left(\frac{C}{N}\right)$$

Le rapport signal sur bruit exprimé en décibels vaut finalement :

$$\left(\frac{S}{B}\right)_S = 10 \log G_m + 10 \log C - F_{\text{dB}} - 10 \log B + 174$$

EXEMPLE

Soit un récepteur fonctionnant en modulation de fréquence avec :

$$B = 20 \text{ MHz}$$

$$m_F = 1$$

$$C_{\text{dBm}} = -80 \text{ dBm}$$

$$F = 3 \text{ dB}$$

Dans ces conditions, le rapport signal sur bruit après démodulation vaut :

$$\left(\frac{S}{B}\right)_S = 4 - 80 - 3 - 73 + 174 = 22 \text{ dBm}$$

En modulation de fréquence, ce résultat doit être validé par un rapport C/N supérieur à 10 dB environ. À l'entrée du démodulateur :

$$N = F_{\text{dB}} + 10 \log B - 174 = -98 \text{ dBm}$$

$$C_{\text{dBm}} = -80 \text{ dBm}$$

Le rapport C/N étant alors égal à 18 le résultat précédent est valide. Si le même calcul était mené avec une puissance d'entrée de – 90 dBm, le rapport signal sur bruit calculé vaudrait 12 dB mais ce résultat n'est plus valide puisque C/N est inférieur à 10 dB, il vaut alors 8 dB.

Fréquence intermédiaire haute

Le but initial du changement de fréquence était la conversion d'une fréquence reçue vers une fréquence intermédiaire basse, afin de faciliter le traitement. On constate d'autre part, qu'il est intéressant de baisser la fréquence intermédiaire pour faciliter le traitement (amplification et filtrage), mais ceci se traduit par la difficulté croissante de suppression de la fréquence image. On peut envisager le cas contraire en transposant la fréquence reçue en une fréquence plus élevée. Dans ces conditions il est clair que plus la fréquence intermédiaire sera élevée, plus le filtrage de la fréquence image sera simple et plus l'amplification et le filtrage seront délicats.

Bien que cette première approche ne soit guère encourageante, une conversion vers une fréquence intermédiaire élevée peut être intéressante dans deux cas particuliers.

On peut tout d'abord envisager une conversion vers une fréquence supérieure comme une étape temporaire. La fréquence image est alors facile à éliminer, d'autant plus facile que la fréquence est élevée. On placera ensuite des circuits de transposition de fréquence vers des fréquences plus basses. Ce cas sera traité dans le paragraphe relatif aux récepteurs dits à double changement de fréquence.

Il existe un second cas pour lequel la transposition vers une fréquence supérieure représente l'unique solution. Supposons que la fréquence centrale soit une fréquence basse modulée en fréquence sur une très large bande. La théorie des démodulateurs de fréquence, abordée dans le chapitre 2, modulations analogiques, ne s'applique que lorsque les variations de fréquence autour de la fréquence centrale sont faibles. À cette condition un démodulateur de fréquence à quadrature est linéaire. Pour un démodulateur à PLL, la linéarité dépend du gain du VCO, K_0 et l'on admet que celui-ci est linéaire pour des faibles variations autour de la fréquence centrale.

La configuration résultante est celle de la *figure 4.18*. La structure est identique aux structures précédentes, seules les fréquences intermédiaires sont différentes. À l'entrée du récepteur le signal occupe une largeur de bande BW autour de la fréquence centrale f_R. Après le changement de fréquence le signal occupe une largeur BW autour de la fréquence f_I. La fréquence intermédiaire f_I sera choisie de manière à ce que $BW \ll f_I$.

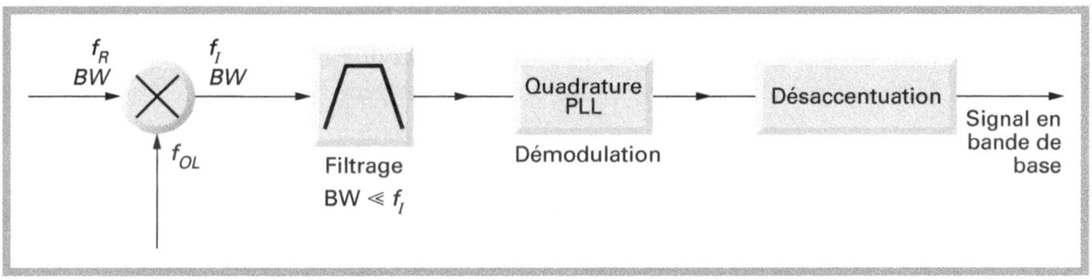

Figure 4.18 – Conversion vers une fréquence intermédiaire élevée.

EXEMPLE

Supposons que l'on reçoive, par l'intermédiaire d'un canal optique par exemple, trois canaux centrés sur 40 MHz, 70 MHz et 100 MHz.

Chacune de ces fréquences porteuses est modulée en fréquence par un signal vidéo de manière à ce que la largeur occupée ne dépasse pas 20 MHz. Le spectre reçu à l'entrée est représenté à la *figure 4.19*.

Si l'objectif est de recevoir simultanément ces trois canaux on place autant de récepteurs que de canaux.

Pour le premier canal centré sur 40 MHz, il est clair que la linéarité ne pourra être obtenue sur une plage de 20 MHz. Les trois fréquences reçues seront transposées vers une fréquence intermédiaire haute à 140 MHz par exemple, où l'on peut disposer de filtres à onde de surface ayant une largeur de 20 MHz.

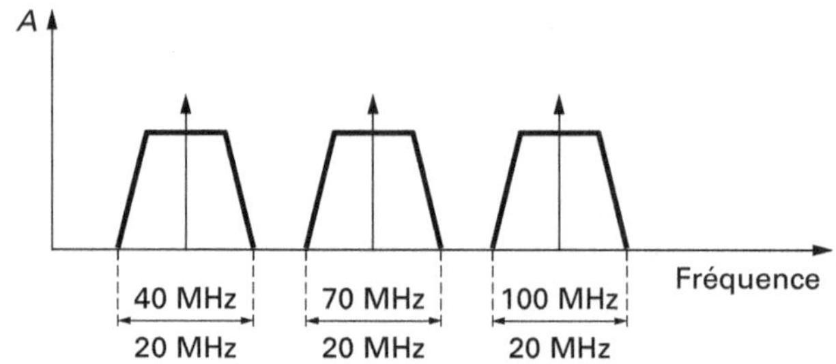

Figure 4.19 – Spectre de trois canaux FM sur des fréquences porteuses basses.

Si à cette fréquence, la linéarité n'est pas suffisante, on peut choisir une fréquence de 480 MHz.

À 140 ou 480 MHz, la démodulation de fréquence est assurée par un démodulateur à quadrature ou un PLL.

Classiquement, en modulation de fréquence, le signal est désaccentué et amplifié après modulation.

Ce cas concret, qui peut être considéré comme un cas d'espèce, est assez fréquent mais il montre que la conversion vers une f_I haute peut représenter quelques avantages et répondre au problème posé.

Cas de la fréquence intermédiaire nulle

Le principal inconvénient des systèmes à changement de fréquence est la présence d'une fréquence image f_{im} espacée de deux fois la fréquence intermédiaire f_I de la fréquence à recevoir f_R :

$$f_{im} = f_R + 2f_I$$

En examinant cette relation, on peut s'interroger sur les avantages résultant du choix de $f_I = 0$. La structure du récepteur à fréquence intermédiaire nulle est représentée à la *figure 4.20.*

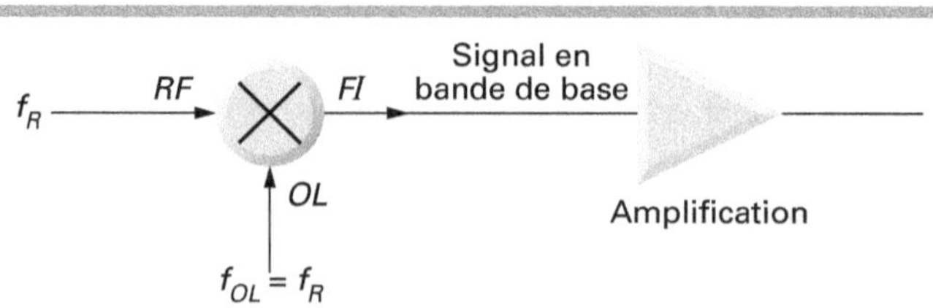

Figure 4.20 – Récepteur à fréquence intermédiaire nulle.

On reconnaît dans cette structure, le synoptique d'un démodulateur cohérent d'amplitude. À partir de cette constatation, on peut en déduire que la démodulation aura bien lieu pour tout type de modulation d'amplitude.

Cette structure est intéressante, mais restrictive car la démodulation de fréquence n'est pas réalisable. Une démodulation de phase BPSK ou QPSK reste envisageable, mais peut poser quelques difficultés; les problèmes de récupération de porteuse ont été examinés dans le chapitre relatif aux modulations numériques (chap. 3).

Dans cette structure il faut noter que toute l'amplification est reportée dans les étages amplificateurs traitant le signal en bande de base. Toute la dynamique du récepteur est confiée aux amplificateurs basse fréquence.

Dans le cas d'une modulation d'amplitude, à condition qu'un signal de référence soit simultanément envoyé, l'oscillateur local pourra être verrouillé en phase sur la porteuse émis.

Pour répartir la dynamique entre les étages d'entrée et les étages de sortie, des amplificateurs à commande de gain peuvent être placés en amont du port RF du mélangeur.

Pour des modulations numériques BPSK ou QPSK, la difficulté essentielle réside dans une démodulation cohérente. Des boucles analogues aux boucles à verrouillage de phase de Costas devront être mises en service.

Le récepteur à fréquence intermédiaire nulle est un récepteur à démodulation directe et la notion de changement de fréquence n'a plus de sens.

L'amplification peut être répartie entre l'entrée et la sortie, tout le filtrage est effectué en entrée. Un tel récepteur peut être utilisé pour couvrir plusieurs canaux, le filtre d'entrée sélectionne tous les canaux qui sont simultanément présents sur le port RF du mélangeur.

La sélection d'un canal parmi n est dû au choix de la fréquence de l'oscillateur local égale à la fréquence à recevoir.

4.2.3 Récepteurs à double changement de fréquence

Transposition par première FI basse

Un double changement de fréquence résout simultanément les problèmes lors du changement de fréquence unique.

Supposons que l'on souhaite recevoir des canaux espacés de 5 kHz ayant, pour l'exposé une largeur BW de 5 kHz. Le coefficient de surtension Q du filtre passe-bande à la fréquence intermédiaire f_I vaut f_I/BW. Pour que cette valeur reste raisonnable, f_I ne doit pas être trop élevée, mais doit être importante pour faciliter la réjection de la fréquence image.

On va donc opérer en deux étapes; un premier changement de fréquence facilitant l'élimination de la fréquence image et un second changement de fréquence sélectionnant le canal étroit.

Le synoptique résultant est celui de la *figure 4.21*. Comme précédemment les signaux d'entrée sont envoyés au port RF du premier mélangeur.

Le premier oscillateur local est variable, la sélection de la fréquence f_{OL1} permet de recevoir un canal parmi les n canaux présents et sélectionnés par les filtres d'entrée.

Le canal sélectionné est alors transposé dans une fréquence f_{I1}; cette première fréquence intermédiaire f_{I1} est transposée en une fréquence f_{I2} telle que $f_{I2} < f_{I1}$.

Exemple d'application

Soit un récepteur ayant les valeurs de fréquence intermédiaire suivantes :

$$f_{I1} = 21{,}4 \text{ MHz}$$
$$f_{I2} = 455 \text{ kHz}$$
$$BWcanal = 5 \text{ kHz}$$
$$BWf_{I2} = 5 \text{ kHz}$$

La fréquence du second oscillateur local peut être choisie par l'une ou l'autre des relations :

$$f_{OL2} = f_{I1} - f_{I2} = 21{,}4 - 0{,}455 = 20{,}945 \text{ MHz}$$
$$f_{OL2} = f_{I1} + f_{I2} = 21{,}4 + 0{,}455 = 21{,}855 \text{ MHz}$$

Supposons que le premier canal se situe à 200 MHz, pour sélectionner ce canal l'oscillateur local est à 221,4 MHz. Supposons que, dans l'objectif de supprimer les fréquences image, le filtre d'entrée sélectionne la bande 200 à 240 MHz. Le récepteur est alors capable de recevoir tous les canaux présents dans cette bande de 40MHz. Il s'agit maintenant de comparer ce récepteur à double changement à un récepteur unique ayant une fréquence intermédiaire égale à f_{I2} soit 455 kHz.

Soit comme précédemment le premier canal à 200 MHz, la fréquence image est à 200,190 MHz.

Même avec l'hypothèse optimiste que l'on puisse sélectionner la bande d'entrée de 200 à 200,5 MHz, il est clair que la couverture du récepteur n'est que de 500 kHz alors qu'elle était de 40 MHz dans le cas précédent.

Les avantages du récepteur à double changement de fréquence sont alors évidents. La première fréquence intermédiaire facilite la réjection de la fréquence image à l'entrée. Le deuxième changement de fréquence facilite le filtrage pour des canaux pouvant être très étroits.

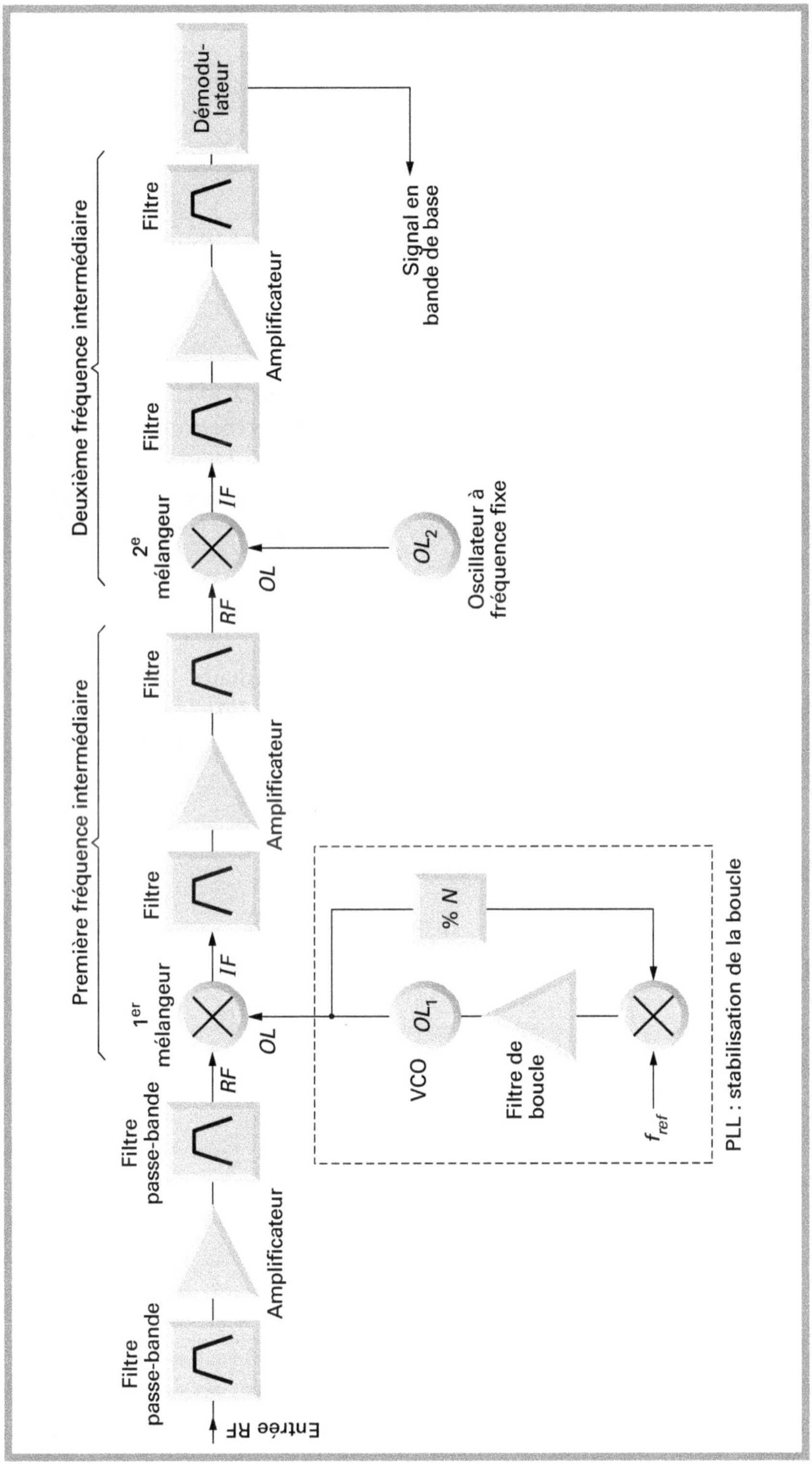

Figure 4.21 – Récepteur à double changement de fréquence.

Quel que soit le nombre de changements de fréquence, un ou deux :

$$f_{OL\min} = f_{R\min} \pm f_I$$

$$f_{OL\max} = f_{R\max} \pm f_I$$

$$f_{R\max} - f_{R\min} = f_{OL\max} - f_{OL\min}$$

Dans ce cas, on ne s'intéresse plus à la fréquence image, mais à l'étendue des fréquences que le récepteur pourra recevoir, en fonction des variations de l'oscillateur local. La plage de couverture d'entrée est égale à la plage de variation de l'oscillateur local.

Pour des oscillateurs contrôlés en tension, l'écart $f_{OL\max} - f_{OL\min}$ dû aux diodes à capacité variable peut difficilement être supérieur à 2. Un récepteur, ayant un ou deux changements de fréquence, équipé d'un premier oscillateur local unique a donc une plage de couverture maximale de $2f_{R\min}$. La plage de couverture pourra être par exemple 100 – 200 MHz, 400 – 800 MHz, etc. On cherche alors une structure qui pourrait couvrir une large bande de fréquence, c'est-à-dire une bande très supérieure à un octave.

Transposition par première FI haute

Imaginons que la première fréquence intermédiaire soit fixée à 900 MHz. L'oscillateur local, capable de couvrir un octave, varie entre 900 et 1 800 MHz. La fréquence d'entrée est la différence de la fréquence de l'oscillateur local et la fréquence intermédiaire :

$$f_R = f_{OL} - f_I$$

La fréquence image est située à :

$$f_R\,image = f_R + 2\,f_I$$

Le schéma synoptique de ce récepteur est représenté à la *figure 4.22*.

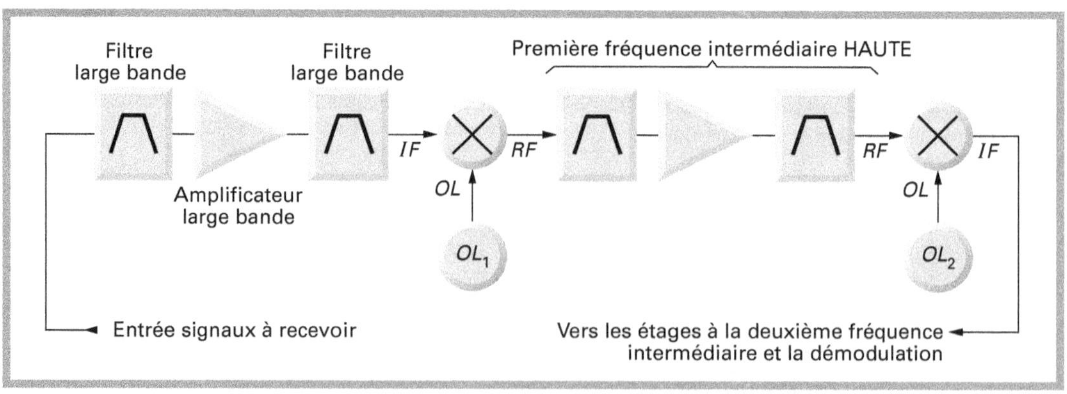

Figure 4.22 – Récepteur à double changement de fréquence avec transposition vers le haut puis vers le bas.

Dans ce cas, la fréquence image est située à 1 800 MHz de la fréquence à recevoir.

Bien que la fréquence intermédiaire soit élevée, le filtrage de l'image ne pose pas de difficulté.

L'amplification est sensiblement plus compliquée pour une telle fréquence que pour une fréquence de quelques MHz. Mais cette fréquence intermédiaire n'est qu'une étape.

Un second changement de fréquence est ensuite effectué vers le bas. Les étages d'amplification et de filtrage sont classiques et identiques à ceux de la *figure 4.21.* Pour un tel type de récepteur, les limitations proviennent de l'étage d'entrée et du premier mélangeur recevant simultanément toutes les composantes pouvant être présentes dans la bande. Pour ces deux éléments, les points d'interception du troisième et second ordre seront primordiaux.

En outre, comme pour tout récepteur, le facteur de bruit du premier étage limite la sensibilité. Il faut alors allier gain dans une large bande, IP3 élevé et facteur de bruit faible.

4.2.4 Influence des performances de chaque étage sur les performances du récepteur

Filtres passe-bande d'entrée

Le filtre passe-bande d'entrée a pour rôle principal la sélection d'un canal ou un groupe de canaux et la réjection des fréquences image. Sa perte d'insertion est un facteur important puisqu'elle est égale à son facteur de bruit.

Le premier filtre doit avoir une perte d'insertion minimale pour un facteur de bruit minimal.

Le second filtre passe-bande a un rôle plus complexe. Il pallie l'isolation insuffisante du premier mélangeur. Ce filtre doit éviter la propagation du signal d'oscillateur local vers l'entrée du récepteur. Les deux filtres d'entrée ont une influence sur la réjection d'un éventuel signal à la fréquence FI présent à l'entrée du récepteur.

Amplificateurs d'entrée

Cet amplificateur est le maillon le plus délicat. On lui demande les performances suivantes :

- faible bruit, puisque sa participation au facteur de bruit global est importante;
- grand gain, pour les mêmes raisons;
- point d'interception IP3 élevé.

Ces performances influent sur la réjection des réponses parasites (IP3) et sur la sensibilité du récepteur (facteur de bruit et gain).

Mélangeurs

Les performances du mélangeur agissent sur la réjection des réponses parasites. Les points IP2 et IP3 sont primordiaux. La perte de conversion est de moindre importance si l'amplificateur d'entrée a un gain important.

L'isolation entre les ports RF-OL et OL-IF est importante pour éviter la propagation du signal OL ayant un fort niveau, et susceptible de générer des problèmes de distorsion d'intermodulation dans l'étage d'entrée et dans les étages à fréquence intermédiaire.

Oscillateur local

L'oscillateur local doit être stable. Le bruit de phase et les raies parasites au voisinage de la porteuse limiteront les performances. Le niveau des harmoniques a une influence directe sur le nombre et l'importance des réponses parasites.

Filtres à la fréquence intermédiaire

Le filtre placé immédiatement en sortie du mélangeur, s'il existe, aura pour rôle principal la réjection de l'oscillateur local et de ses éventuels harmoniques dans la chaîne d'amplification FI. Ses performances ont une influence sur le nombre de réponses parasites et leur réjection. La largeur de bande du filtre FI a une incidence directe sur la sensibilité du récepteur.

Amplificateurs à la fréquence intermédiaire

En modulation d'amplitude, les amplificateurs sont du type à commande automatique de gain. Leur performance a une répercussion sur les distorsions pour le signal en bande de base. Pour les modulations angulaires, les limiteurs ont une incidence sur le rapport signal sur bruit après démodulation.

Démodulateur

Le paramètre le plus important du démodulateur est sa linéarité qui influe directement sur les distorsions du signal reçu. Le choix d'une structure particulière peut aussi avoir une influence sur le rapport signal sur bruit, comme l'emploi d'un démodulateur à PLL en FM par exemple.

Signaux perturbateurs externes

Les boucles à verrouillage de phase sont omniprésentes dans tous les systèmes de transmission. Chacune de ces boucles reçoit une fréquence de référence stable issue en général d'un oscillateur à quartz. Il est important que ce signal, nécessaire, ne se transforme pas en un signal perturbateur majeur.

Ces oscillateurs seront choisis d'une valeur différente de la fréquence intermédiaire ou de l'un de ses sous harmoniques. Ces mêmes considérations s'appliquent aux horloges des microcontroleurs, inévitablement associés aux boucles à verrouillage de phase et chargés de leur programmation.

4.3 Conclusion

Il apparaît clairement que le récepteur est le sous-ensemble à la fois le plus complexe et le plus délicat de la chaîne de transmission. Il est malheureusement impossible d'optimiser simultanément tous les paramètres, facteur de bruit, sensibilité, plage de couverture, réponses parasites.

Le choix d'une structure et des performances demandées à chaque étage résulte d'un compromis. La conception d'un émetteur reste un exercice plus simple si la puissance de sortie est faible.

Finalement, et ceci s'applique tant à l'émetteur qu'au récepteur, le concepteur devra s'assurer que les équipements n'agissent pas en tant que perturbateurs pour d'autres systèmes.

Il devra donc s'assurer que tous les rayonnements, hors bande, sont compatibles avec les normes et réglementations en vigueur.

CHAPITRE 5

COMPOSANTS PASSIFS EN HAUTE FRÉQUENCE

Dès que la fréquence devient suffisamment importante, aucun composant ne peut être considéré comme parfait. Les différentes selfs parasites ou capacités réparties peuvent prendre des proportions importantes.

Des résultats optimistes, tels ceux issus d'un simulateur comme Spice, doivent être pris avec précaution si le concepteur n'a pas pris le soin d'introduire les différents éléments parasites.

5.1 Inductance

Une inductance se compose de *n* spires. Au schéma équivalent de la *figure 5.1* on introduit deux éléments parasites :

R : résistance du conducteur

C : capacité répartie, capacité entre chaque spire de la self.

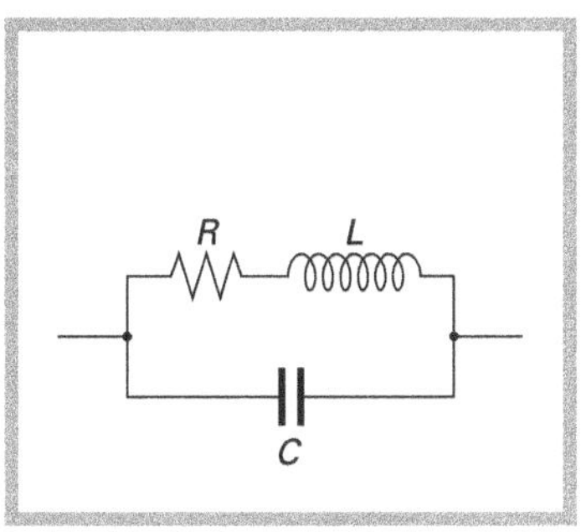

Figure 5.1 – Schéma équivalent de la self.

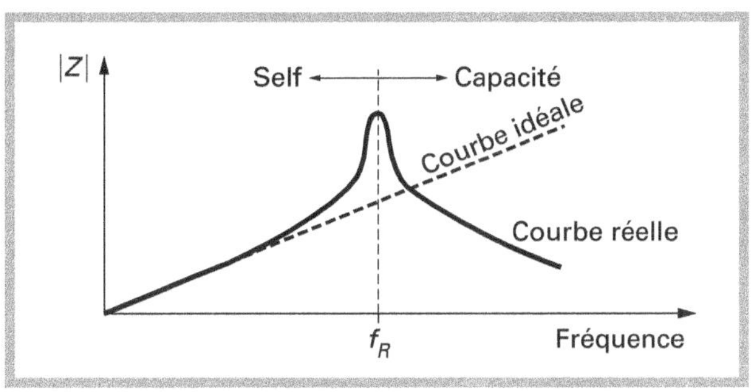

Figure 5.2 – Courbe d'impédance de la self.

L'impédance complexe de ce circuit se calcule aisément et l'on a :

$$Z = \frac{R + Lp}{LCp^2 + RCp + 1}$$

La courbe d'impédance de ce réseau est donnée à la *figure 5.2*. Cette courbe est à comparer avec la courbe d'impédance idéale de la self L unique.

Au-delà de la fréquence de résonance f_R, le réseau complexe ne se comporte plus comme une self mais comme une capacité. La capacité C devient prépondérante. La fréquence de résonance vaut :

$$f_R = \frac{1}{2\pi\sqrt{LC}}$$

Pour $f \ll f_R \quad |Z| = L\omega$

Pour $f = f_R \quad |Z| = \frac{1}{RC\omega}\sqrt{R^2 + L^2\omega^2}$

Pour $f \gg f_R \quad |Z| = \frac{1}{C\omega}\sqrt{\frac{L^2}{L^2 + R^2}}$

Les courbes de la *figure 5.3* représentent l'impédance de deux selfs de type VK200 en fonction de la fréquence. La valeur de ces selfs est importante, environ 100 µH. La fréquence de résonance f_R se situe au voisinage de 100 à 200 MHz.

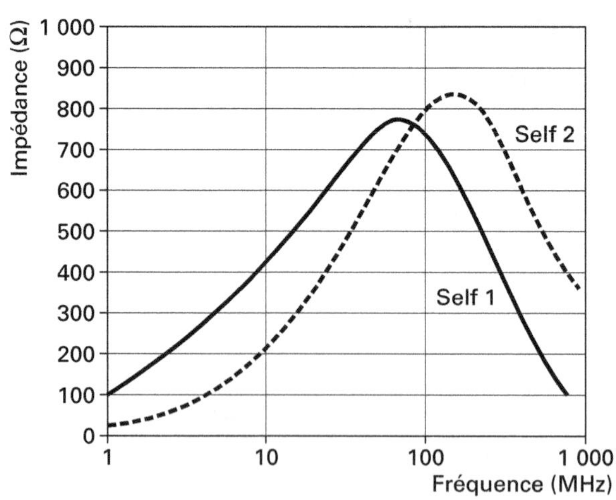

Figure 5.3 – Courbes d'impédance de deux selfs type VK200.

La première self a une fréquence de résonance légèrement inférieure à 100MHz et le module de Z est inférieur à 100 ohm à 1 GHz. Cette self pourra être utilisée de 10 à 200 MHz environ.

La seconde self a une fréquence de résonance au voisinage de 200 MHz et pourra être utilisée de 50 à 500 MHz environ.

Les courbes de la *figure 5.4* représentent le coefficient de surtension Q de trois selfs CMS de faible valeur en fonction de la fréquence. On peut constater que d'une part, le coefficient de surtension augmente lorsque la valeur de la self diminue, d'autre part, plus la fréquence de fonctionnement est importante plus une self de faible valeur doit être utilisée.

$$Q = \frac{L\omega}{R}$$

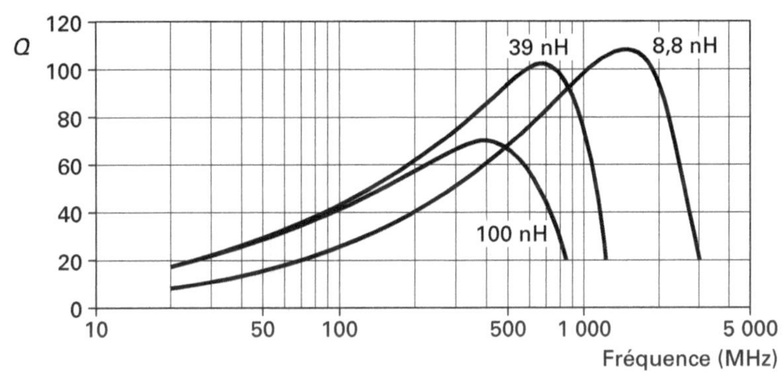

Figure 5.4 – Coefficient du surtension de trois selfs CMS.

Ces deux exemples montrent l'importance du choix des selfs dans les circuits haute fréquence.

Quelle que soit sa valeur, une self L ne peut jamais être considérée comme parfaite.

5.1.1 Applications des selfs

Les principales applications des selfs sont :

- les circuits de découplage dans les alimentations;
- polarisation des étages amplificateurs;
- filtrage dans le trajet signal;
- transformateurs ;
- adaptation d'impédance.

Circuits de découplage dans les alimentations

Les circuits de découplage dans les alimentations des différents étages sont disposés conformément au schéma de principe de la *figure 5.5*. Le rôle de ces circuits est d'éviter qu'une composante, à la fréquence *f*, soit transmise par la ligne d'alimentation du point A au point B, par exemple. Si tous les composants de la *figure 5.5* sont parfaits, les selfs présentent des impédances élevées, les condensateurs des impédances faibles et si la source de tension est parfaite, $R_E = 0$. Dans ces conditions, il n'y a pas de transmission de A vers B, la source V_E présentant une impédance interne nulle.

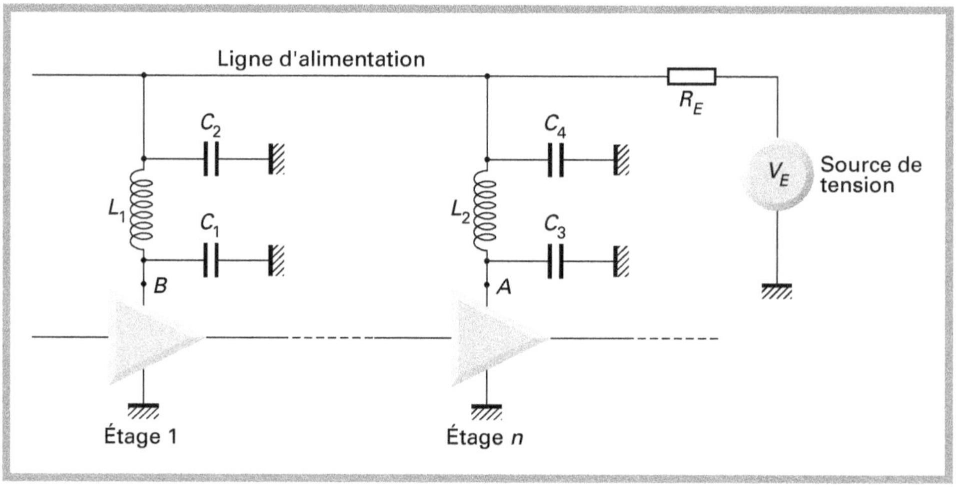

Figure 5.5 – Circuit de découplage dans les alimentations.

Dans la pratique, cette impédance interne est une valeur complexe et les différentes connexions, pistes imprimées ou fils de câblage ont une impédance propre, non nulle. Ceci justifie la présence des deux cellules de filtrage. Les selfs L_1 et L_2 étant elles-mêmes non parfaites, la valeur appropriée au filtrage est fonction de la fréquence de fonctionnement ou de la valeur d'une fréquence parasite dont on veut éviter la propagation.

Une absence de filtrage dans les circuits d'alimentation permet aux composantes haute fréquence, de se propager dans les lignes d'alimentation. La fréquence d'un oscillateur local peut alors être réinjectée dans un ou plusieurs étages d'un récepteur. Le niveau des oscillateurs locaux est en général important, ceci se traduit par des problèmes d'intermodulation d'autant plus importants. Le même raisonnement peut aussi s'appliquer avec le signal parasite présent sur l'alimentation d'un microcontrôleur ou microprocesseur.

Le filtrage des alimentations ne s'applique pas seulement aux composantes haute fréquence, amplificateurs, mélangeurs, démodulateurs, modulateurs mais aussi aux circuits annexes, microprocesseurs, microcontrôleurs, synthétiseurs, circuits d'interface d'affichage.

Polarisation des étages amplificateurs

Le transistor de la *figure 5.6* monté en émetteur commun doit être polarisé pour fonctionner en amplificateur. Les impédances d'entrée et de sortie des transistors sont des valeurs complexes. On dispose donc des réseaux d'adaptation en entrée et en sortie du transistor. Ce réseau adapte l'impédance d'entrée à l'impédance de la source et l'impédance de la charge à l'impédance de sortie.

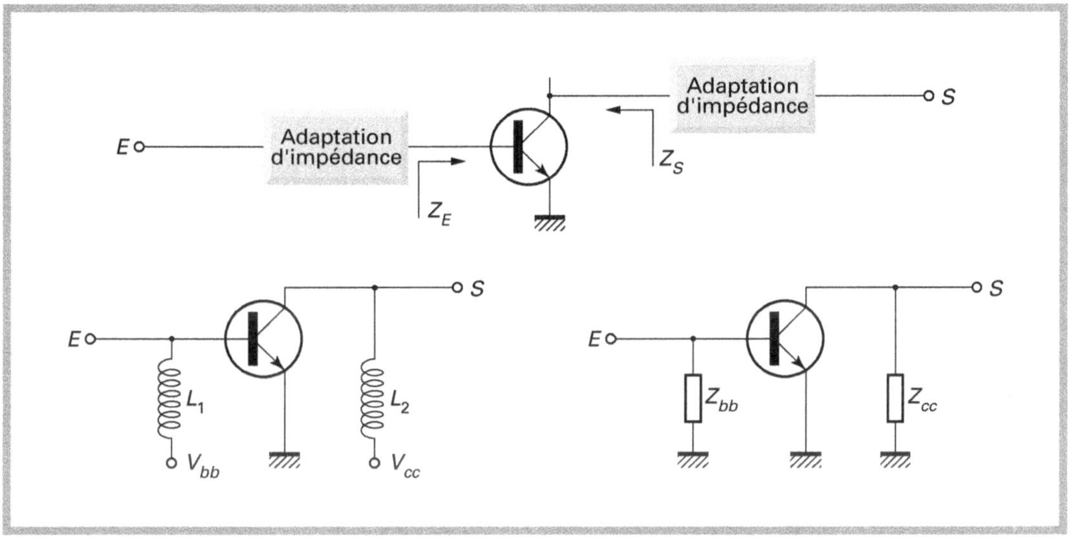

Figure 5.6 – Polarisation des étages amplificateurs.

Deux selfs L_1 et L_2 polarisent le transistor avec les valeurs V_{BB} et V_{CC}. Les impédances de ces deux selfs L_1 et L_2, Z_{BB} et Z_{CC} shuntent respectivement les impédances d'entrée et de sortie Z_E et Z_S.

On peut envisager deux solutions. En connaissant la fréquence de fonctionnement, les deux selfs sont choisies de manière à ce que leurs impédances soient négligeables devant Z_E et Z_S.

Les imperfections des selfs sont prises en compte naturellement. Dans le second cas les selfs L_1 et L_2, toujours imparfaites, font partie intégrante des circuits d'adaptation d'impédance, accessoirement elles véhiculent les courants de polarisation.

Dans le cas des circuits intégrés amplificateurs, préadaptés à 50 ohm, représentés à la *figure 5.7*, une self L polarise l'amplificateur et une résistance R limite le courant.

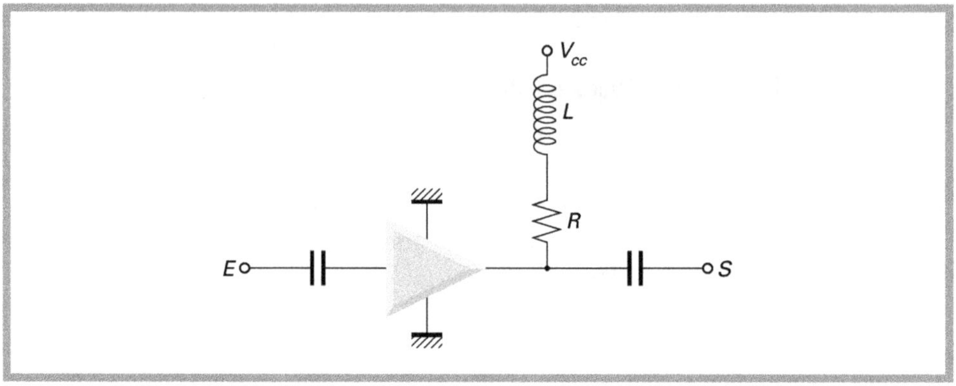

Figure 5.7 – Amplificateur préadapté 50 ohm.

L'impédance *Z*, constituée par la mise en série de la self *L* et de la résistance *R* shunte l'impédance de sortie de l'amplificateur. *Z* doit donc être très supérieure à 50 ohm pour ne pas désadapter l'amplificateur.

La self *L* est choisie en fonction de la fréquence de fonctionnement de l'amplificateur en utilisant par exemple les courbes des *figures 5.3* et *5.4* ou des courbes équivalentes.

Si l'amplificateur doit travailler dans une large bande de fréquence, on peut envisager l'association de deux selfs en série. Une self de forte valeur, ayant un mauvais comportement en HF est montée en série avec une self de faible valeur, ayant un bon comportement en HF.

Filtrage dans le trajet signal

Les filtres passifs *LC* sont constitués de selfs et de condensateurs. La *figure 5.8* donne un exemple de filtre *LC* passe-bande. Les méthodes traditionnelles permettent le calcul des composants du filtre.

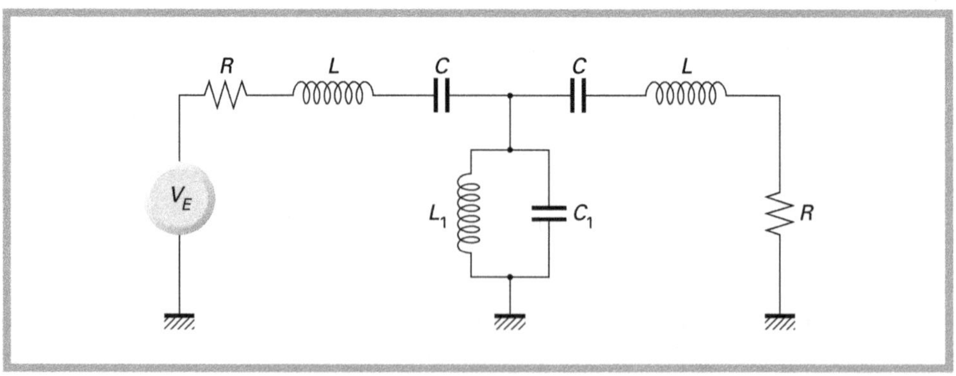

Figure 5.8 – Filtre passif LC passe-bande.

Les imperfections des selfs modifient la courbe de réponse du filtre. La bonne méthode consiste alors à effectuer une simulation en remplaçant les selfs parfaites *L* par leur modèle de la *figure 5.1*. Les éléments parasites sont obtenus soit par mesure sur un échantillon, soit par un examen des documentations du fabricant.

5.1.2 Réalisation des selfs

Il existe trois méthodes différentes pour réaliser des selfs. Quelle que soit la méthode employée, il s'agit toujours de bobiner, au sens large, *n* tours d'un conducteur sur une forme quelconque.

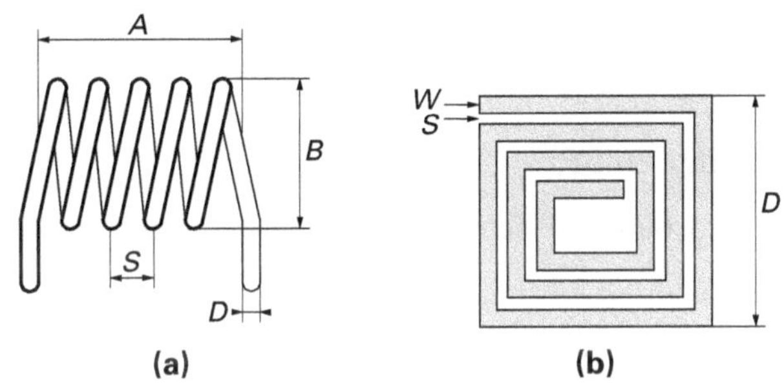

Figure 5.9 – (a) Self sur « air » ; (b) self imprimée.

Self sur « air »

La *figure 5.9a* représente une self constituée de *n* spires jointives bobinées sur une forme de diamètre *B*. La longueur totale de la self étant *A*, la valeur *L* de cette self est donnée par une formule approchée :

$$L = \frac{B^2 n^2}{0{,}45B + A}$$

L : inductance de la bobine en nH,

B : diamètre moyen en mm,

A : longueur totale de la bobine en mm,

n : nombre de tours.

Cette formule est une formule approchée et, selon les auteurs, où parfois les unités utilisées, les approximations sont différentes. On retrouve quelquefois une formule dite de Nagaoka :

$$L = \frac{100B^2 n^2}{4B + 11A}$$

L est la valeur de la self en nH,

B est le diamètre moyen en cm,

A est la longueur totale en cm,

n est le nombre de tours.

La connaissance du matériau utilisé, associée aux caractéristiques géométriques de la bobine, permet de calculer la résistance série R de cette self.

Le troisième élément parasite de cette self est la capacité due aux capacités réparties entre chaque spire. La capacité répartie par spire peut être évaluée par la relation :

$$C \approx \frac{B\varepsilon_R}{11{,}45 \cosh^{-1}\left(\frac{S}{D}\right)}$$

C est exprimé en pF,

ε_R est la constante diélectrique du matériau entre les spires, $\varepsilon_R = 1$ pour l'air,

S est l'espacement entre chaque spire en mm,

D est le diamètre du fil en mm.

La capacité totale C_{tot} est supérieure à $C(n-1)$, car on ne peut pas négliger les capacités entre les spires non jointives. Assimiler C_{tot} à $C(n-1)$ revient à ne tenir compte que des capacités réparties entre les spires consécutives.

Le coefficient de surtension Q des selfs bobinées sur air est compris entre 80 et 200. Les meilleurs coefficients de surtension sont obtenus lorsque :

$$\frac{A}{B} = 1 \quad \text{et} \quad 0{,}5 < \frac{D}{S} < 0{,}75$$

Ce coefficient de surtension Q obtenu pour des selfs sur air est à comparer avec le coefficient Q de selfs CMS, bobinées sur un matériau céramique (courbes de la *figure 5.4*) qui est alors compris entre 20 et 100. Pour une self bobinée sur air, les impératifs mécaniques limitent les valeurs à une plage s'étendant de quelques dizaines de nH à quelques µH. Le principal inconvénient de la self de la *figure 5.9a* est sa mauvaise tenue aux vibrations.

Si l'on suppose que cette self, associée à un condensateur C, constitue le circuit oscillant d'un oscillateur et que la self est soumise à des vibrations, le signal de sortie de l'oscillateur sera modulé en fréquence au rythme des vibrations.

Pour limiter l'influence des vibrations, la self est quelquefois bobinée sur une forme en plastique dans laquelle sont ménagées des gorges recevant le conducteur. Le matériau a en général, comme effet secondaire, d'augmenter la capacité répartie entre spires.

Self imprimée

La self imprimée de la *figure 5.9b* est très différente de celle de la *figure 5.9a*. En effet, le coefficient de surtension est faible, mais elle est extrêmement peu sensible aux vibrations. Cette self est constituée d'un ruban (conducteur imprimé) de largeur *W*, disposé dans un carré *D* et constitué de *n* spires espacées d'une distance *S*.

Le motif peut être rectangulaire ou circulaire. Un motif circulaire donne une valeur *L* plus élevée. Un plan de masse est envisageable sur la face opposée du circuit mais réduit la valeur de la self dans un rapport de 10 à 15 %. Dans la pratique, l'extrémité du conducteur située au centre du motif débouche sur la face opposée du circuit grâce à un trou métallisé.

La valeur approchée de la self de la *figure 5.9*, motif rectangulaire sans plan de masse, est donnée par la relation :

$$L = 8{,}5\ Dn^{\frac{5}{3}}$$

L : valeur de la self en nH,

D : dimension du côté du carré en cm,

n : nombre de tours,

$W = S$: largeur du conducteur = espacement entre conducteurs.

Dans le cas de la *figure 5.9b*, si $D = 4{,}7$ cm, la self L vaut 280 nH. Cette configuration est extrêmement intéressante car elle permet la réalisation de self dont la valeur est inférieure à 10 nH. Les limitations ne sont dues qu'à la précision de la gravure du motif. Si le motif de la *figure 5.9b* est réduit d'un facteur 10 et le nombre de spires limité à 2, la self vaut 12 nH environ.

Cette structure est particulièrement intéressante pour les circuits intégrés travaillant au-delà de quelques GHz. Des selfs imprimées miniatures peuvent alors être intégrées.

A contrario, des selfs de valeur importante, quelques micro Henry, deviennent encombrantes et ne présentent plus d'intérêt. Le coût d'une telle self se limite au coût initial du dessin et au coût engendré par la surface de circuit imprimé utilisée. Cette self, non idéale, a évidemment une résistance parasite série et une capacité répartie parallèle.

Self sur ferrite

En radiofréquence, les selfs sont généralement bobinées sur des tores, dont les dimensions et la composition dépendent notamment de la fréquence à traiter.

On utilise soit des ferrites avec des compositions de nickel et zinc pour les fréquences les plus élevées, soit des compositions de nickel manganèse. Ces matériaux sont caractérisés par une valeur A_L fournie par le fabricant dont la dimension est en henry par spires carré :

$$A_L = \frac{L}{N^2}$$

La valeur d'une self ou le nombre de spires à bobiner pour obtenir une self d'une valeur donnée s'obtient grâce à cette relation.

$$N = \sqrt{\frac{L}{A_L}}$$

N est le nombre de tours à bobiner,

L est la valeur de la self en nH,

A_L est le coefficient caractéristique du matériau en nH/spires carrés.

Le choix des matériaux permet d'obtenir des valeurs A_L très importantes, adaptées à des fortes valeurs de selfs. En radiofréquence, les valeurs de A_L sont faibles et comprises entre 10 et 50 environ.

La principale application des selfs bobinées sur des tores est la réalisation de transformateurs.

5.1.3 Transformateurs

Un transformateur radiofréquence est un ensemble de deux selfs primaire et secondaire L_P et L_S bobinés sur un tore conformément au schéma de la *figure 5.10.*

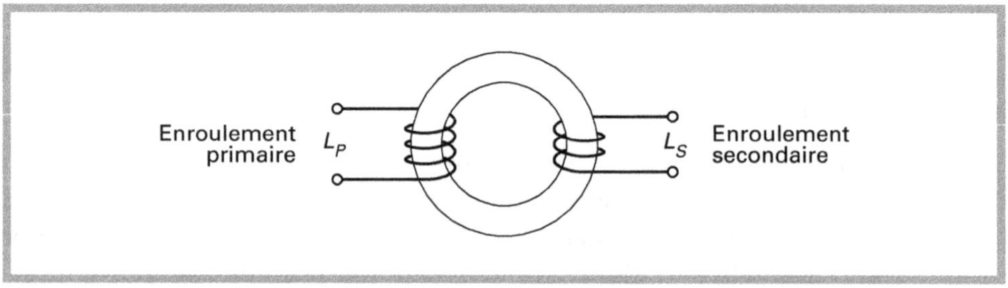

Figure 5.10 – Transformateur bobiné sur un tore.

Les transformateurs sont largement utilisés dans les circuits RF. Leur rôle ne se limite pas à l'isolement en régime continu, ils sont utilisés notamment pour :

– l'adaptation d'impédance large bande;

– l'adaptation d'impédance avec des circuits accordés;

– les diviseurs et combineurs de puissance.

Transformateur idéal

Dans le cas idéal, le transformateur est connecté conformément au schéma de la *figure 5.11*. L'enroulement primaire est constitué de N_p spires et la self équivalente a une valeur L_p. L'enroulement secondaire est constitué de N_S spires et la self équivalente a une valeur L_S. Pour le transformateur parfait on a :

$$\frac{V_S}{V_p} = \frac{I_p}{I_S} = \frac{N_S}{N_p}$$

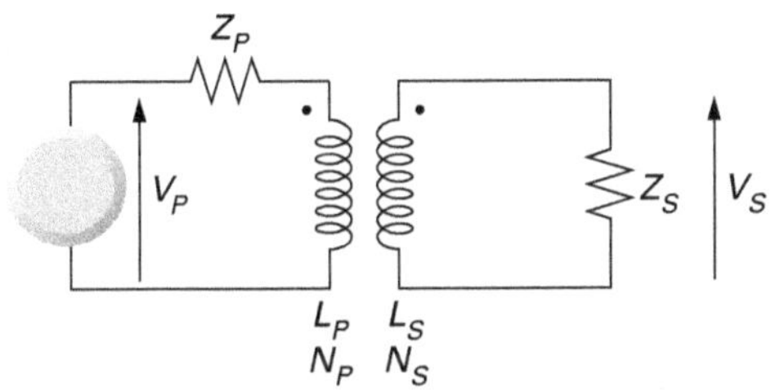

Figure 5.11 – Schéma équivalent du transformateur parfait.

À partir de cette équation on constate que le rendement du transformateur est parfait puisque toute la puissance d'entrée $V_p I_p$ est transférée à la sortie $V_S I_S$.

Le rapport du nombre de spires N_S/N_p est appelé rapport de transformation n.

$$\frac{Z_S}{Z_p} = \left(\frac{N_S}{N_p}\right)^2 = n^2$$

Si $n < 1$, $V_S < V_p$ le transformateur est abaisseur

$Z_S < Z_p$

Si $n > 1$, $V_S > V_p$ le transformateur est élévateur

$Z_S > Z_p$

Si $n = 1$, $V_S = V_p$

$Z_S = Z_p$

Pour réaliser un tel transformateur, il faut respecter les deux règles suivantes :

$$(L_p)\,\omega \geqslant 4Z_p$$
$$(L_S)\,\omega \geqslant 4Z_S$$

En général les deux valeurs Z_p et Z_S sont connues. La pulsation ω correspond à la valeur inférieure de la bande de fonctionnement du transformateur large bande.

Le tore ayant une caractéristique donnée, les nombres de tours N_p et N_S se calculent aisément.

Transformateur réel

Le schéma du transformateur réel est représenté à la *figure 5.12*. Les deux selfs L_p et L_S du transformateur idéal sont remplacées par le schéma équivalent de la self, schéma de la *figure 5.1*.

R_p et R_S sont les résistances des conducteurs et C_p et C_S sont les capacités réparties des deux enroulements. Il existe, en outre, une capacité C_m résultant du couplage entre les deux enroulements primaire et secondaire. L'ensemble des composants de la *figure 5.12* constitue un filtre qui limite la plage d'utilisation du transformateur large bande.

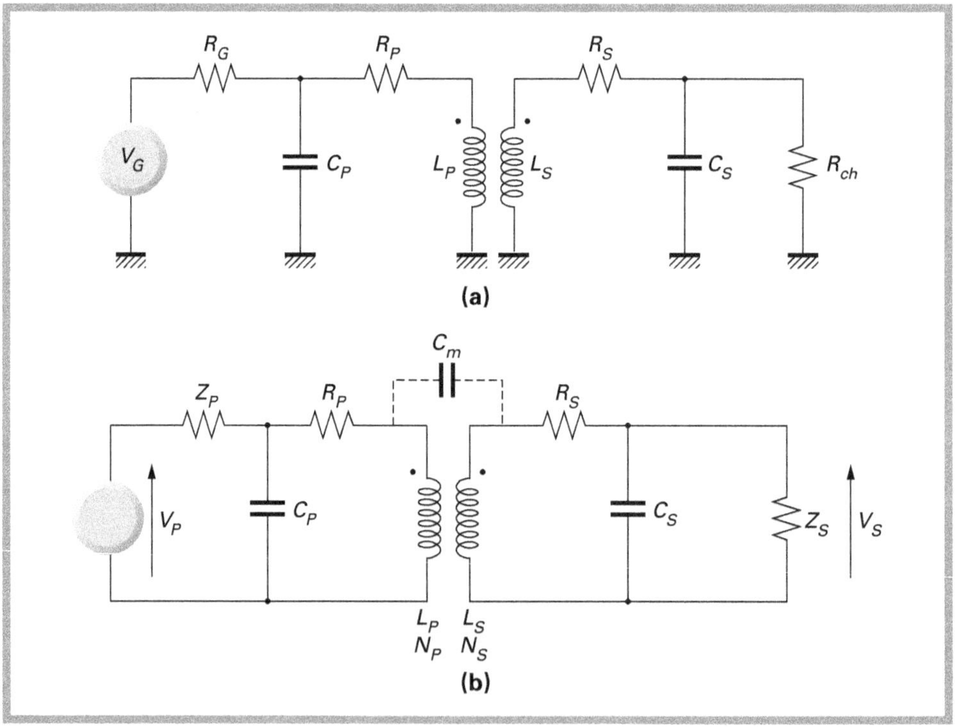

Figure 5.12 (a et b) – Schémas équivalent du transformateur avec éléments R et C parasites.

Il faut aussi ajouter que le rendement du transformateur est inférieur à 1. La puissance fournie à la charge est inférieure à la puissance fournie par le générateur. La différence de ces puissances est dissipée dans les composants parasites, donc dans le matériau magnétique.

Autotransformateur

Lorsque le transformateur ne comporte qu'un seul enroulement et que l'on a prévu une prise sur l'une des spires, on parle d'autotransformateur (*figure 5.13a*).

La self L_1 comporte n_1 spires du point A au point B. La self L_2 comporte n_2 spires du point B au point C. L'entrée peut être soit X soit Y; l'autotransformateur est alors soit élévateur soit abaisseur.

Les deux résistances R_1 et R_2, résistances de source ou de charge sont liées par la relation :

$$R_1 \approx \left(\frac{n_1}{n_1 + n_2}\right)^2 R_2$$

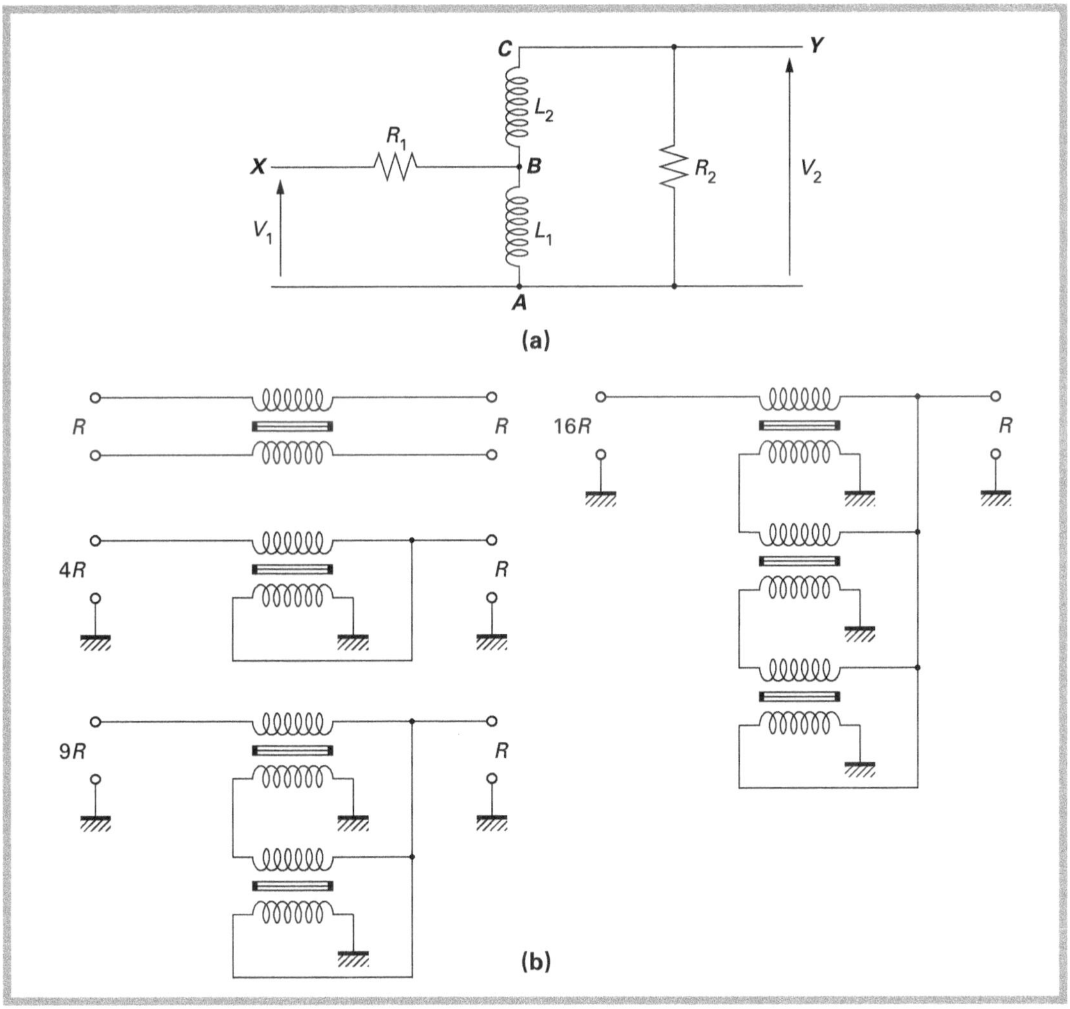

Figure 5.13 – a) Autotransformateur.
b) Utilisation de transformateur en conversion d'impédance.

L'autotransformateur est alors équivalent à un transformateur, ayant un premier enroulement de n_1 spires et un second enroulement comportant $n_1 + n_2$ spires.

Comme précédemment, les impédances des selfs L_1 et $L_1 + L_2$ doivent être supérieures, dans un facteur 4, aux impédances R_1 et R_2.

Adaptation d'impédance par transformateur

Les quatre schémas de la *figure 5.13b* montrent que les transformateurs résolvent simplement le problème de l'adaptation d'impédance large bande. Sur ces schémas, tous les transformateurs ont un rapport de transformation de 1:1.

Transformateurs dans les circuits couplés

Les trois circuits de la *figure 5.14* représentent des circuits accordés, couplés qui pourront être utilisés dans les amplificateurs large bande ou bande étroite.

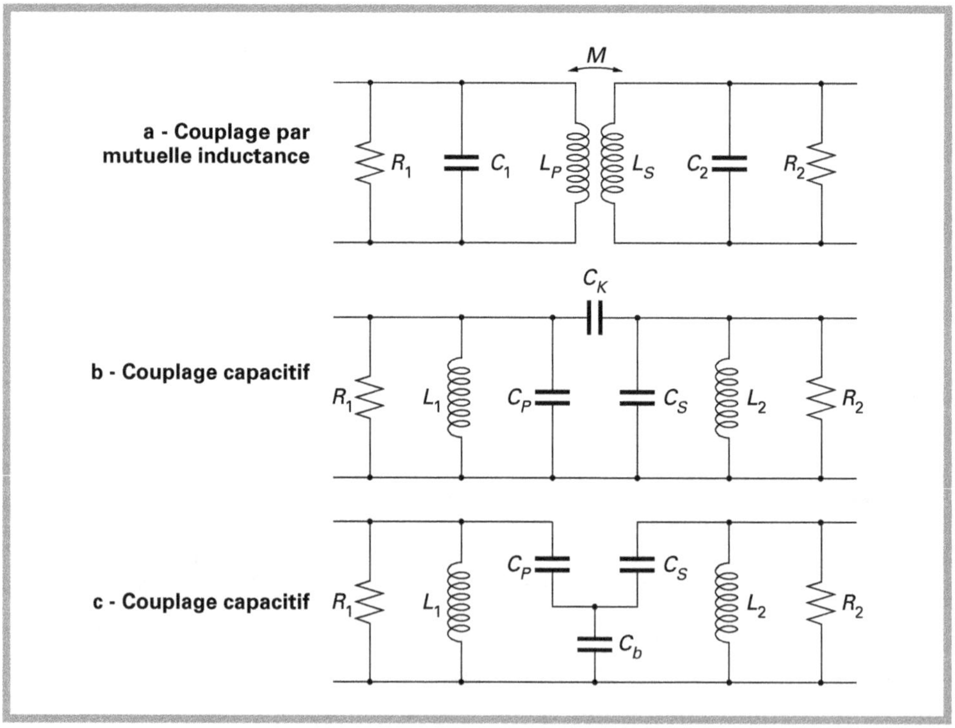

Figure 5.14 – Transformateurs dans les circuits couplés.

Couplage par mutuelle inductance

Dans le premier cas, les deux selfs L_p *et* L_S sont couplées par une mutuelle inductance M.

Les deux enroulements, primaire et secondaire sont bobinés par exemple, sur un tore. Le coefficient de couplage k est une valeur sans unité comprise entre 0 et 1 :

$$k = \frac{M}{\sqrt{L_p L_S}}$$

Les deux circuits RLC résonnent sur des pulsations ω telles que :

$$\omega_1^2 = \frac{1}{L_1 C_1}$$

$$\omega_2^2 = \frac{1}{L_2 C_2}$$

$$L_1 = L_p (1 - k^2)$$

$$L_2 = L_S (1 - k^2)$$

Les coefficients de surtension de chacun des circuits oscillant sont identiques.

Couplage capacitif

Les schémas b et c de la *figure 5.14* correspondent à un couplage capacitif entre les deux circuits RLC.

Dans le cas du schéma b le coefficient de couplage vaut :

$$k = \frac{C_k}{\sqrt{(C_p + C_k)(C_s + C_k)}}$$

$$C_1 = C_p + C_k$$

$$C_2 = C_s + C_k$$

$$\omega_1^2 = \frac{1}{L_1 C_1}$$

$$\omega_2^2 = \frac{1}{L_2 C_2}$$

Dans le cas du schéma c le coefficient de couplage vaut :

$$k = \sqrt{\frac{C_p C_s}{(C_p + C_b)(C_s + C_b)}}$$

$$C_1 = \frac{C_p (C_b + C_s)}{C_p + C_b + C_s}$$

$$C_2 = \frac{C_s (C_b + C_p)}{C_s + C_b + C_p}$$

Les éléments C_p, C_s et C_b du schéma *5.14c* sont obtenus par une transformation triangle étoile des éléments C_p, C_s et C_k du schéma *5.14b*. La courbe de réponse des circuits couplés est donnée à la *figure 5.15*. Cette figure comprend trois cas distincts par la valeur de k vis-à-vis de k_c qui est dit couplage critique. Le schéma *5.14b* peut se transformer en faisant $C_p = 0$ et $L_1 = \infty$. Ce schéma se limite alors au schéma de la *figure 5.16*.

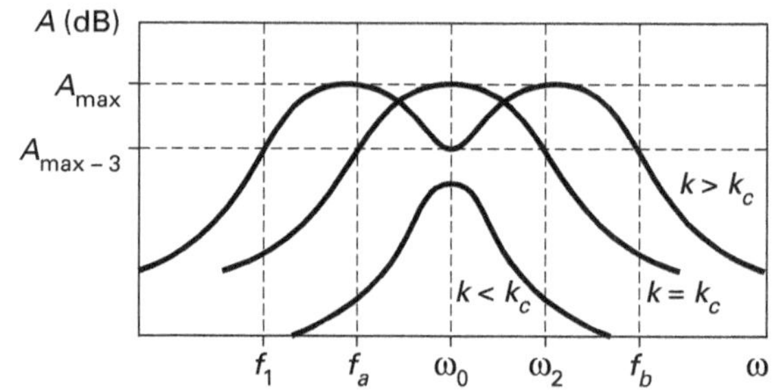

Figure 5.15 – Courbe de réponse des circuits couplés.

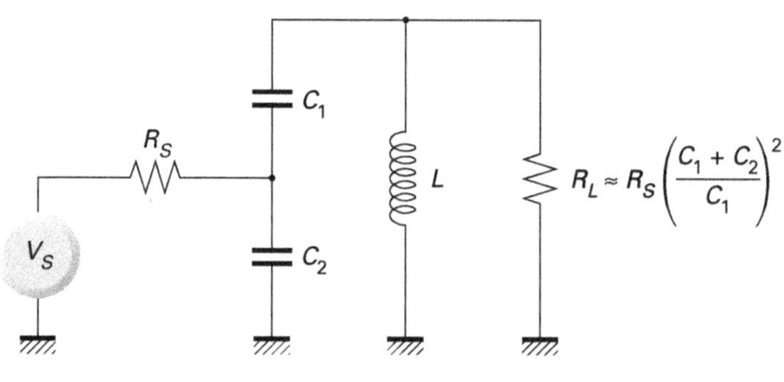

Figure 5.16 – Autotransformateur capacitif.

Les deux résistances R_l et R_s sont liées par la relation approchée :

$$R_l \approx R_s\left(\frac{C_1 + C_2}{C_1}\right)^2$$

La largeur de bande du circuit est fonction du rapport L/C. Dans la pratique, L doit être choisie inférieure à une valeur L_{max} donnée par la relation :

$$L_{max} = \frac{R_l}{\omega\sqrt{\dfrac{R_l}{R_s} - 1}}$$

L'élévateur capacitif de la *figure 5.16* peut être vu comme un circuit d'adaptation d'impédance et, en utilisant la méthode exposée au chapitre 9, on peut calculer simplement les trois composants en fonction des résistances de source et de charge.

Le circuit est parfaitement réversible et entrée et sortie peuvent être permutées. Le réseau d'adaptation est utilisé alors soit en élévateur soit en abaisseur.

Le résultat donne :

$$L = \frac{R_L}{2Q\omega}$$

$$C_2 = \frac{1}{R_S\omega}\sqrt{\frac{R_S}{R_L}(4Q^2+1)-1}$$

$$C_1 = \frac{2Q}{\omega(R_L - R_S)} + C_2\frac{R_S}{R_L - R_S}$$

Le coefficient de surtension Q est le coefficient de surtension du circuit global constitué par tous les éléments. Ce coefficient de surtension doit être choisi par le concepteur. Dans l'équation donnant la valeur de C_2, le terme sous la racine doit être positif et de cette condition résulte la valeur maximale de la self L.

On peut ensuite faire l'approximation suivante :

$$2Q \geq 1$$

Les valeurs calculées des deux condensateurs C_1 et C_2 deviennent :

$$C_2 \approx \frac{2Q}{\omega(\sqrt{R_S R_L})}$$

$$C_1 \approx \frac{2Q}{\omega(R_L - R_S)}\left(1 + \sqrt{\frac{R_S}{R_L}}\right)$$

Dans ces conditions d'approximation on peut écrire :

$$\left(\frac{C_1 + C_2}{C_1}\right)^2 \approx \frac{R_L}{R_S}$$

Ce circuit est très répandu, on peut le rencontrer par exemple en entrée ou en sortie de mélangeurs tels que celui décrit dans le chapitre 6.

Pour adapter les deux impédances on peut aussi avoir recours à deux selfs et un condensateur, et on obtient alors le schéma de la *figure 5.16bis*.

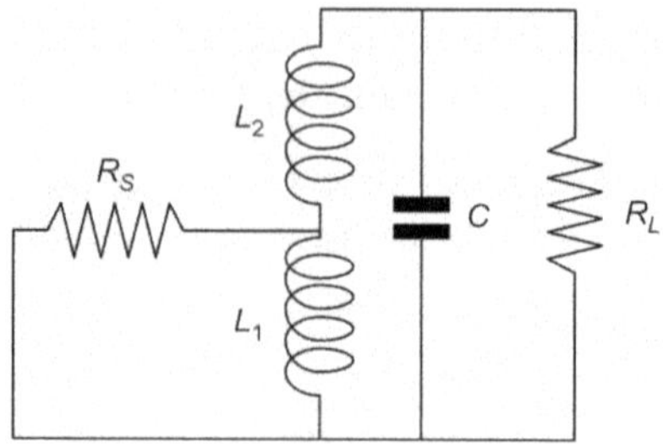

Figure 5.16bis – Autotransformateur selfique.

Comme précédemment, on peut effectuer un calcul exact :

$$C = \frac{2Q}{R_L\omega}$$

$$L_1 = \frac{R_S}{\omega}\sqrt{\frac{R_L}{R_S(4Q^2+1)-R_L}}$$

$$L_2 = \frac{R_L}{\omega(4Q^2+1)}\left[2Q-\sqrt{\frac{R_S}{R_L}(4Q^2+1)-1}\right]$$

Comme précédemment la quantité sous la racine doit être positive et ceci implique la condition suivante :

$$C_{\min} = \frac{1}{R_L\omega}\sqrt{\frac{R_L}{R_S}-1}$$

On peut ensuite faire l'approximation suivante :

$$2Q \geqslant 1$$

Les valeurs calculées des deux selfs L_1 et L_2 deviennent :

$$L_1 \approx \frac{R_S}{2Q\omega}\sqrt{\frac{R_L}{R_S}}$$

$$L_2 \approx \frac{R_L}{2Q\omega}\left[1-\sqrt{\frac{R_S}{R_L}}\right]$$

Dans ces conditions d'approximation on peut écrire :

$$\left(\frac{L_1+L_2}{L_1}\right)^2 \approx \frac{R_L}{R_S}$$

5.1.4 Combineurs et diviseurs de puissance

Une application importante des transformateurs est leur contribution dans les combineurs et diviseurs de puissance. En radiocommunication et donc en haute fréquence, il est souvent nécessaire d'ajouter deux signaux ou de diviser le signal pour l'envoyer simultanément vers plusieurs circuits.

En général, les impédances d'entrée et de sortie de chacun des quadripôles valent 50 ohm.

Les étages sont donc adaptés pour assurer un transfert maximum de puissance de la sortie d'un étage vers l'étage suivant. L'adaptation est réalisée si l'impédance de sortie Z_s d'un quadripôle est égale à l'impédance d'entrée Z_e du quadripôle suivant.

Pour cette raison, une simple liaison électrique, comme on pourrait l'imaginer en basse fréquence ou en numérique n'est pas envisageable.

Un combineur ou diviseur de puissance est alors intercalé entre les étages à connecter comme le représente la *figure 5.17*.

Le combineur de puissance de la *figure 5.17* est un élément passif. Si la sortie S est rebaptisée E et les entrées E_1 et E_2, S_1 et S_2, le circuit est alors un diviseur de puissance.

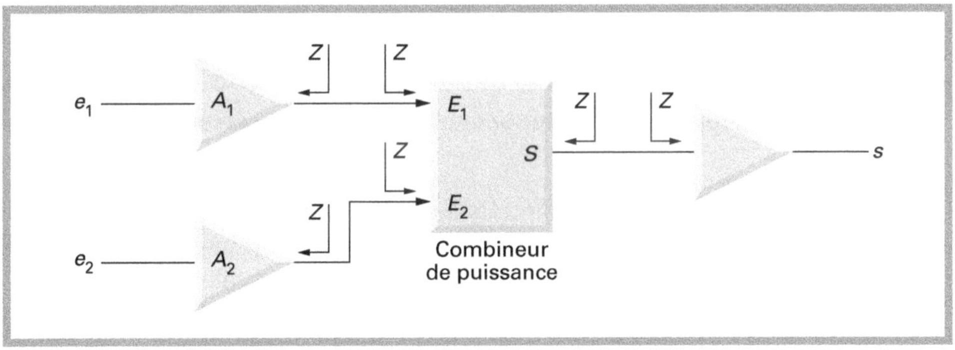

Figure 5.17 – Combineur de puissance.

Considérons un diviseur de puissance à deux entrées. Si le système est passif et sans pertes, la puissance disponible sur chaque sortie chargée par la charge nominale est égale à la moitié de la puissance d'entrée. Pour un système à n voies d'entrée, la perte d'insertion idéale est donc de 10 log n, en dB, correspondant à une division de puissance par n.

Les impédances d'entrée et de sortie sont égales à l'impédance du système en général égale à 50 ohm.

La puissance fournie à E_1 et E_2 doit être récupérée sur la sortie S si le combineur est parfait. Ceci signifie qu'il ne peut et ne doit pas y avoir de transfert de puissance entre les deux entrées.

Les diviseurs et combineurs de puissance étant imparfaits, ceci se traduit par une perte d'insertion supérieure à la valeur théorique et une isolation entre les ports finie.

Combineur diviseur élémentaire

Le schéma de principe élémentaire du combineur diviseur de puissance est représenté à la *figure 5.18*. Les ports 2 et 3 ont en principe, une isolation infinie. Si un courant est injecté sur le port 2, il se scinde en deux courants traversant simultanément l'enroulement du transformateur et la résistance $2R$. Le courant est déphasé de 180 degrés dans la self et non déphasé dans la résistance. L'impédance du transformateur est égale à l'impédance $2R$.

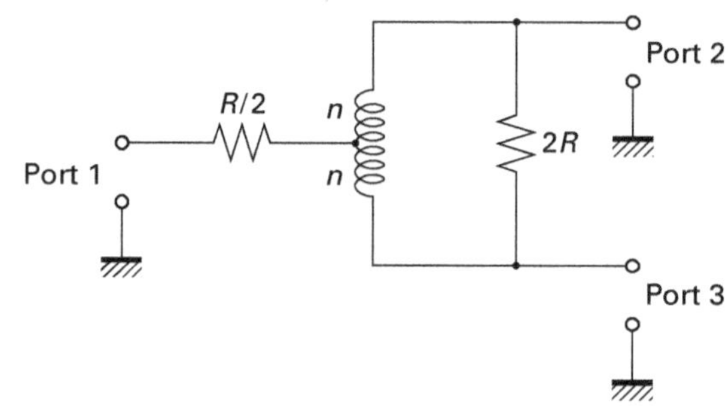

Figure 5.18 – Combineur/diviseur de puissance élémentaire.

La somme de ces deux courants est nulle sur le port 3. Le port 1 est connecté au point milieu du transformateur. Cet autotransformateur a un rapport élévateur de 2. L'impédance vue du point milieu vaut 25 ohm.

Sur le schéma de la *figure 5.18* une résistance $R/2$ réalise l'adaptation. Ceci ne constitue pas une bonne solution car la moitié de la puissance est dissipée par la résistance $R/2$. La solution consiste à placer un second transformateur d'impédance, conformément au schéma de la *figure 5.19*.

L'impédance Z vue du point A vaut 25 ohm. Le transformateur $T2$ ayant un rapport 3m/2m, l'impédance Z' qui est ramenée au primaire de $T1$ vaut :

$$Z' = \left(\frac{3}{2}\right)^2 Z$$

Soit $Z' = 56{,}25$ ohm.

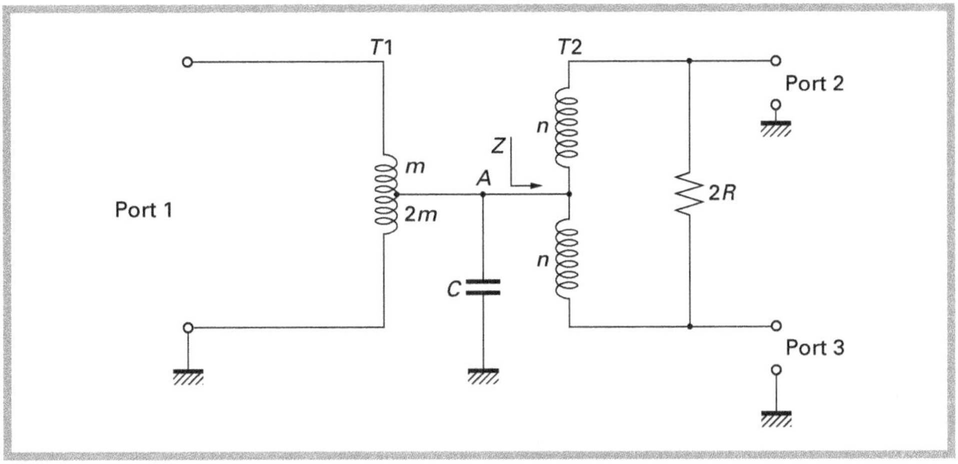

Figure 5.19 – Combineur/diviseur de puissance réel.

Dans la pratique, la résistance $2R$ a une valeur voisine de 120 ohm qui compense les pertes dans le circuit magnétique. Une capacité C d'une valeur voisine de 10 pF augmente la largeur de bande utilisable. Cette structure permet une isolation de plus de 20 dB entre les ports 2 et 3 et une perte d'insertion réduite à 4 dB.

La *figure 5.20* donne un exemple de construction des transformateurs $T1$ et $T2$. Il existe de nombreuses variantes de réalisation de combineurs et diviseurs de puissance. L'objectif n'est pas d'examiner chaque cas mais seulement de donner quelques exemples.

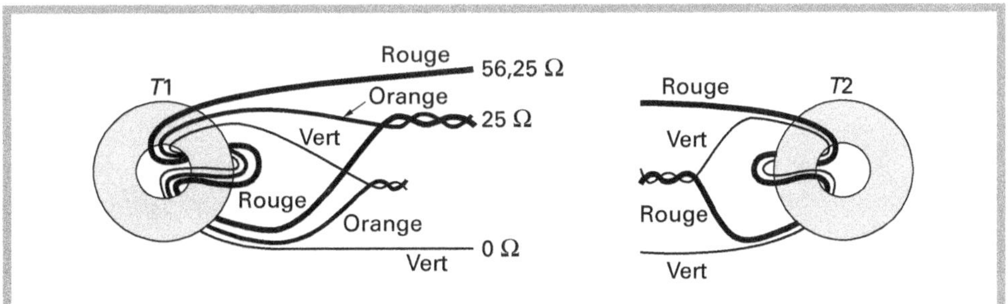

Figure 5.20 – Construction des transformateurs T1 et T2.

Les *figures 5.21* et *5.22* représentent des structures plus performantes pour l'isolation entre les ports d'entrée mais la perte d'insertion est de 6 dB. Dans le cas de la *figure 5.21*, le transformateur a un rapport 1 et ne présente pas de difficulté de réalisation. Dans le cas de la *figure 5.22*, le transformateur est le transformateur $T2$ de la *figure 5.20*. Dans les cas précédents la phase est identique sur les ports de sortie du diviseur.

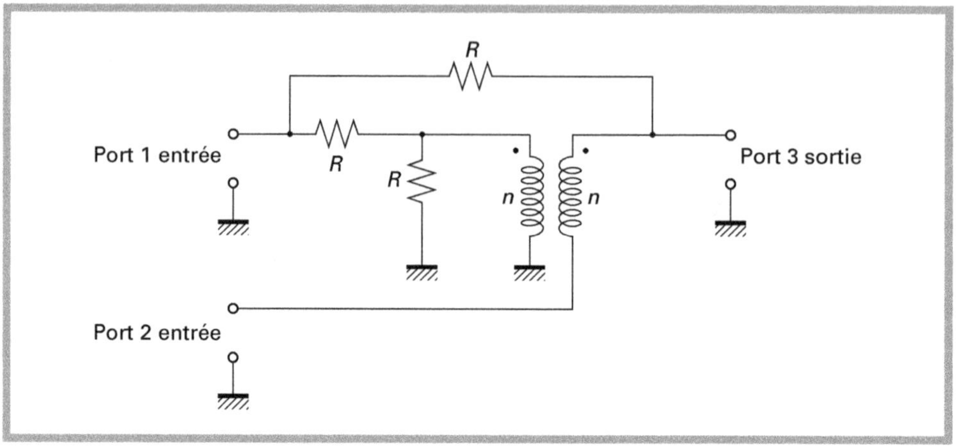

Figure 5.21 – Combineur/diviseur à haute isolation.

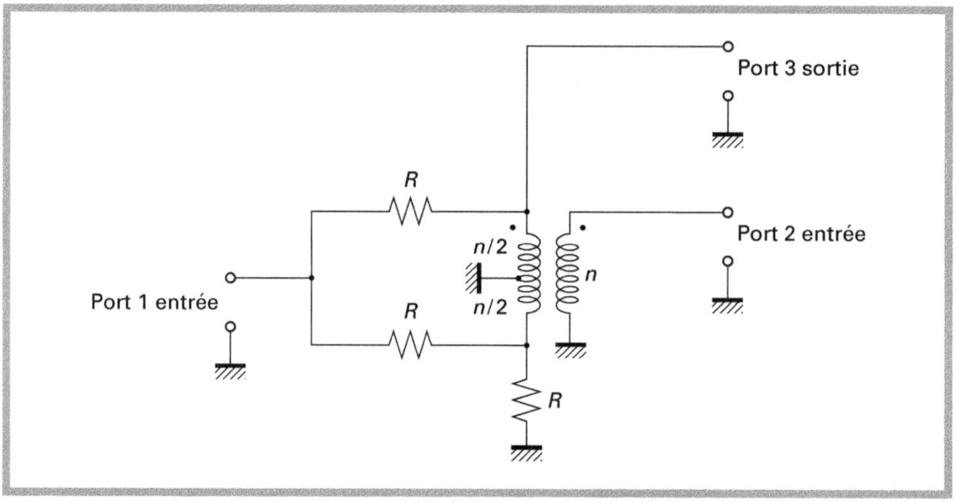

Figure 5.22 – Combineur/diviseur à haute isolation.

Diviseurs de puissance avec sorties en opposition de phase

Il est quelquefois nécessaire de disposer de deux sorties en opposition de phase. Le diviseur de puissance doit alors avoir la configuration de la *figure 5.23*. Le transformateur *T*2 est élévateur avec un rapport $\sqrt{2}$ vu de l'entrée. En général, pour obtenir un bon couplage en haute fréquence, les enroulements sont torsadés avant bobinage sur le tore (*figure 5.20*).

Le rapport $\sqrt{2}$ peut conduire à des difficultés de réalisation et dans ce cas un second transformateur *T*1, *figure 5.24*, peut résoudre le problème. Ce transformateur *T*1 est représenté à la *figure 5.20*.

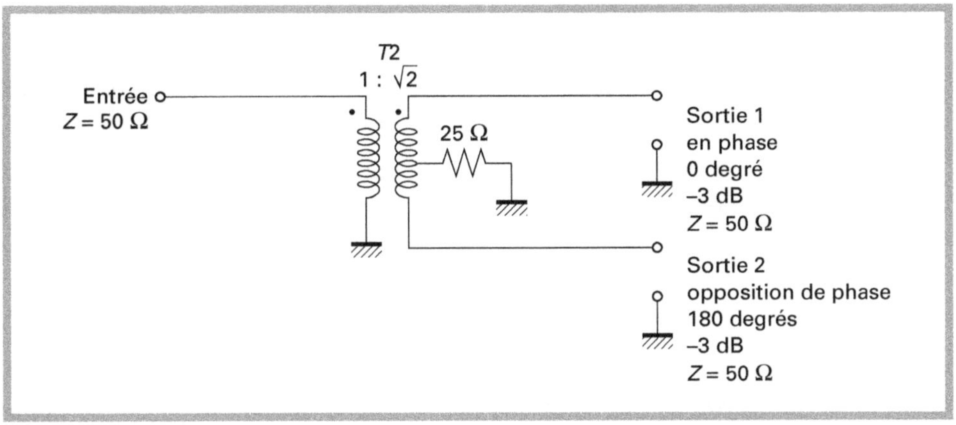

Figure 5.23 – Diviseur de puissance à 0,180 degrés.

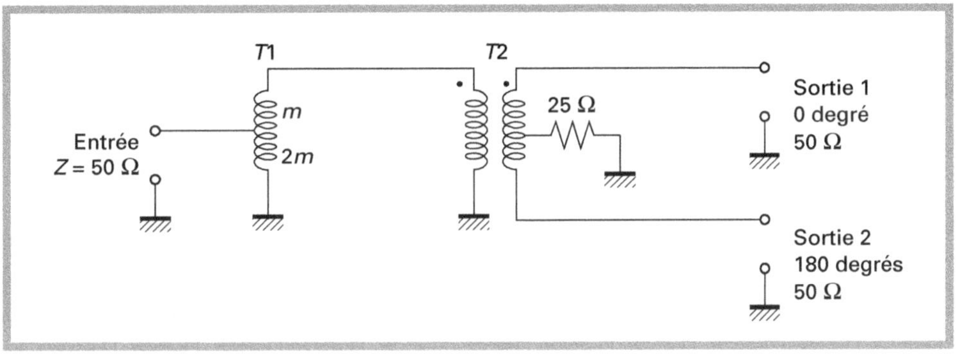

Figure 5.24 – Diviseur de puissance à 0,180 degrés.

Les deux sorties 1 et 2 sont en phase et en opposition de phase avec le signal d'entrée.

Diviseurs de puissance avec sorties en quadrature

Les modulateurs IQ décrits au chapitre 3, modulations numériques, emploient un déphaseur $\pi/2$ qui permet d'envoyer simultanément à deux mélangeurs les deux porteuses en quadrature.

La *figure 5.25* représente la structure d'un diviseur de puissance avec les sorties déphasées de $\pi/2$. Le transformateur a un rapport n égal à 1 et le coefficient de couplage doit être proche de 1. Classiquement le coefficient de couplage est obtenu en torsadant les deux conducteurs avant bobinage sur un tore en ferrite. Les valeurs L et C sont obtenues à partir des relations suivantes :

$$L = \frac{R}{2\sqrt{2}\pi f} \qquad C = \frac{1}{2\pi\sqrt{2}Rf}$$

R est l'impédance d'adaptation en ohm, en général 50 ohm, f est la fréquence centrale en Hz.

Si le couplage est voisin de 1, la largeur de bande est d'environ 20 % de la fréquence centrale. Dans cette bande, les amplitudes des signaux de sortie sont égales à ± 1 dB près. Si le couplage diminue, la largeur de bande augmente, mais la précision sur le déphasage et sur l'égalité des amplitudes diminue simultanément.

La *figure 5.26* représente un diviseur identique, réalisé à l'aide de tronçons de ligne d'impédance caractéristique $Z_0 = 50\ \Omega$ et $Z = 35{,}4\ \Omega$. Toutes les lignes ont une longueur de $\lambda/4$.

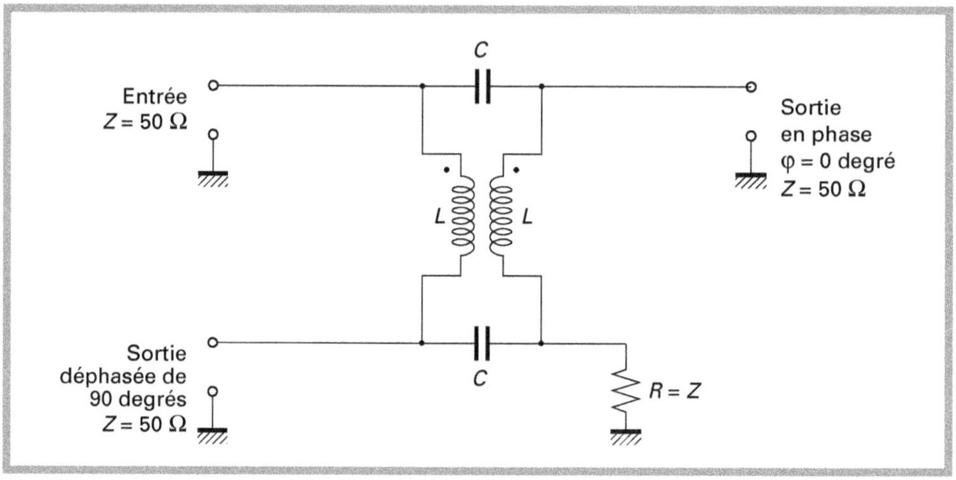

Figure 5.25 – Diviseur de puissance avec sorties en quadrature.

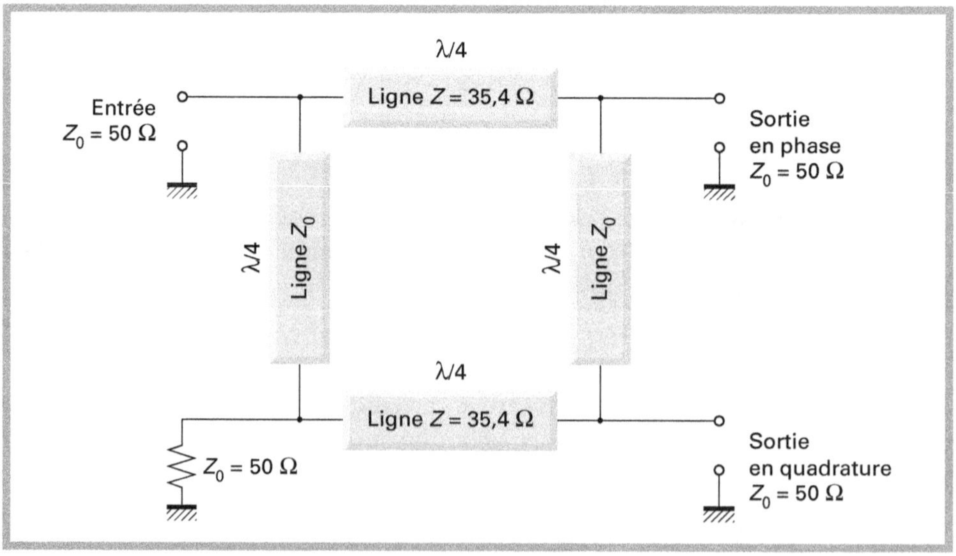

Figure 5.26 – Diviseur de puissance avec sorties en quadrature. Réalisation par des lignes microstip.

5.2 Résistance

Le schéma équivalent d'une résistance accompagnée de ses éléments parasites est donné à la *figure 5.27*. Les deux selfs $L/2$ sont dues aux liaisons et C est la capacité répartie. $L/2$ et C sont petits et sont sans importance en basse fréquence, mais deviennent prépondérants en haute fréquence. L'impédance complexe de ce circuit se calcule aisément et l'on a :

$$Z = \frac{RLCp^2 + Lp + R}{RCp + 1}$$

La courbe d'impédance est donnée à la *figure 5.28*. Elle doit être comparée à la courbe d'impédance d'une résistance parfaite. En basse fréquence, les impédances parasites n'ont pas d'influence; en haute fréquence, les impédances parasites deviennent primordiales et la résistance se transforme en une self. La fréquence de résonance vaut :

$$f_R = \frac{1}{2\pi\sqrt{LC}}$$

$$|Z| = \sqrt{\frac{R^2L^2C^2\omega^4 + L^2\omega^2 - 2R^2LC\omega^2 + R^2}{R^2C^2\omega^2 + 1}}$$

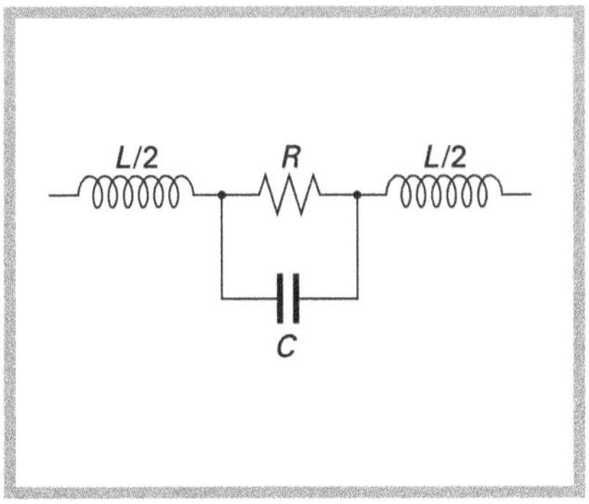

Figure 5.27 – Schéma équivalent d'une résistance où ses éléments parasites sont C et L.

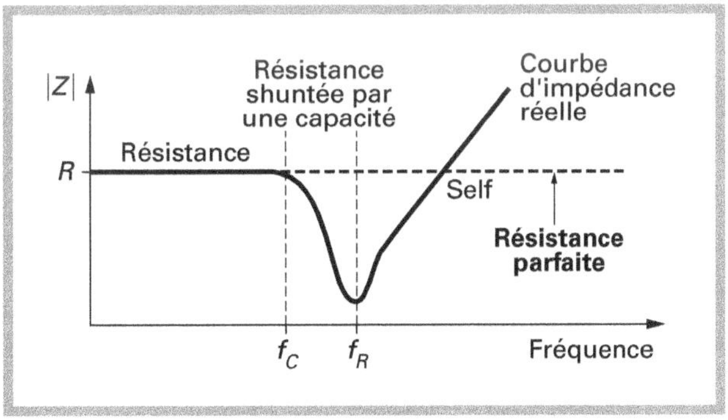

Figure 5.28 – Courbe d'impédance d'une résistance.

Si $f \ll f_R$, alors $|Z| = R$

Si $f = f_R$, alors $|Z| = L\sqrt{\frac{1}{R^2C^2 + LC}}$

Si $f \gg f_R$, alors $|Z| = L\omega$

La courbe d'impédance de la *figure 5.28* peut se scinder en trois zones distinctes.

Du continu à la fréquence de coupure f_c, les éléments parasites sont négligeables et la résistance peut être considérée comme parfaite. De la fréquence de coupure f_c à la fréquence de résonance f_R, la self est négligée et la résistance est simplement shuntée par une capacité répartie.

Au-delà de la fréquence de résonance f_R, la résistance se comporte comme une self.

Dans les circuits haute fréquence, les résistances sont utilisées :

- pour la polarisation des étages actifs;
- pour la réalisation d'atténuateur, diviseurs ou combineurs de puissance passifs.

5.2.1 Polarisation des étages actifs

La polarisation des étages est un impératif dû au régime en continu des éléments actifs.

Les courants haute fréquence sont amplifiés par l'élément actif, un transistor par exemple, à condition que celui ci soit correctement polarisé. Le courant haute fréquence ne doit donc pas circuler dans le circuit de polarisation, circuit de polarisation de la base d'un transistor bipolaire par exemple. Or, entre f_c et f_R, l'impédance R est shuntée par la capacité C. Ceci facilite la transmission d'un signal HF. *A contrario*, au-delà de f_R, l'effet de la self est bénéfique.

Pour cette raison, dans les circuits de polarisation, on place en série une résistance R fixant les courants en continu et une self L' bloquant les courants HF. Cette self complémentaire doit être calculée pour avoir un effet avant la fréquence de coupure f_c de la résistance réelle.

5.2.2 Atténuateurs, diviseurs et combineurs de puissance passifs

Atténuateurs

En basse fréquence, les étages sont en général adaptés en tension. Un simple diviseur résistif solutionne le problème, un étage ayant une faible impédance de sortie est connecté à l'étage suivant ayant une forte impédance d'entrée, *via* un diviseur de tension.

Cette configuration n'est plus conforme aux circuits haute fréquence où les étages doivent être adaptés. Les impédances d'entrée ou de sortie doivent être constantes et égales à l'impédance de source et de charge, en général 50 ohm.

Tableau 5.1 – Atténuateurs en T ou en π.

	Asymétrique	Symétrique	
T	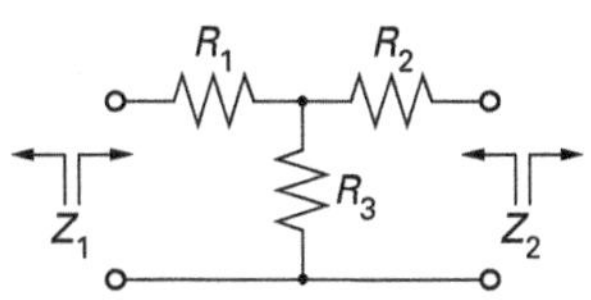	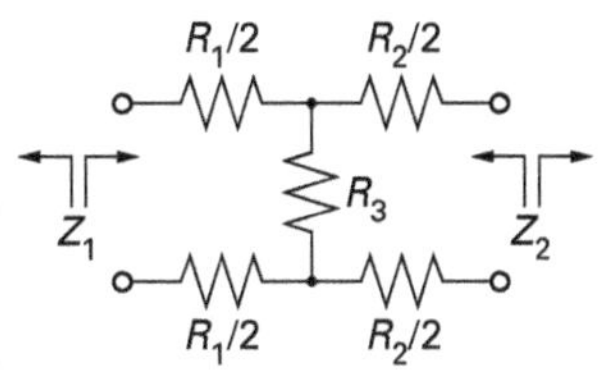	$R_3 = \frac{2\sqrt{N Z_1 Z_2}}{N-1}$ $R_1 = Z_1\left(\frac{N+1}{N-1}\right) - R_3$ $R_2 = Z_2\left(\frac{N+1}{N-1}\right) - R_3$
Π	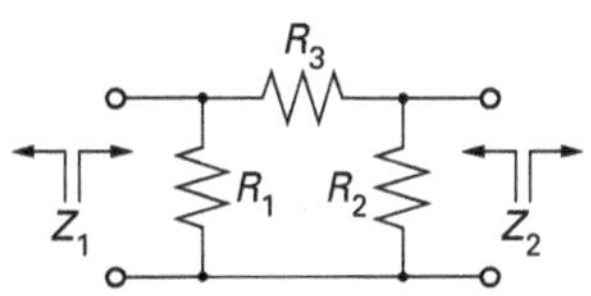	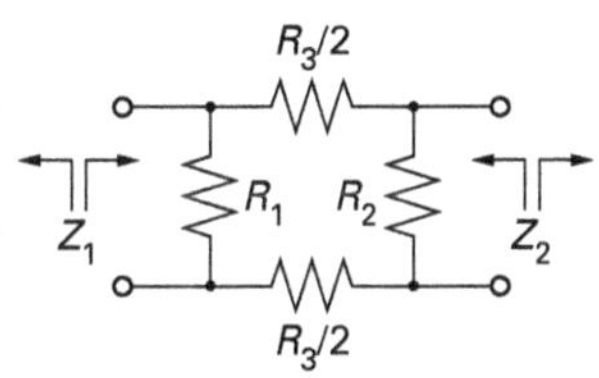	$R_3 = \frac{N-1}{2}\sqrt{\frac{Z_1 Z_2}{N}}$ $\frac{1}{R_1} = \frac{1}{Z_1}\left(\frac{N+1}{N-1}\right) - \frac{1}{R_3}$ $\frac{1}{R_2} = \frac{1}{Z_2}\left(\frac{N+1}{N-1}\right) - \frac{1}{R_3}$
T shunté	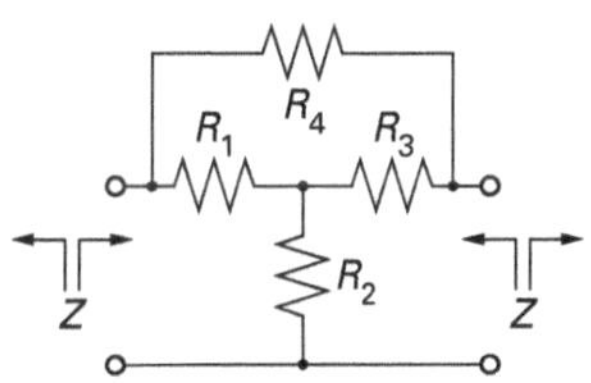	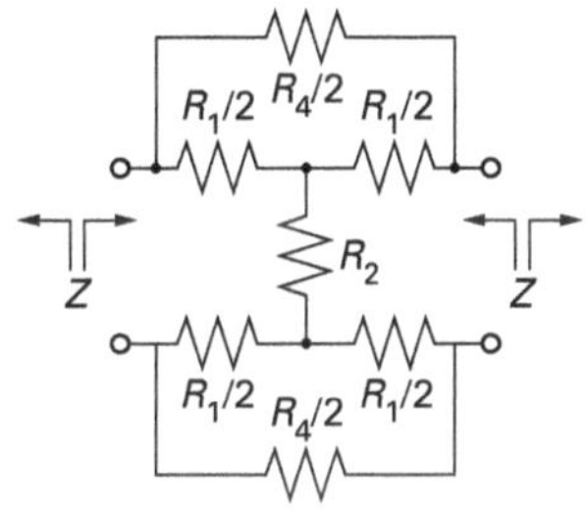	$R_1 = R_3 = Z$ $R_4 = Z(k-1)$ $R_3 = \frac{Z}{k-1}$

Des cellules en T ou en π comme celles du *tableau 5.1* conviennent pour des circuits asymétriques ou symétriques. Pour les atténuateurs en T et en π, N est l'atténuation en puissance sans unité. L'atténuation A en dB est égale à :

$$A = 10 \log N$$

Les relations mathématiques permettent de calculer les valeurs des trois résistances R_1, R_2 et R_3 à partir de Z_1, Z_2 et N.

Le *tableau 5.2* regroupe les valeurs de R_1, R_2 et R_3 lorsque $Z_1 = Z_2 = 50\ \Omega$ pour diverses valeurs de A en dB.

Ce tableau montre que pour des atténuations faibles, comprises entre 1 et 20 dB la réalisation des atténuateurs ne pose pas de difficultés majeures.

Pour des atténuations supérieures à 20 dB les atténuateurs sont difficilement réalisables, car ils demandent une précision bien supérieure à 1 %. Lorsque des atténuateurs précis de forte valeur doivent être conçus, il est préférable de cascader plusieurs atténuateurs de valeurs moindres, la somme des atténuations étant égale à la valeur à obtenir.

Dans le cas de la structure en T shunté les valeurs de résistance sont définies en fonction du paramètre K :

$$N = K^2$$
$$A = 20 \log K$$

Transformation triangle étoile, étoile triangle

Les atténuateurs en T ou en π de la *figure 5.29* peuvent être constitués, d'impédance quelconque Z_a, Z_b et Z_c, pour le montage en étoile et Z_{bc}, Z_{ac} et Z_{ab}, pour le montage en triangle. Des formules de transformation permettent de passer de l'une à l'autre structure :

Étoile vers triangle :

$$Z_{ab} = \frac{Z_a Z_b + Z_b Z_c + Z_a Z_c}{Z_c}$$

$$Z_{bc} = \frac{Z_a Z_b + Z_b Z_c + Z_a Z_c}{Z_a}$$

$$Z_{ac} = \frac{Z_a Z_b + Z_b Z_c + Z_a Z_c}{Z_b}$$

Triangle vers étoile :

$$Z_a = \frac{Z_{ab} Z_{ac}}{Z_{ab} + Z_{bc} + Z_{ac}}$$

$$Z_b = \frac{Z_{ab} Z_{bc}}{Z_{ab} + Z_{bc} + Z_{ac}}$$

$$Z_c = \frac{Z_{ac} Z_{bc}}{Z_{ab} + Z_{bc} + Z_{ac}}$$

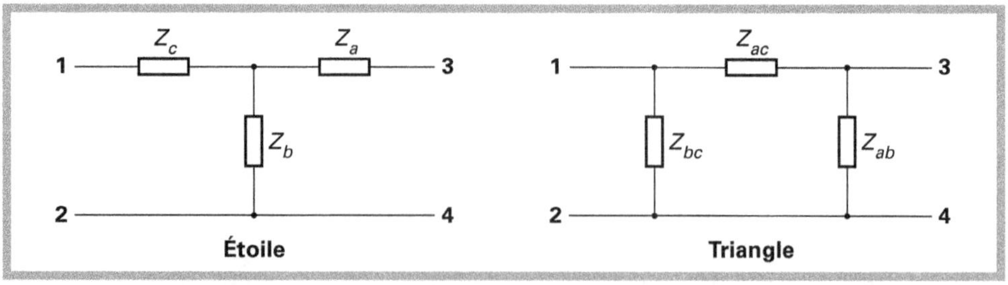

Figure 5.29 – Transformation triangle étoile et étoile triangle.

Tableau 5.2

π			T		
dB Atten	R_1 (ohm)	R_2 (ohm) en série E-S	dB Atten	R_1 (ohm) en série E-S	R_2 (ohm)
1	870,0	5,8	1	2,9	433,3
2	436,0	11,6	1	5,7	215,2
3	292,0	17,6	3	8,5	141,9
4	221,0	23,8	4	11,3	104,8
5	178,6	30,4	5	14,0	82,2
6	105,5	37,3	6	16,6	66,9
7	130,7	44,8	7	19,0	55,8
8	116,0	52,8	8	21,5	47,3
9	105,0	61,6	9	23,8	40,6
10	96,2	71,2	10	26,0	35,0
11	89,2	81,6	11	28,0	30,6
12	83,5	93,2	12	30,0	26,8
13	78,8	106,0	13	31,7	23,5
14	74,9	120,3	14	33,3	20,8
15	71,6	136,1	15	35,0	18,4
16	68,8	153,8	16	36,3	16,2
17	66,4	173,4	17	37,6	14,4
18	64,4	195,4	18	38,8	12,8
19	62,6	220,0	19	40,0	11,4
20	61,0	247,5	20	41,0	10,0
21	59,7	278,2	21	41,8	9,0
22	58,6	312,7	22	42,6	8,0
23	57,6	351,9	23	43,4	7,1
24	56,7	394,6	24	44,0	6,3
25	56,0	443,1	25	44,7	5,6
30	53,2	789,7	30	47,0	3,2
35	51,8	1405,4	35	48,2	1,8
40	51,0	2500,0	40	49,0	1,0
45	50,5	4446,0	45	49,4	0,56
50	50,3	7905,6	50	49,7	0,32
55	50,2	14058,0	55	49,8	0,18
60	50,1	25000,0	60	49,9	0,10

Ces relations sont utilisables quelles que soient les impédances complexes Z_i et Z_{ij}.

Ces transformations peuvent être utiles pour modifier des structures complexes résultant de la mise en cascade de quadripôles simples. Ces transformations s'appliquent bien à la simplification éventuelle de filtres en échelle.

Diviseurs et combineurs de puissance résistifs

N résistances disposées conformément au schéma de la *figure 5.30* constituent un diviseur ou combineur de puissance. N est supérieur ou égal à 3.

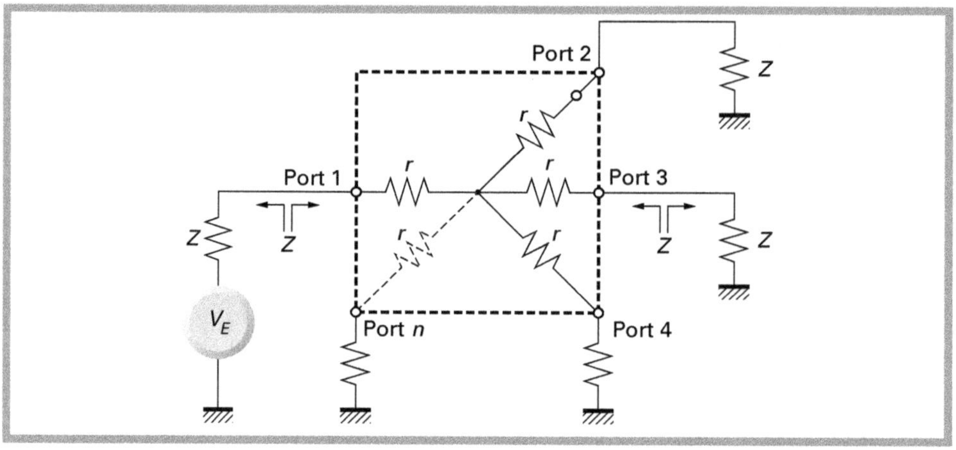

Figure 5.30 – Diviseur et combineur de puissance résistif à N voies.

Pour un combineur de puissance, $N-1$ voies d'entrée sont combinées en une voie de sortie. Pour un diviseur de puissance, une voie d'entrée est divisée en $N-1$ voies de sortie.

Les N résistances de valeur r connectées en étoile ont pour valeur :

$$r = Z\frac{N-2}{N}$$

Z : impédance d'entrée ou de sortie à chaque port,

N : nombre total de voies, entrée et sortie.

L'atténuation est donnée par la relation :

$$A = 20 \log \frac{1}{N-1}$$

A est exprimée en dB.

Le système étant entièrement symétrique, l'isolation entre ports est identique à l'atténuation A :

$$I = A$$

Le *tableau 5.3* résume trois cas simples.

Tableau 5.3

Z	N	r	A
50	3	18	6
50	4	25	9,5
50	5	30	12
75	3	25	6
75	4	37,5	9,5
75	5	45	12

Le principal intérêt de ce type de diviseur ou combineur de puissance est sa simplicité et donc son faible coût. Il évite l'emploi de transformateur plus encombrant que trois résistances CMS.

L'inconvénient principal de cette structure utilisée en combineur de puissance est la faible isolation entre les ports. Cette isolation, égale à l'atténuation, augmente avec le nombre de ports.

Un diviseur de puissance avec $N = 3$ et $Z = 50\ \Omega$ est très fréquemment utilisé dans les PLL en sortie du VCO. Le signal de sortie du VCO est divisé en deux voies, une voie utilisation vers les étages suivants, amplification par exemple et une voie vers le prédiviseur.

Ce réseau permet de maintenir l'adaptation d'impédance en sortie du VCO.

5.3 Condensateur

Le schéma équivalent d'un condensateur accompagné de ses éléments parasites est donné à la *figure 5.31*. Les deux selfs $L/2$ sont dues aux liaisons et R est la résistance de fuite.

$L/2$ et R sont négligeables en basse fréquence, mais deviennent importants en haute fréquence. L'impédance complexe de ce circuit se calcule aisément et l'on a :

$$Z = \frac{RLCp^2 + Lp + R}{RCp + 1}$$

La courbe d'impédance est donnée à la *figure 5.32* et doit être comparée à la courbe d'impédance d'un condensateur parfait. La fréquence de résonance vaut :

$$f_R = \frac{1}{2\pi\sqrt{LC}}$$

$$|Z| = \sqrt{\frac{R^2L^2C^2\omega^4 + L^2\omega^2 - 2R^2LC\omega^2 + R^2}{R^2C^2\omega^2 + 1}}$$

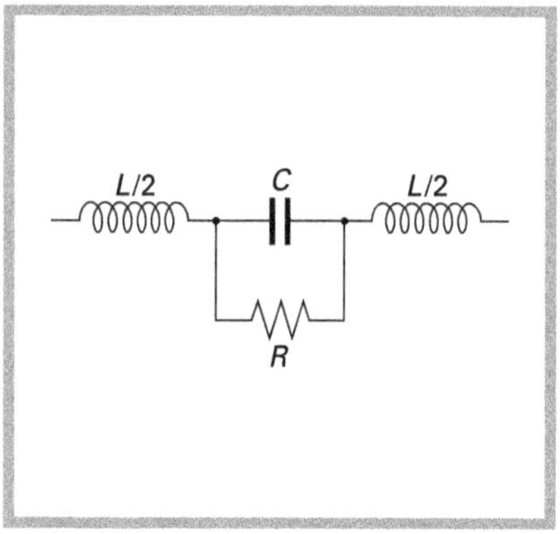

Figure 5.31 – Schéma équivalent d'un condensateur C avec ses éléments parasites R et L.

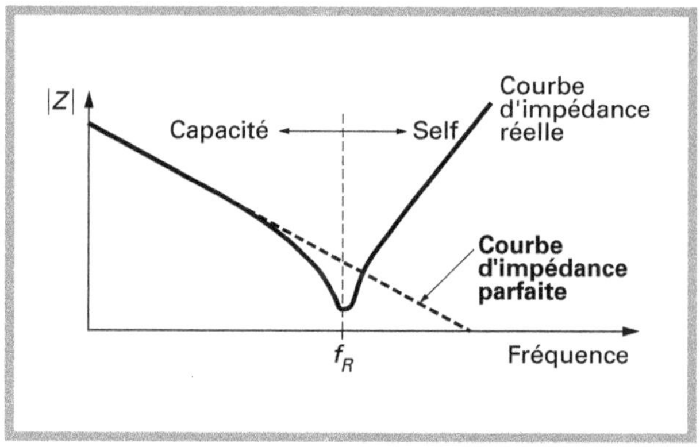

Figure 5.32 – Courbe d'impédance d'un condensateur.

Si la résistance de fuite est importante, ce qui est en général le cas, seul le terme en R^2 est prépondérant au numérateur et $R^2C^2\omega^2$ est prépondérant au dénominateur.

$$f \ll f_R \qquad |Z| = \frac{1}{C\omega}$$

$$f = f_R \qquad |Z| = L\sqrt{\frac{1}{R^2C^2 + LC}}$$

$$f \gg f_R \qquad |Z| = L\omega$$

Les condensateurs sont utilisés principalement dans les trois cas suivants :

– découplage des alimentations ;

– liaison entre étage ;

– participation au filtrage dans les filtres passifs *LC*.

La courbe d'impédance de la *figure 5.32* montre que le condensateur aura tendance à se comporter comme une self aux fréquences élevées.

Un condensateur de découplage, placé aux bornes de l'alimentation continue, a pour but de présenter une impédance nulle en régime alternatif, les inductances $L/2$ dues aux liaisons limitent le découplage qui reste alors imparfait.

Dans les liaisons entre étages, les selfs $L/2$ seront toujours l'élément parasite important. Si le condensateur est placé entre une source d'impédance interne et une charge parfaitement résistive, les selfs $L/2$ agissent en tant que filtrage en limitant la bande transmise. Dans les filtres, les éléments parasites $L/2$ et R agissent sur la courbe de réponse des filtres, ondulation dans la bande, fréquence de coupure et réjection hors bande. Pour toutes ces raisons on cherchera à minimiser l'élément parasite le plus important $L/2$.

Une des solutions consiste à employer des condensateurs CMS, composants pour montage en surface dépourvu de fils de liaison. Ces composants sont posés et soudés directement sur le circuit imprimé, ce qui minimise la valeur de $L/2$. Ceci ne résout pas en général l'ensemble du problème car les pistes imprimées présentent aussi une self parasite. Il faudra donc veiller à utiliser des liaisons aussi courtes que possibles.

5.4 Quartz et matériaux céramiques

Ces composants ont un schéma équivalent à un circuit *RLC* série. Les valeurs particulières de R, L et C, non réalisables en composant discret, destinent ces composants à des applications telles que résonateurs ou filtres. Le schéma équivalent du résonateur est représenté à la *figure 5.33*.

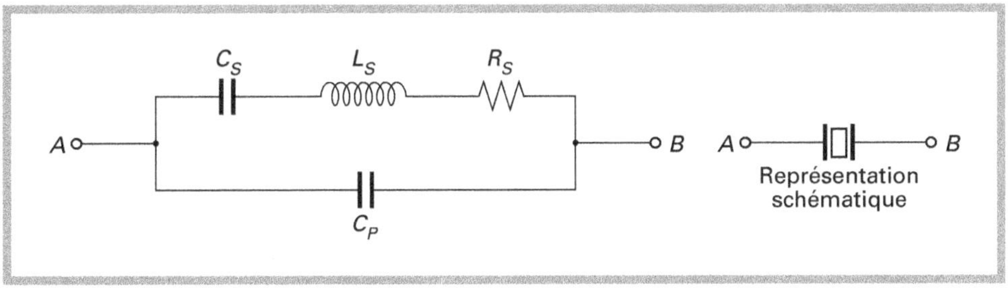

Figure 5.33 - Schéma équivalent d'un quartz ou résonateur céramique ou résonateur à onde de surface.

Selon le matériau utilisé, on parle de quartz, de résonateur céramique ou de résonateur à onde de surface. L'analogie avec le schéma équivalent est conservée dans tous les cas.

L'impédance du circuit équivalent vaut :

$$Z = \frac{1}{(C_p + C_S)p} \cdot \frac{L_S C_S p^2 + R_S C_S p + 1}{L_S \frac{C_S C_p}{C_S + C_p} p^2 + R_S \frac{C_S C_p}{C_S + C_p} p + 1}$$

La *figure 5.34* représente le module de l'impédance Z.

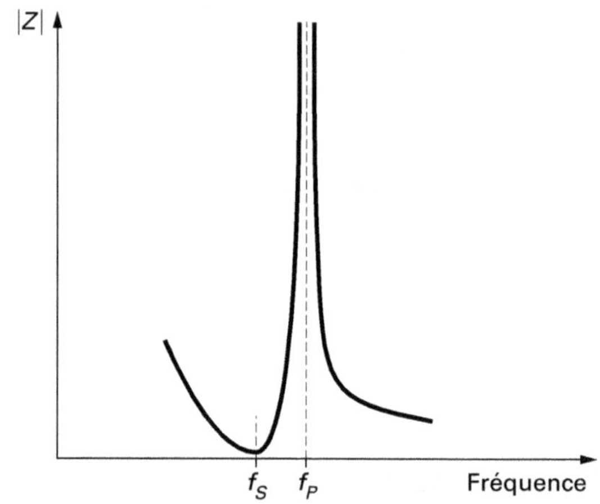

Figure 5.34 – Courbe d'impédance du circuit équivalent.

Il existe deux fréquences de résonance. Une fréquence de résonance série lorsque $Z = 0$, et une fréquence de résonance parallèle lorsque Z tend vers l'infini.

$$f_S = \frac{1}{2\pi\sqrt{L_S C_S}}$$

$$f_P = \frac{1}{2\pi\sqrt{L_S \frac{C_p C_S}{C_p + C_S}}} = f_S \sqrt{1 + \frac{C_S}{C_p}}$$

Le coefficient de surtension du circuit Q vaut :

$$Q = \frac{L_S \omega_S}{R} = \frac{1}{2\pi R} \sqrt{\frac{L_S}{C_S}}$$

En général, la valeur de L_S est supérieure à quelques centaines de mH, C_S est voisin du centième de pF. Le coefficient de surtension Q est très élevé et supérieur à 20000.

5.4.1 Quartz

Les quartz sont réalisés sur un matériau SiO_2. Ce cristal est taillé selon une coupe dite AT qui permet de couvrir une plus large plage de fréquence.

Oscillateur à quartz en mode fondamental

Le principal intérêt des oscillateurs à quartz est de disposer d'une fréquence précise et stable. Un quartz peut résonner en mode fondamental ou dans un mode que l'on appelle harmonique ou overtone.

En mode fondamental, le quartz peut travailler sur la fréquence série f_S ou sur la fréquence parallèle f_p.

En mode overtone, le quartz travaille toujours en mode série sur les harmoniques impairs de f_S. La fréquence de sortie sera $3f_S$, $5f_S$, $7f_S$.

Les schémas de la *figure 5.35* représentent trois configurations standard pour les oscillateurs à quartz en mode fondamental et résonance parallèle. Sur ces trois schémas, les circuits de polarisation ne sont pas représentés pour simplifier la lecture et mettre en évidence la réaction nécessaire à l'oscillation.

Pour l'oscillateur Pierce, la réinjection du signal de sortie sur l'entrée est due directement au quartz. Pour les oscillateurs Colpitts et Clapp, une fraction de la tension de sortie est prélevée par le pont diviseur capacitif C_1 C_2 et est réinjectée sur l'entrée.

Les quartz en coupe AT permettent la réalisation d'oscillateurs à partir de quelques centaines de kHz jusqu'à un maximum de 30 MHz environ. Les valeurs les plus usuelles se situent entre 10 et 20 MHz.

Par définition et par construction le coefficient de surtension du quartz est élevé, il sera donc difficile de décaler la fréquence en vue d'une modulation par exemple ou d'un ajustement.

Les deux schémas de la *figure 5.36* représentent deux cas concrets d'oscillateurs à 16,7 MHz.

Décalage de la fréquence de résonance du quartz

Certains réseaux *LC* additionnels permettent de décaler faiblement la fréquence de résonance.

Le décalage de la fréquence de *résonance série* d'un quartz f_S est représenté sur les schémas de la *figure 5.37*. On y voit trois configurations différentes.

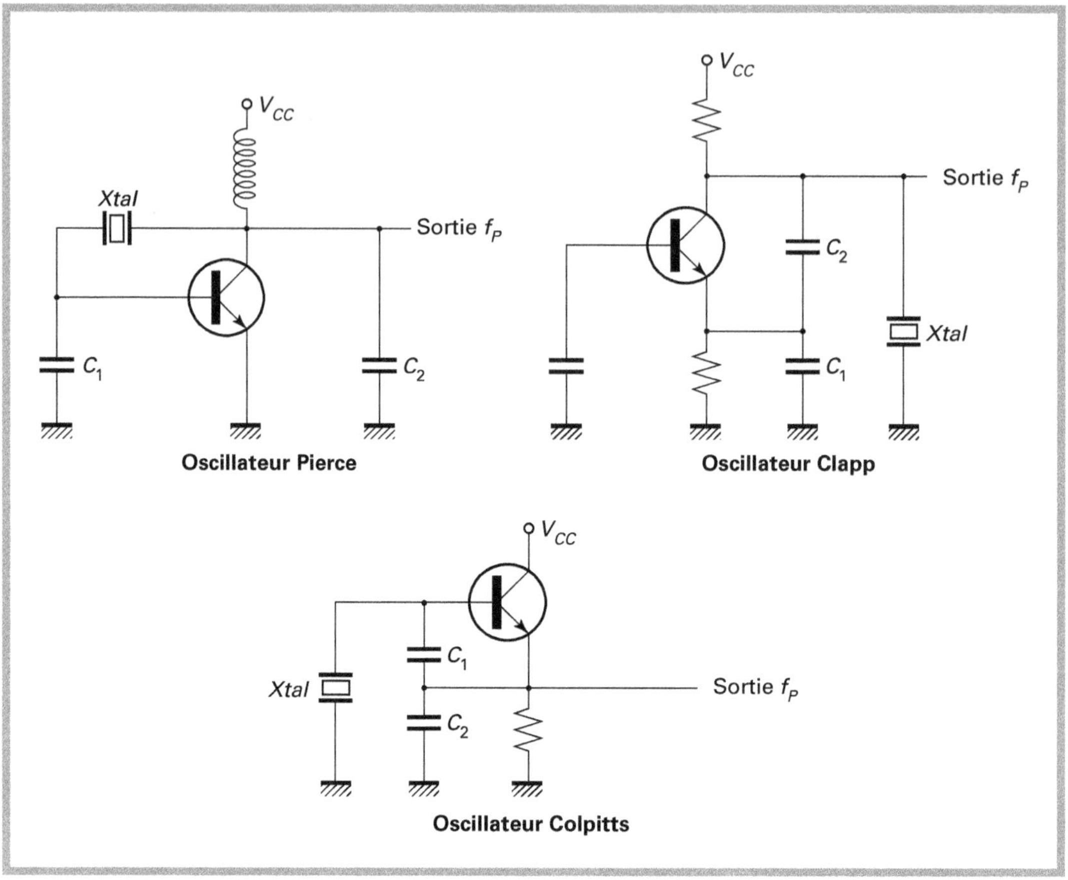

Figure 5.35 – Oscillateurs à quartz fondamental à résonance parallèle.

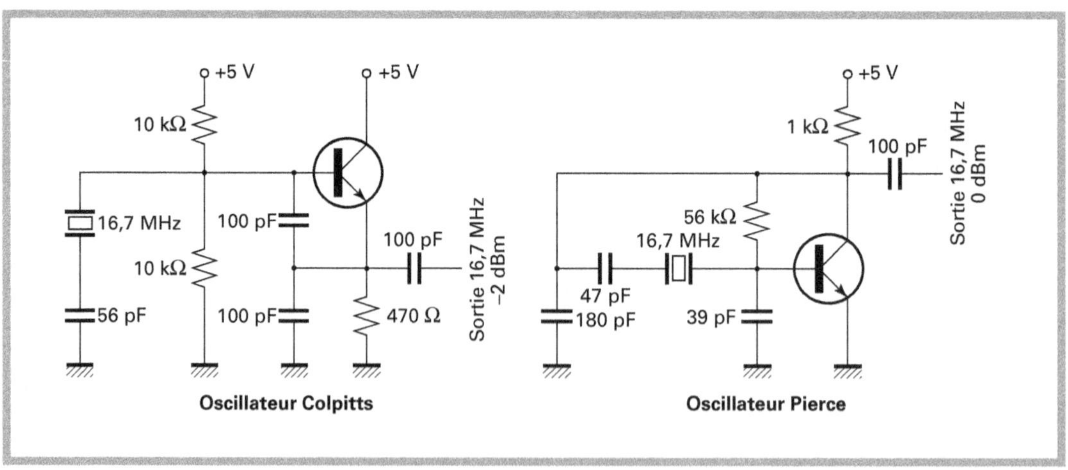

Figure 5.36 – Schémas d'oscillateurs à quartz en mode fondamental.

D'une manière générale la mise en série d'un élément réactif X_v modifie la fréquence de résonance série selon la relation :

$$f_X \approx f_S\left(1 + \frac{C_S}{2\left(C_p - \frac{1}{X_v\omega_S}\right)}\right)$$

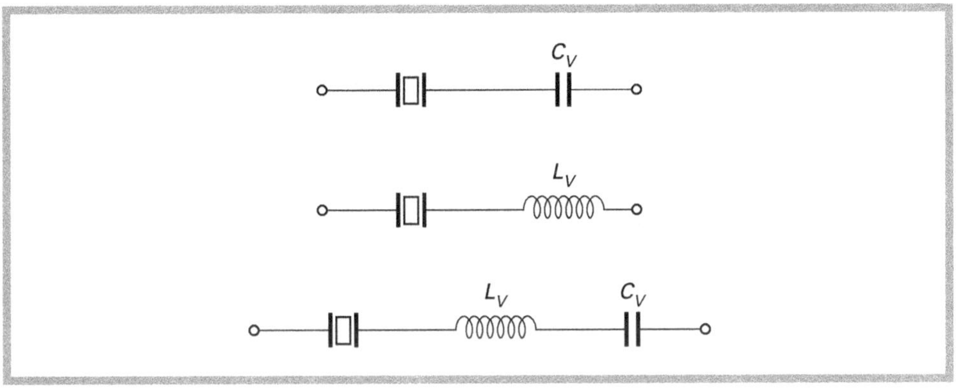

Figure 5.37 – Décalage de la fréquence série nouvelle - fréquence de résonance série f_x.

Un condensateur série C_v augmente la fréquence qui devient :

$$f_X \approx f_S\left(1 + \frac{C_S}{2(C_S + C_v)}\right)$$

Une self en série L_v abaisse la fréquence de résonance :

$$f_X \approx f_S\left(1 - \frac{C_S}{2\left(\frac{1}{\omega_S^2 L_v} - C_p\right)}\right)$$

Un circuit L_vC_v monté en série avec le quartz permet d'augmenter ou abaisser la fréquence de résonance du quartz :

$$f_X \approx f_S\left(1 + \frac{C_S}{2\left(C_p - \frac{C_v}{\omega_S^2 L_v C_v - 1}\right)}\right)$$

Ces relations s'appliquent avec une bonne précision sur une plage s'étendant jusqu'à 10^{-3}.

Ces configurations sont intéressantes car elles permettent un calage de la fréquence en cas de besoin. Le calage de la fréquence est très peu utilisé puisque, par construction, le quartz a une fréquence de résonance série fixe et précise. En remplaçant le condensateur C_v par une diode à capacité variable, on peut envisager la réalisation d'un oscillateur contrôlé en tension.

Lorsqu'un oscillateur contrôlé en tension est pourvu d'un quartz il prend le nom de VCXO. Le gain du VCXO, K_0, est égal au rapport de l'excursion de fréquence à l'excursion de tension responsable de cette excursion de fréquence :

$$K_0 = \frac{\Delta f}{\Delta V}$$

Ce gain est en général, faible et compris entre 100 et 400 ppm soit 10^{-4} à $4{,}10^{-4}$.

Si une excursion de tension de 4 V donne un décalage de 400 ppm sur une fréquence centrale de 20 MHz, $K_0 = 2$ kHz/V.

Un VCXO peut contribuer, par exemple, à la réalisation d'un PLL fonctionnant dans une plage très étroite. Un PLL bâti autour d'un VCXO permettra la récupération du rythme dans le cas de transmissions numériques.

L'emploi d'une self fait apparaître une fréquence de résonance série supplémentaire qui provient de la résonance entre L_v et C_p. Cette fréquence peut se situer plus ou moins loin de la résonance principale mais sa présence peut être très gênante car il arrive que l'oscillateur fonctionne sur cette fréquence de résonance parasite.

Le circuit de la *figure 5.38* permet le décalage de la fréquence de *résonance parallèle* f_p.

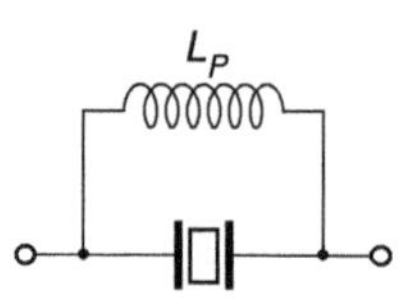

Figure 5.38 – Décalage de la fréquence de résonance parallèle.

On obtient dans ce cas deux fréquences de résonance parallèle situées de part et d'autre de la résonance série.

$$f_p \approx f_S\left(1 \pm \frac{1}{2}\sqrt{\frac{C_S}{C_p}}\right)$$

avec :

$$L_p = \frac{1}{C_p \omega_S^2}$$

Les réseaux de décalage des fréquences, *figures 5.37* et *5.38*, peuvent être combinés. Dans ce cas les nouvelles fréquences de résonance série deviennent f_{X1}.

Avec L_p et C_v $\quad f_{X1} \approx f_S\left(1 + \frac{C_S}{2C_v}\right)$

Avec L_p et L_v $\quad f_{X1} \approx f_S\left(1 - \frac{C_S}{2}\omega_S^2 L_v\right)$

Avec L_p, L_v et C_v $\quad f_{X1} \approx f_S\left(1 - \frac{C_S}{2}\left(\omega_S^2 L_v - \frac{1}{C_v}\right)\right)$

Les courbes des *figures 5.39* et *5.40* représentent le décalage de la fréquence de résonance série d'un quartz en mode fondamental avec $C_S = 20$ f F et $C_p = 6$ pF.

Si le condensateur C_v est le seul élément réactif additionnel le rapport $\Delta f/f$ est plus faible que dans tous les autres cas. La présence d'une self L_p permet d'accroître le décalage en donnant naissance à des fréquences de résonance parasites qui ne sont plus stabilisées par le quartz. Quelle que soit la configuration adoptée, le condensateur C_v peut être remplacé par une diode à capacité variable pour transformer l'oscillateur en VCXO.

Commutation des quartz

Un oscillateur à quartz peut être commuté entre deux ou plusieurs fréquences. Dans ce cas on doit adopter le schéma de la *figure 5.41*.
Le commutateur SW rend conductrice une des diodes D_1 ou D_2. La diode est conductrice lorsque le courant I, limité par la résistance R circule dans une des deux diodes.

Oscillateur fonctionnant en mode overtone

En mode *overtone* ou harmonique, le quartz peut osciller sur des harmoniques impairs de la fréquence de résonance série f_S. Pour l'analyse, le schéma équivalent du quartz doit être modifié et remplacé par celui de la *figure 5.42*.

La valeur de la self série L_S ne change pas. Le condensateur série C_S prend une nouvelle valeur :

$$C_S(n) \approx \frac{1}{n^2}\, C_S$$

où n est le rang de l'harmonique 3,5,7.

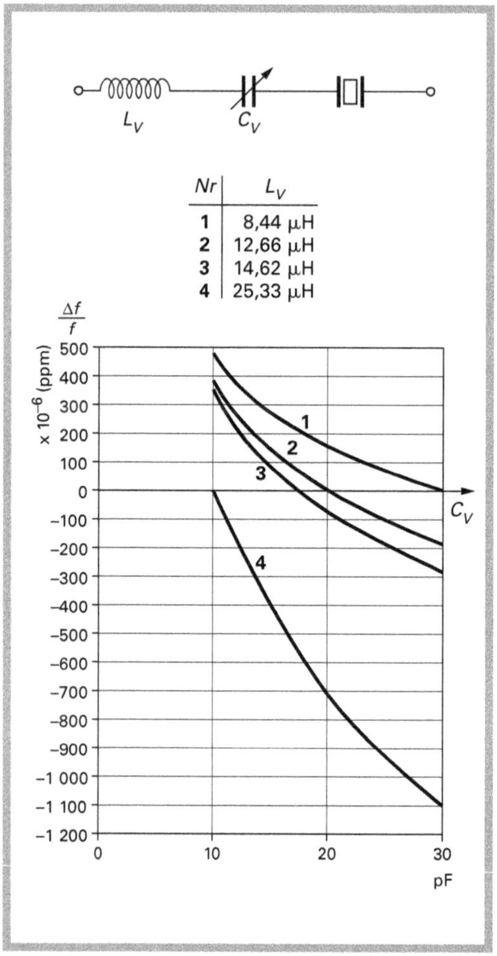

Figure 5.39 – Décalage de la fréquence de résonance série
$$\frac{\Delta f}{f} = f(C_v).$$

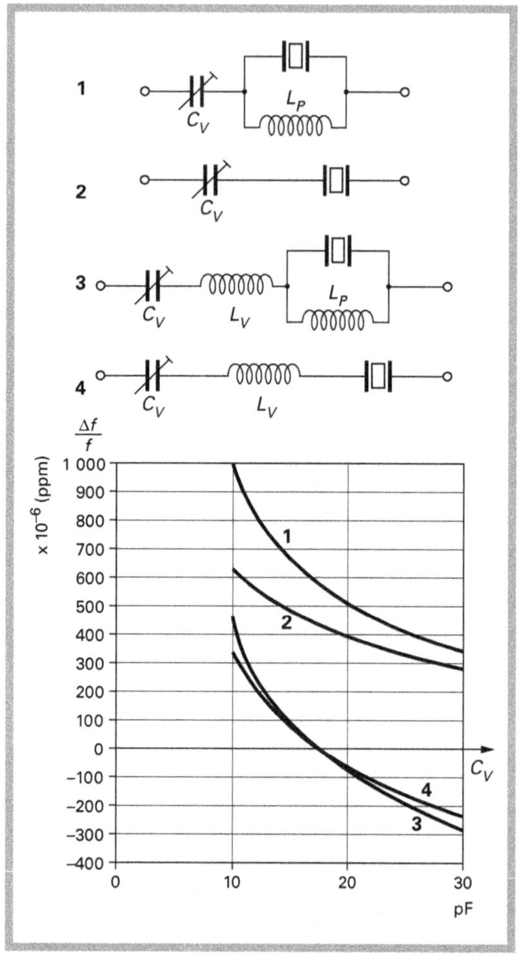

Figure 5.40 – Décalage de la fréquence de résonance série.

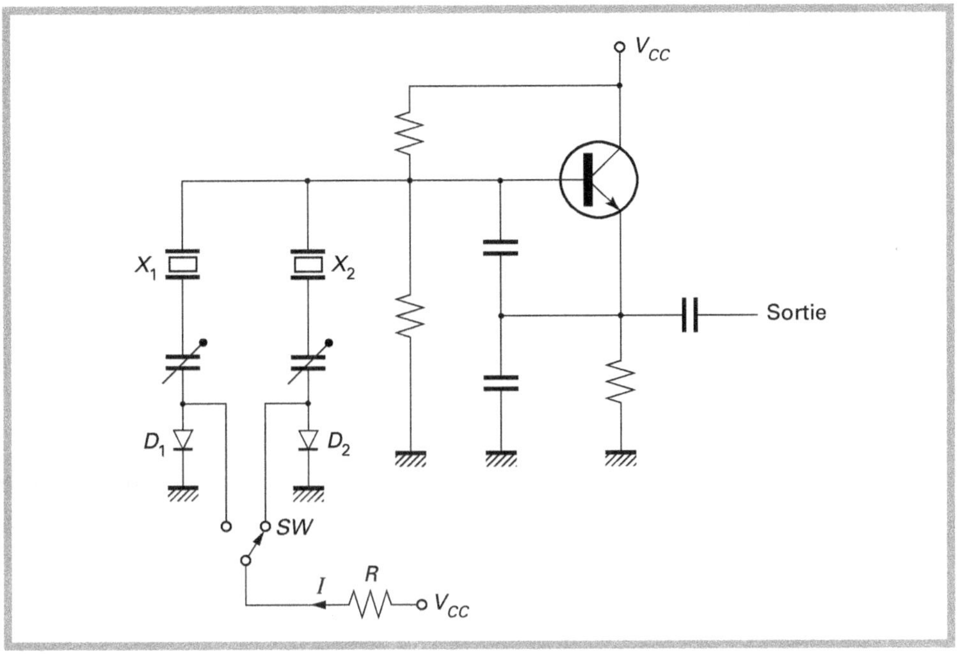

Figure 5.41 – Commutation des quartz d'un oscillateur.

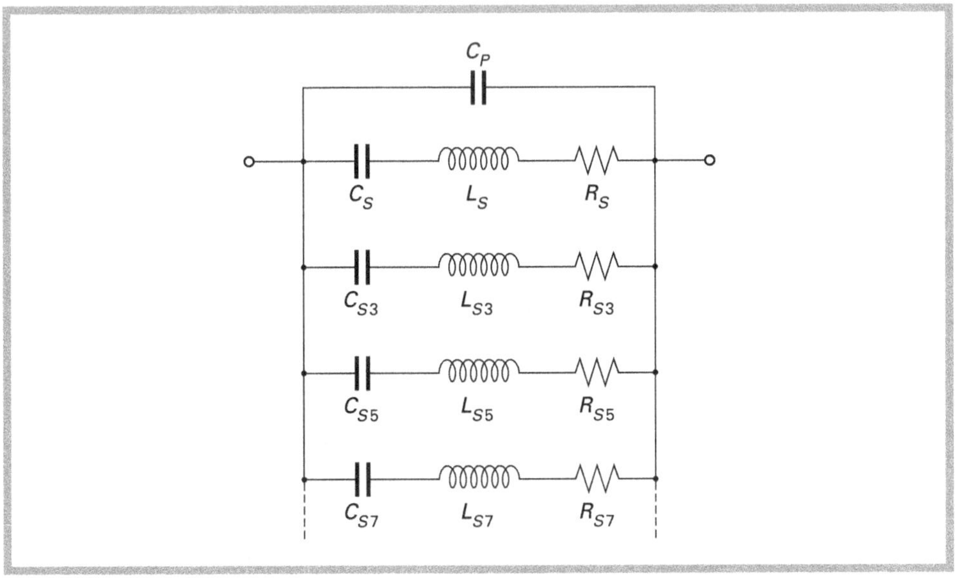

Figure 5.42 – Schéma équivalent du quartz en mode overtone.

Le coefficient de surtension diminue avec le rang d'harmonique. La courbe d'impédance en fonction de la fréquence est représentée à la *figure 5.43*.

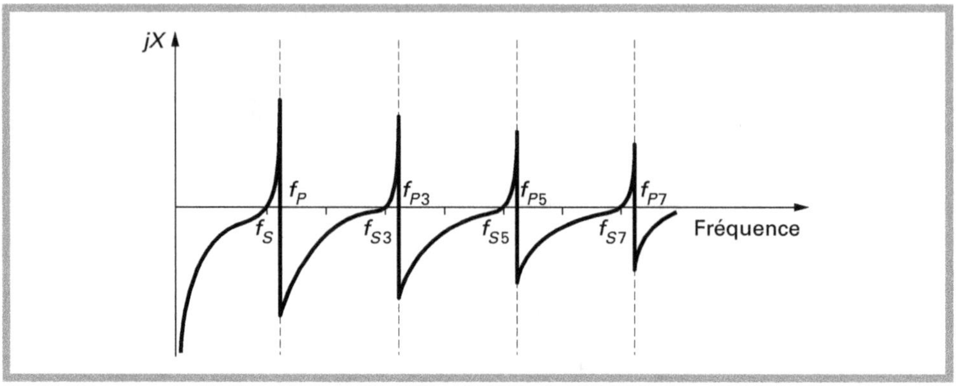

Figure 5.43 – Courbe d'impédance du quartz en mode overtone.

Une règle approximative veut que l'on compense le quartz par une self L_p au-delà de 100 MHz :

$$L_p = \frac{1}{\omega_S^2 C_p}$$

Pour des partiels 3 à 7, on peut adopter le schéma d'oscillateur de la *figure 5.44*. Une self en série au point A permet de baisser la fréquence d'oscillation.

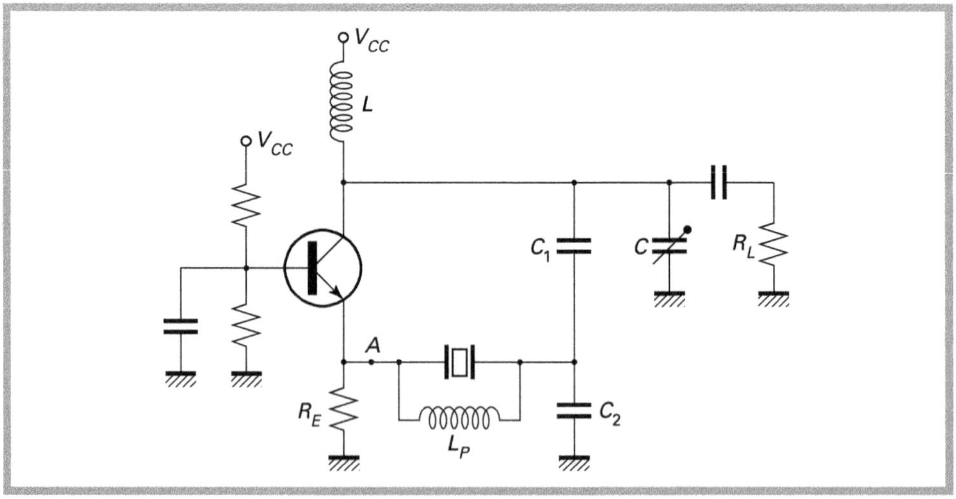

Figure 5.44 – Oscillateur fonctionnant en mode overtone.

Le schéma de la *figure 5.45* est un autre exemple d'oscillateur en mode *overtone* 3 qui délivre un signal de sortie à 50,1 MHz à partir d'un quartz 16,7 MHz.

En mode *overtone,* 3,5,7,9 la fréquence d'oscillation n'est pas exactement le multiple impair de la fréquence de résonance série, en mode fondamental. Pour cette raison, lorsque le quartz doit être utilisé dans ces modes, les spécifications doivent être transmises au fabricant du quartz.

Quelle que soit la configuration il est toujours préférable de préciser le mode, fondamental ou *overtone*, le type de résonance série ou parallèle et le type d'oscillateur.

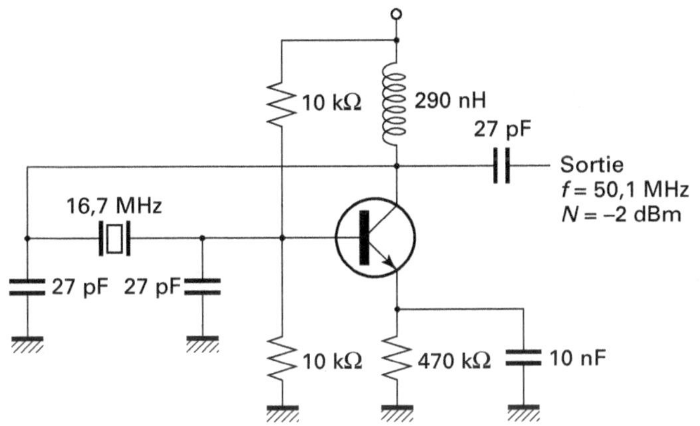

Figure 5.45 – Oscillateur overstone rang 3 (Pierce).

Tous les schémas d'oscillateurs à quartz, *figures 5.35* et *5.36* et *figures 5.41, 5.44* et *5.45* sont bâtis autour de transistors bipolaires NPN. Ces structures peuvent facilement être transposées avec des transistors JFET qui donnent de meilleurs résultats en terme de bruit.

Le schéma de la *figure 5.46* représente un oscillateur à quartz équipé d'un transistor à effet de champ.

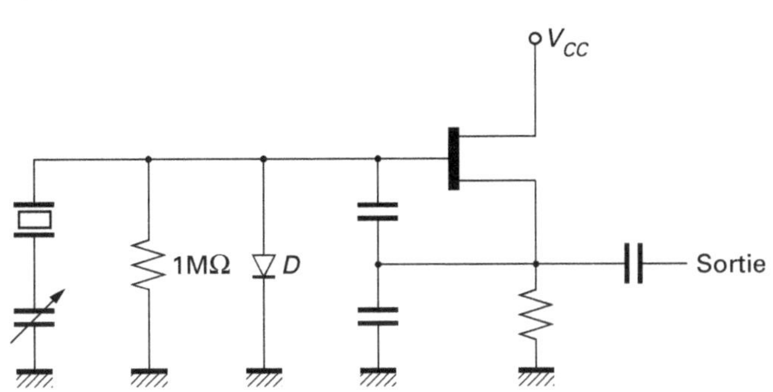

Figure 5.46 – Oscillateur à quartz avec transistor à effet de champ.

Une diode D, connectée entre la grille et le zéro électrique, limite l'amplitude du signal à l'entrée du transistor. Ceci a pour effet de limiter la distorsion par harmonique en sortie de l'oscillateur.

Filtres à quartz

La deuxième application des quartz est leur participation à l'élaboration de filtres passe-bande étroits.

La *figure 5.47* regroupe 5 cas usuels de filtres à quartz passe-bande.

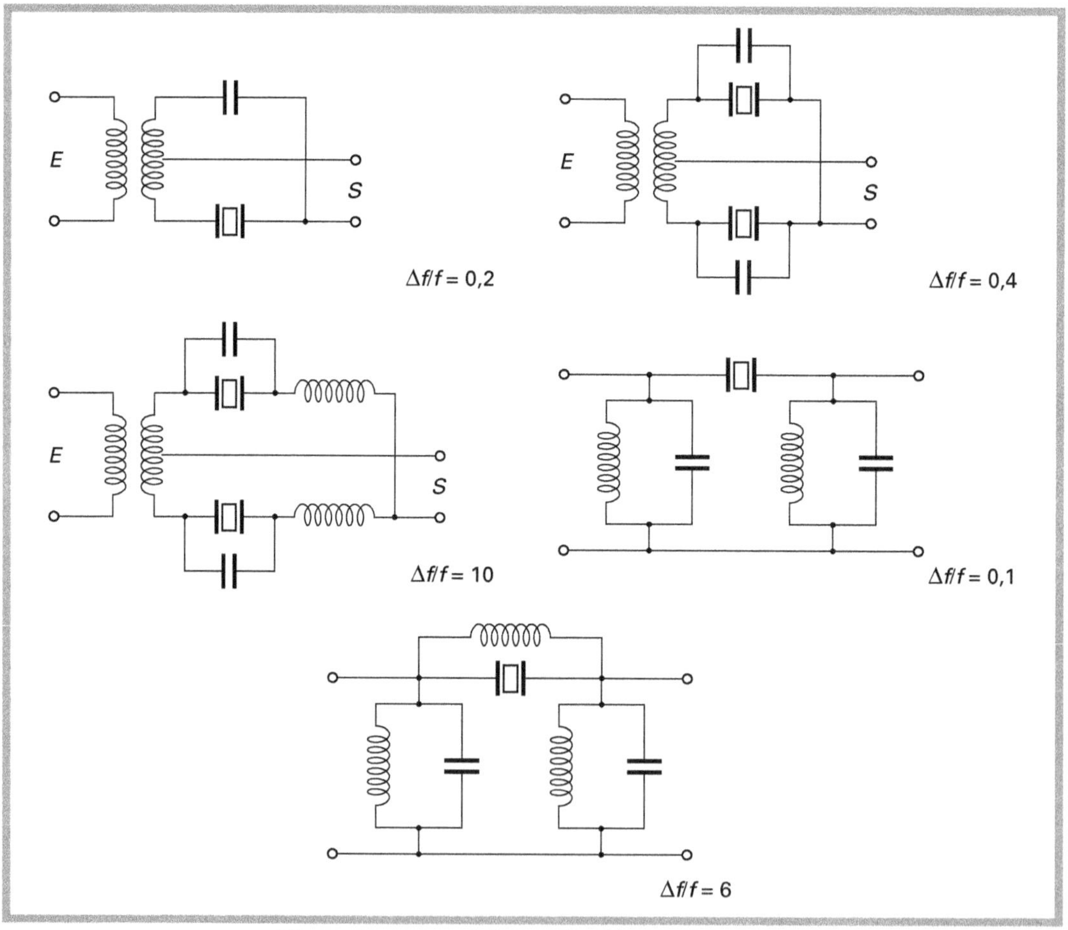

Figure 5.47 – Schémas de filtres à quartz.

À chaque configuration correspond une largeur de bande $\Delta f/f$ typique, exprimée en % :

$$\Delta f = \frac{\alpha}{100} f$$

Si l'on suppose que la fréquence centrale est de 21,4 MHz, les 5 configurations de la *figure 5.47* permettent de choisir des largeurs de bande entre 20 kHz et 2 MHz environ.

Les courbes de réponse des filtres à quartz correspondent, d'une manière très générale, à la courbe de la *figure 5.48*.

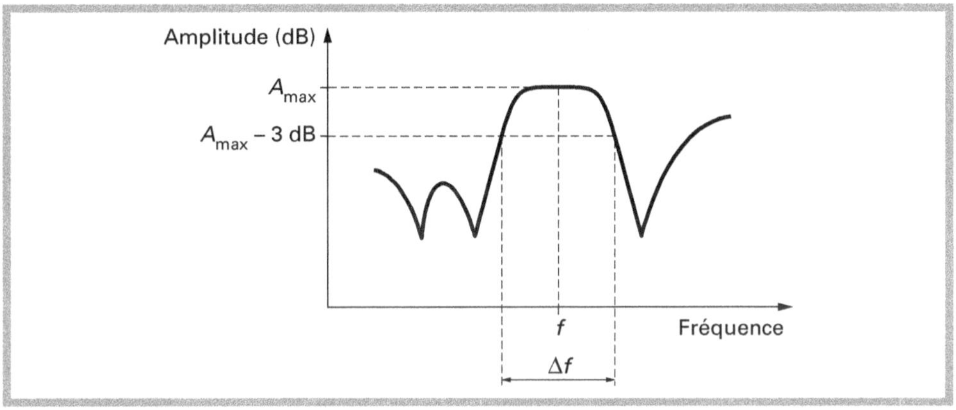

Figure 5.48 – Courbe de réponse des filtres à quartz, réponses parasites autour de la fréquence centrale.

Le filtrage est efficace autour de la fréquence centrale mais la réponse en fréquence se détériore en général, lorsque l'on s'éloigne de la fréquence centrale. En conséquence, ces filtres doivent être complétés par des filtres passifs *LC* assurant le filtrage large bande autour de la fréquence centrale.

En radiocommunication, le travail de l'ingénieur est facilité par la disposition de filtres à quartz centrés sur des fréquences standard ayant diverses largeur de bande Δf.

Il suffit en général, de chercher une coïncidence entre les données du problème, fréquence centrale, largeur de bande, impédance d'entrée et de sortie, perte d'insertion et les données générales fournies par le constructeur.

On peut admettre, que la conception d'un filtre à quartz a un caractère exceptionnel et ne peut avoir lieu que lorsque aucun autre composant existant ne peut convenir. Les *figures 5.49* et *5.50* donnent deux exemples de réalisation de filtres à quartz.

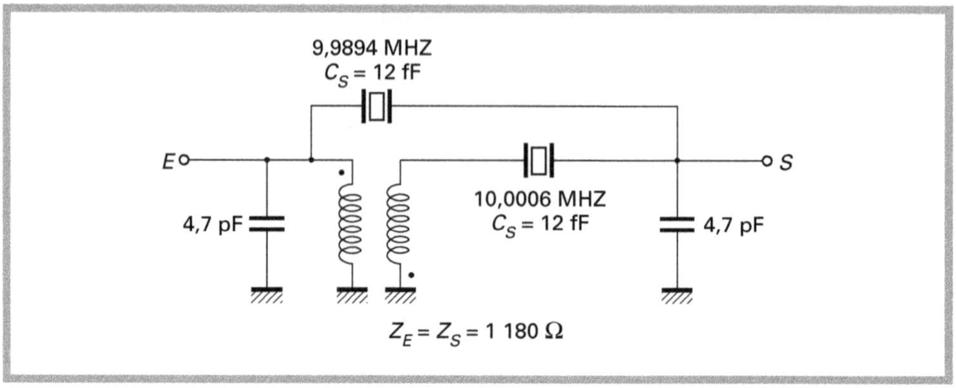

Figure 5.49 – Exemple d'un filtre passe-bande f = 10 MHz BW = 12 KHz.

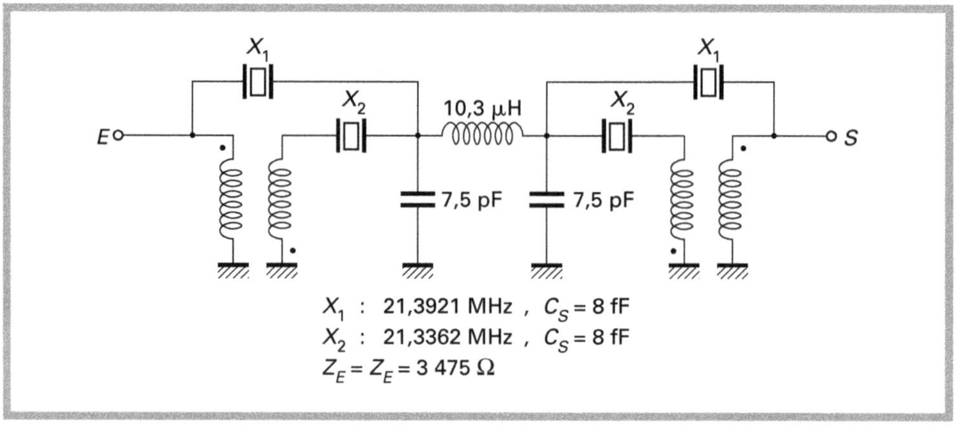

Figure 5.50 – Exemple d'un filtre à quartz passe-bande f = 21,4 MHz BW = 80 KHz.

Les filtres à quartz sont élaborés à partir de la structure dite en *treillis*. Le schéma d'un tel filtre est représenté à la *figure 5.51*. La fonction de transfert de ce filtre a une forme particulière :

$$\frac{V_S}{V_E} = \frac{1}{2}\ \frac{Z_2/Z_0 - Z_1/Z_0}{(1 + Z_1/Z_0)(1 + Z_2/Z_0)}$$

avec :

$$Z_0 = \sqrt{Z_1 Z_2}$$

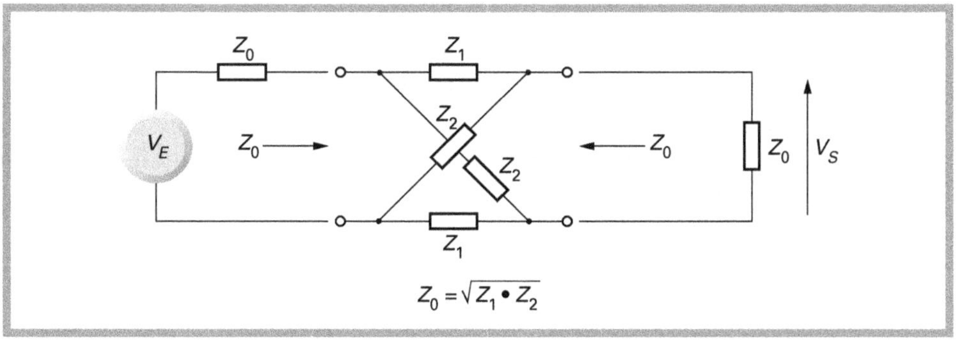

Figure 5.51 – Structure du filtre en treillis.

Cette fonction de transfert ne dépend pas de l'impédance caractéristique Z_0.

La représentation de la *figure 5.51* n'est utilisée que pour la synthèse du filtre. Elle se prête mal à la réalisation exacte du filtre car chacune des impédances est présente deux fois. La structure en treillis se transforme dans la structure de la *figure 5.52* en faisant apparaître un transformateur de rapport de transformation 1. Les tensions d'entrée et de sortie de ce transformateur sont en opposition de phase.

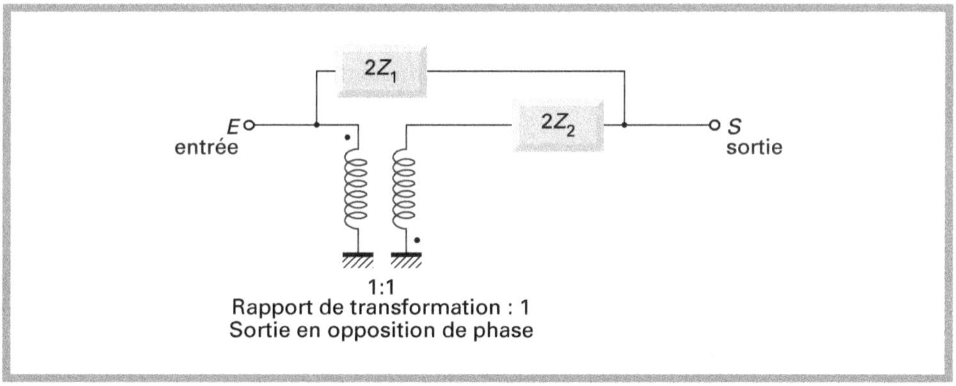

Figure 5.52 – Transformation du filtre en treillis.

5.4.2 Matériaux céramiques

Les matériaux céramiques permettent la réalisation de résonateurs ayant des caractéristiques équivalentes à celles du quartz. Le schéma équivalent du résonateur est encore une fois analogue à celui du quartz.

Les fréquences d'utilisation sont comprises entre quelques centaines de kHz et à peine supérieures à 10 MHz.

Classiquement, de l'association de résonateurs dans un même boîtier, il résulte soit des résonateurs destinés aux oscillateurs ou démodulateurs, soit des filtres. Il existe deux méthodes d'association des résonateurs.

Le schéma de la *figure 5.53* représente pour la première méthode, un filtre céramique et son équivalent électrique. Ce dernier est dû à une transformation du filtre en treillis (*figure 5.52*).

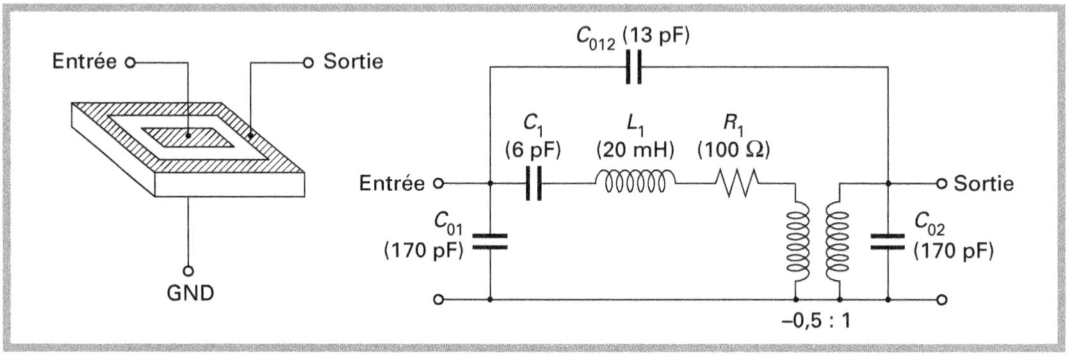

Figure 5.53 – Résonateur céramique et schéma équivalent.

La seconde méthode est représentée à la *figure 5.54*, où l'on utilise un résonateur série et un résonateur parallèle. Chacun des résonateurs est équivalent à un circuit *RLC* série.

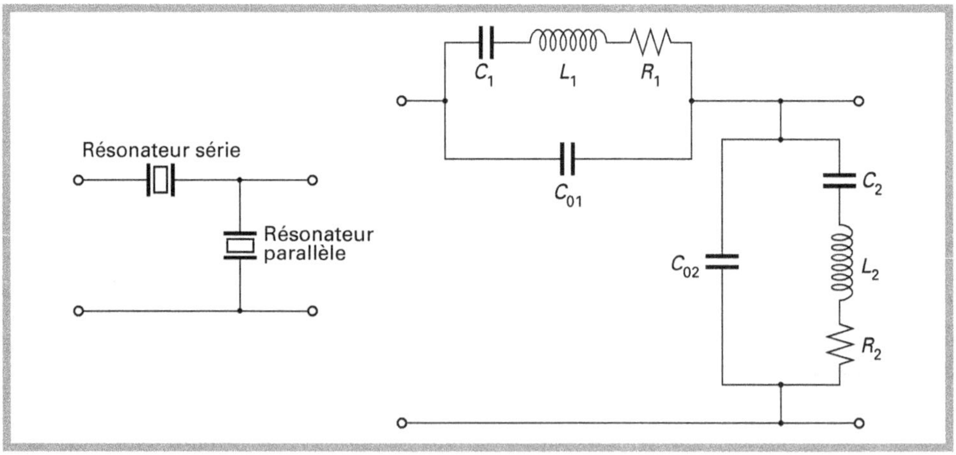

Figure 5.54 – Association de résonateurs et schéma équivalent.

La fonction de transfert du filtre passe-bande obtenue résulte alors des courbes d'impédance de la *figure 5.55*.

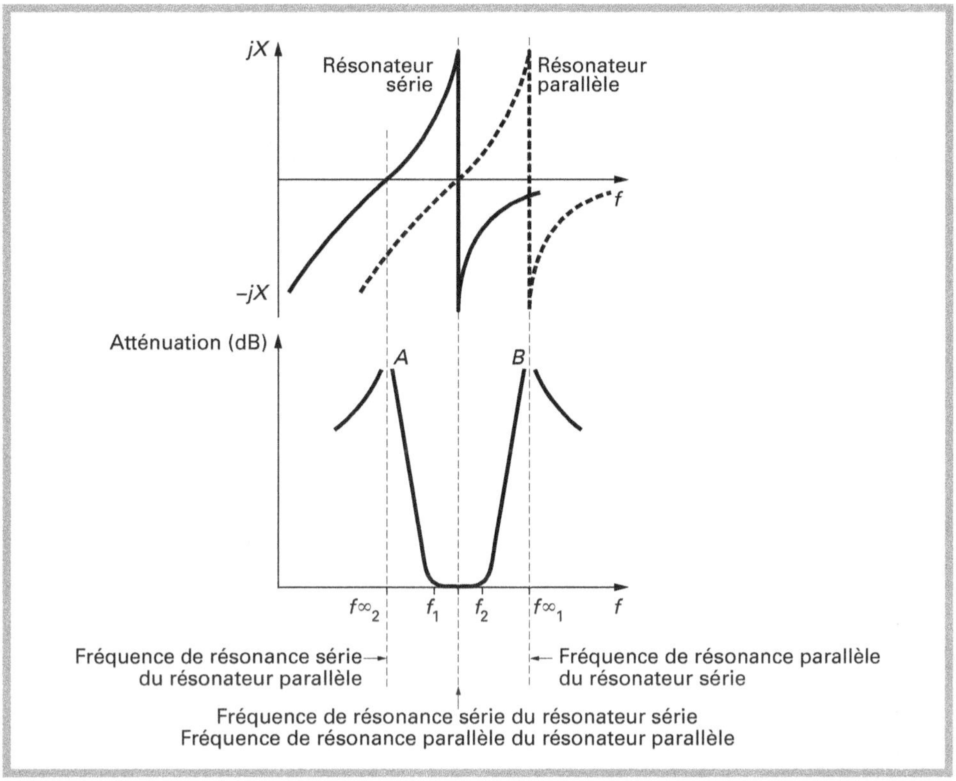

Figure 5.55 – Courbes d'impédance du schéma équivalent de la figure 5.54 et fonction de transfert correspondante.

Différents filtres

Filtres à 455 kHz

La fréquence de 455 kHz est en général, destinée à la réception de signaux audio en modulation d'amplitude et la bande audio est limitée à 3 kHz ou 5 kHz. En modulation d'amplitude double bande, ce signal occupe donc une largeur de 6 kHz ou 10 kHz autour de la porteuse. En conséquence, les filtres standard à 455 kHz sont calés avec un écart de ±1 kHz ou ± 2 kHz sur la fréquence centrale et la largeur de bande à – 3 dB est, en fonction du type de composant, comprise entre 4 et 10 kHz.

L'impédance d'entrée est élevée et de l'ordre de quelques kHz et la perte d'insertion de 4 à 6 dB environ. Cette perte d'insertion n'a aucune importance, puisque cette fréquence n'est que rarement la première fréquence intermédiaire.

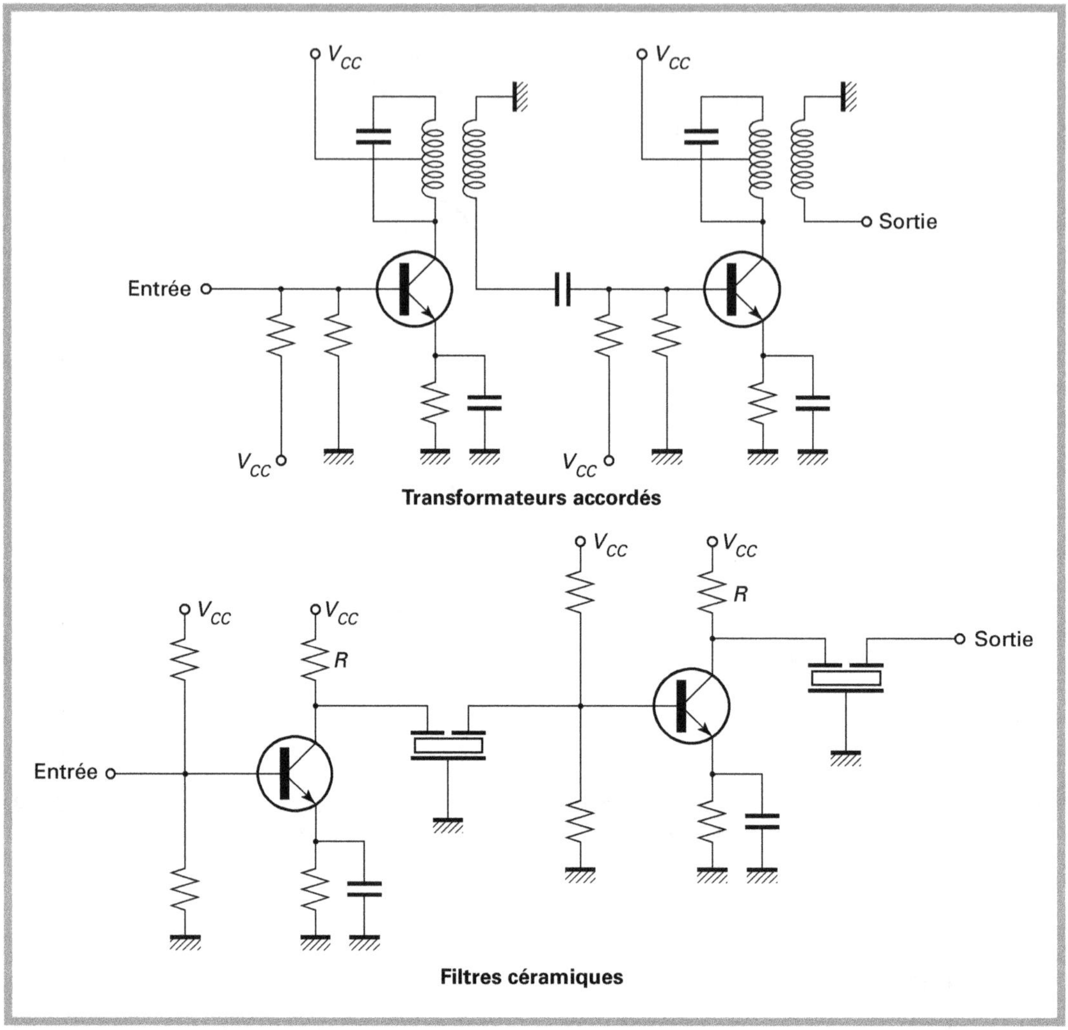

Figure 5.56 – Chaînes d'amplification filtrage à la fréquence intermédiaire.

Les filtres à 455 kHz se situent alors après un deuxième changement de fréquence et se situent loin en aval de l'entrée du récepteur. L'intérêt essentiel des filtres céramiques est de simplifier la conception des étages amplificateurs et filtrage à la fréquence intermédiaire.

Les schémas de la *figure 5.56* donnent deux exemples de chaînes d'amplification. Les filtres céramiques remplacent les transformateurs accordés. L'avantage de cette solution est multiple, simplification de la conception, miniaturisation de l'ensemble et finalement élimination des réglages finaux.

Filtres à 10,7 MHz

La fréquence intermédiaire de 10,7 MHz est en général destinée à la réception de signaux audio en modulation de fréquence. La bande audio est limitée à 15 kHz.

La largeur de bande occupée autour de la fréquence centrale est donnée par la formule de Carson :

$$B = 2(m_F + 1)f_{\max}$$

En fonction de l'application, cette largeur de bande est comprise entre 180 kHz et 300 kHz. Autour de cette fréquence, il existe de très nombreuses applications qui ne se limitent pas au signal audio. L'impédance caractéristique des filtres à 10,7 MHz est de l'ordre de quelques centaines d'ohm, 390 ohm en général. Les pertes d'insertion sont identiques à celles des filtres à 455 kHz, de 4 à 6 dB.

Les largeurs de bande sont extrêmement variées et couvrent une plage de 150 kHz à plus de 500 kHz. La largeur de bande à – 3 dB est dans ce cas au mieux voisine de 1 % de la fréquence centrale pour les filtres à 455 kHz et pour les filtres à 10,7 MHz. Cette largeur est à comparer avec celle des filtres à quartz qui peut atteindre 0,1 % de la fréquence centrale pour certaines structures.

Les filtres céramiques peuvent éventuellement remplacer les filtres à quartz, à condition que le coefficient de surtension requis soit inférieur à $\Delta f/f = 100$ environ et que la tolérance sur le calage de la fréquence centrale soit tolérable. Les schémas de la *figure 5.56* s'appliquent aussi aux filtres à 10,7 MHz.

Résonateurs céramiques

Les résonateurs sont principalement utilisés pour cadencer des systèmes logiques. Associés à une porte CMOS ils assurent la génération d'un signal d'horloge dont la fréquence est comprise entre 100 kHz et 1 MHz.

Les résonateurs n'ont pas d'application directe dans la chaîne émission réception. Éventuellement, ils sont associés à un microcontrôleur chargé par exemple de l'interface utilisateur et de la programmation des synthétiseurs.

Il existe un dernier cas d'application intéressant où le résonateur céramique est spécialement conçu pour remplacer le circuit déphaseur de $\pi/2$ dans le démodulateur à quadrature.

Le résonateur est équivalent à un circuit $R_p L_p C_p$ parallèle et est spécialement conçu pour s'adapter à un circuit intégré démodulateur à quadrature spécifique.

Il s'agit encore d'une solution, combinant faible coût, miniaturisation et élimination des réglages, idéale pour les applications grand public.

5.4.3 Composants à onde de surface

Les composants à onde de surface sont réalisés sur des matériaux comme le niobate de lithium, $L_iN_bO_3$ ou le tantalate de lithium, $L_iT_aO_3$ notamment.

La configuration d'un filtre à onde de surface est représenté à la *figure 5.57*. Sur le substrat on place deux transducteurs interdigités, l'un en émission et l'autre en réception. Des absorbants évitent la propagation d'une onde vers l'arrière du transducteur. Le signal électrique appliqué à l'entrée du transducteur est converti en une onde acoustique se déplaçant sur le substrat, de l'émetteur vers le récepteur. Le transducteur de sortie transforme l'onde acoustique de sortie en un signal électrique.

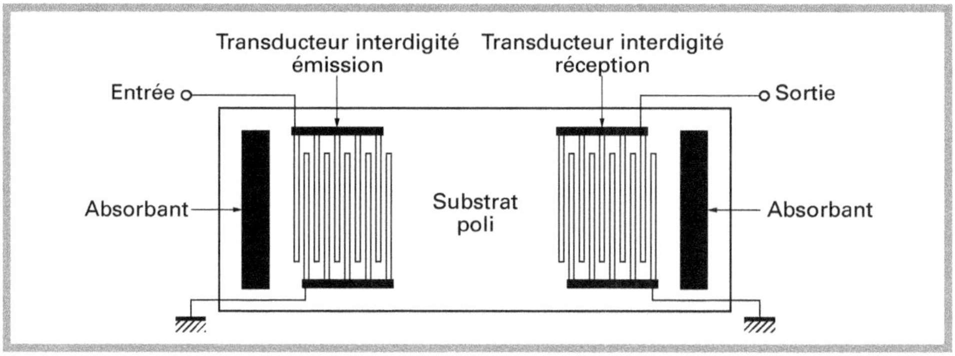

Figure 5.57 – Structure d'un résonateur ω filtre à onde de surface.

La *figure 5.58* donne l'allure très générale de la fonction de transfert d'un tel filtre, fonction de transfert en sin *x*/*x*. Cette fonction de transfert dépend de la géométrie des électrodes, de leur nombre et du matériau utilisé. L'objectif n'est pas ici de savoir concevoir un filtre à onde de surface mais de savoir l'utiliser.

Les composants à onde de surface sont soit des filtres soit des résonateurs.

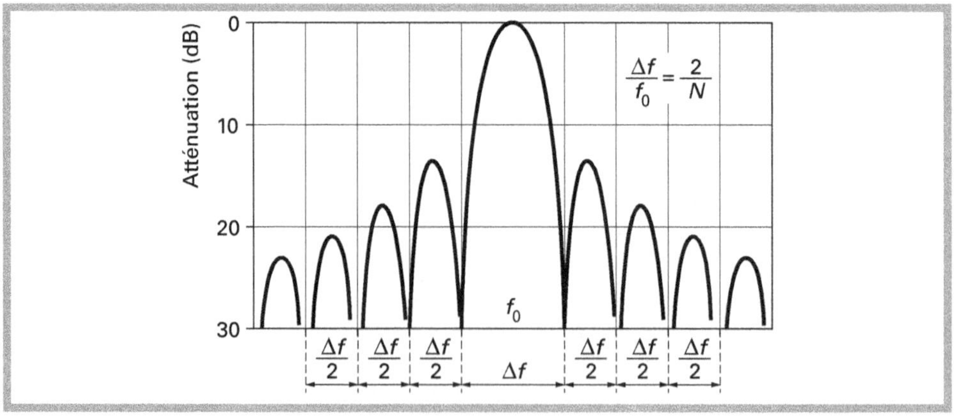

Figure 5.58 – Fonction de transfert d'un filtre à onde de surface.

Filtres à onde de surface

Les filtres à onde de surface sont des filtres passe-bande. La *figure 5.59* montre un tel filtre intercalé dans un circuit adapté sur l'impédance Z_0.

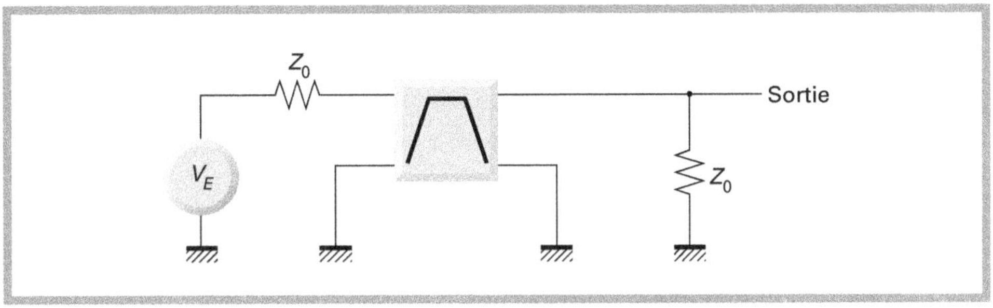

Figure 5.59 – Filtre à onde de surface.

La perte d'insertion P_I est la différence de puissance mesurée à la sortie, donc sur la charge, en absence et en présence du filtre. Si le filtre est parfait la perte d'insertion est nulle et $P_I = 0$ dB.

Le principal inconvénient des filtres à onde de surface provient d'une perte d'insertion très élevée, comprise entre 20 et 30 dB, pour des modèles conçus dans les années 1990. Le filtrage autour de la fréquence centrale est excellent mais, comme pour des filtres à quartz, la courbe de réponse peut présenter des réponses parasites.

Le filtre à onde de surface doit être accompagné d'un filtre passif *LC* simple pour un filtrage large bande autour de la porteuse. Il n'est pas nécessaire de prévoir un filtre passe-bande large bande, et la combinaison d'un passe-bas et un passe-haut peut convenir.

Pour les filtres passe-bande à onde de surface le temps de propagation de groupe dans la bande est quasiment constant. Ceci constitue l'avantage majeur de ces filtres, en garantissant un signal démodulé peu distordu.

Facteur de bruit résultant

La *figure 5.60* représente un filtre d'entrée placé en amont de l'étage d'entrée d'un récepteur. Le filtre est assimilable à un quadripôle atténuateur de gain G_1 et de facteur de bruit F_1 :

$$G_1 = \frac{1}{A_1}, \quad F_1 = A_1$$

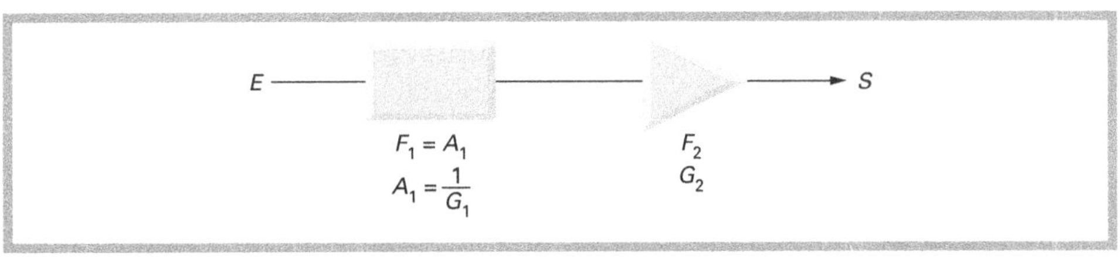

Figure 5.60 – Filtre à onde de surface en entrée d'un récepteur.

Le préamplificateur a un facteur de bruit F_2 et un gain G_2; le facteur de bruit global des deux étages vaut :

$$F_{1,2} = A_1 + \frac{F_2 - 1}{G_1} = A_1 F_2$$

Si la perte d'insertion du filtre est élevée, 30 dB, le facteur de bruit F_2 a très peu d'influence sur le facteur de bruit global qui vaut sensiblement A_1. Il en résulte un facteur de bruit extrêmement mauvais.

Pour cette raison, les premiers filtres à onde de surface ont été utilisés dans les étages à fréquence intermédiaire où l'on pouvait tolérer une forte perte d'insertion.

Si l'amplification G entre l'entrée du récepteur et l'entrée du filtre à onde de surface est suffisamment élevée, *figure 5.61*, le facteur de bruit résultant de la perte d'insertion est masqué par le gain des étages précédents.

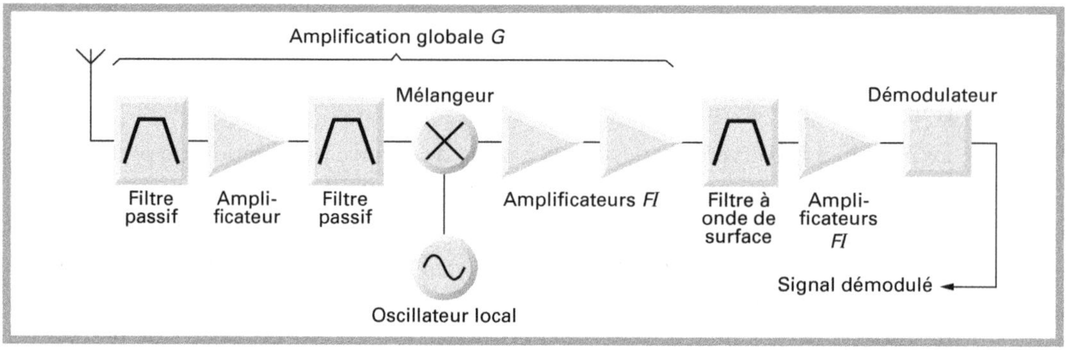

Figure 5.61 – Filtre à onde de surface dans les étages à fréquence intermédiaire.

Fréquences standard en fréquence intermédiaire

L'intérêt du filtre à onde de surface est donc de remplacer un filtre passif complexe et encombrant par un filtre monolithique miniature et peu coûteux.

Ce remplacement ne s'envisage que dans le cas d'applications bien précises où les volumes sont importants. Les premiers filtres à onde de surface étaient donc destinés à la réception des émissions de télévision dite terrestre. Pour cette application, les fréquences intermédiaires sont comprises entre 30 et 50 MHz et la largeur de bande 4 à 8 MHz environ.

Il existe d'autres applications en télévision par satellite. Pour la réception des émissions de télévision par satellite en analogique, plusieurs fréquences intermédiaires ont été utilisées.

Les premières fréquences intermédiaires étaient de 70 et 140 MHz avec des largeurs de bande de 20 à 36 MHz. Ces valeurs sont inadaptées à la réjection de la fréquence image et ont été remplacées par deux valeurs 480 MHz et 620 MHz et des largeurs de 20 à 36 MHz. Ces valeurs permettent de concevoir le récepteur avec un seul changement de fréquence. Il s'agit de filtre à la fréquence intermédiaire et il était alors admis que la perte d'insertion était tolérable et compensée par le gain des étages précédents.

Pour les applications professionnelles ou militaires, il existe deux valeurs de fréquence intermédiaire standard, 70 et 140 MHz.

Certains constructeurs proposent des largeurs de bande pouvant convenir à chacune des applications spécifiques. Le travail de l'ingénieur se limite alors à un choix du composant.

Plus rarement, lorsque aucun filtre ne peut convenir, le travail de l'ingénieur consiste alors à spécifier un filtre.

Filtres à faible perte d'insertion

L'accroissement important des marchés de téléphonie mobile a donné lieu à de nouveaux développement permettant la réalisation de filtres à faible perte d'insertion. Ces filtres sont spécialement prévus pour être disposés en tête des récepteurs. Leurs fréquences sont directement liées aux différentes réglementations et différentes applications. Les pertes d'insertion de ces filtres sont comprises entre 3 et 5 dB.

Le schéma de la *figure 5.62* représente un préamplificateur 433,92 MHz associé à un filtre à onde de surface.

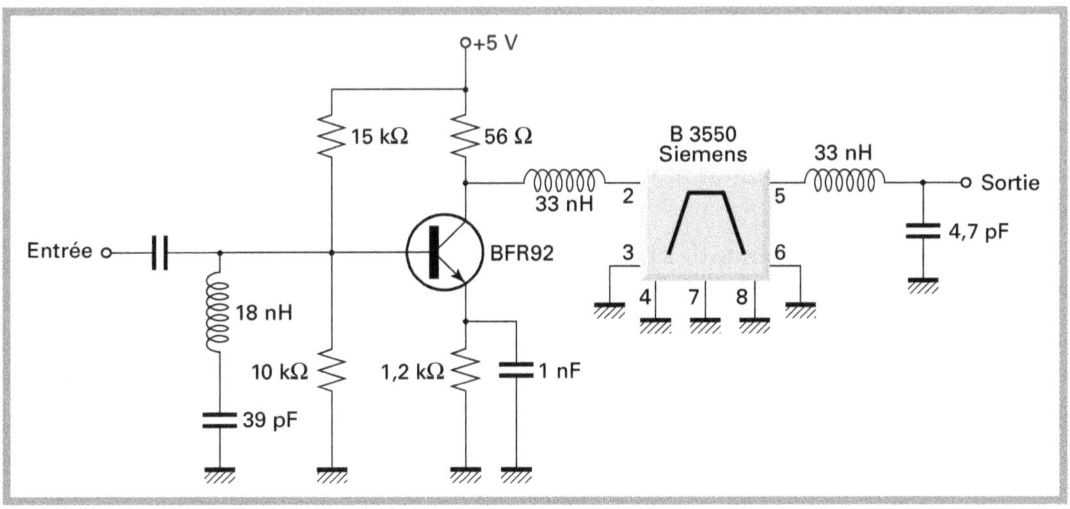

Figure 5.62 – Préamplificateur 433,92 MHz et filtre associé.

Cette fréquence est une fréquence européenne normalisée pour toutes les applications de télécommande, télémesure, télétransmission à courte distance. Pour de telles applications, le coût et l'encombrement sont les critères importants. L'efficacité spectrale et les performances sont reléguées au second plan.

Ces filtres à faible perte d'insertion sont donc destinés à des applications bien définies et applications grand public comme la téléphonie mobile ou les systèmes de télécommande, téléalarme et télésurveillance.

Résonateur à onde de surface

Le schéma équivalent des résonateurs un ou deux ports est représenté par la *figure 5.63.*

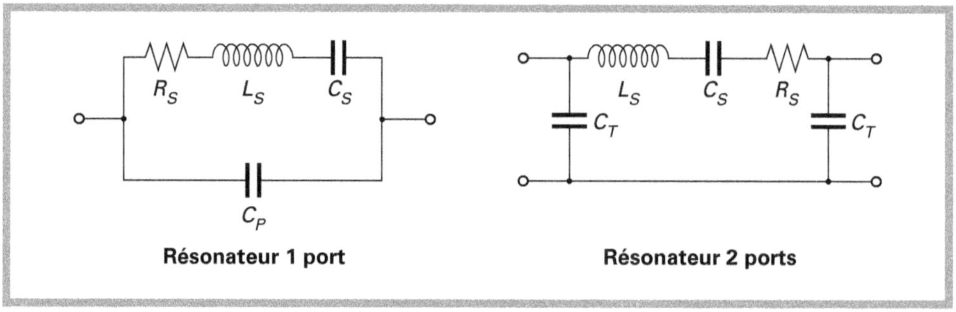

Figure 5.63 – Schémas équivalents des résonateurs à onde de surface.

Dans le cas du résonateur un port, le schéma équivalent est analogue à celui d'un quartz et par conséquent, tous les schémas d'oscillateurs à quartz en mode fondamental peuvent convenir.

Pour un quartz, le schéma équivalent pour le mode fondamental n'est valable que jusqu'à 30 MHz.

Un oscillateur à quartz délivre une fréquence très stable et très précise mais pour une fréquence limitée à 30 MHz. Au-delà de cette fréquence on a recours aux modes *overtone.*

Le résonateur à onde de surface un port outrepasse cette limite et le schéma équivalent est valable jusqu'à des fréquences supérieures au GHz.

Un étage oscillateur unique permet donc de délivrer une fréquence de référence définie par les caractéristiques de construction du résonateur, le résonateur opère toujours en mode fondamental.

En contrepartie, le calage en fréquence des résonateurs ne peut être précisément contrôlé comme dans le cas d'un quartz. La fréquence de résonance série f_S ne sera définie qu'à 100 kHz près environ.

Pour f_s au voisinage de 500 MHz on a :

$$f_S = \frac{1}{2\pi\sqrt{L_S C_S}}$$

Le calage en fréquence d'un quartz étant, dans le pire des cas, égal à 10^{-6} il est à comparer au calage du résonateur à onde de surface qui sera dans le meilleur des cas, de 10^{-4}.

Les applications sont nombreuses. Comme pour les filtres à onde de surface, les résonateurs à onde de surface sont largement employés dans les équipements de transmission grand public où l'on peut admettre qu'un manque de performance est compensé par un faible coût, une simplification de la conception des équipements et leur miniaturisation.

Le schéma de la *figure 5.64* représente un oscillateur à résonateur à onde de surface avec un unique transistor BFR92. Cet oscillateur fonctionne de 200 à 400 MHz.

Seul le résonateur à onde de surface est responsable de la fréquence de l'oscillation. Le réseau *LC* permet de réinjecter la tension de sortie avec la phase correcte de manière à obtenir un régime d'oscillations entretenu.

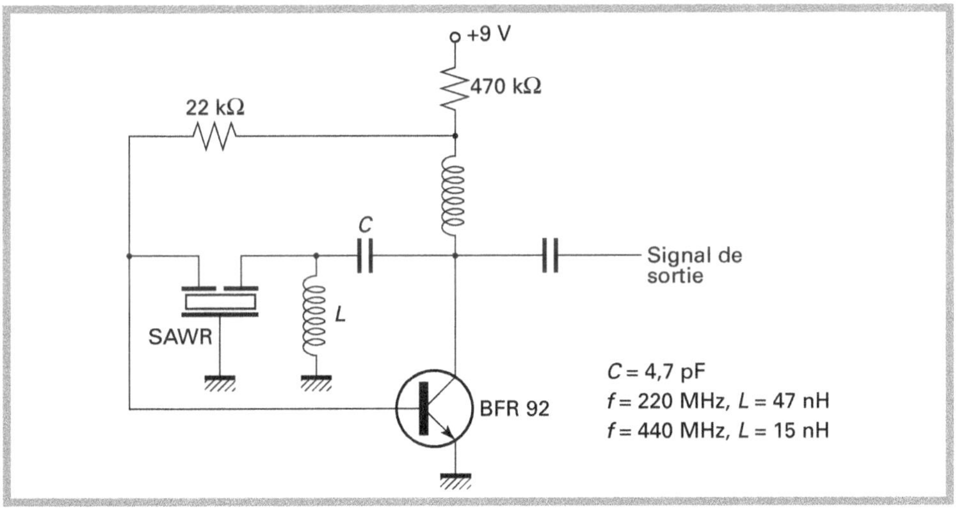

Figure 5.64 – Oscillateur à résonateur à onde acoustique de surface.

Conclusions sur les composants à onde de surface

Ces composants trouvent leurs applications premièrement dans les circuits à fréquence intermédiaire élevée.

Les filtres sont employés dans tous les équipements de réception, professionnels ou grand public, quelle que soit la largeur de la fréquence intermédiaire. Ils remplacent avantageusement des filtres *LC* qui pourraient être complexes. En télévision en BLA ou BLR le filtre peut être conçu pour présenter un flanc de Nyquist à la fréquence de coupure.

Les résonateurs ne sont utilisés que lorsque l'imprécision du calage en fréquence est tolérable.

La caractéristique du temps de propagation de groupe dans la bande est excellente.

5.4.4 Résonateurs diélectriques en λ/4

Les résonateurs céramiques coaxiaux en λ/4 sont utilisables dans des fréquences entre 400 et 4500 MHz. Ils participent à l'élaboration de filtres passe-bande ou d'oscillateurs fixes ou contrôlés en tension : VCO.

La *figure 5.65* représente une ligne coaxiale de longueur λ/4, ouverte à l'une de ses extrémités et en court circuit à la seconde extrémité. Le rayon du conducteur interne vaut *a* et celui du conducteur externe *b*. La longueur d'onde est donnée par la relation :

$$\lambda = \frac{c}{f}$$

c est la vitesse de propagation des ondes électromagnétiques dans le vide et f est la fréquence. λ est en mètre.

$$c = 3 \cdot 10^8 \text{ m} \cdot \text{s}^{-1}$$

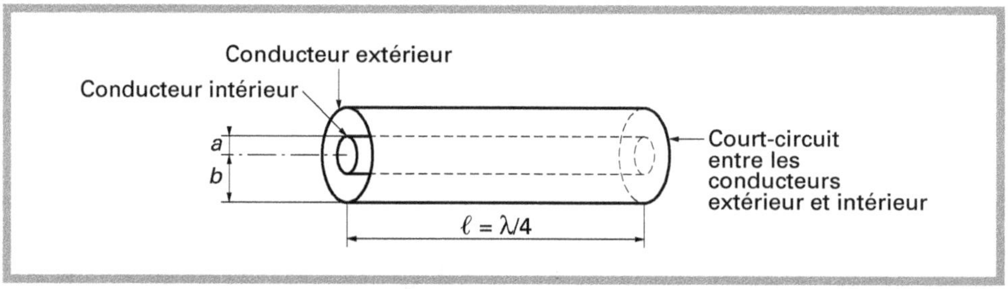

Figure 5.65 – Résonateur coaxial en λ/4.

Lorsque la propagation s'effectue dans un matériau ayant une constante diélectrique relative ε_R la vitesse de propagation v vaut :

$$v = \frac{c}{\sqrt{\varepsilon_R}}$$

La longueur d'onde effective dans le matériau vaut :

$$\lambda_{\text{eff}} = \frac{c}{\sqrt{\varepsilon_R} \cdot f}$$

La ligne de la *figure 5.65* pourrait être réalisée à partir d'un tronçon de câble coaxial. L'inconvénient majeur d'une telle réalisation est une éventuelle microphonie résultant des déformations mécaniques du câble coaxial.

L'utilisation de matériaux comme $M_gT_iO_3$ ou $(Z_p\text{-}S_n)T_iO_4$ ayant des constantes diélectriques comprises entre 20 et 100 et fonction du matériau, permet la réalisation des lignes ayant, sur l'exemple du coaxial précédent, les avantages suivants :

Les lignes sont de plus petites dimensions.

La dimension est réduite dans le rapport $\sqrt{\varepsilon_R}$, on cherche donc une constante diélectrique la plus élevée. Ces matériaux solides résolvent le problème de la rigidité mécanique et l'effet microphonique.

Circuit équivalent de la ligne en λ/4

Une ligne en λ/4 est analogue à un circuit $R_pL_pC_p$ parallèle représenté à la *figure 5.66.*

l est la longueur du résonateur céramique et vaut :

$$l = \frac{\lambda_{eff}}{4} = \frac{c}{\sqrt{\varepsilon_R} f4}$$

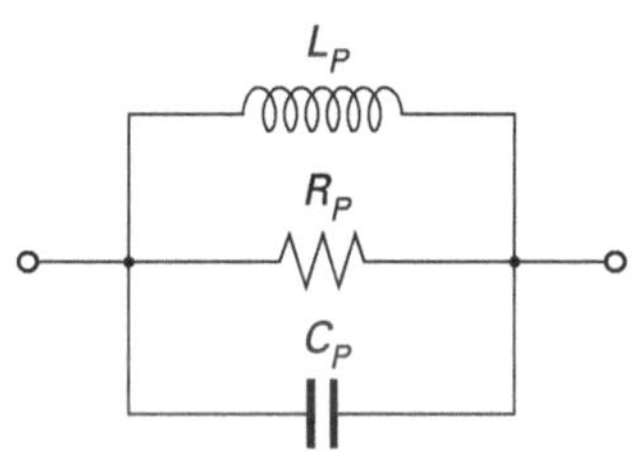

Figure 5.66 – Schéma équivalent du résonateur λ/4.

L'impédance caractéristique de la ligne Z_0 est donnée par la relation :

$$Z_0 = \sqrt{\frac{\mu_0\mu_R}{\varepsilon_0\varepsilon_R}}\ \frac{1}{2\pi}\ l_n\ \frac{b}{a}$$

μ_R est la perméabilité du conducteur en H/m,

Z_0 est exprimée en ohm,

l est exprimée en m,

μ_0 est la perméabilité magnétique du vide : $\mu_0 = 4\pi 10^{-7}$ H/m,

ε_0 est la permittivité du vide : $\varepsilon_0 = \dfrac{10^7}{4\pi c^2}$ $\quad \mu_0\varepsilon_0 = \dfrac{1}{c^2}$,

R_1 est la résistance par unité de longueur d'une ligne sans perte,

L_1 est la self par unité de longueur d'une ligne sans perte,

C_1 est la capacité par unité de longueur d'une ligne sans perte.

Les éléments R_p, L_p et C_p sont donnés par les relations :

$$R_p \approx \frac{2Z_0^2}{R_1 l}$$

R_p est une valeur résultant de la mesure pour laquelle la relation ci-dessous donne seulement un ordre de grandeur.

$$C_1 = \frac{2\pi\varepsilon_0\varepsilon_R}{l_n \dfrac{b}{a}}$$

$$L_1 = \frac{\mu_0\mu_R}{2\pi}\, l_n \frac{b}{a}$$

$$C_p = \frac{C_1 \,.\, l}{2}$$

$$L_p = \frac{8L_1 \,.\, l}{\pi^2}$$

Pour un résonateur céramique coaxial à 450 MHz avec $\varepsilon_R = 88$, les valeurs du schéma équivalent deviennent :

$$C_p = 49{,}7 \text{ pF}$$

$$L_p = 2{,}52 \text{ nH}$$

$$R_p = 2{,}5 \text{ k}\Omega$$

Le coefficient de surtension Q_0 est supérieur à 250, il est proportionnel à $\sqrt{f}$ et $l_n\left(\dfrac{b}{a}\right)$.

Applications des résonateurs céramiques en λ/4

L'intérêt des résonateurs céramiques en λ/4 est d'autant plus important que la constante diélectrique ε_R du matériau utilisé est élevé et que la fréquence de fonctionnement est importante. Ils seront utilisés soit pour la conception d'oscillateurs soit pour la réalisation de filtres passe-bande.

Oscillateurs

Le schéma de la *figure 5.67* représente un oscillateur contrôle en tension équipé d'un résonateur en λ/4, utilisable entre 800 et 1 300 MHz. Le résonateur est faiblement couplé à la base du transistor T_1 par le condensateur C_1. Les valeurs des condensateurs C_1, C_2 et C_3 diminuent lorsque la fréquence augmente.

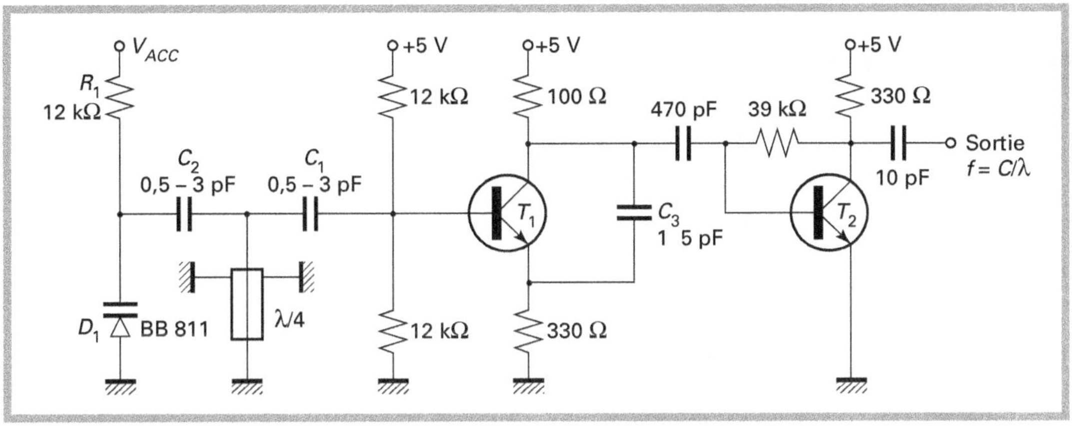

Figure 5.67 – Schéma d'un oscillateur à résonateur diélectrique en λ/4. f = 800 MHz à 1300 MHz.

La diode varicap D_1 permet de décaler la fréquence f d'oscillation d'une faible valeur, environ 1 % de la fréquence nominale. Le coefficient de surtension étant élevé le bruit de phase autour de la porteuse est faible. Ce faible décalage résulte du fort coefficient de surtension. Cette structure est une alternative intéressante aux résonateur à onde de surface.

Filtres passe-bande

Le schéma de la *figure 5.68* représente un filtre passe-bande équipé de deux résonateurs en λ/4. Les méthodes de synthèse habituelles des filtres ne peuvent être utilisées puisque les valeurs R_p, L_p et C_p sont obtenues par fabrication du résonateur. On doit avoir recours à la simulation par calculateur pour estimer les performances du filtre.

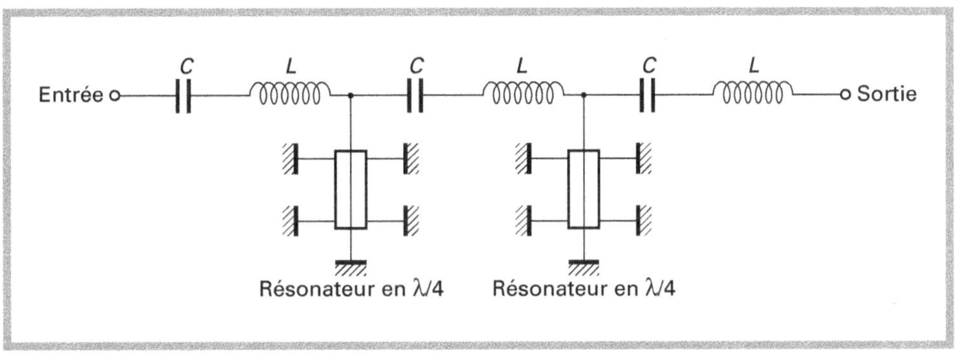

Figure 5.68 – Filtre passe-bande avec résonateur diélectrique.

Les résonateurs peuvent être couplés soit par des circuits *LC*, série soit faiblement couplés par uniquement des condensateurs *C*.

5.5 Conclusion

Tous ces composants simplifient la conception des circuits et éliminent les réglages. Si le niveau de performance des oscillateurs n'est pas suffisant, dans la plupart des cas, ils peuvent être associés à une boucle à verrouillage de phase. La référence d'une telle boucle est toujours un oscillateur à quartz.

CHAPITRE 6

COMPOSANTS ACTIFS ET APPLICATIONS

Pour étudier, examiner et évaluer le comportement des composants actifs, on utilise un modèle le plus approprié à l'environnement dans lequel se situe le dit composant.

En haute fréquence, une liaison électrique, aussi courte soit-elle, ne peut plus être assimilée à un court circuit. Les modèles utilisés en haute fréquence sont similaires à ceux simplifiés, utilisables en basse fréquence, mais les éléments parasites, non négligeables dans ce domaine fréquentiel, compliquent les schémas équivalents.

6.1 Transistors bipolaires

Le schéma de la *figure 6.1* représente le modèle du transistor utilisable en haute fréquence.

La résistance $r_{bb'}$ d'une valeur d'une dizaine d'ohm environ est la résistance de contact sur la base. La résistance $r_{b'e}$ est due à la jonction base-émetteur, polarisée dans le sens direct. $r_{b'e}$, comme pour le modèle du transistor utilisé en basse fréquence, vaut :

$$r_{b'e} = \frac{kT}{q}\frac{1}{I_e}(\beta + 1)$$

Cette relation est souvent présentée sous la forme :

$$r_{b'e}[\Omega] = \frac{26}{I_e[mA]}(\beta + 1)$$

$r_{b'c}$ et r_{ce} sont des résistances de très forte valeur, environ 100 kΩ pour r_{ce} et 1 MΩ pour $r_{b'c}$.

Finalement, les deux éléments essentiels sont les deux capacités C_e et C_c qui vont limiter le fonctionnement vers les hautes fréquences. L'ordre de grandeur de la capacité C_e est de quelques dizaines de pF. La capacité C_c, qui est la plus importante vis-à-vis du fonctionnement en haute fréquence est de l'ordre de quelques pF. On cherchera en général à utiliser un transistor ayant la capacité C_c la plus faible possible.

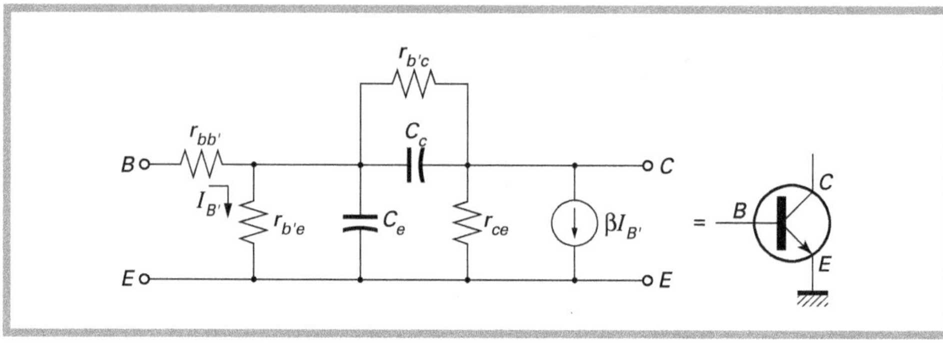

Figure 6.1 – Schéma équivalent du transistor bipolaire en haute fréquence.

Comme dans le modèle basse fréquence la source de courant $\beta I_{B'}$ est liée au courant $I_{B'}$ circulant dans la résistance $r_{b'e}$.

Le modèle de la *figure 6.1*, bien qu'étant parfaitement utilisable, est assez peu pratique et incomplet. Le schéma équivalent de la *figure 6.1* donne une représentation simplifiée, ne tenant pas compte des conducteurs. Ces fils conducteurs, de dimensions variables en fonction du type de transistor, sont inévitables pour connecter le semi-conducteur aux divers autres éléments du circuit.

Le schéma de la *figure 6.2* fait intervenir les trois selfs L_B, L_E et L_C correspondant aux liaisons électriques. On cherche bien entendu, à minimiser la valeur de ces selfs parasites. Ceci explique qu'en haute fréquence, la plupart des composants sont des composants dits CMS, à montage de surface. En réduisant simplement la longueur des connexions, on réduit la valeurs des selfs.

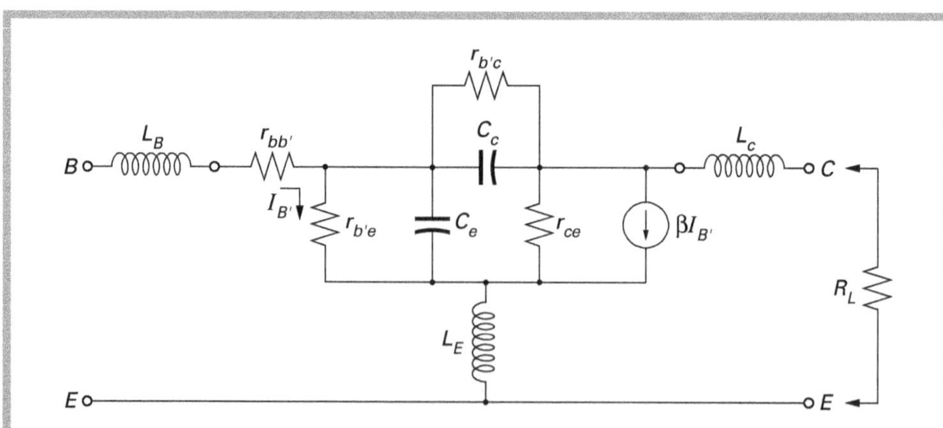

Figure 6.2 – Modèle incluant les selfs dues aux liaisons.

Le transistor sera relié aux autres composants *via* des pistes d'un circuit imprimé, en général. La longueur de ces pistes sera aussi courte que possible, afin de réduire au strict minimum, la valeur des selfs parasites additionnelles résultant de ces longueurs.

Le modèle de la *figure 6.2* peut finalement se simplifier, tout d'abord, en négligeant la résistance $r_{b'c}$. En utilisant les propriétés de l'effet Miller, la résistance C_c est ramenée à l'entrée du circuit en parallèle sur la capacité C_e, pour constituer une capacité totale C_T :

$$C_T = C_e + C_c \left|1 - \beta R_L\right|$$

relation que l'on peut simplifier :

$$C_T = C_e + \beta R_L C_c$$

Dans cette relation, R_L est la résistance de charge. Le résultat de ces transformations est représenté par le schéma équivalent de la *figure 6.3*.

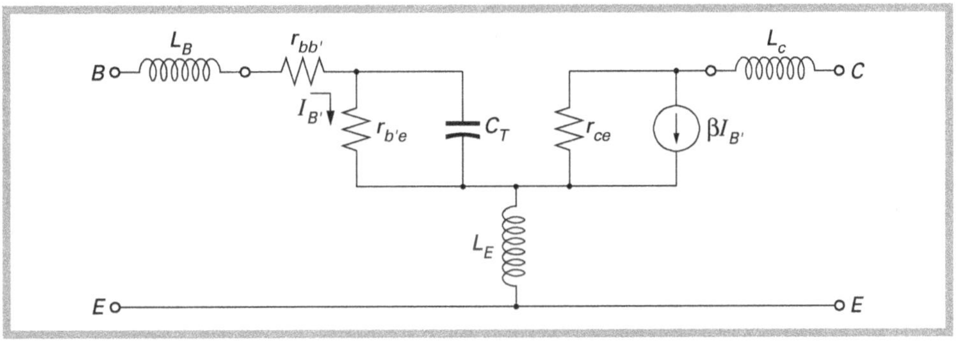

Figure 6.3 – Transposition de la capacité C_c. Effet Miller.

À partir de ce schéma, on peut facilement extraire les schémas équivalents des impédances d'entrée et de sortie. Un schéma équivalent de l'impédance d'entrée est représentée à la *figure 6.4*. Lorsque la fréquence de fonctionnement est très élevée, le condensateur shunte totalement la résistance $r_{b'e}$ et le schéma équivalent peut se réduire à la mise en série d'une résistance $r_{bb'}$ et d'une self parasite, due à L_B et L_E.

Le schéma initial de la *figure 6.1* peut être facilement simplifié pour avoir une idée de l'impédance de sortie du transistor. Les résistances $r_{b'c}$ et r_{ce} de valeur importante sont préalablement négligées. Par l'adjonction de la résistance de source du générateur R_S, on obtient le schéma de la *figure 6.5*.

Par manipulations successives des éléments, on constate que l'impédance de sortie est assimilable à la mise en série d'une résistance et d'un condensateur.

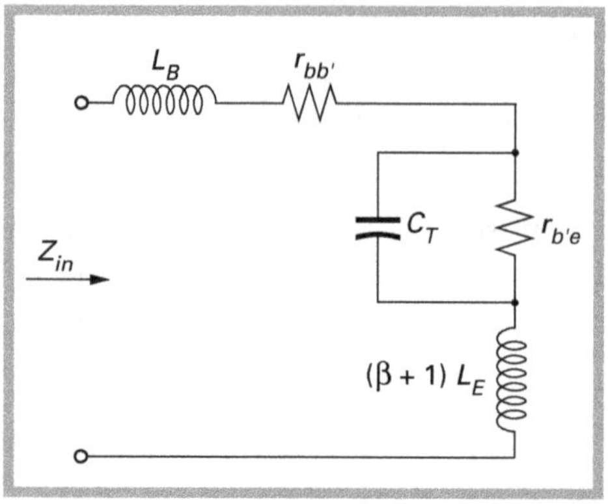

Figure 6.4 – Schéma équivalent de l'impédance d'entrée.

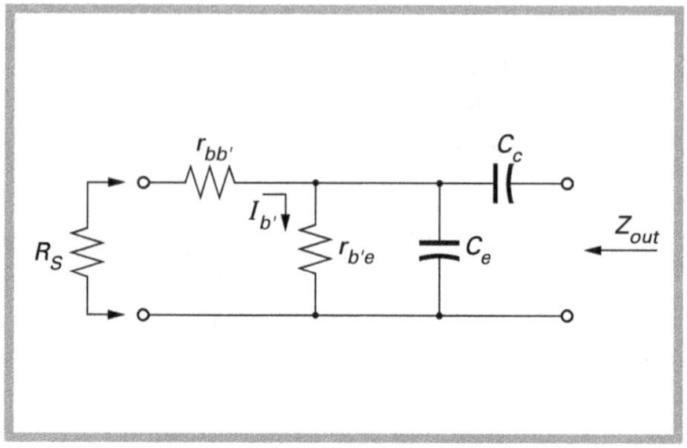

Figure 6.5 – Schéma équivalent de l'impédance de sortie.

6.1.1 Modélisation du transistor

On cherche un modèle mathématique simple, représentant au mieux le fonctionnement du transistor. Il existe un certain nombre de définitions utilisables. L'objectif est ici, de déterminer la représentation la plus appropriée au régime particulier des hautes fréquences. Dans les trois cas suivants, le transistor est considéré comme un quadripôle actif quelconque.

L'objectif est donc de sélectionner les paramètres d'entrée, les paramètres de sortie et de leur associer une opération permettant d'obtenir les paramètres de sortie en fonction des paramètres d'entrée. Contrairement à la définition préalable, il ne s'agit plus d'un modèle électrique de transistor mais d'un modèle mathématique.

Dans ce cas, les paramètres permettant d'obtenir les grandeurs de sortie en fonction des grandeurs d'entrée sont obtenus directement à partir d'une mesure. Ces paramètres, complexes, sont fonction de la fréquence. À chaque fréquence de mesure est associée un jeu de paramètres.

Matrice Y

Une admittance Y est l'inverse d'une impédance Z. La *figure 6.6* représente le quadripôle transistor ; le fonctionnement est totalement défini par la relation :

$$\begin{pmatrix} I_1 \\ I_2 \end{pmatrix} = \begin{pmatrix} Y_{11} & Y_{12} \\ Y_{21} & Y_{22} \end{pmatrix} \begin{pmatrix} V_1 \\ V_2 \end{pmatrix}$$

Ces relations s'écrivent :

$$I_1 = Y_{11}\ V_1 + Y_{12}\ V_2$$

$$I_2 = Y_{21}\ V_1 + Y_{22}\ V_2$$

$$Y_{11} = \frac{I_1}{V_1} \text{ dans le cas où } V_2 = 0$$

$$Y_{12} = \frac{I_1}{V_2} \text{ dans le cas où } V_1 = 0$$

$$Y_{21} = \frac{I_2}{V_1} \text{ dans le cas où } V_2 = 0$$

$$Y_{22} = \frac{I_2}{V_2} \text{ dans le cas où } V_1 = 0$$

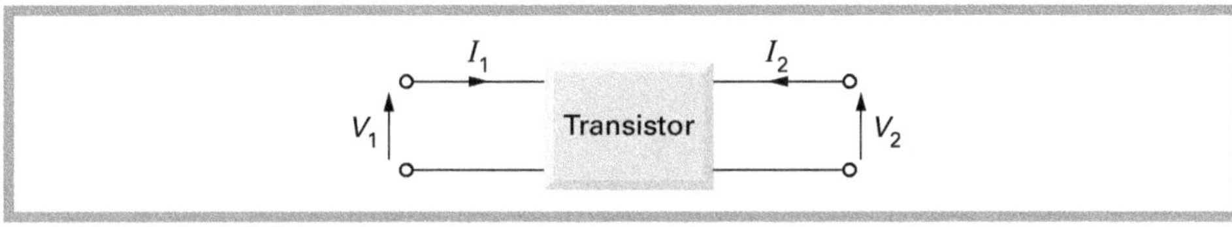

Figure 6.6 – Modélisation du transistor par les paramètres Y.

Les valeurs Y_{ij} sont des valeurs complexes :

Y_{11} est l'admittance d'entrée lorsque la tension de sortie est nulle;

Y_{12} est l'admittance de transfert inverse lorsque la tension d'entrée est nulle;

Y_{21} est l'admittance de transfert direct lorsque la tension de sortie est nulle;

Y_{22} est l'admittance de sortie lorsque la tension d'entrée est nulle.

Les paramètres devant être mesurés sur un échantillon, il est donc nécessaire de prévoir un court-circuit soit sur l'entrée soit sur la sortie. La notion de court-circuit n'est pas relative au régime en continu mais au régime en haute fréquence.

En conséquence, une capacité de forte valeur placée à l'entrée permet d'assurer la condition $V_1 = 0$ et permet la mesure de Y_{12} et Y_{22}.

La mesure des paramètres Y est assez difficile à réaliser. Pour réaliser cette mesure, il faut un condensateur parfait agissant réellement comme un court-circuit à toutes les fréquences.

Dans de telles conditions, entrée ou sortie en court-circuit, le transistor à mesurer peut osciller et les mesures sont impossibles.

Matrice Z

La *figure 6.6* peut aussi représenter le quadripôle transistor associé à une matrice de transfert Z.

On a dans ce cas, les relations suivantes :

$$\begin{pmatrix} V_1 \\ V_2 \end{pmatrix} = \begin{pmatrix} Z_{11} \; Z_{12} \\ Z_{21} \; Z_{22} \end{pmatrix} \begin{pmatrix} I_1 \\ I_2 \end{pmatrix}$$

Ce qui s'écrit :

$$V_1 = Z_{11}\, I_1 + Z_{12}\, I_2$$
$$V_2 = Z_{21}\, I_1 + Z_{22}\, I_2$$

$Z_{11} = \dfrac{V_1}{I_1}$ dans le cas où $I_2 = 0$

$Z_{12} = \dfrac{V_1}{I_2}$ dans le cas où $I_1 = 0$

$Z_{21} = \dfrac{V_2}{I_1}$ dans le cas où $I_2 = 0$

$Z_{22} = \dfrac{V_2}{I_2}$ dans le cas où $I_1 = 0$

Les valeurs Z_{ij} sont des valeurs complexes.

Comme précédemment, la mesure de ces paramètres est difficilement envisageable.

Matrice S

La matrice S doit son nom au terme *scattering parameters,* on parle aussi de coefficients ou matrice de répartition.

Le schéma de la *figure 6.7* représente le quadripôle transistor.

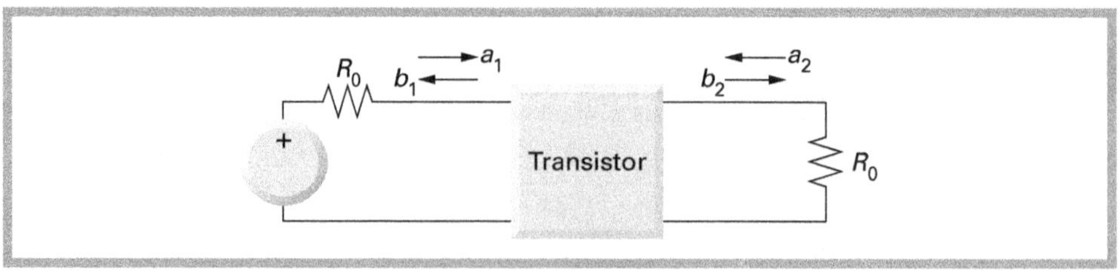

Figure 6.7 – Matrice S.

Un générateur d'impédance interne R_0 est connecté à l'entrée, le quadripôle est chargé par une résistance R_0. Les grandeurs *a* et *b* sont des grandeurs complexes représentant l'onde transmise et l'onde réfléchie.

À l'entrée :

- a_1 est l'onde transmise;
- b_1 est l'onde réfléchie;
- Γ_E est le coefficient de réflexion à l'entrée et vaut : $\Gamma_E = \frac{b_1}{a_1}$.

À la sortie :

- a_2 est l'onde réfléchie;
- b_2 est l'onde transmise;
- Γ_S est le coefficient de réflexion à la sortie et vaut : $\Gamma_S = \frac{b_2}{a_2}$.

La matrice S est définie de la manière suivante :

$$\begin{pmatrix} b_1 \\ b_2 \end{pmatrix} = \begin{pmatrix} S_{11} & S_{12} \\ S_{21} & S_{22} \end{pmatrix} \begin{pmatrix} a_1 \\ a_2 \end{pmatrix}$$

Ce qui peut s'écrire :

$$b_1 = S_{11}\, a_1 + S_{12}\, a_2$$

$$b_2 = S_{21}\, a_1 + S_{22}\, a_2$$

Les coefficients a_1, a_2, b_1 et b_2 ont la dimension d'une racine carrée de la puissance, $[W]^{\frac{1}{2}}$.

Définition des coefficients S_{ij}

$S_{11} = \frac{b_1}{a_1}$ dans le cas où $a_2 = 0$

S_{11} représente le coefficient de réflexion à l'entrée lorsque la sortie est adaptée, c'est-à-dire lorsque $a_2 = 0$.

$S_{22} = \frac{b_2}{a_2}$ dans le cas où $a_1 = 0$

S_{22} représente le coefficient de réflexion à la sortie lorsque l'entrée est adaptée, c'est-à-dire lorsque $a_1 = 0$.

$S_{21} = \frac{b_2}{a_1}$ dans le cas où $a_2 = 0$

S_{21} représente le gain de transfert en puissance G du quadripôle, $G = 10 \log |S_{21}|^2$.

$S_{12} = \frac{b_1}{a_2}$ dans le cas où $a_1 = 0$

S_{12} représente le gain de transfert inverse en puissance G_{inv} du quadripôle :

$$G_{inv} = 10 \log |S_{12}|^2$$

G et G_{inv} sont alors exprimés en dB. Les paramètres S sont universellement utilisés. Les principaux avantages sont la simplicité relative des mesures. Les mesures peuvent être précises et réalistes, puisque le quadripôle à mesurer est inséré dans un système d'impédance caractéristique Z_0 en général égal à 50 ohm.

Dans le système $Z_0 = 50$ ohm, l'impédance du générateur Z_0 est égale à l'impédance de charge Z_0.

Impédance de source Z_S et de charge Z_L quelconques

En utilisant les paramètres S, il est possible de calculer les coefficients de réflexion et les gains pour des impédances de source et de charge quelconques.

Aux impédances Z_L et Z_S de charge et de source de valeur quelconque, correspondent les coefficients de réflexion Γ_L et Γ_S.

$$\Gamma_L = \frac{Z_L - Z_0}{Z_L + Z_0}$$

$$\Gamma_S = \frac{Z_S - Z_0}{Z_S + Z_0}$$

Les coefficients de réflexion à l'entrée S'_{11} et à la sortie S'_{22} sont donnés par les relations :

$$S'_{11} = \frac{b_1}{a_1} = \frac{S_{11}(1 - S_{22}\Gamma_L) + S_{21}S_{12}\Gamma_L}{1 - S_{22}\Gamma_L}$$

$$S'_{11} = S_{11} + \frac{S_{21}S_{12}\Gamma_L}{1 - S_{22}\Gamma_L}$$

$$S'_{22} = \frac{b_2}{a_2} = \frac{S_{22}(1 - S_{11}\Gamma_S) + S_{21}S_{12}\Gamma_S}{1 - S_{11}\Gamma_S}$$

$$S'_{22} = S_{22} + \frac{S_{21}S_{12}\Gamma_S}{1 - S_{11}\Gamma_S}$$

$$G_T = \frac{(1 - |\Gamma_L|^2)(1 - |\Gamma_S|^2)|S_{21}|^2}{|(1 - S_{22}\Gamma_L)(1 - S_{11}\Gamma_S) - S_{12}S_{21}\Gamma_L\Gamma_S|^2}$$

Stabilité

Les deux conditions pour assurer la stabilité sont :

$$|S'_{11}| < 1 \quad \text{et} \quad |S'_{22}| < 1$$

On peut alors définir un facteur de stabilité k donné par la relation :

$$k = \frac{1 - |S_{11}|^2 - |S_{22}|^2 + |D|^2}{2|S_{12}||S_{21}|}$$

Dans cette relation D est le déterminant de la matrice S et vaut :

$$D = S_{11}S_{22} - S_{12}S_{21}$$

On parle de stabilité inconditionnelle lorsque :

$$k > 1$$

$$|S_{12}S_{21}| < 1 - |S_{11}|^2$$

$$|S_{12}S_{21}| < 1 - |S_{22}|^2$$

Gains en puissance

Il existe un assez grand nombre de définitions relatives au gain en puissance. À l'aide du schéma synoptique de la *figure 6.8* on définit les gains en puissance les plus usuels.

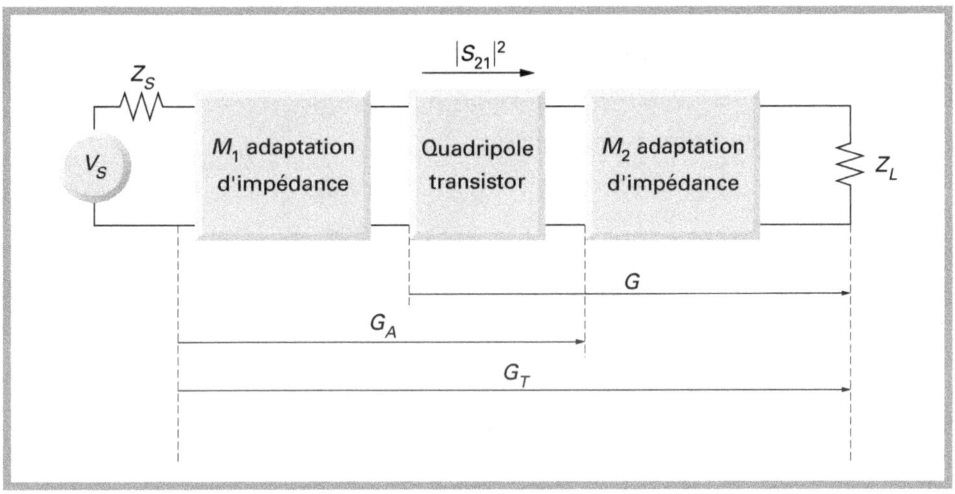

Figure 6.8 – Définition des gains en puissance.

La *figure 6.8* représente le quadripôle transistor recevant le signal issu d'un générateur d'impédance interne *via* un réseau d'adaptation d'impédance M1 et débitant sur une charge Z_L *via* un réseau d'adaptation d'impédance M2.

Lorsque le quadripôle transistor est inséré dans un système 50 ohm, le gain en puissance du transistor G_T est donné par la relation simple suivante :

$$G_T = |S_{21}|^2$$

Lorsque les impédances de source Z_S et de charge Z_L sont quelconques, le gain G_T donné dans le paragraphe précédent vaut :

$$G_T = \frac{(1 - |\Gamma_L|^2)(1 - |\Gamma_S|^2)|S_{21}|^2}{|(1 - S_{22}\Gamma_L)(1 - S_{11}\Gamma_S) - S_{12}S_{21}\Gamma_L\Gamma_S|^2}$$

On parle aussi de gain unilatéral lorsque l'on peut faire l'approximation $S_{12} = 0$.

Si $S_{12} = 0$ les équations fondamentales du système s'écrivent :

$$b_1 = S_{11} a_1$$

$$b_2 = S_{21} a_1 + S_{22} a_2$$

Ceci signifie qu'il n'y a aucune interaction entre la puissance réfléchie à la sortie et la puissance réfléchie à l'entrée. En d'autres termes, l'isolement entrée-sortie est parfait.

La relation précédente donnant la valeur de G_T peut alors se simplifier et le gain en puissance unilatéral G_{TU} est donné par la relation :

$$G_{TU} = \frac{(1 - |\Gamma_L|^2)(1 - |\Gamma_S|^2)|S_{21}|^2}{|1 - S_{11}\Gamma_S|^2 |1 - S_{22}\Gamma_L|^2}$$

Si le transistor est adapté en entrée et en sortie, le gain en puissance unilatéral est maximum, et devient $G_{TU\,\max}$.

Cette condition est réalisée si :

$$\Gamma_L = S_{22}^*$$

$$\Gamma_S = S_{11}^*$$

Les coefficients de réflexion sont égaux aux valeurs conjuguées des coefficients S_{ij} et $G_{TU\max}$ vaut :

$$G_{TU\,\max} = \frac{|S_{21}|^2}{(1 - |S_{11}|^2)(1 - |S_{22}|^2)}$$

Au schéma de la *figure 6.8*, on définit en outre, les gains G_A et G.

Le gain G_A est le gain en puissance disponible lorsque la sortie est adaptée.

$$G_A = \frac{|S_{21}|^2 (1 - |\Gamma_S|^2)}{|1 - S_{11}\Gamma_G|^2 (1 - |S'_{22}|^2)}$$

Si le circuit est aussi adapté à l'entrée, le gain G_A devient :

$$G_A = \frac{|S_{21}|^2}{1 - |S_{22}|^2}$$

Le gain G est le gain en puissance disponible lorsque l'entrée est adaptée :

$$G = \frac{|S_{21}|^2 (1 - |\Gamma_L|^2)}{|1 - S_{22}\Gamma_L| (1 - |S'_{11}|^2)}$$

Si le circuit est aussi adapté à la sortie, le gain G devient :

$$G = \frac{|S_{21}|^2}{1 - |S_{11}|^2}$$

Le gain en puissance maximum disponible G_{ma} est donné par la relation :

$$G_{ma} = \left|\frac{S_{21}}{S_{12}}\right|(k - \sqrt{k^2 - 1})$$

Lorsque $k = 1$, G_{ma} devient le gain en puissance maximum, en assurant la stabilité :

$$G_{mast} = \left|\frac{S_{21}}{S_{12}}\right|$$

Relation entre les paramètres S et les paramètres Z

Des relations simples permettent de passer des paramètres S aux paramètres Z. Ces relations peuvent être utiles lors du calcul du réseau d'adaptation d'impédance en entrée et en sortie.

Dans ce cas, on peut souhaiter avoir les impédances d'entrée et de sortie sous une forme $Z = X \pm jY$.

$$Z_{11} = R_O\frac{(1 + S_{11})(1 - S_{22}) + S_{12}S_{21}}{(1 - S_{11})(1 - S_{22}) - S_{12}S_{21}}$$

$$Z_{12} = R_O\frac{2S_{12}}{(1 - S_{11})(1 - S_{22}) - S_{12}S_{21}}$$

$$Z_{21} = R_O\frac{2S_{21}}{(1 - S_{11})(1 - S_{22}) - S_{12}S_{21}}$$

$$Z_{22} = R_O\frac{(1 - S_{11})(1 + S_{22}) + S_{12}S_{21}}{(1 - S_{11})(1 - S_{22}) - S_{12}S_{21}}$$

La résistance R_O est la résistance de normalisation et vaut généralement 50 ohm.

Le calcul des impédances d'entrée Z_{11} et de sortie Z_{22} peut s'effectuer directement à partir des relations précédentes. Dans le cas de l'impédance d'entrée Z_{11}, on peut envisager une simplification. Si l'on considère que la sortie est parfaitement adaptée, $a_2 = 0$, ou que la sortie n'est pas adaptée mais l'isolement parfait, $S_{12} = 0$, la relation donnant Z_{11} devient :

$$Z_{11} = R_O\frac{1 + S_{11}}{1 - S_{11}}$$

Dans le cas de l'impédance de sortie Z_{22} les mêmes simplifications conduisent à une relation équivalente :

$$Z_{22} = R_O \frac{1 + S_{22}}{1 - S_{22}}$$

Exemple 1

Soit le transistor CLY 5 ayant une tension Drain-Source de 4V et un courant I_D de 200 mA.

À la fréquence de 2400 MHz les valeurs de S_{11} et S_{22} sont données de la manière suivante :

$$S_{11} \text{ MAG} : 0{,}7952 \text{ ANG} : 104{,}0$$

$$S_{22} \text{ MAG} : 0{,}6995 \text{ ANG} : 126{,}8$$

Le terme MAG représente la racine carrée du module du nombre complexe et ANG, l'argument de ce nombre.

Ces données donnent pour S_{11} et S_{22} :

$$S_{11} = -\,0{,}1923 + \text{j}\,0{,}7715$$

$$S_{22} = -\,0{,}4190 + \text{j}\,0{,}560$$

En remplaçant dans les relations donnant Z_{11} et Z_{22}, pour l'impédance d'entrée, Z_{11} :

$$Z_{11} = 50\,\frac{0{,}8077 + j0{,}7715}{1{,}1923 - j0{,}7715}$$

$$Z_{11} = 9{,}118 + j38{,}25 = R_E + jL_E\omega$$

$$R_E = 9{,}118\,\Omega$$

$$L_E = 2{,}536\,\text{nH}$$

Pour l'impédance de sortie, Z_{22} :

$$Z_{22} = 50\,\frac{0{,}5109 + j1{,}12}{0{,}6511}$$

$$Z_{22} = 39{,}23 + j86{,}00 = R_S + jL_S\omega$$

$$R_S = 39{,}23\,\Omega$$

$$L_S = 5{,}7\,\text{nH}$$

Finalement, les impédances d'entrée et de sortie du transistor CLY 5 à 2400 MHz sont regroupées au schéma de la *figure 6.9*.

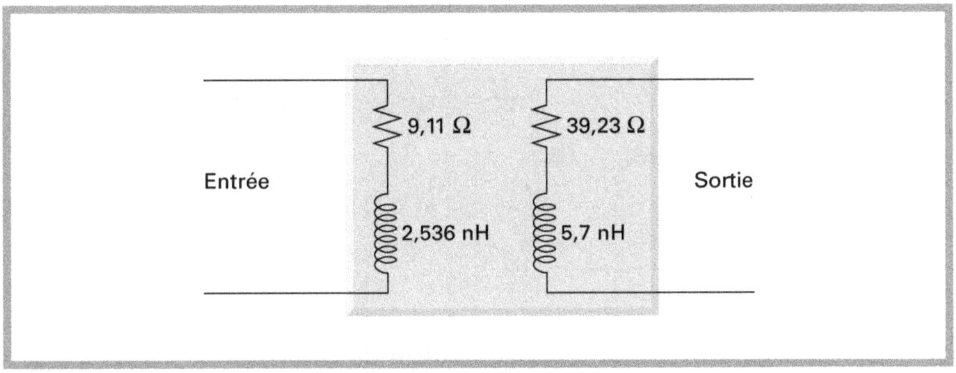

Figure 6.9 – Schéma équivalent du transistor CLY 5 avec V_{DS} = 4 V, I_D = 200 mA, f = 2400 MHz.

Exemple 2

Dans les mêmes conditions de polarisation à la fréquence de 400 MHz, les paramètres sont les suivants :

$$S_{11}\ \text{MAG} : 0{,}8098\ \text{ANG} : -90{,}1$$

$$S_{22}\ \text{MAG} : 0{,}3726\ \text{ANG} : -126{,}0$$

$$S_{11} = -0{,}0014 - j0{,}8097$$

$$S_{22} = -0{,}3615 - j0{,}090$$

$$Z_{11} = 10{,}38 - j48{,}82 = R_E - j\frac{1}{C_E\omega}$$

$$R_E = 10{,}38\ \Omega$$

$$C_E = 8{,}15\ \text{pF}$$

$$Z_{22} = 22{,}99 - j4{,}834 = R_S - j\frac{1}{C_S\omega}$$

$$R_S = 22{,}99\ \Omega$$

$$C_S = 82{,}3\text{pF}$$

Le schéma de la *figure 6.10* regroupe les résultats donnant la représentation des impédances d'entrée et de sortie. Lorsque les paramètres S_{11} et S_{22} du transistor sont donnés sous la forme de l'amplitude MAG et de l'angle ANG, les impédances Z_{11} et Z_{22} peuvent être obtenues par la relation suivante :

$$Z_{ij} = R_O\frac{1 - MAG^2}{1 + MAG^2 - 2MAG\cos ANG} + jR_O\frac{2MAG\sin ANG}{1 + MAG^2 - 2MAG\cos ANG}$$

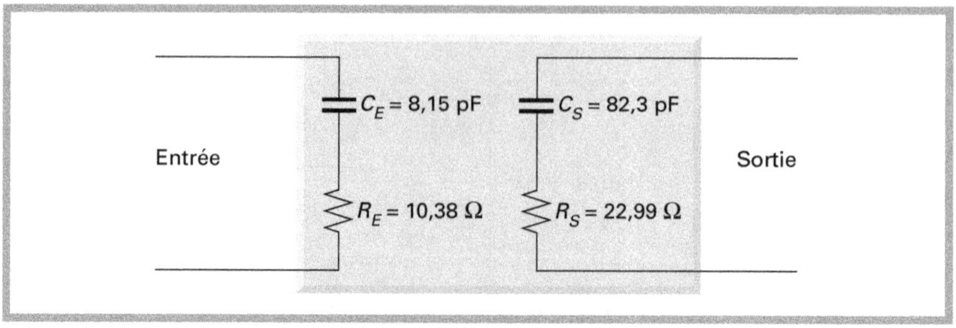

Figure 6.10 – Schéma équivalent du transistor CL Y 5 avec $V_{DS} = 4$ V, $I_D = 200$ mA, f = 400 MHz.

En examinant cette relation, on constate que sin *ANG* détermine le signe de la partie imaginaire :

- Si l'angle est compris entre 0 et π, la partie imaginaire est positive et l'impédance complexe est constituée par la mise en série d'une résistance et d'une self.
- Si l'angle est compris entre π et 2π, la partie imaginaire est négative et l'impédance complexe est constituée par la mise en série d'une résistance et d'une capacité.

Pour la commodité éventuelle des calculs, ces réseaux série peuvent être transformés en réseaux parallèles (chapitre 9).

Si l'on note *m* la racine carrée du module du nombre complexe et θ l'angle, son argument, les composantes sous forme parallèle de l'impédance sont données par les relations suivantes.

Si l'angle est compris entre 0 et 180 degrés, l'impédance est constituée d'une résistance *R* en parallèle avec une self *L* :

$$R = R_0\frac{(1-m^2)^2+(2m\sin\theta)^2}{(1+m^2-2m\cos\theta)(1-m^2)}$$

$$L = \frac{R}{\omega}\frac{1-m^2}{2m\sin\theta}$$

$$\omega = 2\pi f$$

$$R_0 = 50\Omega$$

f est la fréquence exprimée en Hz.

Si l'angle est compris entre 180 et 360 degrés, l'impédance est constituée d'une capacité *C* en parallèle avec une résistance *R* :

$$R = R_0\frac{(1-m^2)^2+(2m\sin\theta)^2}{(1+m^2-2m\cos\theta)(1-m^2)}$$

$$C = \frac{1}{R\omega}\frac{2m|\sin\theta|}{1-m^2}$$

$$\omega = 2\pi f$$

$$R_0 = 50\Omega$$

EXEMPLE

On cherche à adapter le transistor BFG235 à la fréquence de 70 MHz.

Les valeurs des paramètres S sont données par le constructeur, pour un point de fonctionnement VCE et IC particulier, dans le listing ci-dessous :

```
! SIEMENS Small Signal Semiconductors
! BFG235
! Si NPN RF Bipolar Junction Transistor in SOT223
! VCE = 10 V      IC = 160 mA
! Common Emitter S-Parameters :                            July 1994
# GHz  S  MA  R  50
!  f         S11              S21              S12              S22
! GHz      MAG    ANG      MAG    ANG       MAG    ANG      MAG    ANG
 0.010  0.4714  -79.6   83.156  152.3   0.0094  63.0   0.8104  -44.9
 0.020  0.6393 -114.7   65.152  133.3   0.0146  47.5   0.7215  -77.5
 0.030  0.7229 -133.4   51.158  121.5   0.0172  40.8   0.6518 -100.3
 0.050  0.7818 -151.5   34.010  109.2   0.0200  33.9   0.5873 -126.8
 0.100  0.8097 -167.3   17.933   97.3   0.0226  36.5   0.5465 -152.8
 0.150  0.8227 -174.3   12.050   91.4   0.0260  42.7   0.5363 -163.5
 0.200  0.8212 -178.0    9.014   87.7   0.0301  46.9   0.5363 -169.3
 0.250  0.8242  178.9    7.259   84.5   0.0341  51.3   0.5330 -173.1
 0.300  0.8310  176.3    6.060   82.0   0.0382  54.3   0.5340 -176.4
 0.400  0.8253  171.9    4.560   77.0   0.0480  57.7   0.5338  179.3
 0.500  0.8294  168.1    3.640   72.7   0.0577  59.4   0.5376  175.9
 0.600  0.8341  165.0    3.037   69.0   0.0675  59.9   0.5416  172.8
 0.700  0.8357  161.4    2.618   64.6   0.0775  59.9   0.5457  170.1
 0.800  0.8378  158.7    2.291   61.0   0.0876  59.1   0.5476  167.6
 0.900  0.8380  155.9    2.046   57.2   0.0972  58.0   0.5533  165.4
 1.000  0.8456  153.2    1.856   53.6   0.1068  56.9   0.5602  163.1
```

La première opération consiste à évaluer les paramètres S à la fréquence de 70 MHz.

On ne connaît les valeurs mesurées qu'aux fréquences de 50 MHz et 100 MHz. Pour évaluer les paramètres à la fréquence de 70 MHz une simple interpolation linéaire suffit.

Dans le cas présent seuls les paramètres S11 et S22 nous intéressent.

Le résultat est donné dans le listing ci-dessous :

```
!  f          S11             S21              S12             S22
! GHz      MAG    ANG      MAG    ANG       MAG    ANG       MAG    ANG

 0.050 0.7818 -151.5  34.010  109.2  0.0200   33.9  0.5873 -126.8
 0.070 0.7929 -157.8                                 0.5709 -137.2
 0.100 0.8097 -167.3  17.933   97.3  0.0226   36.5  0.5465 -152.8
```

Dans le cas présent on peut calculer les composantes de l'impédance de sortie :

$$R = 50\frac{(1-0{,}5709^2)^2+[2\times 0{,}5709\sin(-137{,}2)]^2}{[1+0{,}5709^2-2\times 0{,}5709\cos(-137{,}2)](1-0{,}5709^2)}$$

$$C = \frac{1}{R\cdot 2\pi\times 70\times 10^6}\,\frac{2\times 0{,}5709|\sin(-137{,}2)|}{1-0{,}5709^2}$$

Cela donne :

$$R = 36{,}2\ \Omega$$
$$C = 72{,}2\ \text{pF}$$

6.1.2 Polarisation du transistor

En haute fréquence les deux circuits de polarisation des transistors sont représentés aux *figures 6.11* et *6.12*.

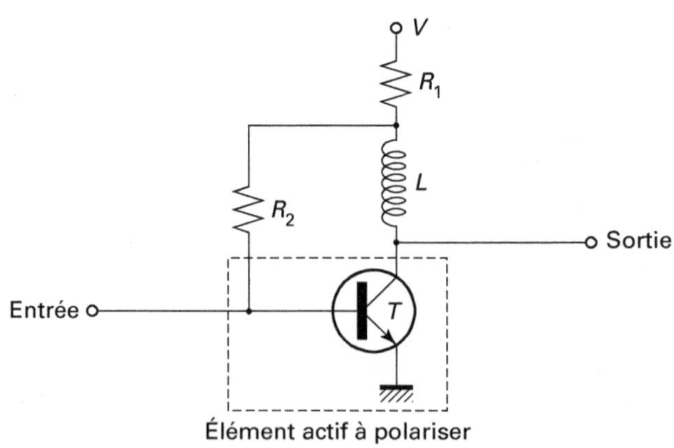

Figure 6.11 – Schéma de polarisation du transistor.

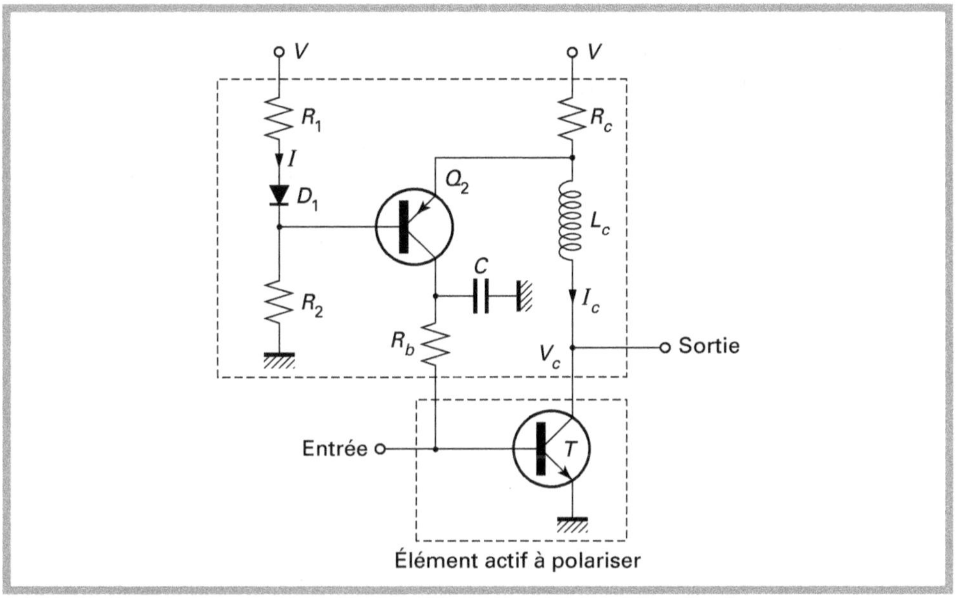

Figure 6.12 – Schéma de polarisation du transistor.

Le schéma de la *figure 6.11* est utilisé principalement pour les étages à faible puissance (quelques dizaines de dBm), lorsque le courant collecteur ne dépasse pas une centaine de mA.

Les équations permettant de calculer les deux résistances R_1 et R_2 sont simples et le calcul du circuit ne pose pas de problème.

$$R_1 = \frac{V - V_{CE}}{I_C}$$

$$R_2 = (V - V_{BE} - R_1 I_C)\frac{\beta}{I_C}$$

β est le gain du transistor : $\beta = \frac{I_C}{I_B}$

La tension V_{BE} est la tension base-émetteur et vaut 0,7 V. La tension V est la tension d'alimentation du circuit, il suffit alors de choisir un courant collecteur I_C et une tension collecteur-émetteur pour obtenir les valeurs des deux résistances R_1 et R_2.

En régime alternatif le self L shunte l'impédance de sortie du transistor T.

En général, la valeur de la self L est choisie de manière à ce qu'elle soit négligeable devant l'impédance de sortie du transistor. Dans certains cas particuliers, la self L peut intervenir comme un des éléments du circuit d'adaptation d'impédance.

Le schéma de la *figure 6.12* est utilisé lorsque le transistor T est un transistor de puissance polarisé avec un courant collecteur I_C important. Comme précédemment la tension d'alimentation V est connue, le point de polarisation est choisi et définit les paramètres V_{CE} et I_C.

Les quatre valeurs des résistances R_1, R_2, R_c et R_b sont obtenues par les équations suivantes.

$$R_c = \frac{V - V_{CE}}{I_C}$$

$$R_1 = \frac{V - V_{CE}}{I}$$

$$R_2 = \frac{V_{CE} - V_D}{I}$$

$$R_b < \beta_{mini} \frac{V_{CE} - V_D - 0{,}2}{I_C}$$

Le courant I est le courant circulant dans le réseau R_1 D_1 R_2. La tension V_D représente la chute de tension aux bornes de la diode soit 0,7 V.

L'intérêt principal de ce circuit réside dans la stabilisation du courant collecteur I_C. Si le courant collecteur I_C augmente, la tension aux bornes de R_C augmente. Simultanément la tension appliquée entre base et émetteur du transistor Q_2 diminue.

En conséquence, le courant circulant dans le collecteur de Q_2 diminue ; or, ce courant est le courant base de T. Si le courant base de T diminue, le courant collecteur diminue de manière proportionnelle. La stabilisation du courant collecteur est ainsi assurée. La diode D_1 compense la jonction base-émetteur du transistor Q_2, elle évite ainsi au circuit de régulation d'être sujet à des dérives dues à la température.

Il faut noter que le circuit de régulation agit comme une contre réaction collecteur-base. Cette contre réaction doit agir uniquement sur le régime continu et son influence doit être minime sur le régime en alternatif (amplification HF). Des cellules de filtrage LC peuvent être envisagées dans la circuiterie émetteur collecteur de Q_2.

Le schéma de la *figure 6.12* représente le découplage minimal effectué par une capacité C connectée entre le collecteur de Q_2 et le zéro électrique.

6.1.3 Application du transistor bipolaire

En radiocommunication, les transistors bipolaires sont utilisés soit en tant qu'amplificateurs, soit en tant qu'oscillateurs.

Amplificateur

Le transistor est polarisé conformément à l'un des schémas précédents, *figure 6.11* ou *figure 6.12*. Il reçoit un signal d'entrée en provenance d'une source d'impédance interne, R_G et délivre le signal de sortie sur une charge R_L. Deux circuits d'adaptation d'impédance placés en entrée et en sortie adaptent l'impédance complexe d'entrée $R_E \pm jX_E$ à l'impédance R_G et l'impédance complexe de sortie $R_S \pm jX_S$ à la résistance de charge R_L, conformément au schéma de la *figure 6.13*.

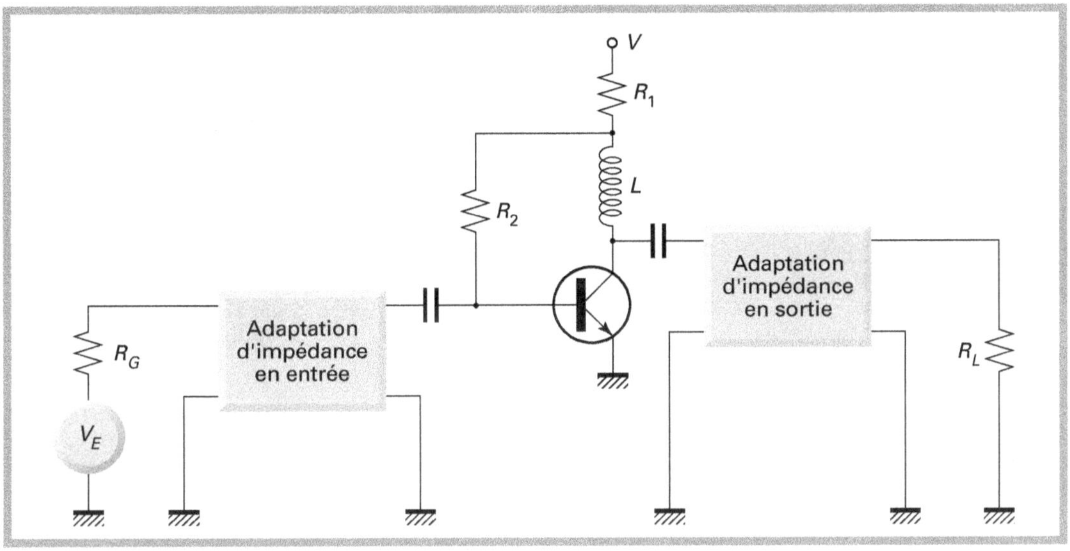

Figure 6.13 – Polarisation du transistor et adaptation d'impédance.

Les circuits d'adaptation peuvent être calculés en utilisant les paramètres impédance et en calculant les impédances d'entrée Z_{11} et de sortie Z_{22} complexes. Il suffit alors de choisir le réseau d'adaptation et d'appliquer les relations données dans le chapitre relatif à l'adaptation (chap. 9). L'adaptation d'impédance peut aussi être réalisée à l'aide des paramètres S en considérant que l'isolation entrée-sortie est parfaite c'est-à-dire que $S_{12} = 0$.

On peut alors exploiter la relation donnant la valeur du gain unilatéral G_{TU} :

$$G_{TU} = \frac{(1 - |\Gamma_L|^2)(1 - |\Gamma_S|^2)|S_{21}|^2}{|1 - S_{11}\Gamma_S|^2 |1 - S_{22}\Gamma_L|^2}$$

En exprimant les gains en dB, la valeur du gain G_{TU} peut se mettre sous la forme :

$$10 \log G_{TU} = 10 \log \frac{1 - |\Gamma_S|^2}{|1 - S_{11}\Gamma_S|^2} + 10 \log |S_{21}|^2 + 10 \log \frac{1 - |\Gamma_L|^2}{|1 - S_{22}\Gamma_L|^2}$$

$$G_{TU}|_{\mathrm{dB}} = G_S|_{\mathrm{dB}} + 10 \log |S_{21}|^2 + G_L|_{\mathrm{dB}}$$

Cet examen prend tout son sens en examinant le schéma de la *figure 6.14*. Pour que le gain soit maximum il suffit que :

$$\Gamma_S = S_{11}^*$$

$$\Gamma_L = S_{22}^*$$

Dans ces conditions $G_{S\,\max}|_{dB}$ et $G_{L\,\max}|_{dB}$ valent :

$$G_{S\,\max}|_{dB} = 10 \log \frac{1}{1 - |S_{11}|^2}$$

$$G_{L\,\max}|_{dB} = 10 \log \frac{1}{1 - |S_{22}|^2}$$

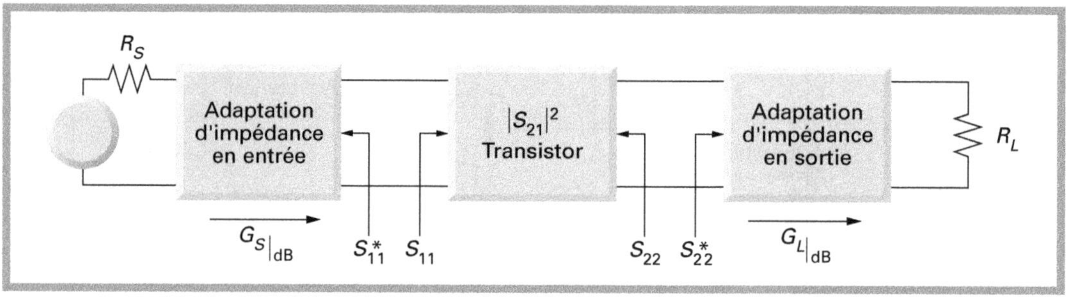

Figure 6.14 – Adaptation d'impédance avec les paramètres S.

Oscillateurs

Les oscillateurs sont des sous ensembles, bâtis autour de transistors, extrêmement importants dans les systèmes de communication. Le rôle des oscillateurs est la génération d'un signal sinusoïdal stable et précis. La stabilité est assurée soit en utilisant un circuit résonnant à très fort coefficient de surtension, quartz ou résonateur à onde de surface, soit en utilisant un circuit *LC* et l'oscillateur est alors associé à une boucle à verrouillage de phase.

Les oscillateurs à quartz sont utilisés principalement comme source de référence pour les boucles à verrouillage de phase. Les oscillateurs associés aux boucles à verrouillage de phase sont utilisés dans les émetteurs pour générer la fréquence à émettre.

Dans les récepteurs, l'ensemble oscillateur et boucle génère le signal dit oscillateur local qui, après mélange avec le signal reçu permet de disposer du signal à la fréquence intermédiaire.

La structure des émetteurs et des récepteurs est traitée dans le chapitre 4.

Le schéma de la *figure 6.15* représente le schéma électrique d'un type d'oscillateur extrêmement répandu.

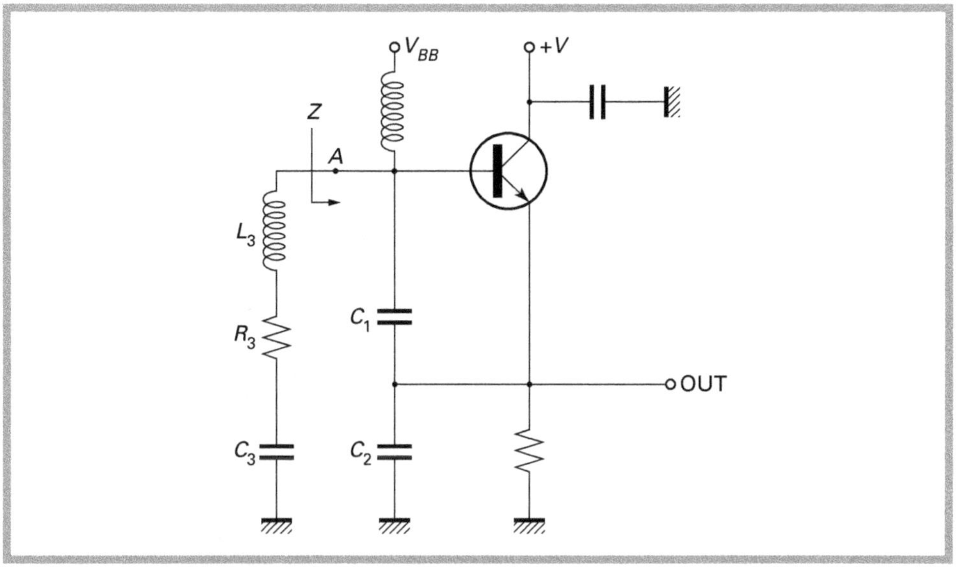

Figure 6.15 – Schéma électrique de l'oscillateur.

Dans cette configuration, l'impédance *Z*, vue du point A vers le transistor *T* est négative.

Pour calculer l'impédance d'entrée *Z*, vue du point A, on utilise le schéma équivalent de la *figure 6.16*.

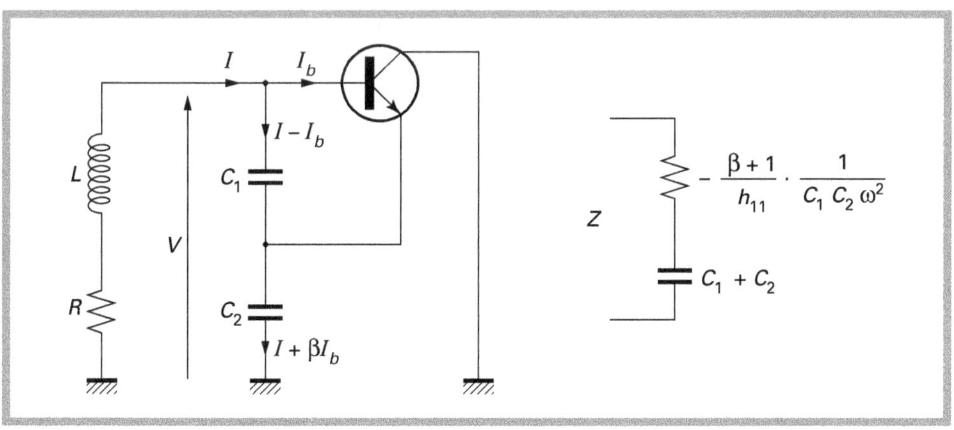

Figure 6.16 – Schéma équivalent pour calcul de l'impédance d'entrée.

Les deux équations du système sont :

$$V = (X_{C1} + X_{C2})\,I - ib(X_{C1} - \beta X_{C2})$$

$$X_{C1}(I - ib) = h_{11}ib$$

X_{C1} et X_{C2} sont les impédances des condensateurs C_1 et C_2.

$$X_{C1} = \frac{1}{j\omega C_1}$$

$$X_{C2} = \frac{1}{j\omega C_2}$$

L'impédance d'entrée Z est égale au rapport V/I.

$$Z = \frac{h_{11}(X_{C1} + X_{C2}) + X_{C1}X_{C2}(\beta + 1)}{X_{C1} + h_{11}}$$

En faisant l'approximation suivante :

$$X_{C1} \ll h_{11}$$

$$Z \approx (X_{C1} + X_{C2}) + \frac{\beta + 1}{h_{11}} X_{C1}X_{C2}$$

$$Z \approx \frac{1}{j\omega}\left(\frac{C_1 + C_2}{C_1 C_2}\right) - \frac{\beta + 1}{h_{11}} \frac{1}{C_1 C_2 \omega^2}$$

L'impédance complexe Z est équivalente à un réseau RC en série.

La résistance R est négative et le condensateur C est équivalent à la mise en parallèle des condensateurs C_1 et C_2.

$$R = -\frac{\beta + 1}{h_{11}} \frac{1}{C_1 C_2 \omega^2}$$

Sur le schéma de la *figure 6.15*, un réseau $L_3 R_3 C_3$ est connecté aux bornes de cette impédance Z.

Le rôle du condensateur C_3 est de ne pas modifier la tension de polarisation de base du transistor V_{BB}. C'est donc une capacité de forte valeur qui n'intervient pas dans le calcul.

La condition d'oscillation est donnée par la relation :

$$R_3 \leqslant \frac{\beta + 1}{h_{11}} \frac{1}{C_1 C_2 \omega^2}$$

Et la fréquence d'oscillation vaut :

$$f_0 = \frac{1}{2\pi\sqrt{L\frac{C_1 C_2}{C_1 + C_2}}}$$

La condition d'oscillation peut aussi s'écrire :

$$\frac{1}{\omega\sqrt{C_1 C_2}} \geqslant \sqrt{\frac{\beta + 1}{h_{11} R_3}}$$

Bruit de phase

L'importance du bruit de phase a été examinée dans le chapitre 4. Dans les circuits de réception, le bruit de phase peut se transposer dans les circuits à la fréquence intermédiaire et limiter ainsi la sensibilité du récepteur. Dans ce cas, le bruit de phase s'ajoute au bruit thermique.

Les courbes de la *figure 6.17* représentent les courbes de phase pour deux oscillateurs en boucle ouverte. Aux deux courbes 1 et 2 correspondent deux coefficients de surtension Q_1 et Q_2 avec $Q_1 > Q_2$.

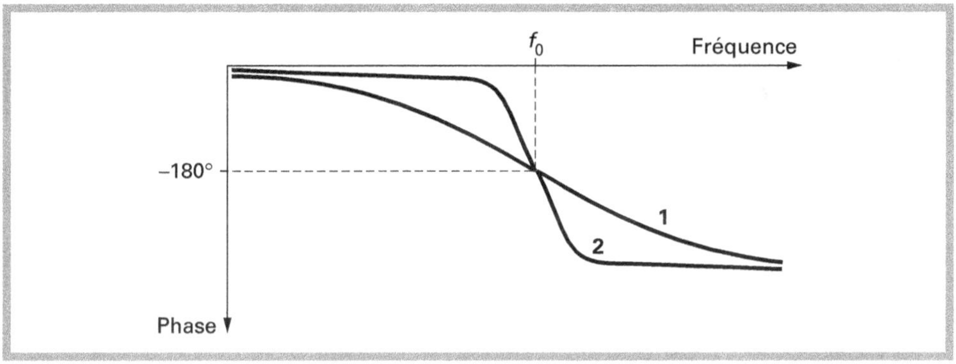

Figure 6.17 – Courbes de phase pour deux systèmes en boucle ouver te ayant différents Q.

Le bruit de phase d'un oscillateur dépend des trois paramètres suivants :

– Le bruit de grenaille (*flicker noise*) du transistor, qui lui-même dépend du courant de polarisation. Ce bruit basse fréquence module la porteuse. Pour diminuer ce bruit, il faut utiliser un courant de polarisation aussi faible que possible.

– La fréquence de transition f_T est aussi fonction du courant de polarisation ; en conséquence, pour une fréquence d'oscillation donnée et pour un transistor donné, il faut opter pour un compromis entre la condition d'oscillation et le minimum de bruit.

  Les transistors bipolaires à effet de champ possèdent les meilleurs caractéristiques en ce qui concerne le bruit de grenaille, dit aussi bruit en $1/f$. Les transistors FET As Ga ont les plus mauvaises caractéristiques, et les transistors bipolaires ont des performances intermédiaires. En contre-partie, les fréquences de transition des transistors FET permettent la réalisation d'oscillateurs jusqu'à quelques centaines de MHz seulement. Des fréquences d'oscillation de plusieurs

GHz sont aisément obtenues avec des transistors NPN bipolaires ou des transistors FET As Ga.

– Le coefficient de surtension *Q* du circuit oscillant.

Il dépend des éléments *L* et *C* du circuit oscillant, qui ne peuvent être considérés comme des éléments parfaits. Des résistances, selfs et capacités parasites limitent le coefficient *Q* du circuit oscillant seul. D'autre part, le circuit oscillant *LC* est couplé au transistor, les éléments de couplage et l'impédance du transistor limitent encore ce coefficient *Q*.

– Le facteur de bruit du transistor utilisé.

Le rapport signal/bruit dépend de la puissance de sortie de l'oscillateur et du facteur de bruit du transistor utilisé.

Stabilité de phase

Les courbes de la *figure 6.17* représentent la fonction de transfert phase-fréquence d'un circuit *RLC* parallèle.

La phase θ s'écrit en fonction de la pulsation ω :

$$\theta = \arctan Q\left(\frac{\omega}{\omega_0} - \frac{\omega_0}{\omega}\right)$$

avec $\omega_0 = \dfrac{1}{\sqrt{LC}}$ et $Q = \dfrac{R}{L\omega_0}$

On s'intéresse aux variations de la phase θ en fonction de ω soit $\dfrac{d\theta}{d\omega}$

$$\frac{d\theta}{d\omega} = \frac{Q}{1 + Q^2\left[\frac{\omega}{\omega_0} - \frac{\omega_0}{\omega}\right]^2} \frac{\omega^2 + \omega_0^2}{\omega_0 \omega^2}$$

Lorsque $\omega = \omega_0$ alors $\left.\dfrac{d\theta}{d\omega}\right|_{\omega = \omega_0} = \dfrac{2Q}{\omega_0}$

Le facteur de stabilité de phase S_F est défini comme étant égal à $2Q$.

En conséquence, plus le coefficient de surtension est élevé, meilleure sera la stabilité. Ceci constitue donc un argument supplémentaire pour employer un circuit oscillant ayant le plus fort coefficient de surtension *Q*.

Caractéristiques essentielles des VCO

Un VCO est un oscillateur contrôlé en tension. En général, une ou plusieurs capacités fixes du circuit oscillant sont remplacées par des éléments dont la capacité est fonction de la tension appliquée à ses bornes : diode à capacité variable.

Ce composant essentiel est traité dans ce même chapitre.

Les schémas des *figures 6.18*, *6.19*, *6.20* et *6.21* représentent quatre oscillateurs contrôlés en tension.

Les *figures 6.18* et *6.19* représentent simplement une topologie applicable à un transistor à effet de champ ou transistor bipolaire, sans aucune notion relative à la fréquence d'oscillation ni à l'étendue de fréquence (plage d'accord).

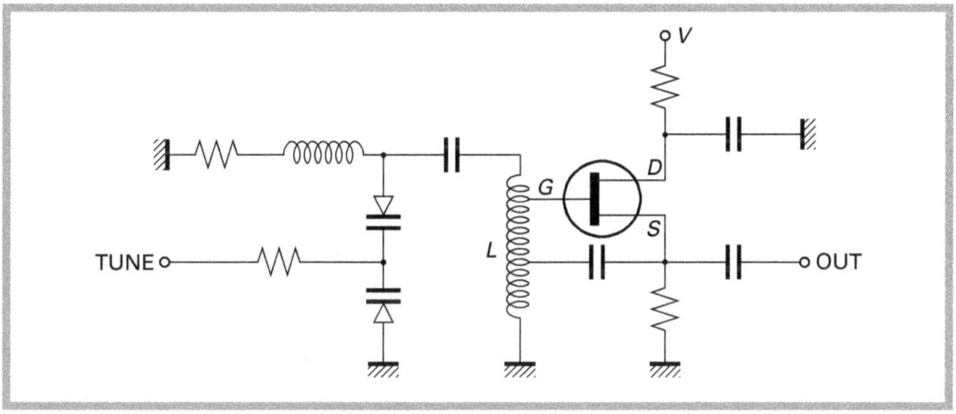

Figure 6.18 – Schéma d'oscillateur VCO à transistor à effet de champ.

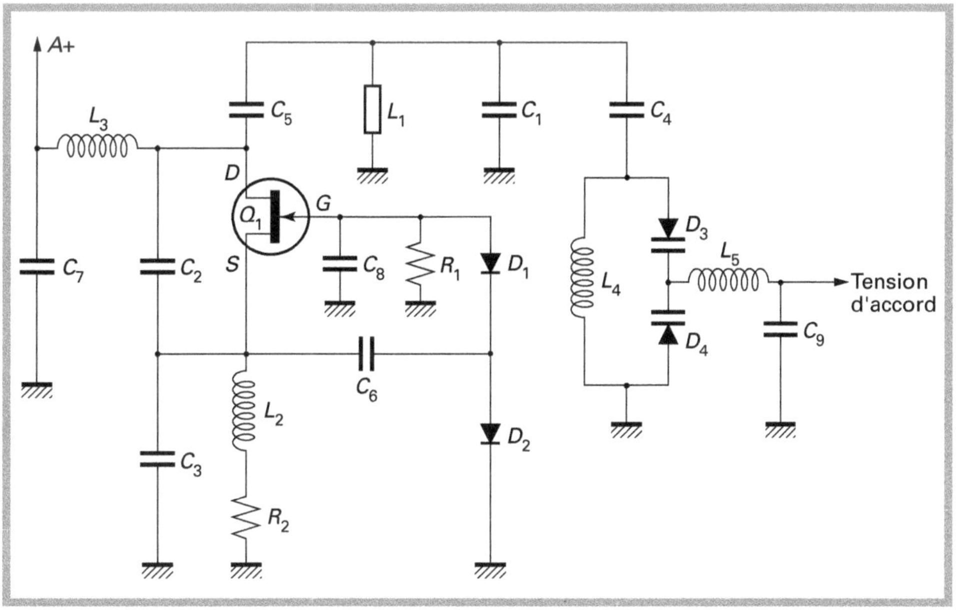

Figure 6.19 – Schéma d'oscillateur VCO à transistor à effet de champ.

Les *figures 6.20* et *6.21* représentent deux cas concrets ou les VCO ont été conçus pour un faible bruit de phase. Pour bien concevoir ou sélectionner un VCO, il est important de bien comprendre les caractéristiques de ce module ou sous ensemble, essentiel en radiocommunication.

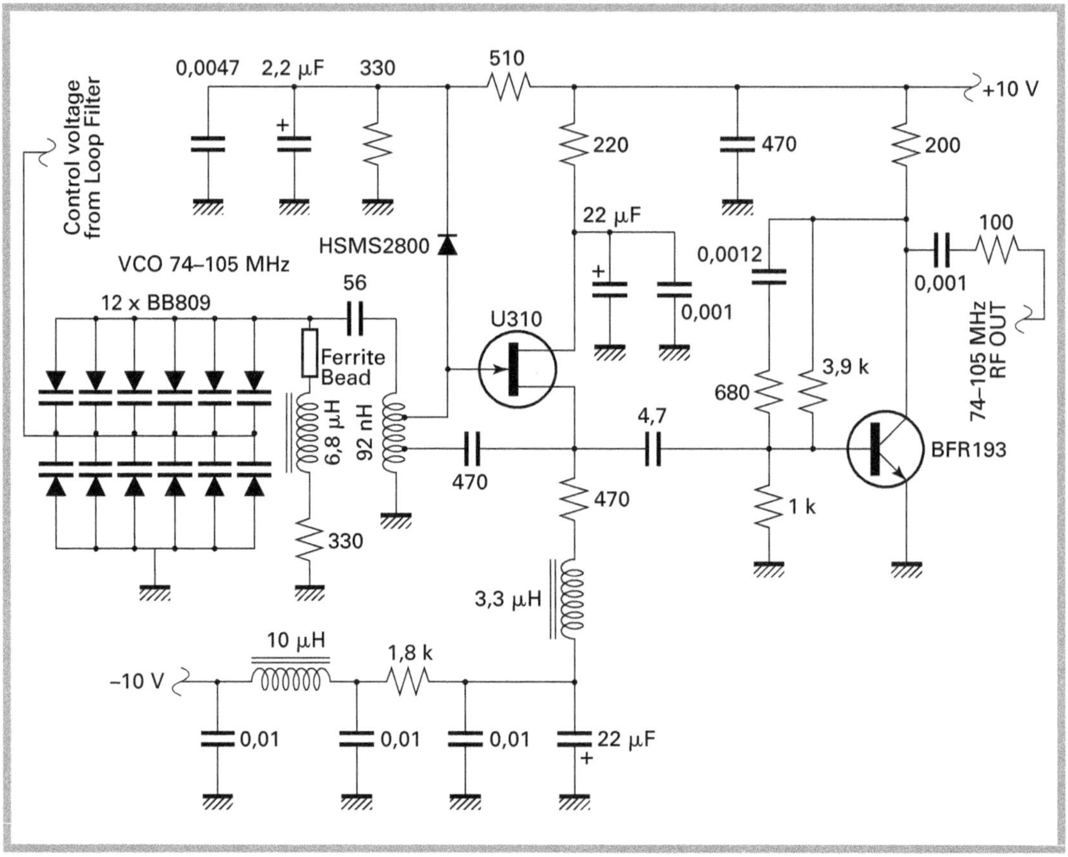

Figure 6.20 – Schéma d'un VCO avec transistor à effet de champ et étage tampon. f = 74 MHz – 105 MHz.

- *Bruit de phase*

Le schéma de la *figure 6.22* représente le spectre de sortie d'un oscillateur. Le bruit de phase B est mesuré à une distance f de la porteuse et est exprimé en db*c*/Hz (dB*carrier*).

Si la mesure s'effectue avec un analyseur de spectre utilisant un filtre d'analyse de largeur BW, le bruit de phase est donné par la relation :

$$B[\text{dB}c/\text{Hz}] = B + 10 \log BW$$

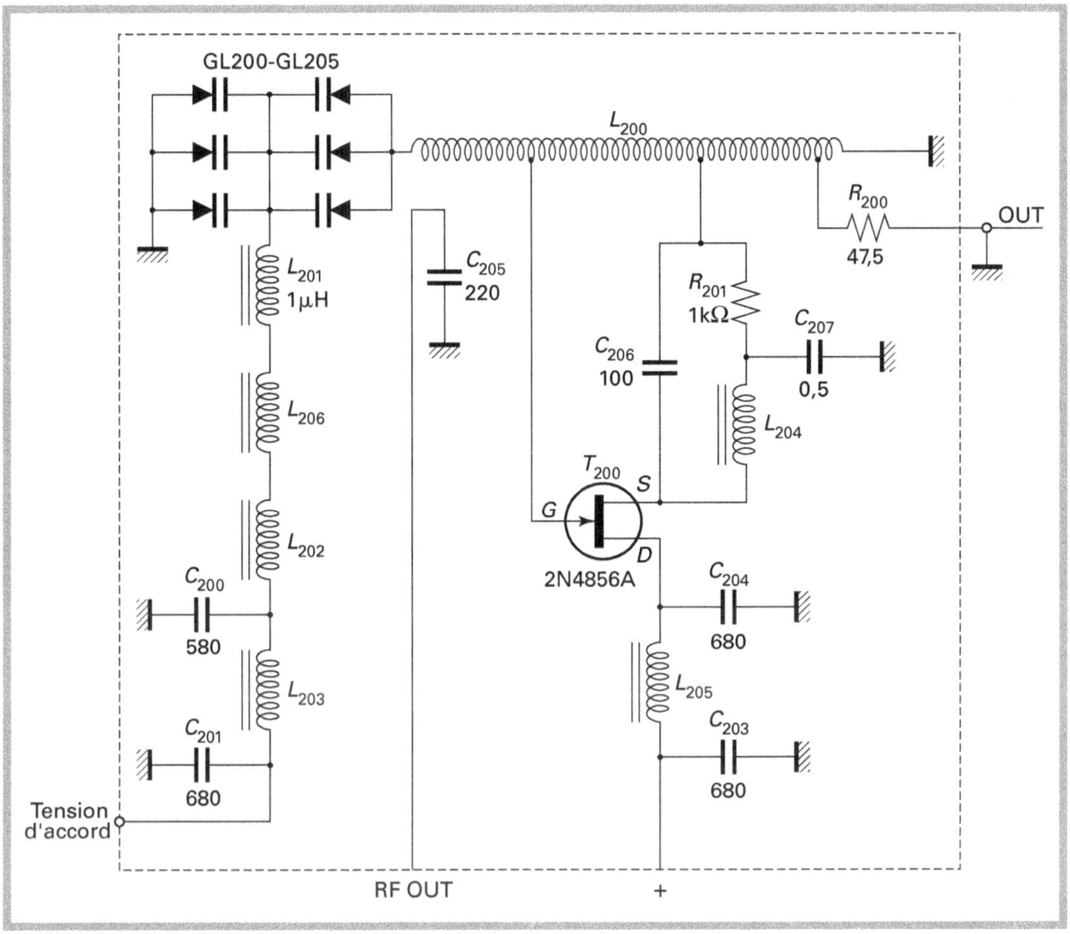

Figure 6.21 – Schéma d'un VCO à transistor à effet de champ. f = 110 MHz – 210 MHz.

- *Puissance de sortie*

La puissance de sortie est exprimée en dBm sur une charge de 50 ohm. À cette notion de puissance on doit associer une notion de variation ± *x* dB sur toute l'étendue de fréquence.

- *Taux d'harmoniques*

Outre le fondamental, l'oscillateur contrôlé en tension ou oscillateur fixe, délivre les harmoniques du fondamental.

Le niveau de réjection de ces harmoniques doit être spécifié. Il est en général de l'ordre de 20 dB et peut être amélioré par filtrage externe. Le niveau de réjection d'harmonique est un paramètre important dans les émetteurs et dans les récepteurs. Dans les étages changeurs de fréquence, la présence des harmoniques sur les oscillateurs locaux est la cause principale des réponses parasites.

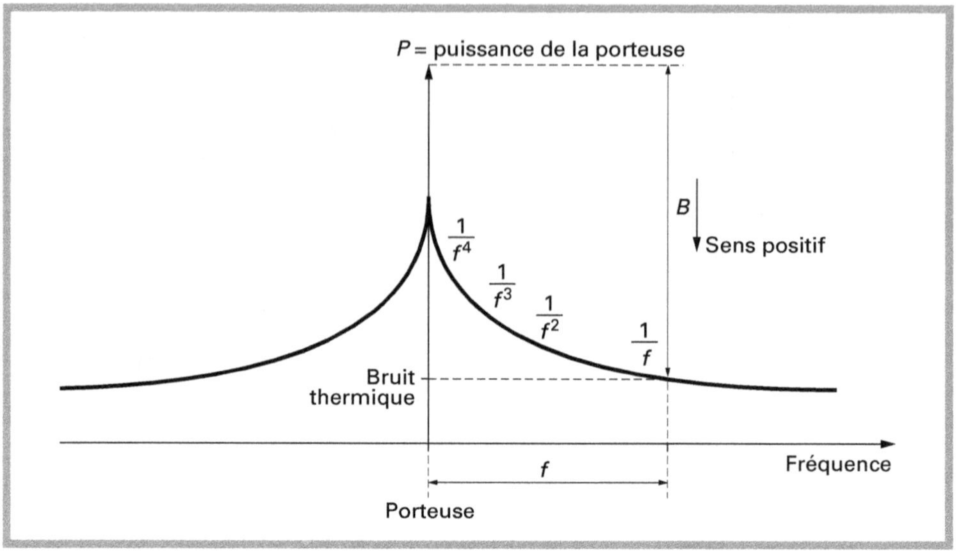

Figure 6.22 – Mesure du bruit de phase.

- *Caractéristiques relatives à l'accord*

Un oscillateur contrôle en tension, VCO, couvre une plage de fréquence f_{min} à $f_{\max}$ lorsque la tension de commande d'accord varie de $V_{\min}$ à $V_{\max}$.

Le gain du VCO, K_0, utilisé notamment pour le calcul des éléments du filtre de boucle d'un PLL est défini de la manière suivante :

$$K_0 = \frac{f_{\max} - f_{\min}}{V_{\max} - V_{\min}}$$

K_0 est exprimé en Hz/V.

D'autre part, l'entrée de commande du VCO est analogue à un filtre passe-bas. La fréquence de coupure de ce filtre passe-bas impose une limitation vis-à-vis d'un éventuel signal modulant superposé à la tension d'accord. La fréquence de coupure de ce filtre doit impérativement être précisée, même si le VCO est dépourvu de modulation. En effet, le pôle additionnel doit être inclus dans le filtre de boucle d'un éventuel PLL. Omettre ce pôle, conduit à ne considérer qu'un système bouclé est d'ordre $n - 1$, alors qu'il est en fait un système d'ordre n. L'étude de la stabilité est dans ce cas dépourvue d'intérêt et de sens puisque totalement erronée.

Le *pulling* est une caractéristique relative aux dérives en fréquence, en fonction de la charge.

Le *pushing* est une caractéristique relative aux dérives en fréquence, en fonction de la tension d'alimentation.

6.2 Transistor à effet de champ

Le réseau de la *figure 6.23* représente les courbes caractéristiques en régime statique d'un transistor FET As Ga.

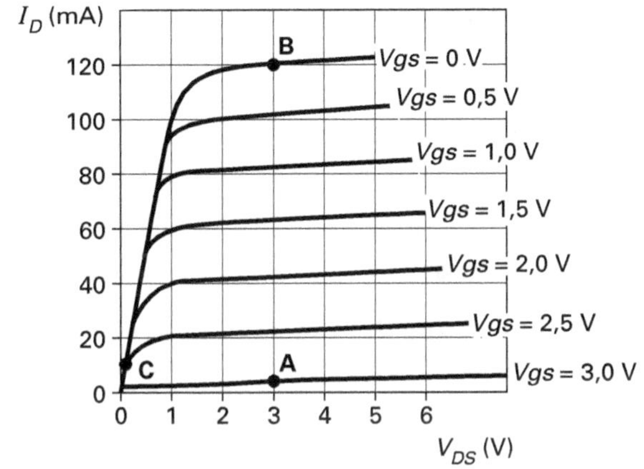

Figure 6.23 – Caractéristiques du transistor FET As Ga.

Le transistor à effet de champ est dit à loi quadratique, car le courant I_D est lié à la tension grille source par la relation :

$$I_D = I_{DSS}\left(1 - \frac{V_{GS}}{V_{GS(OFF)}}\right)^2$$

$V_{GS(OFF)}$ est appelée tension de pincement V_p. Lorsque l'on applique cette tension, le courant I_D est réduit au strict minimum, ce courant minimum varie entre 1 et 10 mA en fonction du type de transistor (point A de la courbe de la *figure 6.23*).

Lorsque la tension de polarisation V_{GS} est nulle, le courant drain atteint la valeur I_{DSS} maximale (point B de la courbe de la *figure 6.23*).

La caractéristique quadratique du transistor FET est intéressante car elle indique que la distorsion par harmonique d'ordre impair sera plus faible que celle obtenue avec un transistor bipolaire NPN par exemple.

En régime continu, on définit la transconductance g_m comme étant le rapport :

$$g_m = \frac{\Delta I_D}{\Delta V_{GS}}$$

En amplification basse fréquence, g_m peut être utilisée pour caractériser le gain d'un étage à transistor à effet de champ.

En haute fréquence, cette notion n'a plus de sens et l'on utilise comme pour le transistor bipolaire les paramètres *S*.

Toutes les définitions données en paramètres *S* pour le transistor bipolaire sont applicables au transistor à effet de champ. Un étage amplificateur à transistor, qu'il soit à transistor FET ou à transistor bipolaire sera donc calculé suivant les mêmes procédés.

Deux circuits d'adaptations sont placés à l'entrée et à la sortie du transistor. La seule différence réside dans les circuits de polarisation en régime continu, adaptés à l'un ou l'autre type de transistor. Les performances des transistors FET As Ga diffèrent de celles des transistors bipolaires NPN. Le facteur de bruit *F* d'un transistor FET As Ga peut être inférieur à 1 dB à 10 GHz.

Cette caractéristique destine naturellement le FET As Ga aux étages d'entrée des récepteurs pour les raisons qui ont été exposées au chapitre 1.

La loi quadratique permettant de réduire la distorsion par harmonique d'ordre impair, les transistors As Ga de puissance ou moyenne puissance trouveront leur place dans les étages de sortie des émetteurs en facilitant les circuits de filtrage et d'adaptation en sortie.

6.3 Diodes varicaps

Les diodes à capacité variable, dont l'usage est évoqué dans le paragraphe relatif aux oscillateurs et VCO sont aussi appelées varicaps ou varactors.

La *figure 6.24* représente une diode varicap *D* et son schéma équivalent. La diode varicap est polarisée en inverse par une tension *V*. En général, la résistance R_p est suffisamment importante pour être négligée. Le coefficient de surtension de la diode à capacité variable seule, peut alors être définie par Q_c :

$$Q_c = \frac{1}{R_S C\omega}$$

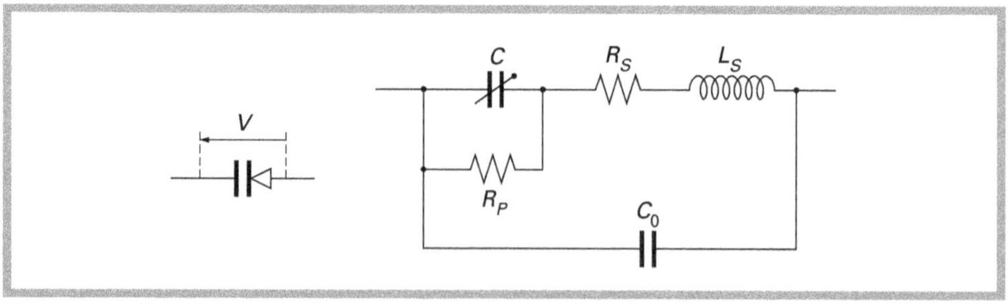

Figure 6.24 – Diode à capacité variable et schéma équivalent.

La fréquence de résonance de la diode seule est donnée par la relation :

$$f_0 = \frac{1}{2\pi\sqrt{L_S C}}$$

Lorsque la fréquence de fonctionnement se situe bien en dessous de la fréquence de résonance de la diode seule, la capacité équivalente C_{eq} se simplifie et devient égale à la somme des deux capacités C et C_0 :

$$C_{eq} = C_0 + C$$

La capacité équivalente C_{eq} peut aussi se mettre sous la forme :

$$C_{eq} = \frac{K}{(V_R + V_D)^n}$$

K est une constante de fabrication, $V_D \approx 0{,}5\ V$ et V_R est la tension inverse appliquée aux bornes de la diode. L'exposant est une mesure de la pente de la caractéristique capacité-tension de la diode varicap. Le coefficient n peut généralement prendre l'une des trois valeurs suivantes : 0,33 ; 0,50 ou 0,75 pour les diodes varicaps dites hyperabruptes.

La diode varicap peut aussi être modélisée en utilisant une autre équation :

$$C_{eq} = C_0\left(\frac{A}{A + V_R}\right)^m$$

Ces représentations sont assez voisines et ne changent en rien ni le procédé ni les applications.

Les courbes de la *figure 6.25* permettent la comparaison de trois diodes varicaps avec des coefficients n différents. Ces courbes montrent clairement l'influence du paramètre n sur la pente de la fonction de transfert capacité-tension. Les diodes varicaps ne sont pas spécifiées par le paramètre n auquel il faudrait associer le paramètre K, mais par le rapport des capacités maximales et minimales.

$$\frac{C_{max}}{C_{min}} = \frac{C_{eq}[V_{R\min}]}{C_{eq}[V_{R\max}]}$$

Le rapport C_{max}/C_{min} dépasse rarement 12 à 15. La connaissance du seul rapport C_{max}/C_{min} est insuffisant, l'une des capacités C_{max} ou C_{min} doit être connue pour mener à bien la conception d'un VCO.

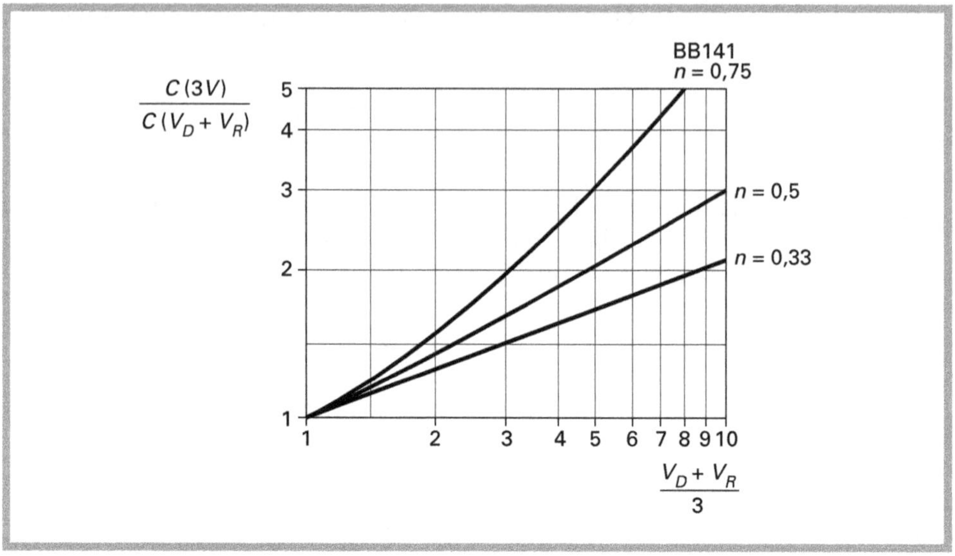

Figure 6.25 – Fonction de transfert tension-capacité de trois diodes varicaps différentes.

6.3.1 Utilisation des diodes varicaps

Les diodes varicaps peuvent être utilisées soit dans la conception des oscillateurs contrôlés en tension, soit dans la réalisation de filtres à accord variable.

Quel que soit le type d'application, le couplage à un circuit oscillant L_0C_0 peut se résumer à l'un des trois cas donnés à la *figure 6.26*. La source de tension V_R ayant une impédance interne nulle on s'intéresse au coefficient de surtension modifié du circuit oscillant L_0C_0.

Le schéma de la *figure 6.27* montre que par deux transformations successives, parallèle-série puis série-parallèle le circuit oscillant initial L_0C_0 se transforme en un circuit L_0, $C_0 + C''$, R''.

Les relations permettant de calculer les éléments équivalents lors d'une transformation série-parallèle ou parallèle-série sont données dans le chapitre 9, relatif à l'adaptation d'impédance.

$$R' = \frac{R}{R^2C_1^2\omega^2 + 1}$$

$$C' = C_1\frac{R^2C_1^2\omega^2 + 1}{R^2C_1^2\omega^2}$$

$$C_1' = \frac{C'C_{D1}}{C' + C_{D1}}$$

$$R'' = \frac{R}{R^2C_1^2\omega^2 + 1} + \frac{1}{C_1'^2\omega^2}$$

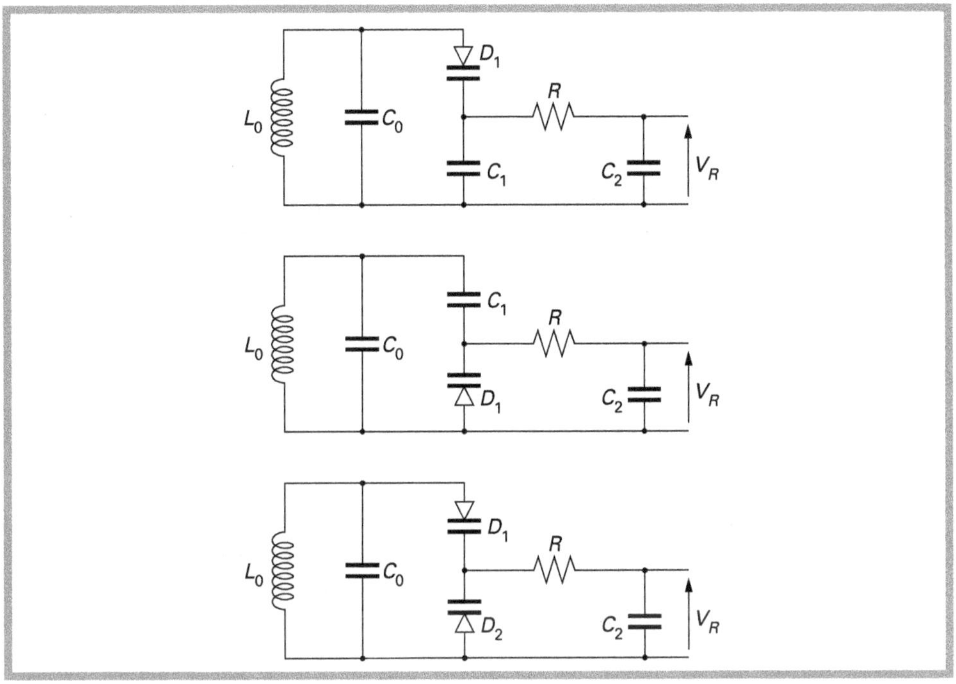

Figure 6.26 – Utilisation des diodes varicaps couplées à un circuit oscillant.

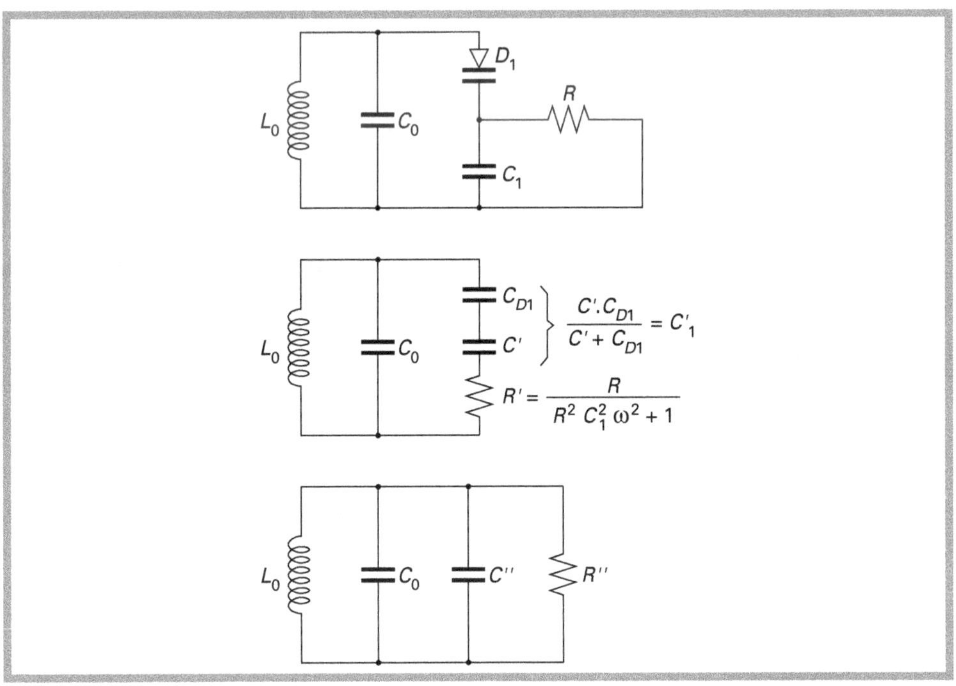

Figure 6.27 – Coefficient de surtension du circuit oscillant associé aux diodes varicaps.

Si $C_{D1} \ll C_1$, le condensateur C_1' peut se simplifier et sa valeur devient :

$$C_1' \approx \frac{C_1 C_{D1}}{C_1 + C_{D1}}$$

Le coefficient de surtension du circuit oscillant chargé par le circuit d'accord est réduit par la présence d'une résistance parasite R''. Cette résistance est proportionnelle à la résistance R. En conséquence, la résistance R devrait être une résistance de forte valeur.

En basse fréquence, le schéma équivalent du circuit d'accord est donné par le schéma de la *figure 6.28*. Les condensateurs C_1 et C_{D1}, associés à la résistance R constituent un filtre passe-bas.

Si l'oscillateur doit être modulé par une composante superposée à la tension d'accord, la résistance R doit être d'une valeur la plus faible possible.

Le concepteur devra donc opter pour un compromis entre un coefficient de surtension maximum, donnant les meilleures performances en termes de bruit de phase, mais limitant la bande passante pour le signal modulant, et la bande passante maximale pour le signal modulant obtenue en dégradant le coefficient de surtension.

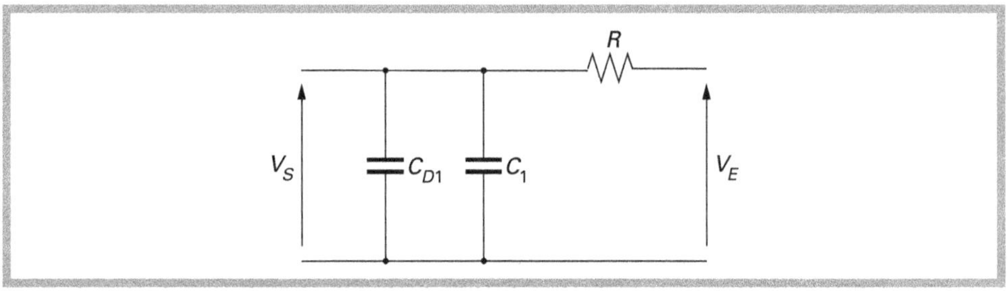

Figure 6.28 – Schéma équivalent du circuit d'accord en basse fréquence.

6.3.2 Gain K_0 du VCO

En adoptant le schéma de la *figure 6.27*, on cherche le gain K_0 du VCO, en admettant que $C_{D1} \ll C_1$.

Lorsque la tension d'accord est maximale $V_R = V_{R\max}$, la capacité équivalente est minimale.

$$C_{eq} = C_0 + C_{\min}$$

Lorsque la tension d'accord est minimale $V_R = V_{R\min}$, la capacité équivalente est maximale.

$$C_{eq} = C_0 + C_{\max}$$

Les deux fréquences f_{max} et f_{min} valent respectivement :

$$f_{max} = \frac{1}{2\pi\sqrt{L_0(C_0 + C_{min})}}$$

$$f_{min} = \frac{1}{2\pi\sqrt{L_0(C_0 + C_{max})}}$$

Le gain K_0 du VCO est donné par la relation :

$$K_0 = \frac{f_{max} - f_{min}}{V_{Rmax} - V_{Rmin}}$$

Le rapport $\frac{f_{max}}{f_{min}}$ est aussi un paramètre dont l'analyse est intéressante.

$$\frac{f_{max}}{f_{min}} = \sqrt{\frac{1 + C_{max}/C_0}{1 + C_{min}/C_0}}$$

En l'absence du condensateur C_0 le rapport $\frac{f_{max}}{f_{min}}$ est maximal et vaut :

$$\frac{f_{max}}{f_{min}} = \sqrt{\frac{C_{max}}{C_{min}}}$$

Ceci montre qu'il est extrêmement difficile d'obtenir les plages de variation f_{max}/f_{min} supérieures à trois.

6.3.3 Règles de conception complémentaires

Pour diminuer le bruit de phase de l'oscillateur, plusieurs diodes varicaps peuvent être montées en parallèle, comme dans le cas des oscillateurs des *figures 6.20* et *6.21*.

La tension alternative aux bornes des diodes doit rester aussi faible que possible pour éviter les phénomènes de redressement entraînant la production d'harmoniques. Dans certains cas, une diode, connectée dans le sens conducteur peut par exemple, limiter l'amplitude à l'entrée d'un transistor à effet de champ.

En haute fréquence les circuits de stabilisation d'amplitude sont rarement utilisés.

6.4 Diodes PIN

La caractéristique essentielle des diodes PIN réside dans le fait que son schéma équivalent peut se simplifier et se réduire à une résistance pure variable et fonction du courant direct.

Le schéma équivalent de la diode PIN est représenté à la *figure 6.29*. Les composantes L_p et C_p sont dues au boîtier de la diode et donc au matériau d'enrobage.

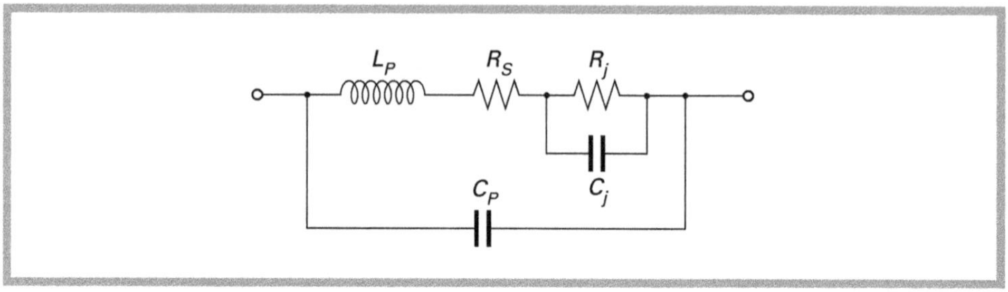

Figure 6.29 – Schéma équivalent des diodes PIN.

R_S est la résistance série et R_j la résistance de la jonction variable en fonction de la température.

$$R_j = \frac{n\mathrm{k}T}{qI}$$

n est une constante de valeur moyenne 1,8,

k est la constante de Boltzmann,

T est la température ambiante en K,

q est la charge de l'électron,

I est le courant traversant la diode.

À la température ambiante, la résistance R_j exprimée en ohm peut être évaluée par la relation suivante :

$$R_j[\Omega] = \frac{48}{I[\mathrm{mA}]}$$

La caractéristique particulière des diodes PIN la destine naturellement à un certain nombre d'applications. Lorsque le courant direct dans la diode varie de manière continue, les diodes PIN peuvent être utilisées en tant qu'atténuateur variable. Ceci ouvre la porte à des applications telles que la commande automatique de gain ou le modulateur d'amplitude.

Lorsque le courant de commande, courant direct, évolue entre deux valeurs minimales et maximales, la diode peut être utilisée dans des commutateurs bidirectifs à n circuits et m positions. Elles seront notamment utilisées dans les circuits de commutation émission-réception.

Des modulations d'amplitude et de phase peuvent aussi être envisagées avec ce type de diode.

6.4.1 Application, atténuateurs variables

Une des applications principales des diodes PIN est la réalisation d'atténuateurs programmables ou commandés par le courant direct circulant dans la diode.

Le schéma de la *figure 6.30* représente le principe des atténuateurs en T shunté.

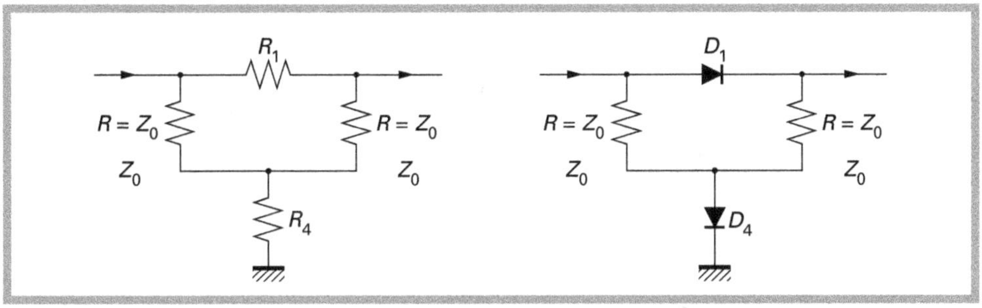

Figure 6.30 – Diodes PIN utilisées dans les atténuateurs variables.

Soit N l'atténuation en puissance lorsque l'atténuateur est inséré dans un système d'impédance caractéristique Z_0.

$$N[\mathrm{dB}] = 10 \log N$$

On pose $K = \sqrt{N}$

Les résistances R_1 et R_4 sont obtenues en appliquant les relations suivantes :

$$R_1 = Z_0(K-1)$$

$$R_4 = \frac{Z_0}{(K-1)}$$

Les deux résistances R_1 et R_4 sont des résistances variables qu'il suffit de modifier pour ajuster l'atténuation. Les deux résistances peuvent dont être remplacées par des diodes PIN.

Le schéma de la *figure 6.30* n'est pas directement applicable puisqu'il ne comporte aucun circuit de polarisation capable de piloter le courant dans les diodes PIN.

À l'aide des deux équations précédentes, on remarque que les résistances R_1 et R_4 varient en sens inverse. Lorsque le courant croît dans la diode D1, il doit décroître dans la diode D4.

La configuration de la structure de la *figure 6.30* peut être transposée pour une réalisation concrète dans la structure de la *figure 6.31*.

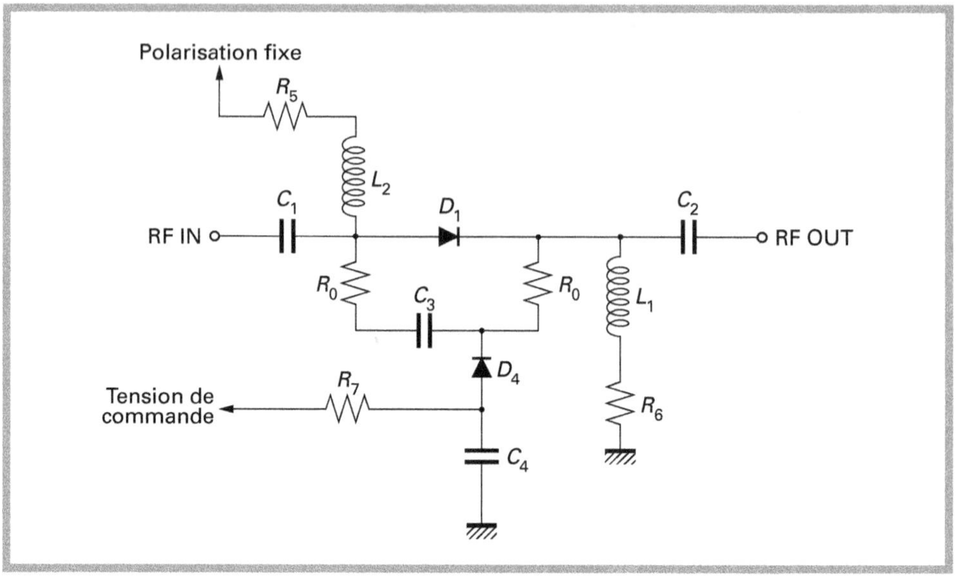

Figure 6.31 – Transposition du schéma de la figure 6.29.

Les réseaux $R_5 - L_2$, $R_6 - L_1$ et R_7 présentent des impédances élevées vis-à-vis des impédances Z_0. En régime alternatif la structure de la *figure 6.30* est bien analogue à celle de la *figure 6.29.* Le schéma de la *figure 6.32* représente un atténuateur à diode PIN bâti autour d'une structure en π.

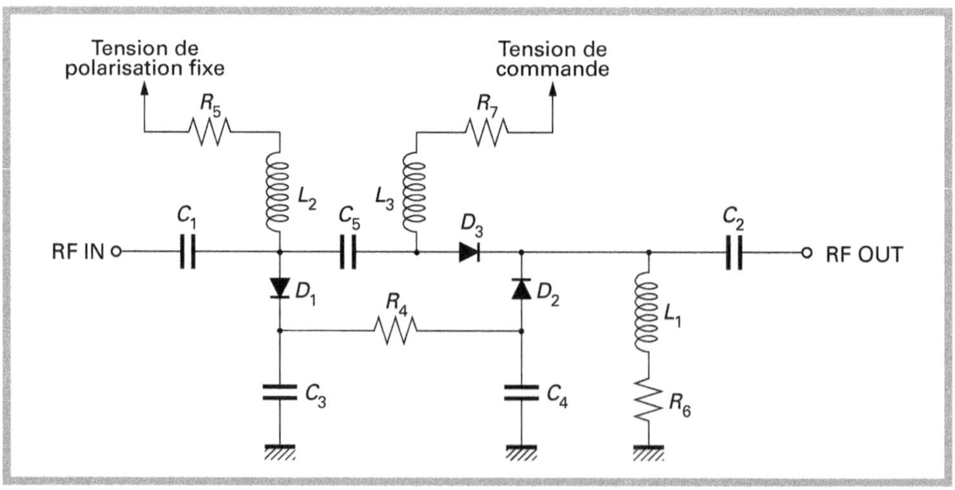

Figure 6.32 – Schéma d'un atténuateur en π à diodes PIN.

Dans ce cas, le courant circulant dans la diode D_1 est fonction de l'atténuation.

D'une manière générale, on utilisera un atténuateur de valeur élevée lorsque le signal d'entrée a une puissance importante. Dans le cas de l'atténuateur en π de la *figure 6.32*, l'association d'une puissance importante et d'un fort courant direct permet de réduire la distorsion d'intermodulation.

6.4.2 Commutateurs

Le schéma de la *figure 6.33* représente un commutateur élémentaire. Les selfs L_1 et L_2 sont négligeables dans la bande passante, leur rôle se limite à la circulation du courant direct de commande :

- Lorsque le courant est nul, la résistance de la diode PIN est élevée, ce qui correspond à l'interrupteur ouvert.
- Lorsque le courant direct circule dans la diode, la résistance diminue et ceci correspond à la fermeture de l'interrupteur.

Cet interrupteur est bidirectionnel, la combinaison de plusieurs structures identiques permet de réaliser un commutateur avec un nombre quelconque de circuits et de positions.

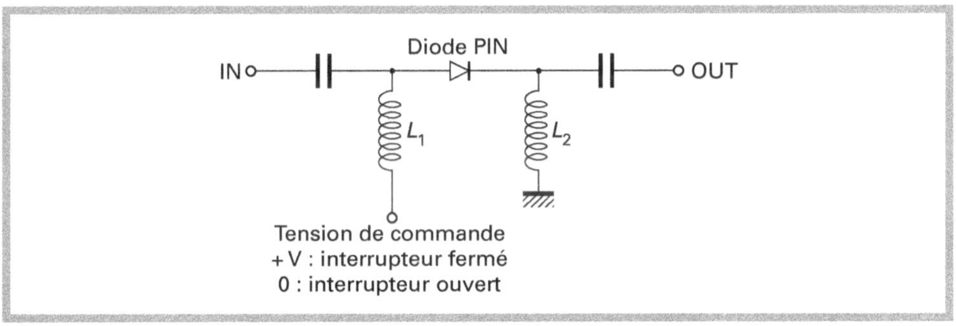

Figure 6.33 – Interrupteur à diode PIN.

Web Supplément en ligne : linéarisation des amplificateurs

CHAPITRE 7

MÉLANGEURS

Les mélangeurs sont probablement les composants les plus utilisés et les plus importants dans les circuits haute fréquence. Ce chapitre est consacré à la théorie et à la présentation des différents types de mélangeurs, ainsi qu'à leurs nombreuses applications.

7.1 Multiplicateur idéal

Soit le multiplicateur idéal de la *figure 7.1*, recevant sur chacune de ces deux entrées :

$$e_1 = A_1 \sin \omega_1 t$$

$$e_2 = A_2 \sin \omega_2 t$$

Le multiplicateur effectue l'opération suivante :

$$s = K e_1 e_2$$

$$s = K A_1 A_2 \sin \omega_1 t \sin \omega_2 t$$

Cette relation peut aussi s'écrire :

$$s = \frac{K A_1 A_2}{2} \; [\cos (\omega_1 - \omega_2) t - \cos (\omega_1 + \omega_2) t]$$

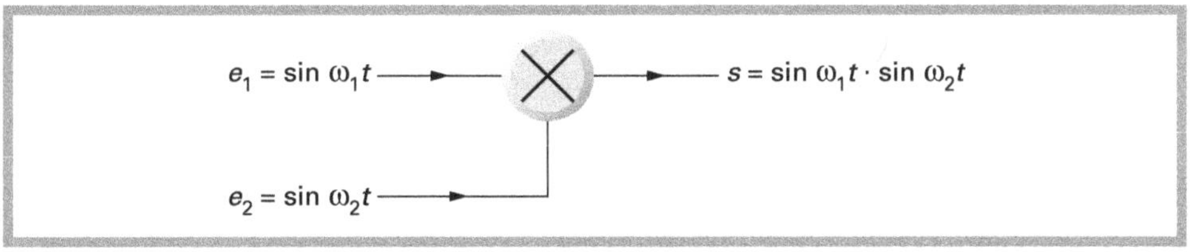

Figure 7.1 – Multiplicateur idéal.

Les termes ω_1 et ω_2 sont les pulsations des signaux d'entrée aux fréquences f_1 et f_2.

Le schéma de la *figure 7.2* rend compte de la multiplication des deux signaux d'entrée aux fréquences f_1 et f_2, donnant naissance à deux signaux de sortie aux fréquences $f_1 - f_2$ et $f_1 + f_2$. Les deux signaux de sortie à $f_1 + f_2$ et $f_1 - f_2$ sont dits fréquences images.

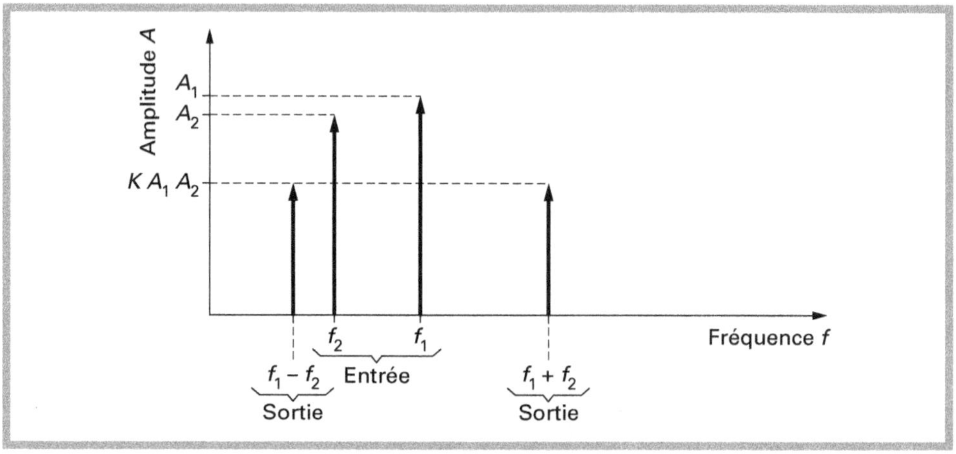

Figure 7.2 – Spectre des signaux d'entrée et de sortie pour le multiplicateur idéal.

Dans la plupart des cas, il est impossible de moduler ou démoduler directement un signal et ceci est d'autant plus difficile que la fréquence porteuse est élevée.

On le conçoit aisément si l'on considère un système de transmission à 2400 MHz, où l'amplification est délicate. On préférera donc travailler à des fréquences plus basses en effectuant une transposition de fréquence.

Sur le schéma synoptique de la *figure 7.2*, on admet que le signal à la fréquence f_1 est le signal à traiter et que le signal à la fréquence f_2 est un signal annexe. En sortie du mélangeur on récupère les signaux aux fréquences $f_1 - f_2$ et $f_1 + f_2$.

Si l'on s'intéresse au signal à la fréquence $f_1 + f_2$ on constate que le signal d'entrée a été transposé vers le haut en un signal de fréquence $f_1 + f_2$. On est en présence d'un *UP converter.*

Si l'on s'intéresse au signal à la fréquence $f_1 - f_2$, on constate que le signal d'entrée f_1 à la fréquence f_1 a été transposé vers le bas en un signal de fréquence $f_1 - f_2$. On est en présence d'un *DOWN converter.*

Le signal annexe à la fréquence f_2 est dit oscillateur local.

La première remarque importante concernant les mélangeurs et leur emploi résulte de la présence des deux sorties aux fréquences images. En général, la transposition est soit vers le haut, soit vers le bas. En conséquence, on utilisera toujours, en sortie du mélangeur un filtre passe-bande sélectionnant soit $f_1 - f_2$, soit $f_1 + f_2$.

La deuxième remarque concerne une éventuelle modulation de la porteuse à la fréquence f_1. Si l'on suppose que la porteuse à la fréquence f_1 est modulée en amplitude par un signal à la fréquence f, la *figure 7.3* montre que la porteuse modulée est transposée vers le haut et vers le bas comme dans le cas de la *figure 7.2*. La transposition de fréquence n'affecte pas la modulation de la porteuse incidente f_1. Le signal modulé est, dans son intégrité, transposé simultanément vers le haut et vers le bas. L'amplification sera facilitée en transposant un signal haute fréquence vers une fréquence plus basse que l'on a coutume d'appeler fréquence intermédiaire. On retrouvera donc au moins un mélangeur dans chaque récepteur.

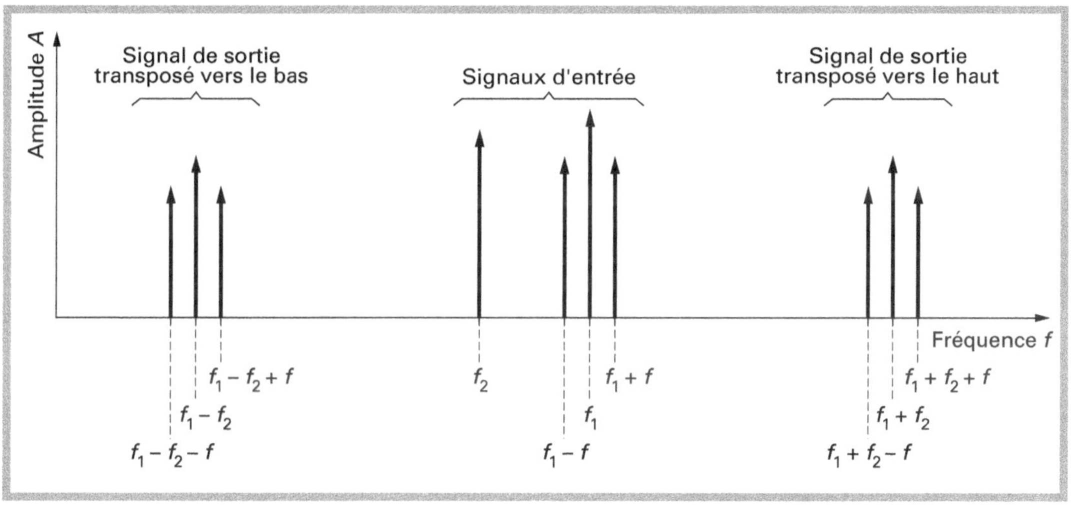

Figure 7.3 – Spectre des signaux d'entrée et de sortie pour le multiplicateur idéal et un signal à la fréquence f_1 modulé en amplitude.

7.2 Mélangeurs réels

On distingue deux catégories de mélangeurs réels : les mélangeurs dit passifs, qui ne nécessitent pas de sources d'énergie annexes et les mélangeurs actifs qui, élaborés en général autour de transistors, nécessitent une source de tension annexe.

Dans les deux cas, passifs et actifs, on cherche à utiliser la non-linéarité d'un composant semi-conducteur, diode pour les mélangeurs passifs et transistor pour les mélangeurs actifs.

Considérons la fonction de transfert $I = a_2 V^2$ de la *figure 7.4*. Comme précédemment :

$$e_1 = A_1 \sin \omega_1 t$$
$$e_2 = A_2 \sin \omega_2 t$$
$$V = e_1 + e_2$$

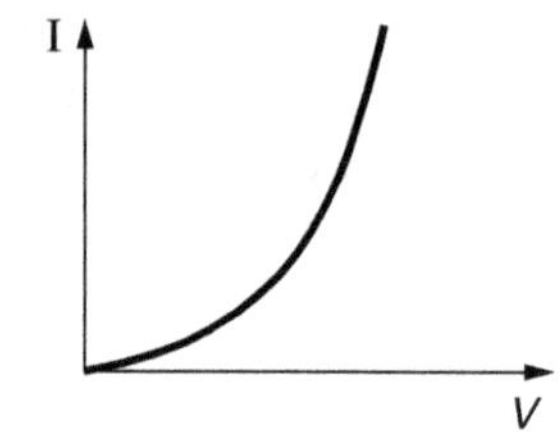

Figure 7.4 – Fonction de transfert de la forme $I = a_2V^2$.

Si les deux signaux e_1 et e_2 sont appliqués à un élément non linéaire dont la caractéristique est celle de la *figure 7.4*, le courant de sortie résultant s'écrit :

$$I = a_2(A_1 \sin \omega_1 t + A_2 \sin \omega_2 t)^2$$

soit :

$$I = a_2 A_1^2 \sin^2 \omega_1 t + a_2 A_2^2 \sin^2 \omega_2 t + 2A_1A_2a_2 \sin \omega_1 t \sin \omega_2 \mathrm{t}$$

ou encore :

$$I = \frac{a_2}{2}(A_1^2 + A_2^2) - \frac{a_2 A_1^2}{2} \cos 2\omega_1 t - \frac{a_2 A_2^2}{2} \cos 2\omega_2 t$$
$$+ A_1A_2a_2 [\cos(\omega_1 - \omega_2)t - \cos(\omega_1 + \omega_2)t]$$

Dans ce cas, le spectre de sortie se compose non seulement de la transposition $\omega_1 - \omega_2$ et $\omega_1 + \omega_2$, mais aussi des harmoniques 2 des signaux incidents $2\omega_1$ et $2\omega_2$.

Dans un cas réel, la fonction de transfert n'est pas aussi simple que celle de la *figure 7.4*. Le système est non linéaire et peut se mettre sous la forme plus générale :

$$I = a_0 + a_1 V + a_2 V^2 + a_3 V^3 + \ldots$$

où V représente la somme des deux signaux d'entrée e_1 et e_2. Dans ce cas la tension de sortie comporte des raies aux fréquences : $m\omega_1 \pm n\omega_2$ où m et n sont des entiers 0, 1, 2, 3…

Dans une application typique, en général, on ne s'intéresse qu'à l'un ou l'autre des produits $\omega_1 + \omega_2$ ou $\omega_1 - \omega_2$. Ces produits correspondent au cas $m = n = 1$.Toutes les autres combinaisons linéaires engendrent des produits indésirables dont la présence doit être prise en compte. Ceci signifie que ces produits doivent être éliminés par filtrage en sortie du mélangeur.

7.2.1 Mélangeurs passifs

Bien qu'une diode unique puisse faire office de mélangeur, ce cas n'est que rarement employé ; cette configuration, *figure 7.5*, est utilisée dans le domaine des hyperfréquences où d'autres solutions ne sont pas envisageables.

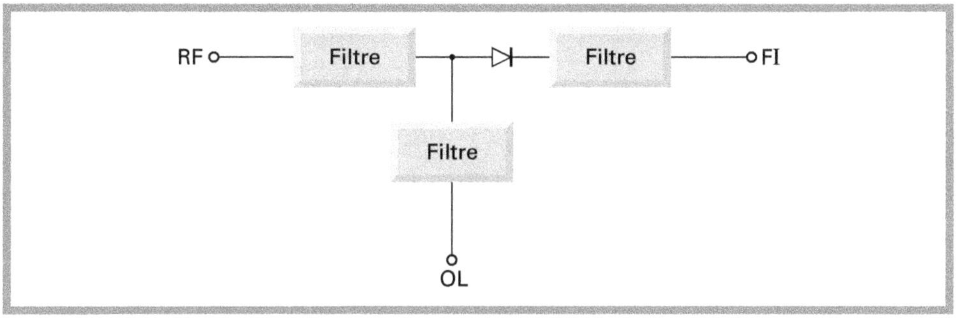

Figure 7.5 – Configuration du mélangeur en hyperfréquence.

La configuration la plus usuelle de mélangeurs est celle de la *figure 7.6* qui représente un mélangeur double équilibré ou *DBM double balanced mixers.*

Les entrées e_1 et e_2 utilisées dans le cas du multiplicateur idéal sont rebaptisées RF et OL et la sortie *s*, rebaptisée IF :

– RF : *Radio Frequency*, en général le signal à traiter ;

– OL : Oscillateur Local, le signal utilisé pour la transposition ;

– IF : Fréquence Intermédiaire.

Les entrées et sorties sont généralement appelées ports.

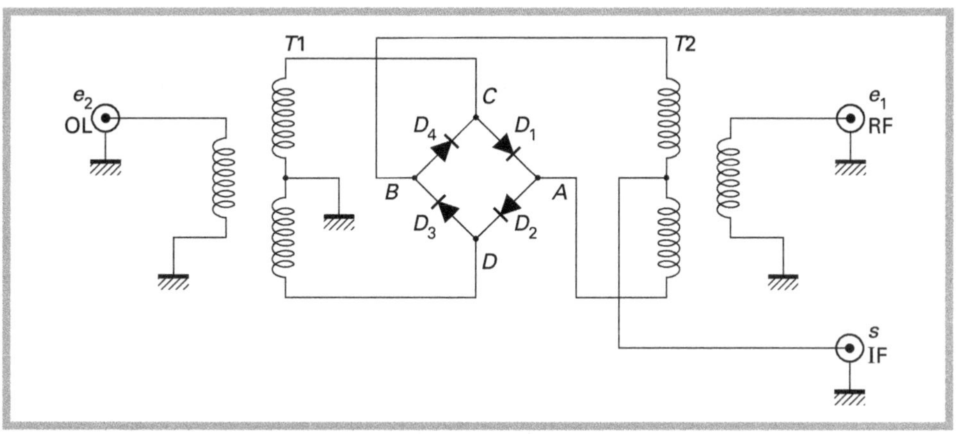

Figure 7.6 – Configuration du mélangeur double équilibré.

Fonctionnement du mélangeur

Pour analyser le fonctionnement de ce mélangeur, on utilise le modèle simplifié de la *figure 7.7*. La non-linéarité des diodes *D*1 et *D*2 permet la multiplication, imparfaite, des deux signaux d'entrée injectés sur les ports OL et RF. Les produits d'intermodulation $m\omega_1 \pm n\omega_2$, sont récupérés sur le port de sortie IF.

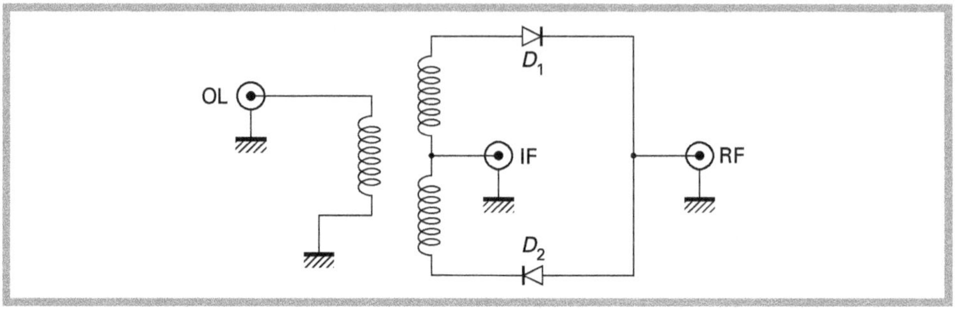

Figure 7.7 – Schéma simplifié du mélangeur simple équilibré.

Le schéma de la *figure 7.8* permet d'étudier le fonctionnement du mélangeur et l'isolation entre les ports.

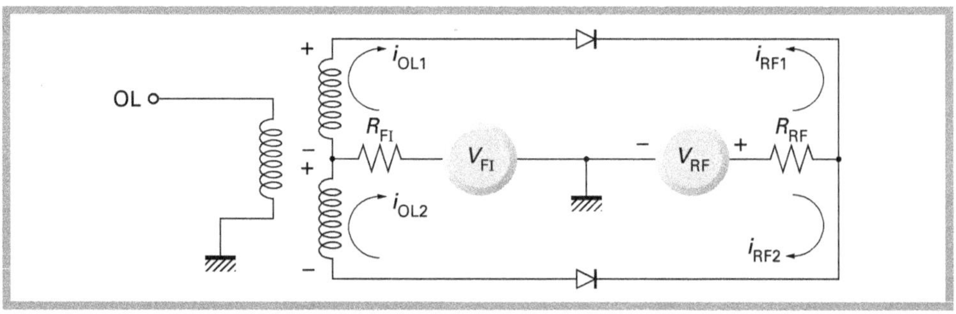

Figure 7.8 – Courants dans le mélangeur simple équilibré.

Si le signal OL est injecté seul, il donne naissance aux courants i_{OL1} et i_{OL2} au secondaire du transformateur. Dans la résistance R_{RF}, ces deux courants i_{OL1} et i_{OL2} s'annulent s'ils sont parfaitement identiques. L'isolation OL-RF est en théorie parfaite. Il en est de même dans la résistance R_{FI}. L'isolation OL-FI est en théorie parfaite.

Si on injecte le signal RF seulement, celui-ci génère les courants i_{RF1} et i_{RF2}. Ces deux courants s'ajoutent dans R_{FI}. Il n'y a pas d'isolation ente RF et FI. Par contre, les courants s'annulent dans le secondaire du transformateur, l'isolation est donc théoriquement parfaite entre RF et OL.

Toutes ces considérations s'appliquent si les courants i_{OL1} et i_{OL2} ainsi que i_{RF1} et i_{RF2} sont rigoureusement identiques. Dans la pratique, les diodes ne sont pas exactement appairées, le transformateur n'est pas idéal et ceci conduit à une isolation imparfaite entre les ports.

Aux fréquences les plus hautes, les inductances de câblage et les capacités parasites réduisent encore les performances. On peut alors s'intéresser à l'isolation dans le cas du mélangeur symétrique équilibré de la *figure 7.6.* Supposons que le signal OL soit le seul présent ; si le transformateur T est parfaitement symétrique et que les diodes $D1$ et $D2$ sont identiques, on obtient : $V_A = 0$.

Le même raisonnement est applicable pour les diodes $D3$ et $D4$ soit : $V_B = 0$.

Il n'y a donc pas de signal OL aux bornes du transformateur $T2$. Le pont constitué par les quatre diodes $D1$ à $D4$ est équilibré. L'isolation est théoriquement parfaite entre le port OL et les ports RF et IF.

Supposons maintenant que l'on applique seulement le signal RF, comme précédemment le pont constitué par les quatre diodes $D1$ à $D4$ est équilibré, la tension $V_C - V_D$, due au signal RF, est nulle. En conséquence, l'isolation théorique entre les ports RF et OL est parfaite. De la même manière, si le transformateur $T2$ est parfait, il n'y a pas de signal RF sur le port de sortie IF.

Dans la pratique, bien que l'on cherche à appairer au mieux les quatre diodes et les transformateurs, les isolations entre les ports ont des valeurs finies. Ces valeurs sont fonction des fréquences et des puissances des signaux présents sur les différents ports et sont spécifiées par le constructeur du mélangeur.

L'isolation est en général une valeur comprise entre 10 et 60 dB et dépend du niveau de performances. L'isolation étant liée à l'appariement des composants, un tri en fabrication différencie les mélangeurs par leur niveau de performances différent.

Caractéristiques principales des mélangeurs équilibrés

L'application typique d'un mélangeur est celle de la *figure 7.9.* Les deux ports d'entrée sont les ports RF et OL et le port de sortie IF. Les deux fréquences d'entrée sont f_{RF} et f_{OL}, avec des puissances respectives de P_{RF} et P_{IF}. À la sortie, on récupère les signaux à la fréquence intermédiaire :

$$f_{IF1} = f_{RF} + f_{OL}$$

et

$$f_{IF2} = f_{RF} - f_{OL} \quad \text{si} \quad f_{RF} > f_{OL}$$

ou

$$f_{IF2} = f_{OL} - f_{RF} \quad \text{si} \quad f_{OL} > f_{RF}$$

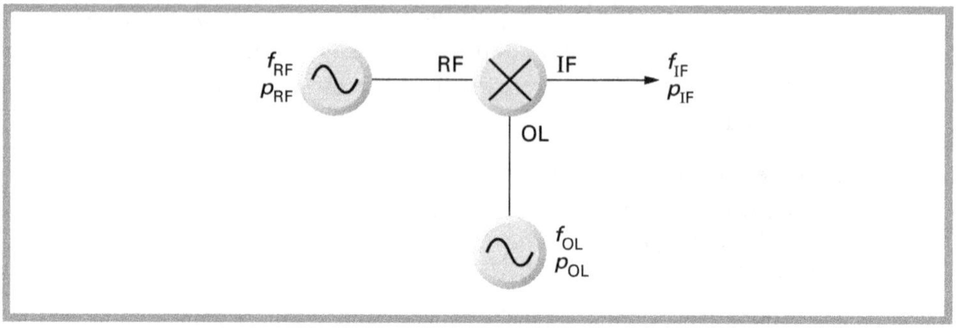

Figure 7.9 – Application typique d'un mélangeur.

Perte de conversion

La perte de conversion est la première caractéristique importante d'un mélangeur. Elle est définie comme le rapport de puissance de l'une des deux composantes résultant du mélange à la puissance du signal présent sur le port RF :

$$P_c = \frac{P_{IF}}{P_{RF}}$$

Si P_c est exprimé en dB :

$$|P_c|_{\text{dB}} = |P_{IF}|_{\text{dBm}} - |P_{RF}|_{\text{dBm}}$$

Cette perte de conversion est fonction du niveau injecté sur le port OL. En général, les mélangeurs sont spécifiés pour des niveaux P_{OL} nominaux, + 7 dBm, + 17 dBm, ou + 23 dBm.

La courbe de la *figure 7.10* représente la perte de conversion typique d'un mélangeur devant recevoir un niveau OL de + 7 dBm. Cette perte varie de 9,5 dB à 6 dB lorsque le niveau OL varie de 0 à + 10 dBm.

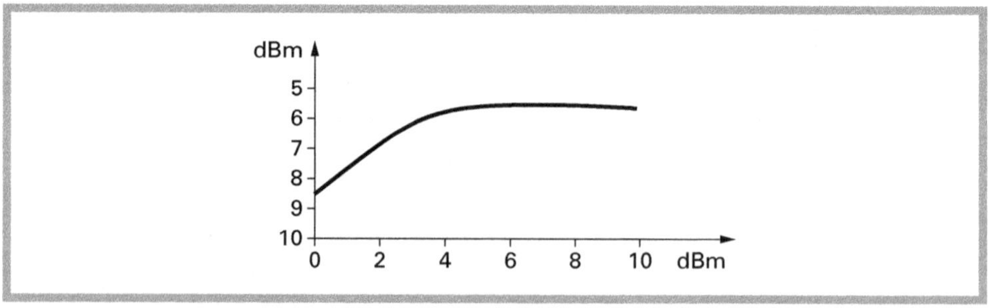

Figure 7.10 – Perte de conversion en fonction de la puissance injectée sur le port OL.

EXEMPLE

Soit un mélangeur recevant :

– sur le port RF, $f_{RF} = 1\,300$ MHz, $P_{RF} = -\,50$ dB ;

– sur le port OL, $f_{OL} = 1\,440$ MHz, $P_{OL} = +\,7$ dB.

Sur la sortie IF on s'intéresse au produit :

$$f_{IF} = f_{OL} - f_{RF} = 1\,440 - 1\,300 = 140 \text{ MHz}$$

$$P_{IF} = P_{RF} - P_c = -\,50 - 6 = -\,56 \text{ dBm.}$$

Distorsion d'intermodulation d'ordre 3

Le mélangeur étant un élément non linéaire, il est sujet à la DIM d'ordre 3. Ce point particulier est examiné dans le chapitre 1.

Lorsque deux signaux e_1 et e_2 de fréquence f_{RF1} et f_{RF2} sont présents à l'entrée du mélangeur :

$$e_1 = a \cos 2\pi f_{RF1} t$$

et

$$e_2 = a \cos 2\pi f_{RF2} t$$

La sortie du mélangeur comporte, outre les produits intéressants d'ordre 2, des produits d'ordre 3 pouvant être gênants. Ces produits sont de la forme :

$$\left|\left|2 f_{RF2} - f_{RF1}\right| \pm f_{OL}\right|$$

et

$$\left|\left|2 f_{RF1} - f_{RF2}\right| \pm f_{OL}\right|$$

La fonction de transfert du mélangeur entre la sortie IF et l'entrée RF est linéaire pour les produits d'ordre 2 $|f_{OL} \pm f_{RF}|$ mais les produits d'intermodulation croissent au rythme de a^3.

$$I = a_0 + a_1 V + a_2 V^2 + a_3 V^3 + \ldots$$

Si l'on suppose qu'un mélangeur rejette les produits d'intermodulation d'ordre 3 à 60 dB lorsque les signaux d'entrée ont une puissance de – 20 dBm

$$P_{RF} = -\,20 \text{ dBm}$$

$$P_{IM3} = -\,80 \text{ dBm}$$

Si le niveau d'entrée est diminué de 10 dB, la puissance des produits d'ordre 3 diminue de 30 dB.

$$P_{RF} = -\,30 \text{ dBm}$$

$$P_{IM3} = -\,110 \text{ dBm}$$

Les produits d'ordre 3 sont alors rejetés à 80 dB. La courbe de la *figure 7.11* montre clairement que la réjection des produits d'ordre 3 est fonction du niveau d'entrée. Cette caractéristique, qui est exploitée dans le chapitre traitant de la structure des émetteurs et récepteurs (chap. 4), n'est en général pas précisée par les fabricants de mélangeur bien qu'elle soit essentielle.

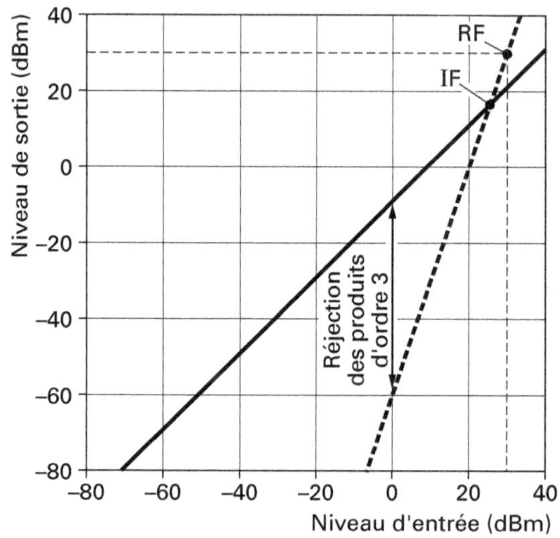

Figure 7.11 – Réjection des produits d'intermodulation d'ordre 3.

EXEMPLE

Prenons le cas précédent du mélangeur recevant :

$$f_{RF1} = 1\,300 \text{ MHz}$$

$$f_{RF2} = 1\,330 \text{ MHz}$$

$$f_{OL} = 1\,440 \text{ MHz}$$

La fréquence IF intéressante est : $f_1 = f_{OL} - f_{RF1} = 140$ MHz

Les produits d'intermodulation d'ordre 3 sont situés aux fréquences suivantes :

80 MHz, 170 MHz, 2710 MHz et 2800 MHz.

Le produit à 170 MHz est le plus proche de la fréquence FI et il peut être difficile à éliminer, en devenant plus important que le signal utile à 140 MHz.

Pour diminuer les produits dus à la distorsion d'intermodulation d'ordre 3, il faut soit diminuer les niveaux d'entrée, soit sélectionner un mélangeur ayant un point IP3 plus élevé.

D'après le fabricant de mélangeur Mini Circuits, la puissance des produits d'intermodulation de rang n peut se calculer de la manière suivante. Soit P_1 dB le point de compression à 1 dB connu et N_{RF} le niveau des porteuses f_{RF1} et f_{RF2}.

Le point d'interception d'ordre 3 vaut :

$$IP3 = P_1 \text{ dB} + 15$$

Le niveau des produits indésirables d'ordre n en sortie IF N_{DIMn} vaut :

$$N_{DIMn} = IP3 - (IP3 - N_{RF})\, n$$

soit :

$$N_{DIMn} = P_1 \text{ dB} + 15 - (P_1 \text{ dB} + 15 - N_{RF})\, n$$

n est le rang de l'intermodulation.

EXEMPLE

Soit un mélangeur ayant un point de compression à 1 dBm et des signaux d'entrée N_{RF} de – 10 dBm.

La puissance des produits d'intermodulation d'ordre 3 vaut :

$$N_{DIM3} = 1 + 15 - (1 + 15 - (-10))3 = -62 \text{ dBm}$$

Les produits utiles ont une puissance :

$$N_{IF} = N_{RF} - P_c = -10 - 6 = -16 \text{ dBm}$$

La réjection des produits d'ordre 3 est de 46 dB. Si le signal d'entrée passe à 0 dBm la réjection diminue de 20 dB et devient 26 dB. Une relation légèrement différente est quelquefois employée :

$$IP3 = P_{OL} + P_c$$

P_{OL} = puissance injectée sur le port OL

P_c = perte de conversion.

Dans le cas d'un mélangeur recevant un niveau OL de + 7 dBm et ayant une perte de conversion de 6 dB :

$$IP3 = +7 + 6 = +13 \text{ dBm}$$

Cette valeur, + 13 dBm, est inférieure de 3 dB à la valeur précédente.

Conclusion sur les mélangeurs passifs

Les excellentes performances des mélangeurs symétriques associées à leur faible coût en font un composant largement utilisé. Les inconvénients majeurs de cette structure sont :

– une perte de conversion d'environ 6 dB;

– le facteur de bruit : on assimile le mélangeur à un atténuateur et son facteur de bruit est égal à sa perte de conversion;

– un niveau P_{OL} d'autant plus élevé que le point $IP3$ requis est élevé.

La sortie du mélangeur se compose des deux signaux aux fréquences $|f_{OL} \pm f_{RF}|$ d'amplitude identique. En règle générale, on s'intéresse soit à l'un soit à l'autre de ces produits, $|f_{OL} + f_{RF}|$ ou $|f_{OL} - f_{RF}|$. Si l'on souhaite éliminer l'une des deux composantes, on peut utiliser la configuration de la *figure 7.12* qui représente un mélangeur complexe dit à réjection d'image.

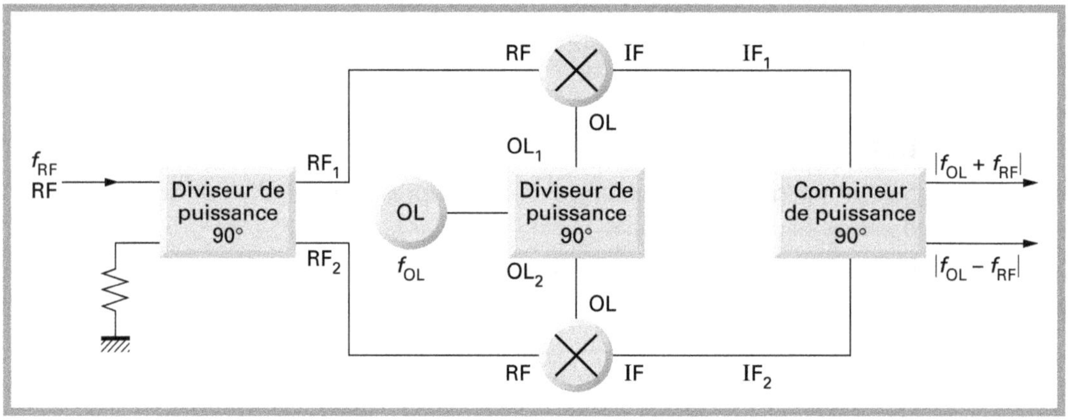

Figure 7.12 – Schéma du mélangeur à réjection d'image.

Soit le signal injecté à l'entrée RF :

$$e = \cos \omega_{RF} t$$

Sur les sorties RF1 et RF2 du diviseur de puissance à 90° on a :

pour RF1 : $e_{RF1} = \cos \omega_{RF} t$

pour RF2 : $e_{RF2} = \cos\left(\omega_{RF} t + \frac{\pi}{2}\right) = \sin \omega_{RF} t$

En sortie du diviseur de puissance dans les branches OL :

pour OL1 : $e_{OL1} = \cos \omega_{OL} t$

pour OL2 : $e_{OL2} = \cos \omega_{OL} t + \frac{\pi}{2} = \sin \omega_{OL} t$

soit finalement pour les sorties IF1 et IF2 :

pour IF1 : $e_{IF1} = \cos \omega_{RF} t \cos \omega_{OL} t = \frac{1}{2}\ [\cos (\omega_{RF} + \omega_{OL}) t + \cos (\omega_{RF} - \omega_{OL}) t]$

pour IF2 : $e_{IF2} = \sin \omega_{RF} t \sin \omega_{OL} t = \frac{1}{2}\ [\cos (\omega_{RF} - \omega_{OL}) t - \cos (\omega_{RF} + \omega_{OL}) t]$

On peut soit additionner, en phase, ces signaux, soit effectuer une soustraction. La soustraction est analogue à l'addition d'un premier signal déphasé de π/2 au second signal. On obtient alors sur les deux sorties, les deux composantes correspondant aux deux produits d'intermodulation.

$$e_{IF1} + e_{IF2} = \cos\,(\omega_{RF} - \omega_{OL})\,t$$

$$e_{IF1} - e_{IF2} = \cos\,(\omega_{RF} + \omega_{OL})\,t$$

7.2.2 Mélangeurs actifs

Les inconvénients majeurs des mélangeurs passifs sont leur perte de conversion et la nécessité d'injecter un niveau OL important. D'autre part, la présence des transformateurs limite les possibilités d'intégration. On cherche donc un mélangeur pouvant se satisfaire d'un niveau OL inférieur à celui des mélangeurs passifs, pouvant éventuellement avoir un gain de conversion et ne nécessitant pas de transformateur.

Si ces critères peuvent être réunis, le mélangeur pourra être intégré. Un circuit intégré regroupant les éléments nécessaires au mélange permet de réduire coûts et encombrements.

Les schémas de la *figure 7.13* représentent deux configurations de mélangeurs actifs utilisant des transistors à effet de champ. Pour un transistor à effet de champ, le courant drain i_D et la tension grille source sont liés par une relation de la forme :

$$i_D = a + bv_{gs} + cv_{gs}^2$$

Soit les deux signaux d'entrée :

$$v_{RF} = V_{RF} \sin \omega_{RF} t$$

$$v_{OL} = V_{OL} \sin \omega_{OL} t$$

On peut écrire, en faisant abstraction du transformateur de couplage, pour l'oscillateur local :

$$v_{gs} = v_{RF} - v_{OL}$$

soit :

$$i_D = a + bv_{RF} - bv_{OL} - 2v_{RF}\,v_{OL} + cv_{RF}^2 - cv_{OL}^2$$

Le terme représentant la multiplication est : $-\,2\;cv_{RF}\,v_{OL}$

Le courant drain débitant dans une charge de sortie développe une tension de sortie comportant les fréquences suivantes :

$$f_{RF},\ f_{OL},\ |f_{RF} \pm f_{OL}|,\ 2f_{RF},\ 2f_{OL}$$

$$f_{RF} = \frac{\omega_{RF}}{2\pi}$$

$$f_{OL} = \frac{\omega_{OL}}{2\pi}$$

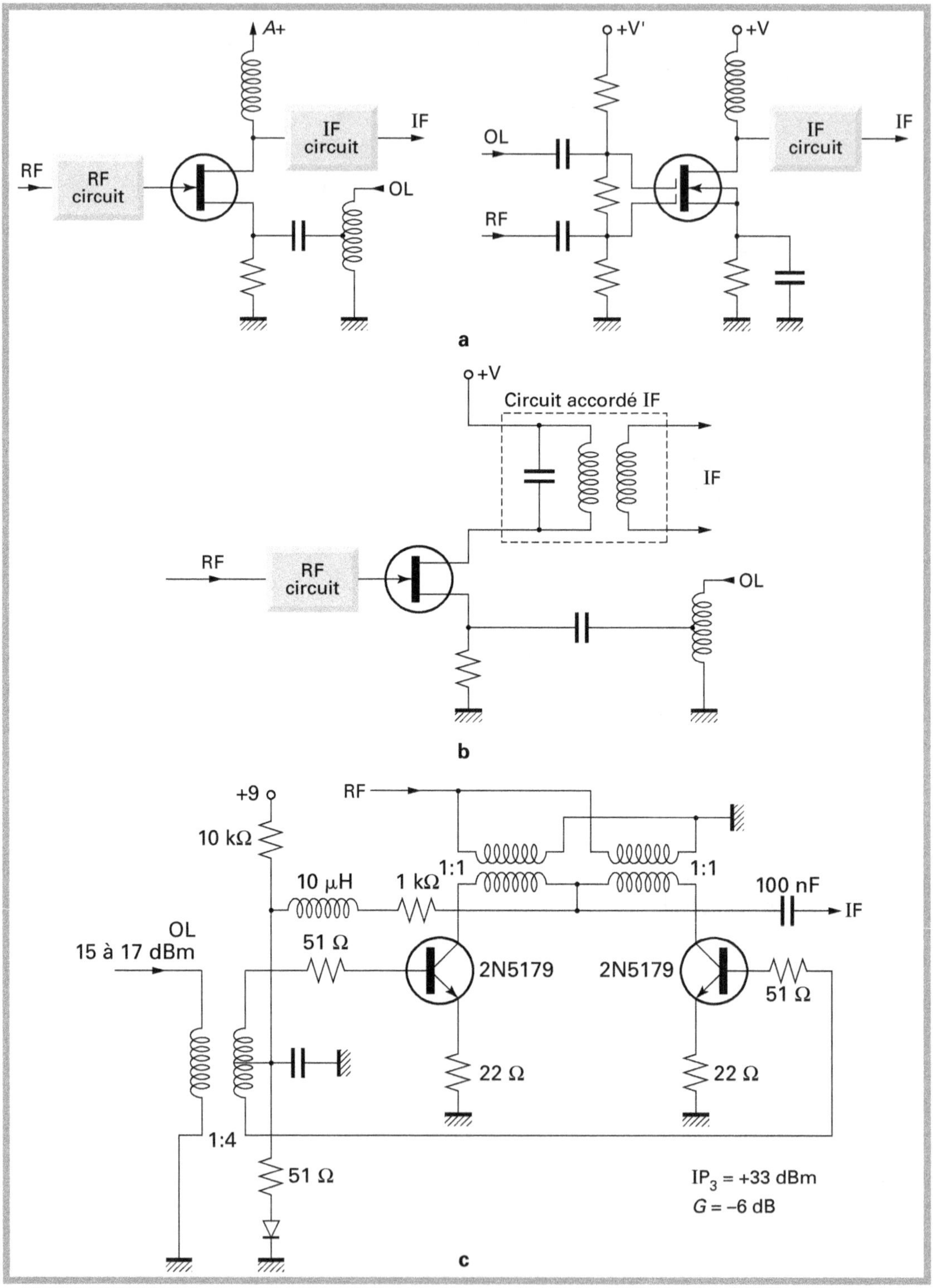

Figure 7.13 – Utilisation d'un transistor en tant que mélangeur actif.

Pour le mélangeur réalisé autour d'un transistor à effet de champ à simple grille, il y a très peu d'isolation entre les ports. Les signaux RF et OL doivent donc être appliqués *via* des filtres passe-bande étroits. La sortie IF devra en outre comporter un filtre pour ne conserver que le produit d'intermodulation désiré.

Par ces limites, cette structure n'est utilisée que dans les applications à bande étroite, elle n'est donc pas recommandable dans le cas de signaux f_{RF} et f_{OL}, si ces derniers doivent couvrir une large bande de fréquence.

L'impédance de charge du transistor à effet de champ doit être élevée pour l'une ou l'autre des fréquences $|f_{RF} \pm f_{OL}|$ et la plus faible possible pour les autres fréquences : f_{RF}, f_{OL}, $2f_{RF}$, $2f_{OL}$. Cette charge est en général un circuit accordé.

Il est important d'éliminer les 4 fréquences parasites dans l'étage de sortie pour éviter les phénomènes de DIM d'ordre 2 et 3 dans les étages suivants. Les seuls avantages de cette configuration sont sa relative simplicité et son faible coût qui permettent malgré tout un gain de conversion $P_{IF} > P_{RF}$. Un transistor à effet de champ à double grille peut être utilisé en tant que mélangeur.

Cette configuration élimine les problèmes dus à l'injection des signaux d'entrée sur les ports RF et OL. L'isolation RF-OL est assurée. Les fréquences RF et OL peuvent couvrir une large plage.

Sur le port IF, une circuiterie identique à celle utilisée dans le cas du transistor FET à grille unique doit être prévue. Cette structure est recommandée pour des utilisations avec IF à bande étroite.

Mélangeurs symétriques actifs

Le schéma de la *figure 7.14* représente un mélangeur symétrique actif simple. Les transistors T_1, T_2 et T_3 réalisent la multiplication entre les signaux d'entrée injectés sur les ports RF et OL. Les transformateurs TR_1 et TR_2 sont des transformateurs large bande. Le signal OL est envoyé simultanément aux deux transistors T_1 et T_2. L'isolation OL-IF est théoriquement parfaite. Le transformateur TR_1 délivre aux deux transistors T_1 et T_2 des tensions déphasées de 180 degrés. Ces deux tensions se combinant en phase dans le transformateur de sortie TR_2, il n'y a pas d'isolation entre les ports RF et IF.

Cette structure est utilisable, soit avec des transistors bipolaires, soit avec des transistors à effet de champ jusque dans le domaine des VHF.

Cette configuration est supérieure à celle des mélangeurs asymétriques actifs, transistor à effet de champ unique, puisque les signaux d'entrée RF et OL peuvent évoluer dans une large plage de fréquence.

Si le circuit de sortie est apériodique, comme dans le cas de la *figure 7.14*, la sortie IF est à large bande. L'isolation OL-IF est assurée contrairement à celle entre les ports RF-IF qui est inexistante.

Le principal inconvénient de la structure de la *figure 7.14* étant le défaut d'isolation RF-IF, on cherche d'autres structures.

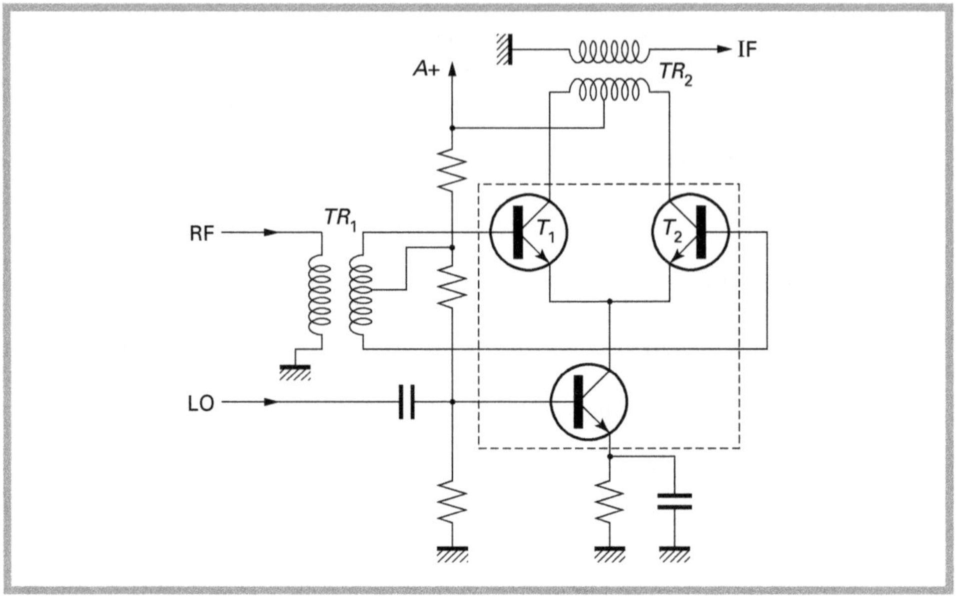

Figure 7.14 – Mélangeur symétrique actif.

Mélangeurs symétriques équilibrés actifs

Les *figures 7.15* et *7.16* représentent deux structures identiques de doubles mélangeurs symétriques actifs. Les différences entre ces deux schémas ne sont dues qu'à la présence de composants supplémentaires dans la *figure 7.16*, R_1, R_3, R_4 et C, nécessaires à la polarisation en régime continu des transistors.

Les transformateurs T_1 et T_2 ont un rapport 4 : 1 et l'ordre de grandeur pour le transformateur T_3 est 25 : 1. Ce rapport est dû à la forte impédance de sortie des transistors et l'on admet que la sortie IF est chargée par 50 Ω.

Comme dans le cas du mélangeur passif à diode, les quatre transistors doivent avoir les mêmes caractéristiques, ils doivent être appairés. Pour de tels mélangeurs les caractéristiques typiques sont :

$$P_{OL} = +7 \text{ dBm}$$

$$P_c = 1 \text{ dB}$$

$$F = 5{,}5 \text{ dB}$$

$$IP3 = +22 \text{ dBm}$$

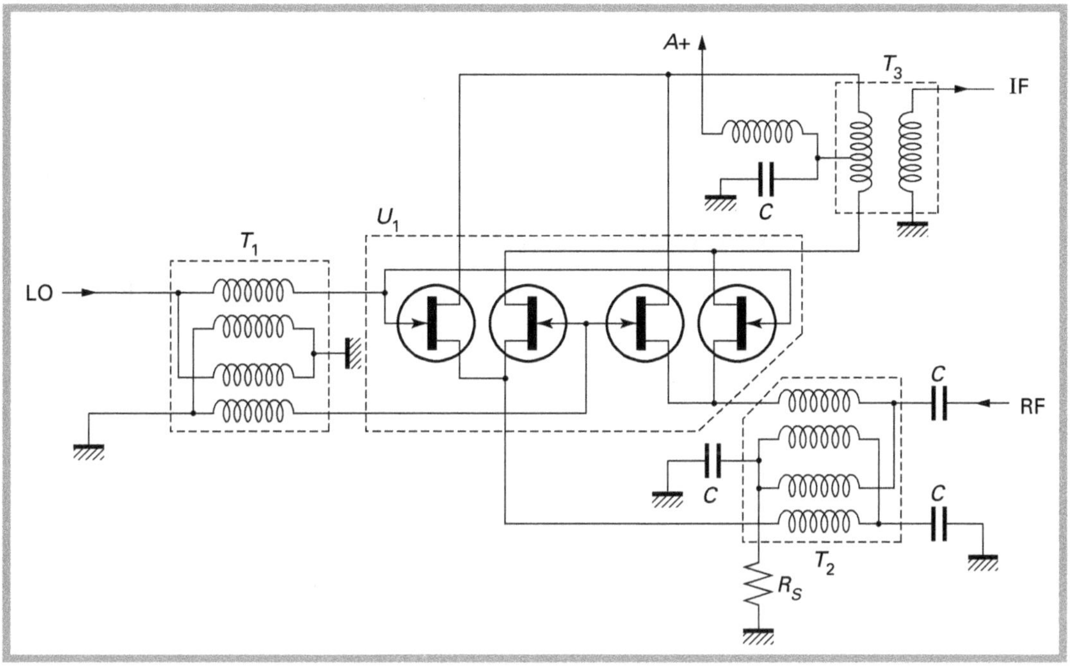

Figure 7.15 – Double mélangeur symétrique actif.

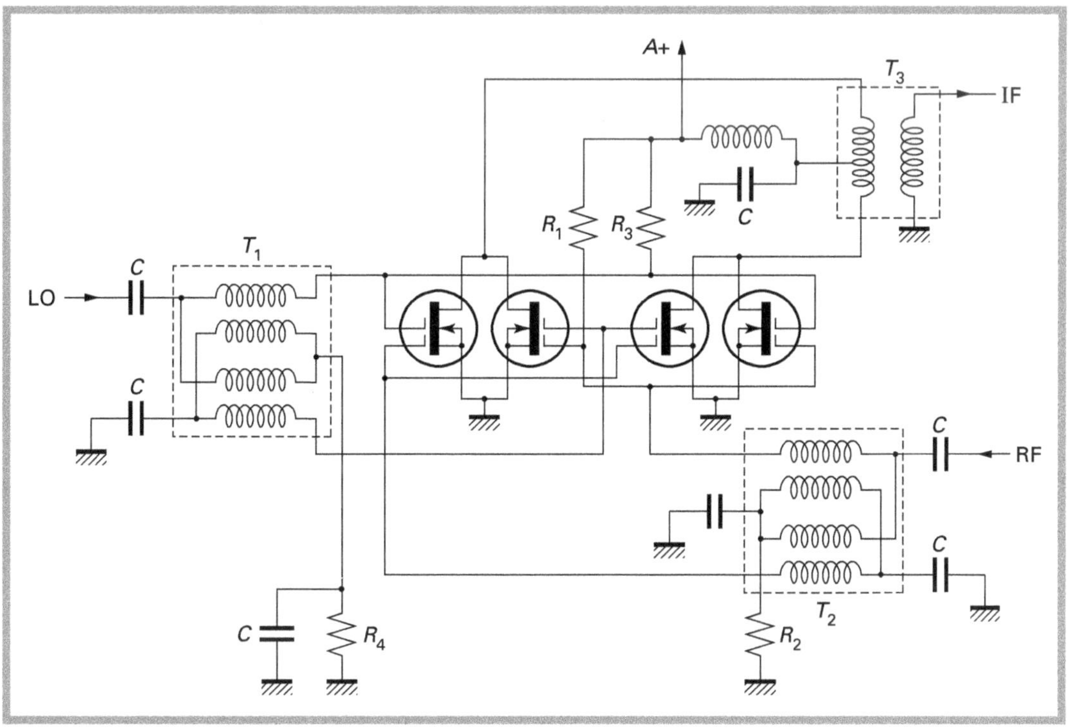

Figure 7.16 – Double mélangeur symétrique actif.

Ces résultats sont à comparer avec un mélangeur passif à diodes. Dans ce cas, le point d'interception du troisième ordre est supérieur d'environ 10 dB à celui d'un mélangeur à diode recevant la même puissance d'oscillateur local. La perte de conversion n'est que de 1 dB alors que l'on devrait s'attendre à 6 dB pour un mélangeur à diode.

Mélangeur utilisant la cellule de Gilbert

Le schéma de la *figure 7.17* représente une structure connue sous le nom de cellule de Gilbert. Il s'agit en fait d'un multiplicateur quatre quadrants pour les entrées OL et RF.

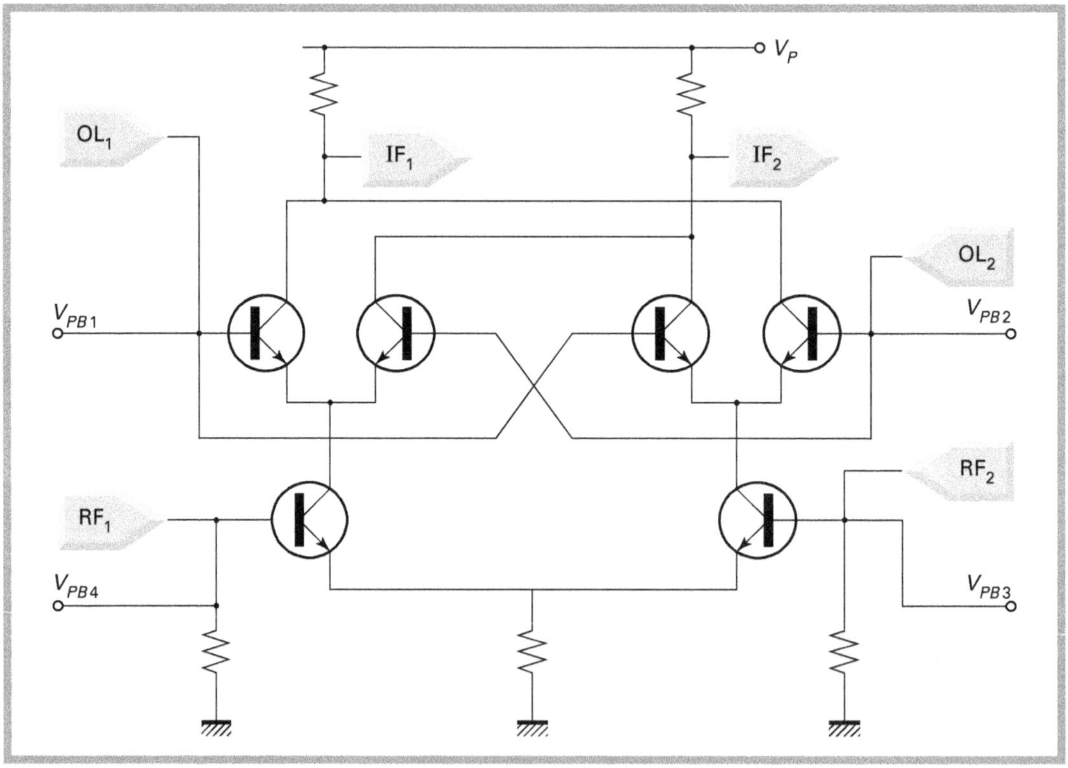

Figure 7.17 – Cellule de Gilbert : multiplicateur quatre quadrants utilisé en mélangeur.

Pour simplifier le schéma, les éléments destinés à générer les quatre tensions de polarisation V_{PB1} à V_{PB4} ont été éliminés. La raison d'être de cette structure est sa possibilité d'intégration dans un circuit. Dès lors, la fonction mélange peut être assurée par un circuit intégré miniature.

Des fonctions d'amplification annexes peuvent être regroupées dans le même circuit de manière à simplifier la production d'émetteur ou de récepteur. Des amplificateurs peuvent être utilisés soit dans les trajets d'entrée RF et OL, soit dans le trajet de sortie IF.

Dans certains cas les éléments actifs destinés à la production du signal OL, oscillateur local, sont intégrés dans le même circuit.

Les composants passifs tels que les filtres et les transformateurs sont extérieurs au circuit intégré. Si les transistors sont parfaitement identiques, les isolations entre les ports OL et IF et RF et IF sont théoriquement parfaites.

En fabriquant les transistors simultanément sur le même substrat, on a une espérance maximale d'appariement entre transistors ; cette structure est donc naturellement destinée à une intégration. Les performances typiques de cette structure sont extrêmement variables et fonction notamment des procédés de fabrication et de la cible visée par le fabricant.

Le *tableau 7.1* regroupe les performances essentielles pour deux circuits intégrés, NE 602 Philips et IAM 81008 Hewlett Packard.

Tableau 7.1 – Comparaison des paramètres de deux mélangeurs à cellule de Gilbert.

		NE 602	IAM 81008
P_1 db	dm	– 25 (entrée)	– 6
$IP3$	dBm	– 15 (entrée)	+ 3
F	dB	+ 5	+ 17
G	dB	+ 18	6 – 10
P_{OL}	dB	+ 3	– 5
f_{RF}	MHz	200	2 000
f_{IF}	MHz	0,455	250

Les informations sont telles que chacun des deux constructeurs les donne. Or, pour le circuit NE 602, les termes P_1 dB et $IP3$ sont spécifiés en entrée, ce qui est assez inhabituel. Pour comparer effectivement ces valeurs il faut tenir compte du gain de conversion. Nous avons donc en sortie du mélangeur NE 602 :

$$P_1\ \text{dB} = P_1\ \text{dB (entrée)} + G = -25 + 18 = -7\ \text{dBm}$$

$$IP3 = IP3\ \text{(entrée)} + G = -15 + 18 = +3\ \text{dBm}$$

Dans ces conditions les caractéristiques en terme de P_1 dB et $IP3$ sont extrêmement voisines.

Dans le *tableau 7.1*, il ne s'agit pas de comparer les deux circuits intégrés. Les fréquences de fonctionnement sont notablement différentes. La comparaison que l'on doit effectuer est entre les mélangeurs à cellule de Gilbert et les modulateurs à diodes en anneau. Le principal reproche fait au mélangeur équilibré à diode était la puissance du signal OL devant être injecté.

Avec les mélangeurs utilisant la cellule de Gilbert, l'objectif de réduction de puissance à fournir au port OL est atteint. Si le niveau OL est moins important, l'isolation étant constante, les niveaux dus aux défauts d'isolation, présents sur les ports RF et IF seront d'autant moins importants.

On remarque que le circuit NE 602 est plutôt destiné aux applications à bande étroite et l'IAM 81008 aux applications à large bande. En termes de facteur de bruit, le circuit NE 602 est légèrement supérieur à un DBM à diodes, et l'IAM nettement moins performant. Le facteur de bruit du mélangeur peut être assimilé à sa perte de conversion bien que ce résultat soit optimiste.

Finalement les DBM à diodes en anneau restent très supérieurs aux mélangeurs actifs en terme de point de compression à 1 dB et *IP*3.

Pour un mélangeur à diode P_1 dB est de l'ordre de 1 dBm et $IP3 = P_{OL} + P_c$ varie de + 13 à + 30 dBm en fonction de la puissance fournie sur le port OL.

Utilisation des mélangeurs actifs

Pour les mélangeurs bâtis autour de la cellule de Gilbert, on peut opter pour diverses configurations tant à l'entrée port RF qu'à la sortie port IF.

Les circuits d'entrée peuvent être symétriques ou non et accordés ou non comme le montrent les schémas de la *figure 7.18*. Les meilleurs résultats en terme d'intermodulation du second ordre, *IP*2, sont obtenus pour des circuits symétriques accordés. Les seuls avantages des configurations asymétriques non accordées sont une simplification obtenue en sacrifiant les performances.

En sortie le circuit accordé améliore la réjection des signaux d'entrée RF et OL.

Conclusion

La description des mélangeurs, qu'ils soient passifs ou actifs, montre que nous sommes en présence de structures différentes ayant des performances et caractéristiques différentes. On ne peut donc pas conclure en désignant un mélangeur idéal et universel, mais à chaque application correspondra un choix optimum.

Le concepteur devra, avant toute chose, établir le cahier des charges et effectuer un compromis entre complexité, encombrement, coût, consommation et performances en terme de P_1 dB, *IP*2, *IP*3 et isolation.

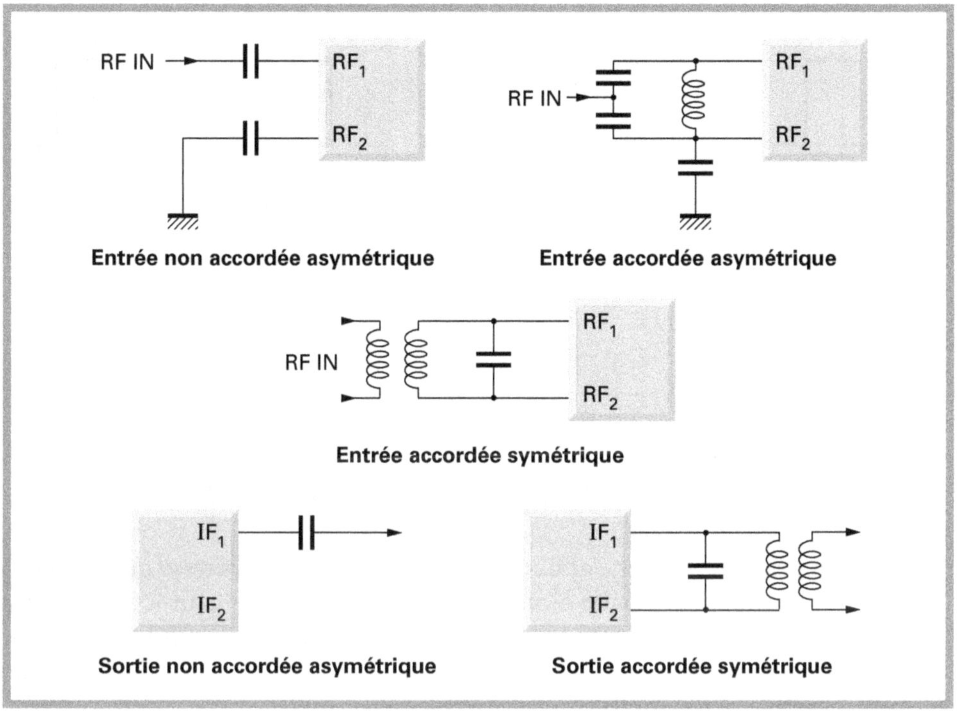

Figure 7.18 – Différentes configurations des ports d'entrée sortie pour la cellule de Gilbert.

7.2.3 Application des mélangeurs réels

Le mélangeur, utilisé comme multiplicateur se prête fort bien à l'élaboration de fonctions complexes que l'on retrouve aussi bien dans un émetteur que dans un récepteur.

Changeur de fréquence

On utilise aussi les termes de transposition de fréquence ou transposition d'une bande de fréquences.

Soit le mélangeur de la *figure 7.19* recevant :

– sur le port OL, un signal f_{OL};

– sur le port RF, un signal dont le spectre s'étend de $f - \Delta f$ à $f + \Delta f$.

En sortie IF, le spectre d'entrée est transposé en deux spectres.

Le premier est compris entre $f_{RF} - f_{OL} - \Delta f$ et $f_{RF} - f_{OL} + \Delta f$

et le second entre $f_{RF} + f_{OL} - \Delta f$ et $f_{RF} + f_{OL} + \Delta f$

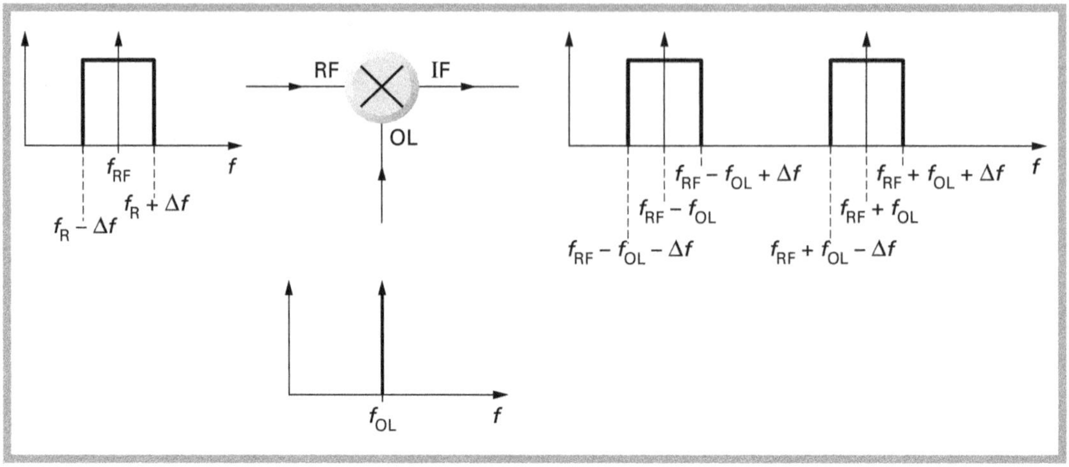

Figure 7.19 – Transposition d'une bande de fréquence.

En général, dans une application typique on ne s'intéresse qu'à l'un ou l'autre de ces produits. On parle alors de transposition vers le haut, ou *UP converter*, pour le second produit et vers le bas, ou *DOWN converter*, pour le premier produit. La bande transposée intéressante est prélevée par un filtrage qui élimine la bande de fréquences indésirable.

Entre la sortie IF et l'entrée RF du mélangeur, la phase du signal est la même que celle du signal d'entrée. L'amplitude du signal de sortie est atténuée par le gain de conversion de manière homogène pour toutes les fréquences. Les caractéristiques, d'un signal d'entrée modulé en amplitude phase ou fréquence, sont conservés en sortie.

Le schéma de la *figure 7.20* représente les deux configurations les plus courantes lorsque le mélangeur est employé pour transposer une fréquence ou une bande de fréquence. Ces deux configurations ne sont applicables que pour les mélangeurs équilibrés à diodes. Pour la cellule de Gilbert, la sortie IF étant unidirectionnelle, seul le premier cas est utilisable. On retrouvera donc au moins un mélangeur, dans le rôle de changeur de fréquence, dans chaque récepteur (chapitre 4).

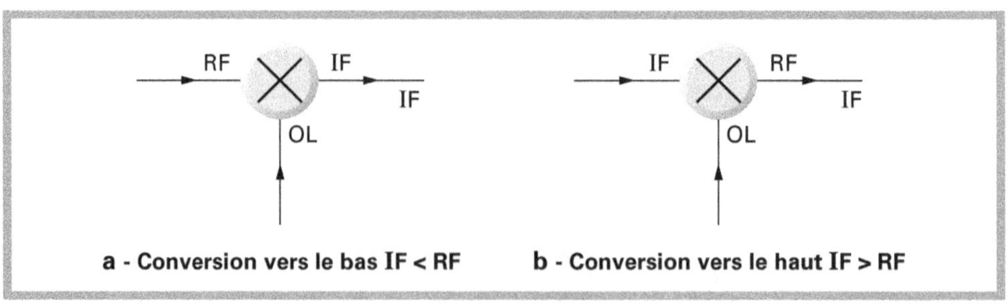

Figure 7.20 – Application des mélangeurs : transposition de fréquence.

Détecteur de phase

Soit le mélangeur de la *figure 7.21* recevant sur ses entrées RF et OL les signaux suivants :

$$v_{RF} = V_1 \cos(\omega t + \varphi_1)$$

$$v_{OL} = V_2 \cos(\omega t + \varphi_2)$$

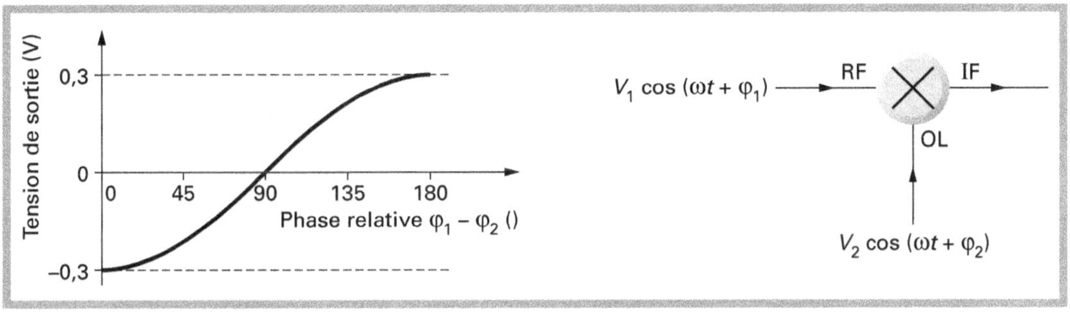

Figure 7.21 – Fonction de transfert du mélangeur équilibré utilisé en détecteur de phase.

Les signaux v_{RF} et v_{OL} sont de fréquence identique, mais de phase différente. Le mélangeur effectue le produit des deux tensions d'entrée v_{RF} et v_{OL}. La tension de sortie v_{IF} s'écrit :

$$v_{IF} = V_1 V_2 \cos(\omega t + \varphi_1) \cos(\omega t + \varphi_2)$$

$$v_{IF} = \frac{V_1 V_2}{2} \left[\cos(2\omega + \varphi_1 + \varphi_2)t + \cos(\varphi_1 - \varphi_2)\right]$$

La sortie se compose d'une composante continue proportionnelle à $\cos(\varphi_1 - \varphi_2)$ et d'une composante au double de la fréquence d'entrée. Celle-ci est éliminée par filtrage. Dans certains cas, la sortie IF des mélangeurs est isolée en continu par une capacité de liaison et la détection de phase est évidemment impossible.

La fonction de transfert $v_{IF} = f(\varphi_1 - \varphi_2)$ est représentée par la *figure 7.21.*

La fonction de transfert réelle est de la forme :

$$v_{IF} = -0{,}3\ (1 + 2\cos(\varphi_1 - \varphi_2))$$

Les fabricants de mélangeurs proposent des produits spécifiques pour les applications où la mesure de phase doit être effectuée précisément. La mesure de phase n'est pas la destination principale de cette structure. En utilisant le terme comparateur de phase les applications sont évidentes (PLL chapitre 8).

Le mélangeur équilibré joue le rôle de comparateur de phase dans une boucle à verrouillage de phase. Le fonctionnement, jusqu'à des fréquences élevées représente l'atout majeur du mélangeur équilibré, vis-à-vis des comparateurs de phase numériques.

En contrepartie, la fonction de transfert est celle d'un comparateur de phase uniquement, par hypothèse les fréquences sont identiques et les phases différentes, et il ne peut remplacer un comparateur phase/fréquence numérique.

Modulateur d'amplitude

Une application particulièrement intéressante des mélangeurs à diodes est la génération d'un signal modulé en amplitude. Deux configurations sont représentées à la *figure 7.22*.

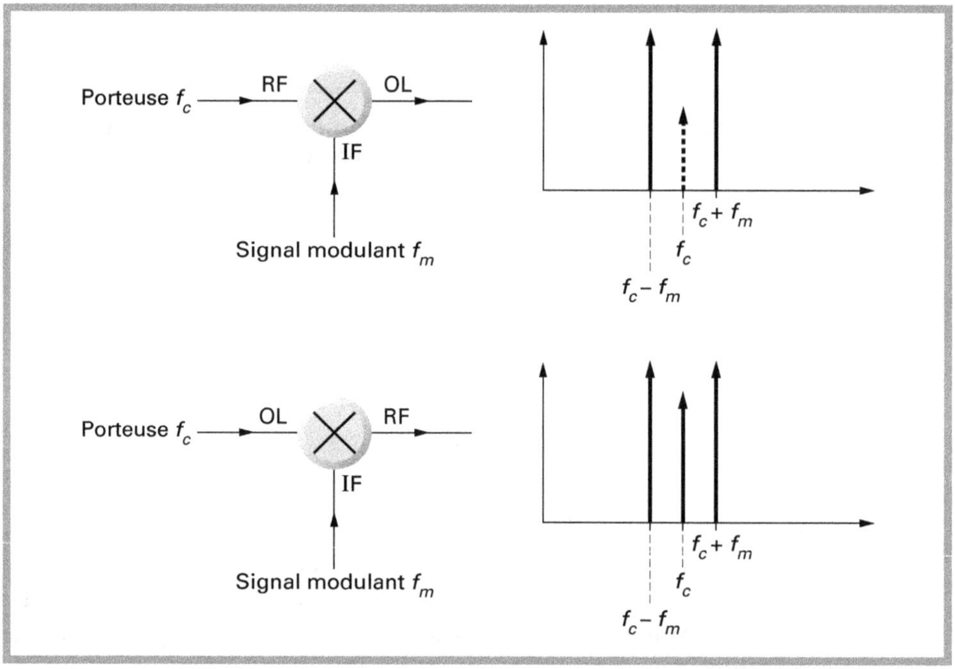

Figure 7.22 – Mélangeur : modulation d'amplitude.

Le signal sinusoïdal porteur de fréquence f_c est injecté soit sur l'entrée RF, soit sur l'entrée OL et le signal modulant sur l'entrée FI. Ce signal modulant peut être soit une fréquence fixe, mais plus généralement le signal en bande de base à transmettre, un signal audio ou un signal vidéo, par exemple. Le cas d'un signal numérique sera traité ultérieurement.

Les deux spectres de sortie sont donnés à la *figure 7.22*. Lorsque la porteuse est injectée sur RF, le signal résultant est prélevé sur la sortie OL. Si l'isolation entre les ports RF et OL est suffisante, l'opération ainsi réalisée est proche d'une modulation d'amplitude à porteuse supprimée. Dans ce cas f_c n'apparaît pas dans le spectre de sortie qui se compose uniquement de $f_c + f_m$ et $f_c - f_m$.

Le deuxième cas représente une isolation insuffisante entre les ports OL et RF. Il s'agit aussi d'une modulation d'amplitude avec un taux de modulation très supérieur à 1, $m_A \gg 1$.

Pour réaliser la fonction modulation d'amplitude double bande avec porteuse, celle-ci doit être réinsérée dans le spectre de sortie avec un niveau tel que l'indice de modulation m_A ne dépasse pas 100 %. La configuration de la *figure 7.23* répond au problème posé.

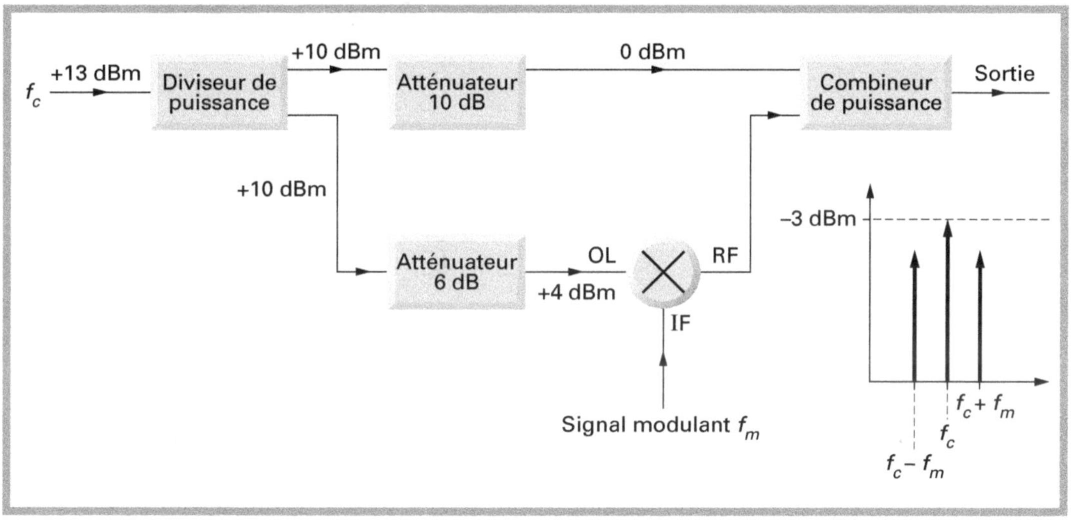

Figure 7.23 – Modulateur d'amplitude double bande avec insertion de la porteuse.

En sortie du combineur de puissance le niveau de la porteuse vaut – 3 dBm et chaque raie latérale – 6 dBm, si la perte d'insertion du mélangeur est de 7 dB entre IF et RF et la puissance du signal modulant à la fréquence f_m est de + 4 dBm.

L'indice de modulation est fonction de la puissance injectée à l'entrée IF.

Si $P_{IF} = +1$ dBm $m = 100$ %.

Le modulateur équilibré est dans ce cas le cœur de l'émetteur en modulation d'amplitude.

Modulateur de phase

Le modulateur de la *figure 7.24* reçoit sur l'entrée RF une porteuse pure à la fréquence f_{RF} et sur l'entrée IF un signal logique compris entre les valeurs $-V$ et $+V$.

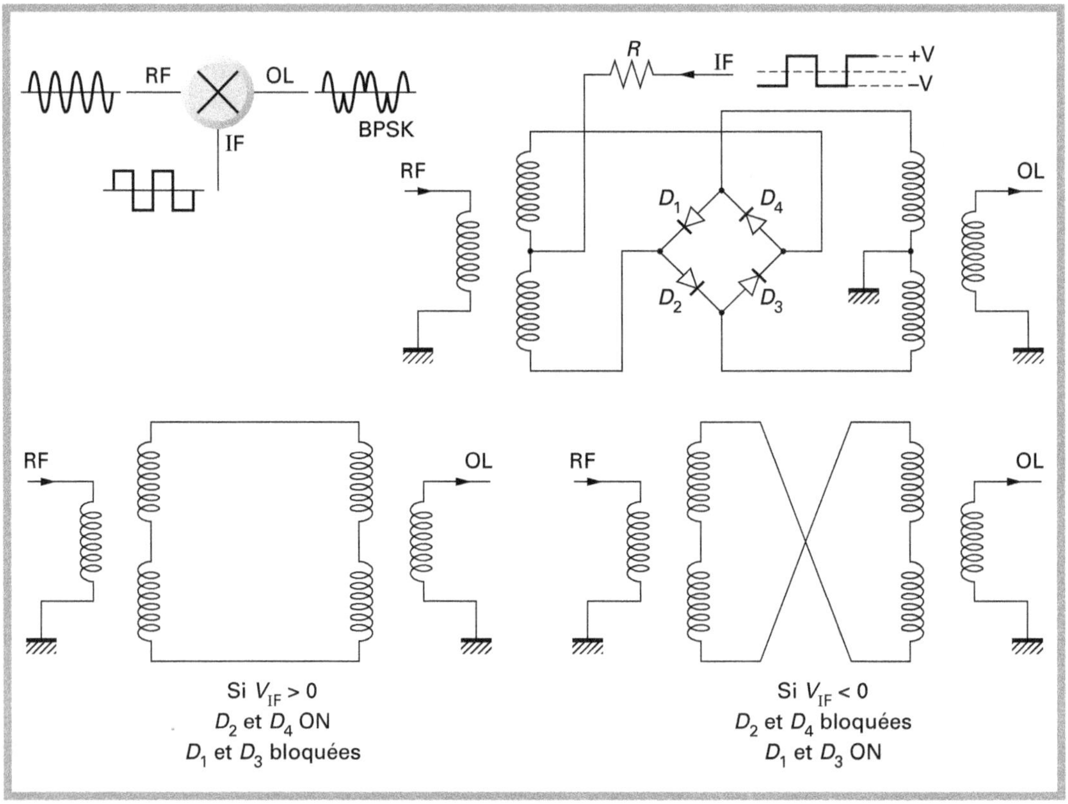

Figure 7.24 – Modulation de phase à deux états.

Le courant dans les diodes D_1 à D_4 est limité par la résistance R.

La tension d'entrée, alternativement $+V$ ou $-V$, bloque deux des diodes et sature les deux autres. Alternativement, lorsque D_1 et D_3 sont bloquées, D_2 et D_4 sont passantes, puis lorsque D_2 et D_4 sont bloquées, D_1 et D_3 sont passantes.

Si le signal d'entrée v_{RF} est de la forme :

$$v_{RF} = A(\cos \omega t + \varphi)$$

le signal de sortie s'exprime par l'une ou l'autre des relations :

$$v_{OL} = B(\cos \omega t + \varphi)$$

$$v_{OL} = B(\cos \omega t + \varphi + \pi)$$

On est en présence d'une modulation de phase à deux états 0 ou π.

Ce type de modulation est appelé BPSK : *Binary Phase Shift Keying.*

L'allure des signaux de sortie OL de la *figure 7.24* n'est valable que si la phase et la fréquence du signal injecté sur l'entrée, sont identiques à celles du signal injecté sur RF.

$$v_{IF} = V\cos(\omega t + \varphi)$$

Dans le cas plus général de la *figure 7.25*, les fréquences f_{RF} et f_{IF} sont différentes mais une bascule logique de type D donne à la phase du signal injecté sur l'entrée une valeur identique à celle du signal porteur RF. De cette manière, à chaque transition du signal logique correspond un écart de phase de $-\pi$.

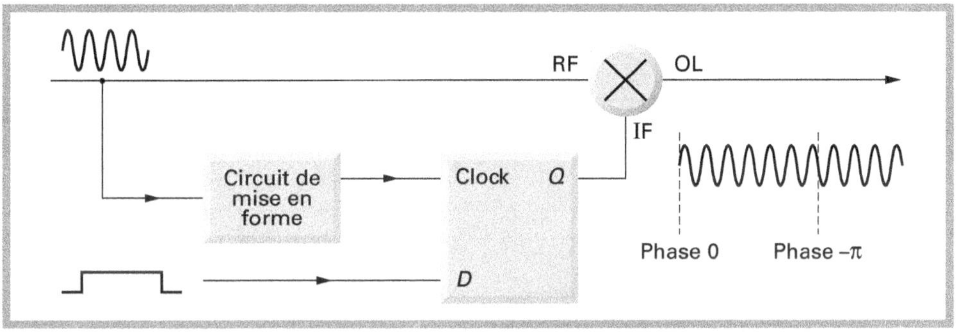

Figure 7.25 – Cas général du modulateur BPSK.

Doublage de fréquence

Sur le schéma de la *figure 7.26*, deux des trois ports du mélangeur reçoivent le même signal d'entrée :

$$v_E = A\cos(\omega t + \varphi)$$

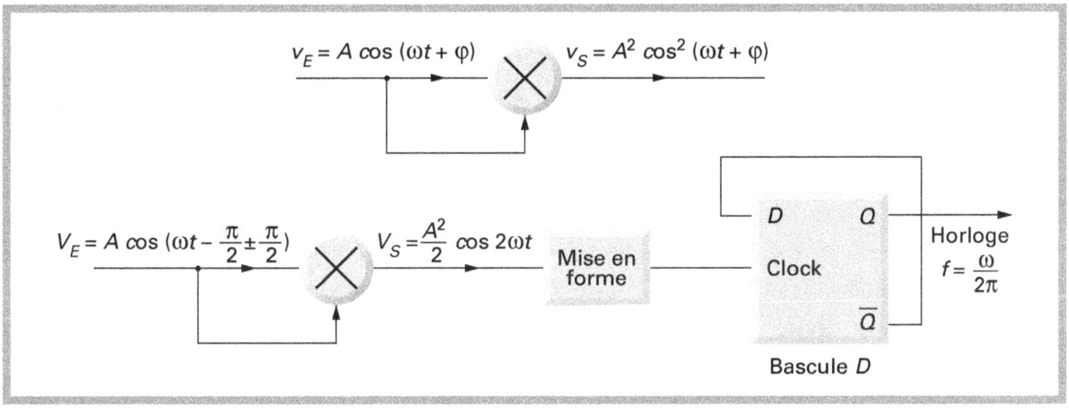

Figure 7.26 – Doublage de fréquence.

Le choix des ports d'entrée dépend essentiellement du paramètre ω vis-à-vis des spécifications du mélangeur choisi. La tension de sortie s'écrit :

$$v_S = v_E^2 = A^2 \cos^2(\omega t + \varphi)$$

$$v_S = \frac{A^2}{2}[\cos(2\omega t + 2\varphi) + 1]$$

En effectuant la multiplication des signaux, le mélangeur se transforme en doubleur de fréquence. Il faut ici faire une remarque intéressante. Admettons que le mélangeur de la *figure 7.26* reçoive un signal BPSK, tel qu'il était défini par la sortie OL de la *figure 7.25*.

La phase du signal d'entrée φ est alternativement 0 ou – π. Après multiplication, la phase du signal de sortie à la fréquence $2f$ ou pulsation 2 ω est 0 ou – 2π soit 0. Si cette fréquence $2f$ est divisée par 2 on réalise alors une opération que l'on a coutume d'appeler récupération de la porteuse.

Démodulation BPSK

Si l'on combine le système de récupération de porteuse de la *figure 7.26* et le multiplicateur de la *figure 7.21*, comme le montre le schéma de la *figure 7.27*, on réalise simplement la démodulation du signal BPSK.

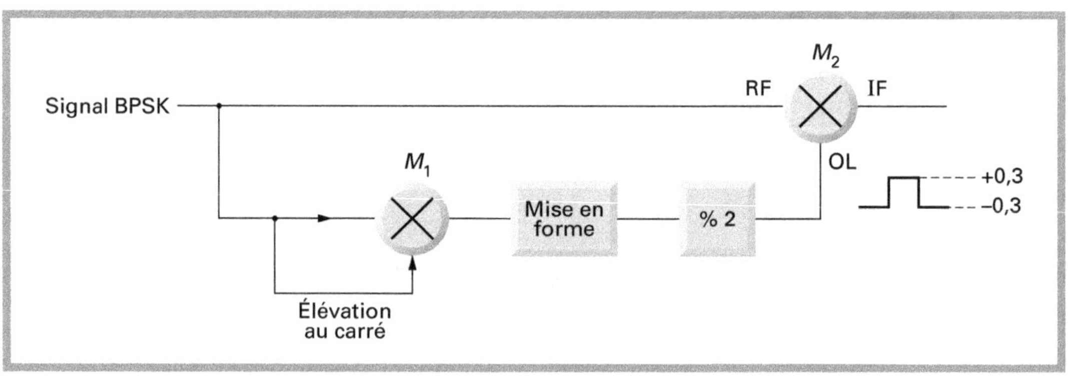

Figure 7.27 – Démodulation du signal BPSK.

Le mélangeur M_1 élève la tension d'entrée au carré. Après mise en forme, le signal est divisé par 2 et envoyé au mélangeur M_2. Le mélangeur M_2 effectue la multiplication de deux signaux ayant des fréquences identiques et des phases différentes. En sortie de M_2, il apparaît outre le signal logique original, une composante au double de la fréquence qui sera éliminée par filtrage.

Démodulateur de fréquence

Considérons une porteuse pure non modulée :

$$v(t) = A \sin \Omega t$$

Cette porteuse est modulée en fréquence par le signal ou message à transmettre :

$$m(t) = \sin \omega t$$

La démonstration donnée dans le chapitre consacré aux modulations donne l'équation du signal modulé en fréquence :

$$v(t) = A \sin \left(\Omega t + \frac{\Delta F}{f} \sin \omega t \right) \text{ avec } \omega = 2\pi f$$

Les entrées RF et OL du mélangeur de la *figure 7.28* reçoivent d'une part, le signal modulé et d'autre part, ce même signal retardé d'une valeur θ. Le retard θ est fonction du signal modulant $m(t)$. La tension de sortie du mélangeur $s(t)$ s'écrit :

$$s(t) = A^2 \sin \left(\Omega t + \frac{\Delta F}{f} \sin \omega t \right) \sin \left(\Omega t + \frac{\Delta F}{f} \sin \omega t + \theta \right)$$

$$s(t) = \frac{A^2}{2} \left[\cos \theta - \cos \left(2\Omega t + \frac{2\Delta F}{f} + \theta \right) \right]$$

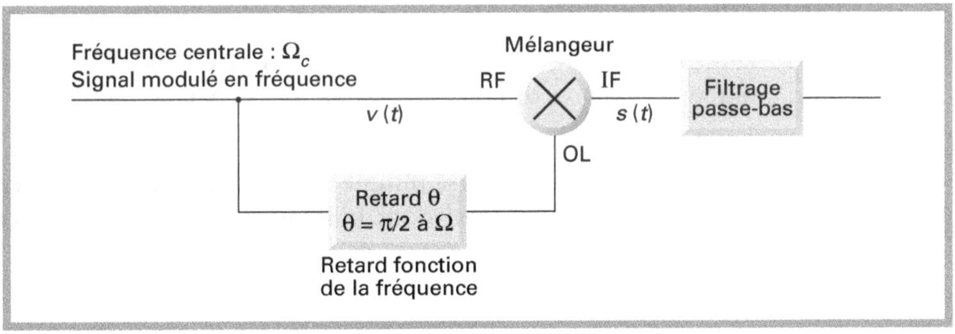

Figure 7.28 – Démodulateur FM.

Si l'on admet que le retard θ est une fonction linéaire du message $m(t)$:

$$\theta = \frac{\pi}{2} - \alpha m(t)$$

Dans l'équation du signal de sortie, le terme en cos $2\Omega t$ correspond à un spectre centré sur 2Ω. Si ces composantes sont éliminées par filtrage, la sortie se limite à :

$$s(t) = \frac{A^2}{2} \cos \left[\frac{\pi}{2} - \alpha m(t) \right]$$

$$s(t) = \frac{A^2}{2} \sin [\alpha m(t)]$$

Toutes les variations de $\alpha\, m(t)$ sont proches de $\pi/2$. Le terme $\alpha\, m(t)$ est petit. On peut donc faire l'approximation suivante :

$$\sin\,[\alpha\, m(t)] \approx \alpha\, m(t)$$

Le signal de sortie s'écrit simplement :

$$s(t) = \frac{A^2}{2}\ \alpha\, m(t)$$

Ce signal, proportionnel au message modulant, montre que la configuration de la *figure 7.28* correspond à une démodulation de fréquence. Ce type de démodulateur est dit à quadrature et on trouvera une démonstration plus complète dans le chapitre relatif aux modulations analogiques (chap. 2).

Il existe un grand nombre de circuits intégrés spécifiques, destinés à la fonction démodulation par le principe de la multiplication des signaux incidents en quadrature. On peut imaginer que dans certains cas, aucun circuit spécifique ne résolve le problème du concepteur.

La structure bâtie autour d'un mélangeur équilibré, s'adaptant à toute fréquence centrale et toute largeur de bande peut répondre efficacement au problème posé en sacrifiant l'intégration.

Démodulation d'amplitude

Un mélangeur équilibré répond parfaitement à la démodulation d'amplitude qu'elle soit avec ou sans porteuse, simple ou double bande.

Le schéma de la *figure 7.29* montre que cette opération, démodulation d'amplitude est extrêmement simple et se résume à la multiplication du signal modulé en amplitude par un signal local dont la fréquence est identique à celle de la porteuse.

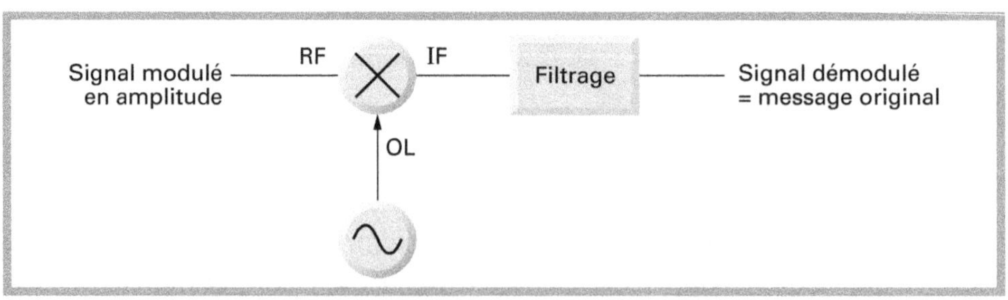

Figure 7.29 – Démodulateur d'amplitude.

Soit le signal modulant :

$$m(t) = B\cos\omega_1 t$$

et la porteuse :

$$g(t) = A \cos \omega t$$

L'équation de la porteuse modulée s'écrit :

$$v(t) = A \cos \omega t + A \frac{m_A}{2} \cos (\omega + \omega_1) t + A \frac{m_A}{2} \cos (\omega - \omega_1) t$$

Sous cette forme, on fait apparaître clairement la porteuse et les deux bandes latérales.

Le signal injecté à l'entrée de l'oscillateur local vaut :

$$v_{OL}(t) = B \cos \omega t$$

Le signal de sortie, prélevé sur le port IF du mélangeur résulte de la multiplication des deux signaux d'entrée :

$$s(t) = v(t) \cdot v_{OL}(t)$$

$$s(t) = \frac{AB}{2}\left[\cos 2\omega t + \frac{m_A}{2}(\cos(2\omega + \omega_1)t + \cos \omega_1 t) + \frac{m_A}{2}(\cos(2\omega - \omega_1)t + \cos(-\omega_1 t))\right]$$

Les termes en 2ω, $2\omega + \omega_1$ et $2\omega - \omega_1$ correspondent au spectre du signal d'entrée transposé autour de 2ω. Ce signal est éliminé par filtrage et la tension de sortie se résume à :

$$s(t) = \frac{AB}{2} m_A \cos \omega_1 t$$

$s(t)$ est proportionnel au signal modulant $m(t)$

$$m(t) = B \cos \omega_1 t$$

La présence du signal $s(t)$ en bande de base en sortie est due à la multiplication de la porteuse générée localement et multipliée à l'une ou l'autre des bandes latérales.

Ce type de démodulation convient à tous les types de modulation d'amplitude :

- double bande avec porteuse;
- double bande sans porteuse;
- bande latérale unique inférieure ou supérieure;
- bande latérale réduite.

Cette démodulation correspond à une transposition autour de la fréquence 0, comme le montre le schéma de la *figure 7.30*. Il s'agit en fait d'un cas particulier de transposition de fréquence.

Lorsque la démodulation s'effectue grâce à un signal annexe généré localement, on parle de détection ou démodulation cohérente.

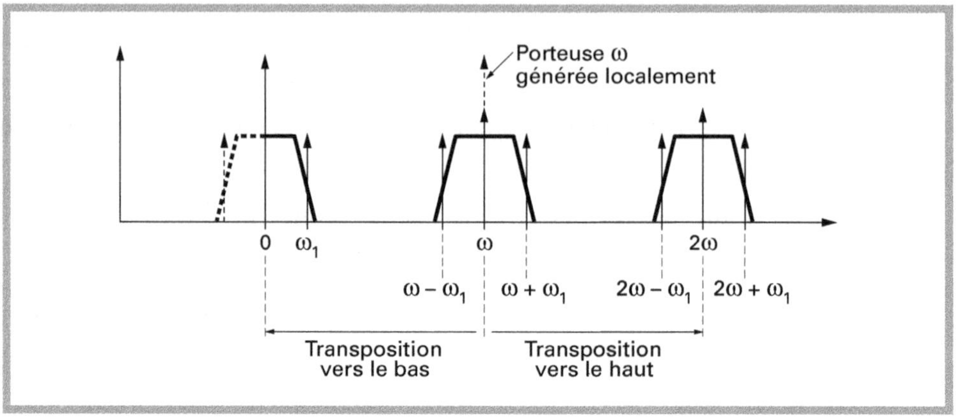

Figure 7.30 – Transposition de fréquence autour de la fréquence 0.

Atténuateur programmable par courant

La dernière application des mélangeurs équilibrés est l'atténuateur programmable de la *figure 7.31*. Le signal d'entrée est envoyé sur le port OL et le signal de sortie prélevé sur le port RF. Les courbes de la *figure 7.31* donnent les réponses pour trois mélangeurs Mini Circuits. L'atténuation varie de 6 à 40 dB environ pour un courant passant de 20 mA à 10 μA. Cette configuration est intéressante et les mélangeurs peuvent participer à l'élaboration de circuit à commande de gain automatique ou commande de gain contrôlé.

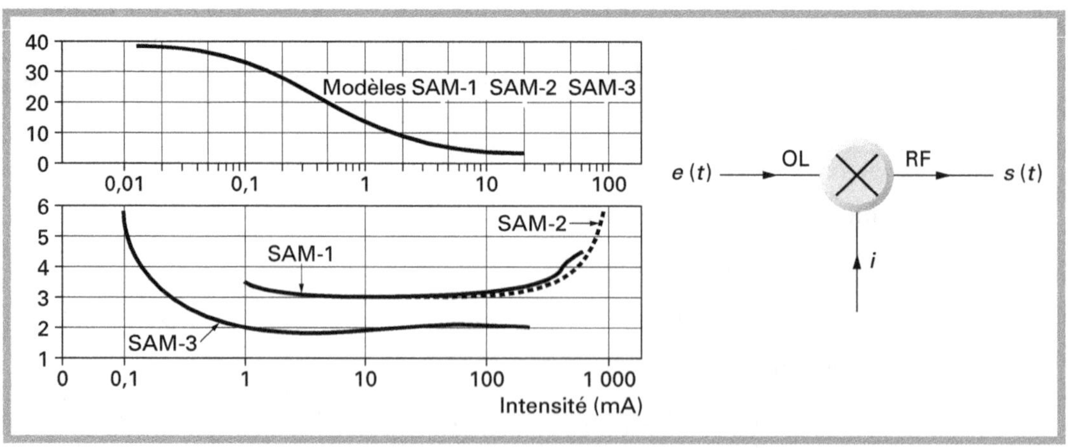

Figure 7.31 – Atténuateur programmable par courant.

Le schéma synoptique de la *figure 7.32* représente un tel circuit. La mise en cascade ou combinaison de plusieurs étages permet d'obtenir des dynamiques plus élevées.

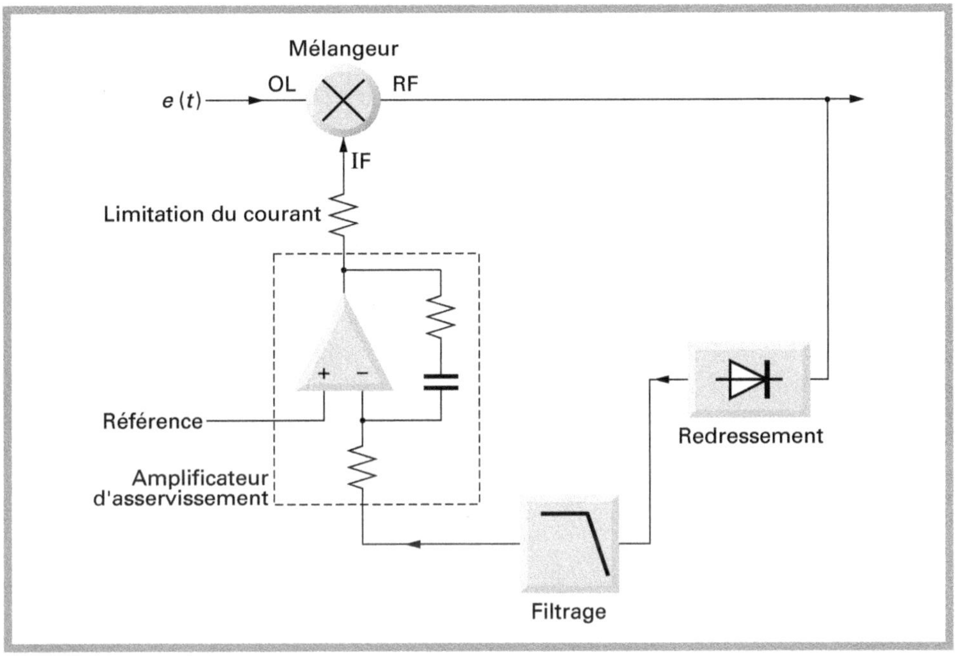

Figure 7.32 – Schéma synoptique du circuit de commande automatique de gain.

7.3 Conclusion

Les mélangeurs sont des composants essentiels en radiocommunication. Qu'ils soient actifs ou passifs, ils peuvent être utilisés dans tous les étages d'une chaîne d'émission ou de réception.

Dans les récepteurs, ils seront utilisés dans les étages d'entrée en changeur de fréquence et dans les étages à la fréquence intermédiaire, comme détecteurs ou démodulateurs.

Dans les émetteurs, ils seront utilisés dans les étages de sortie en changeur de fréquence et éventuellement dans les étages d'entrée, comme modulateurs.

CHAPITRE 8

BOUCLE À VERROUILLAGE DE PHASE

Les PLL, *Phase Locked Loop*, ou boucles à verrouillage de phase sont des structures essentielles, non seulement dans le domaine des radiocommunications, mais dans toute l'électronique moderne. Les boucles à verrouillage de phase sont aussi appelées synthétiseur de fréquence, car elles permettent de disposer d'une fréquence stable et précise dont la valeur est définie par les caractéristiques de la boucle.

Dans les appareils de transmission professionnels et grand public les PLL sont utilisés pour :

- la génération des porteuses en émission et la génération des oscillateurs locaux en réception;
- la démodulation des signaux analogiques ou numériques modulés en fréquence;
- les systèmes de récupération d'horloge en transmission numérique.

En métrologie, les PLL sont utilisés pour générer des signaux de fréquence parfaitement connus et stables. Tous les bancs de test en émission ou en réception sont bâtis autour de nombreux PLL.

8.1 Limites des oscillateurs

Les grandes familles d'oscillateurs ont été examinées dans les chapitres relatifs aux composants passifs et aux composants actifs (chap. 5 et 6).

Les oscillateurs à quartz sont par définition, stables. En mode fondamental, la fréquence ne dépasse pas 30 MHz. En mode overtone, la barrière de 230 MHz est extrêmement difficile à franchir. Pour des fréquences élevées, on doit avoir recours à des étages multiplicateurs. La modulation de fréquence des oscillateurs à quartz est assez délicate et l'indice de modulation reste faible.

Les oscillateurs à quartz sont intéressants lorsqu'il faut générer localement une et une seule fréquence et que cette fréquence n'est pas modulée en fréquence. Des commutations de quartz peuvent être éventuellement envisagées.

Les oscillateurs à résonateurs à onde de surface SAWR peuvent travailler en mode fondamental jusqu'à plus de 1 GHz. Leur stabilité est excellente, bien que moins importante que celle des quartz, mais le calage de fréquence est leur faiblesse. Ils présentent en outre, les mêmes inconvénients que les quartz quant à la possibilité de modulation et indice de modulation.

Les oscillateurs à résonateurs diélectriques en $\lambda/4$, comme les oscillateurs à SAWR fonctionnent en mode fondamental jusqu'à plusieurs GHz. Les coefficients de surtension des lignes $\lambda/4$ étant voisins de ceux des SAWR, les résultats sont identiques pour la stabilité et la modulation éventuelle.

Une modulation de fréquence quelconque peut être obtenue avec un oscillateur *LC*. En contrepartie, la stabilité est fonction des éléments *L* et *C* dont les valeurs sont sujettes à des dérives, notamment en fonction de la température et du temps.

Ceci montre bien qu'aucune des quatre configurations précédentes ne peut offrir simultanément :

– une excellente stabilité;

– des possibilités de modulation;

– un choix aisé de la fréquence.

La boucle à verrouillage de phase répond au problème et délivre simultanément les trois critères précédents.

8.2 Objectif de la boucle à verrouillage de phase

Seul un oscillateur *LC* pourra satisfaire aux trois critères de base. Sachant que l'on souhaite pouvoir simplement changer la fréquence de sortie, un des éléments *L* ou *C* doit être variable. Une diode varicap ayant une fonction de transfert $C = f(V_{inv})$, résout le problème. La capacité de cette diode est une fonction de la tension inverse qui est appliquée à ses bornes.

Le rôle de la boucle à verrouillage de phase va donc consister à stabiliser cet oscillateur *LC*.

L'oscillateur *LC* est le seul responsable de la génération de la fréquence; les éléments supplémentaires constituant la boucle n'ont que la stabilisation comme objectif.

La boucle à verrouillage de phase est avant tout un système asservi.

8.3 Les besoins en signaux de fréquences stables dans un récepteur

Le schéma synoptique de la *figure 8.1* représente un récepteur regroupant tous les besoins en signaux de fréquences stables et connues. Des structures équivalentes pour un émetteur pourraient être envisagées mais ne présenteraient par de réel intérêt.

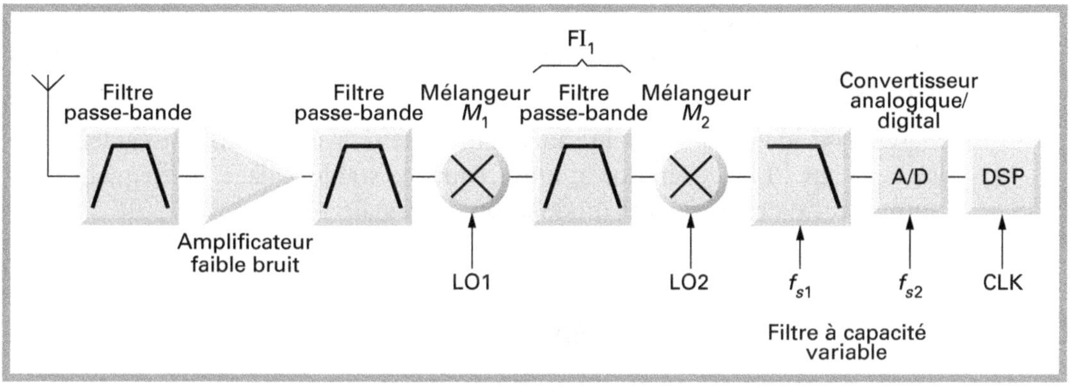

Figure 8.1 – Schéma de principe simplifié d'un récepteur et utilisation d'un PLL pour la génération des signaux d'horloge ou oscillateurs.

Il s'agit simplement de dénombrer et de chiffrer les besoins en signaux de référence du récepteur.

Le récepteur de la *figure 8.1* comporte un seul changement de fréquence effectué par M_1. M_1 et M_2 reçoivent les oscillateurs locaux aux fréquences LO1 et LO2.

Le signal LO1 permet de sélectionner le canal reçu. Le synthétiseur de fréquence assure un changement aisé de la fréquence, le problème de la couverture et sélection d'un canal parmi *n* est résolu. L'oscillateur LO1 est stable, la première fréquence intermédiaire FI_1 est donc stable. Les mêmes remarques peuvent s'appliquer à LO2 qui injecté au mélangeur effectue une démodulation cohérente du signal reçu.

Ceci est important et montre que le signal LO2 pourra être synchronisé sur une information de référence. Ces circuits de synchronisation ne sont pas représentés. Une fois de plus, la boucle à verrouillage de phase répondra au problème.

Finalement, des synthétiseurs annexes peuvent être très utiles pour le traitement du signal en bande de base. Après la démodulation, le signal peut être limité en bande par un filtre à capacité commutée. Pour ce type de filtres, les paramètres sont extrêmement bien définis par la fréquence f_{S1}. On demandera une fois encore à un PLL de piloter le filtre.

Le signal sera finalement converti en numérique à la cadence imposée par f_{S2} avant d'être envoyé à un circuit de traitement numérique DSP (*Digital Signal Processor*). Le DSP est cadencé par une fréquence horloge CLK. Cette fréquence peut être astucieusement choisie pour servir de référence aux divers PLL qui seront mis en service.

La *figure 8.1* regroupe différents cas d'emploi des PLL, qui montrent que cette structure permettra de stabiliser des oscillateurs haute fréquence comme LO1 ou basse fréquence comme f_{S1} ou f_{S2}.

Dans le cas d'un récepteur analogique, on rencontre au minimum LO1 pour un seul changement de fréquence et LO1 et LO2 pour un récepteur à deux changements de fréquence.

Une analyse identique dans le cadre d'un émetteur aurait mis en évidence les avantages du PLL, génération d'une fréquence stable, calage en fréquence sur l'un ou l'autre des canaux, et modulation éventuelle.

8.4 Rappel sur les asservissements

Le schéma synoptique de la *figure 8.2* représente un asservissement au sens le plus large du terme. Dans ce cas, la connaissance de la grandeur à asservir ne représente pas d'intérêt particulier. Il s'agit simplement de modéliser la fonction asservissement.

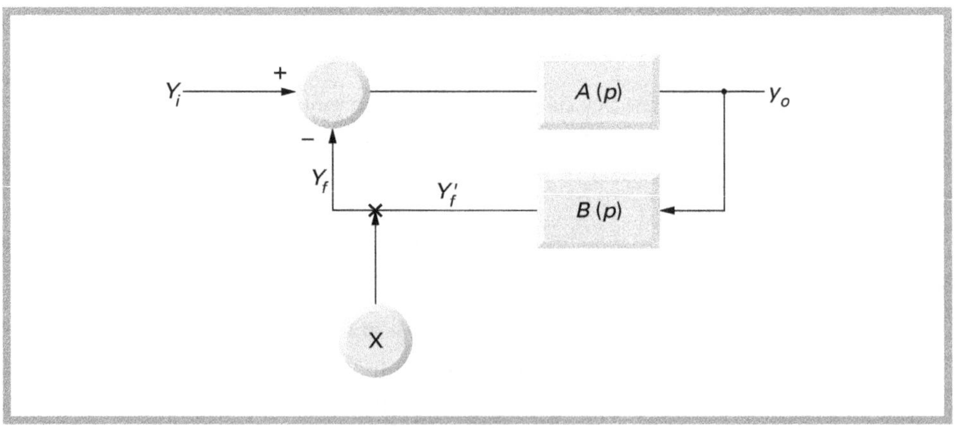

Figure 8.2 – Schéma synoptique d'un asservissement.

La boucle d'asservissement de la *figure 8.2* comprend un réseau direct qui associe à la variable d'entrée Y_d la variable de sortie Y_0 avec une fonction de transfert $A(p)$:

$$Y_0(p) = A(p)\ Y_d(p)$$

Cette boucle comprend un réseau de retour qui associe à la variable Y_0 d'entrée, la variable Y_f de sortie avec la fonction de transfert $B(p)$:

$$Y_f(p) = B(p)\ Y_0(p)$$

Un soustracteur effectue la différence entre le signal d'entrée Y_i et le signal de retour de la boucle Y_f :

$$Y_d(p) = Y_i(p) - Y_f(p)$$

En combinant ces trois équations, on obtient la fonction de transfert du système bouclé :

$$H(p) = \frac{Y_0(p)}{Y_i(p)} = \frac{A(p)}{1 + A(p)B(p)}$$

Et pour la réponse de la tension d'erreur Y_d en fonction de la tension d'entrée $Y_i(p)$:

$$\frac{Y_d(p)}{Y_i(p)} = \frac{1}{1 + A(p)B(p)}$$

Pour calculer le gain en boucle ouverte, la boucle est ouverte au point X. Un signal Y_f est envoyé au soustracteur et la boucle restitue un signal Y'_f.

Le gain en boucle ouverte est égal au quotient $\dfrac{Y'_f(p)}{Y_f(p)}$

$$\frac{Y'_f(p)}{Y_f(p)} = G(p) = -\ A(p)\ B(p)$$

8.5 Stabilité de l'asservissement

Les problèmes majeurs d'un asservissement sont relatifs à sa stabilité. La stabilité de la boucle est examinée en analysant la fonction de transfert du système en boucle ouverte : $A(p)\ B(p)$.

Le tracé des deux courbes, gain et phase de la fonction de transfert en boucle ouverte, en fonction de la fréquence permet de s'assurer de la stabilité de la boucle.

$$G = 20 \log \sqrt{|G(p)|^2}$$

$$\varphi = \mathrm{Arctan}\ \frac{\mathrm{Im}\,(G(p))}{\mathrm{Re}\,(G(p))}$$

Le critère de Bode stipule que le système est stable inconditionnellement si le gain est inférieur à 0 dB, lorsque le déphasage a atteint 180 degrés. Les courbes de la *figure 8.3* représentent un cas d'asservissement stable.

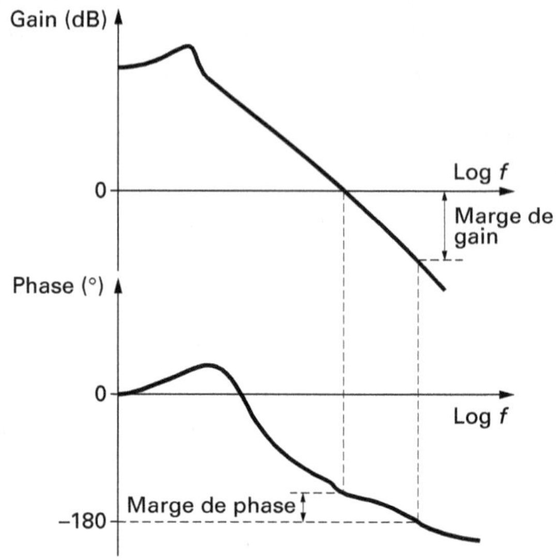

Figure 8.3 – Diagramme de Bode d'un système stable.

On définit alors deux grandeurs importantes, la *marge de gain* et la *marge de phase.*

8.5.1 Marge de gain

La marge de gain est la différence de gain ($G - 0$) dB, mesurée à la fréquence f pour laquelle la phase vaut $-\pi$. La valeur G est négative pour un système stable.

8.5.2 Marge de phase

La marge de phase est la différence de phase ($\varphi - 180$) degrés, mesurée à la fréquence f pour laquelle le gain vaut 0 dB.

Cette valeur est négative pour un système stable. Si l'on calcule $180 - \varphi$, cette valeur est positive pour un système stable.

Les courbes de la *figure 8.4* donnent un exemple de deux courbes représentatives d'un système instable. Dans ce cas le gain est supérieur à 0 dB lorsque la phase vaut $-\pi$.

Ces notions élémentaires sont nécessaires pour analyser, comprendre et concevoir les boucles à verrouillage de phase.

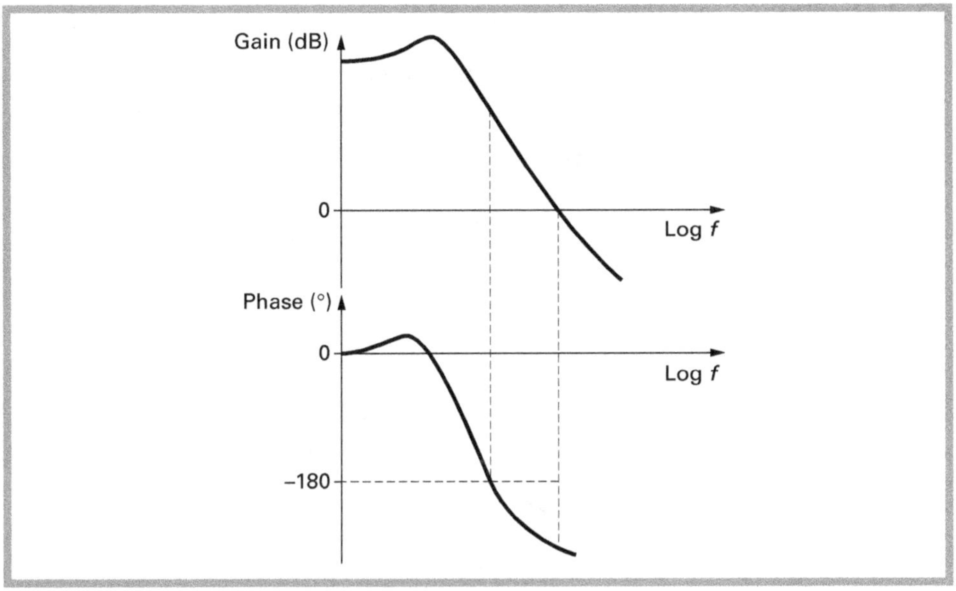

Figure 8.4 – Diagramme de Bode d'un système non stable.

8.6 Boucle à verrouillage de phase à retour unitaire

Le schéma synoptique d'une boucle à verrouillage de phase à retour unitaire est représenté à la *figure 8.5*. Pour l'analyse de ces systèmes, on considère, non pas des signaux sinusoïdaux purs, mais des signaux dont la phase et la fréquence varient dans le temps. Ces fonctions s'écrivent :

$$f(t) = A\cos[2\pi f(t) + \varphi(t) + \varphi_0]$$

La boucle à verrouillage de phase se compose de trois éléments, l'oscillateur contrôle en tension VCO, le comparateur de phase et le filtre de boucle.

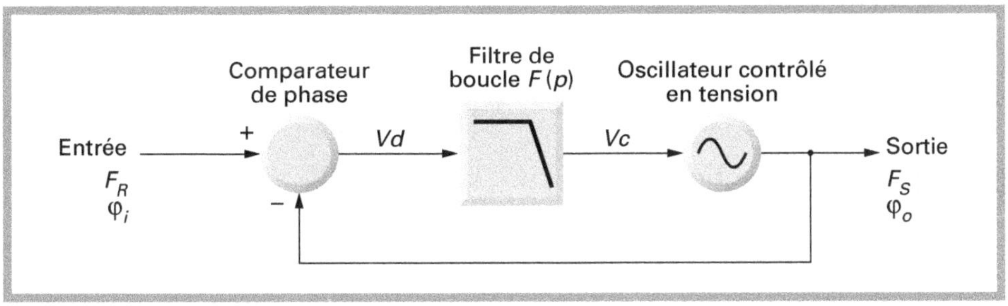

Figure 8.5 – Schéma synoptique d'une boucle à verrouillage de phase.

8.6.1 Oscillateur contrôle en tension VCO

L'oscillateur contrôle en tension, VCO est l'élément principal de la boucle puisque l'asservissement va porter sur ses paramètres phase et fréquence.

La fonction de transfert du VCO est représentée par la courbe de la *figure 8.6* et s'écrit :

$$f(t) = f_0 + K_0\ V_c(t)$$

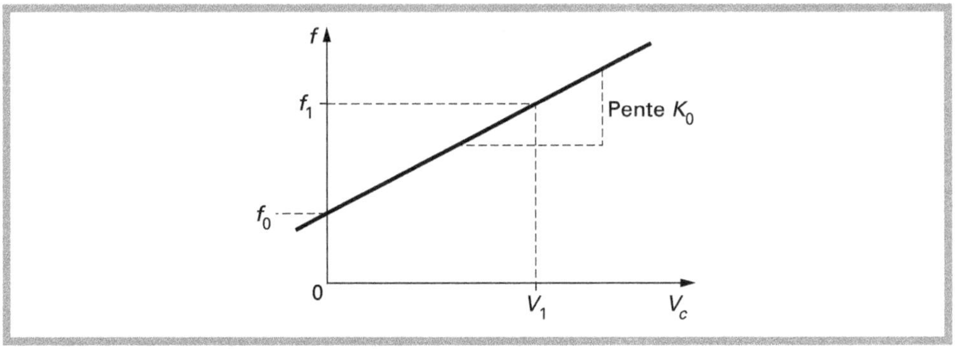

Figure 8.6 – Fonction de transfert du VCO.

Cette relation est importante. On doit noter que par définition, on admet que le VCO est linéaire et que le coefficient K_0 est constant.

Dans la pratique, ceci ne peut pas être le cas, les caractéristiques des diodes varicap ne permettent pas une variation linéaire de la fréquence en fonction de la tension de commande.

Il s'agit donc d'une approximation néanmoins suffisante, à la description du modèle de la boucle à verrouillage de phase. La fréquence étant la dérivée de la phase instantanée on peut écrire :

$$\delta f = K_0 V_c$$

$$\frac{\mathrm{d}\varphi_0(t)}{\mathrm{d}t} = K_0 V_c$$

En calcul opérationnel, la fonction de transfert du VCO s'écrit simplement :

$$\varphi_0(p) = \frac{K_0 V_c(p)}{p}$$

8.6.2 Comparateur de phase

Le comparateur de phase effectue la différence entre les phases des signaux d'entrée et délivre un signal de sortie V_D proportionnel à un coefficient K_D appelé gain du comparateur de phase.

$$V_D(t) = K_D[\varphi_i(t) - \varphi_0(t)]$$

En calcul opérationnel, cette relation s'écrit :

$$V_D(p) = K_D[\varphi_i(p) - \varphi_0(p)]$$

8.6.3 Filtre de boucle

Le filtre de boucle est l'autre élément important de la boucle à verrouillage de phase, car il va permettre, par le choix de ses paramètres, de réaliser un système stable.

La tension de sortie du filtre de boucle est donné par la relation :

$$V_c(p) = F(p)\, V_D(p)$$

8.6.4 Équations générales de la boucle à retour unitaire

Les trois équations principales sont donc :

$$\varphi_0(p) = \frac{K_0 V_c(p)}{p}$$

$$V_D(p) = K_D[\varphi_i(p) - \varphi_0(p)]$$

$$V_c(p) = F(p)\, V_D(p)$$

En combinant ces trois équations, on obtient les relations fondamentales qui permettent l'analyse du fonctionnement de la boucle.

La fonction de transfert en boucle fermée $H(p)$ vaut :

$$H(p) = \frac{\varphi_0(p)}{\varphi_i(p)} = \frac{K_0 K_D F(p)}{p + K_0 K_D F(p)}$$

Cette fonction de transfert est bien celle d'un asservissement et la fonction de transfert en boucle ouverte $G(p)$ vaut :

$$G(p) = \frac{K_0 K_D F(p)}{p}$$

La fonction de transfert de l'erreur $\varphi_i(p) - \varphi_0(p)$ est donnée par la relation :

$$\frac{\varphi_i(p) - \varphi_0(p)}{\varphi_i(p)} = \frac{\varphi_e(p)}{\varphi_i(p)} = \frac{p}{p + K_0 K_D F(p)} = 1 - H(p)$$

Finalement, pour la tension de commande du VCO, V_c on a :

$$V_c(p) = \frac{p K_D F(p) \varphi_i(p)}{p + K_0 K_D F(p)} = \frac{p \varphi_i(p)}{K_0} H(p)$$

8.7 Boucle à verrouillage de phase à retour non unitaire

Si l'on introduit un diviseur de fréquence par N, entre la sortie du VCO et l'entrée du comparateur de phase, conformément au schéma de la *figure 8.7*, les équations du système deviennent :

$$\varphi_0(p) = \frac{K_0 V_c(p)}{p}$$

$$V_D(p) = K_D \left[\varphi_i(p) - \frac{\varphi_0(p)}{N}\right]$$

$$V_c(p) = F(p) \cdot V_D(p)$$

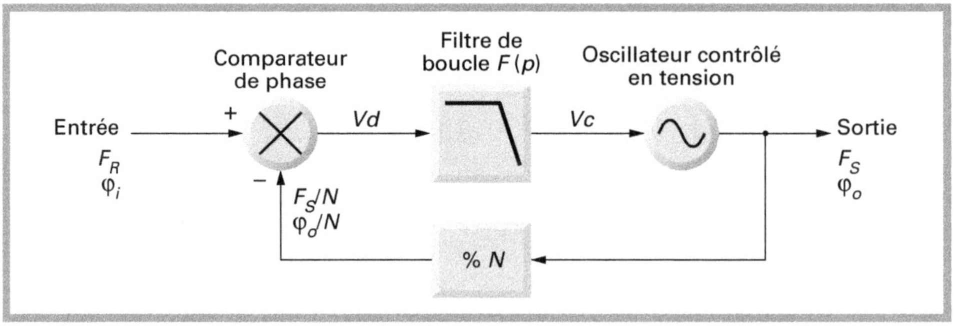

Figure 8.7 – Schéma synoptique d'une boucle à verrouillage de phase et retour non unitaire.

La fonction de transfert du système bouclé devient :

$$H_1(p) = \frac{\varphi_0(p)}{N\varphi_i(p)} = \frac{K_0 K_D F(p)}{Np + K_0 K_D F(p)}$$

Et pour la fonction d'erreur :

$$\frac{\varphi_i(p) - \dfrac{\varphi_0(p)}{N}}{\varphi_i(p)} = 1 - H_1(p)$$

8.8 Analyse du fonctionnement en régime statique

Dans ce paragraphe, on s'intéresse uniquement au régime statique de la boucle. On admet donc que le régime d'équilibre est atteint et que le système est stable.

Pour une boucle incluant un diviseur par N dans le retour, la fonction de transfert vaut :

$$\frac{\varphi_0(p)}{\varphi_i(p)} = \frac{NK_0 K_D F(p)}{Np + K_0 K_D F(p)}$$

Sachant que $\frac{d\varphi_0(t)}{dt} = \Omega_0(t)$ on peut écrire $\Omega_0(p) = p\varphi_0(p)$

Soit pour la fonction de transfert du système bouclé :

$$\frac{\Omega_0(p)}{\Omega_i(p)} = \frac{NK_0K_DF(p)}{Np + K_0K_DF(p)}$$

Si le gain en boucle ouverte est beaucoup plus grand que 1

$$\frac{K_0K_DF(p)}{Np} \gg 1$$

Finalement, cette relation se simplifie :

$$f_0 = Nf_i$$

f_i est la fréquence de référence envoyée au comparateur de phase et f_0 est la fréquence de sortie du VCO. Ce résultat n'est valable que si le gain en boucle ouverte est élevé.

Il existe plusieurs méthodes pour que le gain en boucle ouverte soit élevé. On peut évidemment choisir K_0 et K_D en conséquence, mais ces paramètres sont en général, surtout pour K_D, des données. La meilleure solution consiste à bâtir le filtre de boucle autour d'un amplificateur opérationnel.

8.8.1 Boucle à retour unitaire

La fréquence de sortie du VCO, F_S est égale à la fréquence du signal de référence F_R :

$$F_S = F_R$$

A priori, cette caractéristique peut sembler dénuée d'intérêt puisqu'il ne s'agit que d'une recopie du signal incident à la fréquence F_R. En fait, cette structure est particulièrement intéressante pour extraire la porteuse, soit dans un signal modulé en amplitude, soit dans un signal bruité en vue de réaliser une démodulation cohérente. Cette structure est aussi intéressante en démodulation de fréquence, elle a été traitée dans le chapitre 2, modulations analogiques.

8.8.2 Boucle à retour non unitaire

La fréquence de sortie du VCO est égale à N fois la fréquence du signal de référence F_R :

$$F_S = NF_R$$

Ce résultat est un premier résultat intéressant qu'il faut exploiter plus amplement.

Si le signal de référence est celui d'un oscillateur à quartz, la fréquence de sortie F_S aura la même précision que celle de l'oscillateur de référence. Plus généralement, l'oscillateur à quartz ne sera pas directement envoyé vers le comparateur de phase mais *via* un diviseur de fréquence par M comme dans le cas de la *figure 8.8*.

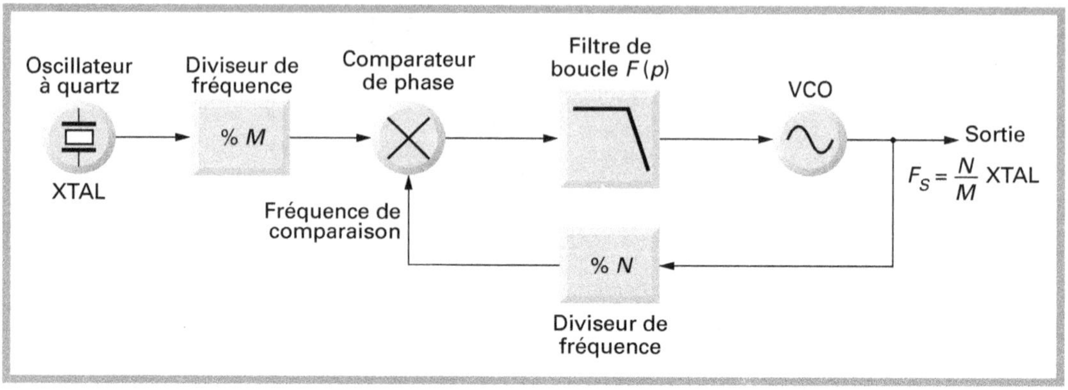

Figure 8.8 – Boucle à verrouillage avec diviseurs N et M.

Dans ce cas, les fréquences F_S et F_{XTAL} sont liées par la relation :

$$F_S = \frac{N}{M} F_{XTAL}$$

En choisissant N, M et F_{XTAL} on peut donc élaborer une fréquence F_S qui sera un multiple non entier, de la fréquence F_{XTAL} et qui aura sa précision. Pour cette raison, la boucle à verrouillage de phase, dans cette configuration, a pris le nom de synthétiseur de fréquence.

La fréquence de comparaison F_{COMP} est la fréquence traitée par le comparateur de phase :

$$F_{COMP} = \frac{F_{XTAL}}{M}$$

En admettant que le diviseur de fréquence N soit totalement programmable, N pourra prendre des valeurs N, $N + 1$, $N + 2$, etc. On cherche alors l'écart entre deux fréquences consécutives. Cet écart est appelé le pas (*step*) de fréquence :

$$F_{STEP} = \frac{F_{XTAL}}{M}$$

F_{STEP} est égale à F_{COMP} dans la configuration de la *figure 8.8*.

8.8.3 Synthétiseurs de fréquence à boucles multiples

Lorsque l'on souhaite obtenir des incréments plus petits, on met en service des synthétiseurs à boucles multiples dont les *figures 8.9* et *8.10* donnent deux exemples.

Le mélangeur de la *figure 8.9* est un mélangeur équilibré à diodes. Il effectue donc la somme et la différence des fréquences des signaux d'entrée.

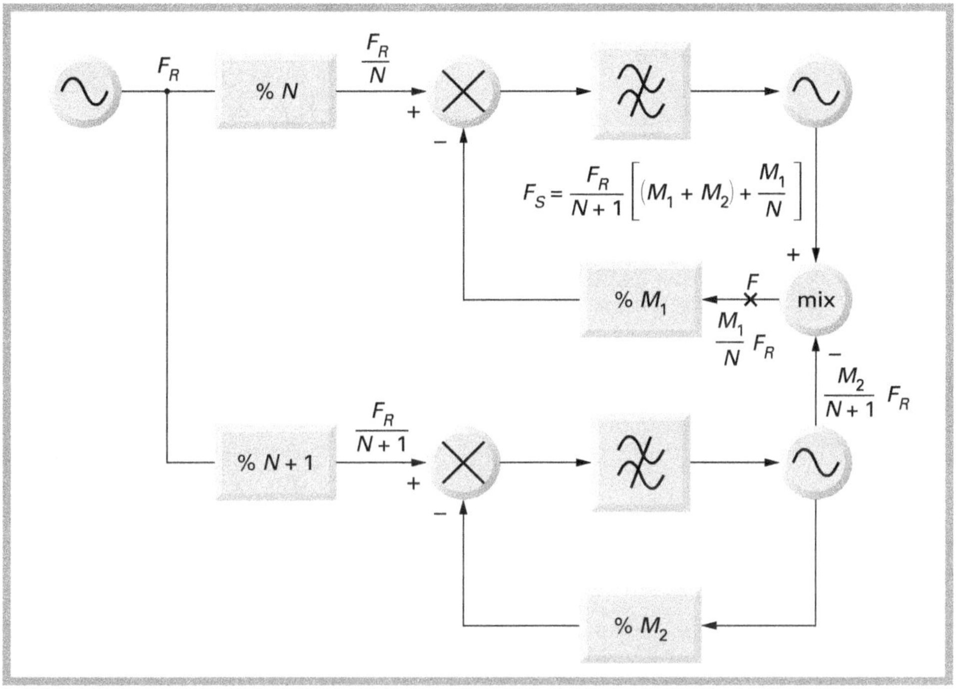

Figure 8.9 – Schéma synoptique d'un synthétiseur à double boucle.

En sortie du mélangeur, un filtre passe-bande intercalé au point F sélectionne la différence des fréquences.

La fréquence de sortie est donnée par la relation :

$$F_S = F_R\left[\frac{M_2}{N+1} + \frac{N_1}{M}\right]$$

Cette boucle est dite aussi vernier car elle permet d'obtenir des incréments petits.

La réalisation de telles boucles est délicate, même si les boucles élémentaires sont quasiment identiques. Les problèmes de filtrage sont à examiner avec attention et un microcontrôleur, programmant les quatre différents diviseurs devra être mis en service. Ces éléments annexes mais impératifs compliquent notablement cette boucle.

Cette structure, ou des structures équivalentes comme celle de la *figure 8.10*, est en général, réservée aux générateurs haute fréquence qui sont alors dits synthétisés.

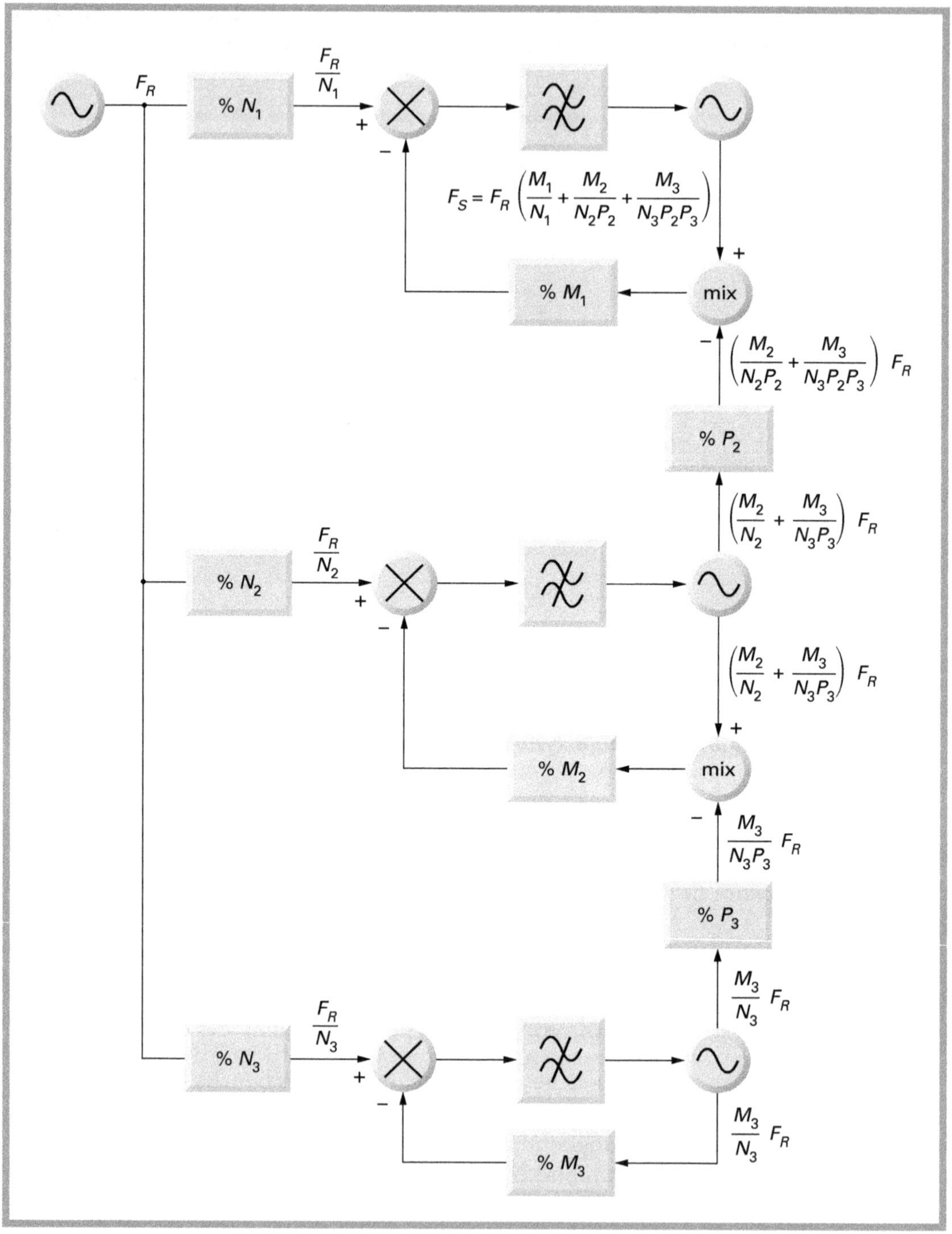

Figure 8.10 – Schéma synoptique d'un synthétiseur à triple boucle.

Ces appareils sont relativement complexes, la plage de fréquences synthétisables est vaste, de quelques KHz à plusieurs GHz et la résolution, où le plus petit pas de fréquence est de 1 Hz et quelquefois moins.

Ces générateurs sont destinés aux tests ou developpements des émetteurs et récepteurs.

Dans le cas de la *figure 8.10* une troisième boucle est ajoutée.

La fréquence de sortie vaut :

$$F_S = F_R\left(\frac{M_1}{N_1} + \frac{M_2}{N_2 P_2} + \frac{M_3}{N_3 P_2 P_3}\right)$$

Dans le cas particulier où $N_1 = N_2 = N_3 = N$ on obtient :

$$F_S = \frac{F_R}{N}\left(M_1 + \frac{M_2}{P_2} + \frac{M_3}{P_2 P_3}\right)$$

Les remarques données pour le synthétiseur de la *figure 8.9* s'appliquent au cas de la *figure 8.10.*

8.8.4 Diviseur à double module

Dans les émetteurs et les récepteurs le pas, plus petit incrément possible, est en général égal à la largeur du canal. Les canaux les plus étroits ont une largeur de quelques KHz. L'emploi de boucles multiples comme celle des *figures 8.9* et *8.10* ne se justifie pas.

La configuration de la *figure 8.8* est alors la plus employée et le diviseur par N est le diviseur à double module de la *figure 8.11.*

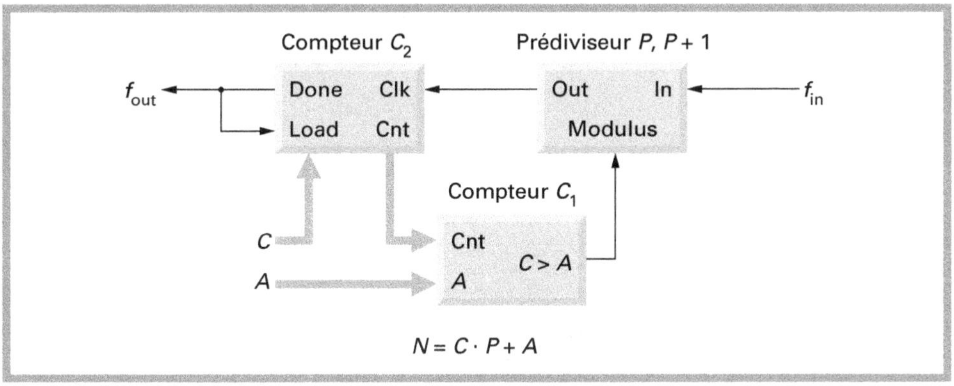

Figure 8.11 – Diviseur à double module le plus largement utilisé.

Un compteur C_1 pilote un prédiviseur à double module qui, en fonction de l'état de la broche d'entrée Module, divise soit par P soit par $P + 1$.

Le fonctionnement de la boucle à verrouillage de phase ne change pas mais le diviseur N est remplacé par une valeur :

$$N = CP + A$$

Pour générer une fréquence de sortie F_S quelconque, il faut tout d'abord calculer N en choisissant F_{XTAL} et M. P est connu, il suffit alors de calculer C et A et de charger ces valeurs dans les deux compteurs C_1 et C_2.

Cette configuration, représentée à la *figure 8.12*, est suffisante pour les oscillateurs locaux des récepteurs et la génération des fréquences pilotes des émetteurs.

$$F_S = [CP + A]\,\frac{F_{XTAL}}{M}$$

A est compris dans l'intervalle $[0, P[$.

Le schéma de la *figure 8.12* représente alors une boucle complète. Toutes les fonctions numériques annexes, qui n'ont pour but que la stabilisation du VCO, peuvent être regroupées dans un circuit intégré.

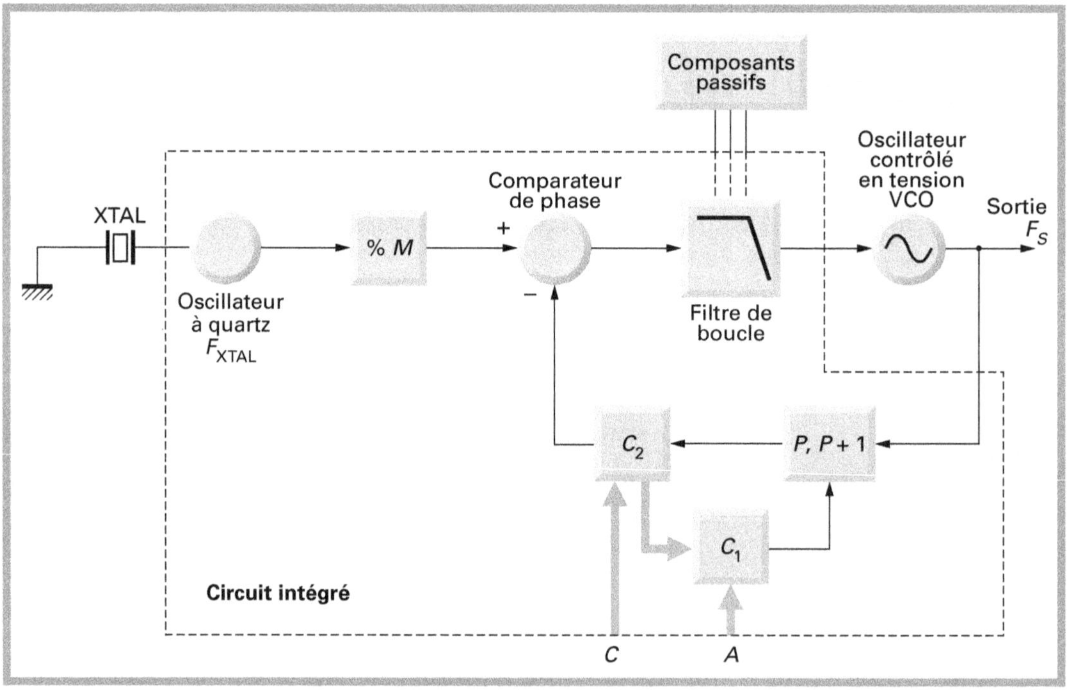

Figure 8.12 – Schéma synoptique de la boucle à verrouillage de phase la plus usuelle.

Le VCO est, en général, externe au circuit intégré. Cette solution est idéale, car elle permet au concepteur d'adapter un circuit intégré, fonction générique PLL, à un problème particulier. Le quartz XTAL est naturellement externe mais l'oscillateur est intégré dans le circuit.

L'ensemble des deux mots *A* et *C* peut être aussi long que 20 bits. Une programmation en parallèle impliquerait un nombre de broches égal au nombre de bits.

Une programmation *via* un bus série deux ou trois fils réduit le nombre de broches du circuit intégré. La miniaturisation du circuit intégré se traduit impérativement par la présence d'un microcontrôleur qui, *via* le bus deux ou trois fils charge, après calcul éventuel, les valeurs *A* et *C* dans le circuit intégré synthétiseur.

Les éléments passifs du filtre de boucle, fonction de l'application, sont externes. L'amplificateur autour duquel est bâti ce filtre de boucle est soit interne, soit externe au circuit.

8.9 Stabilité de la boucle à verrouillage de phase

Il s'agit d'examiner la stabilité de la boucle en fonction de différents filtres.

Dans un premier temps, on calcule les fonctions de transfert $F(p)$ des différents filtres, puis en utilisant $F(p)$ dans la relation du gain en boucle ouverte, on examine la stabilité en traçant le diagramme de Bode.

Ceci doit permettre de sélectionner le ou les filtres, assurant la stabilité et établir les conditions pour lesquelles cette stabilité est obtenue. On s'intéresse à différents filtres passe-bas en admettant que seul, ce filtre est responsable de l'introduction des constantes de temps qui permettent d'assurer ou non la stabilité.

Dans la pratique, il existe des constantes de temps parasites qui ne sont pas incluses dans le modèle de la boucle à verrouillage de phase. La constante de temps parasite la plus importante se situe en général, à l'entrée de l'oscillateur contrôle en tension VCO, mais ce n'est pas la seule. Les amplificateurs opérationnels autour desquels sont bâtis les filtres les plus utilisés introduisent des constantes de temps supplémentaires.

En conséquence, l'ordre des fonctions de transfert en boucle ouverte ou en boucle fermée $G(p)$ et $H(p)$ sera toujours supérieur à l'ordre théorique.

8.9.1 Fonction de transfert des filtres de la boucle

On s'intéresse au cas de la boucle à retour unitaire. Le même calcul peut être fait lorsque un diviseur par N est introduit dans le circuit de retour.

Filtres donnant un système bouclé d'ordre 2

Le schéma de la *figure 8.13* regroupe quatre filtres donnant pour la fonction de transfert du système bouclé, une fonction d'ordre 2.

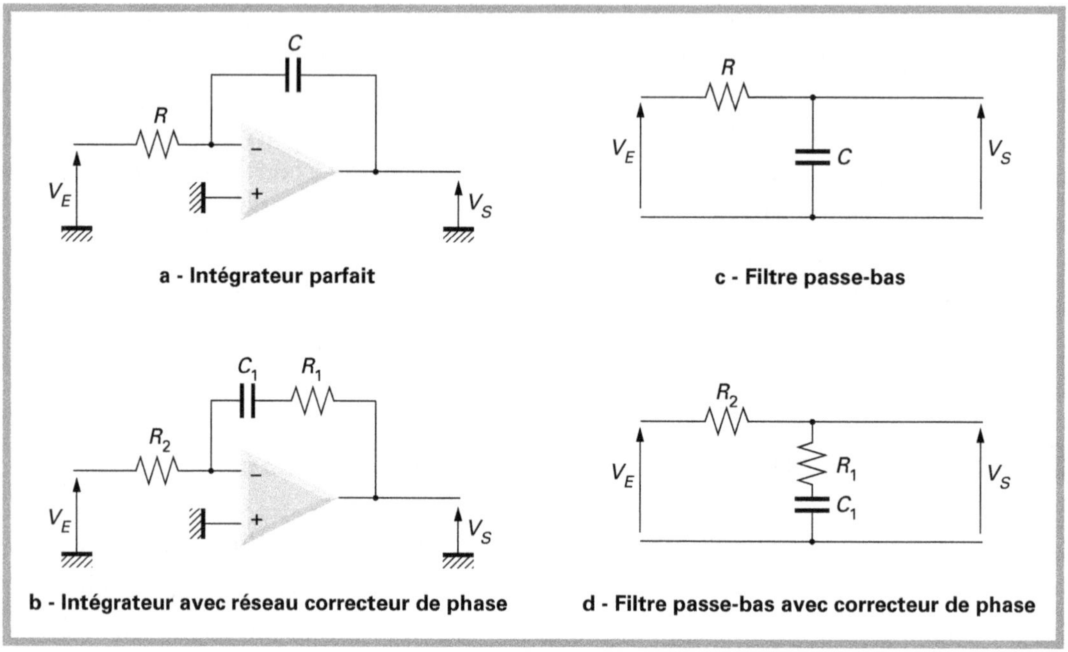

Figure 8.13 – Filtres passe-bas examinés dans le cas de la stabilité de la boucle.

Filtre intégrateur parfait

La fonction de transfert $F(p) = \dfrac{V_S(p)}{V_e(p)}$ vaut :

$$F(p) = -\frac{1}{RCp}$$

Un amplificateur de gain – 1 est inseré, à la suite de ce filtre pour assurer l'asservissement.

Les fonctions de transfert, en boucle ouverte $G(p)$ et du système bouclé $H(p)$ valent :

$$G(p) = \frac{K_0 K_D}{RCp^2}$$

$$H(p) = \frac{1}{\dfrac{RC}{K_0 K_D}p^2 + 1}$$

La courbe de gain en fonction de la fréquence est une droite de pente – 2 coupant l'axe 0 dB pour une valeur de pulsation :

$$\omega_{0\,\mathrm{dB}} = \sqrt{\frac{K_0 K_D}{RC}}$$

Le déphasage vaut $-\pi$ quelle que soit la valeur de la pulsation ; la boucle est instable et oscille à la pulsation $\omega_{0\,\text{dB}}$.

Ceci peut aussi se vérifier en remarquant que le dénominateur de la fonction de transfert $H(p)$ s'annule pour $\omega = \omega_{0\,\text{dB}}$.

Filtre intégrateur et réseau correcteur par avance de phase

La fonction de transfert du filtre de la *figure 8.13b* s'écrit :

$$F(p) = -\frac{R_1 C_1 p + 1}{R_2 C_1 p}$$

Un amplificateur de gain $= -1$ est inséré à la suite de ce filtre pour assurer l'asservissement.

Les fonctions de transfert, en boucle ouverte $G(p)$ et du système bouclé $H(p)$ valent :

$$G(p) = K_0 K_D \frac{R_1 C_1 p + 1}{R_2 C_1 p^2}$$

$$H(p) = \frac{K_0 K_D (R_1 C_1 p + 1)}{R_2 C_1 p^2 + K_0 K_D (R_1 C_1 p + 1)}$$

Le diagramme de Bode de la fonction $G(p)$ est représenté à la *figure 8.14*.

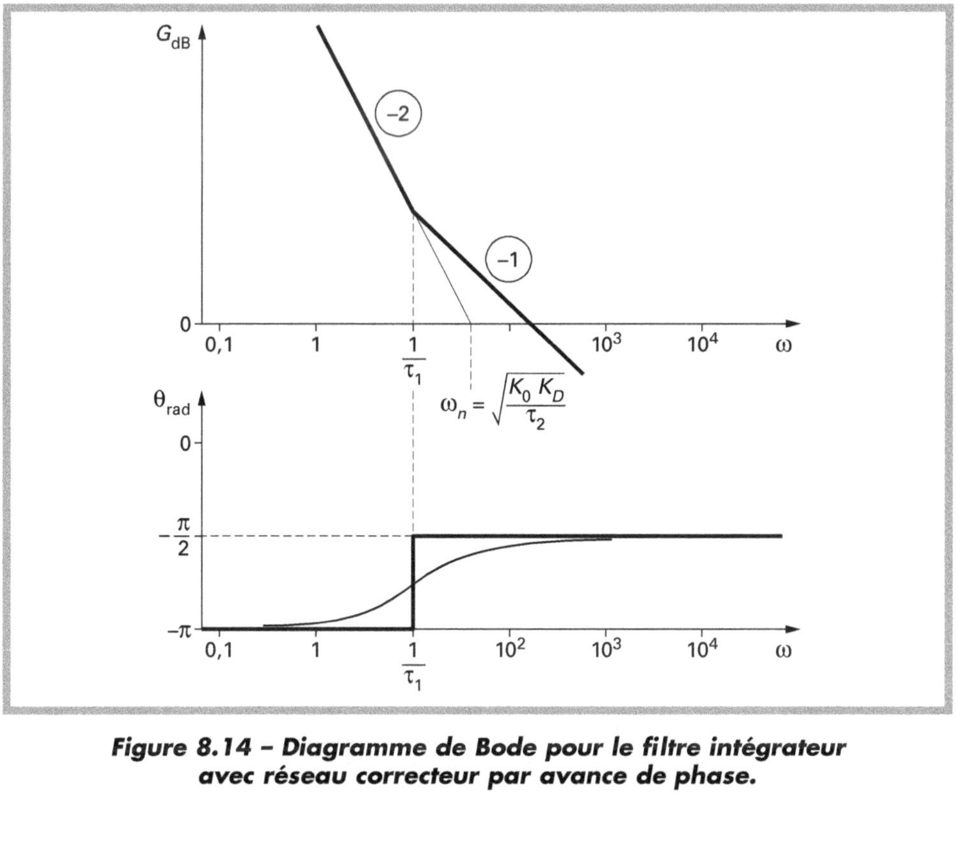

Figure 8.14 – Diagramme de Bode pour le filtre intégrateur avec réseau correcteur par avance de phase.

On pose :

$$\tau_1 = R_1 C_1$$
$$\tau_2 = R_2 C_1$$

Ce diagramme montre que la courbe de phase est entièrement située au-dessous de $-\pi$.

En posant :

$$\omega_n^2 = \frac{K_0 K_D}{\tau_2}$$

et

$$2\zeta\omega_n = \frac{K_0 K_D \tau_1}{\tau_2}$$

Le paramètre ζ est appelé coefficient d'amortissement de la boucle.

La fonction de transfert du système bouclé peut s'écrire :

$$H(p) = \frac{2\zeta\dfrac{p}{\omega_n} + 1}{\dfrac{p^2}{\omega_n^2} + 2\zeta\dfrac{p}{\omega_n} + 1}$$

La boucle est inconditionnellement stable. La marge de phase est d'autant plus importante que :

$$\omega_n > \frac{1}{\tau_1}$$

Filtre passe-bas

La fonction de transfert du filtre passe-bas de la *figure 8.13.c* s'écrit :

$$F(p) = \frac{1}{R_1 C_1 p + 1}$$

Les fonctions de transfert, en boucle ouverte $G(p)$ et du système bouclé $H(p)$ valent :

$$G(p) = \frac{K_0 K_D}{p(R_1 C_1 p + 1)}$$

$$H(p) = \frac{1}{\dfrac{R_1 C_1}{K_0 K_D} p^2 + \dfrac{1}{K_0 K_D} p + 1}$$

On pose $\tau_1 = R_1 C_1$.

Le diagramme de Bode de la fonction $G(p)$ est représenté à la *figure 8.15*. Le déphasage est toujours compris entre $-\pi/2$ et $-\pi$, la boucle est donc inconditionnellement stable. On remarque néanmoins que si la constante de temps τ_1 est grande, la marge de sécurité sur la phase à la pulsation $\omega_{0\,\mathrm{dB}}$ est très faible.

$$\omega_{0\,\mathrm{dB}} = \sqrt{\frac{K_0 K_D}{\tau_1}} \quad \text{et} \quad 2\zeta\omega_n = \frac{1}{\tau_1}$$

$$H(p) = \frac{1}{\frac{p^2}{\omega_n^2} + 2\zeta\frac{p}{\omega_n} + 1}$$

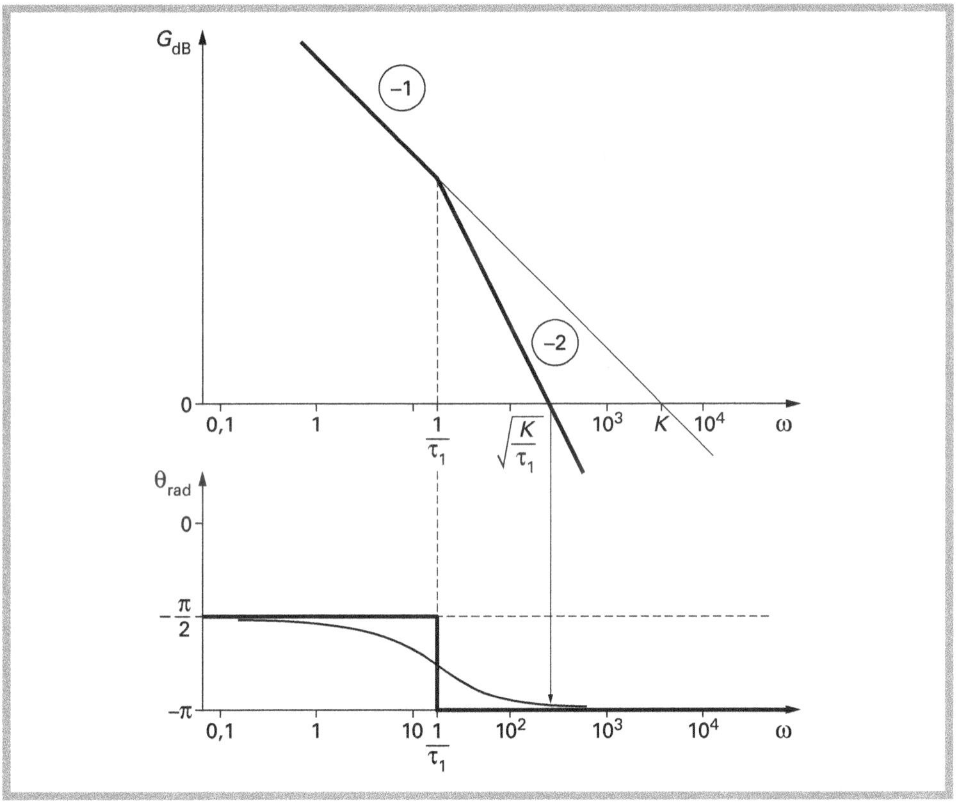

Figure 8.15 – Diagramme de Bode pour une boucle avec filtre passe-bas.

Le coefficient d'amortissement ζ peut aussi s'écrire :

$$\zeta = \frac{1}{2\sqrt{K_0 K_D \tau_1}}$$

Lorsque τ_1 est élevé, ζ doit être faible et ceci peut nuire à la stabilité. *A contrario*, lorsque τ_1 est faible, le coefficient d'amortissement est élevé et la marge de sécurité peut être importante.

Filtre passe-bas et réseau correcteur par avance de phase

La fonction de transfert du filtre passe-bas avec réseau correcteur de la *figure 8.13d* s'écrit :

$$F(p) = \frac{R_1 C_1 p + 1}{(R_1 + R_2) C_1 p + 1}$$

Les fonctions de transfert, en boucle ouverte $G(p)$ et du système bouclé $H(p)$ valent :

$$G(p) = \frac{K_0 K_D}{p} \frac{(R_1 C_1 p + 1)}{(R_1 + R_2) C_1 p + 1}$$

$$H(p) = \frac{R_1 C_1 p + 1}{\frac{(R_1 + R_2) C_1}{K_0 K_D} p^2 + \left(\frac{1}{K_0 K_D} + R_1 C_1\right) p + 1}$$

On pose $\tau_1 = R_1 C_1$ et $\tau_2 = (R_1 + R_2) C_1$.

Le diagramme de Bode de la fonction $G(p)$ est représenté à la *figure 8.16*.

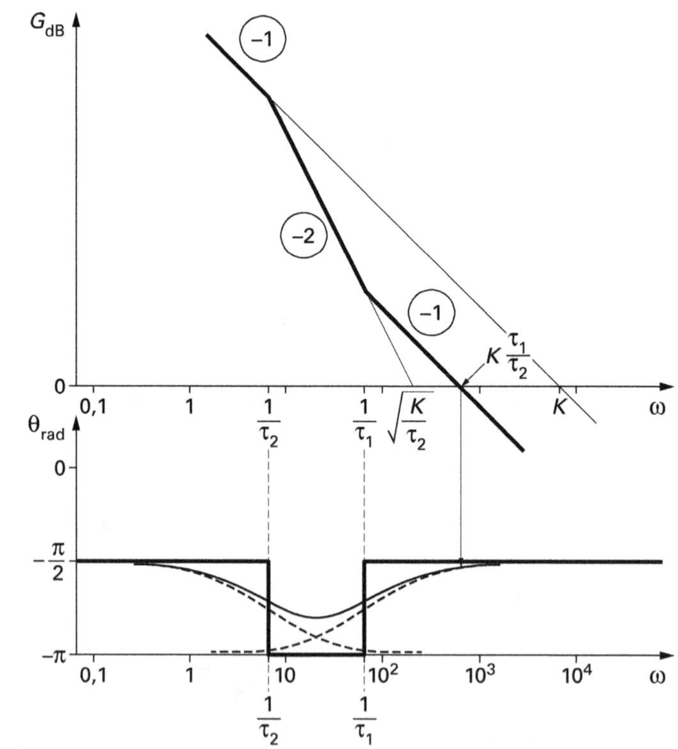

Figure 8.16 – Diagramme de Bode pour le filtre passe-bas avec réseau correcteur par avance de phase.

On pose $\omega_n = \sqrt{\dfrac{K_0 K_D}{(R_1 + R_2) C_1}}$ et $2\zeta\omega_n = \dfrac{1 + K_0 K_D R_1 C_1}{(R_1 + R_2) C_2}$

La fonction de transfert peut alors s'écrire :

$$H(p) = \frac{\left(2\zeta - \dfrac{\omega_n}{K_0 K_D}\right)\dfrac{p}{\omega_n} + 1}{\dfrac{p^2}{\omega_n^2} + 2\zeta\dfrac{p}{\omega_n} + 1}$$

Sur le diagramme de Bode, on constate que la marge de sécurité est voisine de $\pi/2$. Si les gains K_0K_D et ω_n sont fixés, la marge de sécurité est d'autant plus grande que la constante de temps τ_1 est grande. Le coefficient d'amortissement ζ augmente en même temps que τ_1.

Par conséquent, l'utilisation du réseau correcteur permet, par l'introduction de la constante de temps supplémentaire τ_1, de choisir le coefficient d'amortissement ζ indépendamment de la pulsation propre de la boucle ω_n.

Si la constante de temps τ_2 est très grande, ou si τ_1 est très petite, la courbe de phase peut être voisine de $-\pi$ pour une pulsation ω_1 :

$$\omega_1 = \frac{1}{\sqrt{\tau_1 \tau_2}}$$

Ce cas correspond bien sûr à un faible amortissement de la boucle.

Si des constantes parasites ne font pas franchir l'axe $-\pi$ à la courbe de phase, la boucle est stable.

Filtres donnant un système bouclé d'ordre 3

On s'intéresse dans ce cas à des filtres d'ordre 2 qui donnent une fonction de transfert d'ordre 3 pour le système bouclé. Les deux filtres examinés sont représentés à la *figure 8.17*.

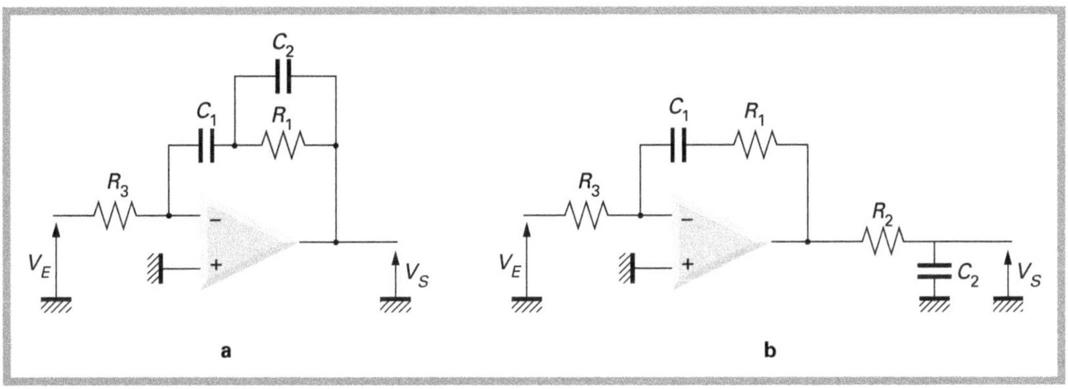

Figure 8.17 – Filtre passe-bas d'ordre 2 donnant un système bouclé d'ordre 3.

Filtre intégrateur avec constante de temps parasite

La *figure 8.17a* donne la configuration de ce filtre.

La fonction de transfert $F(p)$ de ce filtre s'écrit :

$$F(p) = -\frac{R_1(C_1 + C_2)p + 1}{R_3 C_1 p(R_1 C_2 p + 1)}$$

On pose : $\tau_1 = R_3 C_1$,
$\tau_2 = R_1 C_2$,
$\tau_3 = R_1(C_1 + C_2)$.

Filtre intégrateur avec correcteur par avance de phase et passe-bas

La *figure 8.17b* donne la configuration de ce filtre.

La fonction de transfert $F(p)$ de ce filtre s'écrit :

$$F(p) = -\frac{R_1 C_1 p + 1}{R_3 C_1 p(R_2 C_2 p + 1)}$$

On pose : $\tau_1 = R_3 C_1$,
$\tau_2 = R_2 C_2$,
$\tau_3 = R_1 C_1$.

Dans ces conditions les deux filtres ont la même fonction de transfert $F(p)$:

$$F(p) = -\frac{\tau_3 p + 1}{\tau_1 p(\tau_2 p + 1)}$$

Un amplificateur de gain – 1 est inséré à la suite de ce filtre pour assurer l'asservissement.

Les fonctions de transfert en boucle ouverte $G(p)$ et en boucle du système bouclé $H(p)$ valent :

$$G(p) = \frac{K_0 K_D}{\tau_1 p^2} \frac{\tau_3 p + 1}{\tau_2 p + 1}$$

$$H(p) = \frac{\tau_3 p + 1}{\frac{\tau_1 \tau_2}{K_0 K_D} p^3 + \frac{\tau_1}{K_0 K_D} p^2 + \tau_3 p + 1}$$

Les deux courbes de la *figure 8.18* donnent le diagramme de Bode pour les deux filtres de la *figure 8.17*.

Pour que le système soit stable, il faut que $\tau_2 > \tau_3$. Pour que la marge de sécurité soit importante, il faut que les constantes de temps τ_2 et τ_3 soient éloignées. Si l'on examine le cas d'un intégrateur parfait suivi d'un filtre passe-bas, on remarque que le système n'est pas stable. Dès que l'ordre du polynôme $D(p)$ obtenu au dénominateur de la fonction de transfert $H(p)$ atteint 3, l'examen de la stabilité est assez difficile.

$$H(p) = \frac{N(p)}{D(p)}$$

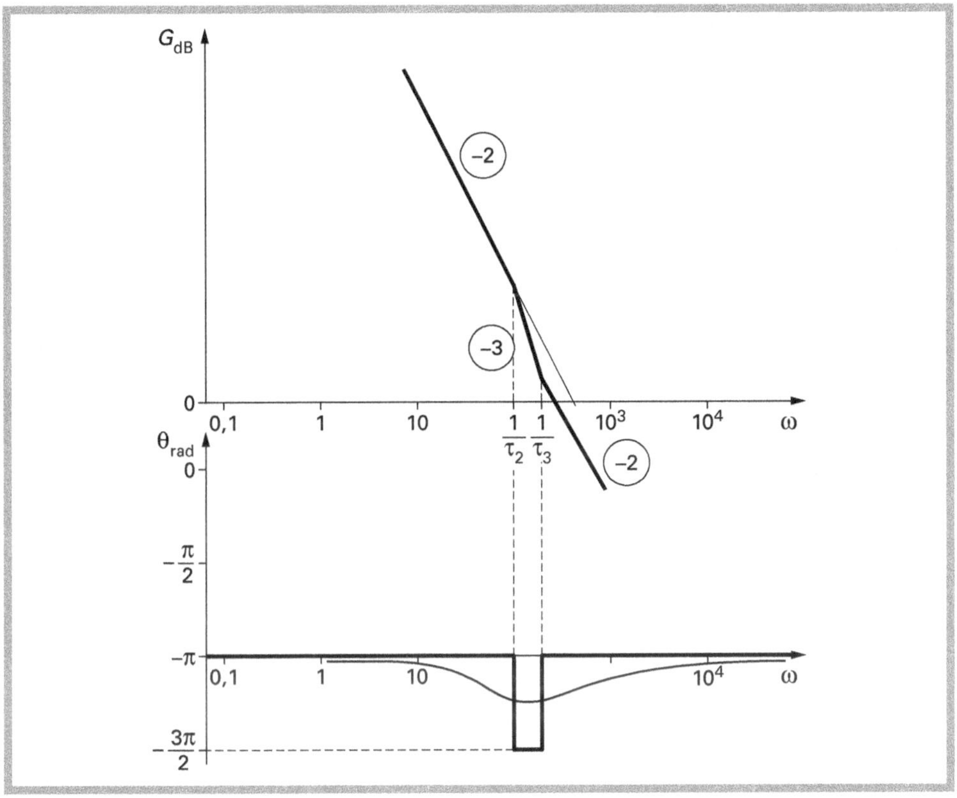

Figure 8.18 – Diagramme de Bode avec filtre intégrateur et filtre passe-bas.

Il faut pour cela chercher les racines du polynôme $D(p)$.

Si il existe soit une racine réelle positive, soit une racine complexe à partie réelle positive, le système est instable.

On cherche donc les racines du polynôme $p = (\alpha + j\omega)$ du polynôme $D(p)$.

$$\frac{\tau_1\tau_2}{K_0K_D}(\alpha + j\omega)^3 + \frac{\tau_1}{K_0K_D}(\alpha + j\omega)^2 + \tau_3(\alpha + j\omega) + 1 = 0$$

Cette équation complexe peut être décomposée en un système de deux équations réelles en α et ω.

$$\frac{\tau_1\tau_2}{K_0K_D}\alpha^3 + \frac{\tau_1}{K_0K_D}\alpha^2 + \left(\tau_3 - 3\omega^2\frac{\tau_1\tau_2}{K_0K_D}\right)\alpha + 1 - \frac{\tau_1}{K_0K_D}\omega^2 = 0$$

$$\frac{\omega}{K_0K_D}[(3\alpha^2\tau_1\tau_3 + 2\alpha\tau_1 + K_0K_D\tau_3) - \omega^2\tau_1\tau_2] = 0$$

La seconde équation se décompose en :

$$\omega = 0$$

$$\omega^2 = \frac{3\alpha^2\tau_1\tau_2 + 2\alpha\tau_1 + K_0 K_D \tau_3}{\tau_1\tau_2}$$

Le cas $\omega = 0$ correspond à la recherche de racines réelles du polynôme $D(\alpha) = 0$.

Les quantités τ_1, τ_2, τ_3, K_0 et K_D étant positives, $D(\alpha)$ est toujours positif lorsque α est positif. Il n'y a donc pas de racines réelles positives. La racine réelle est donc négative.

En portant l'expression de ω^2 dans la première équation, on obtient :

$$\frac{8\tau_1\tau_2}{K_0 K_D}\alpha^3 + \frac{8\tau_1}{K_0 K_D}\alpha^2 + \left(2\tau_3 + \frac{2\tau_1}{\tau_2 K_0 K_D}\right) + \frac{\tau_3}{\tau_2} - 1 = 0$$

La fonction $D(\alpha)$ est une fonction croissante pour α strictement positif.

Pour $\alpha = 0$, $$D(0) = \frac{\tau_3}{\tau_2} - 1$$

Lorsque α tend vers l'infini, $D(\alpha)$ tend vers l'infini.

Par conséquent, l'équation $D(\alpha)$ possède une racine positive en α si et seulement si $D(0)$ est négatif.

L'asservissement est donc instable si :

$$\frac{\tau_3}{\tau_2} < 1 \quad \text{et} \quad \tau_3 < \tau_2$$

Ce résultat était prévisible graphiquement en examinant la courbe de la *figure 8.18*.

Si $\frac{1}{\tau_3} < \frac{1}{\tau_2}$, la courbe de phase coupe l'axe $-\pi$ pour une valeur de gain G(dB) positive.
L'asservissement est stable si $\tau_3 > \tau_2$.
Les filtres les plus utilisés sont les filtres des figures *8.13b, 8.13d* et *8.17b.*

8.10 Stabilité des boucles à retour non unitaire

On s'intéresse à la stabilité, lorsqu'un diviseur par N est introduit dans le retour de la boucle, entre le VCO et le comparateur de phase.

8.10.1 Filtre passe-bas avec réseau correcteur par avance de phase

On utilise le filtre de la *figure 8.13d.*

La fonction de transfert en boucle ouverte $G(p)$ devient :

$$G(p) = \frac{K_0 K_D}{Np}\,\frac{\tau_1 p + 1}{\tau_2 p + 1}$$

Et la fonction de transfert en boucle fermée :

$$H_1(p) = \frac{R_1 C_1 p + 1}{\frac{N(R_1 + R_2) C_1}{K_0 K_D} p^2 + \left(\frac{N}{K_0 K_D} + R_1 C_1\right) p + 1}$$

$\tau_1 = R_1 C_1$
$\tau_2 = (R_1 + R_2)\ C_1$

avec

$$\omega_n = \sqrt{\frac{K_0 K_D}{N(R_1 + R_2) C_1}}$$

$$2\zeta\omega_n = \frac{N + K_0 K_D R_1 C_1}{N(R_1 + R_2) C_1}$$

La fonction de transfert $H_1(p)$ peut alors s'écrire :

$$H_1(p) = \frac{2\zeta - \frac{N\omega_n}{K_0 K_D \omega_n} \frac{p}{\omega_n} + 1}{\frac{p^2}{\omega_n^2} + 2\zeta \frac{p}{\omega_n} + 1}$$

Le diagramme de Bode est équivalent à celui de la *figure 8.16*.

8.10.2 Filtre intégrateur avec réseau correcteur par avance de phase

On utilise le filtre de la *figure 8.13b*.

La fonction de transfert en boucle ouverte $G(p)$ devient :

$$G(p) = \frac{K_0 K_D}{N}\,\frac{\tau_1 p + 1}{\tau_2 p^2} = \frac{K_0 K_D}{Np}\,\frac{R_1 C_1 p + 1}{R_2 C_1 p}$$

Et la fonction de transfert en boucle fermée $H_1(p)$:

$$H_1(p) = \frac{R_1 C_1 p + 1}{\frac{N R_2 C_1}{K_0 K_D} p^2 + R_1 C_1 p + 1}$$

$\tau_1 = R_1 C_1$
$\tau_2 = R_2 C_2$

On pose :

$$\omega_n = \sqrt{\frac{K_0 K_D}{N R_2 C_1}}$$

$$2\zeta = R_1 C_1 \omega_n$$

La fonction de transfert $H_1(p)$ peut alors s'écrire :

$$H_1(p) = \frac{2\zeta \frac{p}{\omega_n} + 1}{\frac{p^2}{\omega_n^2} + 2\zeta \frac{p}{\omega_n} + 1}$$

La fonction d'erreur $1 - H_1(p)$ vaut :

$$1 - H_1(p) = \frac{\frac{p^2}{\omega_n^2}}{\frac{p^2}{\omega_n^2} + 2\zeta \frac{p}{\omega_n} + 1}$$

8.10.3 Filtre intégrateur avec correcteur par avance de phase et passe-bas

La fonction de transfert du système bouclé $H(p)$ s'écrit :

$$H(p) = \frac{\tau_3 p + 1}{\frac{N\tau_1\tau_2}{K_0 K_D} p^3 + \frac{N\tau_1}{K_0 K_D} p^2 + \tau_3 p + 1}$$

Comme dans le cas de la boucle à retour unitaire, on s'intéresse aux racines $p = (\alpha + j\omega)$ du dénominateur $D(p)$. Un calcul identique à celui mené précédemment montre que la présence du diviseur par N ne change pas les conditions de stabilité. Le système est stable, quelle que soit la valeur de N, si $\tau_3 > \tau_2$.

Ce cas est particulièrement intéressant et pour cette raison, il est le plus employé dans la pratique.

8.10.4 Filtre intégrateur parfait et filtre passe-bas

Un calcul équivalent avec un filtre intégrateur parfait, suivi d'un filtre passe-bas montrerait que le système est instable.

8.11 Analyse de la boucle en régime dynamique

On considère que la boucle est initialement stable, on s'intéresse alors au comportement de la boucle lorsque celle ci reçoit différents stimulis d'entrée. Les réponses de sortie sont examinées pour différents filtres, d'ordre 1 ou d'ordre 2, donnant des systèmes bouclés d'ordre 2 ou d'ordre 3.

On considère la boucle dont le schéma synoptique est celui de la *figure 8.5* et dont la fonction de transfert $H(p)$ est connue :

$$H(p) = \frac{\varphi_0(p)}{\varphi_i(p)} = \frac{K_0 K_D F(p)}{p + K_0 K_D F(p)}$$

On peut évidemment chercher la réponse $h(t)$ de la boucle pour un stimuli particulier.

Dans certains cas, il peut être plus aisé d'analyser la tension de commande du VCO : $V_c(p)$.

Sachant que $\varphi_0(p) = \dfrac{K_0 V_c(p)}{p}$

$$\frac{K_0 V_c(p)}{\varphi_i(p)} = p\,\frac{K_0 K_D F(p)}{p + K_0 K_D F(p)} = pH(p)$$

La tension $V_c(p)$ est une mesure physique facilement accessible. La réponse $v_c(t)$ au stimulus d'entrée donne un bien meilleur aperçu du fonctionnement et de la réponse temporelle de la boucle que ne pourrait donner la réponse $\varphi_0(t)$. L'interprétation physique de $\varphi_0(t)$ est moins naturelle que $v_c(t)$ qui est la tension d'entrée du quadripôle que l'on cherche à asservir.

8.11.1 Stimuli d'entrée

On s'intéresse à trois signaux d'excitation d'entrée :

- un saut de phase,
- un saut de fréquence,
- une variation linéaire de pente R de la fréquence d'entrée.

Saut de phase

À l'instant $t = 0$, un saut de phase d'amplitude θ_i est appliqué au signal d'entrée.

$$\varphi_i(t) = \theta_i \gamma(t)$$

$\gamma(t)$ est la fonction échelon unité.

En calcul opérationnel, on peut écrire :

$$\varphi_i(p) = \frac{\theta_i}{p}$$

On s'intéresse à l'erreur de phase $\varphi_e(p)$:

$$\varphi_e(p) = \varphi_i(p) - \varphi_0(p)$$

$$\frac{\varphi_e(p)}{\varphi_i(p)} = 1 - H(p)$$

On cherche donc la réponse temporelle de la fonction $\dfrac{\varphi_e(p)}{\theta_i}$

$$\frac{\varphi_e(p)}{\theta_i} = \frac{1 - H(p)}{p}$$

On peut aussi examiner l'allure de la tension de commande de l'oscillateur contrôle en tension :

$$\frac{K_0 V_c(p)}{\varphi_i(p)} = pH(p)$$

$$\frac{K_0 V_c(p)}{\theta_i} = H(p)$$

Saut de fréquence

À l'instant $t = 0$, un saut de fréquence $\Delta\omega$ est appliqué au signal d'entrée.

$$\varphi_i(t) = \Delta\omega t\gamma(t)$$

En calcul opérationnel, on peut écrire :

$$\varphi_i(p) = \frac{\Delta\omega}{p^2}$$

Comme précédemment, on s'intéresse à l'erreur de phase $\varphi_e(p)$:

$$\frac{\varphi_e(p)}{\varphi_i(p)} = 1 - H(p)$$

$$\frac{\varphi_e(p)}{\Delta\omega} = \frac{1 - H(p)}{p^2}$$

L'allure de la tension de commande du VCO sera dans ce cas, beaucoup plus significative :

$$\frac{K_0 V_c(p)}{\Delta\omega} = \frac{H(p)}{p}$$

Ce cas est particulièrement intéressant, car il correspond à l'emploi d'une boucle à verrouillage de phase utilisée en démodulateur FSK.

L'entrée de la boucle reçoit des salves de fréquence f et $f + \Delta f$ ou de pulsation ω et $\omega + \Delta\omega$. On examine alors la réponse de la boucle lors du passage de la démodulation du premier symbole, correspondant à ω, au deuxième symbole, correspondant à $\omega + \Delta\omega$.

Variation linéaire de fréquence de pente *R*

On aura : $$\varphi_i(p) = \frac{R}{p^3}$$

En reportant ce stimulus d'entrée dans la fonction de transfert de l'erreur et dans la fonction de transfert de la tension de commande du VCO, on obtient :

$$\frac{\varphi_e(p)}{R} = \frac{1 - H(p)}{p^3}$$

$$\frac{K_0 V_c(p)}{R} = \frac{H(p)}{p^2}$$

8.11.2 Réponse pour des systèmes d'ordre 2 ou ordre 3 quel que soit *N*

Les *tableaux 8.1* et *8.2* regroupent les fonctions de transfert $F(p)$ des filtres les plus usuels, les fonctions de transfert du système bouclé correspondantes $H(p)$ et la fonction erreur de phase $1 - H(p)$.

Tableau 8.1 – Équations de la boucle à retour unitaire.

Schéma du filtre de boucle	$F(p)$	$H(p) = \dfrac{\varphi_0(p)}{\varphi_i(p)}$	$1 - H(p)$
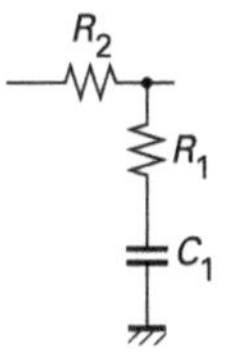 	$\dfrac{R_1C_1p+1}{(R_1+R_2)\,C_1p+1}$ $\tau_1 = R_1C_1$ $\tau_2 = (R_1+R_2)\,C_1$	$\dfrac{\left(2\zeta - \dfrac{\omega_n}{K_0K_D}\right)\dfrac{p}{\omega_n}+1}{\dfrac{p^2}{\omega_n^2}+2\zeta\dfrac{p}{\omega_n}+1}$ $\omega_n = \sqrt{\dfrac{K_0K_D}{(R_1+R_2)\,C_1}}$ $2\zeta\omega_n = \dfrac{1+K_0K_DR_1C_1}{(R_1+R_2)\,C_1}$	$\dfrac{\dfrac{p^2}{\omega_n^2}+\dfrac{\omega_n}{K_0K_D}\dfrac{p}{\omega_n}}{\dfrac{p^2}{\omega_n^2}+2\zeta\dfrac{p}{\omega_n}+1}$
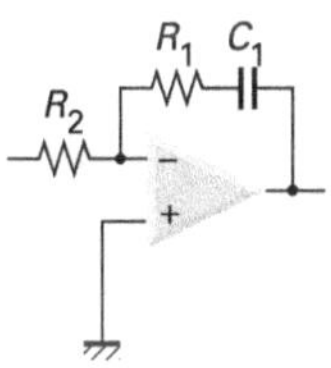 	$-\dfrac{R_1C_1p+1}{R_2C_1p}$ $\tau_1 = R_1C_1$ $\tau_2 = R_2C_1$	$\dfrac{2\zeta\dfrac{p}{\omega_n}+1}{\dfrac{p^2}{\omega_n^2}+2\zeta\dfrac{p}{\omega_n}+1}$ $\omega_n = \sqrt{\dfrac{K_0K_D}{R_2C_2}}$ $\zeta = \dfrac{\omega_nR_1C_1}{2}$	$\dfrac{\dfrac{p^2}{\omega_n^2}}{\dfrac{p^2}{\omega_n^2}+2\zeta\dfrac{p}{\omega_n}+1}$
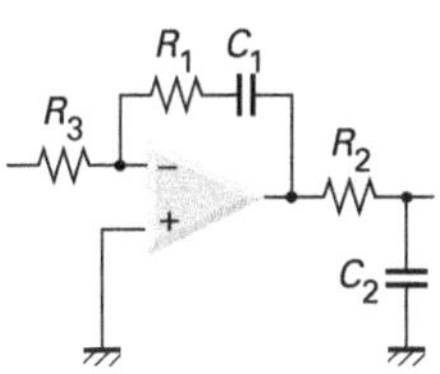 	$-\dfrac{R_1C_1p+1}{R_3C_1p}\;\dfrac{1}{R_2C_2p+1}$ $\tau_1 = R_3C_1$ $\tau_2 = R_2C_2$ $\tau_3 = R_1C_1$	$\dfrac{\tau_3p+1}{\dfrac{\tau_1\tau_2}{K_0K_D}p^3+\dfrac{\tau_1}{K_0K_D}p^2+\tau_3p+1}$ $\omega_n = \sqrt{\dfrac{K_0K_Dm}{R_3C_1}}\;,\; m>1$ $\tau_2 = \dfrac{\tau_3}{m^2}\;,\;\tau_3 = \dfrac{m}{\omega_n}$ $\dfrac{m\dfrac{p}{\omega_n}+1}{\dfrac{p^3}{\omega_n^3}+m\dfrac{p^2}{\omega_n^2}+m\dfrac{p}{\omega_n}+1}$	$\dfrac{\dfrac{\tau_1\tau_2}{K_0K_D}p^3+\dfrac{\tau_1}{K_0K_D}p^2}{\dfrac{\tau_1\tau_2}{K_0K_D}p^3+\dfrac{\tau_1}{K_0K_D}p^2+\tau_3p+1}$ $m>1$ $\dfrac{\dfrac{p^3}{\omega_n^3}+m\dfrac{p^2}{\omega_n^2}}{\dfrac{p^3}{\omega_n^3}+m\dfrac{p^2}{\omega_n^2}+m\dfrac{p}{\omega_n}+1}$

Le *tableau 8.1* est établi dans le cas d'une boucle à retour unitaire et le *tableau 8.2*, pour une boucle comportant un diviseur par N. Ces tableaux regroupent des résultats obtenus précédemment.

Tableau 8.2 – Équations de la boucle à retour non unitaire.

Schéma du filtre de boucle	$F(p)$	$H(p) = \dfrac{\varphi_0(p)}{\varphi_i(p)}$	$1 - H(p)$
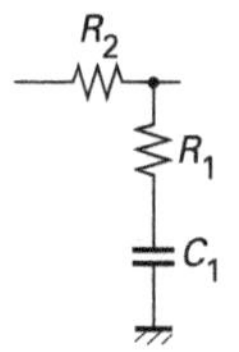	$\dfrac{R_1C_1p+1}{(R_1+R_2)\,C_1p+1}$ $\tau_1 = R_1C_1$ $\tau_2 = (R_1+R_2)\,C_1$	$\dfrac{\left(2\zeta - \dfrac{N\omega_n}{K_0K_D}\right)\dfrac{p}{\omega_n}+1}{\dfrac{p^2}{\omega_n^2}+2\zeta\dfrac{p}{\omega_n}+1}$ $\omega_n = \sqrt{\dfrac{K_0K_D}{N(R_1+R_2)\,C_1}}$ $2\zeta\omega_n = \dfrac{N+K_0K_DR_1C_1}{N(R_1+R_2)\,C_1}$	$\dfrac{\dfrac{p^2}{\omega_n^2}+\dfrac{N\omega_n}{K_0K_D}\dfrac{p}{\omega_n}}{\dfrac{p^2}{\omega_n^2}+2\zeta\dfrac{p}{\omega_n}+1}$
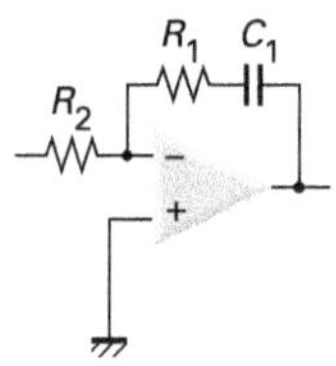	$-\dfrac{R_1C_1p+1}{R_2C_1p}$ $\tau_1 = R_1C_1$ $\tau_2 = R_2C_1$	$\dfrac{2\zeta\dfrac{p}{\omega_n}+1}{\dfrac{p^2}{\omega_n^2}+2\zeta\dfrac{p}{\omega_n}+1}$ $\omega_n = \sqrt{\dfrac{K_0K_D}{NR_2C_2}}$ $\zeta = \dfrac{\omega_nR_1C_1}{2}$	$\dfrac{\dfrac{p^2}{\omega_n^2}}{\dfrac{p^2}{\omega_n^2}+2\zeta\dfrac{p}{\omega_n}+1}$
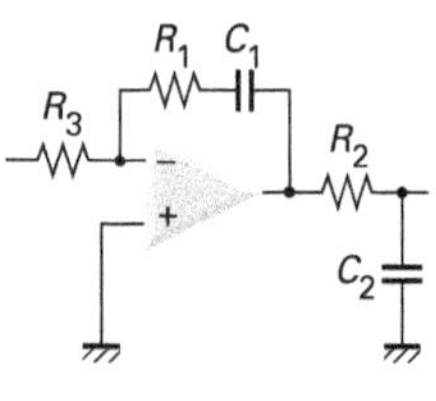	$-\dfrac{R_1C_1p+1}{R_3C_1p}\;\dfrac{1}{R_2C_2p+1}$ $\tau_1 = R_3C_1$ $\tau_2 = R_2C_2$ $\tau_3 = R_1C_1$	$\dfrac{\tau_3\,p+1}{\dfrac{N\tau_1\tau_2}{K_0K_D}p^3+\dfrac{N\tau_1}{K_0K_D}p^2+\tau_3\,p+1}$ $\omega_n = \sqrt{\dfrac{K_0K_Dm}{N\,R_3C_1}}$, $m > 1$ $\tau_2 = \dfrac{\tau_3}{m^2}$, $\tau_3 = \dfrac{m}{\omega_n}$ $\dfrac{m\dfrac{p}{\omega_n}+1}{\dfrac{p^3}{\omega_n^3}+m\dfrac{p^2}{\omega_n^2}+m\dfrac{p}{\omega_n}+1}$	$\dfrac{\dfrac{N\tau_1\tau_2}{K_0K_D}p^3+\dfrac{N\tau_1}{K_0K_D}p^2}{\dfrac{N\tau_1\tau_2}{K_0K_D}p^3+\dfrac{N\tau_1}{K_0K_D}p^2+\tau_3\,p+1}$ $m > 1$ $\dfrac{\dfrac{p^3}{\omega_n^3}+m\dfrac{p^2}{\omega_n^2}}{\dfrac{p^3}{\omega_n^3}+m\dfrac{p^2}{\omega_n^2}+m\dfrac{p}{\omega_n}+1}$

On ne s'intéresse qu'au cas où le filtre est bâti autour d'un amplificateur opérationnel mais le type d'analyse pourrait être appliqué au cas du filtre passif.

Le cas des deux filtres actifs est intéressant car ils permettent un choix indépendant des deux paramètres ζ et ω_n ou m et ω_n. Des hypothèses simplificatrices exposées dans les *tableaux 8.1* et *8.2* généralisent les fonctions de transfert du système bouclé. Les analyses peuvent alors être effectuées simplement.

Le *tableau 8.3* regroupe les fonctions dont on doit rechercher l'original en fonction du stimuli d'entrée et du signal que l'on observe.

Tableau 8.3 – Fonctions de transfert à examiner.

Stimulus Signal observé	Saut de phase	Saut de fréquence	Rampe de fréquence
Fonction erreur de phase	$\frac{1-H(p)}{p}$	$\frac{1-H(p)}{p^2}$	$\frac{1-H(p)}{p^3}$
Tension d'entrée du VCO	$H(p)$	$\frac{H(p)}{p}$	$\frac{H(p)}{p^2}$

Dans les fonctions de transfert des *tableaux 8.1* et *8.2* la variable $\frac{p}{\omega_n}$ est remplacée par p et l'on recherche l'original en t.

Cette opération de normalisation simplifie le traitement et l'axe des temps est alors gradué en $\omega_n t$. Pour le système d'ordre 2, le paramètre est le facteur d'amortissement ζ et pour l'ordre 3 le paramètre est m.

m n'est pas le facteur d'amortissement, mais son rôle est déterminant dans le comportement de la boucle.

Système du deuxième ordre

Pour le système du deuxième ordre, les *figures 8.19* et *8.20* rendent compte du comportement de la boucle. Le paramètre ζ varie par pas de 0,1 entre 0,1 et 2.

Les courbes de la *figure 8.19b* sont très explicites. La boucle est verrouillée sur une fréquence f et à l'instant $t = 0$, cette fréquence subit une modification $f + \Delta f$.

Les courbes de la *figure 8.19b* représentent donc exactement ce que l'on observerait à l'entrée du VCO si l'on plaçait un oscilloscope. Cette tension sera aussi la tension démodulée, pour une boucle mise en service en tant que démodulateur de fréquence, FSK par exemple. À partir de ce faisceau de courbes et en fonction du résultat souhaité, le paramètre ζ peut être choisi.

Les courbes de la *figure 8.19c* sont relatives à la tension VCO, lorsque le stimulus d'entrée est une rampe de fréquence. Les courbes de cette figure caractérisent le système en ses capacités à la *poursuite* du signal d'entrée. La précision de la poursuite croît avec le facteur d'amortissement ζ.

Les courbes de la *figure 8.20* représentent l'erreur de phase dans les trois situations. Ces courbes justifient le choix de ζ qui est en général proposé entre 0,5 et 1.

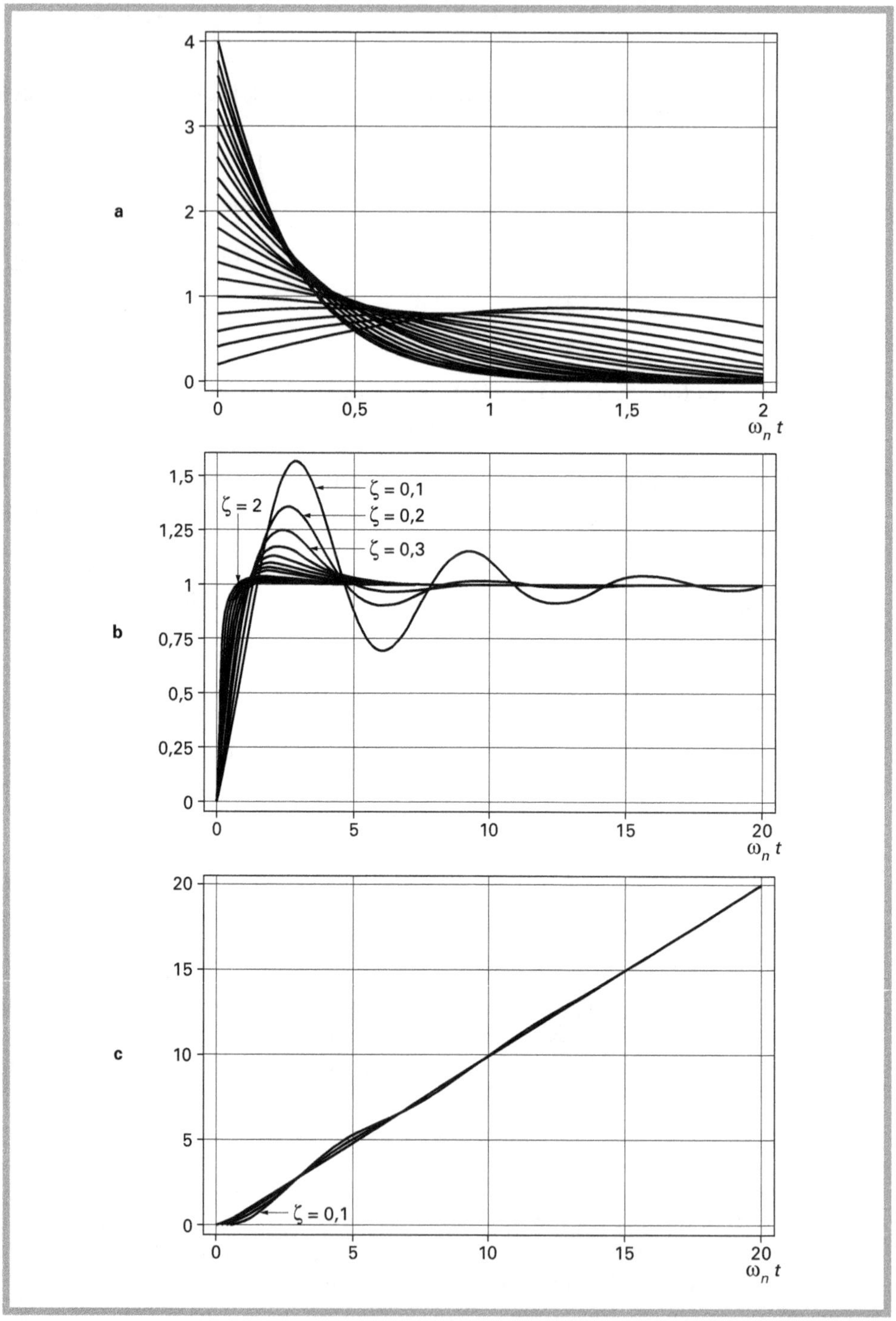

Figure 8.19 – a) Boucle du deuxième ordre, tension VCO pour saut de phase, b) boucle du deuxième ordre, tension VCO pour saut de fréquence, c) boucle du deuxième ordre, tension VCO pour rampe de fréquence.

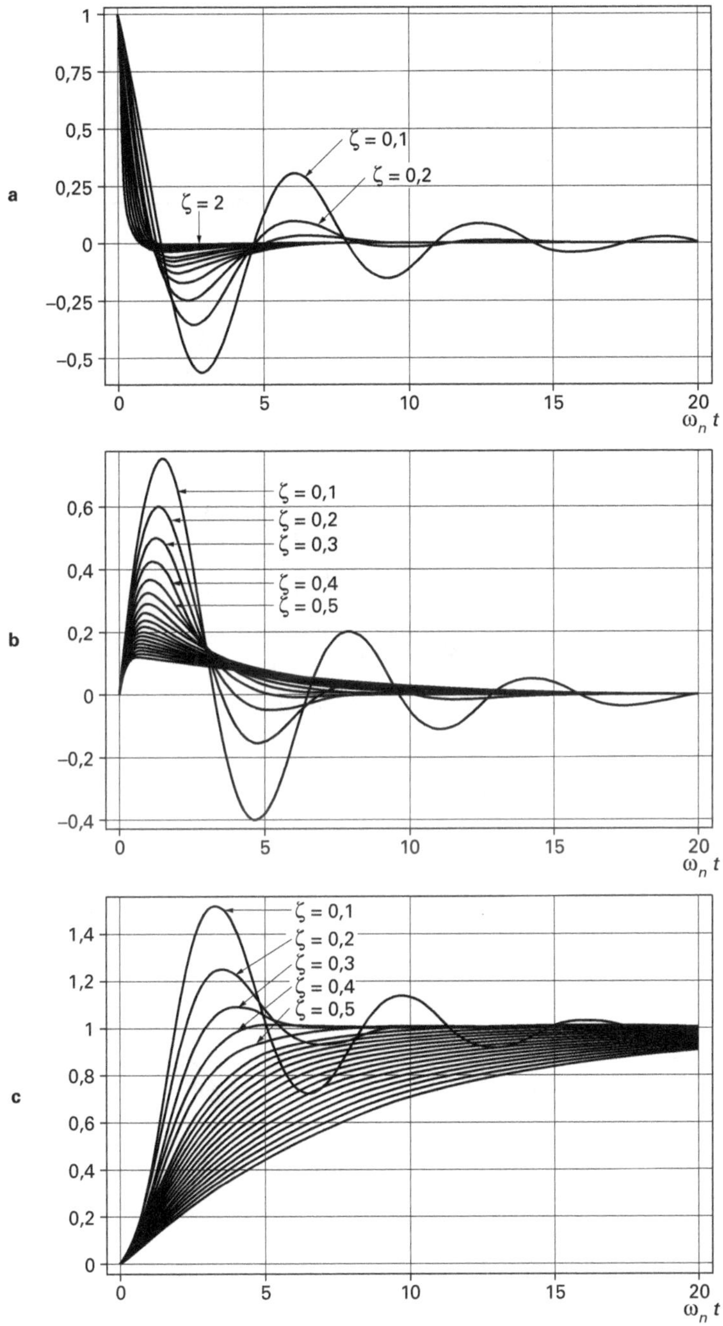

Figure 8.20 – a) Boucle du deuxième ordre, erreur de phase pour saut de phase, b) boucle du deuxième ordre, erreur de phase pour saut de fréquence, c) boucle du deuxième ordre, erreur de phase pour rampe de fréquence.

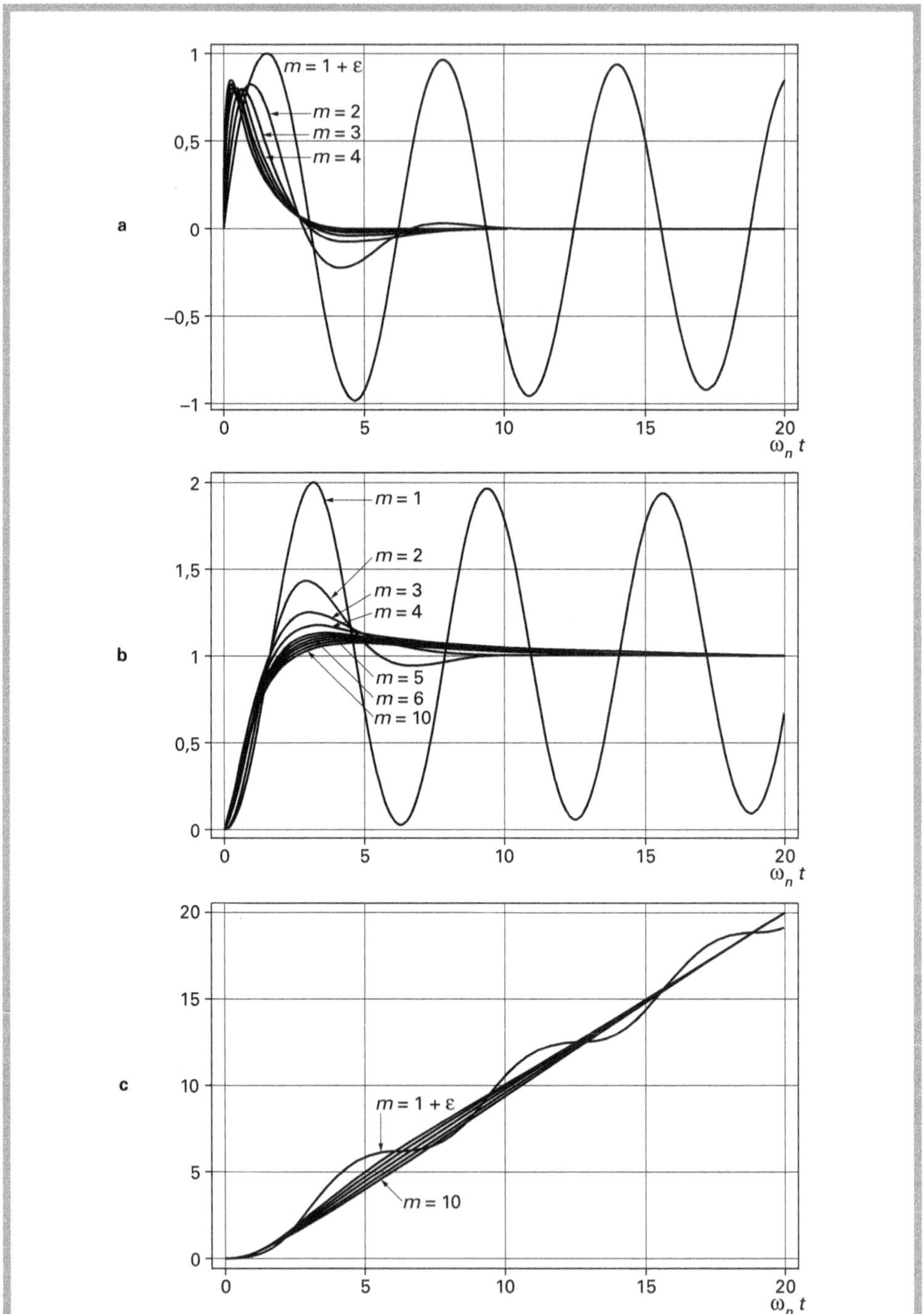

Figure 8.21 – a) Boucle du troisième ordre, tension VCO pour saut de phase, b) boucle du troisième ordre, tension VCO pour saut de fréquence, c) boucle du troisième ordre, tension VCO pour rampe de fréquence.

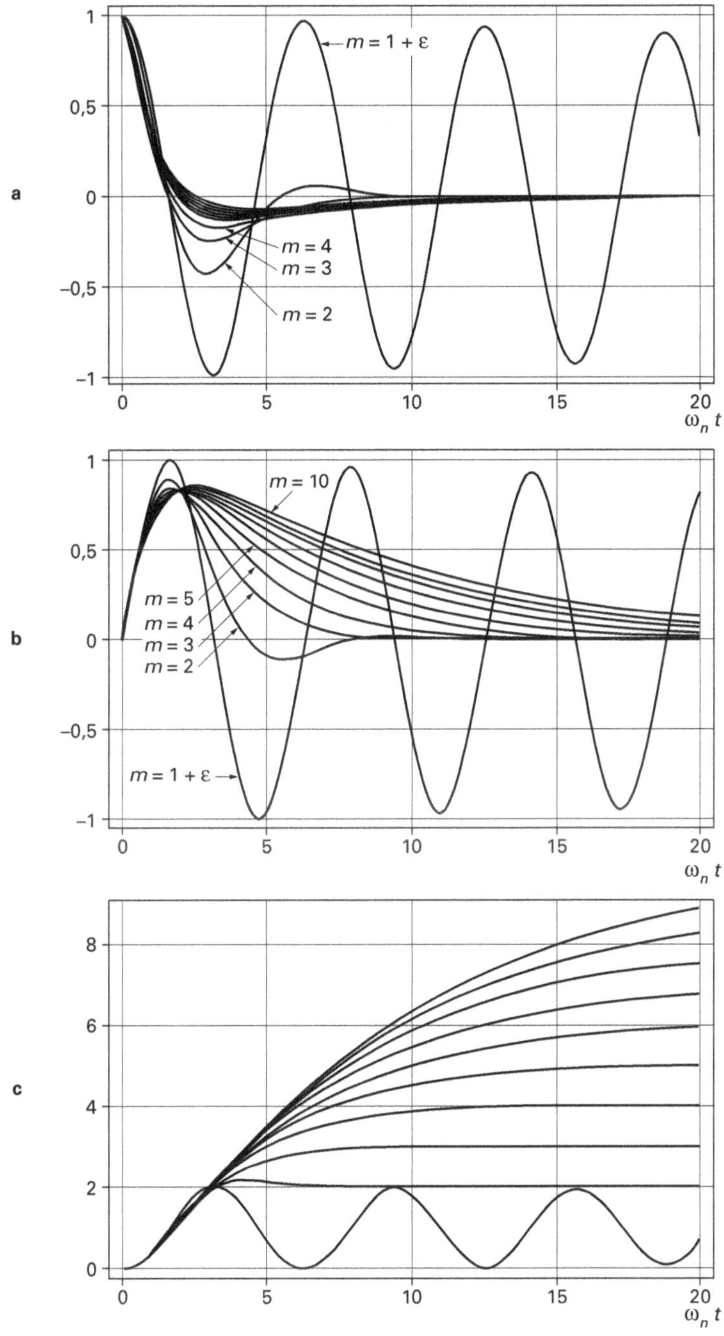

Figure 8.22 – a) Boucle de troisième ordre, erreur de phase pour saut de phase, b) boucle de troisième ordre, erreur de phase pour saut de fréquence, c) boucle de troisième ordre, erreur de phase pour rampe de fréquence.

Système du troisième ordre

Les réponses de ce système aux trois différents stimuli sont données avec la *figure 8.21*, si l'on s'intéresse à la tension d'entrée du VCO. Le paramètre m varie de 1 à 10 par pas de 1.

Le cas où $m = 1$ a été traité et il correspond précisément à un système instable. Cette instabilité est évidente dans le cas des faisceaux de courbes pour lesquels une valeur $m = 1 + \varepsilon$ a été retenue. La tension de commande du VCO est alors une sinusoïdale.

Dans le cas où $m = 1$, la fonction de transfert du système bouclé se limite à :

$$H(p) = \frac{1}{\dfrac{p^2}{\omega_n^2} + 1}$$

Les courbes des *figures 8.21a* et *8.21b* facilitent le choix du paramètre m. Des valeurs comprises entre 3 et 10 donnent de bons résultats. Le dépassement est fonction inverse de m et le temps de réponse fonction de m. Dans de nombreux cas on opte pour $m = 3$, qui est un bon compromis.

Lorsque la boucle est utilisée en système de poursuite, ou *tracking*, la *figure 8.21c* montre que les performances, en terme de précision augmentent avec m.

Dans le cas des sauts de phase et saut de fréquence, *figures 8.22a* et *8.22b*, les courbes d'erreur de phase incitent à choisir $m = 3$ qui donne le temps d'acquisition le plus court et le dépassement le plus faible.

Pour la rampe de fréquence, *figure 8.22c*, l'écart de phase tend vers une valeur constante fonction de m. Cet écart de phase peut avoir une incidence dans un système complexe si, par exemple, la boucle est chargée de la récupération de la porteuse ou du rythme.

L'écart de phase doit alors être pris en compte, avant d'utiliser la porteuse régénérée pour démodulation, par exemple.

8.12 Modulation d'une boucle à verrouillage de phase

8.12.1 Principe

Le rôle de la boucle à verrouillage de phase est la stabilisation d'un oscillateur contrôle en tension. On s'intéresse alors au cas d'un signal auxiliaire modulant en fréquence l'oscillateur (VCO), stabilisé par la boucle à verrouillage de phase.

Pour moduler l'oscillateur en fréquence, le schéma synoptique de la *figure 8.23* montre qu'il suffit d'ajouter la tension de modulation V_f au signal de sortie du filtre de boucle.

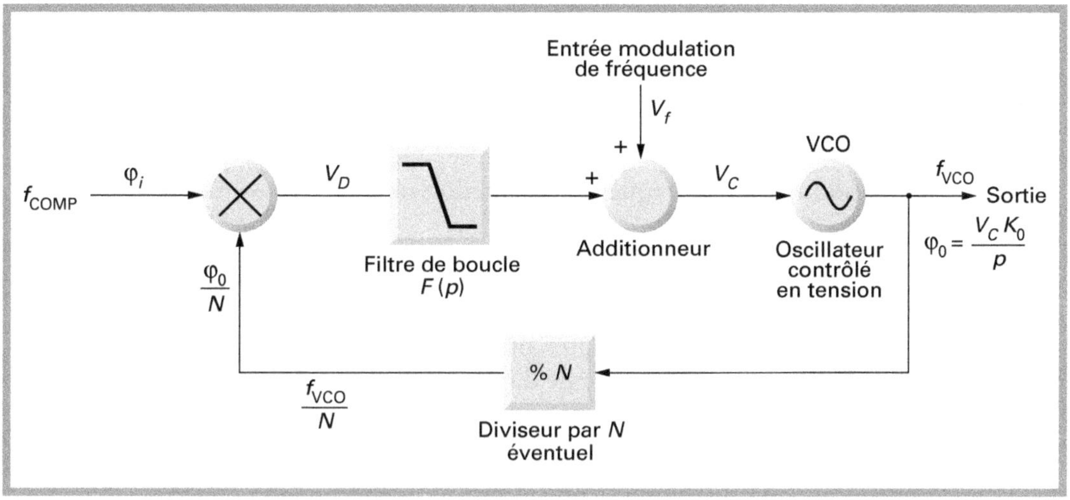

Figure 8.23 – Schéma synoptique d'une boucle à verrouillage de phase modulée en fréquence.

La démonstration est présentée dans le cas de la boucle à retour unitaire, $N = 1$. La même démonstration peut être effectuée pour une valeur quelconque de N.

Les équations de la boucle de la *figure 8.23* s'écrivent :

$$V_c(p) = V_f(p) + V_D F(p)$$

$$\varphi_0(p) = \frac{V_c(p) K_0}{p}$$

$$V_D(p) = K_D(\varphi_i(p) - \varphi_0(p))$$

En résolvant ce système de trois équations, on peut écrire :

$$\varphi_0(p) = \frac{K_0}{p + K_0 K_D F(p)} V_f(p) + \frac{K_0 K_D F(p)}{p + K_0 K_D F(p)} \varphi_i(p)$$

Le premier terme, facteur de $V_f(p)$, est dû à la modulation et le second terme, facteur de θ_i, est représentatif de la stabilisation de la fréquence centrale.

Sachant que :

$$H(p) = \frac{K_0 K_D F(p)}{p + K_0 K_D F(p)}$$

La relation précédente peut s'écrire :

$$\varphi_0(p) = \frac{K_0}{p} [1 - H(p)] V_f(p) + H(p) \varphi_i(p)$$

La fréquence étant la dérivée de la phase :

$$\Omega_0(t) = \frac{\mathrm{d}\varphi_0(t)}{\mathrm{d}t}$$

$$\Omega_0(p) = p\varphi_0(p)$$

Soit, finalement :

$$\Omega_0(p) = K_0[1 - H(p)]\ V_f(p) + pH(p)\ \varphi_i(p)$$

Pour la modulation de fréquence, la fonction de transfert $\dfrac{\Omega_0(p)}{V_f(p)}$ se limite à :

$$\frac{\Omega_0(p)}{V_f(p)} = K_0[1 - H(p)]\ V_f(p)$$

Les courbes de la *figure 8.24* représentent les fonctions de transfert des fonctions $H(p)$ et $1 - H(p)$ pour un système d'ordre 3 avec $m = 3$.

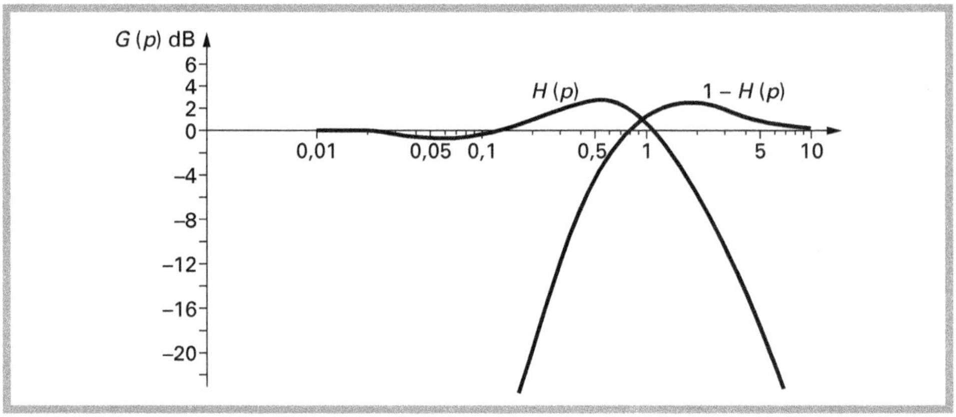

Figure 8.24 – Courbes de réponse du système boucle H(p) et courbe 1 – H(p).

La fonction $1 - H(p)$ est la fonction de transfert d'un filtre passe-haut. La fréquence de coupure basse de la boucle à verrouillage de phase doit donc être inférieure à la fréquence la plus basse du signal à transmettre. Le modulateur de fréquence bâti sur le modèle du synoptique de la *figure 8.23* ne peut donc accepter un signal ayant une composante continue.

8.12.2 Modulation du PLL par un signal ayant une composante continue

Le schéma synoptique de la *figure 8.25* représente une alternative à la modulation de la boucle lorsque le signal modulant comporte une composante continue.

Simultanément, le signal modulant $V_f(p)$ est envoyé au VCO et une fraction $\alpha V_f(p)$ est envoyée à l'oscillateur de référence, sur une entrée annexe de modulation.

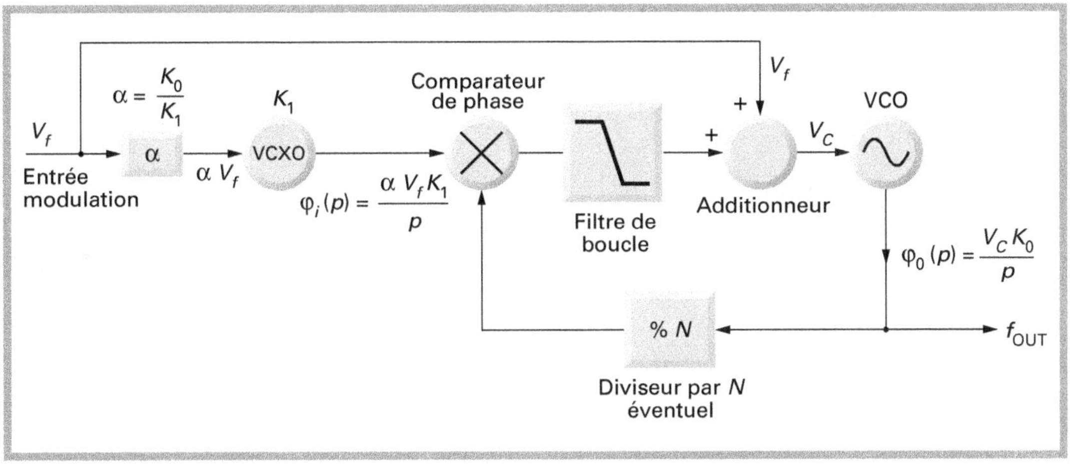

Figure 8.25 – Schéma synoptique d'une boucle à verrouillage de phase modulée par un signal BF incluant la fréquence O.

L'oscillateur de référence est, dans ce cas, un oscillateur à quartz contrôlé en tension. L'oscillateur à quartz fixe est donc remplacé par un VCXO ayant un gain de conversion K_1 exprimé en Hz/V. De la même manière, le VCO a un gain de conversion K_0 exprimé en Hz/V.

Les équations de la boucle de la *figure 8.25* s'écrivent :

$$V_c(p) = V_f(p) + V_D F(p)$$

$$\varphi_0(p) = \frac{V_c(p) K_0}{p}$$

$$V_D(p) = K_D(\varphi_i(p) - \varphi_0(p))$$

$$\varphi_i(p) = \frac{\alpha V_f(p) K_1}{p}$$

En résolvant ce système, on peut écrire :

$$\varphi_0(p) = \frac{K_0}{p + K_0 K_D F(p)} V_f(p) + \frac{K_0 K_D F(p)}{p + K_0 K_D F(p)} \frac{\alpha V_f(p) K_1}{p}$$

$$\varphi_0(p) = \left[\frac{p + \alpha K_1 K_D F(p)}{p + K_0 K_D F(p)}\right] \frac{K_0}{p} V_f(p)$$

En posant : $\alpha = \frac{K_0}{K_1}$

$\varphi_0(p)$ devient simplement :

$$\varphi_0(p) = \frac{K_0}{p} V_f(p)$$

Et avec $\Omega_0(p) = p\varphi_0(p)$

$$\Omega_0(p) = K_0\, V_f(p)$$

Le signal V_f module en fréquence la porteuse Ω_0 sans restriction sur la bande de fréquence.

La seule condition repose sur la valeur du coefficient α, défini comme le rapport des gains de conversion des deux VCO. En adoptant le schéma synoptique de la *figure 8.25*, la boucle à verrouillage de phase peut être modulée, par exemple par un signal NRZ.

8.13 Calcul des éléments de la boucle à verrouillage de phase

8.13.1 Principe

Ce calcul se résume au calcul des éléments R et C du filtre.

Le choix de la ou des valeurs du diviseur N et de la fréquence de comparaison résulte du choix du plus petit pas possible, si la boucle est destinée à générer des porteuses programmables par le biais de N.

La fréquence de comparaison f_{comp} est la fréquence des signaux reçus par le comparateur de phase et est égale à $\frac{f_{VCO}}{N}$.

Il faut, dans un premier temps, choisir la fréquence naturelle de la boucle f_n ou la pulsation naturelle de la boucle ω_n.

Pour ce choix deux critères sont à prendre en compte :

$$\omega_n \ll \frac{2\pi f_{VCO}}{N}$$

On choisira une valeur ω_n telle que :

$$\omega_n \leqslant \frac{2\pi f_{VCO}}{10N}$$

La réponse à un saut de fréquence donne l'allure du comportement du PLL en fonction de $\omega_n t$. Si le temps d'acquisition est un paramètre important, on cherchera à réduire ω_n, tout en conservant l'inégalité précédente.

Si la boucle est modulée par un signal dont la fréquence est comprise entre $f_{\min}$ et $f_{\max}$, ω_n doit être choisie inférieure à $2\pi f_{\min}$ si la configuration est celle du schéma synoptique de la *figure 8.23*. Il convient ensuite de choisir l'ordre et le type de filtre d'asservissement. On choisira de préférence un filtre actif, bâti autour d'un amplificateur opérationnel. Le choix se limite alors au filtre intégrateur avec réseau correcteur par avance de phase, accompagné ou non d'un filtre passe-bas complémentaire.

L'opération suivante consiste à choisir le coefficient d'amortissement ζ, pour le filtre d'ordre 1 ou le facteur *m,* pour le filtre d'ordre 2. Ces valeurs sont choisies de manière à assurer la stabilité de la boucle et en fonction d'une réponse particulière à un stimulus. Les paramètres K_0, K_D, N et éventuellement K_1 sont des données.

La procédure se termine en calculant les valeurs des éléments A et C du filtre.

Si les gains de conversion du ou des VCO, K_0 et K_1 sont exprimés en Hz/V, le gain du comparateur de phase K_D sera exprimé en V/Hz et le produit K_0K_D sera sans unité.

8.13.2 Exemple de calcul des éléments du filtre de boucle

On choisit successivement :

- $\omega_n = 2\pi 100$;
- un filtre d'ordre 2;
- $m = 3$.

Les paramètres K_0, K_D et N sont donnés :

$K_0 = 0{,}2$ MHz/V; $K_D = 5$ V/Hz; $N = 1\,000$; donc $K_0K_D = 10^6$.

À partir du *tableau 8.2* on obtient :

$$R_1C_1 = \frac{3}{\omega_n} = \frac{3}{2\pi 100}$$

$$R_2C_2 = \frac{1}{3\omega_n} = \frac{1}{3 \times 2\pi 100}$$

$$R_3C_1 = \frac{3K_0K_D}{N\omega_n^2} = \frac{3 \cdot 10^6}{10^3(2\pi 100)^2}$$

En posant $R_3 = 75$ KΩ, on obtient $C_1 = 100$ nF.

Cette valeur donne $R_1 = 47$ KΩ.

Puis finalement avec $R_2 = 12$ KΩ, on obtient $C_2 = 47$ nF.

8.14 Cas des circuits intégrés incluant une pompe de charge

Certains circuits intégrés spécialisés dans les fonctions synthétiseurs de fréquence ont une structure identique ou voisine de celle de la *figure 8.26*. Le filtre de boucle est associé à une pompe de charge et non plus à un amplificateur opérationnel. En général, le courant i_{cp} de la pompe de charge est programmable.

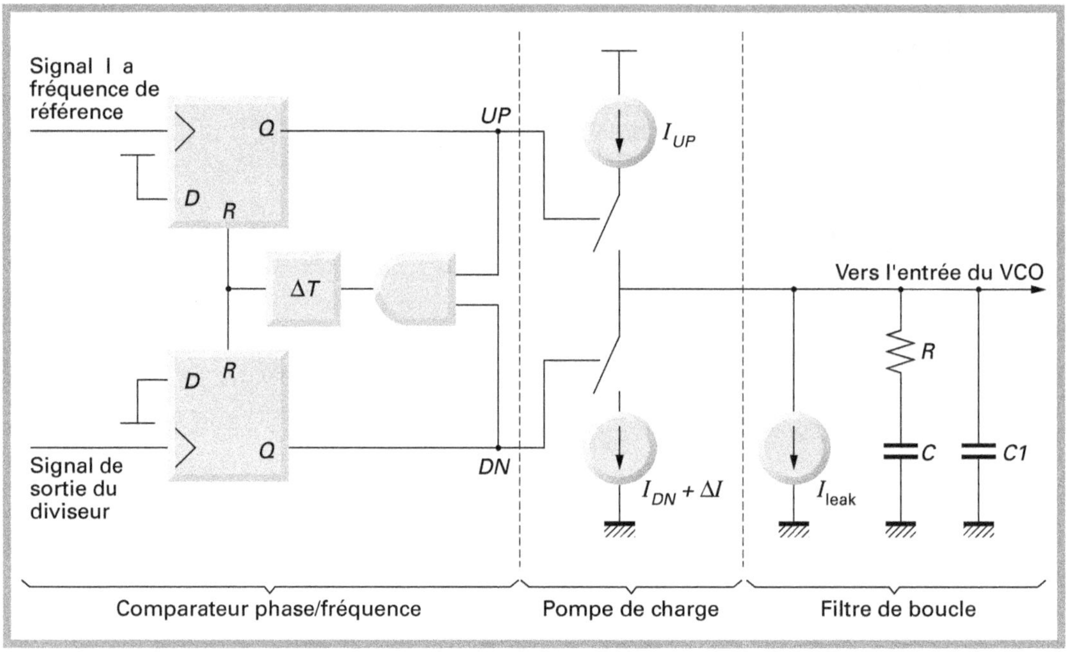

Figure 8.26 – Comparateur de phase et pompe de charge.

On pose $K_D = \frac{i_{cp}}{2\pi}$.

Le gain du comparateur de phase est alors exprimé en ampères par radian par seconde : $A \cdot rad^{-1} \cdot s$.

Le gain du VCO exprimé en hertz par volt, $Hz \cdot V^{-1}$, est converti en radian par seconde par volt, $rad \cdot s^{-1} \cdot V^{-1}$.

$$K_0 \rightarrow K_0 2\pi$$

Le produit K_0K_D a finalement la dimension ampère par volt, $A \cdot V^{-1}$. Cette dimension est l'inverse d'une résistance. Le produit K_0K_D a la dimension Ω^{-1}.

K_0 peut aussi être exprimé en $Hz \cdot V^{-1}$ et K_D en A.

La fonction de transfert du filtre de boucle $F(p)$ est définie de la manière suivante :

$$F(p) = \frac{V}{i_{cp}}$$

Les gains en boucle ouverte et boucle fermée ont les mêmes définitions :

$$G(p) = \frac{K_0 K_D F(p)}{Np}$$

$$H(p) = \frac{1}{1 + \frac{1}{G(p)}}$$

8.14.1 Système bouclé du deuxième ordre

Si le filtre est constitué des deux seuls éléments R et C de la *figure 8.26* le système est du deuxième ordre :

$$F(p) = \frac{RCp + 1}{Cp}$$

$$H(p) = \frac{RCp + 1}{\frac{NC}{K_0 K_D} p^2 + RCp + 1}$$

On pose $\omega_n = \sqrt{\frac{K_0 K_D}{NC}}$ et $\zeta = \frac{RC}{2} \sqrt{\frac{NC}{K_0 K_D}}$

La fonction de transfert s'écrit finalement :

$$H(p) = \frac{2\zeta \frac{p}{\omega_n} + 1}{\frac{p^2}{\omega_n^2} + 2\zeta \frac{p}{\omega_n} + 1}$$

La relation donnant ω_n est homogène, puisque le produit $K_0 K_D$ a la dimension Ω^{-1}. Cette boucle est alors traitée de la manière générale exposée précédemment.

8.14.2 Système bouclé du troisième ordre

Si le filtre est constitué des éléments R, C et C_1 de la *figure 8.26*, la fonction de transfert $F(p)$ s'écrit :

$$F(p) = \frac{RCp + 1}{(C + C_1)p\left(R \frac{CC_1}{C + C_1} p + 1\right)}$$

$$H(p) = \frac{RCp + 1}{\frac{NRCC_1}{K_0 K_D} p^3 + \frac{N(C + C_1)}{K_0 K_D} p^2 + RCp + 1}$$

En posant :

$$RC = \frac{m}{\omega_n}$$

$$C = C_1\,(m^2 - 1)$$

$$\omega_n = \sqrt{\frac{mK_0K_D}{N(C + C_1)}}$$

La fonction de transfert $H(p)$ se ramène au cas général antérieurement traité.

$$H(p) = \frac{m\dfrac{p}{\omega_n} + 1}{\dfrac{p^3}{\omega_n^3} + m\dfrac{p^2}{\omega_n^2} + m\dfrac{p}{\omega_n} + 1}$$

8.15 Plage de capture et plage de verrouillage

Considérons le PLL à retour unitaire de la *figure 8.5*. Supposons que la tension d'entrée soit une rampe de fréquence. Le diagramme de la *figure 8.27* représente la tension d'erreur, appliquée à l'entrée du VCO, en fonction de la fréquence d'entrée; la plage de capture est limitée par les fréquences F_1 et F_3, et la plage de verrouillage par les fréquences F_4 et F_2.

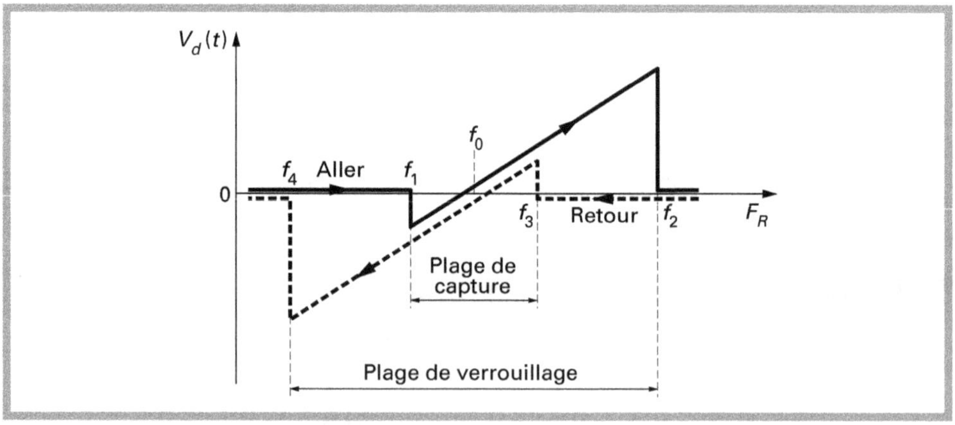

Figure 8.27 – Plage de capture et plage de verrouillage de la boucle à verrouillage de phase.

La plage de verrouillage définit l'étendue de fréquence au voisinage de F_0, dans laquelle le PLL peut maintenir le verrouillage avec le signal d'entrée. Cette plage est aussi appelée *plage de maintien* et elle augmente en même temps que le gain de boucle.

La plage de capture définit les étendues de fréquence au voisinage de F_0, pour lesquelles le système peut établir ou acquérir le verrouillage avec le signal d'entrée. Elle est aussi appelée *plage d'acquisition* et elle est toujours plus petite que la plage de verrouillage. Elle est en étroite relation avec la bande passante du filtre de boucle. Elle décroît en même temps que la bande passante du filtre diminue.

À la *figure 8.27*, lorsque la fréquence augmente progressivement, la boucle ne répond au signal d'entrée que lorsque sa fréquence est supérieure à une limite inférieure F_1, correspondant à la limite inférieure de la plage de capture. La boucle se verrouille alors sur le signal d'entrée en créant une tension d'erreur. Puis la tension d'erreur varie avec la fréquence, en suivant une pente égale au facteur de conversion du VCO. La poursuite fonctionne jusqu'à ce que la fréquence atteigne F_2, correspondant à la limite maximale de la plage de verrouillage.

Lorsque la fréquence décroît, le cycle est modifié, la boucle est asservie à partir de F_3 et la poursuite fonctionne jusqu'à F_4.

8.16 Éléments constituant la boucle à verrouillage de phase

Une boucle à verrouillage de phase est constituée des éléments suivants :

- un oscillateur contrôlé en tension VCO;
- un oscillateur à quartz de référence;
- un comparateur de phase;
- un filtre de boucle;
- un diviseur de fréquence par N.

Les circuits logiques, diviseurs programmables ne seront pas traités.

Les oscillateurs à quartz ainsi que les méthodes de décalage du quartz permettant de réaliser un VCXO sont traités dans le chapitre 5. Les oscillateurs contrôlés en tension sont traités dans le chapitre 6. Les problèmes résultants du choix de la structure et du choix des éléments du filtre ont été présentés dans ce chapitre.

En conséquence, seul le comparateur de phase fera ici l'objet d'une attention particulière.

On distingue deux catégories de comparateurs de phase :

- les multiplicateurs analogiques;
- les circuits logiques séquentiels ou non.

8.16.1 Multiplicateurs analogiques

Les multiplicateurs analogiques effectuent la multiplication de deux signaux d'entrée :

$$v_1 = V_1 \cos(\omega t + \varphi_1)$$

$$v_2 = V_2 \cos(\omega t + \varphi_2)$$

Les signaux d'entrée sont de fréquences identiques et de phases différentes. La tension de sortie V_S s'écrit :

$$V_S = \frac{V_1 V_2}{2} [\cos(2\omega t + \varphi_1 + \varphi_2) + \cos(\varphi_1 - \varphi_2)]$$

Si la composante, au double de la fréquence d'entrée est éliminée, la tension de sortie V_S se résume à :

$$V_S = \frac{V_1 V_2}{2} [\cos(\varphi_1 - \varphi_2)]$$

Un mélangeur équilibré peut être utilisé en tant que détecteur de phase et ce cas a été traité au chapitre 8.

La caractéristique de ce mélangeur, $V_S = f(\varphi_1 - \varphi_2)$ est sinusoïdale. Il faut noter que le point d'équilibre est obtenu lorsque les deux composantes d'entrée sont en quadrature.

Le schéma de la *figure 8.28* représente un second multiplicateur analogique dit multiplicateur quatre quadrants. La précision d'un tel circuit repose sur l'appariement des transistors et des résistances R_A et R_B. En conséquence, cette structure est réservée à des circuits intégrés, spécialisés, pour lesquels on peut espérer un bon appariement des transistors.

Les multiplicateurs peuvent être utilisés pour des signaux de phase différentes mais de fréquences identiques. En général, ce type de comparateur est accompagné d'un comparateur de fréquence ou un système d'aide à l'acquisition, comme par exemple, un générateur de rampe. On a successivement une acquisition en fréquence et un verrouillage en phase. Lorsque les signaux d'entrée du multiplicateur analogique sont de forme rectangulaire, la fonction de transfert $V_S = f(\varphi_1 - \varphi_2)$ est linéaire.

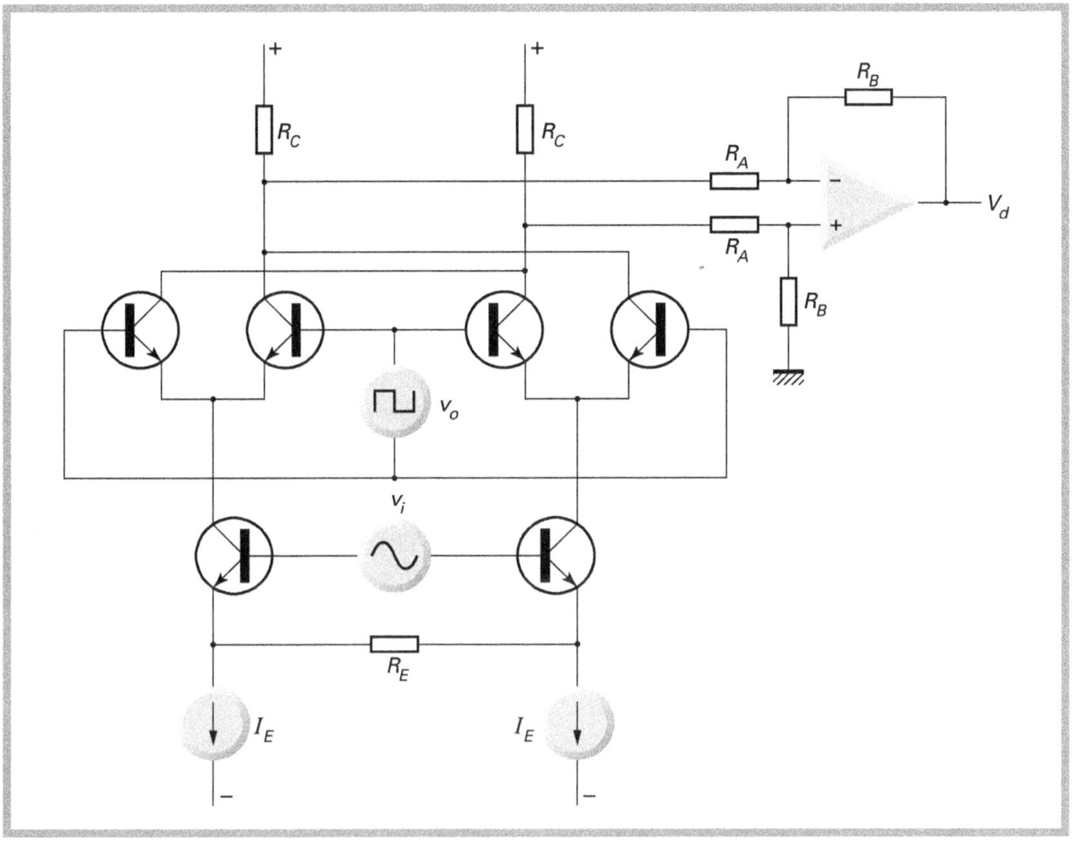

Figure 8.28 – Multiplicateur quatre quadrants.

8.16.2 Circuits logiques

Les circuits logiques séquentiels ou non, peuvent être utilisés en tant que comparateur de phase.

Circuit ou exclusif

La *figure 8.29* représente deux signaux rectangulaires de fréquences identiques et de rapports cycliques identiques et valant 1/2. La sortie de la porte ou exclusif est à l'état haut, lorsque les niveaux d'entrée diffèrent et à l'état bas, lorsque les niveaux d'entrée sont identiques.

Si le déphasage $\varphi_1 - \varphi_2$ entre les deux signaux d'entrée est nul, la sortie de la porte est au niveau logique bas en permanence.

Si le déphasage $\varphi_1 - \varphi_2$ entre les deux niveaux d'entrée vaut π, la sortie de la porte est au niveau logique haut en permanence.

Si le déphasage $\varphi_1 - \varphi_2$ vaut $\pi/2$, la sortie de la porte est un signal rectangulaire de rapport cyclique 1/2 et de fréquence double de la fréquence d'entrée.

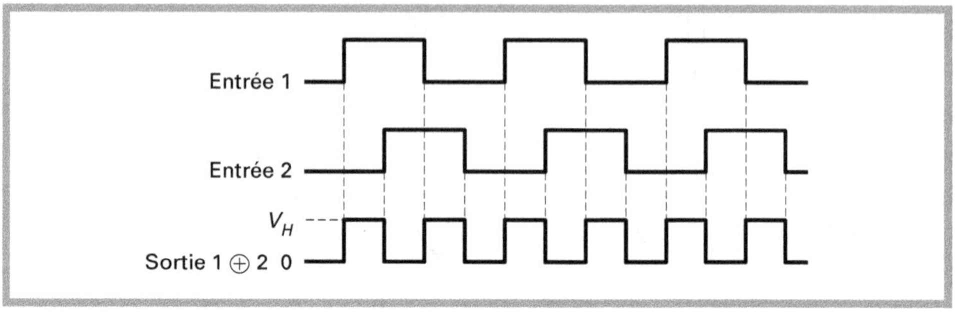

Figure 8.29 – OU exclusif en tant que comparateur de phase.

La fonction de transfert du comparateur de phase est représentée à la *figure 8.30.*

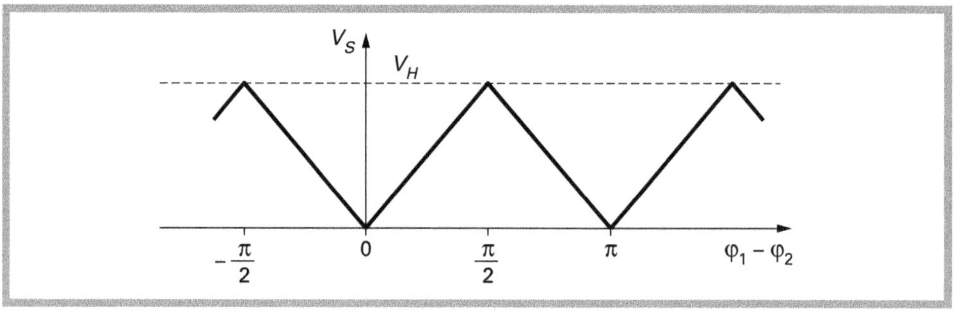

Figure 8.30 – Fonction de transfert du comparateur de phase OU exclusif.

La tension de sortie V_S est la tension de sortie moyenne du signal de sortie de la porte ou exclusif.

Cette fonction de transfert n'est valable que si les deux signaux d'entrée sont de fréquences identiques et si les rapports cycliques valent 1/2.

Ce type de comparateur de phase peut être utilisé dans une boucle comportant un diviseur par N à la condition suivante, en général, à la sortie d'un diviseur par N on récupère une impulsion indiquant la fin du comptage. Il conviendra donc de prévoir un dispositif allongeur d'impulsion, avant d'envoyer ce signal au comparateur de phase ou exclusif.

On peut aussi envisager le cas de deux bascules D placées chacune sur les deux entrées du comparateur de phase. Le filtre de boucle assure la stabilité de la boucle et doit aussi éliminer les composantes aux fréquences multiples de la fréquence de comparaison.

Bascule RS

La *figure 8.31* représente une simple bascule RS utilisée en tant que comparateur de phase.

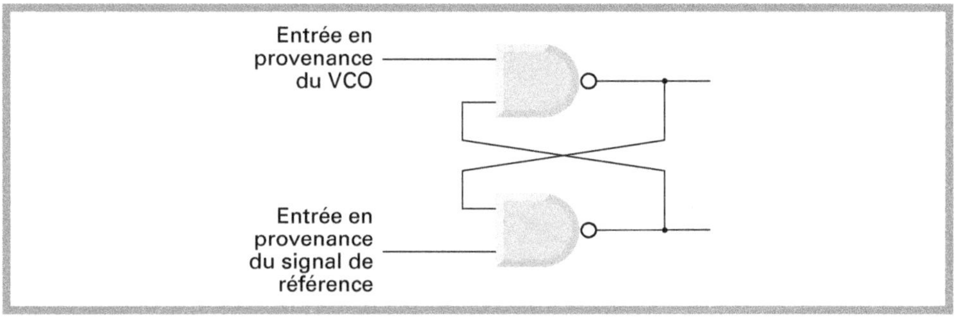

Figure 8.31 – Bascule RS.

Les états de sortie de la bascule changent avec les transitions des signaux d'entrée, en conséquence, la caractéristique de transfert du comparateur de phase sera indépendante des rapports cycliques des signaux d'entrée. Les deux entrées de la bascule RS sont équivalentes à des entrées *Set* et *Reset* pour des transitions négatives, niveau haut vers niveau bas.

La tension moyenne du signal de sortie est proportionnelle à l'écart de phase :

$$V_D = V_H(\varphi_1 - \varphi_2)$$

Le diagramme des temps, pour la bascule RS est donné au schéma de la *figure 8.32* pour différentes valeurs du déphasage $\theta_d = \varphi_1 - \varphi_2$.

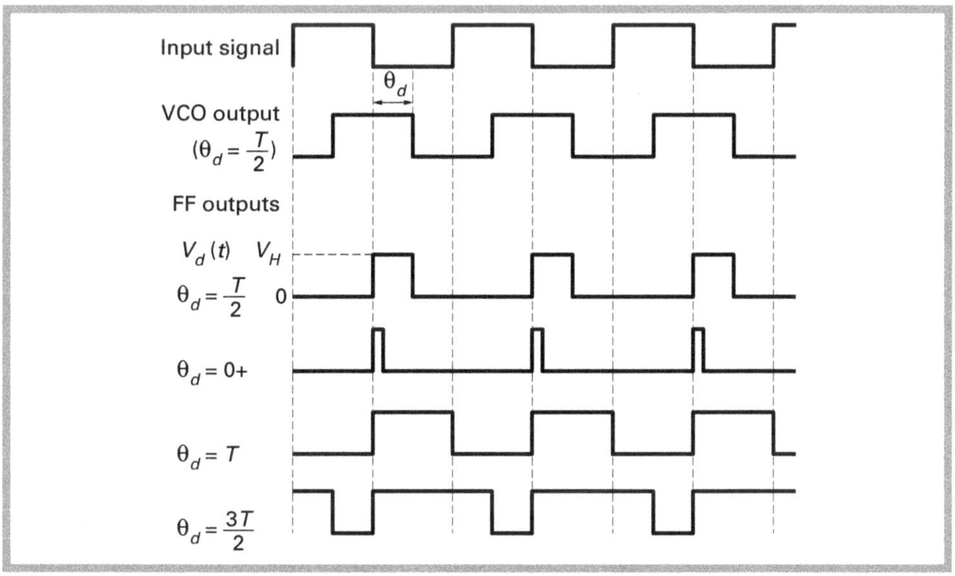

Figure 8.32 – Diagramme des temps pour le comparateur de phase à bascule RS.

La fonction de transfert de la *figure 8.33* se déduit aisément de la figure précédente. Cette fonction est linéaire de 0 à 2π et le point d'équilibre est obtenu pour la valeur π. Cette valeur est à comparer avec $\pi/2$ obtenue dans le cas du multiplicateur analogique.

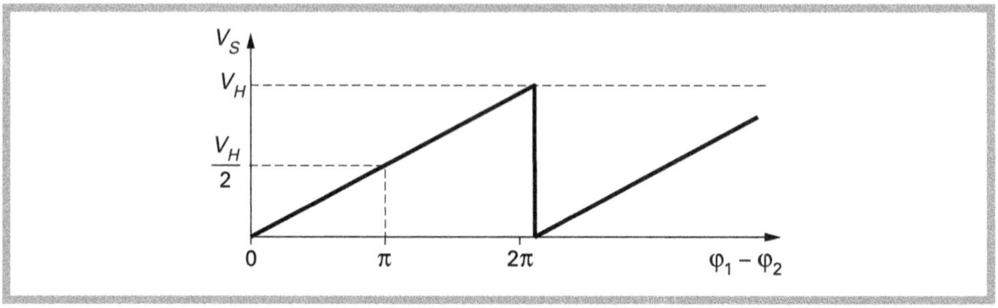

Figure 8.33 – Fonction de transfert du comparateur de phase à bascule RS.

Bascule JK maître esclave

La *figure 8.34* représente une bascule JK maître esclave qui peut être utilisée en tant que comparateur de phase. L'idée principale de cette structure est de disposer de deux sorties non actives simultanément.

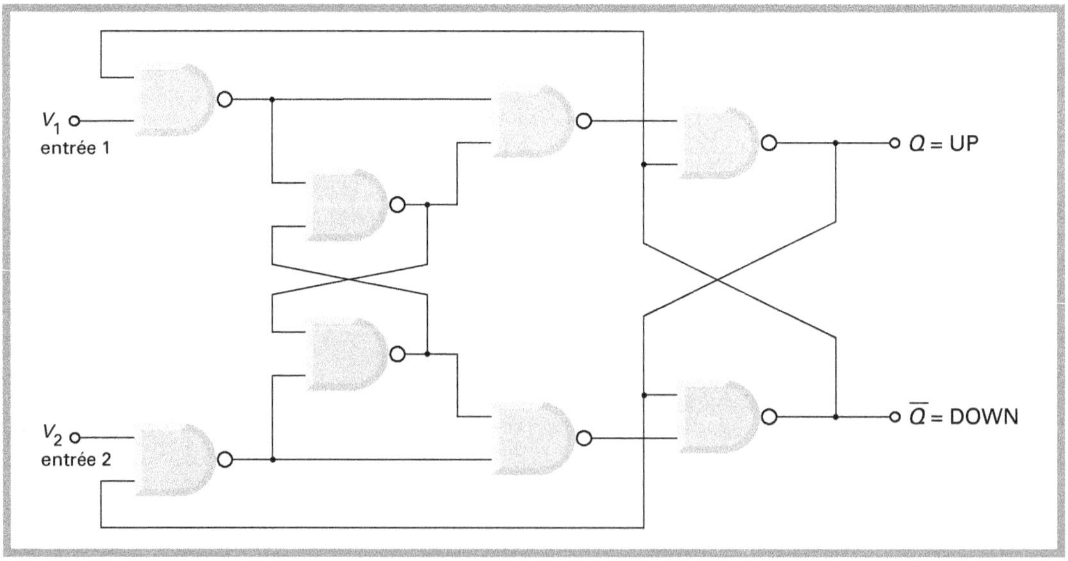

Figure 8.34 – Comparateur de phase. Bascule JK maître esclave.

Une première sortie charge les condensateurs du filtre, la seconde sortie décharge les condensateurs. Lorsque l'équilibre est atteint les deux sorties sont inactives.

Les deux sorties *UP* et *DOWN* sont à l'état haut, lorsqu'elles sont inactives.

Le filtre de boucle est connecté conformément au schéma de la *figure 8.35*. La fonction de transfert de ce filtre est identique à celle des filtres de la *figure 8.14*.

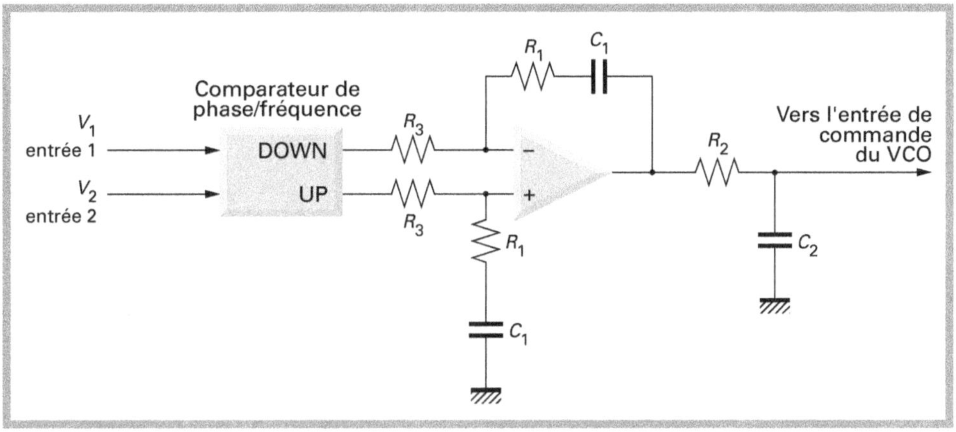

Figure 8.35 – Connexion du filtre de boucle lorsque le comparateur de phase/fréquence possède deux sorties UP et DOWN.

Dans la pratique, la bascule JK n'est pas utilisée. Une analyse complète qui sort du cadre de cet ouvrage met en évidence les défaillances de ce comparateur dans certaines situations bien précises. Ce modèle est néanmoins utile pour introduire la notion des deux sorties *UP* et *DOWN* fonctionnant alternativement.

Comparateur phase/fréquence

Le comparateur phase/fréquence de la *figure 8.36* est le comparateur de phase le plus utilisé. On le rencontre soit sous la forme d'un circuit intégré spécialisé dédié à cette unique fonction, comme le circuit intégré Motorola, par exemple MC12040, soit intégré dans des circuits synthétiseurs de fréquence plus complexes.

La fréquence maximale de fonctionnement est fonction de la technologie avec laquelle sont constituée les portes logiques, CMOS HCMOS TTL ou ECL.

Avec les technologies CMOS, les fréquences de comparaison peuvent atteindre quelques centaines de KHz, en ECL le bon fonctionnement est assuré jusqu'à plusieurs MHz.

La fonction de transfert de ce comparateur est linéaire, entre -2π et $+2\pi$; il est représenté à la *figure 8.37*.

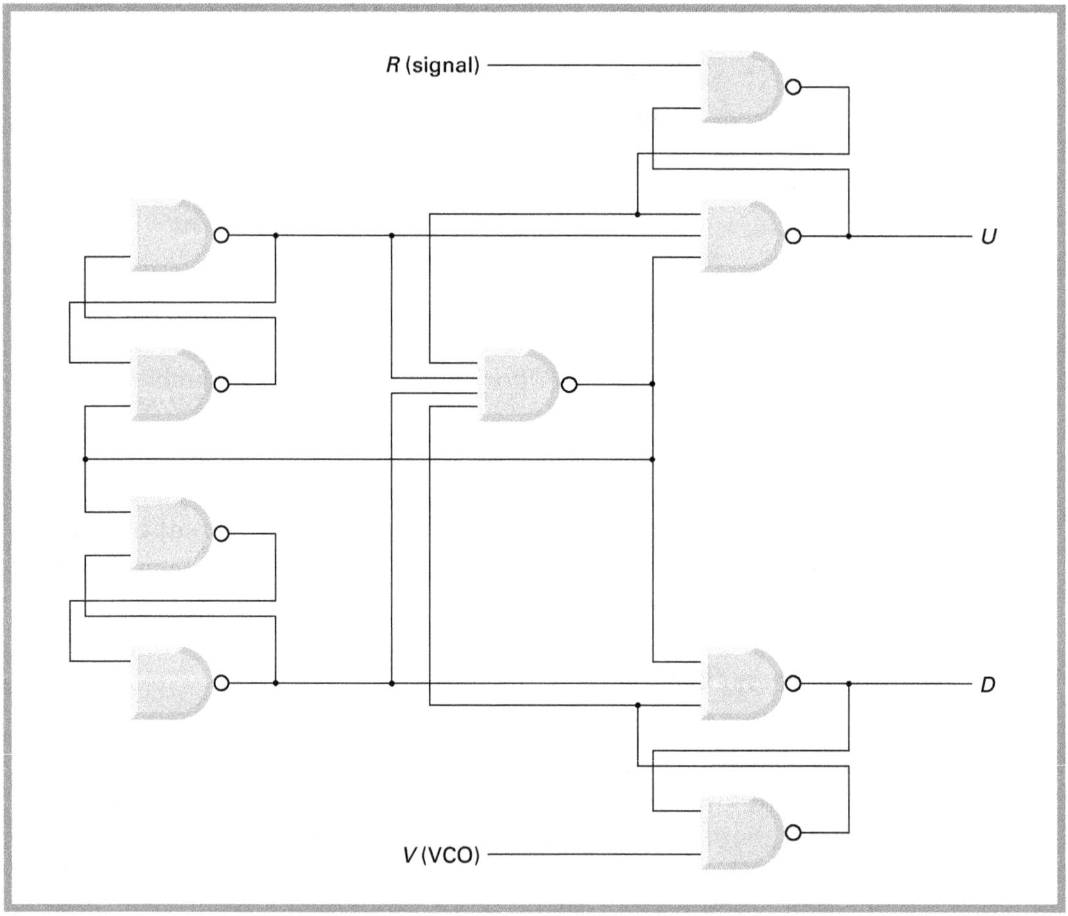

Figure 8.36 – Comparateur phase/fréquence.

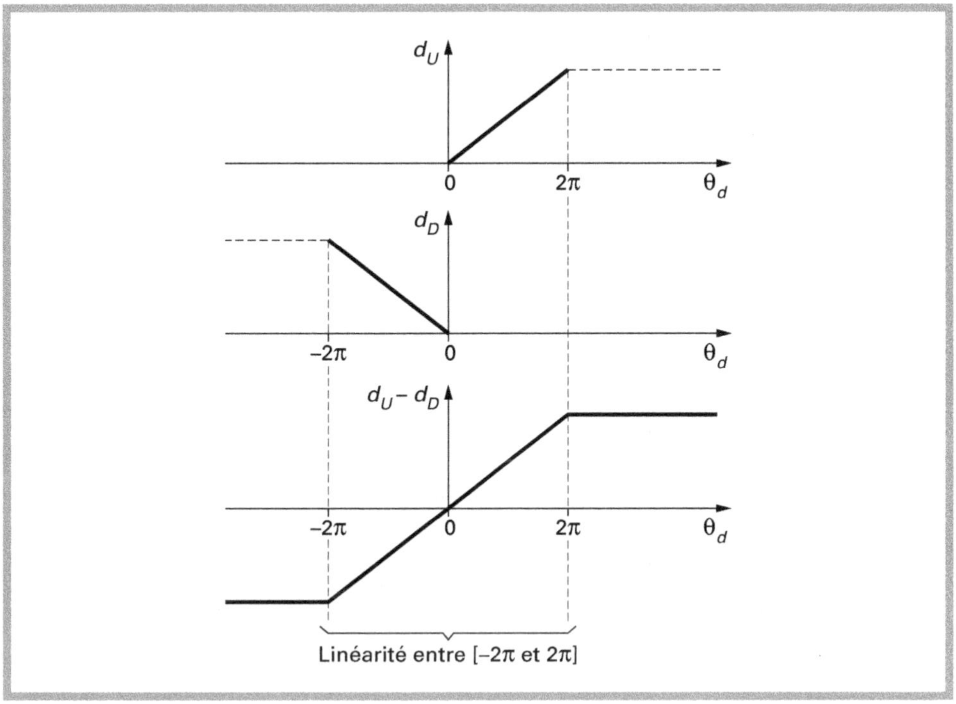

Figure 8.37 – Caractéristique d'un comparateur phase/fréquence.

Conclusion sur les détecteurs de phase

La *figure 8.38* regroupe les différents comparateurs de phase examinés dans ce paragraphe et leurs caractéristiques. La porte ou exclusive, dans la pratique, n'est utilisée que pour donner une indication sur l'état de la boucle : boucle verrouillée ou non. Cette information peut être utilisée par exemple, pour actionner un indicateur lumineux ou être envoyée à un microcontrôleur chargé de la programmation des diviseurs, de la surveillance du fonctionnement du système et de l'interface utilisateur.

Le comparateur phase/fréquence, dont la fonction de transfert est apériodique est dans la majeure partie des cas chargé du calcul de l'erreur de phase. Il est donc soit accompagné du filtre de boucle de la *figure 8.35*, soit couplé à une pompe de charge comme celle de la *figure 8.26*. Certains circuits intégrés regroupent simultanément comparateur phase/fréquence avec sorties *UP* et *DOWN* et pompe de charge, laissant ainsi au concepteur le choix de la structure du filtre de boucle, *figures 8.26* ou *8.35*.

Les multiplicateurs analogiques restent intéressants lorsque la fréquence de comparaison est élevée, de l'ordre de plusieurs dizaines ou centaines de MHz. Les mélangeurs équilibrés, ou modulateurs en anneau résolvent le problème.

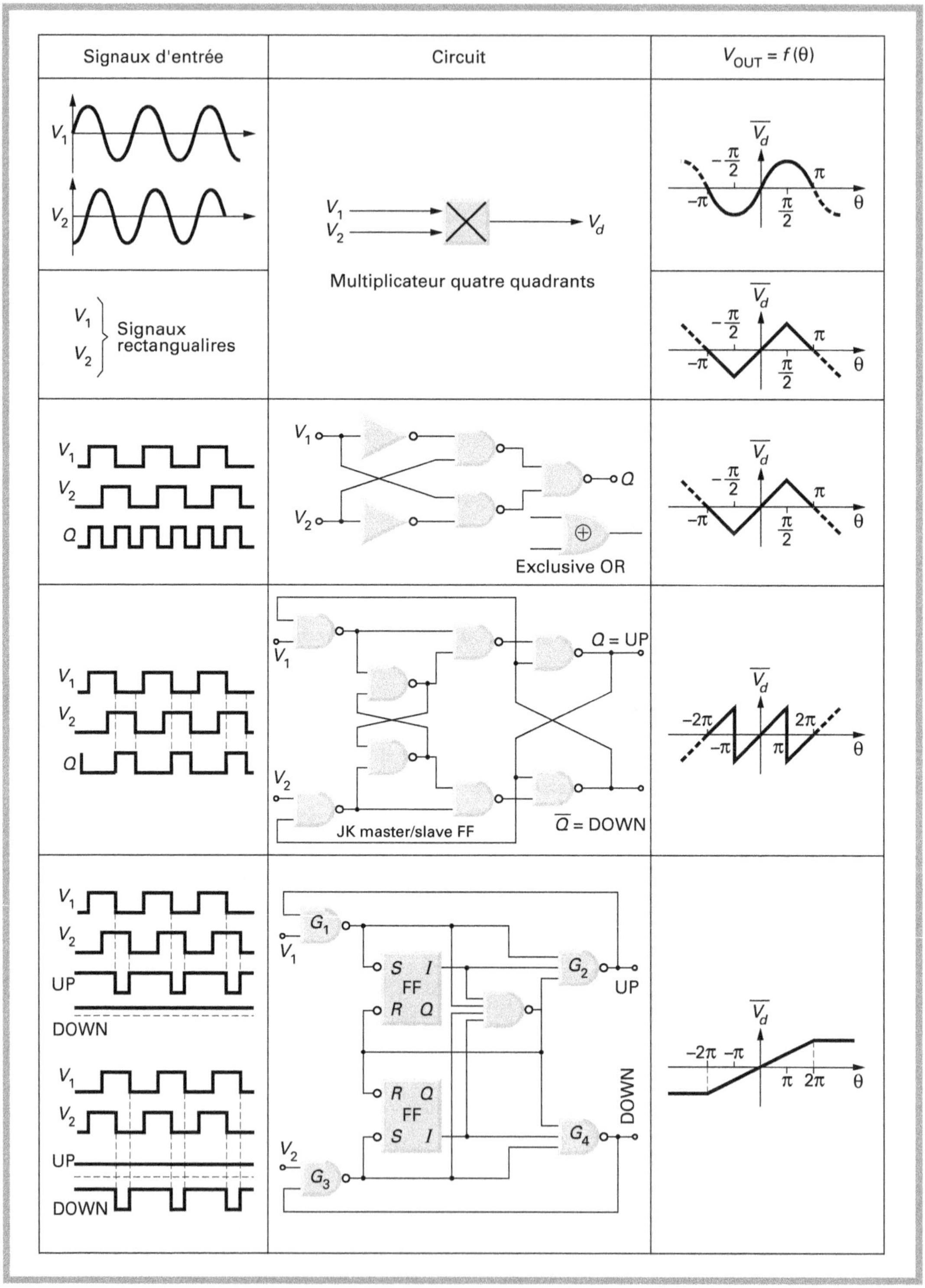

Figure 8.38 – Différents types de comparateurs de phase.

8.17 Influence du bruit sur la boucle

8.17.1 Principe

Le schéma synoptique de la *figure 8.39* représente une modélisation simplifiée de la boucle à verrouillage de phase, affectée par le bruit dû aux divers éléments.

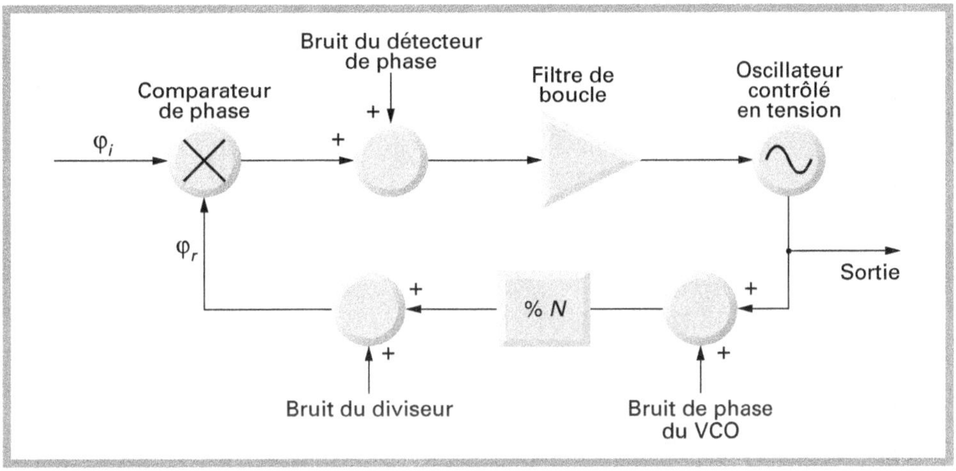

Figure 8.39 – Modélisation du bruit dans la boucle à verrouillage de phase.

Le principal objectif de la boucle est l'obtention d'une fréquence de sortie multiple de la fréquence de référence. On peut facilement imaginer le cas de cette fréquence utilisée comme oscillateur local dans un récepteur.

Si l'espacement entre canaux vaut 12,5 kHz, le bruit à 12,5 kHz de la porteuse sera transmis sur la sortie fréquence intermédiaire.

En sortie du VCO on peut être en présence de différents bruits :

– le bruit de phase exprimé en dBc ;

– des raies parasites, dues par exemple, à la fréquence de comparaison, la fréquence de l'oscillateur à quartz ou des composantes véhiculées par les alimentations secteur insuffisamment filtrées. On cherchera donc à minimiser ces différents bruits.

Les courbes de la *figure 8.40* représentent la contribution de bruit des différents étages ou des différents éléments majeurs constituant la boucle. Le bruit de phase en dBc mesuré à *x* Hz de la porteuse est supérieur à ce même bruit pour le VCO seul, hors boucle à verrouillage.

Sur les courbes de la *figure 8.40* on remarque en outre, la présence d'une raie parasite à 10 MHz de la porteuse. Cette raie peut être due soit à la fréquence de comparaison égale à 10 MHz, soit directement à la présence d'un oscillateur à quartz, la fréquence de comparaison étant 10 MHz/M.

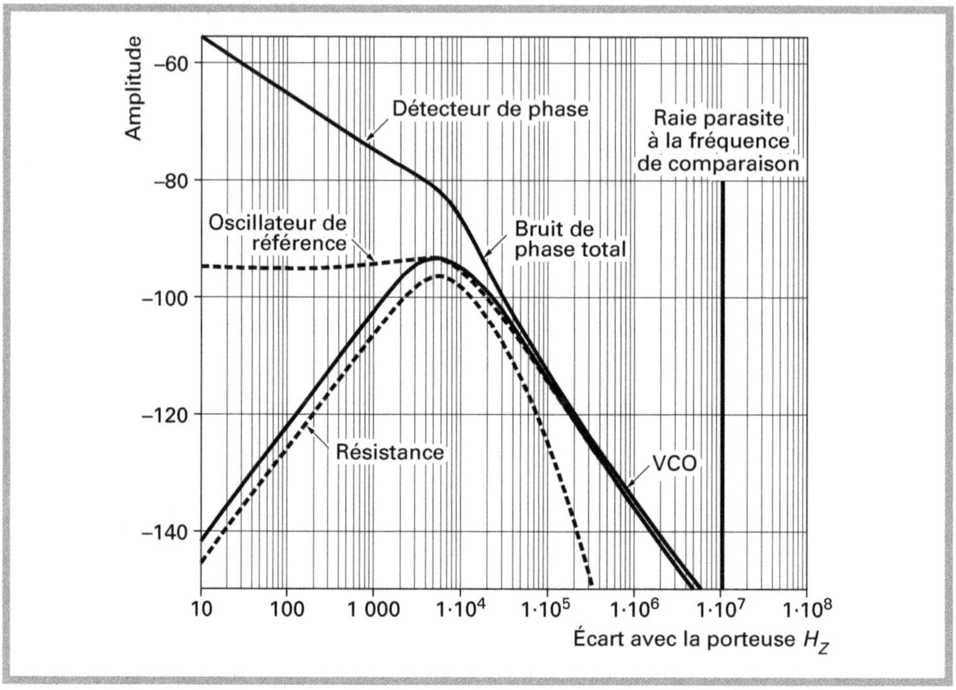

Figure 8.40 – Contribution au bruit des différents éléments de la boucle.

Cette raie peut, en général, être éliminée par filtrage. Cette composante peut être véhiculée par les alimentations, des précautions élémentaires de filtrage devront être prises pour les circuits d'alimentation du filtre actif et du VCO.

Dans les cas les plus critiques, on peut envisager l'insertion de filtres réjecteurs de bande centrés sur la fréquence de comparaison. Si cette raie est due à la présence de l'oscillateur local, elle peut aussi être éliminée par blindage de l'ensemble de la circuiterie oscillateur.

Le schéma de principe de la *figure 8.41* représente l'interface typique entre un VCO et le diviseur. On suppose que ce VCO est adapté pour une valeur Z = 50 ohm. Un diviseur résistif envoie le signal de sortie simultanément vers l'utilisation finale et vers le diviseur de fréquence *via* un atténuateur de 10 à 20 dB.

Cet atténuateur masque l'influence de la charge variable constituée par l'entrée du diviseur de fréquence. Si le niveau de sortie, en sortie de l'atténuateur, est insuffisant, on place un amplificateur d'isolement.

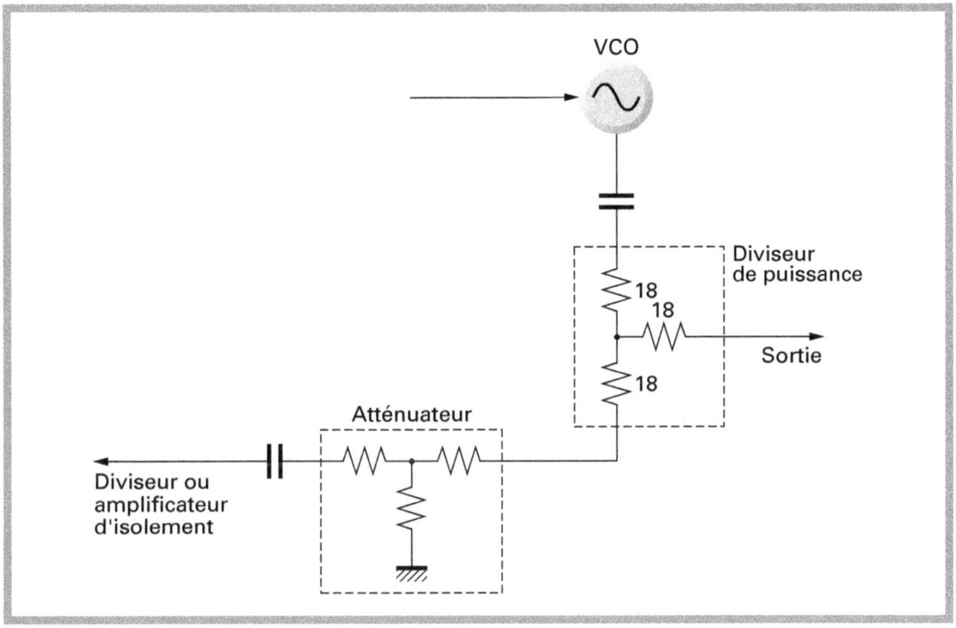

Figure 8.41 – Interface entre diviseur et VCO.

8.17.2 Mesure du bruit de phase

Le bruit de phase à x Hz de la porteuse se mesure comme le montre le schéma de la *figure 8.42*, en utilisant la relation :

$$N = N_1 + 10 \log R$$

Dans cette relation, R est la largeur du filtre d'analyse en Hz. N est exprimé en dBc.

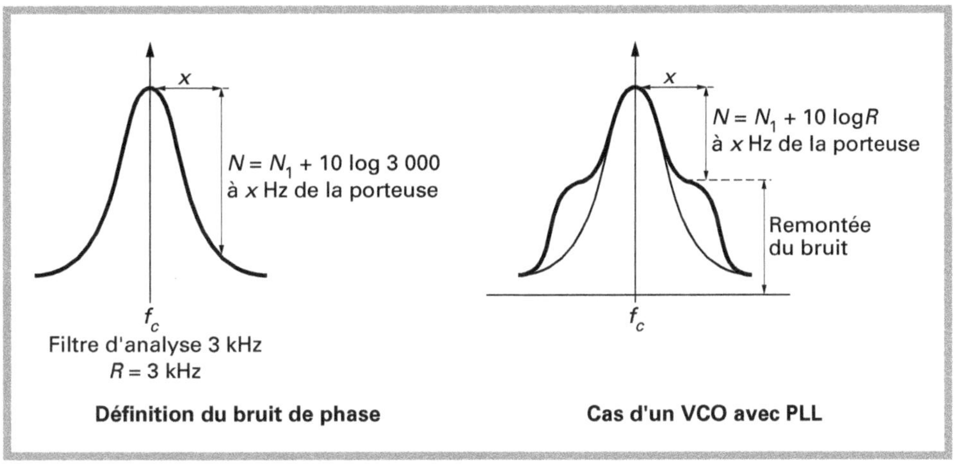

Figure 8.42 – Définition et mesure du bruit de phase.

8.18 Évolution des PLL

Trois exemples de PLL ont été sélectionnés pour donner des exemples de réalisation concrets de cette fonction aussi complexe qu'essentielle. Le choix de ces exemples intègre bien sûr des considérations techniques comme l'intégration ou la technologie mais il prend aussi en compte un aspect historique ou commercial.

Trois concepts différents ont été finalement retenus. Ils symbolisent une approche, une technologie et une époque précise. Par conséquent ces exemples ne constituent pas nécessairement des idées ou des modèles pouvant être appliqués ou dupliqués directement.

Les trois exemples de PLL sont bâtis autour des circuits intégrés spécifiques suivants :

- Motorola MC145151,
- Qualcomm Q3236,
- Analog Devices ADF4360.

Ces trois circuits représentent trois décennies différentes allant de manière croissante et des niveaux d'intégration croissants. Beaucoup d'autres exemples auraient pu être donnés, aussi bien dans des époques antérieures à celle du circuit Motorola que dans des époques intermédiaires. Ce choix final montre les différentes étapes technologiques importantes.

8.18.1 Circuit Motorola MC145151

Ce circuit a été introduit par Motorola à la fin des années 1970. Il constitue un premier pas important dans la phase d'intégration.

Il est facile d'imaginer ce que pouvait représenter, au moins en nombre de composants, un PLL conçu à partir de circuits intégrés logiques de la famille TTL ou CMOS. Au moins une dizaine de circuits intégrés étaient requis.

Le succès commercial de ce circuit Motorola, ainsi que d'autres de la même famille, a été si important que la durée de vie de ce circuit avoisine 30 ans. Ce phénomène est suffisamment rare pour être souligné, dans une industrie où l'obsolescence peut être atteinte en moins de 12 mois.

Ce circuit est réalisé dans une technologie CMOS qui ne permet pas de dépasser la fréquence de 30 MHz environ. Pour traiter des fréquences supérieures on devra donc lui adjoindre un prédiviseur capable de fonctionner à la fréquence considérée. Ces prédiviseurs peuvent être réalisés en technologie ECL ou mixte bipolaire-CMOS.

Le schéma synoptique du circuit est représenté à la *figure 8.43*, qui donne une idée de l'intégration des fonctions dans le circuit.

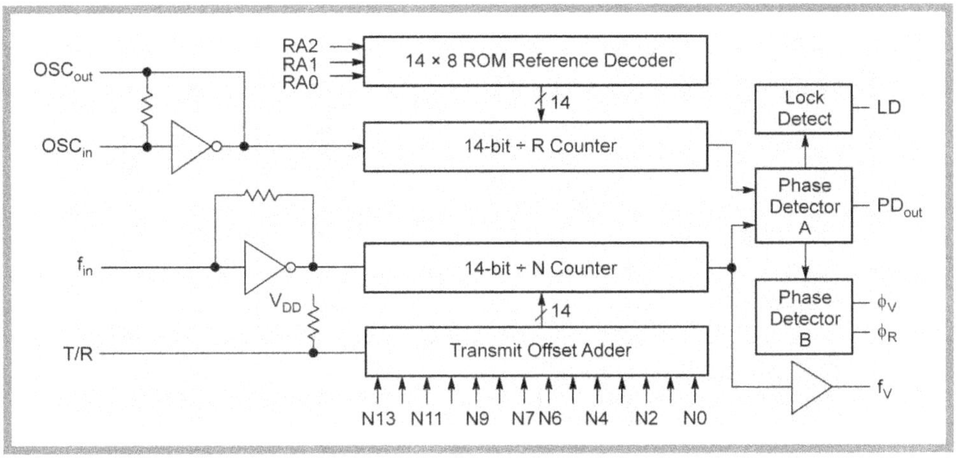

Figure 8.43 – Schéma synoptique du circuit MC145151.

Le circuit regroupe toutes les fonctions numériques destinées à l'élaboration d'une boucle à verrouillage de phase : diviseurs programmables et comparateurs de phase. Il dispose en outre d'un indicateur de verrouillage et d'un étage pouvant servir d'oscillateur de référence.

Toutes ces fonctions sont contenues dans un circuit intégré ayant 28 broches. Les accès au compteur programmable principal sont en mode parallèle, une entrée pour chaque bit. Ce mode d'accès consomme 14 des 28 broches du circuit. Le nombre de broches est insuffisant pour que le mode d'accès au compteur de référence soit identique.

En conséquence seules trois broches sont affectées au paramétrage du diviseur de référence. Cela restreint à 8 le nombre de valeurs pouvant être prises par ce diviseur.

Le *tableau 8.4* donne les 8 configurations du compteur de référence.

Tableau 8.4 – Programmation du diviseur de référence.

Valeur du diviseur	RA1	RA1	RA0
8	0	0	0
128	0	0	1
256	0	1	0
512	0	1	1
1 024	1	0	0
2 048	1	0	1
2 410	1	1	0
8 192	1	1	1

Dans le cas où l'on réalise une boucle à verrouillage de phase avec ce circuit seul, la fréquence du VCO sera liée à la fréquence de référence, fréquence de l'oscillateur à quartz, par la relation :

$$f_{VCO} = \frac{N}{R} f_{XTAL}$$

Le plus petit écart de fréquence est donné par l'expression : f_{XTAL}/R. Les valeurs de R et de l'oscillateur à quartz devront être choisies conjointement. En général on cherche des écarts de fréquence égaux aux espacements entre canaux, par exemple 12,5 ou 25 kHz. On peut aussi demander des valeurs décimales entières, par exemple 1, 5 ou 10 kHz.

Par exemple, pour un espacement entre canaux de 12,5 kHz, on opte pour un diviseur R de 512 ou 1 024 ce qui conduit à un quartz de 6,4 ou 12,8 MHz.

Dans ces conditions les fréquences maximales sont de l'ordre de 30 MHz. Pour traiter des valeurs plus élevées on devra intercaler entre le VCO et le circuit intégré un prédiviseur. Si l'on note P ce rapport de division, la relation liant la fréquence du VCO et la fréquence de référence devient :

$$f_{VCO} = \frac{N \cdot P}{R} f_{XTAL}$$

Si l'on opte pour une valeur de P de 10, la fréquence maximale devient 300 MHz et ceci peut encore être insuffisant. Prenons comme exemple une valeur de 64, qui donnerait une fréquence maximale de 2 GHz et qui correspondrait à une utilisation normale d'un prédiviseur ECL.

Si l'on conserve les valeurs choisies précédemment le plus petit écart de fréquence est multiplié par la valeur de P.

Un quartz de 6,40 MHz, qui est une valeur standard, associé à une valeur de $P = 64$ et de $R = 8192$, donnerait un plus petit écart de fréquence de 50 kHz. On pourrait encore diviser la fréquence de l'oscillateur à quartz par 2 ou par 4, valeurs non standard, pour obtenir des écarts de fréquence plus petits.

Dans le cas d'un écart de fréquence de 50 kHz, la fréquence maximale du VCO est de 819,15 MHz puisque le compteur N est un compteur 14 bits. Si l'on opte pour un pas de fréquence plus petit, dans un rapport 2 par exemple, ce qui peut sembler raisonnable, la fréquence maximale est divisée dans le même rapport.

Ces exemples montrent que cette configuration, simple au premier abord, ne permet pas de choisir librement tous les paramètres du PLL. Les limitations sont dues aux valeurs fixes du prédiviseur, aux valeurs fixes du diviseur de référence et à la valeur finie du compteur N.

Le schéma de la *figure 8.44* représente un exemple d'application autour de ce circuit intégré.

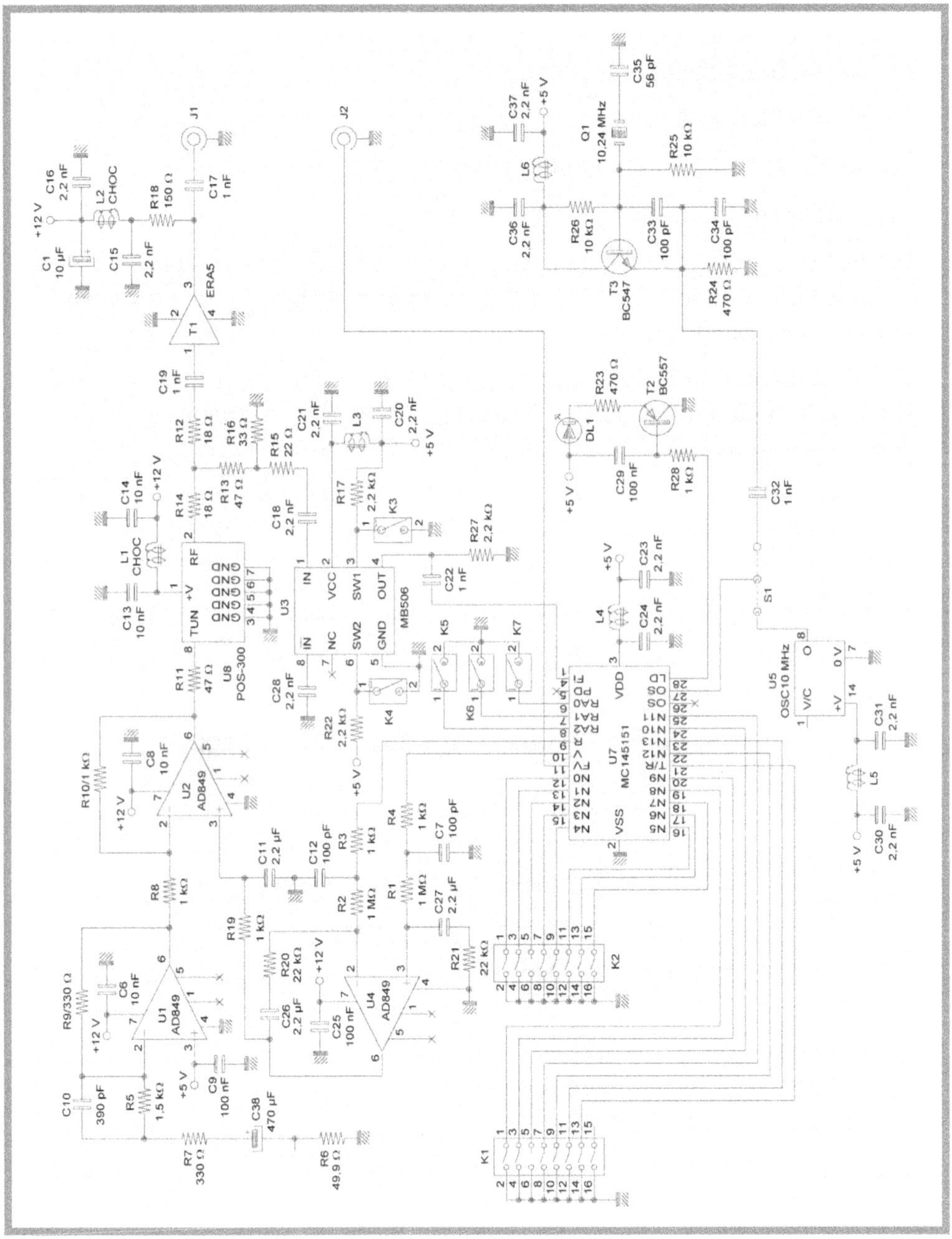

Figure 8.44 – Schéma d'application du PLL avec circuit MC145151.

On reconnaît facilement les différentes fonctions participant à la construction de la boucle à verrouillage de phase :

- l'oscillateur contrôlé en tension U_8,
- le prédiviseur U_3,
- le circuit de synthèse de fréquence U_7,
- le filtre de boucle U_4,
- un additionneur U_2 permettant de moduler le PLL,
- un oscillateur à quartz.

Ce schéma montre qu'il faut au moins trois circuits complémentaires pour constituer un PLL complet : VCO, prédiviseur et filtre de boucle. Il faut en outre un grand nombre de composants passifs.

Un des intérêts de cette configuration est le mode totalement autonome de la fonction, la programmation des diviseurs P, N et R s'effectuant en parallèle en positionnant un bit soit à 0 soit à 1. Aucun microcontrôleur n'est requis.

Le signal de sortie du VCO U_8 est divisé en deux voies par R_{12}, R_{13} et R_{14}. En sortie de la première voie, R_{12}, le signal est amplifié par T_1 vers la sortie J_1. En sortie de la seconde voie, R_{13}, le signal est atténué avant d'être envoyé au prédiviseur U_3.

Les deux interrupteurs K_3 et K_4 sélectionnent le rapport de division de U_3 : 64, 128 ou 256.

Le *tableau 8.5* fixe le rapport de division.

Tableau 8.5 – Paramétrage du prédiviseur ECL.

SW_1 pin 3	SW_2 pin 6	Diviseur
1	1	64
0	1	128
1	0	128
0	0	256

Le signal divisé est disponible à la broche 4 de U_3 et envoyé au circuit de synthèse de fréquence U_7. Les deux sorties du comparateur de phase R et V sont utilisées par le filtre de boucle U_4.

Les éléments suivants déterminent les caractéristiques du filtre de boucle : R_1, R_2, R_{20}, R_{21}, C_{26}, C_{27}, R_{19} et C_{11}.

Pour compléter la description du circuit on peut signaler la présence de deux oscillateurs de référence, l'un bâti autour du composant intégré U_6 et l'autre bâti autour du transistor T_3.

Le commutateur S_1 permet de sélectionner l'un de ces deux oscillateurs.

La sortie *LD* délivre une information relative au verrouillage de la boucle et cette information est envoyée à une diode électroluminescente DL_1. Lorsque la boucle est verrouillée, cette diode est éteinte. Finalement un signal modulant peut être injecté à l'entrée J_3, ce signal est ajouté à la tension de contrôle du VCO et module en fréquence le VCO.

Cette application est intéressante car elle permet de faire facilement de nombreux essais sur les PLL. L'accès aux diviseurs est simple, facile et rapide. On peut aussi injecter un signal carré sur l'un des bits de poids faible et observer la tension de contrôle du VCO pour examiner le comportement de la boucle. Ceci permettra par exemple d'optimiser les valeurs des composants du filtre de boucle. En plaçant un oscilloscope sur la sortie du filtre de boucle on peut par exemple observer les courbes de la *figure 8.19b*.

Cette application ne doit pas être recommandée pour une industrialisation mais est intéressante d'un point de vue didactique.

8.18.2 Circuit Qualcomm Q3236

Le second exemple repose sur l'emploi d'un circuit Qualcomm Q3236 ayant aussi un équivalent PE3236 Peregrinne. Ce circuit date des années 1990.

Le schéma synoptique de ce composant est représenté à la *figure 8.45*.

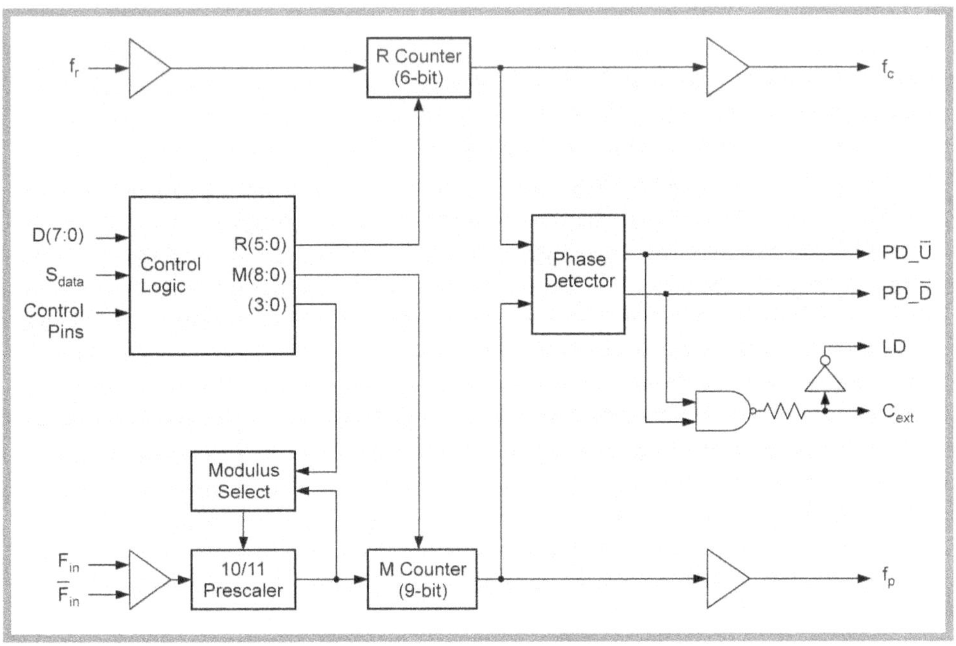

Figure 8.45 – Schéma synoptique du circuit PE3236.

Au premier abord on pourrait penser que ce circuit est très voisin de l'exemple précédent. Cela est vrai bien entendu puisqu'il s'agit de la même fonction mais cette seconde génération de composant apporte son lot d'améliorations. Un prédiviseur par 10/11 est inclus dans le circuit, ce qui permet de traiter directement des fréquences jusqu'à 2 200 MHz. Le diviseur par M est un compteur 9 bits et le diviseur par R, pour la fréquence de référence, est un compteur 6 bits.

Les différents diviseurs peuvent être programmés suivant trois modes différents, deux modes nécessitent un microcontrôleur : un mode bus parallèle et un mode bus série, le troisième mode est similaire à celui du circuit Motorola traité précédemment où une broche est affectée à un bit.

Le prédiviseur par 10/11 peut être mis en ou hors service.

Si le prédiviseur est mis *en service* la relation liant la fréquence de référence et la fréquence du VCO est la suivante :

$$f_{VCO} = \frac{10(M+1)+A}{R+1} f_{XTAL}$$

Si le prédiviseur est mis *hors service* la relation liant la fréquence de référence et la fréquence du VCO est la suivante :

$$f_{VCO} = \frac{M+1}{R+1} f_{XTAL}$$

Cette relation s'applique aussi au mode de programmation direct : une broche pour un bit.

Les trois évolutions apportées par ce circuit sont donc l'intégration du prédiviseur, peu ou pas de restriction dans le choix des paramètres M, A ou R, et différents modes d'accès aux paramètres du circuit.

Le compteur M est un compteur 9 bits, le compteur A un compteur 4 bits et le compteur R un compteur 6 bits. Bien que l'accès aux paramètres de ces compteurs soit total, contrairement au cas précédent, le compteur R peut poser un problème.

La fréquence de l'oscillateur à quartz peut être divisée par 64 au maximum et ceci peut poser un véritable problème dans le cas d'une faible résolution. Si par exemple le plus petit écart de fréquence est fixé à 12,5 kHz, la fréquence de référence vaut 800 kHz. Ceci implique probablement un oscillateur à quartz externe et un prédiviseur annexe supplémentaire.

Les compteurs M et A sont assimilables à un compteur 13 bits, dans le cas précédent nous avions un compteur 14 bits. En comparant les deux premiers circuits on constate que l'amélioration relative aux compteurs est peu significative.

Le *tableau 8.6* résume les trois modes de programmation différents du circuit.

Tableau 8.6 – Trois modes de programmation du circuit PE3236 ou Q3236.

Interface Mode	$\overline{\text{Enh}}$	$\overline{\text{Bmode}}$	Smode	R_5	R_4	M_8	M_7	$\overline{\text{Pre\_en}}$	M_6	M_5	M_4	M_3	M_2	M_1	M_0	R_3	R_2	R_1	R_0	A_3	A_2	A_1	A_0
Parallel	1	0	0	M2_WR rising edge load				M1_WR rising edge load								A_WR rising edge load							
				D_3	D_2	D_1	D_0	D_7	D_6	D_5	D_4	D_3	D_2	D_1	D_0	D_7	D_6	D_5	D_4	D_3	D_2	D_1	D_0
Serial*	1	0	1	B_0	B_1	B_2	B_3	B_4	B_5	B_6	B_7	B_8	B_9	B_{10}	B_{11}	B_{12}	B_{13}	B_{14}	B_{15}	B_{16}	B_{17}	B_{18}	B_{19}
Direct	1	1	X	0	0	0	0	$\overline{\text{Pre\_en}}$	M_6	M_5	M_4	M_3	M_2	M_1	M_0	R_3	R_2	R_1	R_0	A_3	A_2	A_1	A_0

Le schéma de la *figure 8.46* représente le schéma d'application autour du composant Q3236.

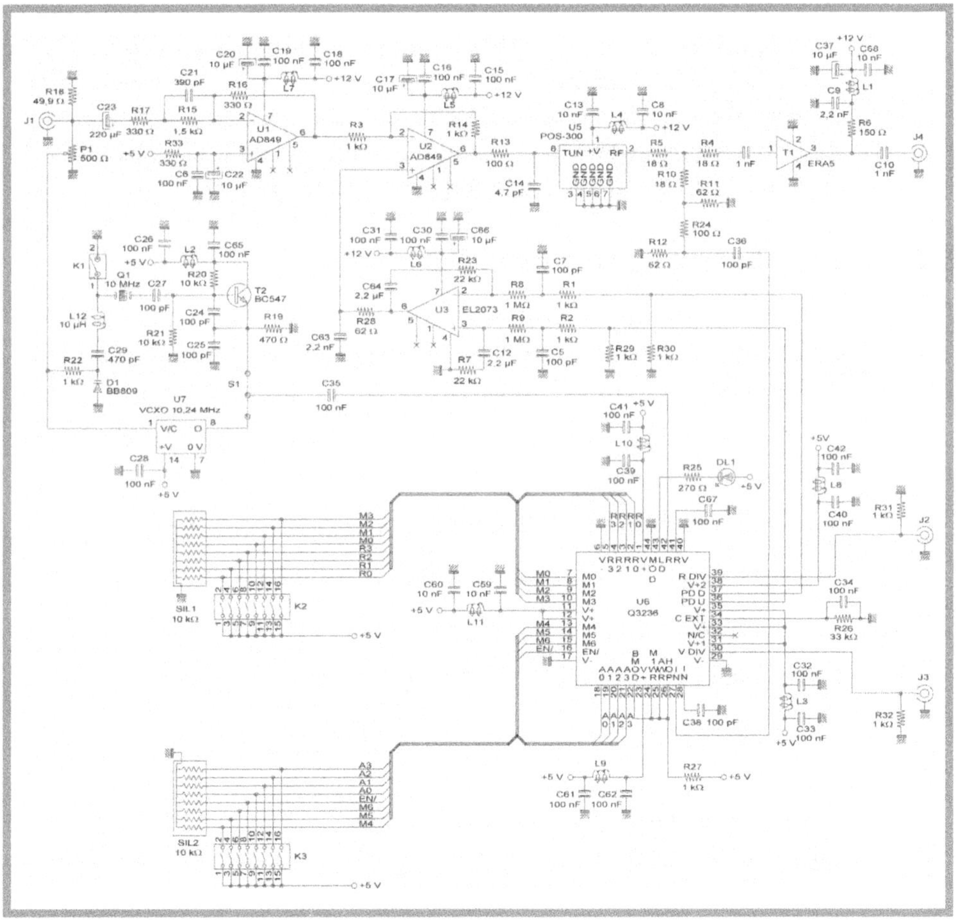

Figure 8.46 – Schéma d'application du PLL avec un circuit Q3236.

Les éléments complémentaires ont été repris dans le schéma d'application précédent relatif au circuit MC145151. On retrouve donc : le filtre de boucle autour de l'amplificateur U_3, le VCO U_5, un circuit de modulation U_1 et U_2 et le choix de deux oscillateurs de référence U_7 ou T_2.

Les éléments suivants déterminent les caractéristiques du filtre de boucle : R_7, R_8, R_9, R_{23}, C_{12}, C_{64}, R_{28} et C_{63}.

Bien que ce circuit représente une nette évolution par rapport au circuit précédent il nécessite l'emploi de nombreux composants périphériques.

Les deux sorties J_2 et J_3 permettent de visualiser les signaux de sortie des diviseurs mais ne sont utilisées normalement que dans les phases de test.

L'application représentée à la *figure 8.46* exploite le mode de programmation parallèle. Dans ce cas le prédiviseur interne n'est pas utilisé.

Il est clair que les deux blocs pouvant être intégrés ensuite sont le filtre de boucle et l'oscillateur contrôlé en tension.

Dans le milieu des années 1990 un grand nombre de circuits sont apparus, intégrant toutes les fonctions du PLL, une partie du filtre de boucle restant externe : en général un transistor associé à quelques composants passifs. Ces circuits étaient souvent destinés aux récepteurs audio ou vidéo grand public. Le mode de programmation retenue était un mode série *via* un bus I2C.

8.18.3 Circuit Analog Devices ADF4360

Le schéma synoptique du PLL ADF4360 est représenté à la *figure 8.47*. La principale innovation de ce circuit est l'intégration du VCO. Les points particuliers remarquables sont les suivants :

- programmation complète des compteurs du VCO et de la fréquence de référence ;
- programmation du prédiviseur $P/P+1$;
- programmation de la puissance de sortie du VCO ;
- programmation des paramètres du comparateur de phase.

La fréquence de sortie du VCO est donnée par la relation :

$$f_{VCO} = \frac{P \cdot B + A}{R} f_{XTAL}$$

Dans cette relation P est la valeur du prédiviseur qui est programmable. Deux valeurs sont recommandées, $P = 8$ ou $P = 16$. Dans ce cas le prédiviseur divise alternativement par 8/9 ou 16/17.

Une autre valeur peut être utilisée, $P = 32$, mais elle n'est pas recommandée par le constructeur.

Dans le cas où $P = 8$, la fréquence du VCO est divisée par $P \cdot B + A$ et cela correspond à un compteur de 16 bits. Si $P = 16$, la division est réalisée par un compteur de 17 bits.

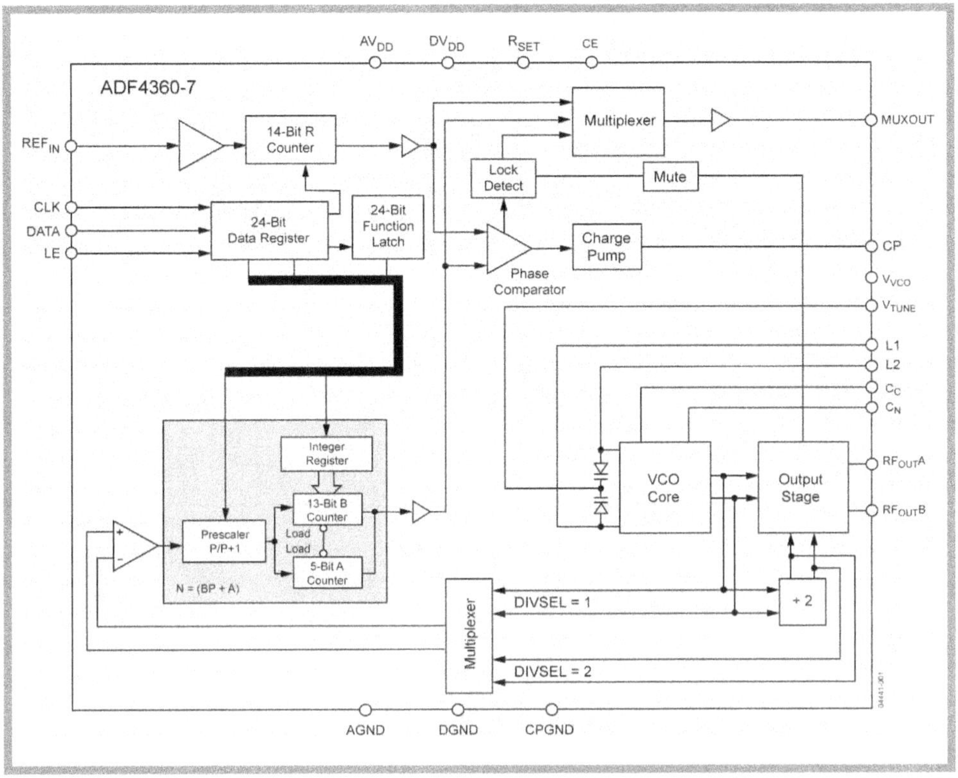

Figure 8.47 – Schéma synoptique du PLL ADF4360.

Les capacités de compteur sont notablement accrues par rapport à ce qu'elles étaient dans le cas des circuits Motorola ou Qualcomm.

La programmation s'effectue *via* un bus série, *Clock Data Latch Enable*. Trois mots de 24 bits sont nécessaires pour programmer le PLL. La structure des trois mots est représentée dans le *tableau 8.7*. Les mots sont stockés en interne dans les registres *ad hoc*, les deux premiers bits C_1 et C_2 permettent l'identification du registre de stockage interne : registre de contrôle, registre du compteur N ou registre du compteur R.

Il est clair que ce circuit ne peut en aucun cas fonctionner de manière autonome, contrairement aux deux autres cas présentés. La présence d'un organe de programmation est impérative.

En principe, quelle que soit l'application, on dispose toujours d'un organe de programmation destiné par exemple à l'interface homme-machine. On peut donc admettre que l'emploi impératif d'un microcontrôleur par exemple n'est pas un handicap.

Tableau 8.7 – Programmation des registres du PLL Analog Devices.

CONTROL LATCH

PRESCALER VALUE		POWER-DOWN 2	POWER-DOWN 1	CURRENT SETTING 2			CURRENT SETTING 1			OUTPUT POWER LEVEL		MUTE-TILL-LD	CP GAIN	CP THREE-STATE	PHASE DETECTOR POLARITY	MUXOUT CONTROL			COUNTER RESET	CORE POWER LEVEL		CONTROL BITS	
DB23	DB22	DB21	DB20	DB19	DB18	DB17	DB16	DB15	DB14	DB13	DB12	DB11	DB10	DB9	DB8	DB7	DB6	DB5	DB4	DB3	DB2	DB1	DB0
P2	P1	PD2	PD1	CPI6	CPI5	CPI4	CPI3	CPI2	CPI1	PL2	PL1	MTLD	CPG	CP	PDP	M3	M2	M1	CR	PC2	PC1	C2 (0)	C1 (0)

N COUNTER LATCH

DIVIDE-BY-2 SELECT	DIVIDE-BY-2	CP GAIN	13-BIT B COUNTER													RESERVED	5-BIT A COUNTER					CONTROL BITS	
DB23	DB22	DB21	DB20	DB19	DB18	DB17	DB16	DB15	DB14	DB13	DB12	DB11	DB10	DB9	DB8	DB7	DB6	DB5	DB4	DB3	DB2	DB1	DB0
DIVSEL	DIV2	CPG	B13	B12	B11	B10	B9	B8	B7	B6	B5	B4	B3	B2	B1	RSV	A5	A4	A3	A2	A1	C2 (1)	C1 (0)

R COUNTER LATCH

RESERVED	RESERVED	BAND SELECT CLOCK		TEST MODE BIT	LOCK DETECT PRECISION	ANTI-BACKLASH PULSE WIDTH		14-BIT REFERENCE COUNTER														CONTROL BITS	
DB23	DB22	DB21	DB20	DB19	DB18	DB17	DB16	DB15	DB14	DB13	DB12	DB11	DB10	DB9	DB8	DB7	DB6	DB5	DB4	DB3	DB2	DB1	DB0
RSV	RSV	BSC2	BSC1	TMB	LDP	ABP2	ABP1	R14	R13	R12	R11	R10	R9	R8	R7	R6	R5	R4	R3	R2	R1	C2 (0)	C1 (1)

Le schéma de la *figure 8.48* représente un PLL fonctionnant à 860 MHz et destiné à une application RFID. La seule fonction complémentaire nécessaire est l'oscillateur de référence externe U_3.

La plage de fonctionnement du VCO interne est fixée par les selfs L_7 et L_8. À cette fréquence les valeurs des selfs sont faibles et ces composants peuvent être réalisés par des pistes imprimées.

Les éléments actifs du filtre de boucle sont internes au circuit et les paramètres du filtre sont fixés par les condensateurs C_{10}, C_{11}, C_{12} et les résistances R_{12} et R_{13}.

Comme dans les cas précédents on pourrait ménager une entrée modulation en plaçant un additionneur entre le point commun $R_{13}C_{12}$ et la broche 7 du circuit intégré.

Le signal de sortie est disponible simultanément sur deux sorties J_1 et J_2. Cette caractéristique peut s'avérer intéressante, une sortie peut être dédiée à un modulateur en émission et l'autre à l'oscillateur local en réception.

L'application de la *figure 8.48* représente l'état de l'art en 2005. Le nombre des composants passifs externes nécessaire est réduit. La programmation du PLL s'effectue via un bus *Clock Data Latch Enable* propriétaire.

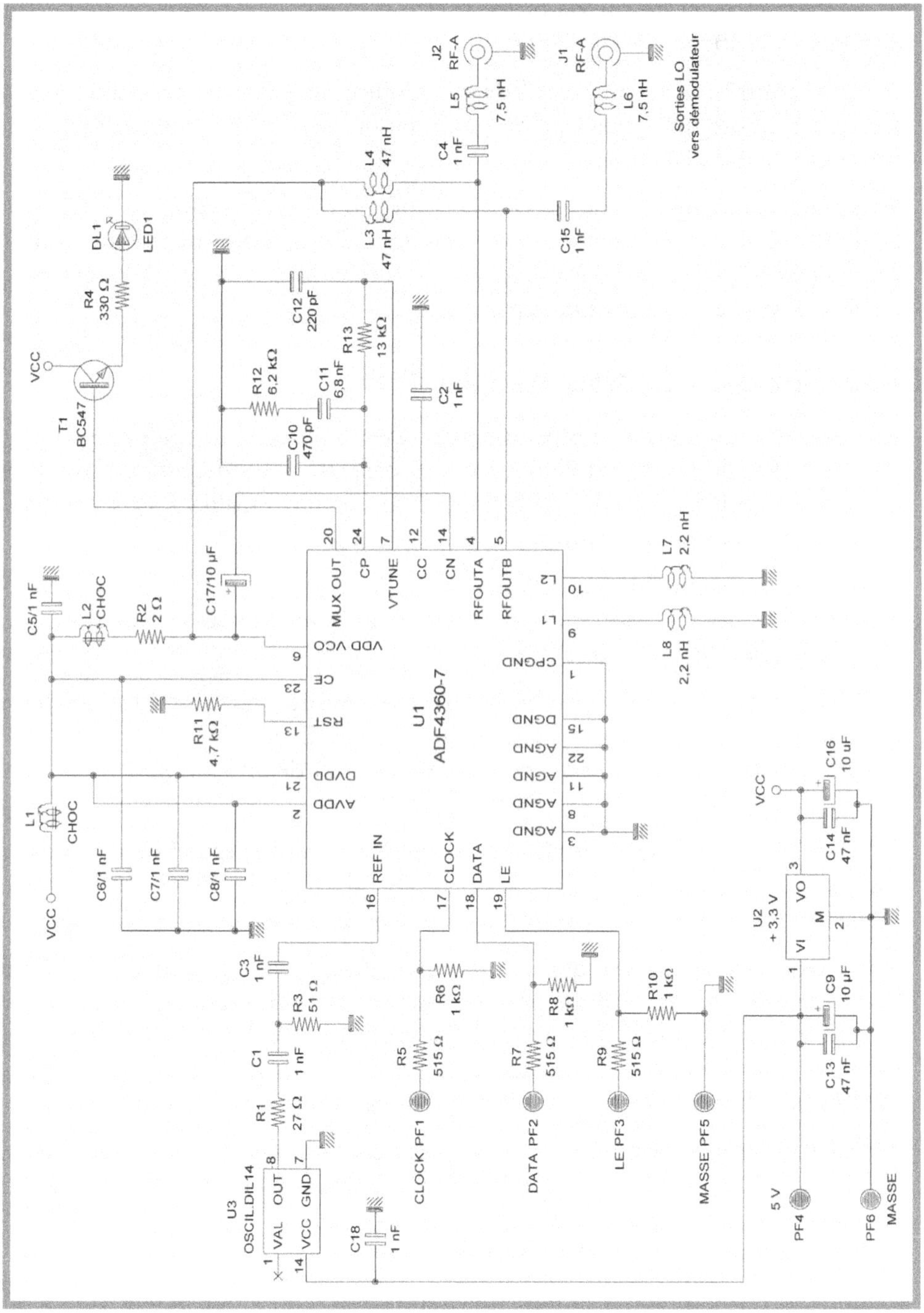

Figure 8.48 – Schéma d'application du PLL avec un circuit ADF4360.

On remarque les alimentations et les filtrages différents pour la circuiterie analogique et la circuiterie logique, broches 6, 2 et 21 du circuit intégré. Une partie des performances en terme de bruit de phase et niveau des raies parasites sera imputable au filtrage des alimentations.

Un microcontrôleur est impératif dans l'application finale. Pour évaluation, le fabricant propose un logiciel de programmation qui utilise trois des sorties du port parallèle d'un PC.

Dans l'état actuel on ne peut envisager l'intégration de la source de référence : oscillateur et quartz associé. On pourrait éventuellement diminuer le nombre de composants passifs externes et améliorer les performances, notamment en terme de bruit de phase et diverses raies parasites.

8.18.4 Comparaison entre les trois exemples de PLL

La lecture du *tableau 8.8*, comparatif entre les trois circuits intégrés choisis pour illustrer la fonction PLL, est éloquente. On constate une intégration croissante, une miniaturisation des composants et un accroissement sensible des performances et du choix de la programmation.

Dans le cas du circuit Motorola la fréquence maximale est limitée par la technologie et il faut donc lui adjoindre un diviseur ECL externe, cette fonctionnalité est intégrée dans les deux cas suivants.

Les performances évoluent peu entre les deux premiers circuits, MC145151 et Q3236, en ce qui concerne le diviseur par N, respectivement 14 et 13 bits. Il y a une petite amélioration en ce qui concerne le rapport de division R, le choix passe de 8 à 64 valeurs.

L'amélioration est notable dans le cas du troisième circuit ADF4360 puisque l'on dispose d'un compteur au maximum de 18 bits pour le diviseur affecté à la fréquence du VCO et d'un compteur 14 bits pour la fréquence de référence.

L'oscillateur de référence et le quartz qui doit être associé sont quasiment immuables dans les trois exemples. Dans le premier exemple on peut éventuellement utiliser la porte interne comme étage oscillateur, bien que cela ne donne pas les meilleures performances. Bien entendu le quartz ne peut être intégré. Le quartz constitue une frontière technologique et un frein à l'intégration de la fonction.

Le filtre de boucle, externe dans les deux premiers exemples, est finalement intégré dans le cas du circuit ADF4360, les composants passifs sont externes mais l'amplificateur est interne. Notons que dans le cas du circuit Motorola il existe une configuration pour utiliser seulement des composants passifs.

Le mode de programmation migre inévitablement d'un mode parallèle bit à bit, donnant une configuration autonome, vers une programmation par bus série,

Tableau 8.8 – Comparatif entre les trois circuits intégrés PLL.

	MC45151	Q3236	ADF4360
Prédiviseur ECL	Externe	Interne	Interne
Diviseur par N	Interne accès complet N 14 bits	Interne accès complet M 9 bits A 4 bits	Interne accès complet B 13 bits A 6 bits
Diviseur par R	Interne accès restreint 3 bits 8 valeurs fixes	Interne accès complet R 6 bits	Interne accès complet R 14 bits
Oscillateur de référence	Interne ou externe	Externe	Externe
Comparateur de phase	Interne	Interne	Interne
Filtre de boucle	Interne/externe Éléments passifs externes	Externe Éléments passifs externes	Interne Éléments passifs externes
Programmation	1 entrée par bit	1 entrée par bit Bus série Bus parallèle	Bus série
VCO	Externe	Externe	Interne
Présence d'un microcontrôleur	Non	Éventuellement	Impérative
Composants supplémentaires requis	Nombreux	Assez nombreux	Peu nombreux
Type de boîtier Espacement entre broches (mm)	DIL 28 broches 2,54	PLCC 44 broches 1,27	LFCSP 24 broches 0,5
Tension d'alimentation et consommation	3 à 9 V 20 mA environ avec un prédiviseur externe	3 V 22 mA	3 à 3,6 V 25 mA environ avec VCO

impliquant obligatoirement un microcontrôleur ou autre organe de programmation.

On cherche simultanément, à accéder à un plus grand nombre de bits pour le diviseur du VCO et celui de la fréquence de référence, et à limiter le nombre de broches du circuit intégré pour augmenter la miniaturisation. L'objectif ne peut être atteint qu'en optant pour un mode de programmation série, utilisant deux ou trois broches du circuit, quel que soit le nombre de bits que l'on souhaite programmer.

Un point important repose sur le VCO. L'intégration du VCO dans le circuit est un net progrès mais n'est pas nécessairement un avantage majeur. Dans une application de télécommunications les performances sont extrêmement liées aux performances du VCO, bruit de phase, pureté du signal, distorsion par harmoniques par exemple. Intégrer le VCO dans le circuit peut éventuellement dégrader les performances d'un équipement si les performances du VCO sont insuffisantes.

D'autre part l'intégration du VCO dans le circuit annule toute la souplesse d'emploi d'un circuit intégré comprenant strictement les fonctions logiques comme tel est le cas pour le MC145151 et le Q3236.

Finalement lorsque le VCO est intégré au composant, celui-ci doit être décliné sous plusieurs références pour couvrir de larges bandes de fréquence, comme le ferait un circuit PLL associé, par le concepteur, à un VCO particulier.

Pour les trois circuits les conditions d'alimentations sont assez voisines, même si l'on note une tendance évidente à la baisse. La comparaison entre ces différents composants n'est pas très simple puisque les fonctions ne sont pas identiques.

Le circuit intégré Motorola associé à un prédiviseur ECL consomme environ 20 mA, c'est aussi la consommation du circuit Q3236 pour des performances voisines. C'est aussi, environ, la consommation du circuit ADF4360, mais la consommation intègre celle du VCO.

En dernier lieu on note l'inévitable miniaturisation, l'espacement des broches passant successivement de 2,54 mm à 1,27 mm puis finalement 0,5 mm. La surface occupée par le composant est diminuée par deux environ lorsque l'on passe du MC145151 au Q3236. Cette même surface est divisée par 20 environ lorsque l'on passe du circuit MC145151 au circuit ADF4360. Cette tendance est immuable, inévitable, elle est due principalement au besoin des applications mobiles qui réclament miniaturisation et faible consommation.

8.19 Conclusion

Les boucles à verrouillage de phase sont des structures essentielles dans les radiocommunications. Le niveau de performance des boucles agit naturellement sur les performances globales du système. L'optimisation des paramètres de la boucle ne pose, en général, que peu de problèmes.

La réalisation pratique fait appel à un bon niveau d'expérience. La conception d'un oscillateur commandé, VCO, à très faible bruit de phase reste un exercice d'autant plus délicat que l'excursion est importante.

Dans la plupart des cas, l'oscillateur contrôlé en tension est un composant qui peut être fourni par un fabriquant spécialisé. Cette approche réduit considérablement les difficultés de mise en œuvre d'une boucle à verrouillage de phase performante.

CHAPITRE 9

ADAPTATION D'IMPÉDANCE

L'adaptation d'impédance, surtout lorsque celle-ci doit être réalisée sur une large bande, a toujours été considérée comme un exercice difficile, redouté de la plupart des électroniciens.

Ce point est pourtant très important, car de cette adaptation découle l'optimisation des émetteurs et des récepteurs donc optimisation de la liaison.

Les premiers travaux relatifs à l'adaptation d'impédance datent, comme la plupart des travaux théoriques, des années 1950-1960.

Plusieurs voies d'investigations ont été envisagées, donnant autant de procédures permettant de résoudre le problème posé. À l'heure actuelle, il n'est pas possible de conclure sur l'efficacité ou la précision de l'une ou l'autre de ces méthodes et de ne conserver que celle-ci. Des travaux récents et abondants montrent que tout n'a pas encore été dit sur l'adaptation large bande. Quelle que soit la méthode, les résultats numériques sont voisins. Il s'agit en général, de déterminer les valeurs de trois ou quatre éléments passifs, selfs ou capacités.

C'est une étape longue et fastidieuse bien que l'on puisse disposer des n équations à n inconnues. Cette situation est alors propice à une estimation rapide des éléments, pour lesquels le calcul peut être simplifié. La solution finale est obtenue par une suite d'essais pratiques complémentaires. Les progrès technologiques des années 1990, appliqués aux calculateurs ont permis le développement d'algorithmes d'optimisation qui allègent encore la tâche du concepteur.

Ce chapitre est consacré à l'adaptation d'impédance, par la méthode dite des impédances conjuguées et du calcul du coefficient de surtension du circuit chargé.

9.1 Objectif de l'adaptation d'impédance

En radiocommunication, on cherche à transférer une puissance maximale d'une source de tension V_E de résistance interne R_G vers une charge de valeur R_L.

Le schéma simple de la *figure 9.1* résume l'énoncé du problème.

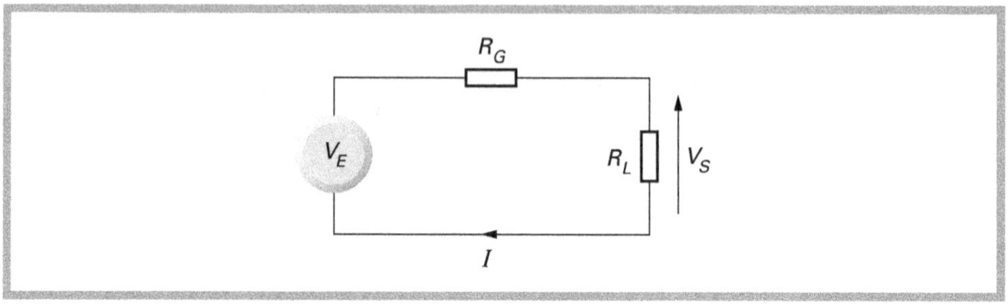

Figure 9.1 – Transfert de puissance.

La tension V_S aux bornes de la charge R_L, vaut :

$$V_S = V_E \frac{R_L}{R_L + R_G}$$

La puissance P_S fournie à la charge R_L, vaut :

$$P_S = \frac{V_S^2}{R_L} = V_E^2 \frac{R_L}{(R_L + R_G)^2}$$

On cherche alors si il existe une relation entre R_L et R_G, telle que la puissance P_S soit maximale :

$$\frac{dP_S}{dR_L} = V_E^2 \frac{R_G - R_L}{(R_G + R_L)^3}$$

Lorsque $\frac{dP_S}{dR_L} = 0$ la puissance P_S est maximale. Cette condition équivaut à la relation bien connue $R_G = R_L$.

Lorsque la résistance de charge R_L est égale à la résistance interne du générateur R_G, le circuit est adapté en puissance. La puissance P_S délivrée à la charge est maximale et vaut :

$$P_{S\max} = \frac{V_E^2}{4R_L}$$

Il faut noter que ce résultat n'est pas identique à celui qui serait obtenu si l'on cherchait le transfert maximum en tension. Le maximum de la fonction de transfert $\frac{V_S}{V_E}$ est obtenu lorsque $R_G = 0$.

Dans le cas simple de la *figure 9.1* les impédances R_G et R_L sont des résistances pures. On peut certainement rencontrer ce cas concret, mais il ne s'agit pas du cas réel le plus fréquent. Généralement, les impédances Z_G et Z_L sont des impédances complexes.

Une impédance complexe Z peut se mettre sous la forme :

$$Z(p) = \frac{N(p)}{D(p)}$$

L'impédance se met sous la forme d'un rapport de deux polynômes fonction de $p = j\omega$. L'impédance $Z(p)$ est constituée d'un nombre quelconque d'éléments passifs élémentaires, résistance, selfs et condensateurs. Les degrés des polynômes $N(p)$ et $D(p)$ diffèrent de 1 au maximum.

9.2 Transformation d'impédance

Le calcul analytique est d'autant plus compliqué que les degrés des polynômes $N(p)$ et $D(p)$ sont élevés. Pour cette raison, on se limite en général au cas d'une impédance constituée d'une partie réelle R et d'une partie imaginaire X.

Cette configuration correspond à des circuits RC série ou parallèle, ou des circuits RL série ou parallèle. Le schéma de la *figure 9.2* montre qu'un réseau quelconque $R + jX$ peut être représenté par une structure série ou parallèle.

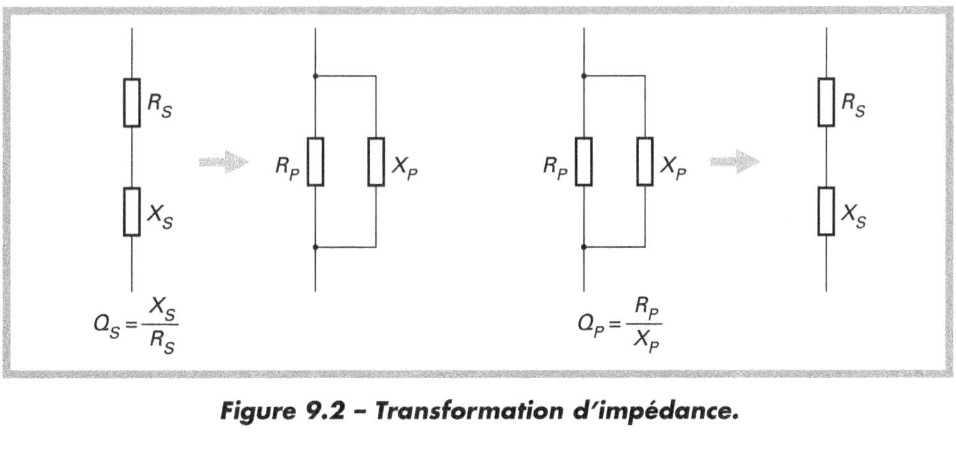

Figure 9.2 – Transformation d'impédance.

9.2.1 Transformation série-parallèle

Soit une impédance série Z_S, constituée de la mise en série d'une résistance R_S et d'une partie imaginaire X_S :

$$Z_S = R_S + jX_S$$

Par définition, le coefficient de surtension Q_S du circuit vaut :

$$Q_S = \frac{X_S}{R_S}$$

Ce réseau série peut être transformé en un réseau constitué par la mise en parallèle d'un élément à partie réelle R_p et un élément à partie imaginaire X_p.

Les valeurs R_p et X_p équivalentes sont données par les relations suivantes :

$$R_p = R_S(1 + Q_S^2)$$

$$X_p = X_S \frac{(1 + Q_S^2)}{Q_S^2} = \frac{R_S}{X_S} R_p = \frac{R_p}{Q_S}$$

Si le coefficient de surtension Q_S est beaucoup plus grand que 1, ces relations se simplifient :

$$Q_S \gg 1$$

$$R_p \approx R_S \, Q_S^2$$

$$X_p \approx X_S$$

9.2.2 Transformation parallèle-série

Soit une impédance parallèle Z_p constituée de la mise en parallèle d'une résistance R_p et d'une partie imaginaire X_p. Par définition, le coefficient de surtension Q_p du circuit vaut :

$$Q_p = \frac{R_p}{X_p}$$

Ce réseau parallèle peut être transformé en un réseau constitué par la mise en série d'un élément à partie réelle R_S et un élément à partie imaginaire X_S.

Les valeurs R_S et X_S équivalentes sont données par les relations suivantes :

$$R_S = \frac{R_p}{1 + Q_p^2}$$

$$X_S = X_p \frac{Q_p^2}{1 + Q_p^2} = R_S \frac{R_p}{X_p} = R_S Q_p$$

Si $Q_p \gg 1$ alors

$$R_S \approx \frac{R_p}{Q_p^2}$$

$$X_S \approx X_p$$

9.2.3 Transformations usuelles

Au cours des différentes opérations, il est souvent nécessaire de transformer un réseau parallèle en réseau série ou l'inverse. Ceci est le cas notamment lors de la recherche et du calcul du coefficient de surtension du circuit chargé ou lorsque, pour des raisons de simplification du calcul, une impédance de source ou de charge complexe doit être modifiée. Les transformations les plus habituelles sont regroupées dans le *tableau 9.1*.

Tableau 9.1

Circuit original	Circuit transformé	Relations
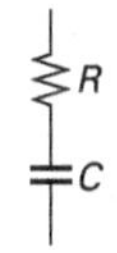	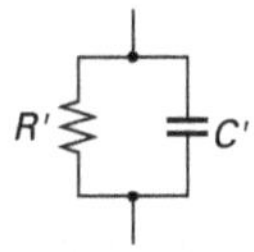	$R' = R\frac{R^2C^2\omega^2+1}{R^2C^2\omega^2}$ $C' = C\frac{1}{R^2C^2\omega^2+1}$
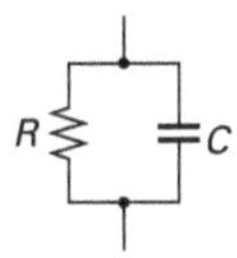		$R' = R\frac{1}{R^2C^2\omega^2+1}$ $C' = C\frac{R^2C^2\omega^2+1}{R^2C^2\omega^2}$
	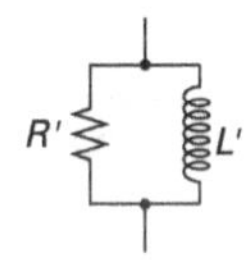	$R' = R\frac{R^2+L^2\omega^2}{R^2}$ $L' = L\frac{R^2+L^2\omega^2}{L^2\omega^2}$
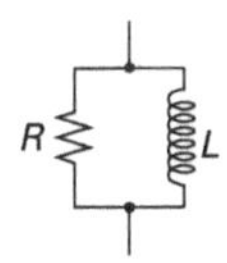		$R' = R\frac{L^2\omega^2}{R^2+L^2\omega^2}$ $L' = L\frac{R^2}{R^2+L^2\omega^2}$

9.3 Coefficients de surtension des circuits *RLC*

9.3.1 Circuit *RLC* série

La *figure 9.3* représente un circuit *RLC* série, le module de l'impédance normalisé et l'argument de cette impédance complexe. Le coefficient de surtension du circuit Q_S vaut :

$$Q_S = \frac{1}{R_S\,C_S\,\omega} = \frac{L_S\,\omega}{R_S}$$

Si la largeur de bande à – 3dB est notée Δf :

$$Q_S = \frac{f_0}{\Delta f}$$

$$f_0 = \frac{1}{2\pi\sqrt{L_S C_S}}$$

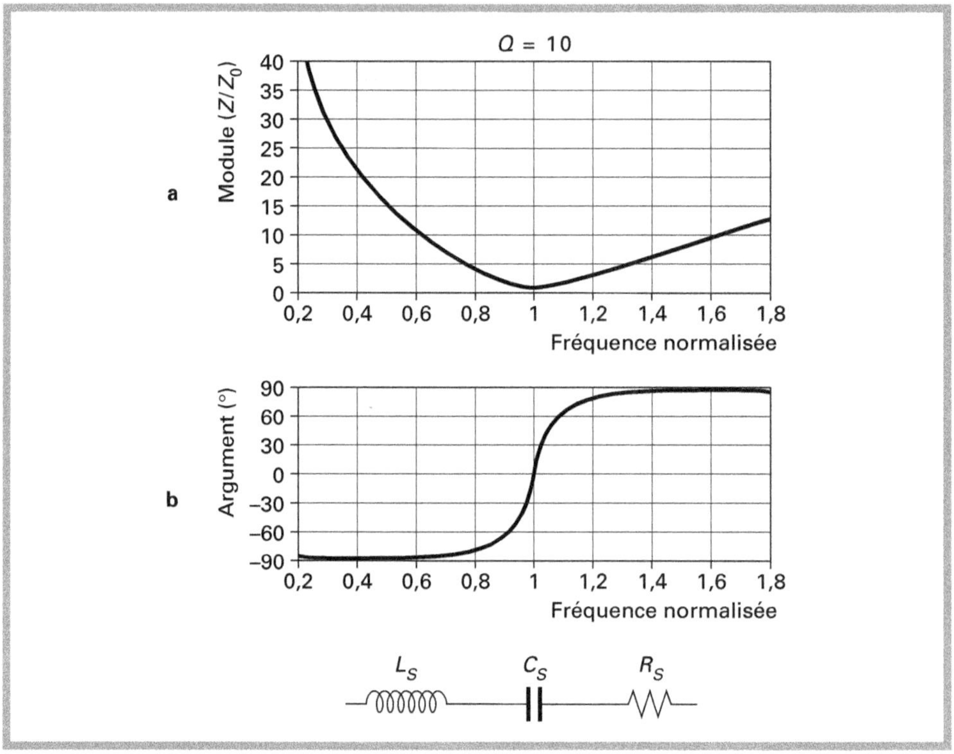

Figure 9.3 – Circuit RLC série.

9.3.2 Circuit *RLC* parallèle

La *figure 9.4* représente un circuit *RLC* parallèle, le module de l'impédance normalisée et l'argument de cette impédance complexe. Le coefficient de surtension du circuit Q_p vaut :

$$Q_p = R_p C_p \omega = \frac{R_p}{L_p \omega}$$

Comme précédemment :

$$Q_p = \frac{f_0}{\Delta f}$$

$$f_0 = \frac{1}{2\pi\sqrt{L_p C_p}}$$

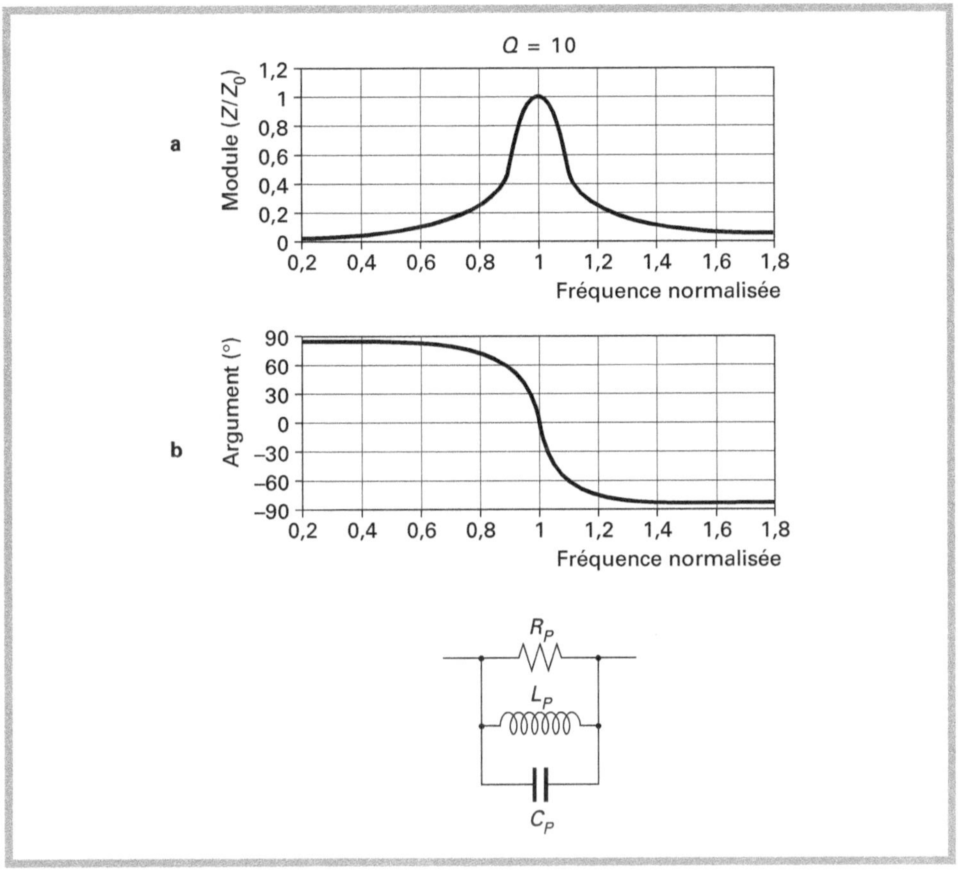

Figure 9.4 – Circuit R_p, L_p, C_p parallèle.

9.4 Définition du réseau d'adaptation

Soient deux impédances Z_G et Z_L quelconques. La courbe de la *figure 9.5* représente un exemple de ce que pourrait être la puissance aux bornes de la charge Z_L.

Un réseau d'adaptation d'impédance est intercalé entre le générateur et la charge conformément au schéma de la *figure 9.6*. La puissance aux bornes de la charge Z_L a alors l'allure de la courbe générale de la *figure 9.7*.

Dans ce cas, le réseau d'adaptation a permis, dans une bande de fréquence Δf, de transférer un maximum de puissance du générateur vers la charge.

La fréquence centrale est notée f_0 et classiquement, le coefficient de surtension Q vaut :

$$Q = \frac{f_0}{\Delta f}$$

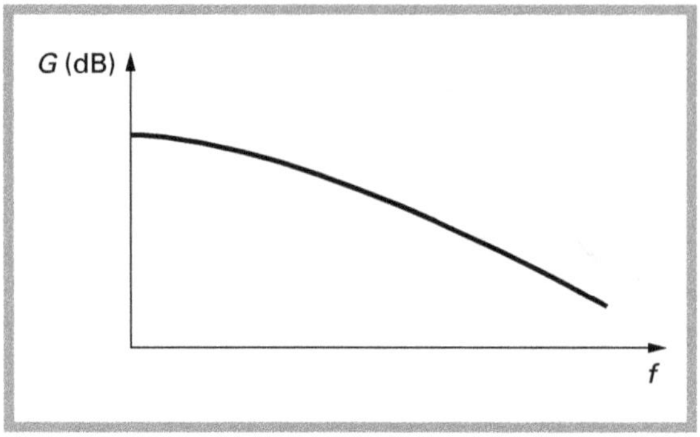

Figure 9.5 – Fonction de transfert entre deux impédances quelconques.

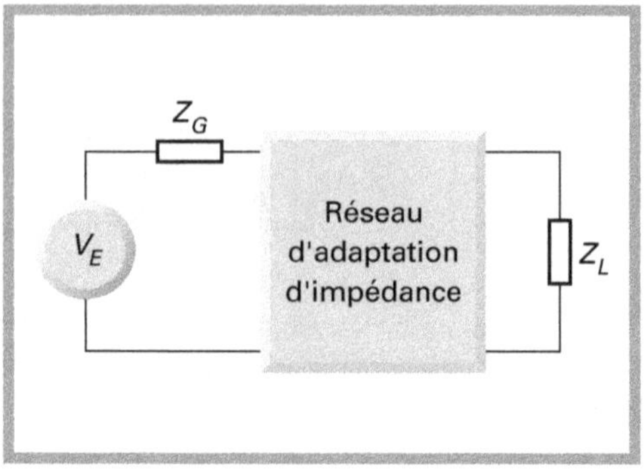

Figure 9.6 – Insertion du réseau d'adaptation d'impédance.

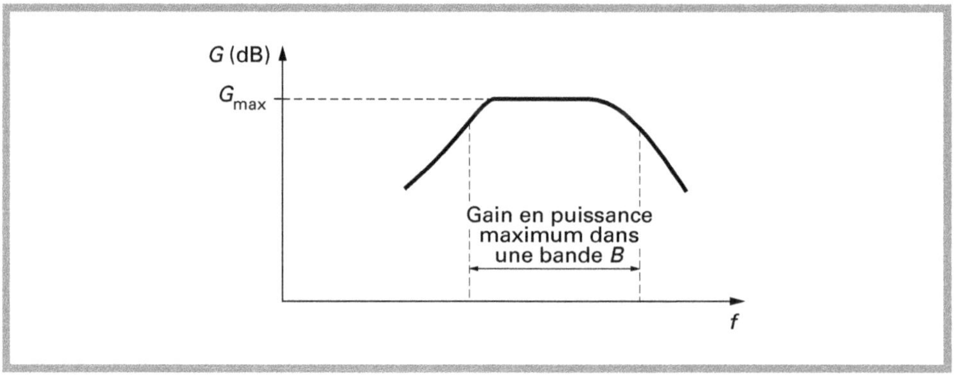

Figure 9.7 – Fonction de transfert avec le réseau d'adaptation.

Le réseau d'adaptation est constitué exclusivement d'éléments réactifs, selfs ou capacités. Dans ce cas, le réseau est dit non dissipatif. Si le réseau d'adaptation comprend une ou plusieurs résistances, le réseau est dissipatif. Ce cas n'est pas traité dans cet ouvrage.

Les deux impédances Z_G et Z_L sont en général, soit des résistances pures, soit des impédances complexes pouvant se mettre sous la forme d'une résistance en série ou en parallèle avec une capacité ou une self.

9.4.1 Définition du coefficient de surtension du circuit chargé

L'ensemble du réseau, c'est-à-dire les impédances Z_G et Z_L, et les impédances du réseau d'adaptation peut être représenté par un circuit *RLC* série ou *RLC* parallèle.

Le choix de la représentation, série ou parallèle ne dépend que de la structure du réseau. Le meilleur choix est celui qui simplifie au mieux les résultats.

Dans de nombreux ouvrages, en vue d'une simplification des calculs le coefficient de surtension du circuit chargé est évalué en éliminant l'une ou l'autre des impédances Z_G ou Z_L.

Ces hypothèses simplificatrices, donnant des résultats approchés ne sont pas exploitées dans ce chapitre.

9.4.2 Exemple de calcul du coefficient de surtension du circuit chargé

Un réseau d'adaptation en PI constitué d'une self L et de deux capacités C_1 et C_2 est utilisé pour adapter deux résistances pures R_G et R_L.

Le schéma de principe de ce réseau est représenté à la *figure 9.8*.

Il s'agit de transformer ce réseau en un circuit RLC série ou parallèle. Dans ce cas, la transformation en un circuit RLC série est simple.

Le réseau R_G, C_1 parallèle se transforme en un réseau R_A, C_A série.

Le réseau R_L, C_2 parallèle se transforme en un réseau R_B, C_B série.

Les valeurs des nouveaux éléments R_A, R_B, C_A et C_B sont définis par les relations suivantes :

$$R_A = R_G \frac{1}{1 + R_G^2 C_1^2 \omega^2}$$

$$R_B = R_L \frac{1}{1 + R_L^2 C_2^2 \omega^2}$$

$$C_A = C_1 \frac{1 + R_G^2 C_1^2 \omega^2}{R_G^2 C_1^2 \omega^2}$$

$$C_B = C_2 \frac{1 + R_L^2 C_2^2 \omega^2}{R_L^2 C_2^2 \omega^2}$$

Le réseau transformé est représenté par le schéma de la *figure 9.9*.

Le coefficient de surtension du circuit chargé Q est égal au rapport de l'impédance de la self L sur la résistance équivalente, résultant de la mise en série de R_A et R_B.

$$Q = \frac{L\omega}{R_A + R_B}$$

$$Q = \frac{L\omega(1 + R_G^2 C_1^2 \omega^2)(1 + R_L^2 C_2^2 \omega^2)}{R_G(1 + R_L^2 C_2^2 \omega^2) + R_L(1 + R_G^2 C_1^2 \omega^2)}$$

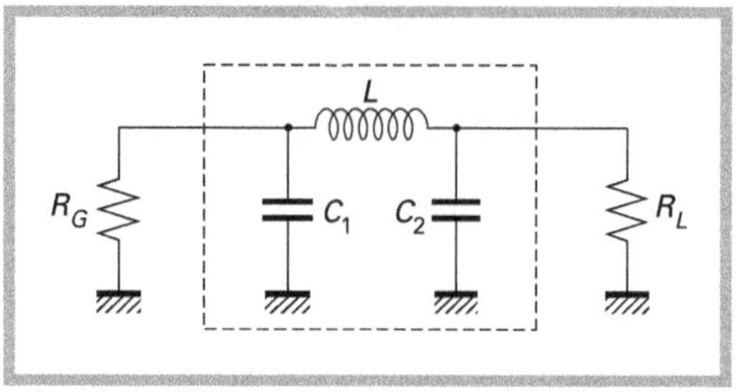

Figure 9.8 – Circuit d'adaptation en PI entre deux résistances R_G et R_L.

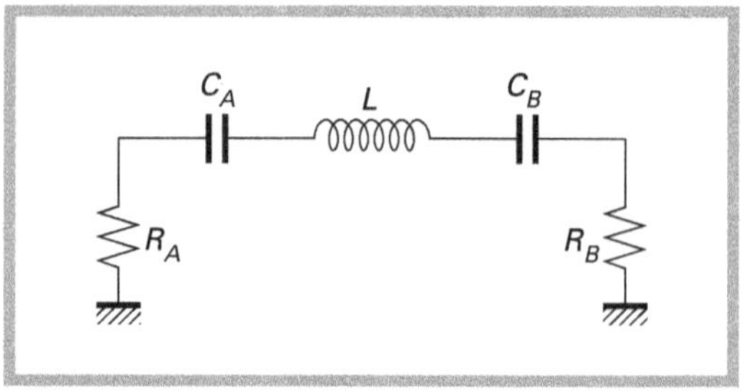

Figure 9.9 – Transformation du réseau en PI entre R_G et R_L.

9.5 Condition pour l'adaptation d'impédance

9.5.1 Principe

Soient les deux impédances Z_G et Z_L de la *figure 9.10a*.

Si $jX_G - jX_L = 0$ le schéma de la *figure 9.10a* peut se simplifier et se résume au schéma de la *figure 9.10b*.

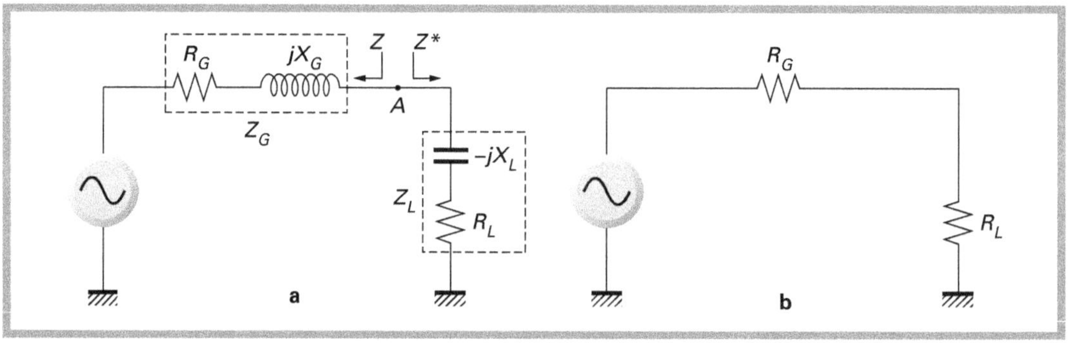

Figure 9.10 – Équivalence du réseau adapté.

Pour que le transfert en puissance soit maximum, la simple égalité $R_G = R_L$ doit être vérifiée. Cet exemple simple peut être généralisé par une loi tout aussi simple.

Sur le schéma de la *figure 9.10a*, l'impédance vue du point A vers la source vaut Z. L'impédance vue du point A vers la charge vaut Z_1.

Si Z_1 est égale à la valeur conjuguée de l'impédance Z le circuit est adapté.

$$Z_1 = Z^*$$

Le rôle du circuit d'adaptation de la *figure 9.11* consiste donc à transformer la valeur de l'impédance complexe Z_L de manière à ce que cette impédance, vue de l'entrée du circuit d'adaptation soit égale à la valeur conjuguée de l'impédance Z, soit Z^*.

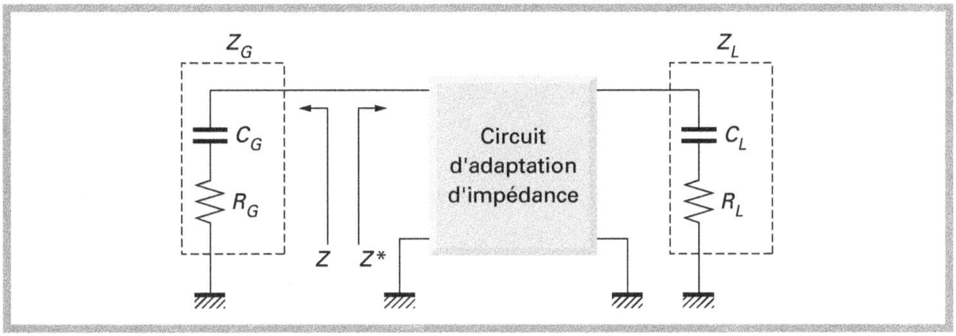

Figure 9.11 – Adaptation d'impédance.

9.5.2 Exemple de calcul d'un circuit d'adaptation

Soit le circuit de la *figure 9.12*. Il s'agit d'adapter deux résistances R_1 et R_2 par un filtre en L.

L'impédance Z vue du point A vers la source vaut :

$$Z = R_1 + j0$$

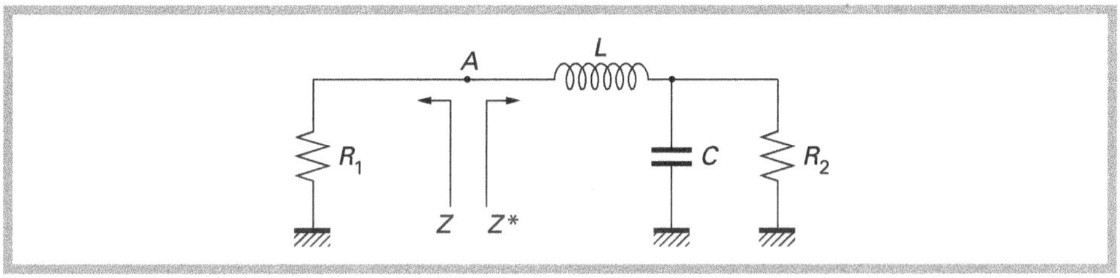

Figure 9.12 – Condition pour l'adaptation d'impédance.

L'impédance Z_1 vue du point A vers la charge vaut :

$$Z_1 = \frac{R_2}{R_2^2 C^2 \omega^2 + 1} + j\left[L\omega - \frac{R_2^2 C\omega}{R_2^2 C^2 \omega^2 + 1}\right]$$

L'impédance conjuguée de Z vaut Z^* :

$$Z^* = R_1 - j0$$

Pour que le circuit soit adapté, $Z_1 = Z^*$

En égalant les parties réelles et parties imaginaires, on obtient le système d'équations suivant :

$$R_1 = \frac{R_2}{R_2^2 C^2 \omega^2 + 1}$$

$$L\omega = \frac{R_2^2 C \omega}{R_2^2 C^2 \omega^2 + 1}$$

La résolution de ce système ne pose pas de difficulté :

$$C = \frac{1}{R_2\,\omega}\sqrt{\frac{R_2 - R_1}{R_1}}$$

$$L = \frac{R_1}{\omega}\sqrt{\frac{R_2 - R_1}{R_1}}$$

Les deux inconnues du système sont les valeurs des composants L et C. En égalant les parties réelles et parties imaginaires dans l'équation $Z_1 = Z^*$, on obtient deux équations qui permettent de résoudre immédiatement le problème.

Dans ces conditions le coefficient de surtension du circuit chargé est défini par les éléments calculés et ne peut pas être choisi indépendamment.

Dans le cas du schéma de la *figure 9.12*, le coefficient Q est donné par la relation :

$$Q = \frac{1}{2}\sqrt{\frac{R_2 - R_1}{R_1}}$$

À partir de ces résultats, on peut constater que ce circuit n'est utilisable que si $R_2 > R_1$.

9.6 Circuits d'adaptation comprenant deux éléments réactifs

9.6.1 Impédances de source et de charge réelles

Le *tableau 9.2* regroupe quatre cas intéressants. Il s'agit de circuits en L intercalés entre les deux résistances à adapter R_1 et R_2. Le coefficient de surtension Q est une contrainte du circuit et est défini uniquement par les valeurs de deux résistances R_1 et R_2, lorsque le circuit est adapté.

Les résultats obtenus sont relativement simples puisque les impédances de source et de charge sont réelles.

Les circuits de type 1 et 2 sont applicables lorsque $R_2 > R_1$, c'est-à-dire lorsque la résistance de source est inférieure à la charge.

Les circuits de type 2 et 3 sont applicables lorsque $R_1 > R_2$, c'est-à-dire lorsque la résistance de source est supérieure à la charge.

Dans tous les cas, le coefficient de surtension Q augmente avec la différence des résistances R_1 et R_2. Le cas $R_1 = R_2$ ne se justifie pas, il correspondrait à deux résistances identiques ne nécessitant pas de réseau d'adaptation.

Tableau 9.2 – Adaptation d'impédances réelles avec deux éléments réactifs.

N	Circuit	L	C	Q
1	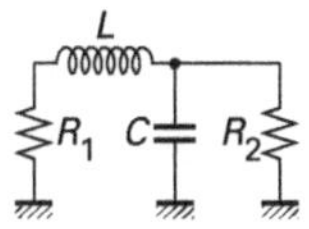	$L = \frac{R_1}{\omega}\sqrt{\frac{R_2 - R_1}{R_1}}$ $L = \frac{R_1}{\omega} 2Q$	$C = \frac{1}{R_2\omega}\sqrt{\frac{R_2 - R_1}{R_1}}$ $C = \frac{2Q}{R_2\omega}$	$Q = \frac{1}{2}\sqrt{\frac{R_2 - R_1}{R_1}}$
2	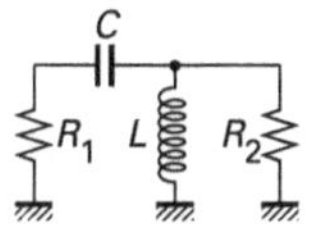	$L = \frac{R_2}{\omega}\sqrt{\frac{R_1}{R_2 - R_1}}$ $L = \frac{R_2}{2\omega Q}$	$C = \frac{1}{R_1\omega}\sqrt{\frac{R_1}{R_2 - R_1}}$ $C = \frac{1}{2R_1 Q\omega}$	$Q = \frac{1}{2}\sqrt{\frac{R_2 - R_1}{R_1}}$
3	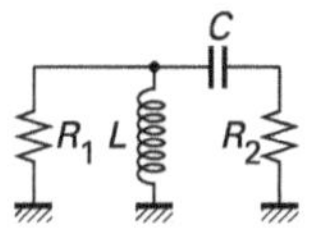	$L = \frac{R_1}{\omega}\sqrt{\frac{R_2}{R_1 - R_2}}$ $L = \frac{R_1}{2\omega Q}$	$C = \frac{1}{R_2\omega}\sqrt{\frac{R_2}{R_1 - R_2}}$ $C = \frac{1}{2R_2 Q\omega}$	$Q = \frac{1}{2}\sqrt{\frac{R_1 - R_2}{R_2}}$
4	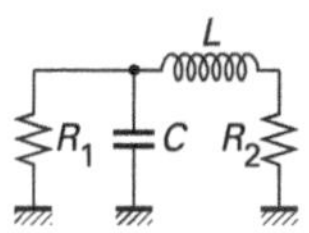	$L = \frac{R_2}{\omega}\sqrt{\frac{R_1 - R_2}{R_2}}$ $L = \frac{R_2}{\omega} 2Q$	$C = \frac{1}{R_1\omega}\sqrt{\frac{R_1 - R_2}{R_2}}$ $C = \frac{2Q}{R_1\omega}$	$Q = \frac{1}{2}\sqrt{\frac{R_1 - R_2}{R_2}}$

9.6.2 Impédances de source complexe et impédances de charge réelle

Dans ce cas, *tableau 9.3*, l'impédance de la source est une impédance complexe, constituée de la mise en parallèle d'une résistance R_1 et d'une capacité C_1. Ce réseau $R_1 C_1$ peut éventuellement être transformé en un réseau $R'_1 C'_1$ où les deux composants sont en série. Ceci ne change en rien les résultats obtenus sur les conditions de l'adaptation.

Dans le cas des circuits 7 et 8, il apparaît clairement la condition $R_1 > R_2$.

9.6.3 Impédance de source réelle et impédance de charge complexe

Les relations données dans le *tableau 9.4*, résultent du tableau précédent, les circuits étant identiques.

Dans ce cas l'impédance de la charge est une impédance complexe constituée de la mise en parallèle de R_2 et C_2.

Le réseau $R_2 C_2$ peut éventuellement être transformé en un réseau $R'_2 C'_2$ série.

Ces cas simples pourront être associés pour traiter des réseaux comportant n éléments réactifs.

Dans le cas du *tableau 9.5*, la charge complexe est une self en parallèle avec une résistance.

Tableau 9.3 – Adaptation entre source complexe et charge réelle par deux éléments réactifs.

N	Circuit	L	C	Q
5	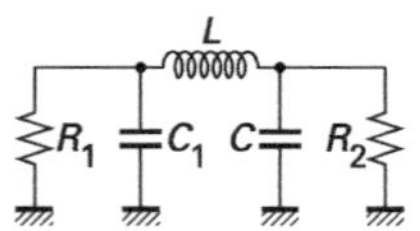	$L = \frac{R_1}{\omega}\frac{R_1C_1\omega + \sqrt{\frac{R_2}{R_1} - 1 + R_1R_2C_1^2\omega^2}}{R_1^2C_1^2\omega^2 + 1}$	$C = \frac{1}{R_2\omega}\sqrt{\frac{R_2}{R_1} - 1 + R_1R_2C_1^2\omega^2}$	$Q = \frac{1}{2}\left[R_1C_1\omega + \sqrt{\frac{R_2}{R_1} - 1 + R_1R_2C_1^2\omega^2}\right]$
6	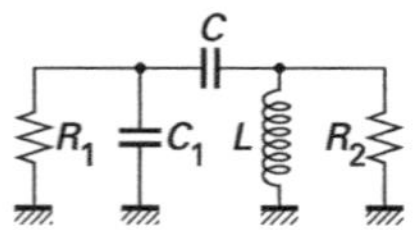	$L = \frac{R_2}{\omega}\sqrt{\frac{R_1}{R_2 - R_1 + \omega^2C_1^2R_1^2R_2}}$ $L = \frac{R_2}{2\omega Q}$	$C = \frac{R_1C_1\omega + \sqrt{\frac{R_2 - R_1 + \omega^2C_1^2R_1^2R_2}{R_1}}}{\omega(R_2 - R_1)}$	$Q = \frac{1}{2}\left(\sqrt{\frac{R_2}{R_1} - 1 + R_1R_2C_1^2\omega^2}\right)$ $Q = \frac{R_2}{2L\omega}$
7	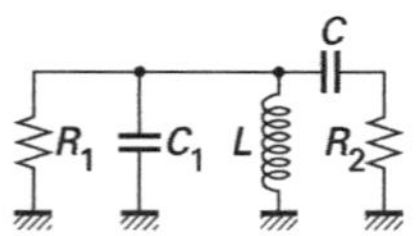	$L = \frac{R_1}{\omega}\frac{1}{R_1C_1\omega + \sqrt{\frac{R_1 - R_2}{R_2}}}$	$C = \frac{1}{R_2\omega}\sqrt{\frac{R_2}{R_1 - R_2}}$	$Q = \frac{1}{2}\left[R_1C_1\omega + \sqrt{\frac{R_1 - R_2}{R_2}}\right]$ $Q = \frac{R_1}{2L\omega}$
8	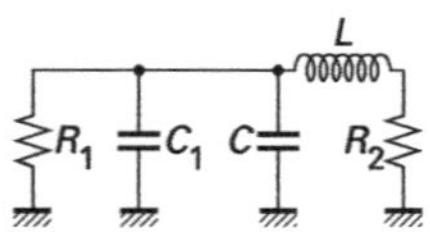	$L = \frac{R_2}{\omega}\sqrt{\frac{R_1 - R_2}{R_2}}$ $L = \frac{R_1 - R_2}{2Q\omega}$	$C = -C_1 + \frac{1}{R_1\omega}\sqrt{\frac{R_1 - R_2}{R_2}}$ $C = -C_1 + \frac{1}{R_1\omega}2Q$	$Q = \frac{1}{2}\sqrt{\frac{R_1 - R_2}{R_2}}$

Tableau 9.4 – Adaptation entre source réelle et charge complexe par deux éléments réactifs.

N	Circuit	L	C	Q
9	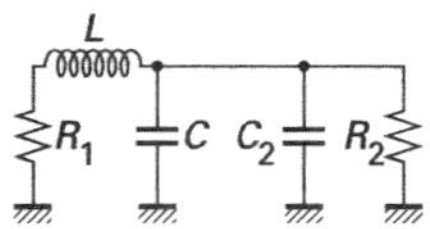	$L = \frac{R_1}{\omega}\sqrt{\frac{R_2 - R_1}{R_1}}$ $L = \frac{R_2 - R_1}{2Q\omega}$	$C = -C_2 + \frac{1}{R_2\omega}\sqrt{\frac{R_2 - R_1}{R_1}}$ $C = -C_2 + \frac{Q}{R_2\omega}$	$Q = \frac{1}{2}\sqrt{\frac{R_2 - R_1}{R_1}}$
10	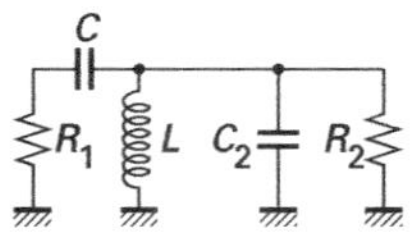	$L = \frac{R_2}{\omega}\,\frac{1}{R_2 C_2\omega + \sqrt{\frac{R_2 - R_1}{R_1}}}$	$C = \frac{1}{R_1\omega}\sqrt{\frac{R_1}{R_2 - R_1}}$	$Q = \frac{1}{2}\left[R_2 C_2\omega + \sqrt{\frac{R_2 - R_1}{R_1}}\right]$
11	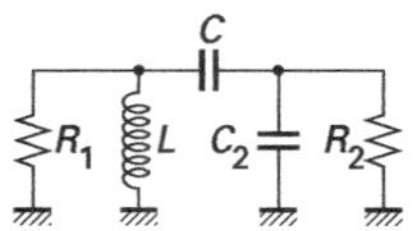	$L = \frac{R_1}{\omega}\sqrt{\frac{R_2}{R_1 - R_2 + \omega^2 C_2^2 R_2^2 R_1}}$	$C = \frac{R_2 C_2\omega + \sqrt{\frac{R_1 - R_2 + \omega^2 C_2^2 R_2^2 R_1}{R_2}}}{\omega(R_1 - R_2)}$	$Q = \frac{1}{2}\sqrt{\frac{R_1}{R_2} - 1 + R_1 R_2 C_2^2\omega^2}$ $Q = \frac{R_1}{2L\omega}$
12	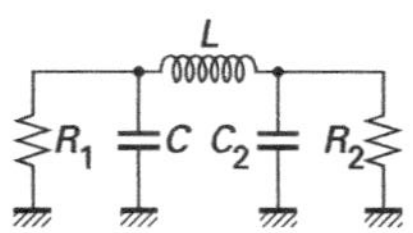	$L = \frac{R_2}{\omega}\,\frac{R_2 C_2\omega + \sqrt{\frac{R_1}{R_2} - 1 + R_1 R_2 C_2^2\omega^2}}{R_2^2 C_2^2\omega^2 + 1}$	$C = \frac{1}{R_1\omega}\sqrt{\frac{R_1}{R_2} - 1 + R_1 R_2 C_2^2\omega^2}$	$Q = \frac{1}{2}\left[R_2 C_2\omega + \sqrt{\frac{R_1}{R_2} - 1 + \omega^2 C_2^2 R_1 R_2}\right]$

Tableau 9.5 – Adaptation entre source réelle et charge complexe par deux éléments réactifs.

N	Circuit	L_1	C_1	Q
9a	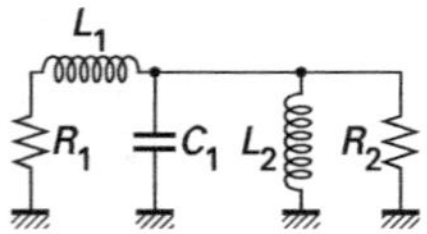	$L_1 = \frac{R_1}{\omega}\sqrt{\frac{R_2 - R_1}{R_1}}$	$C_1 = \frac{1}{L_2\omega^2} + \frac{1}{R_2\omega}\sqrt{\frac{R_2 - R_1}{R_1}}$	$Q = \frac{1}{2}\left[\frac{R_2}{L_2\omega} + \sqrt{\frac{R_2 - R_1}{R_1}}\right]$
10a	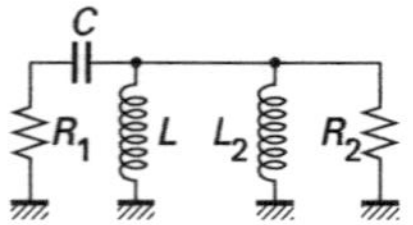	$L_1 = \frac{R_2 L_2}{L_2\omega\sqrt{\frac{R_2 - R_1}{R_1}} - R_2}$	$C_1 = \frac{1}{R_1\omega}\sqrt{\frac{R_1}{R_2 - R_1}}$ $C_1 = \frac{1}{2QR_1\omega}$	$Q = \frac{1}{2}\sqrt{\frac{R_2 - R_1}{R_1}}$
11a	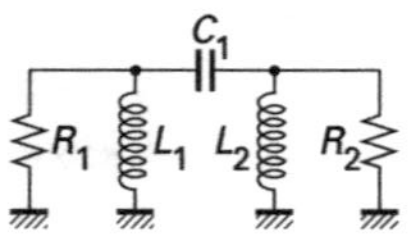	$L_1 = L_2\sqrt{\frac{R_2 R_1^2}{L_2^2\omega^2(R_1 - R_2) + R_1 R_2^2}}$	$C_1 = \frac{R_2 - \sqrt{\frac{L_2^2\omega^2(R_1 - R_2) + R_1 R_2^2}{R_2}}}{L_2\omega^2(R_2 - R_1)}$	$Q = \frac{R_2 + \sqrt{\frac{L_2^2\omega^2(R_1 - R_2) + R_1 R_2^2}{R_2}}}{2L_2\omega}$
12a	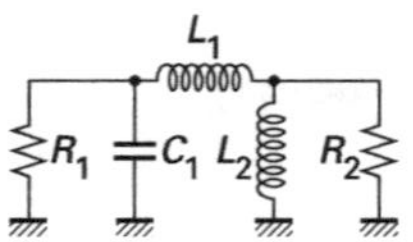	$L_1 = \frac{R_2 L_2}{R_2^2 + L_2^2\omega^2}\left[-R_2 + L_2\sqrt{R_1\left[\frac{\omega^2}{R_2} + \frac{R_2}{L_2^2}\right] - \omega^2}\right]$ $L_1 = \frac{R_2 L_2}{R_2^2 + L_2^2\omega^2}(2QL_2\omega - R_2)$	$C_1 = \frac{1}{L_2 R_1\omega^2}\sqrt{\frac{L_2^2\omega^2(R_1 - R_2) + R_1 R_2^2}{R_2}}$ $C_1 = \frac{2Q}{R_1\omega}$	$Q = \frac{1}{2L_2\omega}\sqrt{L_2^2\omega^2\left(\frac{R_1 - R_2}{R_2}\right) + R_1 R_2}$

L'emploi des deux éléments réactifs L et C entraîne une contrainte sur le coefficient de surtension du circuit chargé Q qui est alors fonction de R_1 et R_2, uniquement si les impédances sont réelles.

Si l'une ou l'autre des impédances de source ou de charge est complexe, le coefficient de surtension Q est fonction des parties réelles des impédances et de la partie imaginaire. Ce coefficient Q fixe la largeur de bande sur laquelle les impédances sont adaptées.

9.7 Circuits d'adaptation comprenant trois éléments réactifs

En écrivant les équations du réseau dans le cas de l'adaptation, on dispose de deux équations à deux inconnues en examinant les parties réelles et les parties imaginaires.

En introduisant un troisième élément, il est alors possible de faire intervenir le coefficient de surtension Q comme un paramètre d'entrée.

Il s'agit alors de résoudre un système de trois équations à trois inconnues.

Le réseau d'adaptation de la *figure 9.13* est utilisé dans l'exemple suivant.

L'impédance vue du point A vers la source, vaut Z : $Z = R_1$

L'impédance vue du point A vers la charge, vaut Z_1.

$$Z_1 = \frac{R_2}{R_2^2\,C_2^2\omega^2 + 1} + j\left(L_1\omega - \frac{1}{C_1\omega} - \frac{R_2^2 C_2\omega}{R_2^2\,C_2^2\omega^2 + 1}\right)$$

Avec les conditions d'adaptation d'impédance, on peut écrire :

$$R_1 = \frac{R_2}{R_2^2\,C_2^2\,\omega^2 + 1}$$

$$L_1\omega = \frac{1}{C_1\omega} + \frac{R_2^2\,C_2\,\omega}{R_2^2\,C_2^2\omega^2 + 1}$$

Le schéma de la *figure 9.13* peut aisément se transformer en un réseau RLC série conformément au schéma de la *figure 9.14*.

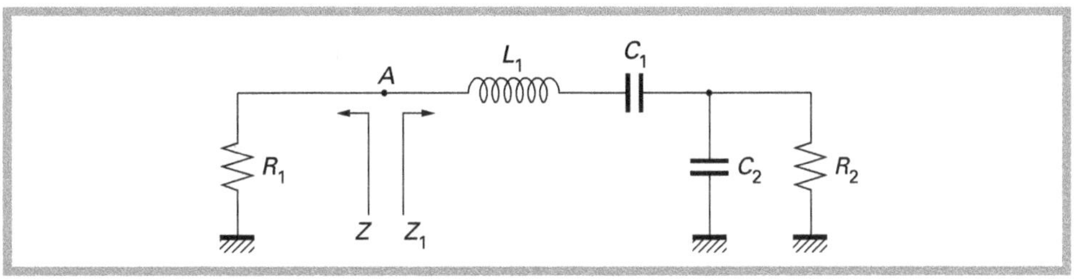

Figure 9.13 – Exemple de circuit d'adaptation en L comprenant 3 éléments réactifs.

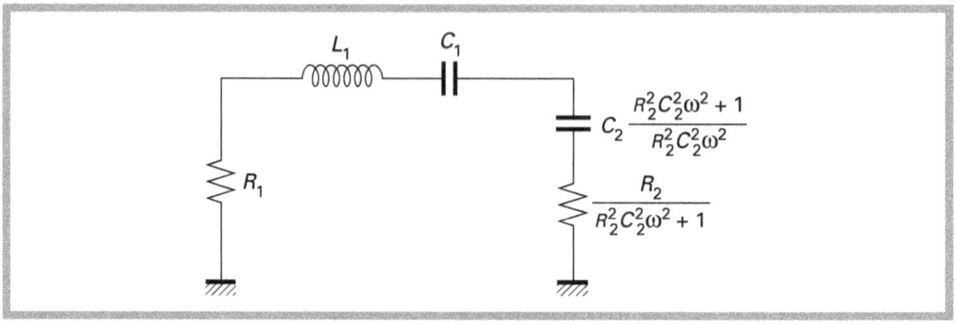

Figure 9.14 – Transformation du circuit de la figure 9.12 pour le calcul du coefficient de surtension.

Le coefficient de surtension du circuit chargé, vaut :

$$Q = \frac{L_1\omega}{R_1 + \dfrac{R_2}{R_2^2\, C_2^2\omega^2 + 1}}$$

En faisant intervenir la première équation donnée par les conditions d'adaptation, le coefficient de surtension Q s'écrit simplement :

$$Q = \frac{L_1\omega}{2R_1}$$

Il suffit de résoudre le système de trois équations à trois inconnues pour obtenir les valeurs des trois éléments recherchés L_1, C_1 et C_2. Les valeurs de ces trois éléments seront fonction de R_1 R_2 et Q.

Avec trois éléments réactifs, le concepteur peut donc fixer la largeur de bande dans laquelle aura lieu l'adaptation. Les résultats sont donnés dans le *tableau 9.6* pour les circuits 13, 14, 15 et 16.

Pour les circuits 13, 14, 15 et 16, les conditions d'utilisation apparaissent clairement dans les relations donnant L_1, C_1, L_2 ou C_2.

Pour les circuits des *figures 9.13* et *9.15*, les conditions sont :

$$R_2 > R_1 \quad \text{et} \quad Q > \frac{1}{2}\sqrt{\frac{R_2 - R_1}{R_1}}$$

Pour les circuits des *figures 9.14* et *9.16* :

$$R_1 > R_2 \quad \text{et} \quad Q > \frac{1}{2}\sqrt{\frac{R_1 - R_2}{R_2}}$$

Tableau 9.6 – Adaptation entre source et charge réelle avec trois éléments réactifs.

N	Circuit	L_1	C_1	L_2 ou C_2
13	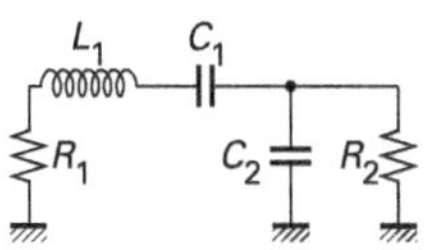	$L_1 = \frac{2QR_1}{\omega}$	$C_1 = \frac{1}{\omega}\frac{1}{2QR_1 - \sqrt{R_1(R_2 - R_1)}}$	$C_2 = \frac{1}{R_2\omega}\sqrt{\frac{R_2 - R_1}{R_1}}$
14	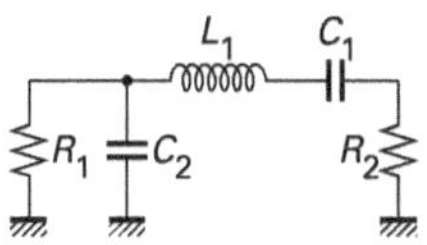	$L_1 = \frac{2QR_2}{\omega}$	$C_1 = \frac{1}{\omega}\frac{1}{2QR_2 - \sqrt{R_2(R_1 - R_2)}}$	$C_2 = \frac{1}{R_1\omega}\sqrt{\frac{R_1 - R_2}{R_2}}$
15	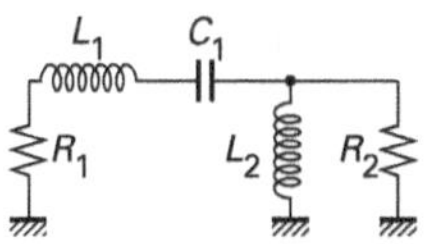	$L_1 = \frac{R_1}{\omega}\left[2Q - \sqrt{\frac{R_2 - R_1}{R_1}}\right]$	$C_1 = \frac{1}{2QR_1\omega}$	$L_2 = \frac{R_2}{\omega}\sqrt{\frac{R_1}{R_2 - R_1}}$
16	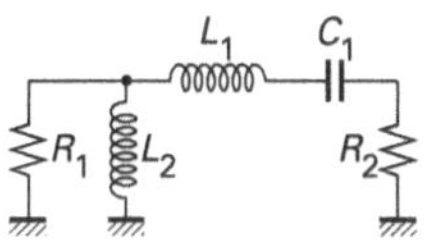	$L_1 = \frac{R_2}{\omega}\left[2Q - \sqrt{\frac{R_1 - R_2}{R_2}}\right]$	$C_1 = \frac{1}{2QR_2\omega}$	$L_2 = \frac{R_1}{\omega}\sqrt{\frac{R_2}{R_1 - R_2}}$

9.7.1 Circuits en PI et en T

Le cas des circuits en PI et en T est un cas intéressant qui permet de généraliser la combinaison des réseaux d'adaptation. On peut chercher les valeurs des éléments réactifs L, C_1 et C_2 de la *figure 9.15*, en posant les trois équations du système : adaptation et coefficient de surtension du circuit chargé. Ceci conduit à la résolution d'un système relativement complexe. Une solution plus simple consiste à scinder le réseau de la *figure 9.15* en deux réseaux simples en L, conformément au schéma de la *figure 9.16*.

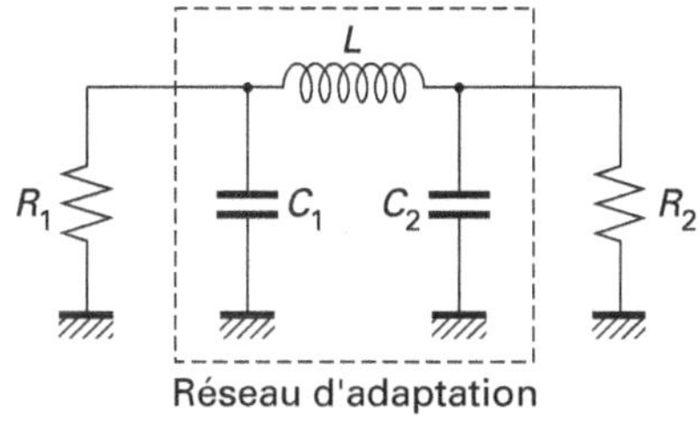

Figure 9.15 – Adaptation entre deux impédances réelles R_1 et R_2 par un filtre en PI.

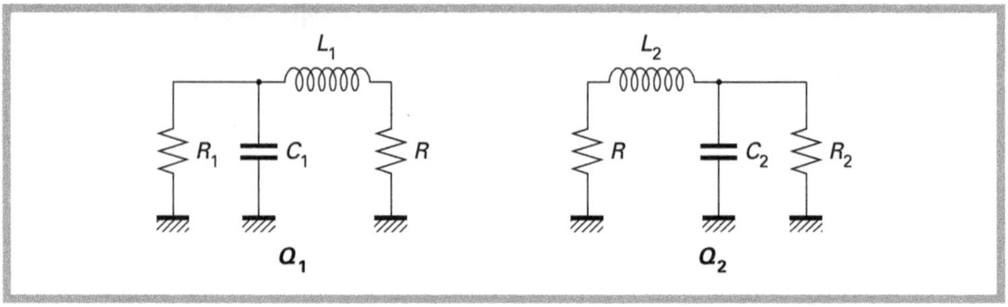

Figure 9.16 – Transformation du filtre en PI de la figure 9.14.

Circuits en PI

Il s'agit alors de traiter un ensemble de deux circuits simples, liés par une valeur commune de la résistance intermédiaire virtuelle R. Chacun des deux circuits a un coefficient de surtension chargé Q_1 et Q_2.

Le coefficient de surtension du circuit en PI, Q, est lié à Q_1 et Q_2 par la relation :

$$Q = Q_1 + Q_2$$

On peut écrire les équations suivantes :

– pour le premier réseau (équations du circuit 4) :

$$L_1 = \frac{R}{\omega}\sqrt{\frac{R_1 - R}{R}} = \frac{2Q_1 R}{\omega}$$

$$C_1 = \frac{1}{R_1\omega}\sqrt{\frac{R_1 - R}{R}} = \frac{2Q_1}{\omega R_1}$$

$$Q_1 = \frac{1}{2}\sqrt{\frac{R_1 - R}{R}}$$

– pour le second réseau (équations du circuit 1) :

$$L_2 = \frac{R}{\omega}\sqrt{\frac{R_2 - R}{R}} = \frac{2Q_2 R}{\omega}$$

$$C_2 = \frac{1}{R_2\omega}\sqrt{\frac{R_2 - R}{R}} = \frac{2Q_2}{R_2\omega}$$

$$Q_2 = \frac{1}{2}\sqrt{\frac{R_2 - R}{R}}$$

La première opération consiste à calculer les valeurs de Q_1 et Q_2.

Dans certains ouvrages, ce cas est traité en imposant une valeur arbitraire pour la valeur R. Ceci peut conduire à un résultat inexact ou approximatif. La résistance intermédiaire R peut simplement être éliminée du système d'équations. Il suffit alors de résoudre le système d'équations.

$$Q = Q_1 + Q_2$$

$$Q_1 = \frac{1}{2}\sqrt{\frac{R_1 - R}{R}}$$

$$Q_2 = \frac{1}{2}\sqrt{\frac{R_2 - R}{R}}$$

Ce qui peut aussi s'écrire :

$$Q = Q_1 + Q_2$$

$$R_1(4Q_2^2 + 1) = R_2(4Q_1^2 + 1)$$

Pour ce système, il n'existe qu'une seule solution donnant simultanément $Q_1 > 0$ et $Q_2 > 0$:

$$Q_1 = \frac{2QR_1 - \sqrt{2(1 + 2Q^2)R_1R_2 - (R_1^2 + R_2^2)}}{2(R_1 - R_2)}$$

$$Q_2 = \frac{-2QR_2 - \sqrt{2(1 + 2Q^2)R_1R_2 - (R_1^2 + R_2^2)}}{2(R_1 - R_2)}$$

Cette solution donne directement le résultat pour les valeurs des deux condensateurs C_1 et C_2. La valeur de la self L est donnée par la relation :

$$L = L_1 + L_2$$

On pose $A = \sqrt{2(1 + 2Q^2)R_1R_2 - (R_1^2 + R_2^2)}$

Le résultat final est alors :

$$C_1 = \frac{2QR_1 - A}{(R_1 - R_2)R_1\omega}$$

$$C_2 = \frac{-2QR_2 + A}{(R_1 - R_2)R_2\omega}$$

$$L = L_1 + L_2 = \frac{2R}{\omega}Q_1 + \frac{2R}{\omega}Q_2$$

$$L = \frac{2R}{\omega}Q$$

Sachant que : $R = \dfrac{R_1}{1 + 4Q_1^2}$

$$L = \frac{2Q}{\omega}\frac{R_1}{1 + 4Q_1^2} = \frac{(R_1 - R_2)}{2\omega[Q(R_1 + R_2) - A]}$$

Les résultats sont regroupés dans le *tableau 9.7* pour les deux filtres en PI.

Pour le circuit 18, la même procédure est appliquée. Le circuit est scindé en deux ; le condensateur C est remplacé par deux condensateurs C_1 et C_2 chargés par une résistance intermédiaire de valeur R. La valeur du condensateur C est liée à C_1 et C_2 par la relation :

$$C = \frac{C_1 C_2}{C_1 + C_2}$$

La même procédure est appliquée, calcul des éléments de chacun des circuits en fonction de Q_1 et Q_2 puis calcul de Q_1 et Q_2. Ceci conduit au résultat final sans difficultés.

Tableau 9.7 – Adaptation entre source et charge réelle par des circuits en PI.

N	Circuit	*L*	L_1 ou C_1	L_2 ou C_2
17	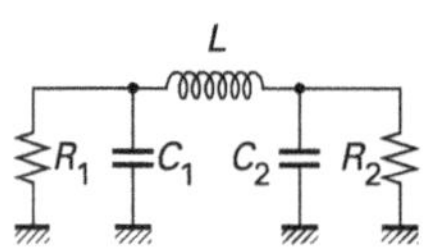	$L = \dfrac{(R_1 - R_2)^2}{2\omega\,[Q\,(R_1 + R_2) - A]}$	$C_1 = \dfrac{2Q\,R_1 - A}{\omega R_1\,(R_1 - R_2)}$	$C_2 = \dfrac{-2Q\,R_2 + A}{\omega R_2\,(R_1 - R_2)}$
18	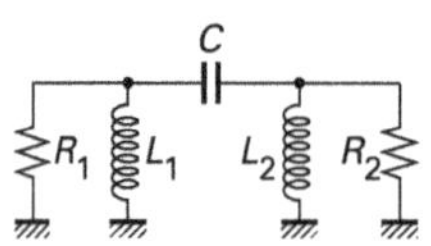	$C = \dfrac{2Q\,(R_1 + R_2) - 2A}{\omega\,(R_1 - R_2)^2}$	$L_1 = \dfrac{R_1\,(R_1 - R_2)}{\omega\,(2QR_1 - A)}$	$L_2 = \dfrac{R_2\,(R_1 - R_2)}{\omega\,(-2QR_2 + A)}$
$A = \sqrt{2\,(1 + 2Q^2)\,R_1 R_2 - (R_1^2 + R_2^2)}$				

Circuits en T

Le cas des circuits en T se traite d'une manière identique à celle utilisée pour les circuits en PI.

Le réseau en T est scindé en deux réseaux simples en L, adaptés sur une résistance intermédiaire R de valeur inconnue et les résultats sont consignés dans le *tableau 9.8*.

Tableau 9.8 – Adaptation entre source et charge réelle par des circuits en T.

N	Circuit	L_1 ou C_1	L_2 ou C_2	*L* ou *C*
19	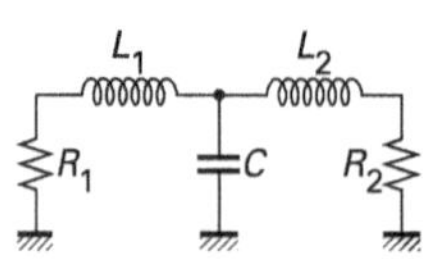	$L_1 = \dfrac{R_1}{\omega}\,\dfrac{-2Q\,R_2 + A}{R_1 - R_2}$	$L_2 = \dfrac{R_2}{\omega}\,\dfrac{2Q\,R_1 - A}{R_1 - R_2}$	$C = \dfrac{2Q}{\omega R_1}\,\dfrac{(R_1 - R_2)^2}{(R_1 - R_2)^2 + (-2QR_2 + A)^2}$
20	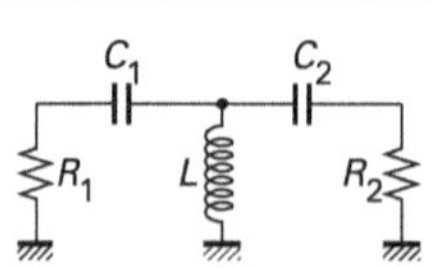	$C_1 = \dfrac{R_1 - R_2}{\omega R_1\,(-2QR_2 + A)}$	$C_2 = \dfrac{R_1 - R_2}{\omega R_2\,(-2QR_1 - A)}$	$L = \dfrac{2R_1R_2}{\omega(R_1 - R_2)^2}\,[Q\,(R_1 + R_2) - A]$
$A = \sqrt{2\,(1 + 2Q^2)\,R_1 R_2 - (R^2{}_1 + R^2{}_2)}$				

9.7.2 Généralisation du procédé

Le procédé peut être généralisé dans le cas où les impédances à adapter sont complexes. Il s'agit alors d'utiliser une impédance intermédiaire réelle R. Le problème se réduit à deux adaptations entre une charge complexe et une charge réelle.

Les tableaux donnant les résultats pour les circuits 1 à 20 éliminent les étapes de calculs intermédiaires. La valeur de la résistance intermédiaire R_{INT} est fonction de la structure des réseaux élémentaires associés et les résultats essentiels sont regroupés dans le *tableau 9.9*.

Tableau 9.9 – Conditions pour l'association des réseaux élémentaires.

Structures	Conditions
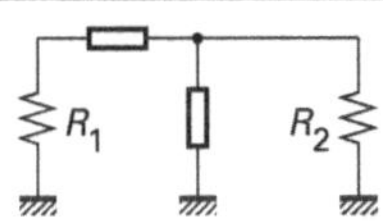	$Q = \frac{1}{2}\sqrt{\frac{R_2 - R_1}{R_1}}$ $R_2 > R_1$
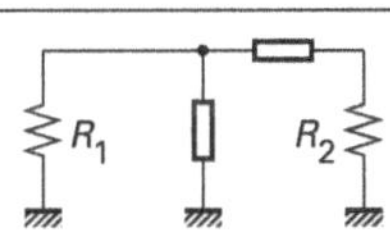	$Q = \frac{1}{2}\sqrt{\frac{R_1 - R_2}{R_2}}$ $R_1 > R_2$
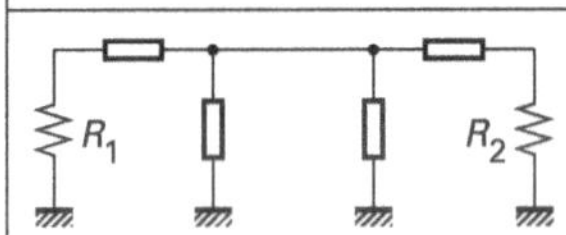	$R_{INT} > R_1$ $R_{INT} > R_2$
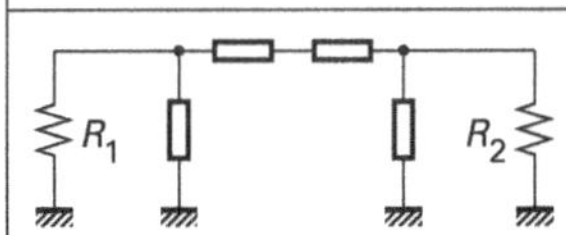	$R_{INT} < R_1$ $R_{INT} < R_2$
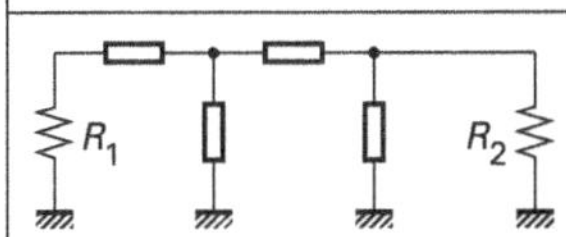	$R_2 > R_{INT} > R_1$
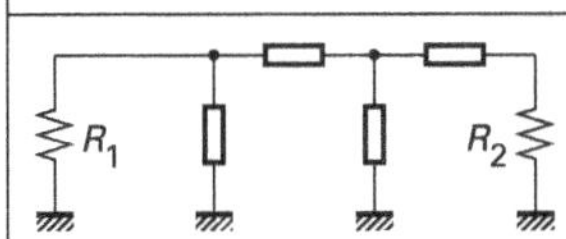	$R_2 < R_{INT} < R_1$

9.7.3 Circuits d'adaptation en PI avec impédances de source et de charge complexes

Le schéma de la *figure 9.17* représente un filtre LC en PI destiné à adapter l'impédance de source R_1, C_1 à l'impédance de charge R_2, C_2.

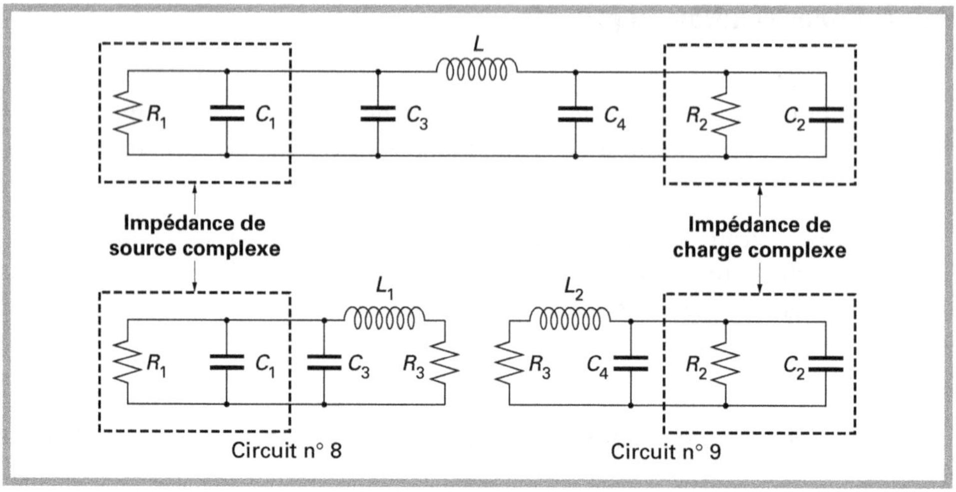

Figure 9.17 – Filtre en PI pour adaptation entre deux charges complexes.

Le réseau est préalablement scindé en deux réseaux, correspondant respectivement aux circuits 8 et 9.

Pour le premier réseau, on a :

$$L_1 = \frac{R_3}{\omega} 2 Q_1$$

$$C_3 = -C_1 + \frac{1}{R_1 \omega} 2 Q_1$$

$$Q_1 = \frac{1}{2} \sqrt{\frac{R_1 - R_3}{R_3}}$$

Pour le deuxième réseau, on a :

$$L_2 = \frac{R_3}{\omega} 2 Q_2$$

$$C_4 = -C_2 + \frac{1}{R_2 \omega} 2 Q_2$$

La valeur de la self recherchée L vaut : $L = L_1 + L_2 = \frac{2 R_1}{\omega} \frac{Q}{4 Q_1^2 + 1}$

Les valeurs de Q_1 et Q_2 sont obtenues en résolvant le système d'équations :

$$Q_1 + Q_2 = Q$$

$$R_1 (4 Q_2^2 + 1) = R_2 (4 Q_1^2 + 1)$$

Ce cas est identique au circuit en PI, pour impédance de source et de charge réelle.

Les valeurs L, C_3 et C_4 du circuit d'adaptation se calculent aisément.

$$L = \frac{(R_1 - R_2)^2}{2\omega[Q(R_1 + R_2) - A]}$$

$$C_3 = -C_1 + \frac{2QR_1 - A}{(R_1 - R_2)R_1\omega}$$

$$C_4 = -C_2 + \frac{-2QR_2 + A}{(R_1 - R_2)R_2\omega}$$

$$A = \sqrt{2(1 + 2Q_2)R_1R_2 - (R_1^2 + R_2^2)}$$

Ce résultat est identique à celui que l'on obtiendrait avec deux impédances réelles R_1 et R_2 adaptées par un circuit en PI à trois éléments L, $C_1 + C_3$ et $C_2 + C_4$.

Circuit d'adaptation en T avec impédances de source et de charge complexes

En regroupant les circuits élémentaires numéros 6 et 11, on peut obtenir un circuit en T conformément au schéma de la *figure 9.18*.

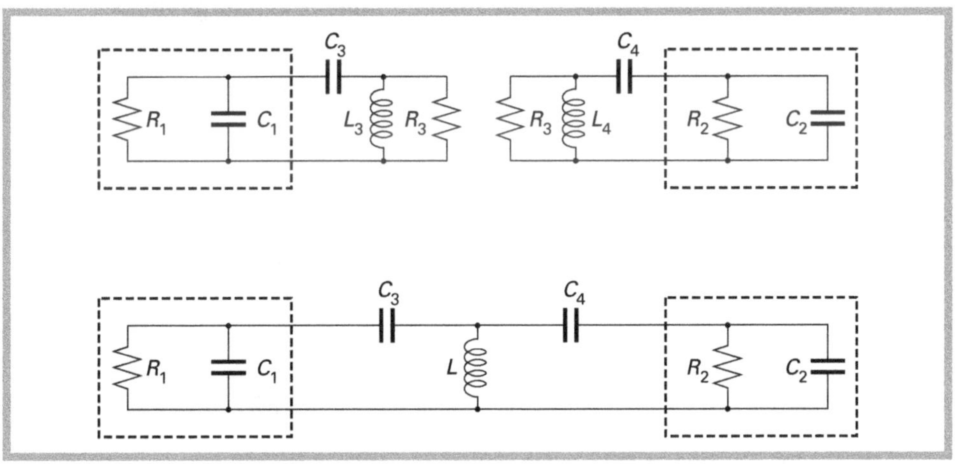

Figure 9.18 – Filtre en T pour adaptation entre deux charges complexes.

Les valeurs des capacités C_3 et C_4 s'obtiennent directement :

$$C_3 = \frac{1 + R_1^2 C_1^2 \omega^2}{R_1\omega(1 - R_1 C_1\omega)}$$

$$C_4 = \frac{1 + R_2^2 C_2^2 \omega^2}{R_2\omega(1 - R_2 C_2\omega)}$$

La self L est le résultat de la mise en parallèle des selfs L_3 et L_4 :

$$L_3 = \frac{R_3}{2\omega Q_1}$$

$$L_4 = \frac{R_3}{2\omega Q_2}$$

$$L = \frac{R_1(1+4Q_1^2)}{1+R_1^2C_1^2\omega^2}\frac{1}{2\omega Q}$$

La valeur de Q_1 est obtenue d'une manière identique à celle utilisée précédemment :

$$Q_1 = \frac{-2QXR_2 + \sqrt{2(1+2Q^2)XYR_1R_2 - (Y^2R_1^2 + X^2R_2^2)}}{2YR_1 - 2XR_2}$$

avec

$$X = 1 + R_1^2C_1^2\omega^2, \quad Y = 1 + R_2^2C_2^2\omega^2$$

Circuit en L avec impédance de source complexe et charge réelle

Le cas du circuit d'adaptation représenté à la *figure 9.19* est un cas simple qui peut se résoudre aisément. Les équations du système sont :

$$Q = \frac{L_2\omega}{2R_1}$$

$$R_1 = \frac{R_2}{R_2^2C_3^2\omega^2+1}$$

$$L_2\omega = \frac{1}{C_1\omega} + \frac{1}{C_2\omega} + \frac{1}{C_3\omega}\frac{R_2^2C_3^2\omega^2}{R_2^2C_3^2\omega^2+1}$$

Les trois éléments réactifs à définir sont L_2, C_2 et C_3 :

$$L_2 = \frac{2QR_1}{\omega}$$

$$C_3 = \frac{1}{R_2\omega}\sqrt{\frac{R_2-R_1}{R_1}}$$

$$C_2 = \frac{1}{\omega\left(2QR_1 - \frac{1}{C_1\omega} - \sqrt{R_1(R_2-R_1)}\right)}$$

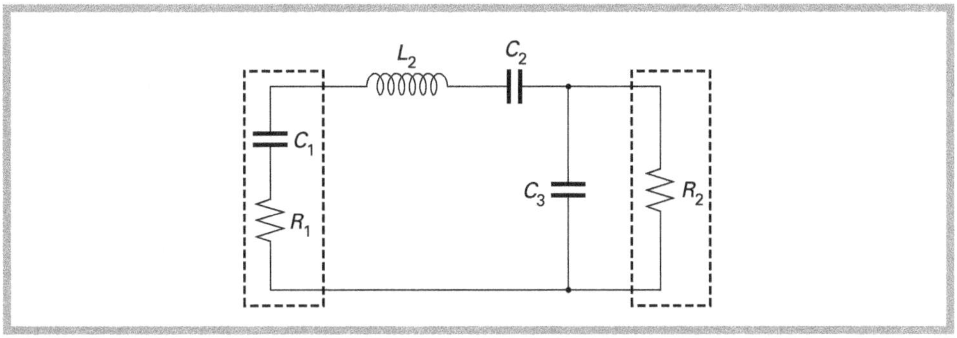

Figure 9.19 – Circuit en L avec 3 éléments. Impédance de source complexe, impédance de charge réelle.

9.7.4 Association de circuits élémentaires non symétriques

Dans ce cas, le calcul des deux coefficients de surtension Q_1 et Q_2, bien que reposant sur la même stratégie, donne des résultats notamment plus complexes. On utilise pour cela un circuit connu représenté à la *figure 9.20*.

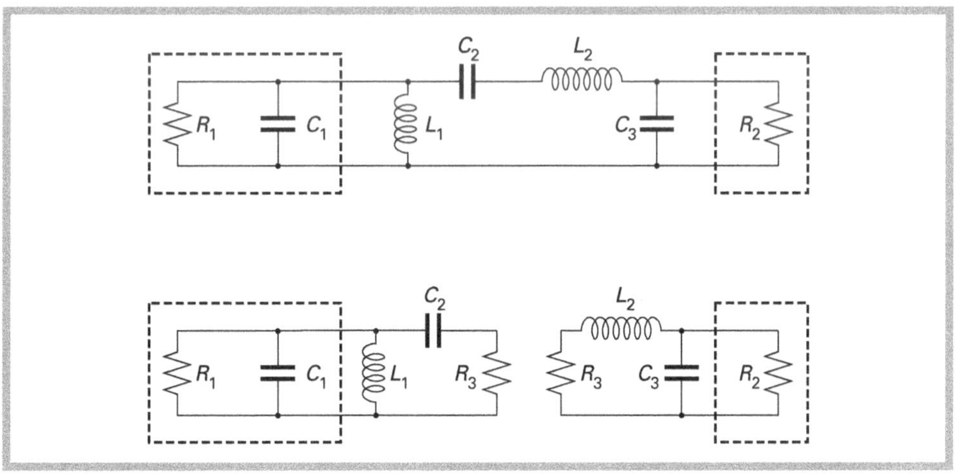

Figure 9.20 – Circuit en PI constitué par deux circuits en L asymétriques.

Ce réseau d'adaptation comporte quatre éléments L_1, L_2, C_2 et C_3, et il est scindé en deux réseaux élémentaires à deux éléments.

Le premier de ces réseaux correspond au cas numéro 7 et le second, au cas numéro 1.

Pour le premier réseau :

$$L_1 = \frac{R_1}{2Q_1\omega}$$

$$C_2 = \frac{1}{R_3\omega}\sqrt{\frac{R_3}{R_1 - R_3}}$$

$$Q_1 = \frac{1}{2}\left[R_1 C_1 \omega + \sqrt{\frac{R_1 - R_3}{R_3}}\right]$$

Pour le second réseau :

$$L_2 = \frac{2Q_2 R_3}{\omega}$$

$$C = \frac{2Q_2}{R_2\omega}$$

$$Q_2 = \frac{1}{2}\sqrt{\frac{R_2 - R_3}{R_3}}$$

Les solutions sont données en résolvant le système suivant :

$$R_1(4Q_2^2 + 1) = R_2((2Q_1 - R_1 C_1 \omega)^2 + 1)$$

$$Q = Q_1 + Q_2$$

La valeur de la self L_2 s'obtient en exprimant R_3 en fonction de Q_2 et en remplaçant R_3 par cette valeur dans la relation donnant L_2 en fonction de R_3.

9.7.5 Adaptation large bande ou bande étroite

Le choix d'une configuration du ou des réseaux d'adaptation est un préalable évident au calcul des divers éléments. Il résulte du choix de la largeur de bande sur laquelle doit s'effectuer l'adaptation, qui fixe alors le coefficient de surtension Q.

Si la cellule d'adaptation comprend deux éléments réactifs, le coefficient de surtension Q est totalement défini par le rapport des parties réelles des impédances de source et de charge.

Ce coefficient de surtension est le coefficient de surtension minimum Q_{min}, correspondant à la largeur de bande maximale dans laquelle s'effectue l'adaptation. Quelle que soit la configuration choisie, le nombre de circuits et leur association, aucun coefficient de surtension résultant ne peut être inférieur à Q_{min}.

Si la cellule d'adaptation comprend trois éléments réactifs, le coefficient de surtension Q peut être choisi avec comme seule restriction $Q > Q_{min}$. En conséquence, les circuits en PI, en T et en L, à condition qu'ils comportent trois éléments réactifs au moins, sont à utiliser lorsque l'adaptation est à bande étroite.

Si l'adaptation est à large bande, les circuits en L sont à utiliser avec la restriction donnée par $Q_{\min}$. Une adaptation très large bande peut être obtenue en décalant, en fréquence, plusieurs réseaux d'adaptation en cascade.

9.7.6 Insertion d'un filtre passe-bande supplémentaire

La réjection des harmoniques est un problème souvent lié à l'adaptation d'impédance.

En sortie d'un étage amplificateur en classe C, le niveau des harmoniques est, par nature même de la classe de fonctionnement, élevé. Le réseau d'adaptation d'impédance n'est qu'un filtre calculé avec des conditions particulières sur ses terminaisons. En sélectionnant l'un ou l'autre des circuits d'adaptation, ou une association des circuits d'adaptation le seul paramètre d'entrée est le coefficient de surtension du circuit chargé Q. Il peut être assez mal aisé d'optimiser simultanément la largeur de bande dans laquelle s'effectue l'adaptation et la réjection des harmoniques par exemple, hors de la bande où les impédances sont adaptées.

Si le circuit d'adaptation a été conçu en associant au moins deux circuits élémentaires adaptés sur une résistance de charge réelle intermédiaire R_{INT}, il n'y a aucune difficulté pour intercaler un filtre passe-bande ou filtre réjecteur qui traitera le problème de la réjection des harmoniques, conformément au schéma de la *figure 9.21*. Le problème double et complexe, adaptation et réjection des harmoniques est réduit à deux problèmes simples et distants, adaptation d'impédance et filtrage.

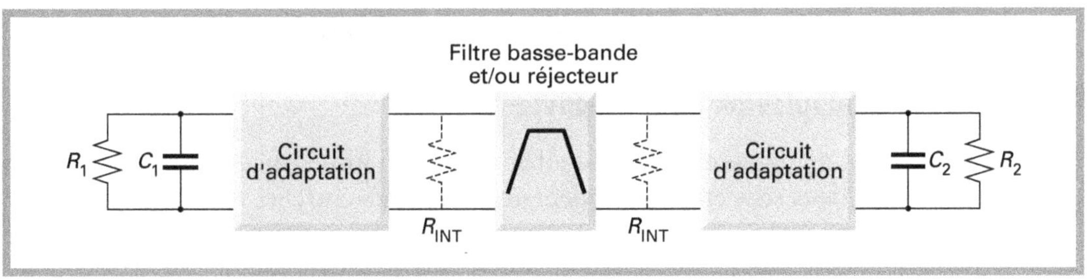

Figure 9.21 – Filtre passe-bande et/ou réjecteur.

9.8 Adaptation d'impédance très large bande

Lorsque l'on utilise un réseau comprenant un condensateur et une self uniquement, l'adaptation d'impédance est réalisée parfaitement sur une fréquence particulière. On montre aussi qu'un troisième élément permet de fixer indépendamment la largeur de bande autour de la fréquence pour laquelle l'adaptation est réalisée. Ce troisième élément ne permet que de diminuer la largeur de bande, il ne permet pas de l'augmenter.

Pour envisager une adaptation d'impédance sur une plus grande largeur de bande il faut multiplier le nombre de cellules. Le réseau devra être calculé pour que l'adaptation ait lieu exactement sur deux fréquences distinctes. La *figure 9.22* montre que l'on peut optimiser le transfert en puissance sur deux fréquences différentes, cela dans le seul but d'augmenter la largeur de bande globale pour laquelle la puissance est transférée de la source vers la charge.

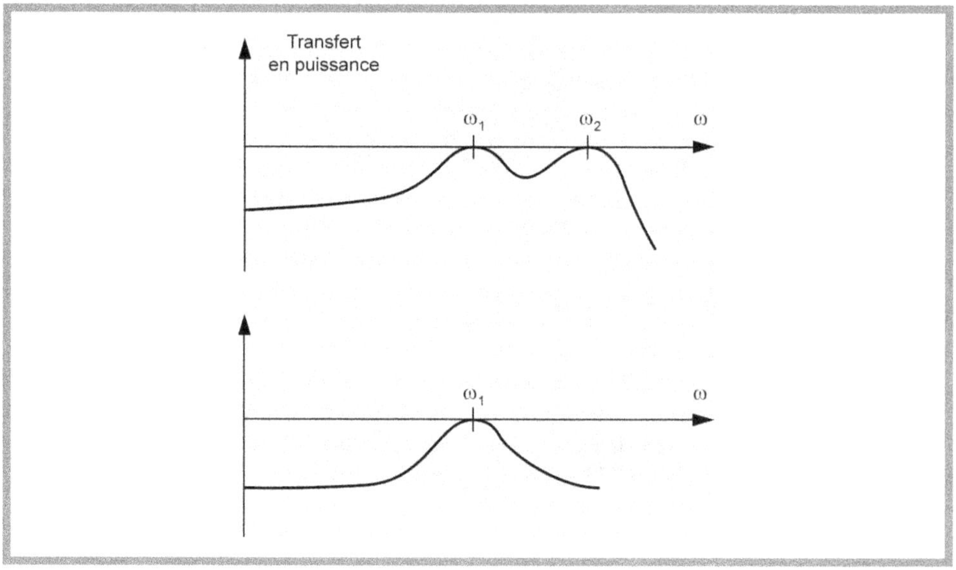

Figure 9.22 – Optimisation du transfert en puissance pour deux fréquences.

9.8.1 Réseau d'adaptation de type passe-bas

La *figure 9.23* représente un réseau d'adaptation d'impédance comportant quatre éléments : deux selfs et deux condensateurs disposés entre les résistances de source et de charge.

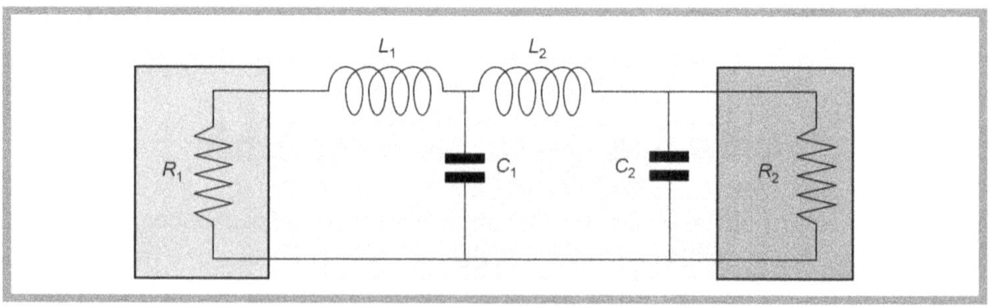

Figure 9.23 – Adaptation d'impédance par quatre composants, type passe-bas.

Pour calculer les quatre composants de ce schéma, il faut changer sa représentation pour faire apparaître deux impédances complexes, l'une du côté de la source et l'autre du côté de la charge. Cette nouvelle représentation est donnée à la *figure 9.24*.

Les impédances complexes peuvent s'écrire :

– pour l'impédance vue vers la charge :

$$Z_{ch} = \frac{R_2}{1 + R_2^2 C_2^2 \omega_2^2} + j\omega\left(L_2 - R_2 \frac{R_2 C_2}{1 + R_2^2 C_2^2 \omega_2^2}\right)$$

– pour l'impédance vue vers la source :

$$Z_s = \frac{R_1}{R_1^2 C_1^2 \omega_1^2 + (L_1 C_1 \omega^2 - 1)^2} + j\omega\left(\frac{L_1(1 - L_1 C_1 \omega^2) - R_1^2 C_1}{R_1^2 C_1^2 \omega^2 + (L_1 C_1 \omega^2 - 1)^2}\right)$$

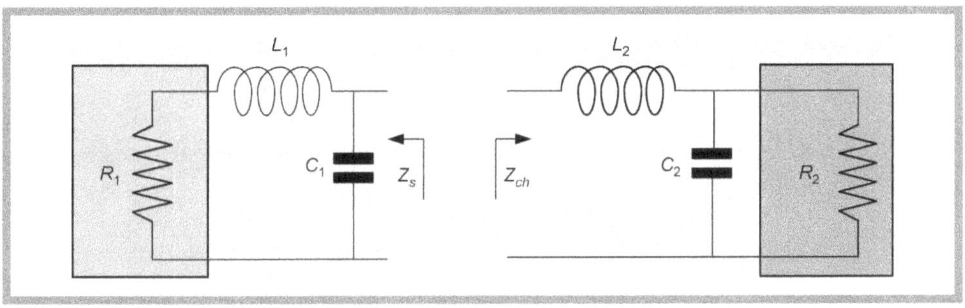

Figure 9.24 – Décomposition en partie réelle et partie imaginaire.

On note que pour des raisons de simplicité des calculs le réseau a été scindé en son point milieu. On peut établir les équations d'adaptation en un point quelconque du circuit, cela ne change pas les résultats. On aurait pu calculer les impédances vues de part et d'autre de R_1, cela ne change ni les résultats ni la méthode.

Pour que l'adaptation d'impédance puisse avoir lieu il faut que les parties réelles soient identiques et que les parties imaginaires soient conjuguées.

Ces égalités doivent avoir lieu pour deux fréquences distinctes f_1 et f_2.

On est donc en présence d'un système de quatre équations à quatre inconnues. Les inconnues sont les quatre valeurs des composants L_1, L_2, C_1 et C_2.

Le système d'équations à résoudre est le suivant :

$$\frac{R_2}{1 + R_2^2 C_2^2 \omega_1^2} = \frac{R_1}{R_1^2 C_1^2 \omega_1^2 + (L_1 C_1 \omega_1^2 - 1)^2}$$

$$\frac{R_2}{1+R_2^2C_2^2\omega_2^2} = \frac{R_1}{R_1^2C_1^2\omega_2^2+(L_1C_1\omega_2^2-1)^2}$$

$$L_2 - R_2\frac{R_2C_2}{1+R_2^2C_2^2\omega_1^2} = \frac{L_1(-1+L_1C_1\omega_1^2)+R_1^2C_1}{R_1^2C_1^2\omega_1^2+(L_1C_1\omega_1^2-1)^2}$$

$$L_2 - R_2\frac{R_2C_2}{1+R_2^2C_2^2\omega_2^2} = \frac{L_1(-1+L_1C_1\omega_2^2)+R_1^2C_1}{R_1^2C_1^2\omega_2^2+(L_1C_1\omega_2^2-1)^2}$$

La résolution de ce système n'est pas immédiate, il faut procéder avec soin.

En manipulant les deux premières équations on trouve :

$$L_1C_1 = \frac{1}{\omega_1\omega_2}\sqrt{\frac{R_2-R_1}{R_2}}$$

Ce premier résultat indique que ce type de réseau ne pourra être adopté que si $R_2 > R_1$. On posera :

$$\alpha = \sqrt{\frac{R_2}{R_2-R_1}}$$

Lors des calculs, les résultats donnant des valeurs négatives sont bien entendu éliminés.

En manipulant les deux dernières équations on trouve :

$$L_1 = R_1R_2C_2$$

puis ensuite :

$$L_2 = R_1R_2C_1$$

Ces résultats simples sont inattendus.

En reportant dans les premières équations les valeurs trouvées on peut finalement obtenir la valeur de C_1. On posera :

$$A = 2\alpha\omega_1\omega_2$$

$$B = \omega_1^2+\omega_2^2$$

$$C_1 = \frac{\sqrt{2}}{AR_1}\sqrt{A-B+\sqrt{B^2-\left(\frac{A^2}{\alpha^2}-2A(B-A)\right)}}$$

À partir de cette valeur on peut calculer la valeur des trois autres composants :

$$L_2 = R_1 R_2 C_1$$

$$L_1 = \frac{2}{AC_1}$$

$$C_2 = \frac{L_1}{R_1 R_2}$$

Ce réseau peut être utilisé entre deux impédances réelles à condition que $R_2 > R_1$.

Le condensateur C_2 peut être dissocié en deux parties, une partie qui devient la partie complexe de l'impédance du côté de R_2 et une partie qui reste du côté du circuit d'adaptation d'impédance, la *figure 9.25* représente alors le réseau d'adaptation modifié.

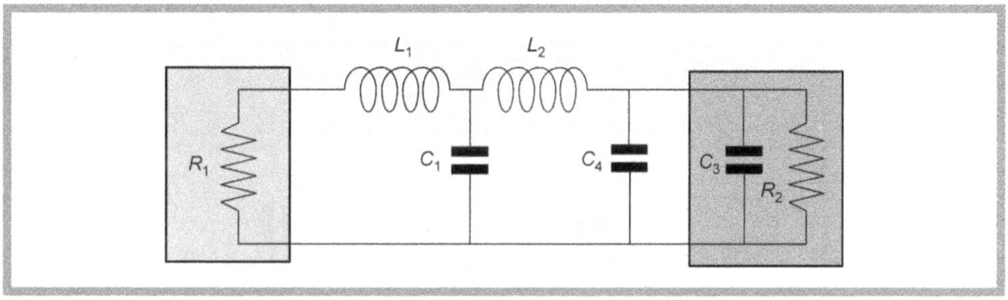

Figure 9.25 – Utilisation du réseau d'adaptation avec une impédance complexe.

On peut donc effectuer le calcul d'adaptation entre R_1 et $R_2 - C_3$, dans un premier temps on ne tient pas compte du condensateur C_3. À la fin du calcul la valeur de C_3 est soustraite à la valeur de C_2 calculée pour obtenir la valeur du condensateur C_4 :

$$C_2 = C_3 + C_4$$

9.8.2 Réseau d'adaptation de type passe-haut

La *figure 9.26* représente le réseau d'adaptation d'impédance, de type passe-haut, comportant quatre éléments : deux selfs et deux condensateurs disposés entre les résistances de source et de charge.

Les impédances complexes de la *figure 9.27* peuvent s'écrire :

– pour l'impédance vue vers la charge :

$$Z_{ch} = \frac{R_2 L_2^2 \omega^2}{R_2^2 + L_2^2 \omega^2} + j\left(\frac{R_2^2 L_2 \omega}{R_2^2 + L_2^2 \omega^2} - \frac{1}{C_2 \omega}\right)$$

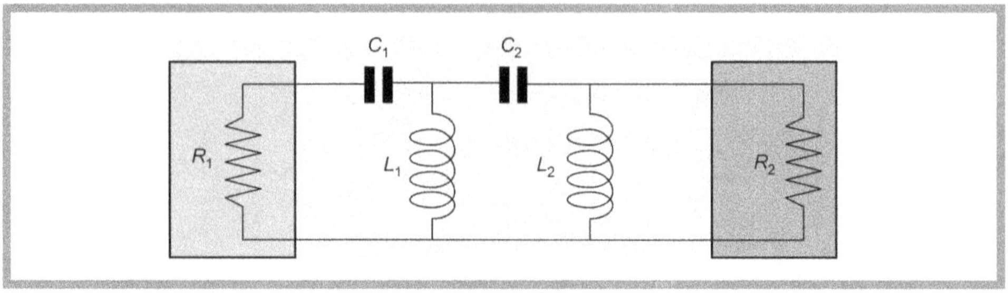

Figure 9.26 – Adaptation d'impédance par quatre composants, type passe-haut.

– pour l'impédance vue vers la source :

$$Z_s = \frac{R_1 L_1^2 \omega^2 C_1^2 \omega^2}{R_1^2 C_1^2 \omega^2 + (L_1 C_1 \omega^2 - 1)^2} - jL_1\omega\left(\frac{C_1\omega^2(L_1 - C_1 R_1^2) - 1}{R_1^2 C_1^2\omega^2 + (L_1 C_1 \omega^2 - 1)^2}\right)$$

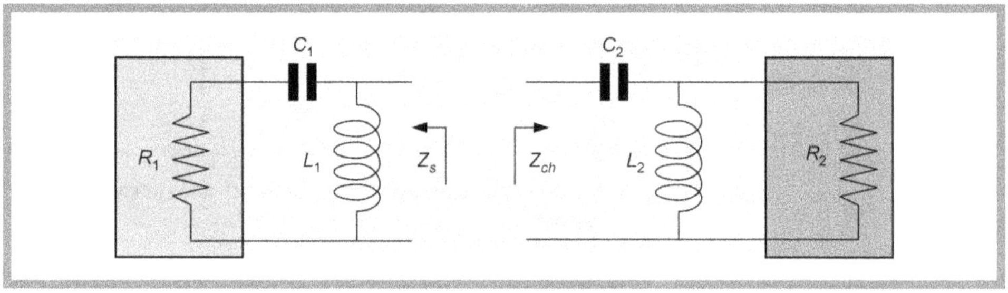

Figure 9.27 – Adaptation d'impédance par quatre composants, type passe-haut.

Le système d'équations à résoudre est le suivant :

$$\frac{R_2 L_2^2}{R_2^2 + L_2^2\omega_1^2} = \frac{R_1 L_1^2 C_1^2 \omega_1^2}{R_1^2 C_1^2 \omega_1^2 + (L_1 C_1 \omega^2 - 1)^2}$$

$$\frac{R_2 L_2^2}{R_2^2 + L_2^2\omega_2^2} = \frac{R_1 L_1^2 C_1^2 \omega_2^2}{R_1^2 C_1^2 \omega_2^2 + (L_1 C_1 \omega_2^2 - 1)^2}$$

$$\frac{1}{C_2\omega_1} - R_2\frac{R_2 L_2 \omega_1}{R_2^2 + L_2^2\omega_1^2} = L_1\omega_1\frac{R_1^2 C_1^2 \omega_1^2 - L_1 C_1(\omega_1^2 + 1)}{R_1^2 C_1^2 \omega_1^2 + (L_1 C_1 \omega_1^2 - 1)^2}$$

$$\frac{1}{C_2\omega_2} - R_2\frac{R_2 L_2 \omega_2}{R_2^2 + L_2^2\omega_2^2} = L_1\omega_2\frac{R_1^2 C_1^2 \omega_2^2 - L_1 C_1(\omega_2^2 + 1)}{R_1^2 C_1^2 \omega_2^2 + (L_1 C_1 \omega_2^2 - 1)^2}$$

En manipulant les deux premières équations on trouve :

$$L_1 C_1 = \frac{1}{\omega_1 \omega_2}\sqrt{\frac{R_2}{R_2 - R_1}}$$

On remarque que ce résultat diffère de celui trouvé précédemment, le facteur α étant inversé.

Ce premier résultat indique que ce type de réseau, comme le précédent, ne pourra être adopté que si $R_2 > R_1$. On posera :

$$\alpha = \sqrt{\frac{R_2}{R_2 - R_1}}$$

Lors des calculs, les résultats donnant des valeurs négatives sont bien entendu éliminés.

En manipulant les deux dernières équations on trouve :

$$L_1 = R_1 R_2 C_2$$

puis ensuite :

$$L_2 = R_1 R_2 C_1$$

Ces résultats sont identiques à ceux trouvés précédemment.

En reportant dans les premières équations les valeurs trouvées on peut finalement obtenir la valeur de C_1.

Comme précédemment on posera :

$$A = 2\alpha\omega_1\omega_2$$

$$B = \omega_1^2 + \omega_2^2$$

$$C_1 = \frac{\sqrt{2}}{AR_1}\sqrt{A - B + \sqrt{B^2 - \left(\frac{A^2}{\alpha^2} - 2A(B - A)\right)}}$$

La valeur de C_1 est identique à celle trouvée précédemment.

À partir de cette valeur on peut calculer la valeur des trois autres composants :

$$L_2 = R_1 R_2 C_1$$

$$L_1 = \frac{2\alpha^2}{AC_1}$$

$$C_2 = \frac{L_1}{R_1 R_2}$$

Comme précédemment la self L_2 peut être scindée en deux parties : une partie complexe de l'impédance et une partie dans le réseau d'adaptation comme le montre la *figure 9.28*.

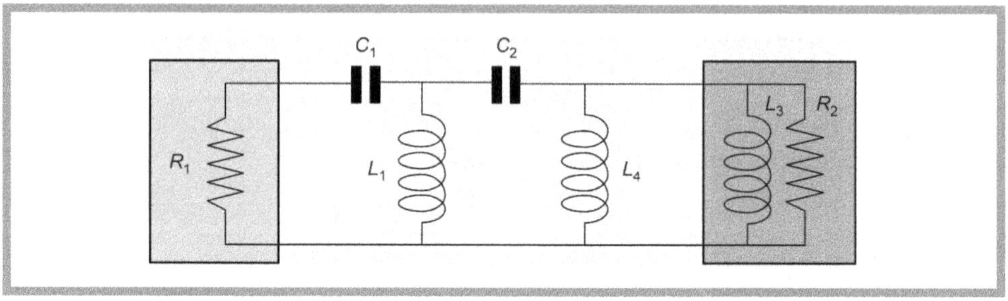

Figure 9.28 – Utilisation du réseau d'adaptation avec une impédance complexe.

La valeur de L_2 est obtenue par calcul sans tenir compte de la présence de L_3. La valeur de L_4 qui doit finalement être utilisée est donnée par la relation :

$$L_4 = \frac{L_2 L_3}{L_3 - L_2}$$

9.8.3 Réseau d'adaptation de type passe-bande

Dans le cas du réseau d'adaptation de la *figure 9.29*, on adopte la même démarche et le calcul des quatre éléments du réseau d'adaptation s'effectue en résolvant le système d'équations suivant :

$$\frac{R_2 L_2^2 \omega_1^2}{R_2^2 + L_2^2 \omega_1^2} = \frac{R_1}{R_1^2 C_1^2 \omega_1^2 + (L_1 C_1 \omega_1^2 - 1)^2}$$

$$\frac{R_2 L_2^2 \omega_2^2}{R_2^2 + L_2^2 \omega_2^2} = \frac{R_1}{R_1^2 C_1^2 \omega_2^2 + (L_1 C_1 \omega_2^2 - 1)^2}$$

$$\frac{1}{C_2 \omega_1} - \frac{R_2^2 L_2 \omega_1}{R_2^2 + L_2^2 \omega_1^2} = \omega_1 \frac{L_1(1 - L_1 C_1 \omega_1^2) - R_1^2 C_1}{R_1^2 C_1^2 \omega_1^2 + (L_1 C_1 \omega_1^2 - 1)^2}$$

$$\frac{1}{C_2 \omega_2} - \frac{R_2 L_2 \omega_2}{R_2^2 + L_2^2 \omega_2^2} = \omega_2 \frac{L_1(1 - L_1 C_1 \omega_2^2) - R_1^2 C_1}{R_1^2 C_1^2 \omega_2^2 + (L_1 C_1 \omega_2^2 - 1)^2}$$

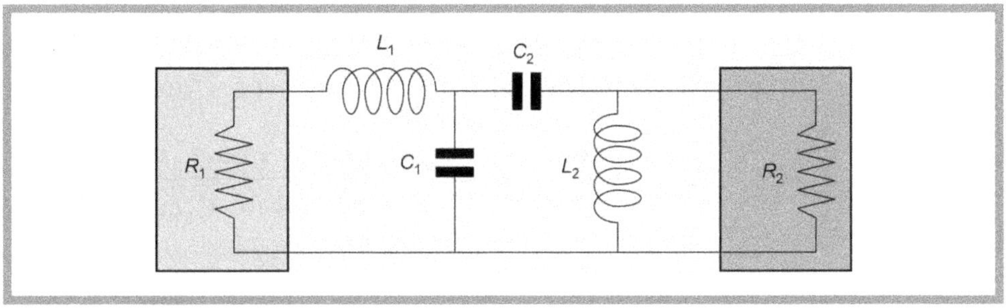

Figure 9.29 – Réseau d'adaptation de type passe-bande.

Comme précédemment la solution n'est pas simple. Seuls les résultats sont exposés. On posera :

$$D = \omega_1\omega_2$$

$$B = \omega_1^2 + \omega_2^2$$

La valeur de la self L_1 est donnée par la relation suivante :

$$L_1 = \frac{1}{B-D}\sqrt{\frac{R_1}{2}}\sqrt{R_2(B-2D) - 2R_1(B-D) + \sqrt{R_2}\sqrt{R_2(B-2D)^2 + 4R_1D(B-D)}}$$

Les trois autres éléments sont calculés à partir de cette première valeur :

$$C_1 = \frac{L_1}{R_1^2 + L_1^2(\omega_1^2 - \omega_1\omega_2 + \omega_2^2)} = \frac{L_1}{R_1^2 + L_1^2(B-D)}$$

et finalement :

$$L_2 = \frac{R_1R_2}{L_1\omega_1\omega_2}$$

$$C_2 = \frac{1}{R_1R_2C_1\omega_1\omega_2}$$

Un dernier cas reste à traiter, il s'agit du circuit passe-bande de la *figure 9.30*. Les quatre éléments du réseau d'adaptation sont obtenus en résolvant le système d'équations suivant :

$$\frac{R_2}{1 + R_2^2C_2^2\omega_1^2} = \frac{R_1L_1^2C_1^2\omega_1^4}{R_1^2C_1^2\omega_1^2 + (L_1C_1\omega_1^2 - 1)^2}$$

$$\frac{R_2}{1 + R_2^2C_2^2\omega_2^2} = \frac{R_1L_1^2C_1^2\omega_1^4}{R_1^2C_1^2\omega_2^2 + (L_1C_1\omega_2^2 - 1)^2}$$

$$L_2 - \frac{R_2^2 C_2}{1 + R_2^2 C_2^2 \omega_1^2} = L_1 \frac{-R_1^2 C_1^2 \omega_1^2 + (L_1 C_1 \omega_1^2 - 1)}{R_1^2 C_1^2 \omega_1^2 + (L_1 C_1 \omega_1^2 - 1)^2}$$

$$L_2 - \frac{R_2^2 C_2}{1 + R_2^2 C_2^2 \omega_2^2} = L_1 \frac{-R_1^2 C_1^2 \omega_2^2 + (L_1 C_1 \omega_2^2 - 1)}{R_1^2 C_1^2 \omega_2^2 + (L_1 C_1 \omega_2^2 - 1)^2}$$

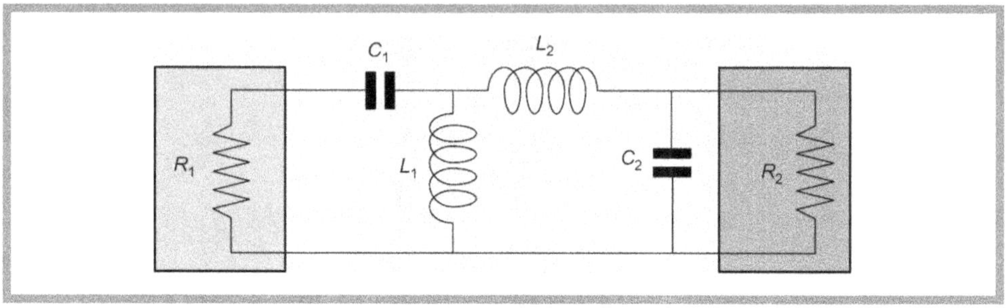

Figure 9.30 – Réseau d'adaptation de type passe-bande.

Comme précédemment on pose :

$$D = \omega_1 \omega_2$$

$$B = \omega_1^2 + \omega_2^2$$

La valeur de C_1 est donnée par la relation suivante et les trois autres valeurs sont obtenues successivement :

$$C_1 = \frac{1}{R_1 \omega_1 \omega_2} \sqrt{\frac{1}{2(R_2 - R_1)}} \sqrt{-R_2(B-2D) - 2R_1(B-D) + \sqrt{R_2}\sqrt{R_2(B-2D)^2 + 4R_1 D(B-D)}}$$

On obtient ensuite :

$$L_1 = \frac{\omega_1^2 + \omega_2^2 - \omega_1 \omega_2}{C_1 \omega_1 \omega_2} + R_1^2 C_1 = \frac{B-D}{C_1 D^2} + R_1^2 C_1$$

$$L_2 = \frac{L_1}{L_1 C_1 \omega_1 \omega_2 - 1} = \frac{1}{L_1 C_1 D - 1}$$

$$C_2 = \frac{1}{R_1 R_2 C_1 \omega_1 \omega_2} = \frac{1}{R_1 R_2 C_1 D}$$

9.8.4 Extension de la méthode à un plus grand nombre d'éléments

Le processus peut être élargi à un plus grand nombre d'éléments. L'objectif est, comme le montre la *figure 9.31*, d'élargir la largeur de bande pour laquelle on a réussi à adapter source et charge. En ajoutant une troisième fréquence on augmente la largeur de bande.

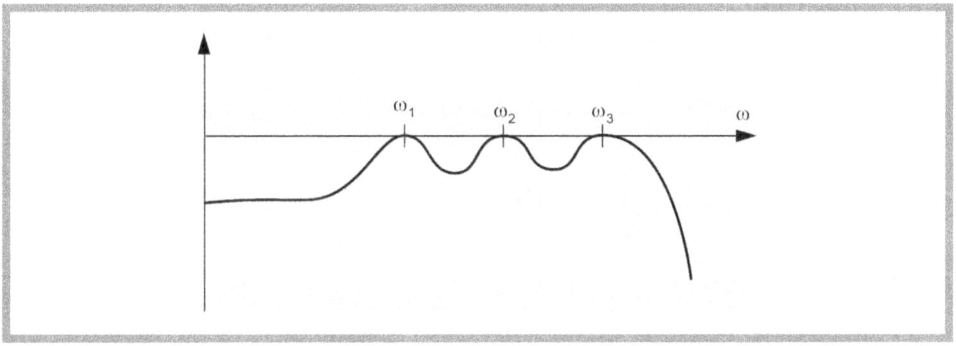

Figure 9.31 – Réseau d'adaptation composé de trois cellules de type passe-bas.

Pour obtenir une fonction de transfert telle que celle de la *figure 9.31* il faut avoir recours au schéma de principe de la *figure 9.32*.

La méthode exposée dans ce chapitre ne change pas, en un point du circuit on décompose les impédances, vue vers la source et vue vers la charge, en une impédance réelle et une impédance complexe.

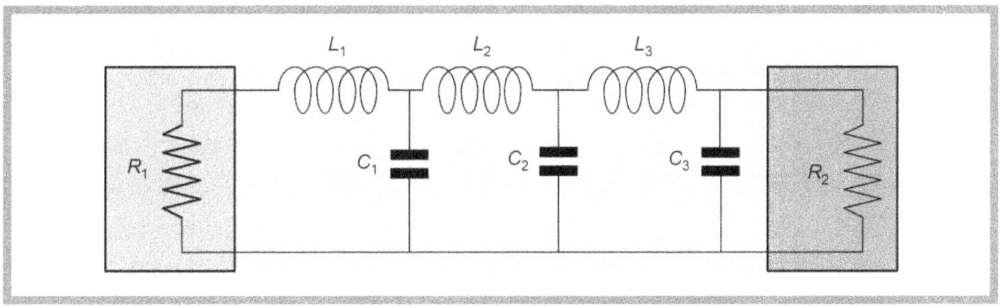

Figure 9.32 – Réseau d'adaptation composé de trois cellules de type passe-bas.

La *figure 9.33* représente la scission du circuit et la mise en évidence des deux impédances.

$$Z_s = \frac{R_1}{R_1^2 C_1^2 \omega^2 + (L_1 C_1 \omega^2 - 1)^2} + j\omega\left(\frac{L_1(1 - L_1 C_1 \omega^2) - R_1^2 C_1}{R_1^2 C_1^2 \omega^2 + (L_1 C_1 \omega^2 - 1)^2} + L_2\right)$$

$$Z_{ch} = \frac{1}{F}(R_2 + j\omega(-(-1 + L_3 C_2 \omega^2)(L_3 - R_2^2 C_3 + R_2^2 L_3 C_3^2 \omega^2) + R_2^2 C_2(-1 + L_3 C_3 \omega^2)))$$

$$F = (L_3 C_2 \omega^2 - 1)^2 + R_2^2 \omega^2 [C_3 + C_2(1 - L_3 C_3 \omega^2)]$$

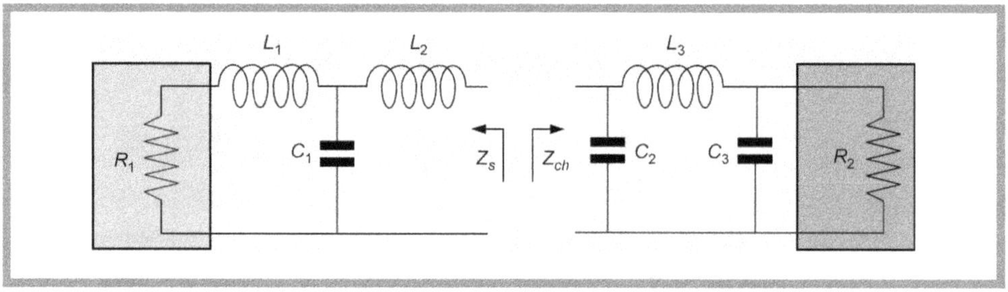

Figure 9.33 – Réseau d'adaptation composé de trois cellules de type passe-bas.

9.9 Conclusion

Bien que l'énoncé du problème correspondant aux conditions d'adaptation soit simple, les équations exactes peuvent donner naissance à des calculs complexes. Un calculateur analytique simplifie le maniement des équations fondamentales.

Les formules approchées, lorsqu'elles existent, doivent être manipulées avec précaution. De telles formules doivent être accompagnées des conditions pour lesquelles les simplifications ont été envisagées.

Un réseau d'adaptation, aussi compliqué soit-il, peut être traité en considérant qu'il résulte de la mise en série de réseaux élémentaires en π, T ou L, ce qui permet d'obtenir les solutions exactes.

CHAPITRE 10

MICROSTRIP

En basse fréquence, la sortie d'un étage est connectée à l'entrée de l'étage suivant par une simple liaison électrique qui n'a, en général, aucune spécificité.

Par exemple, pour interconnecter des circuits logiques fonctionnant à basse vitesse, il suffit d'assurer la liaison électrique entre les différents points devant être réunis au même potentiel.

En radiocommunication, les fréquences peuvent être très élevées, la liaison électrique, reliant par exemple, la sortie d'un amplificateur à l'entrée de l'étage suivant, ne peut plus être considérée comme parfaite. On est en présence d'une ligne de transmission. Un exemple de ligne de transmission peut être un câble coaxial ou un guide d'onde. Dans ce chapitre, nous nous intéressons à un type particulier de ligne de transmission, les microstrips ou lignes microruban, constitués par la piste imprimée, ruban de cuivre, assurant les liaisons entre les différents étages sur un circuit imprimé.

10.1 Lignes de transmission

10.1.1 Définition

Une ligne de transmission peut être modélisée par le schéma de la *figure 10.1*.

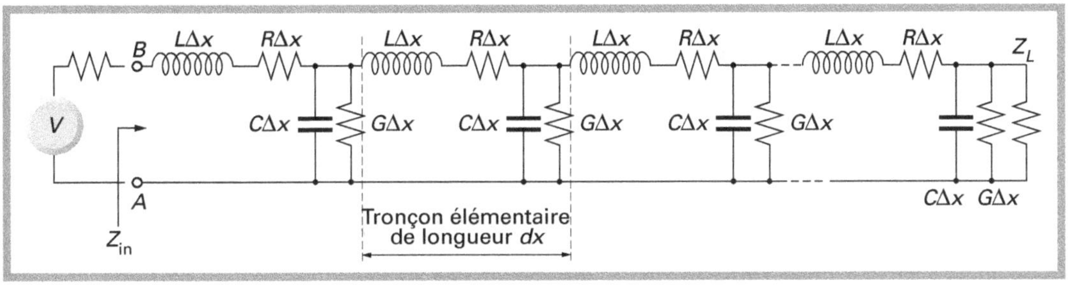

Figure 10.1 – Schéma équivalent d'une ligne de transmission.

Chaque tronçon élémentaire de longueur dx est constitué des quatre éléments :

- une résistance par unité de longueur R;
- une inductance par unité de longueur L;
- une capacité par unité de longueur C;
- une conductance de fuite ou perditance par unité de longueur G par rapport au deuxième conducteur.

Si en un point A-B, on applique une tension $\vec{V_0}$ donnant naissance à un courant $\vec{I_0}$, les tensions $\vec{V}$ et $\vec{I}$ en un point quelconque, distant de x du point A-B sont obtenues grâce aux équations :

$$\vec{I} = \vec{I_0} Ch\gamma x - \frac{\vec{V_0}}{Z_0} Sh\gamma x$$

$$\vec{V} = \vec{V_0} Ch\gamma x - Z_0 \vec{I_0} Sh\gamma x$$

Z_0 est l'impédance caractéristique de la ligne. Z_0 est l'impédance que l'on mesurerait au point A-B si la ligne était infinie ou si la ligne était de longueur finie et fermée par cette même impédance Z_0.

L'impédance caractéristique est définie de la manière suivante :

$$Z_0 = \sqrt{\frac{R + jL\omega}{G + jC\omega}}$$

Le terme γ est la constante de propagation de la ligne et c'est, en général, un terme complexe.

$$\gamma = \alpha + j\beta = \sqrt{(R + jL\omega)(G + jC\omega)}$$

α est le facteur d'amortissement et β le facteur de phase.

$$\alpha^2 = \frac{1}{2}[\sqrt{(R^2 + L^2\omega^2)(G^2 + C^2\omega^2)} + (RG - LC\omega^2)]$$

$$\beta^2 = \frac{1}{2}[\sqrt{(R^2 + L^2\omega^2)(G^2 + C^2\omega^2)} - (RG - LC\omega^2)]$$

A partir de ces résultats, on définit la vitesse de propagation ou vitesse de phase :

$$v_\varphi = \frac{\omega}{\beta}$$

Son inverse est appelé temps de propagation de phase et sa dérivée, le temps de propagation de groupe :

$$\tau_g = \frac{d\beta}{d\omega}$$

10.1.2 Ligne sans pertes

Si $R = 0$ et $G = 0$, la ligne de transmission est sans pertes et les résultats précédents se simplifient :

$$Z_0 = \sqrt{\frac{L}{C}}$$

$$\gamma = \sqrt{-LC\omega^2}$$

$$\alpha = 0$$

$$\beta = \omega\sqrt{LC}$$

Il n'y a pas d'affaiblissement si la ligne est sans perte.

La vitesse de phase v_φ vaut :

$$v_\varphi = \frac{1}{\sqrt{LC}}$$

Si Z_0 est exprimé en fonction de v_φ :

$$Z_0 = Lv_\varphi = \frac{1}{Cv_\varphi}$$

10.2 Exemples de lignes de transmission

La *figure 10.2* regroupe quatre cas de lignes de transmission.

10.2.1 Lignes coplanaires

On parle de lignes coplanaires, lorsque deux lignes parallèles sont utilisées pour véhiculer le signal, *figure 10.2a*. Ces deux lignes peuvent être en regard d'un plan de masse au travers d'un substrat de constante diélectrique ε_R.

10.2.2 Lignes à fentes

La *figure 10.2b* représente une ligne à fente. Pour illustrer le fonctionnement de cette ligne, l'extrémité de la ligne est couplée à une ligne coaxiale.

10.2.3 Stripline

La *figure 10.2c* représente un conducteur, stripline, noyé dans un matériau de constante diélectrique ε_R. Cette ligne de transmission est prise en sandwich entre deux plans de masse.

Dans les deux premiers cas les lignes sont tracées sur des circuits imprimés double face. La réalisation des lignes est donc relativement aisée. Dans le cas du stripline, le circuit imprimé est nécessairement un circuit multicouche. La réalisation des striplines est à peine plus compliquée.

10.2.4 Ligne coaxiale

La *figure 10.2d* représente une ligne coaxiale. Un conducteur central cylindrique, de diamètre 2a, est séparé du conducteur extérieur co-centrique par un matériau isolant de constante diélectrique ε_R.

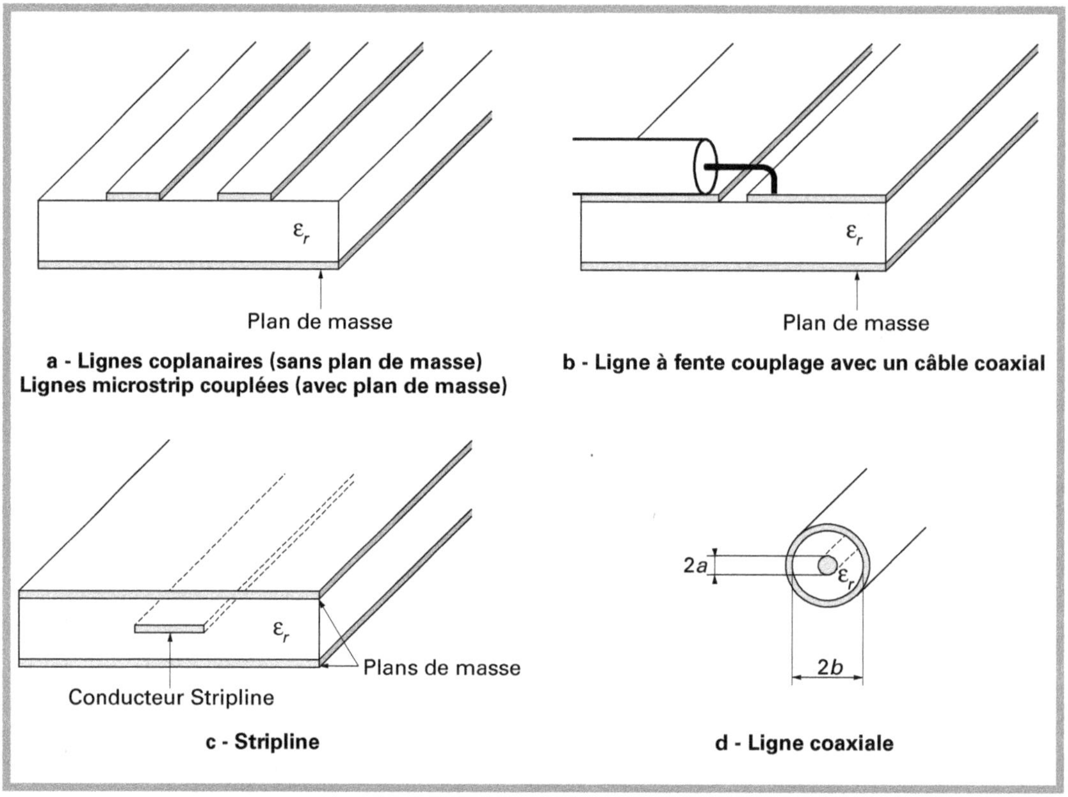

Figure 10.2 – Exemples de lignes de transmission.

Les caractéristiques principales de cette ligne sont obtenues par les relations suivantes :

$$C = \frac{2\pi\varepsilon_R}{\ln\frac{b}{a}}$$

$$L = \frac{\mu_R}{2\pi}\ln\frac{b}{a}$$

$$Z_0 = \frac{\mu}{2\pi}\ln\frac{b}{a}$$

Dans le cas où le matériau isolant est l'air le rapport η se simplifie et vaut :

$$\eta = \sqrt{\frac{\mu}{\varepsilon}} = 2\pi 60$$

$$Z_0 = 60 \ln \frac{b}{a}$$

La longueur d'onde de coupure vaut :

$$\lambda_c = 2\pi\left(\frac{b+a}{2}\right)$$

10.2.5 Ligne microstrip

La *figure 10.3* représente une ligne microruban dite aussi microstrip.

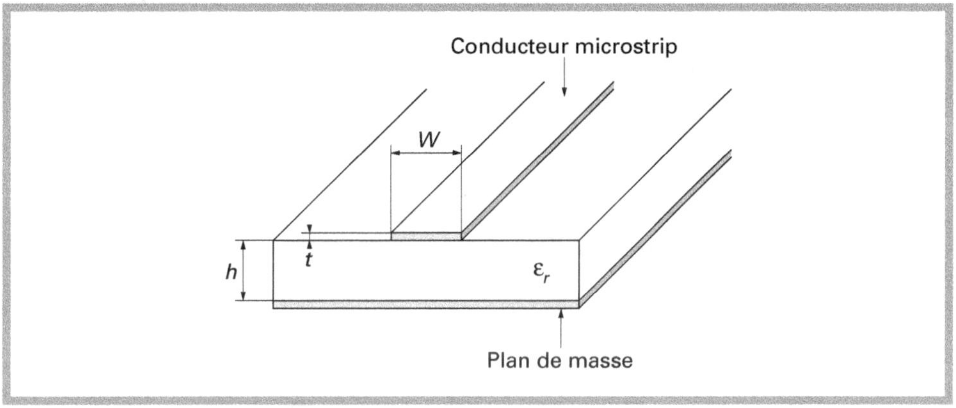

Figure 10.3 – Microstrip placé au-dessus d'un plan de masse et séparé de celui-ci par un matériau de permittivité relative ε_R.

Ce chapitre est exclusivement consacré à ce type de ligne, ses caractéristiques et les effets dus aux discontinuités dans ce type de ligne.

La ligne microstrip est un conducteur de largeur w et d'épaisseur t, distant d'un plan de masse d'une distance h. Le matériau séparant les deux conducteurs, le ruban conducteur et le plan de masse a une constante diélectrique ε_R. La propagation s'effectue simultanément dans le matériau et dans l'air et dans ce cas, on admet que le mode de propagation est quasi TEM. Ceci n'est pas tout à fait exact, mais cette approximation est suffisante dans la plupart des cas.

Application principale

L'application principale des lignes microstrip est l'interconnexion des étages entre eux.

La sortie d'un étage, ayant une impédance de sortie Z_G, est connectée à l'entrée de l'étage suivant, ayant une impédance d'entrée Z, *via* une ligne ayant une impédance caractéristique Z_0.

La *figure 10.4* représente le cas le plus général. La ligne de transmission de la *figure 10.4* est un câble coaxial. Il s'agit d'une ligne de transmission au sens général du terme et le raisonnement est applicable quel que soit le type de ligne.

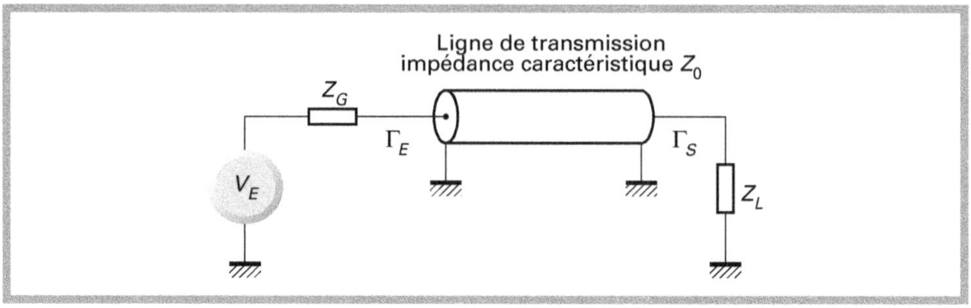

Figure 10.4 – Transmission de la puissance de la source vers la charge.

Lorsqu'il s'agit de composants discrets soudés sur un circuit imprimé, la ligne est très souvent un microstrip.

Coefficient de réflexion

On définit deux termes Γ_E et Γ_S qui sont appelés coefficients de réflexion à l'entrée et à la sortie de la ligne.

$$\Gamma_E = \frac{Z_G - Z_0}{Z_G + Z_0}$$

$$\Gamma_S = \frac{Z_L - Z_0}{Z_L + Z_0}$$

Ces deux coefficients sont toujours compris entre 0 et 1. Dans le cas idéal, il n'y a pas de réflexion et la puissance transmise, de la source vers la charge, est maximale.

Pour que la puissance transmise soit maximale, $\Gamma_E = \Gamma_S = 0$.

Il vient finalement :

$$Z_G = Z_L = Z_0$$

Dans la pratique Z_G et Z_L valent 50 ohm. Il est alors impératif de ménager une ligne de transmission d'impédance caractéristique égale à 50 ohm reliant les deux étages.

10.2.6 Conducteur cylindrique

Un conducteur de section cylindrique, placé à une distance h au dessus d'un plan de masse est aussi une ligne de transmission. Dans ce cas, *figure 10.5*, l'impédance caractéristique Z_0 est donnée par la relation :

$$Z_0 = \frac{60}{\sqrt{\varepsilon_{RE}}} \ln \frac{4h}{d}$$

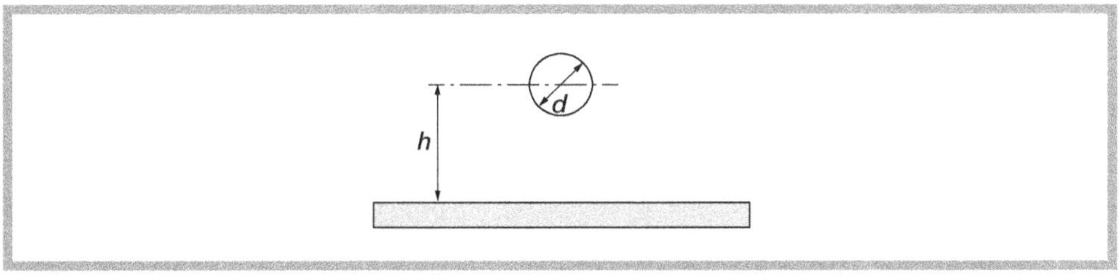

Figure 10.5 – Fil parallèle à un plan de masse. Impédance caractéristique.

$$Z_0 = \frac{60}{\sqrt{\varepsilon_{RE}}} \ln \frac{4h}{d}$$

10.3 Impédance caractéristique du microstrip

On utilise parfois les termes lignes microbande ou microruban pour traduire le terme anglais microstrip.

Les paramètres caractérisant le microstrip sont :

– pour le substrat, son épaisseur h et sa constante diélectrique relative ε_R;

– pour le microstrip, sa largeur w et son épaisseur t.

En général, $0{,}1 \leqslant \frac{w}{h} \leqslant 10$ et $\frac{t}{h} \ll 10$

La difficulté de l'étude de la propagation dans un microstrip vient du fait que la propagation s'effectue simultanément dans le substrat et dans l'air.

Le substrat et l'air ont par définition même du problème, des constantes diélectriques ε_R relatives différentes. Le rapport ε_R substrat/ε_R air est en général compris entre 2 et 10.

Il existe donc un grand nombre de formules approchées résultant des travaux de tous les chercheurs ayant contribué à la modélisation du microstrip. Les résultats essentiels ont été obtenus à la fin des années 1970. L'objectif principal de ces travaux était de donner des formules approchées aussi précises que possible pour l'impédance caractéristique Z_0 et la vitesse de propagation v_φ.

La première approximation consiste à évaluer une nouvelle constante diélectrique équivalente ε_{RE} qui prend en compte la propagation simultanée dans les deux milieux.

10.3.1 Z_0 en fonction de w/h

Une formule approchée donne :

$$\varepsilon_{RE} = \frac{\varepsilon_R + 1}{2} + \frac{\varepsilon_R - 1}{2} \frac{1}{\sqrt{1 + 12\frac{h}{w}}}$$

Pour évaluer l'impédance caractéristique Z_0, on dissocie les deux cas en fonction du rapport $\frac{w}{h}$.

Si $\frac{w}{h} \leqslant 1$ $\quad Z_0 = \frac{\eta}{2\pi\sqrt{\varepsilon_{RE}}} \ln\left(\frac{8h}{w} + \frac{w}{4h}\right)$

Si $\frac{w}{h} \geqslant 1$ $\quad Z_0 = \frac{\eta}{\sqrt{\varepsilon_{RE}}}\left[\frac{w}{h} + 1{,}393 + 0{,}667 \ln\left(\frac{w}{h} + 1{,}444\right)\right]^{-1}$

Dans ces relations, on a :

$$\eta = \sqrt{\frac{\mu_0}{\varepsilon_0}}$$

μ_0 : perméabilité magnétique du vide = $4\pi \cdot 10^{-7}$ H/m

ε_0 : permittivité du vide = $10^{+7}/4\pi c^2$

c : vitesse des ondes électromagnétiques dans le vide = $2{,}997\,925 \cdot 10^8$ m/s

$c \approx 3 \cdot 10^8$ m/s

$$\eta = \sqrt{\frac{4\pi 10^{-7}}{10^7} 4\pi c^2} = 4\pi \cdot 10^{-7} c$$

En conséquence, $\eta = 120\,\pi$.

La précision obtenue en utilisant les relations approchées donnant ε_{RE} et Z_0 est meilleure que 2 %. Ces relations ne sont pas d'un emploi pratique pour le concepteur.

Pour ce dernier, le problème est inverse, ε_{RE} et Z_0 sont les données du problème. Il s'agit alors de calculer w et h; le paramètre h est finalement choisi.

Le but est enfin atteint, connaître la largeur w d'une piste pour une impédance caractéristique donnée (50 ohm par exemple) lorsque le matériau est connu, ε_R et h sont fonction du substrat choisi, époxy ou alumine par exemple.

10.3.2 w/h en fonction de Z_0

On calcule premièrement les deux grandeurs A et B définies de la manière suivante :

$$A = \frac{Z_0}{60}\sqrt{\frac{\varepsilon_R+1}{2}} + \frac{\varepsilon_R-1}{\varepsilon_R+1}\left(0{,}23 + \frac{0{,}11}{\varepsilon_R}\right)$$

$$B = \frac{60\pi^2}{Z_0\sqrt{\varepsilon_R}}$$

Le rapport w/h est obtenu à partir de l'une ou l'autre des deux relations suivantes et fonction de la valeur de A.

$$A > 1{,}52 \quad \frac{w}{h} = \frac{8e^{A}}{e^{2A}-2}$$

$$A \leqslant 1{,}52 \quad \frac{w}{h} = \frac{2}{\pi}\left[B - 1 - \ln(2B-1) + \frac{\varepsilon_R-1}{2\varepsilon_R}\left[\ln(B-1) + 0{,}39 - \frac{0{,}61}{\varepsilon_R}\right]\right]$$

Comme précédemment, ces expressions donnent des résultats avec une précision meilleure que 2 %. Ces expressions sont obtenues en négligeant l'épaisseur du microstrip.

10.3.3 Corrections dues à l'épaisseur t du microstrip

La constante diélectrique ε_R est modifiée de la manière suivante, pour donner une valeur corrigée ε_{RE} :

$$\varepsilon_{RE} = \frac{\varepsilon_R+1}{2} + \frac{\varepsilon_R-1}{2}\frac{1}{\sqrt{1+10\dfrac{h}{w}}} - \frac{\varepsilon_R-1}{4{,}6}\frac{\dfrac{t}{h}}{\sqrt{\dfrac{w}{h}}}$$

Dans les équations donnant Z_0 en fonction des différents paramètres, la largeur w est remplacée par la largeur effective w_E :

$$w_E = w + \Delta w$$

La valeur de Δw est donnée par l'une des relations suivantes :

$$\text{Si } \frac{w}{h} \leqslant \frac{1}{2\pi} \quad \text{alors} \quad \Delta w = \frac{1{,}25}{\pi}t\left(1 + \ln\frac{4\pi w}{t}\right)$$

$$\text{Si } \frac{w}{h} \geqslant \frac{1}{2\pi} \quad \text{alors} \quad \Delta w = \frac{1{,}25}{\pi}t\left(1 + \ln\frac{2h}{t}\right)$$

10.3.4 Valeurs standards

Le *tableau 10.1* donne quelques exemples de calcul d'impédance caractéristique Z_0 pour des valeurs ε_{RE} comprises entre 2,55 et 4,8.

Dans le cas de l'époxy G10, la constante ε_R vaut approximativement 4,8. La hauteur entre le conducteur et le plan de masse vaut en général 1,6 mm. Pour une impédance caractéristique Z_0 de 50 ohm, le tableau donne un rapport w/h égal à 1,8. La largeur du microstrip est donc voisine de 2,9 mm.

10.4 Pertes dans les lignes

10.4.1 Pertes dans les conducteurs

Comme précédemment, les pertes α_c exprimées en décibels par mètre sont données par deux relations approchées en fonction de w/h :

Si $\frac{w}{h} \leqslant 1$ alors

$$\alpha_c[\text{dB/m}] = 1{,}38\left[1 + \frac{h}{w_E}\left(1 + \frac{1}{\pi}\ln\frac{2C}{t}\right)\right]\frac{R_S}{hZ_0}\left[\frac{32 - \left(\frac{w_E}{h}\right)^2}{32 + \left(\frac{w_E}{h}\right)^2}\right]$$

Si $\frac{w}{h} \geqslant 1$ alors

$$\alpha_c[\text{dB/m}] = 6{,}110^5\left[1 + \frac{h}{w_E}\left(1 + \frac{1}{\pi}\ln\frac{2h}{t}\right)\right]\frac{R_S Z_0 \varepsilon_{RE}}{h}\left[\frac{w_E}{h} + \frac{0{,}667\frac{w_E}{h}}{\frac{w_E}{h} + 1{,}444}\right]$$

Si $\frac{w}{h} < \frac{1}{2\pi}$, $\quad C = 2\pi w$

Si $\frac{w}{h} \geqslant \frac{1}{2\pi}$, $\quad C = h$

$R_S = \sqrt{\pi f \mu_0 \rho}$ avec ρ conductivité du conducteur.

Dans la pratique, ces relations étant difficiles à manipuler, on utilise de préférence une limite supérieure en utilisant une formule plus simple :

$$\alpha_c[\text{dB/m}] = 8{,}686\frac{R_S}{wZ_0}$$

Tableau 10.1 – Impédance caractéristique du microstrip en fonction de *w/h* et ε_R.

Constante diélectrique ε_R	Rapport w/h	Constante diélectrique ε_{RE}	Impédance caractéristique. Z_0
4,8	0,5	3,28	92,1
4,8	0,8	3,38	75,8
4,8	1	3,43	68,1
4,8	1,2	3.47	62,4
4,8	1,3	3,49	59,9
4,8	1,4	3,51	57.6
4,8	1,5	3,53	55,5
4,8	1,6	3,55	53,6
4,8	1,7	3,57	51,7
4,8	1,8	3,59	50,0
4,8	1,9	3,60	48,5
4,8	2,0	3,62	47,0
4,8	2,2	3,65	44,3
4,8	2,5	3,69	40,8
4,8	3,0	3,75	36,1
4,8	4,0	3,85	29,5
4	0,5	2,80	99,7
4	0,8	2,88	82,2
4	1,0	2,92	73,9
4	1,2	2,95	67,7
4	1,3	2,97	65,0
4	1,4	2,98	62,5
4	1,5	3,00	60,2
4	1,6	3,01	58,1
4	1,7	3,03	56,2
4	1,8	3,04	54,3
4	1,9	3,05	52,6
4	2,0	3,07	51,0
4	2,2	3,09	48,1
4	2,5	3,12	44,4
4	3,0	3,17	39,3
4	4,0	3,25	32,1
2,55	0,5	1,93	120,1
2,55	0,8	1,97	99,3
2,55	1,0	1,99	89,4
2,55	1,2	2,01	82,1
2,55	1,3	2,02	78,8
2,55	1,4	2,03	75,9
2,55	1,5	2,03	73,2
2,55	1,6	2,04	70,6
2,55	1,7	2,05	68,3
2,55	1,8	2,05	66,1
2,55	1,9	2,06	64,1
2,55	2,0	2,07	62,2
2,55	2,2	2,08	58,7
2,55	2,5	2,10	54,1
2,55	3,0	2,12	48,0
2,55	4,0	2,16	39,3

10.4.2 Pertes dans le diélectrique

Les pertes dans le diélectrique sont données par la relation approchée :

$$\alpha_d[\text{dB/m}] = 27{,}3 \frac{\varepsilon_R}{\varepsilon_R - 1} \frac{\varepsilon_{RE} - 1}{\sqrt{\varepsilon_{RE}}} \frac{\tan\delta}{\lambda_0}$$

tan δ est la tangente de l'angle de perte.

Les pertes dans le diélectrique sont normalement négligeables vis-à-vis des pertes dans les conducteurs.

10.5 Fréquence de coupure

La fréquence de coupure f_p est donnée par la relation :

$$f_p = \frac{1}{2\mu_0} \frac{Z_0}{h}$$

Dans cette relation :

Z_0 est en ohm, h est en m.

$$\mu_0 = 4\pi \cdot 10^{-7} \text{ H/m}$$

Cette relation est quelque fois présentée de la manière suivante :

$$f_p = 0{,}397 \frac{Z_0}{h}$$

f_p est en GHz, Z_0 est en ohm, h est en mm.

10.6 Longueur d'onde, vitesse de propagation et constante de phase

En faisant l'approximation d'une propagation de type TEM et en utilisant la modélisation précédente, la longueur d'onde et la vitesse de propagation sur la ligne microstrip réelle sont données par les relations :

$$v_\varphi = \frac{c}{\sqrt{\varepsilon_{RE}}}$$

$$\lambda_g = \frac{\lambda_0}{\sqrt{\varepsilon_{RE}}} \quad \text{avec} \quad \lambda_0 = \frac{c}{f}$$

$c = 3 \cdot 10^8$ m/s

λ_g longueur d'onde dans le microstrip,

v_φ vitesse de propagation dans le microstrip.

La constante diélectrique effective ε_R est fonction du rapport w/h, en conséquence, il en est de même pour v_φ et λ_g. La longueur d'onde dans le microstrip est donc fonction des dimensions géométriques de la ligne.

10.7 Discontinuité dans les lignes

Les discontinuités dans les lignes microstrip sont telles qu'elles permettent la réalisation de filtres, de résonateurs ou de transformateurs d'impédance.

La *figure 10.6* représente quelques cas intéressants de discontinuités et leurs applications.

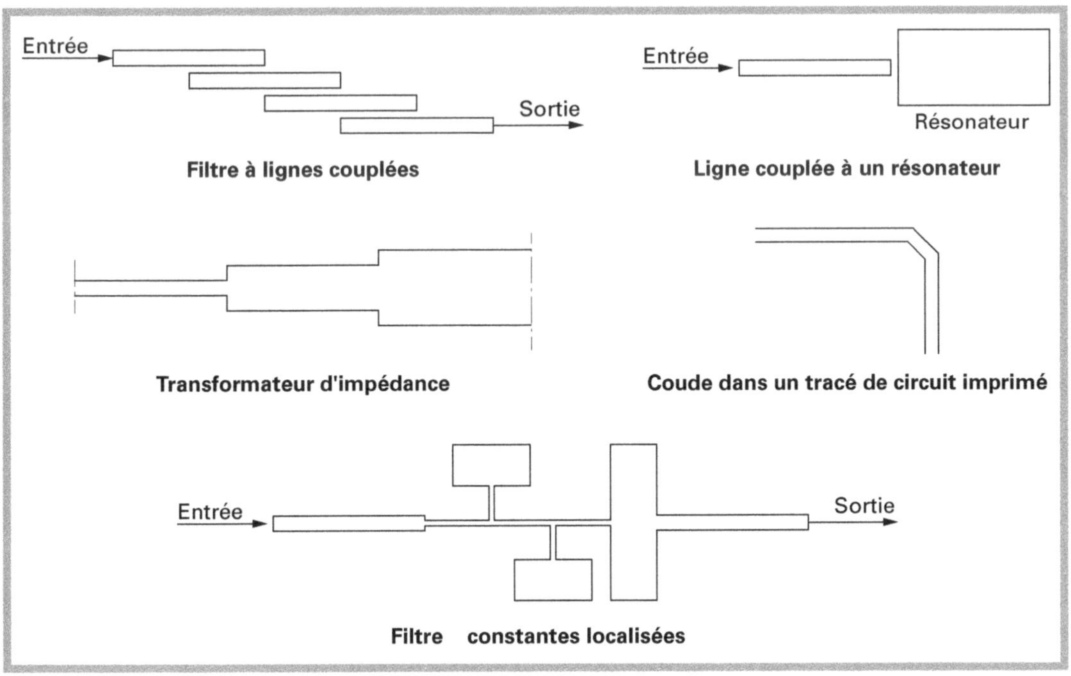

Figure 10.6 – Discontinuité dans les lignes.

10.7.1 Filtres à constantes localisées

On s'intéresse ici à des lignes courtes pour lesquelles on admet que $\gamma l \ll 1$.

l est la longueur de la ligne.

Les équations générales de la ligne sont :

$$Z_{in} = Z_0 \frac{Z_L \cosh \gamma l + Z_0 \sinh \gamma l}{Z_0 \cosh \gamma l + Z_L \sinh \gamma l}$$

$$Z_0 = \sqrt{\frac{R + j\omega L}{G + j\omega C}}$$

$$\gamma = \sqrt{(R + j\omega L)(G + j\omega C)}$$

Lorsque la ligne est courte, $\gamma l \ll 1$, l'impédance vue de l'entrée peut être simplifiée.

$$Z_{in} = Z_0 \frac{Z_L + Z_0 \gamma l}{Z_0 + Z_L \gamma l}$$

Ligne en court circuit : $Z_L = 0$

L'impédance vue de l'entrée, Z_{in}, vaut alors simplement :

$$Z_{in} = Z_0 \gamma l$$

$$Z_{in} = (R + j\omega L) l$$

Si l'impédance caractéristique Z_0 est élevée, R peut être négligée et la ligne de longueur l est équivalente à une self L de valeur :

$$L = \frac{Z_0 l}{v_\varphi}$$

$$v_\varphi = \frac{c}{\sqrt{\varepsilon_R}}$$

$$L = \frac{Z_0 l \sqrt{\varepsilon_R}}{c}$$

Ligne ouverte, Z_L infinie

L'impédance vue de l'entrée, Z_{in}, vaut alors simplement :

$$Z_{in} = \frac{Z_0}{\gamma l}$$

$$Z_{in} = \frac{1}{G + jC\omega} \frac{1}{l}$$

Si l'impédance caractéristique est faible, G peut être négligé et la ligne de longueur l est équivalente à une capacité C de valeur :

$$C = \frac{l}{v_\varphi Z_0}$$

Un filtre à constantes localisées aura, par exemple, l'allure du filtre représenté à la *figure 10.7*, qui regroupe le schéma électrique équivalent et la réalisation pratique par l'association de tronçons de lignes. La procédure de calcul d'un tel filtre ne diffère pas d'un filtre classique, réalisé à l'aide de composants L et C discrets.

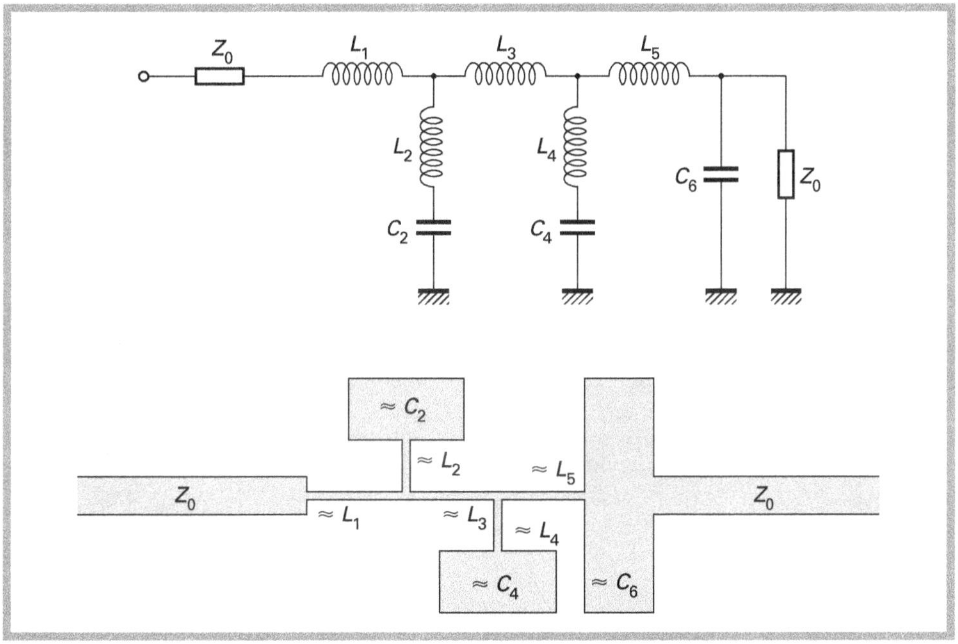

Figure 10.7 – Filtre à constantes localisées. Schéma équivalent et réalisation pratique.

Cette procédure se décompose en quatre étapes :

– détermination de l'ordre et du type de filtre;

– recherche ou calcul des coefficients correspondant à chaque élément;

– dénormalisation des coefficients donnant les valeurs finales;

– approximation des selfs et condensateurs en tronçons de lignes.

Dans le cas de l'approximation d'un condensateur, la discontinuité due à l'ouverture de la ligne majore le condensateur. Il est donc nécessaire de réduire la longueur de la ligne d'une valeur Δl obtenue par l'une ou l'autre des formules suivantes :

$$\Delta l = 0{,}412h\frac{\varepsilon_{RE} + 0{,}3}{\varepsilon_{RE} - 0{,}258}\,\frac{\frac{w}{h} + 0{,}264}{\frac{w}{h} + 0{,}8}$$

$$\Delta l = \frac{\lambda_0}{2\pi\sqrt{\varepsilon_{RE}}}\arctan\left[\frac{\frac{w}{h} + \ln\frac{2}{2\pi}}{\frac{w}{h} + 2\ln\frac{2}{\pi}}\tan\frac{\sqrt{\varepsilon_{RE}}\,h\ln 2}{\lambda_0}\right]$$

Résonateurs

Le *tableau 10.2* regroupe les cas des lignes de longueur $n\lambda/2$ ou $(2n - 1)\lambda/4$ lorsque ces lignes sont soit en circuit ouvert, soit en court circuit.

Tableau 10.2 – Schéma équivalent de lignes de longueur multiples de $\lambda/4$ et $\lambda/2$.

Longueur de la ligne l / État de la ligne	$\frac{n\lambda g}{2}$	$(2n-1)\,\frac{\lambda g}{4}$
Ligne ouverte 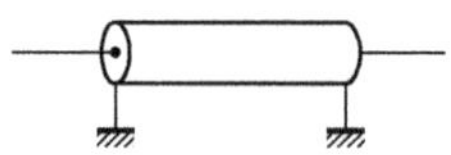	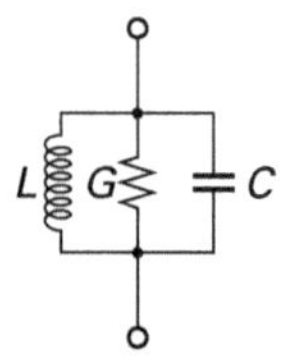	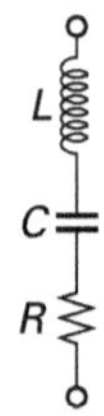
Ligne en court circuit 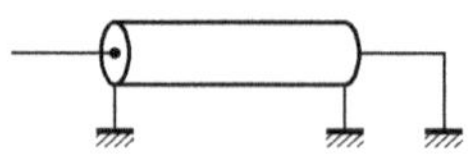	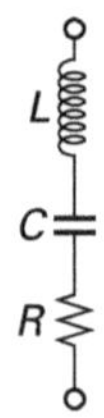	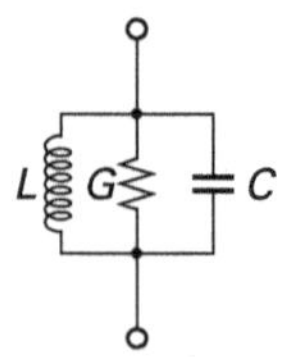

On s'intéresse alors à l'impédance vue de l'entrée de cette ligne. Cette impédance est équivalente à un circuit *RLC* série ou *RLC* parallèle. Cette particularité intéressante est mise à profit pour réaliser des filtres passe-bande ou filtres réjecteurs.

Les configurations de la *figure 10.8* donnent deux cas de filtres passe-bande.

Dans les deux cas, les lignes ont des longueurs $\lambda/4$ et sont en court circuit. L'impédance présentée à l'entrée est donc un circuit *RLC* parallèle, le filtre est alors un filtre passe-bande.

Si la longueur de la ligne est de $n\,\lambda g/2$ le filtre est un filtre réjecteur.

Il est intéressant de faire un rapprochement avec les résonateurs dits diélectriques, présentés dans le chapitre 5. Il s'agit bien évidemment des mêmes techniques, les seules différences résident dans la configuration de la ligne et de la valeur de ε_{RE}.

Dans le cas des résonateurs diélectriques, la ligne est coaxiale et la valeur de ε_{RE} est très élevée, de l'ordre de 100. Ces caractéristiques permettent de réduire l'encombrement. Dans le cas présent, la ligne est un microstrip et la valeur de ε_{RE} est voisine de 10 pour le cas de l'alumine Al_2O_3.

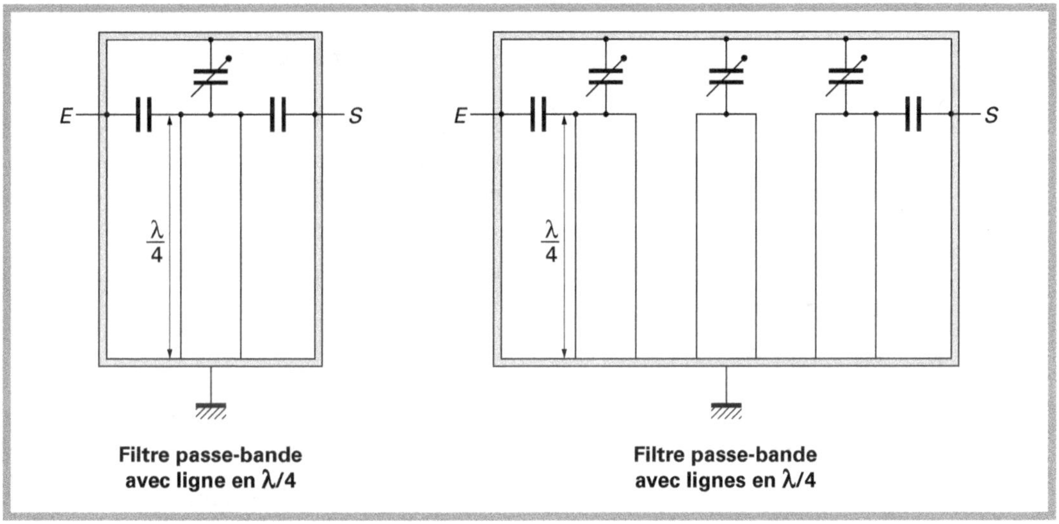

Figure 10.8 – Exemples de filtre à ligne, résonateur en λ/4.

10.7.2 Discontinuité dans la largeur

Deux lignes de largeur w_1 et w_2 et de longueur $\lambda g/4$ représentées à la *figure 10.9* peuvent être utilisées pour adapter deux étages ayant des impédances d'entrée et de sortie R_S et R_L.

La ligne connectée au quadripôle, ayant une impédance R_S aura une impédance caractéristique Z_0', la ligne connectée au quadripôle ayant une impédance R_L aura une impédance caractéristique Z_0''.

$$Z_0' = \sqrt[4]{R_S^3 R_L}$$

$$Z_0'' = \sqrt[4]{R_L^3 R_S}$$

Une seconde solution consiste à adopter un seul tronçon de longueur $\lambda g/4$ et d'impédance caractéristique Z_0. Dans ce cas la configuration est simplement celle de la *figure 10.10*.

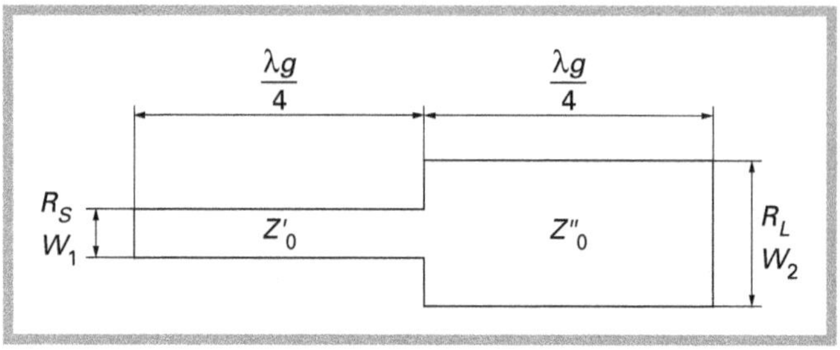

Figure 10.9 – Transformation d'impédance par deux tronçons de ligne λg/4.

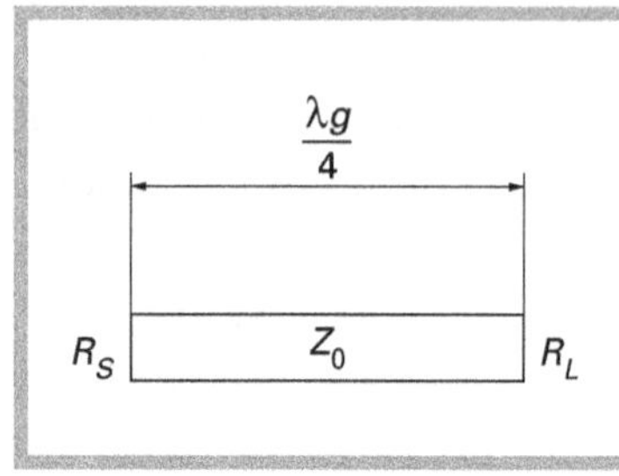

Figure 10.10

L'impédance caractéristique Z_0 est liée à R_S et R_L par la relation :

$$Z_0 = \sqrt{R_S R_L}$$

Dans le cas d'une seule ligne d'impédance caractéristique Z_0, cas de la *figure 10.10*, l'adaptation s'effectue sur une bande étroite. La configuration de la *figure 10.9* permet d'augmenter la largeur de bande sur laquelle s'effectue l'adaptation.

La largeur de bande peut être augmentée en augmentant le nombre de sections de largeur différentes.

Transformation d'impédance

Une ligne de longueur l quelconque et d'impédance caractéristique Z_0 peut être utilisée pour transformer une impédance quelconque Z_T.

La ligne de longueur l est fermée sur l'impédance Z_T et l'on s'intéresse à l'impédance vue de l'entrée Z.

L'impédance Z_{in} vue de l'entrée peut s'écrire :

$$Z_{in} = Z_0 \frac{Z_T + Z_0 th\gamma l}{Z_0 + Z_T th\gamma l}$$

La constante de propagation de la ligne γ vaut :

$$\gamma = \alpha + j\beta$$

Si la ligne est sans perte, $\alpha = 0$ et le facteur de phase β vaut :

$$\beta = \frac{\omega}{v_\varphi} = \frac{2\pi}{\lambda_g} \qquad \lambda_g = \frac{\lambda_0}{\sqrt{\varepsilon_{RE}}}$$

L'impédance Z_{in} vue de l'entrée vaut finalement :

$$\gamma = j\frac{2\pi}{\lambda_g}$$

$$\text{th}\, jx = j\tan x$$

$$Z_{in} = \frac{Z_T + jZ_0 \tan 2\pi l/\lambda_g}{1 + j\frac{Z_T}{Z_0}\tan 2\pi l/\lambda_g}$$

Une impédance quelconque Z_T peut donc être transformée lorsqu'elle est vue, *via* une longueur l, d'une ligne d'impédance caractéristique Z_0. Des longueurs multiples de λ_g donnent des résultats intéressants.

Quart d'onde, $l = \lambda_g/4$

Si $l = \frac{\lambda_g}{4}$, l'impédance Z_{in} vaut simplement :

$$Z_{in} = \frac{Z_0^2}{Z_T}$$

Huitième d'onde, $l = \lambda_g/8$

Deux cas particuliers sont intéressants, $Z_T = 0$, $Z_T = \infty$.

$Z_T = 0$: ligne en court circuit $Z_{in} = jZ_0$;

$Z_T = \infty$: ligne en circuit ouvert $Z_{in} = -jZ_0$.

Coupleurs directifs

Coupleurs à lignes

Le schéma de la *figure 10.11* représente un coupleur directif. Ce système est constitué de quatre ports E, S, X et Y. Le coupleur directif s'intercale entre la source R_S et la charge R_L.

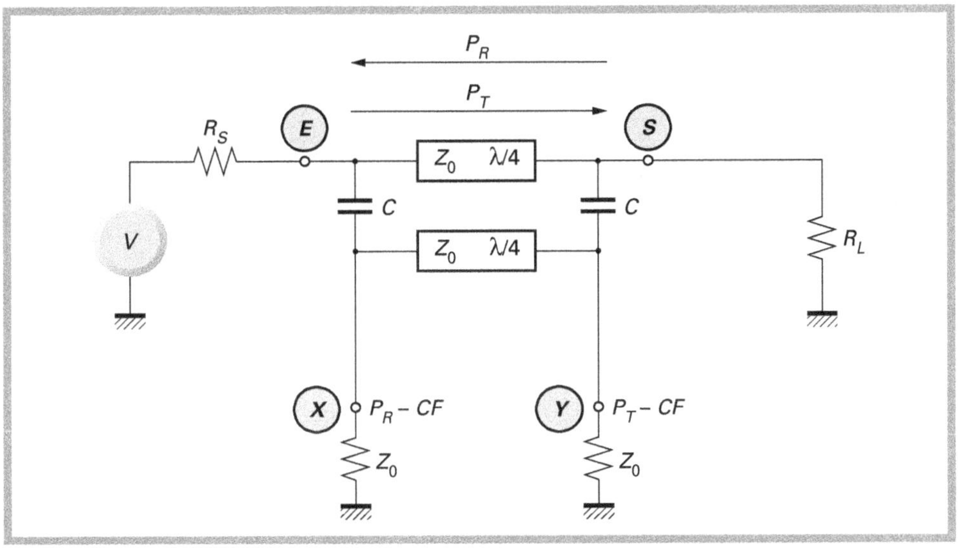

Figure 10.11 – Coupleur directif, principe et utilisation.

Si le système est parfaitement adapté, $R_S = R_L = Z_0$, la puissance transmise de la source vers la charge est maximale.

Si l'égalité précédente n'est pas respectée, les coefficients de réflexion à l'entrée et à la sortie sont différents de zéro. Le système est désadapté et on est alors en présence de deux ondes, incidente et réfléchie. A l'onde incidente correspond la puissance transmise et à l'onde réfléchie la puissance réfléchie. On définit le coefficient de couplage *CF* exprimé en dB.

Sur le port de sortie X, chargé par une impédance Z_0, on mesure une fraction de la puissance réfléchie, $P_R - CF$.

Sur le port de sortie Y, chargé par une impédance Z_0, on mesure une fraction de la puissance transmise, $P_T - CF$

Le coupleur directif est donc intéressant, pour contrôler simultanément la puissance transmise et la puissance réfléchie. Après redressement, la tension prélevée sur le port X peut être utilisée pour contrôler le fonctionnement d'un étage amplificateur de sortie. De la même manière, la tension issue du port Y sera utilisée pour, par exemple, signaler une désadaptation de l'étage de sortie, antenne défaillante, et éventuellement placer l'amplificateur de sortie dans un état tel que sa destruction soit évitée.

La configuration de la *figure 10.11* ne donne pas de très bons résultats lorsque les lignes sont des microstrips, puisque la propagation s'effectue simultanément dans l'air et dans le diélectrique.

Une telle configuration est appropriée lorsque la propagation est homogène, cas des striplines par exemple.

Le schéma de la *figure 10.12* représente un autre type de coupleur directif à lignes.

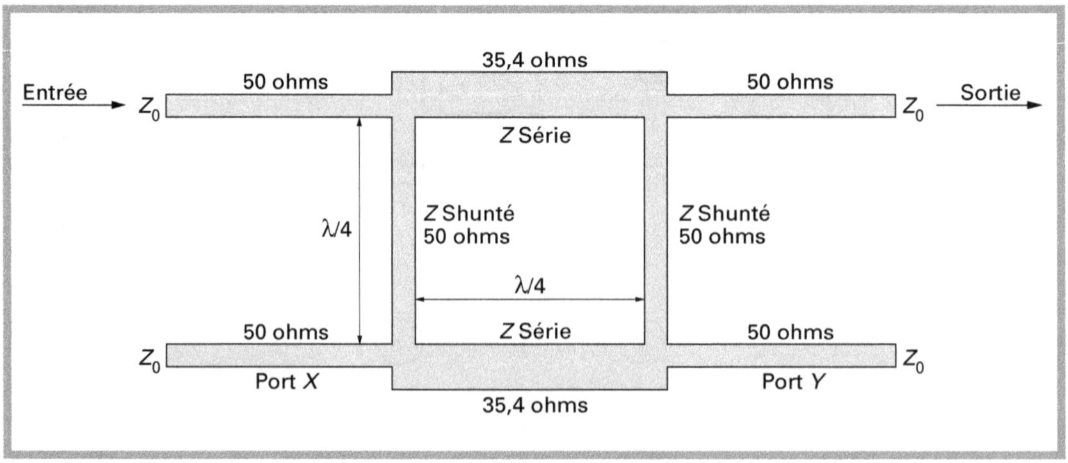

Figure 10.12 – Coupleur directif 90°.

Il s'intercale dans un circuit par les entrées sorties E-S. Le périmètre du carré ainsi constitué par les quatre lignes est voisin de la longueur d'onde. Le coefficient de couplage, fonction du rapport des impédances caractéristique des lignes, est compris entre 3 et 26 dB généralement.

Coupleurs à composants discrets

Le schéma de principe de la *figure 10.13* représente un coupleur directif réalisé en composants discrets. Cette configuration est intéressante car le fonctionnement est assuré sur plusieurs octaves.

La perte d'insertion $P_S - P_E$, exprimée en dB, est donnée par la relation :

$$P_S - P_E = 20 \log \frac{R}{R + R_2}$$

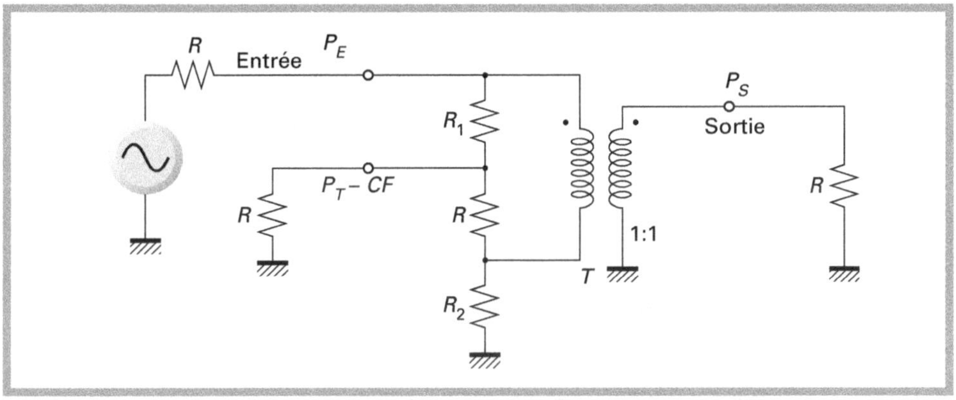

Figure 10.13 – Coupleur directif en composant discret.

Le coefficient de couplage, lui aussi exprimé en dB vaut :

$$CF = 20 \log \frac{R}{R + R_1}$$

Les trois ports sont adaptés pour une résistance R. Les deux résistances R_1 et R_2 doivent être choisies de manière à conserver l'égalité suivante :

$$R = \sqrt{R_1 R_2}$$

Les trois paramètres R, CF, $P_S - P_E$ ne sont pas indépendants. En général, R est fixé à 50 ohm. Du choix du second paramètre résulte la valeur du troisième.

La perte d'insertion et le coefficient de couplage varient de manière proportionnelle inverse.

Pour un couplage de 10 dB et $R = 50\ \Omega$, on obtient : $R_1 = 108\ \Omega$ et $R_2 = 23\ \Omega$.

La perte d'insertion est alors de 3,3 dB.

Les performances du système ne sont limitées que par les performances du transformateur et la présence inévitable des divers éléments parasites.

La configuration de la *figure 10.14* ne fait appel qu'à deux transformateurs T_1 et T_2 de rapport n :

$$n = \frac{\text{nombre de spires au primaire}}{\text{nombre de spires au secondaire}}$$

La valeur du coefficient de couplage CF est donnée par la relation :

$$CF = 20 \log n$$

Le nombre de spires aux primaires des transformateurs doit rester très faible. Cette structure ne peut donner de bons résultats pour des fréquences supérieures à 500 MHz.

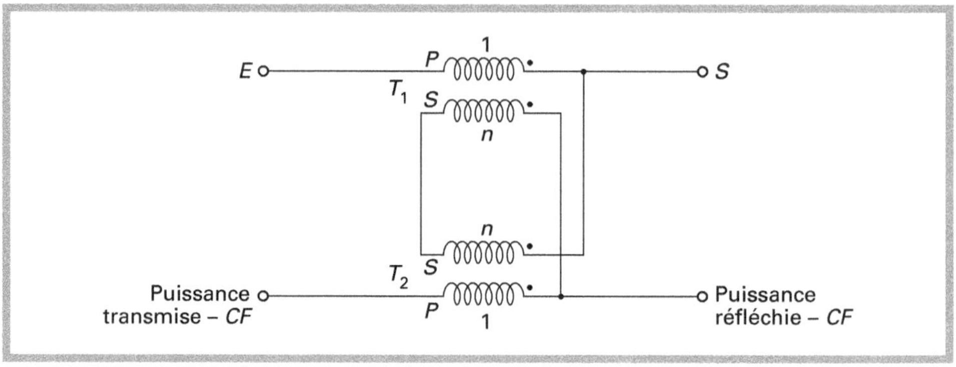

Figure 10.14 – Coupleur directionnel avec deux transformateurs.

Combineurs et diviseurs de puissance

Le schéma de la *figure 10.15* représente un diviseur de puissance pour lequel les deux sorties sont en quadrature. Les quatre lignes ont des longueurs $\lambda/4$. La perte d'insertion est de 3 dB. La largeur de bande BW n'est que de 10 % environ de la fréquence centrale.

Le schéma de la *figure 10.16* représente un diviseur de puissance dit de Wilkinson. Si ce diviseur est destiné à s'intercaler dans un système d'impédance Z_0, l'impédance caractéristique Z_1 des lignes et la résistance R sont données par les relations :

$$Z_1 = \sqrt{2} Z_0$$
$$R = 2 Z_0$$

Les deux lignes ont des longueurs $\lambda/4$. L'isolation entre les ports est meilleure que 20 dB et la largeur de bande peut atteindre 40 % de la fréquence centrale.
Ces résultats peuvent être comparés aux résultats obtenus avec un diviseur de puissance passif, constitué de trois résistances câblées en étoile.

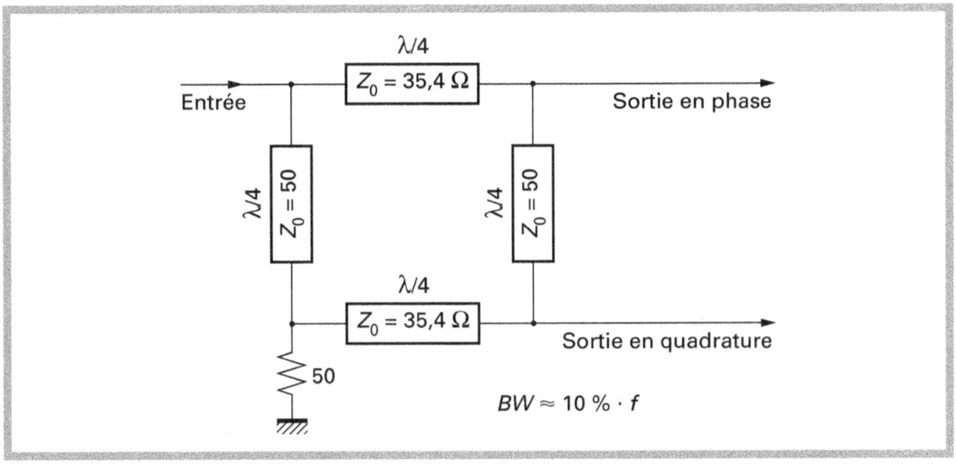

Figure 10.15 – Diviseur de puissance à sortie en quadrature.

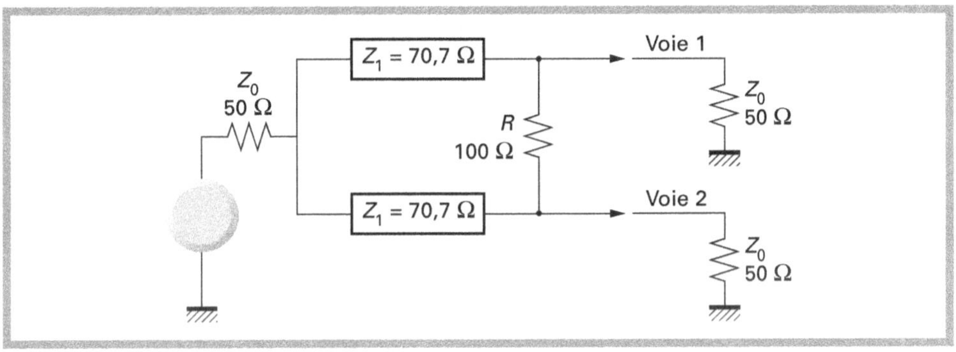

Figure 10.16 – Diviseur de puissance Wilkinson.

Pour le diviseur résistif, il n'y a pas de restriction sur la largeur de bande mais en contre-partie, l'isolation est égale à la perte d'insertion.

La configuration de la *figure 10.17* est connue sous le nom de *rat-race hybrid*. Cette structure résulte de la précédente. Comme dans le cas précédent l'impédance caractéristique de la ligne Z_1 vaut :

$$Z_1 = \sqrt{2}Z_0$$

Z_0 représente les impédances de source et de charge sur chacun des ports. La largeur de bande BW est d'environ 20 % de la fréquence centrale.

Lorsque le signal d'entrée est injecté sur le port 3, les signaux de sortie sont récupérés sur les ports 1 et 2 en phase et atténués de 3 dB.

Lorsque le signal d'entrée est injecté sur le port 4, les signaux de sortie sont récupérés sur les ports 1 et 2 et atténués de 3 dB. Au port 1, le signal est déphasé de – π/2 et au port 3, de – 3π/2.

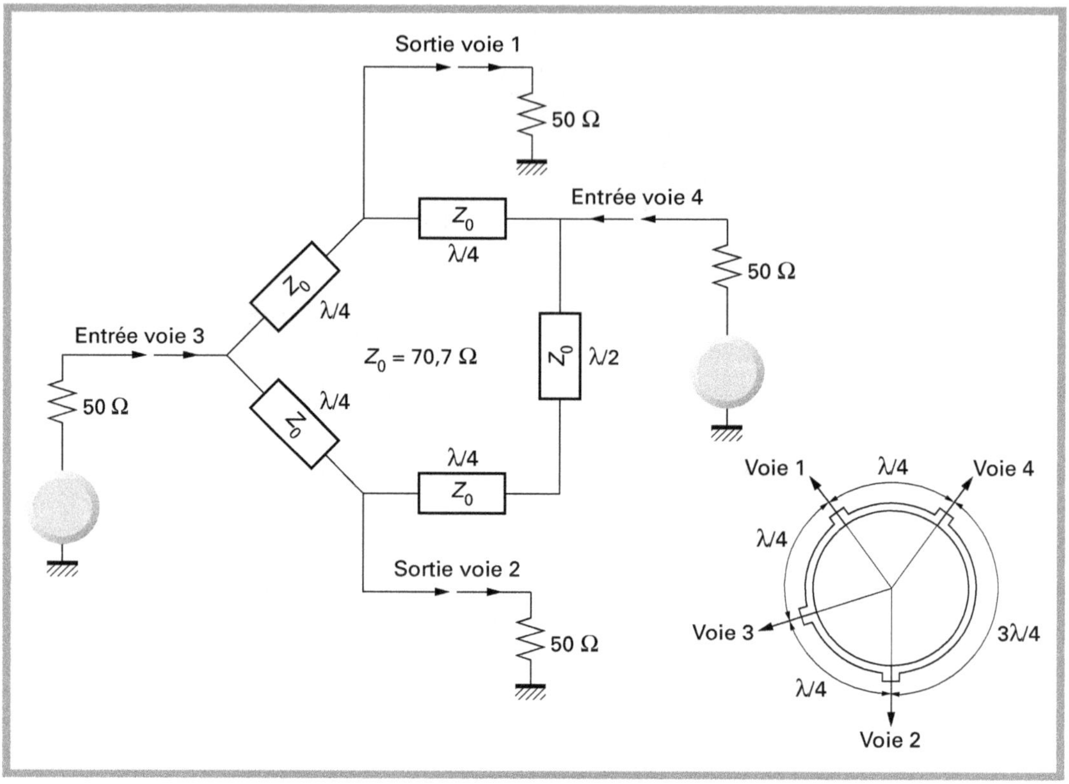

Figure 10.17 – Diviseur de puissance Rat-Race.

10.8 Conclusion

En radiofréquence, aucune interconnexion ne peut être assimilée à une résistance nulle, chaque ligne conductrice tracée sur un circuit imprimé est une ligne de transmission.

En général, cette ligne est déterminée de manière à transmettre une puissance maximale de la source vers le générateur, mais cette application n'est pas la seule.

Les caractéristiques des discontinuités dans les lignes sont telles qu'elles permettent la réalisation de filtres, diviseurs et combineurs de puissance.

Dans la plupart des cas, les calculs résultants de l'emploi de formules approchées peuvent être longs et fastidieux. Des calculateurs et simulateurs spécialisés allègent la tâche du concepteur.

BIBLIOGRAPHIE

H. Benoit, *La télévision numérique*, 4e édition, Dunod, 2006.

R. S. Carson, *High Frequency Amplifier*, 2e édition, John Wiley & Sons, 1982.

F. de Dieuleveult, H. Fanet, *Principes et pratique de l'électronique*, 2 tomes, Dunod, 1997.

C. Dehollain, *Adaptation d'impédance à large bande*, Presses polytechniques et universitaires romandes, 1996.

R. Du Bois, *Structure et application des émetteurs et des récepteurs*, Presses polytechniques et universitaires romandes, 1996.

S. J. Erst, *Receiving Systems Design*, Artech House, 1984.

F. Gardiol, *Microstrip Circuits*, John Wiley & Sons, 1994.

F. M. Gardner, *Phaselock Techniques*, 2e édition, John Wiley & Sons, 1979.

K. C. Gupta et coll., *Computer Aided Design of Microwave Circuits*, Artech House, 1981.

K. C. Gupta et coll., *Microstrip Lines and Slotlines*, 2e édition, Artech House, 1996.

F. Losee, *RF Systems, Components and Circuits Handbook*, Artech House, 1997.

S. A. Maas, *Microwaves Mixers*, 2e édition, Artech House, 1993.

G. Matthaei, E. M. T. Jones, *Microwaves Filters, Impedance-Matching Network and Coupling Structures*, Artech House, 1980.

J. G. Proakis, *Digital Communications*, McGraw Hill, 1995.

U. L. Rohde, *Microwave and Wireless Synthesizers : Theory and Design*, John Wiley & Sons, 1997.

G. D.Vendelin, *Design of Amplifiers and Oscillators by the S Parameter Method*, John Wiley & Sons, 1982.

D. Ventre, *Communications analogiques*, Ellipses, 1995.

A. Viterbi, *Principles of Coherent Communication*, McGraw Hill, 1966.

P. Vizmuller, *RF Design Guide : Systems, Circuits and Equations*, Artech House, 1995.

P. H. Young, *Electronic Communication Techniques*, 4e édition, Prentice Hall, 1998.

INDEX

A

adaptation 230
    d'impédance 231, 266, 337, 467
amplificateur 336
Armstrong (méthode d') 118
ASK 135, 140
asservissement 396
atténuateur 282
    programmable 390
    variable 355
auto-corrélation 207
automate cellulaire 208
autotransformateur 269

B

bande
    de base 49
    de fréquences 39
Bessel
    filtre de ~ 151
    fonctions de ~ 87
Bode 397
Boltzmann 5
boucle de Costas 181
BPSK 160, 385
bruit de phase 244, 254, 341, 451
Butterworth (filtre) 176

C

C/N 6
canal 50
capture (plage de) 438
Carson (bande de) 90
CCITT 47
CDMA 216
cellule de Gilbert 170, 376
changeur de fréquence 379
chrominance 69
classe
    A 57, 115, 122, 229
    AB 122, 142, 229
    C 115, 122, 142, 228
    de fonctionnement de l'amplificateur 228
classification des ondes 35
codeur stéréophonique 65
COFDM 199, 218
combineur de puissance 275, 286
comparateur
    de phase 399, 439
    phase/fréquence 445
condensateur 287
conductivité du sol 36
constellation 170, 194
Costas (boucle de) 181
coupleur directif 525
CPFSK 148, 190

D

dB µV 3
dBm 2
DBPSK 164
dBW 2
débit binaire 134
DECT 159, 186
démodulateur
 à PLL 103
 de fréquence 387
démodulation
 ASK Matlab 188
 BPSK Matlab 192
 cohérente 60
 CPFSK Matlab 190
 d'amplitude 388
  Matlab 126
 d'enveloppe 58
 de fréquence Matlab 130
 de phase Matlab 130
 FSK Matlab 188
désaccentuation 110
détecteur de phase 381
détection d'enveloppe 143
diagramme de l'œil 184
diode PIN 353
discriminateur
 à quadrature 99
 de Foster-Seely 97
distorsion d'intermodulation 14
diviseur 286
 de fréquence 439
 de puissance 275, 528
doublage de fréquence 385
DOWN converter 380
DSP 50
DSSS 213

E

efficacité spectrale 135
EHF 45
émetteur 223
étalement de spectre 195

F

facteur de bruit 4, 6, 232, 245, 253, 309
FHSS 199
filtre
 à onde de surface 80, 145, 228, 243, 248, 308
 à quartz 243, 300
 Butterworth 176
 Cauer 176
 céramique 243
 de Bessel 151
 de boucle 399, 439
 de Gauss 175
 en cosinus surélevé 175
 en treillis 303
fonction d'erreur 136
Foster-Seely (discriminateur de) 97
FPGA 211
fréquence
 image 235, 310
 intermédiaire 122, 234, 305, 310
 intermédiaire nulle 248
FSK 135, 146

G

gains en puissance 327
Gauss (filtre de) 175
générateur pseudo-aléatoire 202, 208
Gilbert (cellule de) 170, 376
GMSK 150
GSM 159, 186

H – I

HF 41
impédance caractéristique 508
inductance 257
interférence intersymbole 138
intermodulation
 distorsion 14
 produits 16

interrupteur à diode PIN 357
ionosphère 37
IP2 18, 243, 254
IP3 18, 232, 253, 254, 368
IQ 169

L

LF 40
ligne de transmission 507
luminance 68

M

marge
de gain 398
de phase 398
matériaux céramiques 289
matrice
S 324
Y 322
Z 323
mélangeur 359
à réjection d'image 370
équilibré 56, 63, 161, 363
MF 40
microstrip 228, 507
Miller (effet) 321
MMIC 18
modélisations Matlab 124
modulateur
à réjection
d'image 122
de fréquence image 74
d'amplitude 56, 382
en BLU 71
de phase 384
modulation
analogique 49
angulaire 84
d'amplitude 53
à bande latérale
atténuée 78
unique 70
à porteuse supprimée 62
double bande 53
en BLU Matlab 128
Matlab 124
de fréquence 85
Matlab 129
de phase 116
gain 109
indice 54, 86
modulation numérique 133, 187
ASK Matlab 187
BPSK Matlab 192
CPFSK Matlab 190
FSK Matlab 188
QPSK Matlab 192
multiplex 114
multiplicateur 359

N

Nagaoka (formule de) 263
NRZ 134
Nyquist
flanc de ~ 79, 313
relation de ~ 4
Nyquist-Shanon 136

O

onde
de sol 36
de surface 308
hertzienne 35
radio 28
oscillateur 336
à quartz 291, 439
Clapp 291
Colpitts 291
overtone 295
Pierce 291

P

PAL 67
paramètres S 326
perte
  d'insertion 253
  de conversion 366
PLL 96, 155, 393
point de compression 13, 232
polarisation 334
pompe de charge 436
porteur 51
porteuse (récupération de la) 179, 249
préaccentuation 110, 225
produit d'intermodulation 16
propagation 36
PSK 135
push pull 229

Q

QAM 135, 174
QPSK 168
quartz 289

R

récepteur 233
  à un changement de fréquence 233
réflexion
  coefficient de ~ 326, 512
  ionosphérique 37
réglementation 46
résistance 281
résonateur 519
  à onde de surface 145, 289, 312
  céramique 289, 307
  diélectrique 314
RFID 40, 43

S

S/B 6
saut
  de fréquence 422
  de phase 421
self
  imprimée 265
  sur air 263
  sur ferrite 265
sensibilité 244
SHF 44
signal
  modulant 51
  porteur 51
spectre 50
stabilité 397
surtension (coefficient de) 470, 474
synthétiseur 404
système bouclé
  d'ordre 2 409
  d'ordre 3 415

T

taux d'erreur bit 135
température de bruit 11
tores 265
transformateur 266
  d'impédance 519
transformation
  d'impédance 469
  triangle étoile 284
transistor bipolaire 319

U

UHF 43
UIT-D 46
UIT-N 46
UIT-R 46
UP converter 380

V

varicap 92, 348
VCO 92, 314, 342, 399, 433, 439
  gain 93, 352
VCXO 94, 155, 433
verrouillage (plage de) 438
VHDL 211
VHF 42
VLF 39

Z

zone de Fresnel 34

www.ingramcontent.com/pod-product-compliance
Lightning Source LLC
Chambersburg PA
CBHW081123180926
51611CB00004B/40
* 9 7 8 2 1 0 0 7 6 3 6 8 9 *